LEXIKON DER KYBERNETIK
ERGÄNZUNGSBAND
A–Z

LEXIKON DER KYBERNETIK
A-Z
ERGÄNZUNGSBAND

Im Auftrag des Zentralinstituts für Kybernetik und Informationsprozesse
der Akademie der Wissenschaften der DDR

herausgegeben von
GÜNTER LAUX

Wissenschaftliches Redaktionskollektiv:

Klaus Fritzsch, Michael Gössel, Hans-Georg Lauenroth,
Günter Laux, Kurt Reinschke, Dieter Richter

AKADEMIE-VERLAG BERLIN
1985

Autoren und verantwortliche Bearbeiter:

Dipl.-Ing. Hans-Martin Adler, Dipl.-Math. Werner Aßmann,
Prof. Dr. sc. nat. Peter Bachmann, Dr. rer. nat. habil. Klaus Bellmann,
Dr.-Ing. Gerhard Billerbeck, Dipl.-Ing. Lutz Blencke,
Prof. Dr. sc. techn. Dieter Bochmann, Dr. sc. nat. Manfred Bonitz,
Dr. rer. nat. habil. Hans Günter Bothe, Prof. Dr. sc. techn. Georg Brack,
Dr.-Ing. Wolfgang Claus, Prof. Dr. sc. techn. Herbert Ehrlich,
Dr. rer. nat. Heinrich Endert, Dr. rer. nat. Peter Enskonatus,
Prof. Dr. sc. techn. Klaus Fritzsch, Dr. sc. nat. Michael Gössel,
Dr. rer. nat. Martin Grabow, Prof. Dr. sc. nat. Dieter Hammer,
Dr. sc. nat. Heinrich Herre, Dr.-Ing. Bernd Hofmann,
Dr.-Ing. Wolfgang Jansen, Dr. rer. nat. Jürgen Kaltwasser,
Dr. sc. nat. Dietrich Koch, Dr. rer. nat. Werner Kolbe,
Dr. oec. Eberhard Kummerow, Prof. Dr. sc. nat. Karl-Heinz Kutschke,
Doz. Dr. sc. oec. Wolfgang Lassmann,
Prof. Dr. rer. oec. habil. Hans-Georg Lauenroth, Dipl.-Ing. Günter Laux,
Dr. rer. nat. Eberhard Matthäus, Prof. Dr. sc. nat. Hermann Walter Meier,
Dipl.-Math. Andreas Meißner, Dr. rer. nat. Heinz D. Modrow,
Doz. Dr. sc. oec. Johann Adolf Müller, Prof. Dr. sc. techn. Rainer Müller,
Dipl.-Phys. Rüger Oßwald, Prof. Dr. sc. nat. Rudolf Arthur Pose,
Dr. sc. techn. Dietmar Reinert, Prof. Dr. sc. techn. Karl Reinisch,
Doz. Dr. rer. nat. Dr.-Ing. habil. Kurt Reinschke, Dr. rer. nat. Dieter Richter,
Dr.-Ing. Hans Rudolph, Dr.-Ing. Claus Sattler, Dr.-Ing. Hans-Jürgen Schiller,
Dr. phys.-math. Wiss. Wladimir Grigorjewitsch Sragowitsch,
Dr.-Ing. Bernd Straube, Dr. rer. nat. Bernhard Thalheim,
Dr. rer. nat. Wolfgang Uebel, Dr.-Ing. Hans-Michael Voigt,
Prof. Dr. rer. nat. habil. Horst Völz, Dr.-Ing. Ingo Wende,
Dr.-Ing. Dietrich Werner, Prof. Dr.-Ing. sc. techn. Wolfgang Wilhelmi,
Dipl.-Math. Achim Wittmüß, Dr.-Ing. Gottfried Wolf,
Prof. Dr.-Ing. habil. Gerhard Wunsch

Redaktionsschluß: Januar 1984

Erschienen im Akademie-Verlag Berlin, DDR - 1086 Berlin, Leipziger Straße 3–4

Lizenznummer: 202 · 100/420/85
Printed in the German Democratic Republic
Gesamtherstellung: VEB Druckerei „Gottfried Wilhelm Leibniz“,
4450 Gräfenhainichen
Lektor: Dipl.-Phys. Gisela Lagowitz
LSV 1097
Bestellnummer: 763 407 8 (6297/E)
06000

Vorwort zum Ergänzungsband

Es sei noch einmal an das im Vorwort zum Lexikon der Kybernetik Gesagte erinnert, daß es weniger darauf ankommen sollte, eine allen Gesichtspunkten gerecht werdende Definition der Kybernetik zu finden als vielmehr das jeweilige Gebiet kybernetischer Forschungen genau zu bestimmen. Das große Gebiet der Kybernetik-Forschung in der DDR hat sich in den zurückliegenden vier Jahren seit Erscheinen des Lexikons der Kybernetik nicht geändert, nur das Spektrum der – in Übereinstimmung mit den höheren gesellschaftlichen Anforderungen – zu lösenden Aufgabenstellungen ist für bestimmte Gebiete konkreter und ganz allgemein umfangreicher geworden. Die Forcierung der weiteren Entwicklung der Mikroelektronik, der zielgerichtete und zweckentsprechende Einsatz der Robotertechnik, die stärker als bisher geforderte Rationalisierung in der Sphäre der materiellen Produktion, d. h. die Vervollkommnung der Automatisierungsmittel, die Automatisierung ganzer Produktionsabschnitte bis hin zur Schaffung flexibler Fertigungssysteme, sowie die im Interesse der Produktivitätssteigerung zunehmende Notwendigkeit der rechnergestützten Arbeitsweise in allen gesellschaftlichen Bereichen sind anspruchsvolle Aufgaben, zu denen die Kybernetik-Forschung entscheidende praxiswirksame Beiträge zu leisten hat, ohne dabei die notwendige disziplingebundene Vertiefung ihrer Methoden zu vernachlässigen und ihre Grenzen zu eng zu ziehen.

Der Praxisbezug der Kybernetik-Forschung war deshalb auch das wesentliche Kriterium für die Auswahl und Darstellung der in diesen Ergänzungsband aufgenommenen Schlagworte. Das wissenschaftliche Redaktionskollektiv sah seine Verantwortung darin, diese Auswahl mit größter Sorgfalt vorzunehmen, um gegenwärtige Arbeitsrichtungen – allerdings unter dem Zwang der festgelegten alphabetischen Reihenfolge der Schlagworte – möglichst in ihrer Komplexität repräsentativ darzustellen. Mit voller Absicht sind deshalb auch Begriffe berücksichtigt worden, die nicht mehr neuestes Wissen darstellen, sondern inzwischen zur Allgemeinbildung des jeweiligen Fachmannes gehören. Wenn seit dem Redaktionsschluß im Januar 1984 bis zum Erscheinen dieses Bandes die dargestellten Ergebnisse und Kenntnisse schon wieder durch neueres, aktuelleres Wissen übertroffen werden, so sind sich die verantwortlichen Bearbeiter dieser Tatsache bewußt, ebenso wie sie wissen, daß Vollständigkeit – insbesondere auf einem sich in so starker Entwicklung befindlichen Gebiet – nicht Aufgabe eines Lexikons sein kann, und sie sich nur trösten können mit dem im Vorwort zu H. KOBLISCHKES Abkürzungsbuch (Leipzig 1969) gefundenen Ausspruch des englischen Schriftstellers und Lexikographen SAMUEL JOHNSON (1709–1794): „Wörterbücher sind wie Uhren; die schlechteste ist besser als gar keine, und von der besten kann man nicht erwarten, daß sie immer ganz richtig geht".

Die freundliche Aufnahme des vierbändigen Lexikons der Kybernetik, die in vielen Rezensionen in den verschiedensten Fachzeitschriften zum Ausdruck kommt, aber auch die zahlreichen kritischen Hinweise und förderlichen Ratschläge waren für die Erarbeitung dieses Ergänzungsbandes eine große Hilfe. Dafür möchte sich der Herausgeber auf diesem Wege noch einmal herzlich bedanken. Recht herzlich dankt er auch allen Autoren und den verantwortlichen Bearbeitern für die von ihnen geleistete Arbeit. Ein besonderer Dank gilt Herrn Prof. Dr. sc. nat. VOLKER KEMPE, der als Direktor des Zentralinstituts für Kybernetik und Informationsprozesse der AdW der DDR dieses Vorhaben jederzeit unterstützte und insbesondere der Arbeit des Herausgebers viel Verständnis entgegenbrachte. Der Dank gilt nicht zuletzt der im Verlag zuständigen Lektorin, Frau Dipl.-Phys. GISELA LAGOWITZ, für die jederzeit vertrauensvolle Zusammenarbeit, die sich schon bei der Erarbeitung der bisherigen vier Bände so förderlich auf das Gelingen des Werkes ausgewirkt hat.

Trotz aller Sorgfalt werden Unzulänglichkeiten an dieser oder jener Stelle sicher nicht ganz vermieden worden sein. Herausgeber und Verlag sind deshalb für alle Bemerkungen und kritischen Hinweise dankbar und bitten darum, diese an das Zentralinstitut für Kybernetik und Informationsprozesse der AdW der DDR, DDR - 1086 Berlin, Kurstraße 33 zu richten.

G. LAUX

Hinweise für den Benutzer

Der vorliegende Ergänzungsband ist in strenger Übereinstimmung mit dem vierbändigen Lexikon der Kybernetik aufgebaut. Er umfaßt einen Textteil, in dem die Beiträge alphabetisch nach Schlagworten geordnet sind, ein Verzeichnis von in der Literatur gebräuchlichen Abkürzungen sowie eine Schlagwortliste aller in den fünf Bänden enthaltenen Schlagworte in deutscher, englischer, russischer und französischer Sprache.

Die Schlagworte stehen im Nominativ Singular, Ausnahmen im Plural gibt es nur dort, wo es die inhaltliche Darstellung des Begriffes verlangt. Im zugehörigen Text wird zugelassen, das Schlagwort kommentarlos nur noch mit seinem (bzw. seinen) Anfangsbuchstaben und Punkt zu verwenden, z. B. „Datenbeschreibungssprache" mit „D." oder „Textkommunikation, elektronische" mit „e. T.".

Im Text *kursiv* gedruckte Wörter weisen ausschließlich auf eigenständige Schlagworte an anderer Stelle des nunmehr fünfbändigen Lexikons hin.

Für einfach zusammengesetzte Schlagworte erfolgt die Ordnung nach dem Substantivum regens, z. B. „*Compiler, optimierender*" oder „*Datenmodell, hierarchisches*". Ausnahmen bilden Schlagworte, die als Terminus technicus zum Allgemeingut des jeweiligen Fachgebietes geworden sind, z. B. „*Abstrakte Datentypen*" oder „*Digitale Bildverarbeitung*". Komposita werden als Substantiv nach ihrem Anfangsbuchstaben eingeordnet, z. B. „*Compiler-Compiler*", „*Mehrprozessorsystem*" oder „*Pipeline-Prinzip*".

Bei Schlagworten, die aus mehreren Wörtern bestehen, ist der für die Kennzeichnung des Inhalts wesentlichste Begriff vorangestellt, z. B. „*Automatisierung wissenschaftlicher Forschungsarbeiten*", „*Informationsprozesse, Grundoperationen*" oder „*Operative Lenkung der Produktion*".

Bei Schlagworten, die Eigennamen enthalten, wird dieser vorangestellt, z. B. „BOOLE*scher Differentialkalkül*", „OSTROWSKI-*Bänder*" oder „SHEGALKIN-*Polynom*".

Schlagworte aus dem Englischen, die in ihrer Originalschreibweise Eingang in die deutsche Fachsprache gefunden haben, werden auch in dieser Schreibweise nach ihrem Anfangsbuchstaben alphabetisch eingeordnet, z. B. „*Computer Aided Design*", „*Debugging*", „*Fuzzy-Steuerung*" oder „*Scheduling*".

Zusätzlich sind zahlreiche Verweise aufgenommen worden, die jeweils auf das Schlagwort hinweisen, das Aufschluß über den betreffenden Begriff gibt.

Es wurde angestrebt, durchgängig für ein und denselben Begriff auch ein und dasselbe Formelzeichen zu verwenden. Unterschiede gibt es allerdings dort, wo die in den verschiedenen Fachgebieten benutzten Schreibweisen seit Jahren üblich sind und eine kompromißlose Vereinheitlichung nur zu Mißverständnissen führen würde.

Im Abkürzungsverzeichnis wird der sprachlichen Auflösung der Abkürzung eine kurze textliche Erläuterung hinzugefügt. Darauf verzichtet wurde bei solchen Abkürzungen, die schon durch die sprachliche Auflösung genügend erklärt sind oder die an anderer Stelle im Lexikon ausführlich erläutert werden.

Die Schlagwortliste ist nach den deutschen Schlagworten alphabetisch geordnet und kann mit der zusätzlich vorhandenen Angabe des betreffenden Bandes und der Seitenzahl zugleich als Schlagwortverzeichnis zum schnelleren Auffinden der gewünschten Textstelle benutzt werden. Alphabetische Verzeichnisse in englischer, russischer und französischer Sprache ermöglichen auch den Zugang zu den Textstellen aus der Fremdsprache.

Für interessierte Leser enthält das Lexikon – allerdings nicht mehr im Ergänzungsband, sondern nur in den bisherigen vier Bänden – in beschränktem Umfang einschlägige Firmen, Institutionen, Organisationen und Zeitschriften. Sie werden unter ihrem Originalnamen geführt und sind entsprechend alphabetisch eingeordnet. Sowjetische Institutionen, Organisationen und Zeitschriften werden in der deutschen Übersetzung angegeben. Die Originalbezeichnung in kyrillischer Schrift steht, nach dem russischen Alphabet geordnet, unter den in das Lexikon aufgenommenen Hinweisschlagworten „*Firmen*“, „*Institutionen*“, „*Organisationen*“ und „*Zeitschriften*“.

A

Ablaufsteuerung – Steuerung, bei der die Steuergröße oder die Führungsgröße (für eine untergeordnete Steuerung) von den Werten (von den Abläufen) bestimmter Zustandsgrößen des gesteuerten Systems und einem gegebenen Programm abhängig ist. Beispiele hierfür sind eine Aufzugssteuerung und die Stillsetzung bzw. Umkehr des Vorschubs einer Werkzeugmaschine durch einen Grenzwertschalter, der den Weg des Werkzeugs begrenzt. Auf diese Weise kann ein Arbeitstakt beendet und entsprechend einem eingegebenen Programm ein neuer ausgelöst werden. Zur Aufnahme des Programms dient ein Programmgeber. Meist werden die maßgebenden *Zustandsgrößen* nur auf die Erfüllung bestimmter Bedingungen geprüft und nehmen auch die Ausgangsgrößen (Steuer- oder Führungsgrößen) nur zwei Werte an. Der *Steuerungsalgorithmus* ist dann eine BOOLE*sche Funktion* und kann deshalb durch ein *Schaltsystem* realisiert werden. Die A. werden zusammen mit den Zeitplansteuerungen auch als Programmsteuerungen bezeichnet.

K. REINISCH

Literatur: REINISCH, K.: Kybernetische Grundlagen und Beschreibung kontinuierlicher Systeme. Berlin: VEB Verlag Technik 1974.

Abstrakte Datentypen – algebraisch spezifizierte Datenstrukturen. Jeder a. D. wird beschrieben durch eine Menge von Operationen (über einen definierten Gültigkeitsbereich) und eine Menge von Axiomen, die von diesen Operationen erfüllt werden müssen. Die Lösungen dieses Gleichungssystems sind Datenstrukturen.

Als Beispiel sei die Spezifikation eines Kellers S über Datenelementen E angegeben. Die Operationen sind:

∅: $\rightarrow S$
push: $S \times E \rightarrow S$ (Einkellern eines Datenelements)
pop: $S \rightarrow S$ (Löschen der Kellerspitze)
top $S \rightarrow E$ (Abfragen der Kellerspitze)

Die dazugehörigen Axiome lauten:

pop (∅) = error (Fehlersituation)
pop(push(s, e)) $= s$

top (∅) = error (Fehlersituation)
top(**push**(s, e)) = e

In neueren *Programmiersprachen* sind Konzepte zur Unterstützung der Arbeit mit a. D., allerdings meist in Form der funktionalen Implementierung eines Modells enthalten.

W. ASSMANN

Literatur: GOGUEN, J. A., J. W. THATCHER a. E. G. WAGNER: An initial algebra approach to the specification, correctness and implementation of abstract data types. In: Current Trends in Programming Methodology, ed. by R. T. YEH, vol. IV. Englewood Cliffs: Prentice Hall, Inc. 1978.

Abtastregelung – s. *Regelung.*

Abtastsystem – System der *Informationsübertragung* oder Steuerung, in dem kontinuierliche Signale (z. B. Sprachsignale oder gemessene Prozeßgrößen) nur zu diskreten Zeitpunkten abgetastet und als diskontinuierliche Signale (Folge von Meßwerten) übertragen bzw. verarbeitet werden. Das ist erforderlich bei zeitgestaffelter Übertragung mehrerer Signale über einen Übertragungskanal, bei diskontinuierlich arbeitenden (Analyse-) Meßgeräten und bei Einsatz von digitalen (diskontinuierlich arbeitenden) *Prozeßrechnern* an kontinuierlichen Prozessen. Für die Rekonstruierbarkeit eines kontinuierlichen Signals aus den Abtastwerten bestehen Mindestforderungen an die Abtastfrequenz (s. *Abtasttheorem*). Die mathematische Beschreibung von Abtastsystemen erfolgt durch Differenzengleichungen und (zeit-) diskrete Zustandsgleichungen oder im Bildbereich mit Hilfe der *z-Transformation,* die eine *diskrete* LAPLACE-*Transformation* (für zeitdiskrete Signale) darstellt.

K. REINISCH

Literatur: GÜNTHER, M.: Analyse und Synthese zeitdiskreter/digitaler Steuerungssysteme. In: Taschenbuch Elektrotechnik in 6 Bänden, hrsg. von E. PHILIPPOW, 2. vollständig neu bearbeitete Neuauflage. Berlin: VEB Verlag Technik 1985; FÖLLINGER, O.: Lineare Abtastsysteme, 2. Auflage. München – Wien: R. Oldenbourg Verlag 1982; ZYPKIN, J. S.: Grundlagen der Theorie automatischer Systeme. Berlin: VEB Verlag Technik 1981.

Abtasttheorem – (Probensatz, Sampling-Theorem) ein Satz der *Informationstheorie,* der die Bedingungen formuliert, unter denen eine Zeitfunktion durch eine Impulsfolge ohne Informationsverlust dargestellt werden kann.

Es seien $x(t)$ eine Zeitfunktion mit frequenzbeschränktem Spektrum im Intervall und $x_m = x\left(\frac{m}{2f_0}\right)$, $m = -\infty, \dots, +\infty$, eine Folge äquidistanter Abtastwerte von $x(t)$.

Dann gilt $x(t)=\sum_{m=-\infty}^{m=+\infty} x_m \cdot \frac{\sin \pi (2f_0t-m)}{\pi (2f_0t-m)}$.

Die Funktionen $s_m(t)=\frac{\sin \pi (2f_0t-m)}{\pi (2f_0t-m)}$ sind die sogenannten Spaltfunktionen.

$s_m(t)$ nimmt am Abtastpunkt $t=\frac{m}{2f_0}$ den Wert Eins an und verschwindet an allen übrigen Abtastpunkten. Die Spaltfunktionen sind auf der unendlich langen Zeitachse definiert, bei Beschränkung auf endliche Intervalle entstehen Seitenbänder mit unendlich hohen Frequenzen. Durch Beschränkung auf das Frequenzband $0 \leqq f \leqq f_0$ läßt sich $x(t)$ in jedem Falle aus der Summandenstellung der Spaltfunktionen zurückgewinnen.

Das A. kann auf den Fall eines beliebigen endlichen Frequenzbandes $0 \leqq f_1 < f \leqq f_2$ verallgemeinert werden.

Das A. formuliert einen Idealfall, der in der Praxis nicht erreicht wird, da ideale Bandpässe physikalisch nicht realisierbar sind. Es gilt streng nur für deterministische Signale. Bei stationären, nichtperiodischen Zufallssignalen gilt die Darstellung nur in einem zeitlich beschränkten Intervall. Trotz dieser Einschränkungen besitzt das A. erhebliche theoretische und praktische Bedeutung.

K. FRITZSCH

Literatur: SPĂTARU, A.: Theorie der Informationsübertragung. Berlin: Akademie-Verlag 1973.

Ada — Die universelle *Programmiersprache* Ada ist nicht nur wegen der Vielzahl der enthaltenen Sprachkonzepte interessant, sondern auch wegen ihrer ungewöhnlichen Entwicklungsgeschichte. Wegen der ständig steigenden Anzahl von existierenden und eingesetzten Programmiersprachen und der dadurch verursachten Problematik vor allem in großen Programmsystemen orientierte das US-amerikanische DoD (Department of Defense) gegen 1974 auf den zukünftigen Einsatz nur einer einzigen Programmiersprache. Hierzu wurden zunächst die Anforderungen an eine solche Sprache formuliert und auf breiter Ebene diskutiert und konkretisiert. Das Ergebnis lag 1978 mit dem sog. STEELMAN-Bericht vor. Die bereits existierenden Sprachen wurden sorgfältig mit diesem Forderungsprogramm verglichen, wobei festgestellt wurde, daß keine dieser Sprachen hinreichend geeignet ist. Innerhalb dieser Untersuchung wurden ferner *PASCAL*, *PL/1* und *ALGOL* 68 als Ausgangspunkte für die Entwicklung der endgültigen Sprache festgelegt sowie einige Eigenschaften von RTL/2 und LIS als besonders interessant klassifiziert. Auf dieser Basis wurden schließlich Sprachvorschläge von verschiedenen Compiler-Entwicklern ausgearbeitet, von denen 1979 das bei CII Honeywell

Bull unter Leitung von J. D. Ichbiah ausgearbeitete Projekt angenommen wurde. Diese Sprache wurde nach Augusta Ada Lovelace, der Assistentin des genialen Konstrukteurs von Rechenmaschinen Charles Babbage (1792–1871), benannt, die als erste Programmiererin der Welt gilt. Die vorläufige Sprachdefinition vom Juni 1979 wurde nochmals überarbeitet und als endgültige Version im Juli 1980 herausgegeben. In der Zwischenzeit wurden im Rahmen der weltweiten *Implementierung* von *Compilern* weitere Änderungsvorschläge gemacht und bei der endgültigen Standardisierung berücksichtigt. Ada ist die leistungsfähigste Programmiersprache der Gegenwart und gleichzeitig aufgrund ihrer Eigenschaften eine Herausforderung an die Compiler-Hersteller, so daß erst 1983 erste Compiler bereitgestellt wurden, die die strengen Qualitätsforderungen erfüllen.

Die wesentlichsten Eigenschaften von Ada sind das sehr breit ausgebaute Typkonzept, das auch die (prozedurale) Definition *abstrakter Datentypen* zuläßt, die Möglichkeiten der *separaten Compilierung*, die Unterstützung der Parallelverarbeitung und die Behandlung von Ausnahmebedingungen während der Programmabarbeitung. Ferner ist sowohl der Top-down-Entwurf als auch der Bottom-up-Entwurf von großen Programmsystemen möglich, wobei die Ada-Programmier- und Testumgebung einen großen Beitrag zur effektiven Herstellung zuverlässiger *Software* leistet.

Die Lexik von Ada gestattet die Verwendung von Groß- und Kleinbuchstaben sowie von Ziffern und des Unterstreichungszeichens innerhalb von Identifikatoren, die außerdem beliebig lang sein dürfen. Zusammen mit der Kommentarschreibweise (Kommentare beginnen mit „– –“ und enden am Zeilenende) ermöglicht sie gut lesbare, selbstdokumentierende Programme. Durch die Unterteilung großer Programmsysteme in kleinere Einheiten, insbesondere in Programmpakete (packages), die neben der Definition spezifischer *Datentypen* auch alle Operationen mit Objekten dieser Datentypen enthalten, wird ein Grundprinzip der strukturierten Programmierung unterstützt.

Ein solches Programmpaket wird unterteilt in einen von außen (also vom Nutzer) sichtbaren Teil, der alle Informationen enthält, die für einen Nutzer des Programmpakets von Interesse sind, also letztlich das *Interface* des Programmpakets, und einen nicht sichtbaren Teil (Programmpaket-Körper), der interne Deklarationen und die Algorithmen enthält. Durch das folgende Programmpaket wird der Datentyp „Keller“ bereitgestellt, und zwar für reelle Zahlen und eine maximale Kellergröße von 100:

```
package STACK is                  --Spezifikationsteil
   MAX: constant:=100;            --Kellergröße
   S: array (1..MAX) of REAL;     --Keller
   procedure PUSH(X: REAL);       --Interface für PUSH
```

```
  function POP return REAL;         --Interface für POP
end;

package body STACK is               --Programmpaketkörper
  PTR: INTEGER range 0..MAX;        --Kellerzeiger
  procedure PUSH(X: REAL) is        --Einkellerungsoperation
  begin
    PTR:=PTR+1;
    S(PTR):=X;
  end PUSH;
  function POP return REAL is       --Auskellerungsoperation
  begin
    PTR :=PTR-1;
    return S(PTR+1);
  end POP;
begin                               --Programmpaket-Initialisierung
  PTR :=0;
end STACK;
```

Der Aufruf dieser Prozeduren kann mittels STACK.PUSH(Y) bzw. Y: = STACK.POP(); durchgeführt werden.

Spezifikationsteil und Körper bilden selbständige Compilierungseinheiten und können unabhängig voneinander übersetzt werden, wobei allerdings vom Compiler die Übereinstimmung der Interface-Beschreibung mit der tatsächlichen Implementierung im Programmpaketkörper überprüft wird.

Falls der Datentyp Keller nicht nur für reelle Zahlen benötigt wird, würde das für jeden weiteren Elementtyp ein weiteres Programmpaket erfordern. Durch Anwendung von generierbaren Programmpaketen kann nun ein einziges Programmpaket nach Bedarf weitere Programmpakete für andere Kellergrößen und Elementtypen erzeugen. Dazu ist lediglich im obigen Beispiel der Spezifikationsteil wie folgt abzuändern:

```
generic
  MAX:INTEGER;                      --1. Parameter: Kellergröße
  type ELEM is private;             --2. Parameter: Elementtyp
package STACK is
  S: array (1..MAX) of ELEM;
  procedure PUSH(X: REAL);
  function POP return ELEM;
end;
```

Um wiederum mit einem Keller der maximalen Länge 100 für reelle Zahlen arbeiten zu können, ist nun folgende Anweisungsfolge notwendig:

```
declare
   package MY_STACK is new STACK (100, REAL);
                                   -- Anlegen des speziellen Kellers
   use MY_STACK;                   -- Vereinfachte Schreibweise
begin
   ...
   PUSH(Y);                        -- anstelle MY_STACK.PUSH
   ...
   Y:=POP();                       -- anstelle MY_STACK.POP
   ...
end;
```

Es ist auf die gleiche Weise aber auch möglich, ein Programmpaket für die Verarbeitung beliebig komplizierter Datentypen (Felder, Records) herzustellen.

Als weitere Ergänzung zu diesem Beispiel sei die Behandlung von Ausnahmebedingungen dargestellt, wie sie hier beim Überschreiten der Kellergrenzen auftreten können. Ergänzt man im Spezifikationsteil die Deklaration einer Ausnahmebedingung

```
ERROR: exception;
```

sowie in den Prozeduren PUSH bzw. POP die Anweisungen

```
if PTR=MAX then                    -- Überlauf in PUSH
   raise ERROR
end if;
```

bzw.

```
if PTR=0 then                      -- Unterlauf in POP
   raise ERROR
end if;
```

so führt eine Überschreitung der Kellergrenzen zur Ausnahmebedingung ERROR. Im aufrufenden Programm kann darauf geeignet reagiert werden:

```
declare                            -- Anlegen des Kellers
   package MY_STACK is new STACK (100, REAL);
   use MY_STACK;
begin
   ...
   PUSH(Y);
   ...
   Y:=POP();
```

```
exception                      --Ausnahmebehandlungsteil
  when ERROR =>
  ...                          --Anweisungsfolge zur Behandlung
                                 von Indexüberschreitungen
end;
```

Für die Echtzeitverarbeitung bietet Ada eine Reihe spezieller Anweisungen. Solche Programmteile, die parallel zueinander ablaufen sollen, werden ähnlich wie Programmpakete als **task**'s deklariert. Der Start einer **task** erfolgt automatisch, wenn der Anweisungsteil der Programmeinheit aktiviert wird, in dem die Deklaration der **task** erfolgte. Fundamentales Kommunikations- und Synchronisationsmittel zwischen **task**'s ist das sog. Rendezvous. Hierzu werden bei der Deklaration einer **task** auch Eingänge (**entry**) deklariert und die dazugehörigen Aktionen in **accept**-Anweisungen zusammengefaßt. Soll ein bestimmter Eingang einer **task** von einer anderen **task** aus aktiviert werden, so erfolgt dies durch eine einem Prozeduraufruf ähnliche Anweisung, bei der neben dem **entry**-Namen auch Parameter übergeben werden. Ein solches Rendezvous wird in mehreren Etappen durchgeführt:

- Synchronisationsphase: Die aufrufende **task** arbeitet bis zum Erreichen des **entry**-Aufrufs, die gerufene **task** bis zum Erreichen dieses Eingangs (**accept**-Anweisung); beide warten jeweils aufeinander.
- Datenaustausch und -verarbeitung: Der gerufenen **task** werden die Parameterwerte übergeben, die **accept**-Anweisung wird ausgeführt, und gegebenenfalls erfolgt die Bereitstellung von Resultaten als Parameterwert für die rufende **task**.
- Rendezvousbeendigung: Beide **task**'s arbeiten unabhängig voneinander weiter bis zum Erreichen eines neuen **entry**-Aufrufs oder Eingangs.

Durch verschiedene Möglichkeiten zur Beeinflussung des Rendezvousverhaltens (**select**-Anweisung) und zur Zeitsteuerung (**delay**-Anweisung) wird Ada allen Anforderungen an eine Echtzeitverarbeitungssprache gerecht.

Das Typkonzept von Ada enthält numerische Typen, Zeichenketten, Aufzählungen, Felder, Records und Pointer, ferner lassen sich zu jedem Typ Teilmengen (**subtypes**) definieren. Durch die Verwendung von sog. Attributen können während der Laufzeit im Anweisungsteil Informationen über Typeigenschaften gewonnen werden (z. B. über die aktuellen Feldgrenzen eines Feldparameters in einem Unterprogramm). Durch die Möglichkeit, Operatoren zu „überladen", kann die Lesbarkeit von Programmen wesentlich erhöht werden (Verwendung von Operatoren wie „+" und „−" anstelle von Funktionsaufrufen und typgerechtes Verarbeiten durch den Compiler).

Ferner kann auf die rechnerinterne Datendarstellung Einfluß genommen werden. Das betrifft einerseits die Genauigkeit von Zahlen, andererseits aber auch die Codierung und Adressierung von Objekten. Es ist auf diese Weise möglich, das Programmverhalten maschinenunabhängig zu machen, aber auch spezielle Maschineneigenschaften zu berücksichtigen. Zusammen mit den strengen Qualitätsforderungen an die Ada-Compiler ist deshalb die *Portabilität* von Ada-Programmen weitgehend gewährleistet.

W. ASSMANN

Literatur: LEDGARD, H.: Ada – an introduction. Ada reference manual (July 1980). Berlin, Heidelberg, New York: Springer-Verlag 1981.

Adaptive Regelung – selbstanpassende, selbsteinstellende, selbstoptimierende Regelung; ein *Steuerungssystem* mit der Fähigkeit, bei einer gewissen Anfangsunbestimmtheit und sich ändernden Arbeitsbedingungen einen bestimmten – gewöhnlich optimalen – Systemzustand zu erreichen und aufrechtzuerhalten. Die Anpassung (*Adaption*) an die jeweiligen Arbeitsbedingungen erfolgt durch Veränderung der Parameter, der Systemstruktur und, wenn möglich, der steuernden Einwirkungen auf Grund von Informationen, die während der Steuerung erworben wurden. Zur Beurteilung des Systemzustandes wird i. allg. ein Kriterium herangezogen. Aus dem laufenden Vergleich von erreichter und gewünschter Güte werden Maßnahmen abgeleitet, die in Richtung Güteverbesserung zielen. Das Adaptionsproblem ist somit interpretierbar als Optimierungsproblem, das unter der Bedingung unvollständiger bzw. fehlender A-priori-Information zu lösen ist. Die Steuerung dient nicht nur der eigentlichen Prozeßführung, sondern auch der Beschaffung von Information zum Abbau der Anfangsunbestimmtheit (Systemerkennung, *Identifikation*). Diesem zweifachen (dualen) Charakter der Stellgröße trägt das Konzept der dualen Steuerung Rechnung, das die Probleme „Identifikation" und „Optimierung" unter Berücksichtigung ihrer Abhängigkeit vereinigt. Die Lösung dualer Steuerungsaufgaben ist jedoch sehr aufwendig und daher nur in einfachen Fällen durchführbar.
Die Entwicklung adaptiver Regler wurde motiviert durch die begrenzten Möglichkeiten konventioneller *Regelungssysteme*, Prozesse mit unbekannten oder veränderlichen Übertragungseigenschaften zufriedenstellend zu steuern. Die Adaptionsfähigkeit ist somit eine natürliche Erweiterung des klassischen Regelungskonzepts. Diese Erweiterung führt zu einer Überlagerung des konventionellen Regelungssystems durch ein Anpassungssystem (s. Abb.) mit den Funktionen Identifikation (Erkennung), Entscheidungsprozeß (Entwurf), Modifikation (Einstellung). Die Identifikationsstufe verarbeitet die verfügbare Meßinformation zur Systemerkennung (z. B. Parameter- und Zustandsschätzung), wobei A-priori-Information einfließen kann. Der Entscheidungsprozeß umfaßt die Umsetzung der Identifikationsergebnisse in

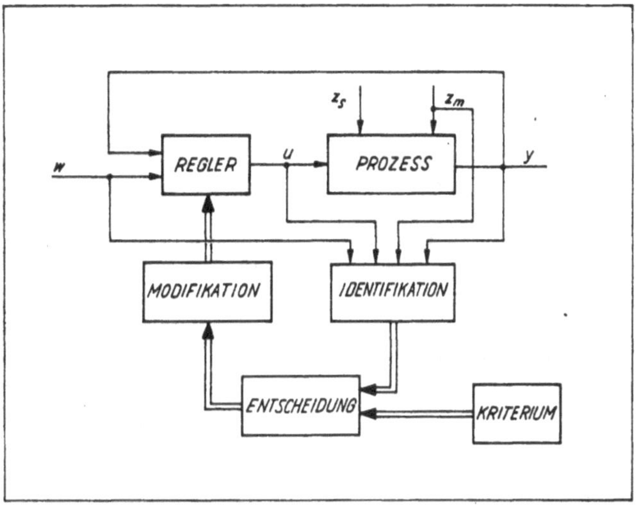

Adaptives Regelungssystem

eine Reglerveränderung gemäß dem vorgegebenen Gütemaß (z. B. neue Reglerparameter). Die Modifikation schließlich führt die Reglerveränderung aus (z. B. Parameterverstellung), die der Regelung einen nichtlinearen Charakter verleiht.

Bei vielen a. R. ist eine klare Abgrenzung der drei Funktionseinheiten nicht möglich. Je nach regelungstechnischer Aufgabenstellung wird unterschieden in parameteradaptive Regelungen (Die Prozeßparameter sind unbekannt bzw. veränderlich. Der adaptive Regler reagiert mit entsprechenden Reglerparameteränderungen.), signaladaptive Regelungen (Der adaptive Regler paßt sich dem jeweiligen Charakter der Signale, z. B. Führungssignale, an.) sowie strukturadaptive Regelungen (Die Anpassung an unterschiedliche Arbeitsbedingungen erfolgt durch strukturelle Veränderungen – Strukturumschaltungen. Dazu steht i. allg. eine begrenzte Anzahl von (Regler-)Strukturen zur Auswahl.). Gegenwärtig besitzen parameteradaptive Regelungen die größte Bedeutung. Zu ihnen gehören die selbstoptimierenden adaptiven Regelungen und die *modelladaptiven Regelungen.*

Rekursive *Parameterschätzverfahren* bzw. Verfahren zur simultanen Zustands- und Parameterschätzung (adaptive *Beobachter*) sind eine spezielle Form *adaptiver Systeme* zur Lösung von Identifikationsaufgaben. Ein einstellbares Modell gegebener Struktur wird durch selbsttätige Parameterverstellung dem statischen und dynamischen Verhalten eines realen Objekts angepaßt. Als Bestandteil selbstoptimierender adaptiver Regelungssysteme müssen diese Verfahren im On-line/Echtzeitbetrieb arbeiten.

Die Realisierung a. R. erfordert auf Grund des Umfangs und des Charakters (nichtlinear, zeitvariabel) entsprechender Algorithmen den Einsatz von *Digitalrechnern* (Prozeßrechner, *Mikrorechner*). Adaptive Prozeßregelungen sind somit eine spezielle Form von *DDC*-Regelungen.

G. BILLERBECK

Literatur: ASHER, R. B., D. ANDRISANI a. P. DORATO: Bibliography on adaptive control systems. Proc. IEEE, New York **64** (1976) 8; ZYPKIN, J. S.: Adaption und Lernen in kybernetischen Systemen. Berlin: VEB Verlag Technik 1970; ФЕЛЬДБАУМ, А. А.: Теория дуального управления, ч. I–IV. Автоматика и Телемеханика, Москва *9* и *11* (1960), *1* и *2* (1961).

Adaptives System – ein Begriff, der sich auf verschiedene Arten kybernetischer Systeme bezieht, so z. B. gesteuerte Systeme, erkennende Systeme, identifizierende Systeme, Filter usw., die unter Bedingungen der Unbestimmtheit arbeiten, d. h., die in einer Umgebung oder unter Bedingungen arbeiten, über die nicht genügend A-priori-Informationen vorliegen. Als zusammenfassender Begriff ersetzt er solche bisher gebräuchlichen Begriffe wie selbstanpassendes System, selbstorganisierendes System u. a.

Während ein nichtadaptives System die gewünschte Funktion der Steuerung, Erkennung usw. für eine einzige spezielle Umgebung gewährleistet, erfüllt das a. S. diese Funktion für alle Umgebungen einer bestimmten Klasse. Das erste adaptive Steuerungssystem war der adaptive *Autopilot*, der ein Flugzeug unter beliebigen Wetterbedingungen auf einem vorgegebenen Kurs hält.

Zunächst erwartete man, daß man das Verhalten eines zu steuernden Objekts unter a priori unbekannten Bedingungen nach den biologischen und physiologischen Gesetzmäßigkeiten steuern könne, nach denen sich lebende Organismen an eine unbekannte Umgebung anpassen oder adaptieren. Diese Erwartungen haben sich nicht erfüllt, führten aber zu dem Namen „Adaptive Systeme".

Die formale Behandlung a. S., die gegenwärtig die naive Behandlung zunehmend ersetzt, führt zu einer strengen mathematischen Theorie. In der formalen Theorie wird ein zu steuerndes Objekt und ein Ziel der Steuerung eingeführt. Die gewöhnliche, klassische Steuerungstheorie untersucht Methoden, *Algorithmen, Strategien,* um das gewünschte Ziel für das betrachtete Objekt zu erreichen. Im Unterschied dazu werden in der Theorie der adaptiven Steuerung Algorithmen oder Strategien zur Steuerung für eine Klasse von Objekten abgeleitet, wobei vorher und während der Steuerung nicht bekannt ist, welches Objekt der Klasse zu steuern ist. Die fehlende Information über das zu steuernde Objekt führt dazu, daß im Vergleich zur nichtadaptiven Steuerung die „Geschwindigkeit" der Annäherung an das Ziel langsamer ist und die Algorithmen komplizierter sind. In der Regel sind adaptive Strategien nicht stationär, benötigen ein großes Gedächtnis und verwenden die Vorgeschichte des zu steuernden Prozesses. Das Ziel wird allgemein für den Grenzfall einer unendlich langen Zeit formuliert.

Eine relativ allgemeine Methode, eine adaptive Strategie zu erhalten, ist die sog. identifizierende Methode. Sie besteht darin, gleichzeitig unbekannte Parameter des zu steuernden Systems zu schätzen und nach den jeweils aktuell geschätzten Parametern die optimale, zum Ziel führende Strategie zu berechnen. Diese Vorgehensweise ist verbreitet, jedoch nicht universell. Andere Methoden sind spezifischer zugeschnitten auf Objekte mit diskreter oder kontinuierlicher Zeit, zur Optimierung eines Funktionals oder zur Stabilisierung eines Prozesses. Das Problem der Stabilisierung bei stetiger Zeit wird seit den 50er Jahren in einer sehr großen Anzahl von Arbeiten für Klassen von linearen *Differentialgleichungen* untersucht. Dabei ist eine Strategie zu finden, die die Lösung einer unbekannten Differentialgleichung der betrachteten Klasse asymptotisch stabil oder dissipativ macht. Oftmals wird die Strategie in Form einer quadratischen Differentialgleichung angegeben. Für diskrete Zeit werden besonders lineare Differenzengleichungen betrachtet. Besondere Aufmerksamkeit ruft dabei die sog. Etalon-Aufgabe hervor. Die Bewegung eines beliebigen Objekts der betrachteten Klasse ist bei dieser Aufgabe an eine vorgegebene Bewegung des *Etalons* anzunähern.

Am weitesten entwickelt scheinen adaptive Optimierungsaufgaben mit diskreter Zeit zu sein, obwohl sie erst seit Mitte der 60er Jahre bearbeitet werden. Zur Zeit kann die optimale adaptive Steuerung von Klassen homogener MARKOW-Ketten als abgeschlossen angesehen werden. Es wurde gezeigt, daß adaptive Strategien existieren, die ein *Funktional* – den Grenzwert des mittleren Gewinns pro Schritt – für eine beliebige unbekannte MARKOW-*Kette* optimieren. Diese Strategien sind konstruktiv bestimmt. Auch ist die Aufgabe gelöst, das *Extremum* für ein Funktional bei Beschränkungen für andere Funktionale zu bestimmen. Besonders zahlreich sind die Arbeiten zur Steuerung von für die Anwendungen wichtigen homogenen Prozessen mit unabhängigen Zufallsgrößen. Für diese Prozesse ist die Methode der *stochastischen Approximation* ausgearbeitet worden, und *endliche Automaten* wurden erstmals zu ihrer Steuerung verwandt. Die Theorie der Steuerung von MARKOW-*Prozessen* mit stetiger Zeit wird gegenwärtig erarbeitet. Im Falle kompakter Zustandsmengen wurden fast abschließende Resultate erzielt. Außerdem wird die Steuerung von gewissen Klassen von *stochastischen Differentialgleichungen* untersucht, wobei es bisher aber noch wenig fundierte Resultate gibt. Ferner existiert eine Theorie der adaptiven Steuerung *stationärer Zufallsprozesse*. Begonnen wurden auch Untersuchungen von teilweise beobachtbaren MARKOW-Ketten.

Auch in der *mathematischen Statistik* entwickelten sich adaptive Verfahren, unter ihnen sog. robuste Verfahren, d. h. Verfahren, die unempfindlich bezüglich der Art der *Wahrscheinlichkeitsverteilung* der betrachteten *Zufallsgröße* sind.

W. G. Sragowitsch

Literatur: Сраговић, В. Г.: Адаптивное управление. Москва: Изд. Наука 1981.

Aggregat-Modellierung großer Systeme – Konzeption der algorithmischen Modellierung. Die Methodologie der algorithmischen Modellierung wird gegenwärtig auf der Ebene der *mathematischen Modellierung* und auf der Ebene der programmtechnischen Umsetzung weiterentwickelt. Die Methodik der von Buslenko begründeten Aggregat-Darstellung besteht aus den folgenden zwei Etappen: 1. Das zu untersuchende System wird als eine Gesamtheit relativ selbständiger Aggregate dargestellt, die in Abhängigkeit vom System selbst abgesondert werden. Diese Aggregate können durch vereinheitlichte *mathematische Modelle* beschrieben werden. 2. Das Verhalten als System insgesamt wird durch ein sog. A-System realisiert, das sich durch Herstellung der Verbindung zwischen den Aggregaten ergibt.

Die Modellierung beruht auf der Zustandsdarstellung, wobei der Zustandsraum in disjunkte Gebiete aufgeteilt wird. Der *Algorithmus* teilt sich auf in a) Zustandserkennung, d. h. Zuordnung des konkreten Systemzustands zu einer Klasse sich bezüglich der Zustandsänderung entsprechender Systemzustände, und b) Realisierung der dieser Klasse entsprechenden Entscheidung über den weiteren Verlauf der *Trajektorie*.

Modellierung des Aggregats: Grundlegendes Prinzip der Modellierung des Systems, das als Aggregat bezeichnet wird, ist die Zustandsdarstellung. Dabei gilt $\boldsymbol{x} \in X$, wobei $\boldsymbol{x}$ den Zustandsvektor und X den n-dimensionalen Zustandsraum darstellen. Im allgemeinen ändern sich die *Zustandsgrößen* mit der Zeit, d. h., der Vektorfunktion $\boldsymbol{x}(t)$ entspricht eine Trajektorie im Zustandsraum. Dabei kann $x_i(t)$ eine Realisierung einer *Zufallsgröße* $X_i(t)$ mit bekannter *Wahrscheinlichkeitsverteilung* darstellen. Ist das Aggregat autonom, so wird sein Verhalten vollständig durch seinen Anfangszustand $\boldsymbol{x}(t_0)$ gekennzeichnet. Unter der Voraussetzung, daß die Systemparameter und die Systemstruktur konstant bleiben, ergibt sich

$$\boldsymbol{x}(t) = H[\boldsymbol{x}(t_0), t] ,$$

wobei der Übergangsoperator H im allgemeinen einen Zufallsoperator darstellt. In bestimmten Zeitpunkten t_j wirken auf das System durch die Umgebung bedingte diskrete äußere Einwirkungen ein, so Eingangsgrößen $\boldsymbol{f}^j \in F$, die in den Zeitpunkten t_j $(j=1,\ 2, \ldots, t_{j+1} \geqq t_j)$ eintreten. Im allgemeinen kann $(t_j, \boldsymbol{f}^j)$ eine Realisierung eines Zufallsvektors mit bekannter Wahrscheinlichkeitsverteilung darstellen, wobei $\boldsymbol{f}^j$ als Eingangsvektor bezeichnet wird. Die Trajektorie des Aggregats kann durch zielgerichtete Einwirkungen (Steuergrößen) $\boldsymbol{u}^i \in U$ gesteuert werden, die in den Zeitpunkten $\tau_i (i=1, 2, \ldots, \tau_{i+1} \geqq \tau_i)$ eintreten. Auch der Steuervektor $\boldsymbol{u}^i$ stellt im allgemeinen eine Realisierung eines Zufallsvektors dar.

Das Aggregat besitzt nun einige grundlegende Zustände $r=1, 2, \ldots, N$. In jedem dieser Zustände r ist das Aggregat gekennzeichnet durch die Zustandsgrößen $\boldsymbol{x}^r(t)$, wobei $\boldsymbol{x}^r(t) \in \Delta X_r \subset X$. ΔX_r ist ein bestimmtes Gebiet im n-dimensionalen Zustandsraum. Diese Gebiete $r \in R$ besitzen dabei die folgende Eigenschaft: Wenn gilt

$$\boldsymbol{x}(t_j) \in \Delta X_r, \quad \boldsymbol{x}(t_j - \varepsilon) \bar{\in} \Delta X_r, \quad \varepsilon > 0\,, \quad \text{oder}$$

$$\boldsymbol{x}(t_j + 0) \in \Delta X_r, \quad \boldsymbol{x}(t_j) \in \Delta X_r \quad \text{und} \quad r \in R\,,$$

wobei für beliebiges $t > t_j$ gilt $t_j + 0 \in (t_j, t)$, so entsteht ein Ausgangssignal $\boldsymbol{y}_r^j$ mit

$$\boldsymbol{y}_r^j = G_r[\boldsymbol{x}(t_j), \boldsymbol{u}^s]\,,$$

wobei der Ausgangsoperator G im allgemeinen einen Zufallsoperator darstellt. Auf der Trajektorie $\boldsymbol{x}(t)$ des Aggregats werden darüber hinaus einige besondere Zustände unterschieden. Der Übergangsoperator H hängt davon ab, ob im betrachteten Zeitintervall besondere Zustände enthalten sind. Befindet sich das Aggregat in einem solchen Zustand, so geht es sprungförmig in einen neuen Zustand über. Als besondere Zustände werden unterschieden: 1. das Eintrittsmoment eines Eingangssignals $\boldsymbol{f}^j \in F$, 2. das Eintrittsmoment eines Steuersignals $\boldsymbol{u}^j \in U$, 3. das Eintrittsmoment eines Steuersignals $\boldsymbol{u}^j \in U$ und eines Eingangssignals $\boldsymbol{f}^j \in F$, 4. das Austrittsmoment eines Ausgangssignals $\boldsymbol{y}^j$.

Stückweise lineare Aggregate: Als Spezialfall der Aggregate wurden von Kowalenko die stückweise linearen Aggregate eingeführt. Für diese Aggregate ist kennzeichnend, daß sich der Zustandsvektor $\boldsymbol{x}_i(t)$ innerhalb des Gebietes ΔX_i, $i \in R$, des n-dimensionalen Zustandsraumes nach der linearen Differentialgleichung

$$\frac{\mathrm{d}}{\mathrm{d}t}\,\boldsymbol{x}_i(t) = v_i, \quad i \in R,$$

ändert, wobei v_{ik} bestimmte Systemkonstanten darstellen. Die Gebiete ΔX_i stellen *konvexe Polyeder* dar, die im allgemeinen durch Beziehungen der Art

$$\bigvee_r \bigwedge_j \{\sum_k a_{rjk}^i x_{ik} + a_{rj0}^i \geqq 0\}$$

bestimmt sind. Der Zustandsvektor $\boldsymbol{x}_i(t)$ bewegt sich auf der Trajektorie. Trifft die Trajektorie in t_1 auf eine der das Polyeder ΔX_i begrenzenden Hyperflächen G_k^i, d. h., genügt der Zustandsvektor für t_1 den Gleichungen der Hyperfläche, so erfolgt für t_1 eine Zustandsänderung des Aggregats, und außerdem wird ein Ausgangssignal ausgesondert. Analog ergeben sich die Zustandsänderungen des stückweise linearen Aggregats, wenn Eingangsgrößen oder Steuergrößen eintreten.

A-Systeme: Existiert eine solche meist nicht eindeutige Aufgliederung des Systems in Elemente, wobei jedes erhaltene Element ein Aggregat darstellt, so wird ein solches System ein System von Aggregaten oder ein A-System genannt. Die Aufgabe der Strukturanalyse und Synthese von A-Systemen sowie die Entwicklung von Algorithmen der maschinellen Analyse und Synthese erfordern formale Regeln der Beschreibung verschiedener Konstruktionen des Aggregats sowie der Wechselwirkung untereinander, die bereits weitgehend ausgearbeitet sind.

J. A. Müller

Literatur: Müller, J. A.: Einige Möglichkeiten zur Beschreibung großer Systeme. messen. steuern. regeln, Berlin **14** (1971) 11 u. **14** (1971) 12; Бусленко, Н. Б.: Моделирование сложных систем. Москва: Изд. Наука 1978.

Algorithmen, Äquivalenz von – (s. a. Teil A–E, S. 61) binäre Relation über Algorithmen eines bestimmten Typs. Bei auf eine bestimmte Art äquivalenten Ausgangsdaten sind zwei Algorithmen (schwach) äquivalent, falls die Resultate der Berechnung übereinstimmen (bzw. stark äquivalent, falls die Resultate der Berechnung und die Berechnungsgeschichte übereinstimmen).

Einige Beispiele:

Es werden rekursive Schemata betrachtet, d. h. Gleichungssysteme, die n-stellige partiell rekursive Funktionen definieren. Zwei Schemata, die die Funktionen φ und ψ definieren, heißen funktional äquivalent, falls für beliebige natürliche Zahlen $x_1, x_2, \ldots, x_n$, für die φ und ψ definiert sind, die Gleichung

$$\varphi(x_1, x_2, \ldots, x_n) = \psi(x_1, x_2, \ldots, x_n)$$

gilt.

S. C. Kleene zeigte, daß für einen überall definierten Operator $\boldsymbol{R}$ über rekursiven Schemata ein Schema S existiert, so daß S und $\boldsymbol{R}(S)$ funktional äquivalent sind (Kleenescher Fixpunktsatz). Hieraus folgt der Satz von Uspenskij-Rice über die Nichtentscheidbarkeit einer beliebigen, bez. der funktionalen Äquivalenz invarianten Eigenschaft rekursiver Schemata unter der Bedingung, daß Schemata S_1 und S_2 existieren, die sich bez. dieser Eigenschaft unterscheiden. Daraus folgt die Nichtentscheidbarkeit der funktionalen Äquivalenz.

Es werden MARKOW-Algorithmen über einem bestimmten Alphabet A betrachtet. Zwei MARKOW-Algorithmen $\mathfrak{A}_1$, $\mathfrak{A}_2$ heißen äquivalent bez. A, falls für jedes Wort p, $p \in A^*$, aus der Eigenschaft $\mathfrak{A}_1(p) \in A^*$ die Gültigkeit der Gleichung $\mathfrak{A}_1(p) = \mathfrak{A}_2(p)$ folgt. Zwei Algorithmen heißen vollständig äquivalent bez. A, wenn für alle Worte p, $p \in A^*$, für die $\mathfrak{A}_1$ und $\mathfrak{A}_2$ definiert sind, die Gleichung $\mathfrak{A}_1(p) = \mathfrak{A}_2(p)$ gilt. Beide Probleme sind nicht entscheidbar.

Es werden verschiedene Programmschemata untersucht. Ein Standardprogrammschema wird induktiv graphisch oder funktional über einer Basis, bestehend aus Variablen, Funktionssymbolen, Prädikatensymbolen und den Sondersymbolen start, stop, definiert. Zwei Standardprogrammschemata heißen funktional äquivalent, falls bei jeder Interpretation der Basis beide zyklisch werden oder beide mit dem gleichen Resultat die Berechnung beenden. N. A. KRINITZKI zeigte, daß für Schemata ohne Zyklen das Äquivalenzproblem entscheidbar ist. A. A. LETITSCHEWSKI, D. LUCKHAM, D. M. PARK und M. S. PATERSON zeigten die Nichtentscheidbarkeit des Äquivalenzproblems für Standardprogrammschemata. N. A. MARTINJUK wies die Nichtentscheidbarkeit der syntaktischen Äquivalenz von Standardprogrammschemata nach. Zwei Standardprogrammschemata heißen syntaktisch äquivalent, falls die Mengen der Berechnungswege übereinstimmen. Zwei Standardprogrammschemata heißen schwach äquivalent, falls, wenn beide ihre Berechnung beenden, die Resultate gleich sind. Die schwache Äquivalenz und jede stärkere Äquivalenz sind nicht entscheidbar. Entscheidbar ist das Äquivalenzproblem für JANOW-Schemata, d. h. Standardprogrammschemata mit nur einstelligen Funktions- und Prädikatensymbolen. Diese Lösung gilt auch noch, falls Konstanten und Hilfsregistervariablen zugelassen werden. Es existiert ein vollständiges Verifikationssystem.

Es existieren vielfältige weitere Untersuchungen einzelner Äquivalenzbeziehungen von Klassen von Algorithmen, die insbesondere von praktischen Problemen wie der Übersetzung von Algorithmen (in eine andere algorithmische Sprache) und der Optimierung von Algorithmen stimuliert werden. Besonders werden Klassen von Algorithmen untersucht, für die das Äquivalenzproblem entscheidbar ist und vollständige Verifikationssysteme existieren.

B. THALHEIM

Literatur: GREIBACH, S. A.: Theory of program structures – schemes, semantics, verification. Berlin, Heidelberg, New York: Springer-Verlag 1975 (Lecture Notes in Computer Science, Bd. 36); KLEENE, S. C.: Introduction to metamathematics. Amsterdam: North Holland Publ. Co. 1952; КОТОВ, В. Е.: Введение в теорию схем программ. Москва: Изд. Наука 1978; МАРКОВ, А. А.: Теория алгоритмов. Труды мат. института АН СССР, т. 42, Москва 1954.

Algorithmen, Klassifizierung – Gliederung von *Algorithmen* nach inhaltlichen und modellseitigen Kriterien. Nach dem Charakter der zu verarbeitenden Information werden Algorithmen mit vollständiger und mit unvollständiger Information unterschieden.

Algorithmen mit vollständiger Information, bei denen alle wesentlichen Eigenschaften des gesteuerten Prozesses, die Einflußgrößen auf diesen Prozeß, die Zustände und Transformationsoperationen des Prozesses und die Ergebnisse der Transformationen bekannt sind, existieren in Form von Algorithmen mit streng determinierten Übergängen, bei denen das Ergebnis des Überganges von einem Prozeßzustand in einen anderen eindeutig bestimmt werden kann, sowie in Form von Algorithmen mit nicht streng determinierten Übergängen, bei denen die Einwirkung eines Operators O_n auf einen Prozeßzustand a nicht eindeutig zu einem anderen Prozeßzustand b, sondern mit Übergangswahrscheinlichkeiten p_i zu mehreren Prozeßzuständen $b, c, \ldots, m$ führt. Nach der folgenden Tabelle kann der Übergang z. B. mit

Übergangswahrscheinlichkeiten

→	*b*	*c*	*d*
O_n (*a*)	0,7	0,2	0,1

den Werten $p_b = 0{,}7$; $p_c = 0{,}2$ und $p_d = 0{,}1$ erfolgen. Bei Algorithmen mit unvollständiger Information sind Eigenschaften, Einflußgrößen, Zustände, Transformationsoperatoren und Ergebnisse der Transformationen nicht oder nur teilweise bekannt. Ihre Modellierung kann unter Einsatz von sog. Fuzzy-Methoden (s. *Unscharfe Modelle*) erfolgen.

Die Abstufung nach dem Kompliziertheitsgrad der Struktur von Algorithmen umfaßt fünf Stufen: 1. Lineare Algorithmen mit sequentiellem Ablauf der funktionalen Operatoren $O_1, O_2, \ldots, O_i$ ohne logische Operatoren E_j (Verwendung für elementare Prozesse, z. B. betriebliche Kostensummierung in Abrechnungsprozessen); 2. Algorithmen als Folge funktionaler Operatoren $O_1, O_2, \ldots, O_i$ mit einzelnen logischen Operatoren E_j, die zu vorwärtsgerichteten Sprüngen oder zu zyklischer Wiederholung von Operationen führen (z. B. Durchführung des konstruktiven und technologischen Änderungsdienstes); 3. Algorithmen als Folgen funktionaler und logischer Operatoren O_i, E_j unter Verwendung einzelner *Unterprogramme* U_k, die selbständige Teilprozesse auslösen (z. B. Änderungen des operativen Produktionsplanes eines Betriebes mit selbständiger Disposition von Maschinenzeit und Arbeitszeit-Ressourcen); 4. Algorithmen als Folge von Unterprogrammabläufen $U_1, U_2, \ldots, U_r$, die nach einem Superprogramm bausteinartig zusammengefügt werden (z. B. Erarbeitung von Planvarianten für die Reihenfolge der

Auftragsbearbeitung und der Maschinenbelegung); 5. Selbständige Ableitung von Algorithmen aus einer definierten Ziel- und Aufgabenstellung als Auswahl oder Kombination einer Menge existierender oder möglicher Abläufe bzw. im Ergebnis eines Lernprozesses.

Die Klassifizierung nach typischen inhaltlichen Funktionen des zu steuernden Prozesses unterscheidet in der *ökonomischen Kybernetik* für mikroökonomische Prozesse folgende Gruppen von Algorithmen: Algorithmen der Prognose, der Strategienbildung und der langfristigen Planung; Algorithmen der konstruktiven und technologischen Vorbereitung der Produktion; Algorithmen der technisch-ökonomischen Jahresplanung; Algorithmen der organisatorischen Produktionsvorbereitung; Algorithmen der *operativen Lenkung der Produktion* und der Kontrolle; Algorithmen zur Steuerung der Absatztätigkeit sowie Algorithmen zur Abrechnung und Analyse des betrieblichen Reproduktionsprozesses.

Entsprechend der Stellung der Algorithmen in der Steuerhierarchie existieren zwei Kategorien, und zwar Einebenen-Algorithmen zur Steuerung horizontal strukturierter Prozesse (z. B. Steuerung der Vorfertigung, der Baugruppen-Montage, der Oberflächenbehandlung und der Endmontage in Produktionssystemen des Fahrzeugbaus) und Mehrebenen-Algorithmen (s. *Hierarchischer Steueralgorithmus*) zur Steuerung komplexer Prozesse mit hierarchischer Struktur, z. B. zur Steuerung eines betrieblichen Reproduktionsprozesses (als (0)-Ebene) mit seinen nachgeordneten Teilprozessen Produktionsvorbereitung, Produktionsdurchführung, Material- und Lagerwirtschaft, Absatzorganisation usw. (als (−1)-Ebene) innerhalb des übergeordneten Reproduktionsprozesses des Kombinates (als (+1)-Ebene). Mehrebenen-Algorithmen bilden die typische Form der Steuermodelle *großer Systeme.*

H.-G. LAUENROTH

Algorithmensystem – Gesamtheit horizontal und/oder vertikal verknüpfter Algorithmen zur Funktionsbeschreibung und zur Steuerung *großer Systeme.* Ein A. besteht nach

$$S_\Pi = [M_\Pi, R_\Pi] \tag{1}$$

– aus der Menge der Algorithmen

$$M_\Pi = \{\Pi_\mathrm{P}, \Pi_\mathrm{St}\} \tag{2}$$

mit

$$\Pi_\mathrm{P} = \{\Pi_{\mathrm{P}_1}, \Pi_{\mathrm{P}_2}, \ldots, \Pi_{\mathrm{P}_r}\} \tag{3}$$

als der Menge der Algorithmen des Ablaufs des gesteuerten Prozesses (Produktions-, Transport-, Lagerprozesse in industriellen Systemen) mit den produktionstechnologischen Teilalgorithmen $\Pi_{P_i} \in \Pi_P$ und mit

$$\Pi_{St} = \{\Pi_{St_1}, \Pi_{St_2}, \ldots, \Pi_{St_j}\} \tag{4}$$

als der Menge der Algorithmen des Ablaufs der prospektiven und korrektiven Steuerung (Steuerprozesse) mit den informationstechnologischen Teilalgorithmen $\Pi_{St_m} \in \Pi_{St}$;

– aus der Relationsmenge

$$R_\Pi = \{R_{\Pi_1}, R_{\Pi_2}, R_{\Pi_3}\} \tag{5}$$

mit den Relationen R_{Π_1} als Kopplungen zwischen den produktionstechnologischen Teilalgorithmen $\Pi_{P_i} \in \Pi_P$, den Relationen R_{Π_2} als Kopplungen zwischen den informationstechnologischen Teilalgorithmen $\Pi_{St_m} \in \Pi_{St}$ und den Relationen R_{Π_3} als Kopplungen zwischen den Algorithmen Π_P und Π_{St} zur Sicherung einer effektiven Funktion des Steuersystems als Ganzes.

In großen Systemen sind die Steueralgorithmen Π_{St} hierarchisch aufgebaut (s. *Hierarchischer Steueralgorithmus*); für die Steuerung des Reproduktionsprozesses eines Fahrzeugbetriebes zum Beispiel erhält ein A. die in der Abb. dargestellte Form. Die Tab. gibt den Inhalt der Algorithmen an. In der unteren Ebene der Steuerung Π^{St}_{-1} werden die Algorithmen der Datenerfassung DE (nach Start-Symbol α) und der Durchsetzung der in den übergeordneten Ebenen Π^{St}_0 und Π^{St}_{+1} getroffenen Entscheidungen zur Prozeß-

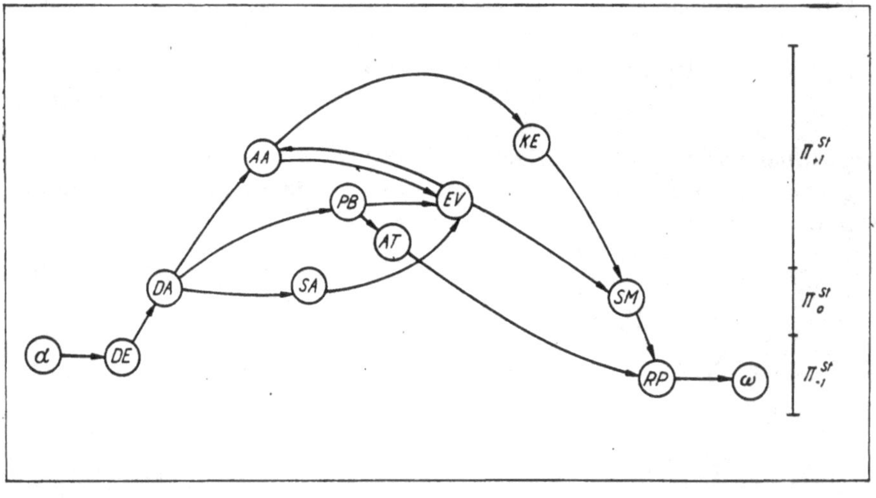

Komplexes hierarchisches Algorithmensystem zur Steuerung eines Fahrzeugbetriebes

Inhalt der Algorithmen des komplexen hierarchischen Algorithmensystems

Lfd. Nr.	Bezeichnung	Inhalt
1	DE	Zeitgerechte Datenerfassung aus Produktion, Material- und Lagerwirtschaft, Transport und Absatz
2	DA	Aufbereitung der Daten und Bereitstellung für analytische und vorausschauende Berechnungen
3	PB	Berechnung technisch-ökonomischer Parameter in definierten Kontrollfrequenzen
4	SA	Situationsanalyse über den Stand der Abweichungen und die Notwendigkeit von Steuermaßnahmen
5	AA	Analyse der Ausrüstungen, Maschinengruppen und Technologien unter Berücksichtigung von Instandhaltungsmaßnahmen
6	EV	Vorbereitung lang-, mittel- und kurzfristiger Entscheidungen unter Verwendung von Optimierungs- und Simulationsprogrammen
7	AT	Ermittlung von Änderungstendenzen technisch-ökonomischer Parameter
8	KE	Berechnung der Kapazitätsentwicklung unter Berücksichtigung von Investitionsvorhaben und Kooperationsbeziehungen
9	SM	Erarbeitung von Steuermaßnahmen über die Umverteilung von Ressourcen sowie die Änderung von Führungsgrößen
10	RP	Realisierung getroffener Entscheidungen zur Stabilisierung und Weiterentwicklung des betrieblichen Reproduktionsprozesses

steuerung RP realisiert; mit dem Ende-Symbol ω ist ein Steuerzyklus abgeschlossen. Die Entscheidungen tragen lang-, mittel- und kurzfristigen Charakter, sie werden unter Berücksichtigung gegenwärtiger Situationen und voraussehbarer künftiger Entwicklungen getroffen.

A. bilden das Kernstück *automatisierter Leitungssysteme*.

H.-G. LAUENROTH

Algorithmische Logik – A. L. umfassen eine Vielzahl formaler Kalküle, deren Entwicklung durch die maschinelle Informationsverarbeitung angeregt wurde und die eine Erweiterung der klassischen Logik, insbesondere des *Prädikatenkalküls erster Stufe*, darstellen. Charakteristisch für diese Erweiterungen ist das Vorhandensein von syntaktischen Objekten und Konnektoren für die Bildung und Repräsentation von *Programmen* als Beschreibung von *Algorithmen*.

Die ersten Systeme dieser Art wurden 1958 von J. YANOV für den Nachweis der Äquivalenz von Programmen und 1962 von J. MCCARTHY für den Korrektheitsnachweis geschaffen. Das erste logische System für eine a. L. mit vollständig ausgearbeiteter Syntax und Semantik entwickelte 1966 H. THIELE. E. ENGELER interpretierte Programme durch unendlich lange Formeln (1967), und C. A. R. HOARE schuf 1969 einen Kalkül für den Beweis der Korrektheit von Programmen unter Verwendung einer prädikativen Semantik. Die von A. SALWICKI entwickelten a. L. ähneln den höheren *Programmiersprachen* vom Typ *ALGOL*. Die Idee der dynamischen Logiken von V. PRATT (1976) bestand darin, Programme als modale Operatoren aufzufassen und eine relationale Semantik, die der KRIPKE-Semantik ähnelt, zugrunde zu legen. Weitere inzwischen entwickelten Kalküle sind die effektiven Definitionen von J. TIURYN, die auf einer Formalisierung des Algorithmenbegriffes von H. FRIEDMAN aufbauen, sowie die Programmlogik von R. L. CONSTABLE (1978).

A. L. sind eine geeignete Grundlage für die Formalisierung und die Untersuchung von Konzepten der Software-Technologie, z. B. der Syntax und Semantik von Programmiersprachen, der Datenstrukturen, der Korrektheit von Programmen sowie der Ausdrucksfähigkeit und der Klassifikation von Programmschemata. Für das Studium dieser Fragen werden Methoden der *mathematischen Logik* eingesetzt. Im Mittelpunkt stehen Untersuchungen zur Axiomatisierbarkeit und Interpretierbarkeit sowie zur *Modelltheorie* dieser Systeme. Von besonderem Interesse ist der Aufbau von Beweissystemen, die eine wichtige Grundlage für die *Programmverifikation* darstellen.

Diese Resultate liefern wichtige Beiträge für den Entwurf von Programmiersprachen, die Verifikation und Synthese von Programmen sowie die Theorie der Datenstrukturen. Darüber hinaus bilden die a. L. eine geeignete Grundlage für die Ausbildung von Informatikern.

H. HERRE

Literatur: YANOV, J.: On equivalence of operator schemes. Problems of Cybernetics 1 (1959), 1–100; MCCARTHY, J.: Towards a mathematical science of computation. In: Information Processing 1962. Proc. of IFIP Congress 62, ed. by C. M. POPPLEWELL. Amsterdam: North-Holland Publ. Co. 1963; THIELE, H.: Wissenschaftstheoretische Untersuchungen in algorithmischen Sprachen. Berlin: Dt. Verl. d. Wiss. 1966; ENGELER, E.: Algorithmic properties of structures. Mathem. Systems Theory, Berlin, Heidelberg, New York 1 (1967), 183–195; HOARE, C. A.: An axiomatic basis for computer programming. Comm. of ACM, New York 12 (1969), 576–583; SALWICKI, A.: Formalized algorithmic language. Bull. Acad. Pol. Science,

Warszawa **18** (1970), 227–232; FRIEDMAN, H.: Algorithmic procedures, generalized Turing algorithms and elementary recursion theorie. In: Logic Colloquium '69, ed. by GANDY/YATES. Amsterdam: North-Holland Publ. Co. 1971; PRATT, V.: Semantical considerations of Floyd-Hoare logic. Proc. 17th Symposium on Foundations of Computer Science, Houston 1976; CONSTABLE, R. L.: On the theory of programming logics. Proc. 9th Annual ACM Symposium on Theory of Computing, New York 1978; TIURYN J.: A survey of the logic of effective definitions. MIT/LCS TR-246, 1980.

Algorithmus, deterministischer – *Algorithmus* im Sinne der klassischen mathematischen *Algorithmentheorie.*

Algorithmus, effizienter – Begriff wird einerseits unpräzisiert verwendet für einen günstigen *Algorithmus* (z. B. bezüglich Speicher- und/oder Zeitaufwand, Unterbrechbarkeit oder spezieller Kriterien), andererseits im Sinne der Komplexitätstheorie für *polynomialen Algorithmus* gebraucht (s. a. *Komplexität*).

Algorithmus, nichtdeterministischer – *Algorithmus,* bei dem es Elementarschritte gibt, in denen aus einer Menge (von möglichen Fortsetzungen, Instruktionen, Elementen, . . .) beliebig gewählt werden kann. Die Anwendung eines n. A. führt zu einem Ergebnis aus einer Menge von möglichen Ergebnissen. Mathematisch präzisiert ist der Begriff durch die Arbeitsweise einer „nichtdeterministischen TURING-Maschine“, d. h. einer TURING-*Maschine,* deren *Zentraleinheit* ein *nichtdeterminierter Automat* ist.

HEINZ D. MODROW

Algorithmus, polynomialer – *Algorithmus* mit einer Zeitkomplexität von der Ordnung eines Polynoms; s. *Komplexität* (von Algorithmen).

Amplitudengang – s. *Frequenzgang.*

Anfahrautomatik – Regelungs- oder Steuereinrichtungen zur Erfüllung spezieller Forderungen bezüglich dynamischer Übergangsvorgänge bei der Inbetriebnahme (Anfahren) einer automatisierten technischen Anlage. Die A. enthält neben Überwachungs- und Steuereinrichtungen für Sicherheitsfunktionen auch Regler, deren Struktur und Parameter zur Erzielung optimaler Einschwingvorgänge veränderbar sind. Häufig werden Baueinheiten der A. auch für das Abfahren technischer Anlagen (Abfahrautomatik) verwendet. Neben den zeitabhängigen oder ereignisabhängigen Parameterveränderungen des Hauptprozesses (z. B. zulässige Temperaturgradienten) muß die A. eine Vielzahl von Hilfsvorgängen (z. B. Entwässerungsventile bei

Dampfleitungen, Spülvorgänge) steuern. Dadurch muß die A. gewöhnlich wesentlich mehr Signale verarbeiten und Stellbefehle (überwiegend binär) abgeben als die Automatik für den Normalbetrieb.

R. MÜLLER

Antihavarietraining – Durchführen von anlagenspezifischen Schulungs- und Übungsprogrammen zur Vorbereitung des Anlagen- und Wartenpersonals automatischer technischer Anlagen (Kraftwerke, verfahrenstechnische Anlagen) auf ihre Arbeitstätigkeit, insbesondere zur Bekämpfung von Betriebsstörungen. Das A. wird meist in Simulationsanlagen durchgeführt, wobei entweder nur einige wichtige Anlagenzustände und dynamische Prozeßverläufe simuliert oder alle Reaktionen und Eigenschaften der Anlage komplex und zeitlich nachgebildet werden (Kraftwerkstrainer). Das Ziel des A. ist das Erlernen und Üben von Arbeitsabläufen in bestimmten Situationen des Normal-, An- und Abfahrbetriebes, von Algorithmen bei der Störerkennung und von technischen und organisatorischen Gegenmaßnahmen bei eingetretenen Störungen. Das Personal soll in die Lage versetzt werden, außergewöhnliche Anlagenzustände sicher zu beherrschen und Havarien zu verhindern.

R. MÜLLER

Attributgrammatik – Attributgrammatiken wurden 1968 von KNUTH zur formalen Beschreibung der Semantik in *Programmiersprachen* eingeführt. Wegen ihrer günstigen Eigenschaften finden sie häufig Verwendung in Compiler-Generatoren (s. *Compiler-Compiler*).

Eine Attributgrammatik ist ein 5-Tupel $AG=(G, A, Dom, R, C)$. Dabei ist $G=(V_T, V_N, P, S)$ eine reduzierte (enthält nur notwendige Produktionen) *kontextfreie Grammatik* mit der Terminalmenge V_T, der hierzu disjunkten Metasymbolmenge V_N, der Regelmenge P und dem Startsymbol $S \in V_N$. Alle Regeln $p \in P$ haben die Form p: $X_0^p \to X_1^p X_2^p \ldots X_{n_p}^p$ mit $X_0^p \in V_N$ und $X_i^p \in V = V_T \cup V_N$ $(i=1, \ldots, n_p)$. Alle Sätze der durch G definierten Sprache entstehen durch Ableitung aus S, indem in beliebiger Reihenfolge alle Metasymbole durch Anwendung von Regeln p eliminiert werden. Dabei wird X_0^p stets durch die rechte Seite der Regel ersetzt.

Jedem Symbol $X \in V$ wird nun eine Menge $A(X)$ von Attributen zugeordnet, wobei $A(X) \in A$, der Menge der vorhandenen Attribute. Der Wertebereich jedes Attributes a wird durch $Dom\,(a) \in Dom$ definiert.

Die Menge R enthält die Berechnungsregeln für die Attribute. Jeder Produktion p werden die Attributregeln $R(p)$ zugeordnet, die für jedes Attribut a, das in $A(X_j^p)$ mit $j=0, \ldots, n_p$ enthalten ist, die Berechnung aus den anderen Attributen dieser Menge definieren: $X_j^p \cdot a = f_{ja}^p(X_0^p \cdot a_1, \ldots, X_{n_p}^p \cdot a_l)$.

Schließlich werden jeder Produktion p Kontextbedingungen $g^p(X_0^p \cdot a_1, \ldots, X_{n_p}^p \cdot a_l)$ zugeordnet. Diese zweiwertigen Relationen müssen bei der Ableitung von Sätzen der durch AG definierten Sprache $L(AG)$ erfüllt sein, so daß sie stets eine Untermenge der durch die zugehörige kontextfreie Grammatik definierten Sprache $L(G)$ ist.

Für die praktische Verwendung von Attributgrammatiken zur Definition von Programmiersprachen und deren Nutzung in Compiler-Generatoren werden im allgemeinen weitere Bedingungen an die Semantikfunktionen f_{ja}^p und g^p gestellt, die eine effektive Auswertung ermöglichen. Auch aus diesem Grunde existieren verschiedene Definitionen von Attributgrammatiken.

W. Assmann

Literatur: Knuth, D.: Semantics of context-free languages. Mathem. Systems Theory, New York **2** (1968) 2; Bochmann, G. V.: Semantic evaluation from left to right. Communications of the ACM, New York **19** (1976) 2.

Aufgabenverfügbarkeit – s. *Verfügbarkeit.*

Ausfall – Ereignis, das die Arbeitsfähigkeit einer Betrachtungseinheit für immer oder vorübergehend beendet. Dabei versteht man unter Arbeitsfähigkeit jeden Zustand der Betrachtungseinheit, in dem sie ihre Funktion erfüllen kann und ihre Hauptparameter in zulässigen Grenzen bleiben. In diesem Sinne ist nicht jede Beschädigung der Betrachtungseinheit ein Ausfall. Unwesentliche Beschädigungen verletzen lediglich die „Unversehrtheit" der Betrachtungseinheit. Jedoch können manche unwesentlichen Beschädigungen nach einer gewissen Zeit einen Ausfall hervorrufen. So kann aus einem Lackschaden durch Korrosion eine wesentliche Beschädigung werden, die schließlich zum Ausfall führt. Andererseits gibt es auch Ausfälle, die nicht mit Beschädigungen der Betrachtungseinheit verkoppelt sind. Beispielsweise kann die fehlerhafte Bedienung von Steuergliedern die ordnungsgemäße Inbetriebsetzung einer Automatisierungsanlage verhindern. Es kommt zum Betriebsausfall der Automatisierungsanlage, obwohl sie keinerlei Beschädigungen aufweist.

Ausfälle lassen sich nach verschiedenen Merkmalen klassifizieren. Eine mögliche Einteilung zeigt die Tabelle. Die wichtigsten Begriffe dieser Tabelle sind wie folgt erklärt.

Abhängiger Ausfall eines Elements – Ausfall eines Elements der Betrachtungseinheit, der durch Beschädigungen oder Ausfälle anderer Elemente der Betrachtungseinheit bedingt ist.

Unabhängiger Ausfall eines Elements – Ausfall eines Elements, der nicht durch Beschädigungen oder Ausfälle anderer Elemente der Betrachtungseinheit bedingt ist.

Tabelle 1. Klassifizierung von Ausfällen

Klassifizierungsmerkmal	Ausfallart
Charakter der Änderung eines Hauptparameters bis zum Ausfallzeitpunkt	Sprungausfall Driftausfall
Verwendungsmöglichkeit der Betrachtungseinheit nach Ausfalleintritt	Teilausfall Totalausfall
Zusammenhang zwischen verschiedenen Ausfällen	abhängiger Ausfall unabhängiger Ausfall
Dauer der Arbeitsunfähigkeit	andauernder Ausfall, Störung intermittierender Ausfall
Äußere Kennzeichnung des Ausfalls	offensichtlicher Ausfall versteckter Ausfall
Ausfallursache	
Unzulänglichkeit des Konstruktionsverfahrens oder des Konstrukteurs	konstruktionsbedingter Ausfall
Unzulänglichkeit des technologischen Verfahrens, Nichteinhaltung der technologischen Vorschriften	fertigungsbedingter Ausfall
Verletzung der Bedienungsvorschriften, unvorhergesehene äußere Einwirkungen	nutzungsbedingter Ausfall
Art der Ausfallentstehung	natürlicher Ausfall, z. B. durch Verschleiß, künstlicher Ausfall, z. B. durch Sabotage
Zeitpunkt des Ausfalleintritts	Ausfall bei Prüfung Ausfall in der Einlaufphase (Frühausfall) Ausfall in der Phase der normalen Nutzung Ausfall in der letzten Phase der Nutzung (Spätausfall)
Ausfallbeseitigungsmöglichkeit	behebbarer Ausfall nicht behebbarer Ausfall

Driftausfall (allmählicher Ausfall) – Ausfall, der durch allmähliche Änderung der Werte eines oder mehrerer Hauptparameter der Betrachtungseinheit charakterisiert wird.

Sprungausfall (Spontanausfall) – Ausfall, der durch sprunghafte Änderung der Werte eines oder mehrerer Hauptparameter der Betrachtungseinheit charakterisiert wird.

Fertigungsbedingter Ausfall – Ausfall, der sich als Folge einer Unzulänglichkeit des technologischen Prozesses bei der Fertigung oder Reparatur der Betrachtungseinheit ergibt.

Konstruktionsbedingter Ausfall – Ausfall, der sich als Folge einer Unzulänglichkeit des Konstruktionsverfahrens oder eines Fehlverhaltens des Konstrukteurs ergibt.

Nutzungsbedingter Ausfall – Ausfall, der sich als Folge einer Nichteinhaltung der Bedienungsanweisungen oder als Folge des Einflusses unvorhergesehener äußerer Einwirkungen ergibt.

Intermittierender Ausfall – wiederholt auftretende Störung ein und desselben Typs.

Störung (Fehlfunktion) – sich selbst behebender (selbstheilender) Ausfall, der zu einem kurzzeitigen Verlust der Arbeitsfähigkeit führt.

Teilausfall – Ausfall, nach dessen Eintreten eine Verwendung der Betrachtungseinheit gemäß ihrer Zweckbestimmung noch möglich ist, obwohl sich die Werte eines oder mehrerer Hauptparameter außerhalb der zulässigen Grenzen befinden.

Totalausfall – Ausfall, nach dessen Eintreten eine Verwendung der Betrachtungseinheit gemäß ihrer Zweckbestimmung unmöglich ist.

K. Reinschke

Literatur: DDR-Standard TGL 26096: Zuverlässigkeit in der Technik; Koslow, B. A., u. I. A. Uschakow: Handbuch zur Berechnung der Zuverlässigkeit in Elektronik und Automatentechnik (In dt. Sprache hrsg. und ergänzt von K. Reinschke). Berlin: Akademie-Verlag 1978.

Ausfallrate – Zuverlässigkeitskenngröße. Bezeichnet man mit $F(t)$ die Verteilungsfunktion der zufälligen Dauer von der Inbetriebnahme bis zum Ausfall einer Betrachtungseinheit, so wird die Ausfallrate der Betrachtungseinheit durch die zeitabhängige Funktion

$$\lambda(t) = \frac{1}{1-F(t)} \frac{\mathrm{d}}{\mathrm{d}t} F(t) = \frac{f(t)}{1-F(t)}$$

definiert. Die Funktion $f(t)$ im Zähler heißt Ausfalldichte, die Funktion $1-F(t)$ im Nenner heißt Überlebenswahrscheinlichkeit. Die Zusammenhänge

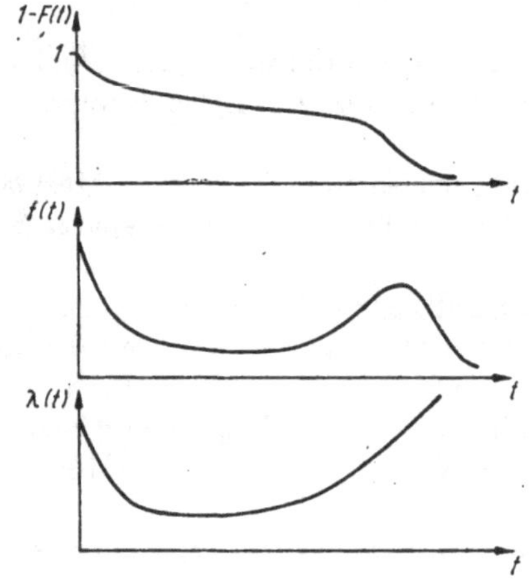

Zusammenhang zwischen Überlebenswahrscheinlichkeit, Ausfalldichte und Ausfallrate

zwischen einander entsprechenden Überlebenswahrscheinlichkeiten, Ausfalldichten und Ausfallraten wurden in der Abb. skizziert.

Nur bei exponentialverteilten Dauern der Arbeitsfähigkeit der Betrachtungseinheit, d. h. bei $F(t) = 1 - e^{-\lambda t}$, ist die Ausfallrate eine zeitunabhängige Konstante.

Die angegebene Formel für $\lambda(t)$ kann man auch wie folgt lesen: $\lambda(t)$ ist der Wert der bedingten Ausfalldichte – unter der Bedingung, daß bis zum Zeitpunkt t der Ausfall der Betrachtungseinheit nicht eingetreten ist – im Zeitpunkt t.

K. Reinschke

Literatur: Reinschke, K.: Zuverlässigkeit von Systemen. Band I. Berlin: VEB Verlag Technik 1973; DDR-Standard TGL 26096: Zuverlässigkeit in der Technik; Koslow, B. A., u. I. A. Uschakow: Handbuch zur Berechnung der Zuverlässigkeit in Elektronik und Automatentechnik (In dt. Sprache hrsg. u. ergänzt von K. Reinschke), Berlin: Akademie-Verlag 1978.

Automat, zellularer – Eine umfangreiche Darstellung zu anderen Aspekten zellularer Automaten (ZA) befindet sich im Teil A–E, S. 227–230. Als Synonyme bzw. als Begriffe mit sehr ähnlicher Bedeutung werden verwendet: Wiederholstrukturen, Mosaikautomat, Automatennetz. In der englisch- bzw. russischsprachigen Fachliteratur werden folgende Begriffe verwendet: cellular automaton, iterative structure, tesselation automaton однородная структура, клеточный автомат.

Der Begriff ZA wurde durch JOHN VON NEUMANN eingeführt. ZA werden durch die Zellautomaten *A* (oder kurz die Zelle), das (lokale) Verbindungsschema *'S'* zwischen den Zellautomaten (oder die Nachbarschaftskopplung) und das räumliche (Gesamt-) Anordnungs-/Positionierungsschema *G* für die Zellautomaten (oder das Gitter) charakterisiert. Zur Verdeutlichung dienen die in Abb. 1 gegebenen Beispiele, bei denen das Anordnungsschema eine Ge-

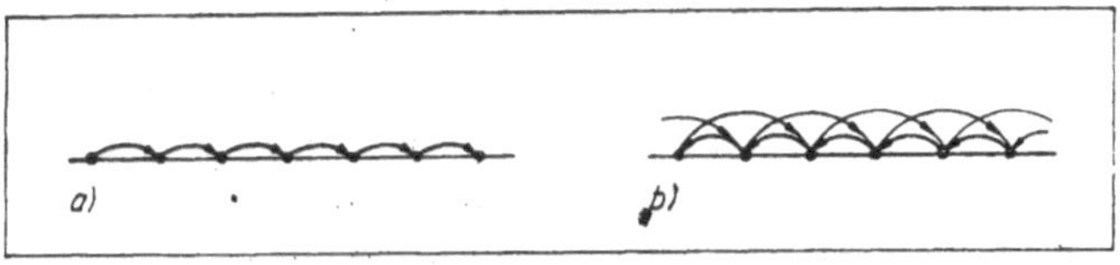

Abb. 1
Beispiele für eindimensionale zellulare Automaten

rade ist, auf der alle Zellen (oder Zellautomaten) des ZA angeordnet sind und bei denen jede Zelle mit der darauf folgenden (Fall a) und jede Zelle mit der übernächsten und der vorhergehenden (Fall b) verbunden oder verkoppelt ist. ZA dieses Anordnungstyps werden als eindimensionale ZA bezeichnet.

In Abb. 2 ist als weiteres Beispiel ein zweidimensionaler ZA gegeben, dessen Anordnungsschema ein gleichförmiges (rechteckiges) rektanguläres Punktgitter ist. In diesem Beispiel ist eine Nachbarschaftskopplung – die sogenannte VON-NEUMANN-Kopplung – angegeben, bei der jede Zelle mit sich und mit ihrer oberen, unteren, linken und rechten Nachbarzelle gekoppelt ist. Neben diesen Beispielfällen lassen sich eine Vielzahl weiterer Gittertypen (z. B. 1-dimensionale, 2-dimensionale, ..., *n*-dimensionale, trianguläre, hexagonale Gitter) und eine Vielzahl von Nachbarschaftskopplungen angeben. Die Zellautomaten sind stochastische oder deterministische Automaten.

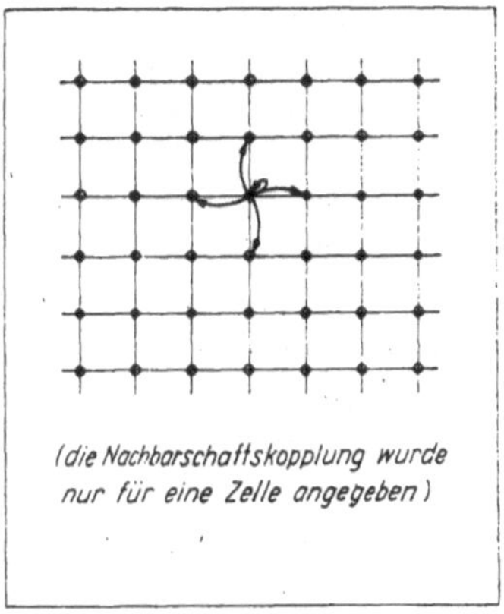

Abb. 2
Beispiel eines zweidimensionalen zellularen Automaten

Die Zellautomaten arbeiten taktweise, wobei der Takt für die Zellen gleichzeitig (synchronisiert) oder nicht gleichzeitig (unsynchronisiert) gegeben werden kann. Konfigurationen auf ZA werden durch die Zustände der einzelnen Zellen beschrieben.

ZA dienen als Modell paralleler (und räumlich verteilter) Informationsverarbeitungsvorgänge technischer und biologischer Informationsverarbeitungssysteme. Die räumliche Struktur des ZA ermöglicht die realitätsnahe Modellierung des zeitlich verkoppelten Ablaufs dieser Informationsverarbeitungsvorgänge für die verschiedenen Zellen des ZA. Die Verwendung von ZA als Modelle diskreter räumlich verteilter physikalischer Prozesse wurde ebenfalls untersucht. In den letzten Jahren wurden wegen der sich beim Entwurf und der Produktion von mikroelektronischen Schaltkreisen ergebenden Vorteile zunehmend Rechner- und Prozessorstrukturen als regelmäßige zellulare Strukturen realisiert. Damit wurde für ZA ein direkter Anwendungsbezug erschlossen.

Rechner mit einer einheitlichen Gesamtstruktur, ohne die Einbeziehung anderer (inhomogener oder konventioneller) Strukturtypen, wurden noch nicht realisiert, obwohl bereits Lösungen mit einer weitgehend homogenen Grundstruktur vorliegen (z. B. Distributed-Array-Processor (DAP) der Fa. ICL). Das gegenwärtig vorherrschende Einsatzgebiet für homogen realisierte Prozessoren sind *Spezialprozessoren* für die *digitale Bildverarbeitung* und Bilderkennung. Darüber hinaus sind homogene Realisierungen zumindest teilweise für universellere Einsatzgebiete erfolgt (z. B. der teilweise homogen realisierte Chip 32-b-MP INTEL Typ iAPX 432). In einer Reihe von Forschungseinrichtungen wurden als Experimentierrechner *Mehrprozessorsysteme* mit homogener Grundstruktur aufgebaut. Die theoretische Untersuchung von ZA zur Klärung ihrer potentiellen Leistungsfähigkeit bzw. ihrer Leistungsgrenzen erfolgte bisher vorwiegend für homogene ZA, d. h. die Klasse von ZA, bei der Zelle, Nachbarschaftskopplung und Gitterstrukturen an jedem Gitterpunkt identisch sind. Die Untersuchung inhomogener ZA – manchmal auch als Automatennetze bezeichnet – steckt noch in den Anfängen.

Wesentliche Ergebnisse wurden bei homogenen ZA zu Problemen der Charakterisierung von umfassenden Teilklassen von ZA erzielt. Die Lösung dieser Fragen steht im Zusammenhang mit der Untersuchung von Problemen außerhalb der engeren Theorie ZA, z. B. die Untersuchung von parallelen Algorithmen auf TURING-*Maschinen* mit mehreren Köpfen (und ggf. mit einem mehrdimensionalen Speichermedium). Im Zusammenhang damit werden Probleme zur wechselseitigen Darstellung und Simulierbarkeit von unterschiedlichen Teilklassen von ZA – damit zusammenhängend die Aufklärung möglichst einfacher Bezugsklassen von ZA – untersucht.

Gegenstand eines weiteren Problemkreises sind Komplexitäts- und Generierungsprobleme auf ZA, d. h. die Bearbeitung komplexer Rechenvorgänge oder die Strukturierung komplexer Zustände mit Hilfe einfacher Grundelemente und Grundoperationen. Diese Untersuchungen haben gezeigt, daß es Klassen von Konfigurationen gibt, die nicht generierbar sind und deshalb als Garten-Eden-Konfiguration (englisch: garden-of-eden-configuration) bezeichnet werden. In diesen Rahmen mehr grundlegender Untersuchungen zu ZA ordnen sich die Ergebnisse ein, die von J. von Neumann zur Selbstgenerierung und Selbstreproduktion von ZA erarbeitet wurden und die über den engeren Bereich der Theorie ZA hinaus Grundlagenuntersuchungen in künstlichen bzw. technischen Systemen überhaupt sind.

Mit ZA wurde – im Hinblick auf praktische Anwendungen – eine Vielzahl von Problemen paralleler Algorithmen zur Synchronisation der Arbeit von verteilten Komponenten (firing-squad, early-bird-problems), zur *Mustererkennung* und -manipulation und zur *Spracherkennung* behandelt und geklärt. Von der bereits oben erwähnten, in den letzten Jahren zunehmenden Verwendung von Rechner- und Prozessorstrukturen nach dem direkten Vorbild homogen strukturierter ZA wurde auch die Entwicklung der Theorie ZA beeinflußt. Dabei zeigt sich, daß die schnelle technische und technologische Entwicklung auf dem Gebiet der *Mikroelektronik* zu neuen eigenständigen Begriffsbildungen und ingenieurtechnischen Lösungen (z. B. *Pipelineprozessor*, Array-Prozessor) geführt hat, die einerseits eindeutig zum Begriffsbild des ZA gehören, andererseits im Hinblick auf den notwendigen theoretischen Hintergrund noch unzureichend in die Theorie eingeordnet sind. Damit rücken neben den oben erwähnten Problemkreisen weitere Fragen in den Blickpunkt. Für derartige Probleme werden im folgenden einige Beispiele gegeben, die aber nur Ausschnitte aus dem notwendigen Gesamtumfang darstellen: Untersuchung endlicher ZA einschließlich ihrer Umgrenzung (sschaltungen), Untersuchung von nichtautonomen ZA (*systolische Arrays*), Untersuchung inhomogener ZA, Fehlererkennung und -toleranz in ZA.

G. Wolf

Literatur: v. Neumann, J.: Theory of Self-reproducing Automata. Urbana/Ill.: Urbana Press Univ. of Ill. 1966; Burks, A. W.: Essays on Cellular Automata. Urbana/Ill.: Urbana Press Univ. of Ill. 1970; Zuse, K.: Rechnender Raum. Braunschweig: Vieweg u. Sohn 1969; Aladjev, V.: On the Theory of the homogeneous Structures. Tallinn: Acad. of Sc. Esnt. SSR 1972; Vollmar, R.: Algorithmen in Zellularautomaten. Stuttgart: B. G. Teubner 1979.

Automatisierung wissenschaftlicher Forschungsarbeiten – Teilprozeß der mit der wissenschaftlich-technischen Revolution einhergehenden Automatisierung, in dessen Verlauf manuelle und geistige Tätigkeiten des Menschen in der wissenschaftlichen Forschung durch die Funktion künstlicher Systeme (Automatisierungsmittel) ersetzt oder ergänzt werden. In dem Maße, wie die Wissenschaft zur Produktivkraft wird, erweitert sich ihre Einflußsphäre und wächst die Komplexität wissenschaftlicher Apparaturen und wissenschaftlich-technologischer Anlagen, während die materiellen Ressourcen und das Arbeitskräftepotential begrenzt sind. Zwangsläufig muß daher die Forschung intensiviert werden. Einen effektiven Weg der Intensivierung der Forschung, der Steigerung der wissenschaftlichen Arbeitsproduktivität und damit auch der Beschleunigung des Forschungstempos stellt die A.w.F. dar.

Wichtigste Automatisierungsmittel sind Geräte- und Programmsysteme der elektronischen Rechentechnik. Jede Anwendung der Groß-, Klein- und Mikrorechentechnik in der experimentellen und theoretischen Forschung, in der Organisation und Leitung der Forschung und in der wissenschaftlichen Information ist streng genommen ein Beitrag zur A.w.F. Im engeren Sinne wird unter A.w.F. die Experimentautomatisierung, d. h. die On-line-Kopplung experimenteller Apparaturen mit Klein-, Prozeß- und Mikrorechnern verstanden. Für die Automatisierung traditioneller experimenteller Verfahren gibt es bereits eine Reihe *automatisierter Systeme zur Verarbeitung experimenteller Daten* (z. B. Fourierspektrometer mit Spezialprozessoren, Bildverarbeitungssysteme). Da die wissenschaftliche Forschung ein zutiefst evolutionärer Prozeß ist und im naturwissenschaftlichen Experiment auf jede Antwort eine neue Frage des Experimentators folgt, müssen sich Geräte- und Programmsysteme für die Experimentautomatisierung schnell und einfach ändern lassen, und die Gestaltung des Mensch-Maschine-Systems „Experimentator – Automatisierungsmittel – Untersuchungsobjekt" verdient eine besondere Beachtung. Darin unterscheidet sich die Experimentautomatisierung grundlegend von der Automatisierung technologischer Prozesse in der Industrie, bei der vorwiegend sich ständig wiederholende Abläufe automatisiert werden.

Um der Forderung hoher Flexibilität zu genügen, werden die Geräte- und Programmsysteme zur Experimentautomatisierung aus universell verwendbaren Bausteinen, d. h. modular aufgebaut. Auf diese Weise können gleichartige Automatisierungsmittel in unterschiedlichen Disziplinen der wissenschaftlichen Forschung eingesetzt werden, und die A.w.F. erhält einen interdisziplinären Charakter. Voraussetzung dafür sind aufwärts kompatible Familien von Mikro- und Kleinrechnern, die dadurch gekennzeichnet sind, daß sie eine gleichartige *Datenstruktur* besitzen und daß der Befehlssatz eines leistungsschwächeren Rechners eine Untergruppe des Befehlssatzes eines leistungsstärkeren Rechners bildet. Eine derartige Familie ist z. B. das System der Kleinrechner SKR der RGW-Länder mit standardisierten *Be-*

triebssystemen. Unter der Vielzahl standardisierter modularer Instrumentierungssysteme zur Rechner-Experiment-Kopplung hat sich besonders der ursprünglich für die Kernphysik entwickelte *CAMAC*-Standard durchgesetzt, der in einigen sozialistischen Ländern auch zum Standard der industriellen Automatisierung erhoben wurde.

Die Experimentautomatisierung führt neben der Intensivierung der Forschung auch zu einer qualitativen Verbesserung und Erweiterung der experimentellen Methodik hinsichtlich Auflösung, Meßgenauigkeit, Stabilität, Zuverlässigkeit und statistischer Signifikanz, zur Entwicklung neuer komplexer Methoden, die in einem Experiment sehr viele Parameter erfassen und verarbeiten oder mehrere, bisher unabhängig voneinander ausgeführte Meßverfahren über den Rechner miteinander verkoppeln, und eröffnet neue experimentelle Möglichkeiten für in-situ Messungen, für zerstörungsarme Messungen, für Experimente in aggressiver Umwelt, die bisher ohne rechentechnische Hilfsmittel nicht ausführbar waren.

R. A. Pose

Literatur: Выставкин, А. Н.: Процесс исследования как объект автоматизации. Автоматика и вычислительная техника, Москва (1981) 2.

Automatisierungsgrad – Kenngröße zur Charakterisierung des Niveaus der Automatisierung von Geräten, Maschinen, Anlagen und Prozessen. Die Berechnung des A. kann auf Basis der Arbeitskräfte, der Ausrüstungen und des Zeitaufwandes erfolgen:

– arbeitskraftbezogen: $A^0_{Ak} = \frac{Ak_{aut}}{Ak_{ges}}$

Ak_{aut} – Anzahl der Produktionsarbeiter und des ingenieurtechnischen Personals mit Kontroll- und Überwachungsfunktionen an automatisierten Anlagen einer Produktionseinheit,
Ak_{ges} – Gesamtzahl der Arbeitskräfte der Produktionseinheit;

– ausrüstungsbezogen: $A^0_{Ar} = \frac{BW_{aut}}{BW_{ges}}$

BW_{aut} – Bruttowert der automatisierten Ausrüstungen [Mark],
BW_{ges} – Bruttowert aller Ausrüstungen [Mark];

– zeitbezogen: $A^0_T = \frac{T_{aut}}{T_{ges}}$

T_{aut} – Zeitaufwand zur Durchführung der automatisierten Operationen eines Prozesses,
T_{ges} – Zeitaufwand für den Gesamtprozeß.

Entsprechend der Größenordnung des A. kann eine qualitative Charakteristik von komplexen Prozessen nach der folgenden Aufstellung erfolgen:

Qualitative Charakteristik von Prozessen nach dem Automatisierungsgrad

A^0	Qualitative Prozeßcharakteristik
0,0 . . . 0,1	nicht automatisiert
>0,1 . . . 0,4	teilautomatisiert
>0,4 . . . 0,6	halbautomatisiert
>0,6 . . . 0,9	automatisiert
>0,9 . . . 1,0	vollautomatisiert

H.-G. LAUENROTH

Automatisierungskonzeption — langfristig orientierte technisch-ökonomische Ziel- und Aufgabenstellung von Produktions- und Informationsprozessen. Die A. als Bestandteil der Intensivierungskonzeption eines Kombinates enthält als Ergebnis systemanalytischer Untersuchungen: Aussagen über die zu erreichenden Ziele hinsichtlich der erforderlichen Entwicklung von Produktionsumfang, Sortiment, Innovationsraten, Produktivität, Qualität, Kosten, Gestaltung der Arbeitsbedingungen und weiterer wesentlicher Kenngrößen sowie über die Grundrichtungen der Intensivierung und Rationalisierung des Reproduktionsprozesses eines Kombinates; Analysen über die Bedarfsfelder der zu automatisierenden Produktionsprozesse (mechanische Fertigung, Montage, Meß- und Prüfprozesse, Transport, Lagerhaltung u. a.) und der zu automatisierenden Informationsprozesse (Planung, Entwicklung, Konstruktion, Projektierung, Produktionsvorbereitung und -steuerung, Abrechnung und Analyse) im Hinblick auf die Bestimmung des automatisierwürdigen Potentials; Untersuchungen über die Lösungsfelder, d. h. die einsetzbare automatisierte Produktionstechnik (*NC-Maschinen, Industrieroboter*, Transferstraßen, *Fertigungszellen, flexible Fertigungssysteme* u. a.) und die einsetzbare automatisierte Informationstechnik (*Mikroprozessoren, Bürorechner, Prozeßrechner, EDVA, Kommunikationstechnik* u. a.) im Hinblick auf die Bestimmung eines effektiven *Automatisierungsgrades*; Angaben über das Realisierungsfeld in Form notwendiger und verfügbarer materieller Ressourcen (Ausrüstungen, Geräte, Bauelemente), personeller Ressourcen (Umfang, Qualifikation) und finanzieller Ressourcen (Investitionsmittel u. a.); Varianten von Automatisierungsstrategien als Ergebnis der Abstimmung von Bedarfs-, Lösungs- und Realisierungsfeldern, wobei sich die Varianten sowohl auf qualitativ und quantitativ als auch zeitlich unterschiedlich gestaltete Strategien beziehen; Bewertungsmaßstäbe und Bewertungen für die Automatisierungsstrategien mit dem Ziel der Auswahl der effektivsten Varianten; Maßnahmen und Termine zur Vorbereitung und Realisierung der A.

Wesentlich für die Effektivität von Automatisierungsprojekten ist dabei die Berücksichtigung der Wechselwirkung von Produkt- und Prozeßinnovationen (s. *Innovation*) und der stimulierenden Wirkung der *flexiblen Automatisierung* auf die Produkt-Innovationsrate (s. *Systemanalyse von Innovationsprozessen*).

H.-G. LAUENROTH

Automatisierungsziel – Gesamtheit der zu erreichenden Wirkungen und Effekte durch die Automatisierung von Produktions- und Informationsprozessen. Im Maßstab eines Kombinates wird das A. als komplexe Kategorie technischer, ökonomischer und sozialer Natur behandelt; es umfaßt die qualitative Bestimmung des anteiligen Beitrages der Automatisierung zur Sicherung der geplanten Produktionssteigerung, Produktivitätserhöhung, Qualitätsverbesserung, Kostensenkung, Verbesserung der Arbeitsbedingungen und der Arbeitsinhalte sowie zur Erhöhung der Produkt- und Prozeß-Innovationsraten (s. *Innovation*); die quantitative Bestimmung der Entwicklung des *Automatisierungsgrades* in den Bereichen der mechanischen Fertigung, der Montage, des Meß- und Prüfwesens, der Transport- und Lagerhaltungsprozesse im Bereich der Produktion sowie der Planung, Entwicklung, Konstruktion, Projektierung, Produktionsvorbereitung und -steuerung, Abrechnung und Analyse im technischen und ökonomischen Bereich im Hinblick auf die Entwicklung von Ergebnis-, Aufwands- und Effektivitätskenngrößen; die zeitbezogene Bestimmung der Realisierungsetappen des A. nach Varianten in Abhängigkeit von den Automatisierungsstrategien (s. *Automatisierungskonzeption*).

H.-G. LAUENROTH

B

Backtracking – Programmierverfahren zum Suchen eines Weges durch einen *Graphen* von einem (oder mehreren) vorgegebenen Anfangspunkt zu einem (oder mehreren) Endpunkt. Durch B. können immer auch alle Wege gefunden werden. Dazu ist der letzte erreichte Endpunkt als Sackgasse (engl. blind alley , dead end) zu interpretieren. B. ist häufig als implizite Fähigkeit von Spezialsprachen implementiert. Programme in solchen Sprachen können dann als einfache Geradeaus-Programme geschrieben und gesehen werden, das System übernimmt die Sicherung von Zuständen (Schnappschuß), deren Folgezustände nicht eindeutig sind, und reaktiviert sie, wenn ein erreichter

Zustand keinen Folgezustand hat. B. kann deshalb auch als ein Verfahren zur Simulation *nichtdeterminierter Automaten* verstanden werden.

Es gibt vielfältige Anwendungen von B.: Parsingalgorithmen zur Analyse formaler und natürlicher Sprachen, *automatisches Theorembeweisen* und Inferieren, Computerspiele, *Formelmanipulation*, *Handlungsplanung* für *Roboter* u. v. a.

Die *Implementierung* von B. hängt von der Definition der Spezialsprache ab. Werden in ihr alle strukturbildenden Aktionen kopierend vorgenommen, genügt es, die relevanten Zustandsvariablen mit ihren Werten (Adressen von Strukturen) zu sichern.

Sind jedoch strukturzerstörende Aktionen zugelassen, muß die zugehörige Umkehraktion gespeichert werden. Eine besondere Schwierigkeit erwächst bei rekursiven Spezialsprachen. Es muß gesichert werden, daß bereits abgeschlossene *Unterprogramme* (Funktionen, Prozeduren) wieder betreten werden können, dort einen anderen Verlauf nehmen, obwohl sich ihre aktuellen Parameter scheinbar nicht geändert haben. Ein übliches Verfahren zur Realisierung der Wiederbetretbarkeit besteht in der Ausstattung dieser Unterprogramme mit einem Vorspann, der auf die globalen Backtrackinformationen zurückgreift und damit den Programmfluß ändert, indem z. B. die aktuellen äußeren Parameter von innen geändert werden. Ein anderes Verfahren besteht darin, daß man den gesamten Prozeduraufruf mit den neuen aktuellen Werten im Schnappschuß sichert und diesen Aufruf im Backtracking realisiert. Ein solches Verfahren ist jedoch nur anwendbar, wenn die Wirtssprache, in der die Spezialsprache eingebettet ist, über einen *Interpreter* verfügt bzw. keinen prinzipiellen Unterschied zwischen Daten und Programmen vornimmt (s. *LISP* oder *ASSEMBLER*).

Man spricht von blindem Backtracking, wenn der durchlaufene Weg schrittweise zurückverfolgt (Ariadnefaden, Prinzip der kleinsten Änderungen) und die letzte mögliche Entscheidung geändert wird. Es hängt vom Problemkomplex ab, ob ein effizienteres Verfahren gewählt werden kann.

Eine Effizienzsteigerung kann man einerseits dadurch erreichen, daß man nur inhaltlich relevante Entscheidungspunkte sichert, sie also von nur scheinbaren Alternativen abgrenzt, und andererseits, daß man die Schnappschüsse mit Zusatzinformationen versieht, die später zur Auswahl geeigneter Reaktivierungszustände benutzt werden können, wenn man entsprechende Informationen über die Ursachen von Sackgassen hat (gezieltes Backtracking).

D. Koch

Back-up — Sonderform der *Redundanz* zum Verringern der Ausfallwahrscheinlichkeit (Zuverlässigkeit), vor allem beim Steuern technologischer

Prozesse mittels Rechner (DDC). Bei (kurzzeitigem) Ausfall des *Prozeß rechners* wird durch Back-up-Regler ein (Not-)Betrieb aufrechterhalten, die Notabschaltung (Prozeßsicherung) vermieden.

R. MÜLLER

BASIC – (Beginners All Purpose Symbolic Instruction Code) eine *Programmiersprache*, 1964 im Dartmouth College (USA) entwickelt. Seit 1974 werden Bemühungen für eine Standardisierung von BASIC unternommen. Entsprechende Standardisierungsvorschläge von ECMA und ANSI für ein minimales BASIC liegen vor. Von den Herstellern von Rechnern werden Interpreter bzw. *Compiler* bereitgestellt, die i. allg. einen erweiterten Sprachumfang realisieren.

BASIC zeichnet sich durch geringe Komplexität, einfache Handhabbarkeit und Erlernbarkeit sowie problemadäquate Notierung aus, ist besonders geeignet für die Dialogprogrammierung und stellt die gegenwärtig bevorzugte höhere Programmiersprache für *Mikrorechner* dar. Besondere Bedeutung hat BASIC für den verstärkten Einsatz von Rechnern des „Systems der *Kleinrechentechnik*“ (SKR).

Am Beispiel der Berechnung von Mittelwert und Varianz einer Reihe von Meßwerten soll die Programmierung im Rahmen eines minimalen BASIC dargestellt werden.

```
 1Ø REM MITTELWERT UND VARIANZ
 2Ø DIM X(5Ø)
 3Ø PRINT „ANZAHL DER MESSWERTE“
 4Ø INPUT N
 5Ø PRINT N
 6Ø PRINT „MESSWERTE“
 7Ø FOR I=1 TO N
 80 INPUT X(I)
 9Ø PRINT X(I);
1ØØ NEXT I
11Ø LET M=Ø
12Ø FOR I=1 TO N
13Ø LET M=M+X(I)
14Ø NEXT I
15Ø LET M=M/N
16Ø LET V=Ø
17Ø FOR I=1 TO N
18Ø LET V=V+(X(I)-M)*(X(I)-M)
19Ø NEXT I
2ØØ LET V=V/(N-1)
```

```
210 PRINT „MITTELWERT“, „VARIANZ“
220 PRINT M,V
230 GOTO 30
240 END
```

Erweiterungen von BASIC bezüglich des Sprachumfanges betreffen insbesondere die Verarbeitung von Zeichenketten, die kompakte Behandlung von Matrizenoperationen sowie die Ein- und Ausgabe von graphischen Informationen.

H.-M. Voigt

Literatur: Strelocke, K., und P. Hoffmann: Die Dialogprogrammiersprache BASIC. Berlin: Verlag Die Wirtschaft 1981; Schneider, W.: Einführung in BASIC. Braunschweig, Wiesbaden: Friedr. Vieweg und Sohn 1980; American National Standards Institute (ANSI): Proposed American National Standard for Minimal BASIC X 3 J 2/76–35, Dez. 1976; European Computer Manufacturers Association (ECMA) Standard ECMA – Minimal BASIC – Final Draft ECMA / TC21 / 76 / 44, Dez. 1976.

Basisautomatisierung – derjenige Anteil an Automatisierung(stechnik), der zur Gewährleistung der Funktionserfüllung von Maschinen, Apparaten und technologischen Anlagen unabdingbar ist. Von den grundsätzlichen Automatisierungszielen, Beiträge zur Funktionstüchtigkeit, Wirtschaftlichkeit, Sicherheit sowie Menschen- und Umweltfreundlichkeit zu erbringen, dient die B. somit der Funktionstüchtigkeit und Sicherheit; sie kann ergänzt werden durch weitere Automatisierungsmaßnahmen bzw. -einrichtungen zugunsten weiterer Ziele. Da Maschinen, Apparate und Anlagen ohne B. nicht betreibbar sind, kann man sie auch der Technologie zurechnen.

G. Brack

Bauelemente der Mikroelektronik – sind vor allem *integrierte Schaltungen* (Schaltkreise), in denen eine Vielzahl von Transistorfunktionen bereits zur Funktionseinheit zusammengefaßt sind. Es werden analoge und digitale Schaltkreise unterschieden. Je nach der Anzahl der im Schaltkreis enthaltenen Transistoren (analog) bzw. der Anzahl der Gatter (digital) gilt folgende Einteilung:

- SSI: small scale integration (100, 10),
- MSI: median scale integration (1000, 100),
- LSI: large scale integration (10^4, 10^3),
- VLSI: very large scale integration (10^5, 10^4).

Die Anzahl der verschiedenen Bauelemente ist heute unwahrscheinlich groß. Vollständige Tabellen gibt es nicht. Allgemein wird das Spektrum auf mehrere hunderttausend Typen geschätzt. Bei den analogen Schaltkreisen sind folgende Funktionen in hoher Typenvielfalt vertreten:

- Operationsverstärker, Begrenzer, SCHMITT-Trigger,
- Leistungsendstufen, Stromversorgungsschaltungen,
- Modulatoren, Demodulatoren und
- viele Sonderschaltungen der Rundfunk-, Fernseh-, Foto- und Tonbandindustrie sowie Schaltkreise für kommerzielle Elektronik.

Bei den digitalen Schaltkreisen existieren drei Gruppen:

- Standardschaltkreise,
- Schaltkreise der Mikrorechentechnik,
- Schaltkreise für Sonderanwendungen.

Die Standard-Schaltkreise werden im wesentlichen Logikfamilien zugeordnet. An vorderster Stelle steht hier die TTL-Reihe mit mehreren Varianten. Die Typenvielfalt dieser Reihe liegt bei mehreren Hundert. Ihre Schnittstellen, Pegel, Belastungsfaktoren haben sich zu einem Stand entwickelt, dem sich alle anderen Reihen und digitalen Bauelemente weitgehend anzupassen haben.

Neben der TTL-Reihe haben die CMOS-Reihe (für geringe Leistungen) und die ECL-Reihe (für höchste Geschwindigkeit) größere Bedeutung erreicht. Die anderen Schaltkreisreihen sind weitgehend verschwunden.

Neben den Schaltkreisreihen haben bestimmte Logikkonzepte für den inneren Aufbau von Schaltkreisen Bedeutung. Hier seien nur die Varianten der p-MOS und n-MOS sowie I^2L und EFL erwähnt. Sie bestimmen die Logikbedingungen im Inneren der Schaltung, während an den Ein- und Ausgängen immer auf TTL-Pegel angepaßt wird.

Die Schaltkreise der Mikrorechentechnik sind um die zentralen Steuerbausteine, den *Mikroprozessor*, herum gegliedert. Hier hat sich die Entwicklung von den 4-bit- über die 8-bit- zu den 16- und 32-bit-Schaltungen vollzogen. Auf lange Sicht dürfte im Produktionsaufkommen die 8-bit-Verarbeitungsbreite deutlich überwiegen.

Wichtige Ergänzungsbausteine zum Mikroprozessor sind Speicherbausteine, In-out-Bausteine (seriell und parallel), Zeit- und Zählerbausteine, Controller-Bausteine, AD- und DA-Wandler sowie Busbausteine.

Schaltkreise für Sonderanwendungen werden benötigt, weil oft der Leistungsbedarf minimiert werden muß, sowie für Sonderaufgaben (z. B. Konsumgüter) mit sehr großen Stückzahlen und Spezialaufgaben der industriellen Elektronik. Sie können auf vielfältige Weise kostengünstig hergestellt werden. Eine wichtige Lösung bietet die Hybridtechnik, bei der verschiedene Bauelemente in Schaltungen integriert werden, die auf der Dick- oder Dünnschichttechnik basieren.

H. VÖLZ

Literatur: VÖLZ, H.: Elektronik, 4. Aufl. Berlin: Akademie-Verlag 1984.

Belastungsredundanz – s. *Redundanz.*

Beobachter – in der Steuerungs- und Regelungstheorie allgemein eine (dynamische) Einrichtung, die es gestattet, meßtechnisch nicht erfaßbare Größen, die wesentlich das Verhalten eines Systems charakterisieren, aus gemessenen Ein- und Ausgangsgrößen zu rekonstruieren und damit die Weiterverarbeitung z. B. im Sinne einer *automatischen Steuerung* zu ermöglichen. Wesentliche Bedeutung haben sog. Zustandsbeobachter in der Theorie linearer Systeme erlangt, die auf dem Begriff des Systemzustandes aufbaut. Der zuerst von LUENBERGER 1964 angegebene Beobachter stellt ein zum (als bekannt vorausgesetzten) System parallel geschaltetes Modell dar, dessen Eingang die Steuergröße ist (s. Abb.). Differenzen in den Zustandsgrößen von

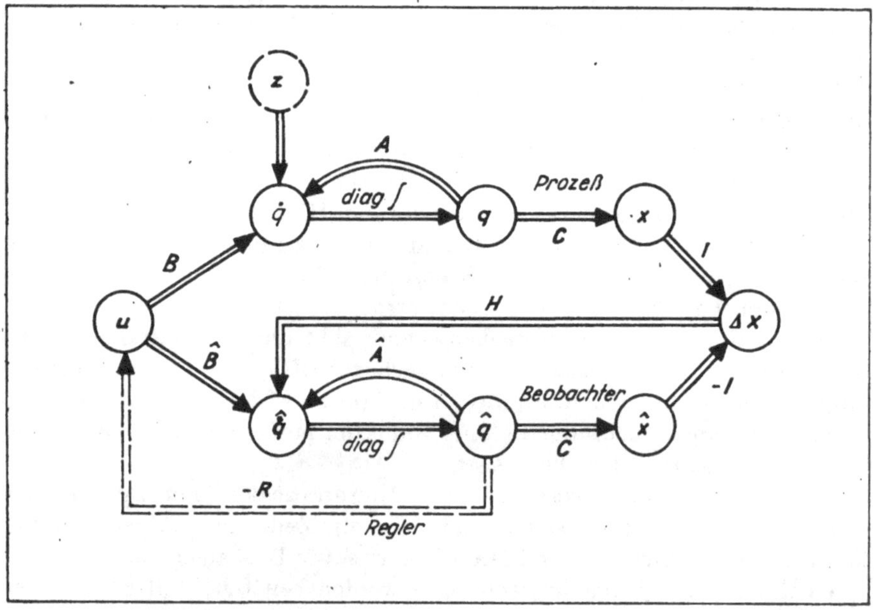

Modell des Beobachters nach LUENBERGER

Original und Modell (Beobachter) können, da beide mit dem gleichen Eingangssignal beaufschlagt werden, nur durch verschiedene Anfangswerte oder durch Störungen im Original verursacht werden. Letztere führen, wenn sie dauernd einwirken und nicht meßbar sind, prinzipiell zu Abweichungen. Das Funktionsprinzip eines Beobachters ist das eines *Folgeregelungssystems.* Es können nur beobachtbare Zustandsvariable geregelt werden, d. h., zur Rekonstruktion des vollen Zustandes des Systems muß vollständige *Beobacht-*

barkeit gefordert werden. Für den rekonstruierten Zustand erhält man

$$\dot{\hat{q}} = \hat{A}\hat{q} + \hat{B}u + Hx \; ; \qquad \hat{x} = \hat{C}\hat{q} \, .$$

Mit

$$\hat{B} = B \, , \quad \hat{A} = A - HC \, , \quad \hat{C} = C$$

und Wahl der Reglermatrix H so, daß die Eigenwerte von $\hat{A}$ genügend weit links von denen von A liegen, ergibt sich für den Beobachterzustand:

$$\dot{\hat{q}} = A\hat{q} + Bu + HC \triangle p \, .$$

Die Dimensionierung eines Beobachters ist einfach für Eingrößensysteme, die in der sog. Beobachtungsnormalform vorliegen. Eine problemlose Erweiterung auf *Mehrgrößenregelungssysteme* in *P*-kanonischer Struktur ist möglich. Aus Aufwandsgründen haben Beobachter reduzierter Ordnung große Bedeutung. Für ein System *n*-ter Ordnung mit *m* linear unabhängigen Ausgangsgrößen genügt dann zur Rekonstruktion des vollen Zustandes ein Beobachter der Ordnung *n*–*m*. Der Entwurf erfolgt ähnlich wie der des vollständigen Beobachters.

Auch für bestimmte nichtlineare Systeme ist der Entwurf entsprechender (Zustands-)Beobachter möglich.

H. Ehrlich

Bilanzregelung – eine der Aufgaben der *Basisautomatisierung* zur Sicherung der Funktionsfähigkeit von Apparaten und technologischen Anlagen. Aufgabe der B. ist es, Zuflüsse und Abflüsse (Stoffströme, Energieströme) eines Bilanzraumes, technisch als Stoff- oder Energiespeicher in einem Apparat oder einer Anlage realisiert, dadurch im Gleichgewicht zu halten, daß der Speicherinhalt durch Regelungen in bestimmten Grenzen gehalten wird. Die gebräuchlichsten Regelgrößen bei Stoffspeichern sind Füllstände bzw. Gasdrücke, bei Speichern thermischer Energie Temperaturen. Als Stellgröße der Bilanzregelung wird in einen der Zu- oder Abflüsse eingegriffen und dadurch das Gleichgewicht herbeigeführt. Beim Entwurf des Automatisierungssystems einer technologischen Anlage sollte mit der B. begonnen werden.

G. Brack

Bildschirmsystem – (s. a. Teil A–E, S. 409) Anzahl unterschiedlicher Gerätetypen, die für verschiedene Einsatzfälle letztlich die Ausgabe von – i. allg. alphanumerischen Informationen – auf Bildschirmen realisieren und der Eingabe von Informationen über die dazugehörigen Tastaturen dienen. Unterschieden wird nach Art des Rechneranschlusses und Anzahl der Bildschirme je Rechneranschluß.

Bei der Anschlußart wird zwischen Nah- und Fernaufstellung unterschieden, die wieder als Einzel- oder Bildschirmgruppen möglich sind. Beim Nahanschluß ist das Steuergerät direkt mit dem lokalen Interface des Rechners verbunden, und die über Spezialkabel angeschlossenen Bildschirmgeräte können davon bis zu 1200 m entfernt aufgestellt werden. Beim Fernanschluß werden die Signale des lokalen Parallelinterface durch einen Leitungsmultiplexer in ein Serieninterface umgewandelt und dann über postalische Zwei- oder Vierdrahtverbindungen zu einem beliebig weit entfernten Punkt übertragen. Dort übernimmt wieder ein Steuergerät die Anpassung der Signale an das Interface der Bildschirmgeräte, die dann wieder im Umkreis von 1200 m zu diesem Steuergerät installiert sein müssen.

Der Nahanschluß zeichnet sich durch hohe Datenraten und relativ einfache Bedienungsprozeduren aus und erzeugt damit im steuernden Rechner wenig System-Overhead. Kennzeichnend für den Fernanschluß ist die Überbrückung beliebiger Entfernungen.

An die Stelle der Bildschirmgeräte mit Tastatur – Aus- und Eingabemöglichkeit – können auch Seriendrucker – nur Ausgabemöglichkeit –, die im allg. als Protokolldrucker Verwendung finden, treten. Typische Vertreter der B. sind das EC 7920 des *ESER* und IBM 3270 von *IBM*.

H.-J. SCHILLER

Bildvorverarbeitung – Teilgebiet der *digitalen Bildverarbeitung* mit dem Ziel der Verbesserung der Bildqualität sowie der Aufbereitung des Bildinhaltes zur nachfolgenden automatischen Klassifizierung dieses Inhaltes bzw. zur besseren visuellen Verarbeitung durch den Menschen. Das Ergebnis der B. ist stets wieder ein Bild.

Wesentliche Teilgebiete der B. sind Methoden zur Rausch- und Störungsunterdrückung, zur Kantendetektion, Richtungsdetektion, Binarisierung, Verdünnung und Verdickung, Restaurierung u. a. Dabei existieren sowohl analoge optisch-holographische Verfahren als auch Verfahren der digitalen Bildverarbeitung mit Hilfe von Rechenanlagen. Im zweiten Fall wird mit einer Abtastkamera ein Rasterbild mit i. allg. 128×128 bis 4096×4096 Rasterpunkten erzeugt. Die Helligkeitswerte der einzelnen Rasterpunkte sind zwischen 2 und 256 Stufen quantisiert. Auch das Ergebnis der digitalen B. ist wieder ein digitalisiertes Rasterbild. Bei der Störungsunterdrückung sind sowohl Filterverfahren (Hochpaßfilterung, Tiefpaßfilterung) als auch Maskenoperatoren im Einsatz, die für eine Realisierung als *Spezialprozessor* besonders geeignet sind. Der bekannteste Maskenoperator zur Störungsunterdrückung ist der Rangordnungsoperator mit dem Spezialfall Medianoperator. Bei diesem Operator werden die innerhalb einer Maske um den betrachteten Bildpunkt liegenden Grauwerte (gebräuchlich sind 3×3-, 5×5- und 7×7-Masken) nach ihrem Wert in einer Reihe geordnet und der

Wert des mittleren Elements der Reihe als neuer Grauwert in den Bildpunkt geschrieben. Der Vorteil des Medianoperators besteht darin, daß er Störungen unterdrückt, ohne Grauwertkanten zu verflachen. Verfahren zur Kantendetektion beruhen auf der Auswertung von Grauwertgradienten in einer Bildpunktumgebung (lokale Kantenoperatoren) bzw. unter Beachtung von Optimalkriterien, die sich auf das gesamte Bild beziehen (globale Kantenoperatoren). Der bekannteste lokale Kantenoperator ist der SOBEL-Operator. Durch Auswertung von Grauwertgradienten lassen sich ebenso Richtungen von Grauwertkanten detektieren. Zur Vereinfachung der nachfolgenden Bildverarbeitung wird das Bild in vielen Fällen binarisiert (Grauwerte 0 und 1). Das Problem besteht dabei in der Selektion einer geeigneten Binarisierungsschwelle. Hier ist es nur in Spezialfällen möglich, eine Schwelle fest vorzugeben. In der Regel wird die Schwelle entweder von Bild zu Bild neu bestimmt, oder sie wird innerhalb eines Bildes in Abhängigkeit von den Grauwertverhältnissen verschiedene Werte annehmen (adaptive Schwelle). Verfahren zur Schwellenselektion beruhen auf der Auswertung von Grauwerthistogrammen (Häufigkeiten der Grauwerte), evtl. nach deren vorheriger Modifizierung. Zur bessern Auswertung von Objektkonturen im (meist schon binarisierten) Bild dienen Methoden zu deren Verdünnung (ggf. bis zur 1-bildpunktbreiten Skelettlinie) und Verdickung bzw. Restaurierung auf Grund von Modellvorstellungen über den möglichen Verlauf von Objektkonturen.

Der derzeitige Forschungsschwerpunkt auf dem Gebiet der B. besteht sowohl in der Realisierung von Algorithmen als Spezialprozessoren mit integrierten Schaltkreisen bzw. in VLSI-Technik oder als Arrayprozessoren und deren Implementierung auf speziellen Bildverarbeitungssystemen als auch in der Entwicklung von Algorithmen unter Beachtung von Prinzipien, die eine besonders effektive Hardware-Realisierung erlauben (z. B. systolische Algorithmen). Spezialprozessoren realisieren einen bzw. über eine Mikroprogrammierung mehrere ähnliche Operatoren. Beispiele sind der Prozessor GIPP (grayscale image preprocessor) vom ZKI der AdW der DDR und der Prozessor CYTO III der amerikanischen Firma Synthetic Vision System für Maskenoperatoren. Demgegenüber zeichnen sich Arrayprozessoren durch eine Zusammenschaltung vieler gleichartiger Prozessoren bzw. Zentralprozessoreinheiten aus, die durch entsprechende Programmierung einen speziellen Algorithmus realisieren können. Damit ist mit einem Arrayprozessor eine Vielfalt unterschiedlicher Operatoren realisierbar. Der technische Aufwand ist gegenüber Spezialprozessoren wesentlich höher. Als Beispiel sei das Multiprozessorsystem ZMOB genannt, das aus 256 Z80A-Mikroprozessoren besteht und eine Fülle von Bildverarbeitungsoperationen einschließlich diskreter Transformationen, statistischer Operationen und geometrischer Operationen auszuführen gestattet. Ein weiterer Arrayprozessor ist der Prozessor CLIP, aus 96×96 Einzelprozessoren bestehend, bei denen je vier Nachbarn zusammengeschaltet sind.

W. Uebel

Literatur: Simon, H., K. D. Kunze, K. Voss u. W. R. Herrmann: Automatische Bildverarbeitung in Medizin und Biologie. Dresden: Verlag T. Steinkopff 1975; Kowalewski, W. A.: Image Pattern Recognition. Berlin, Heidelberg, New York: Springer-Verlag 1980; Duff, M. J. B., a. S. Levialdi: Languages and Architecture for Image Processing. New York: Academic Press 1981; Rosenfeld, A.: Digital Picture Analysis. Berlin, Heidelberg, New York: Springer-Verlag 1976; Ballard, D. H., a. C. M. Brown: Computer Vision. Princeton: Prentice-Hall 1982; Rosenfeld, A., a. A. C. Kak: Digital Picture Processing. New York: Academic Press 1976; Höhne, K. H.: Digital Image Processing in Medicine. Berlin, Heidelberg, New York: Springer-Verlag 1981; Chung, T., u. G. Schwarze: Ein programmierbarer Prozessor für die Vorverarbeitung von Grautonbildern. Patent, Berlin 1983; Kazmierczak, H.: Erfassung und maschinelle Verarbeitung von Bilddaten. Berlin: Akademie-Verlag 1980; Klette, R., U. Rösler u. G. Sommer: Digitale Bildverarbeitung in der Automatisierungstechnik. messen.steuern.regeln, Berlin **26** (1983) 11, S. 607–615.

Binärsteuerung – In Binärsteuerungen werden zweiwertige Eingangssignale durch *logische Verknüpfung* zu zweiwertigen Ausgangssignalen verarbeitet. Die beiden Werte des Informationsparameters müssen deutlich unterscheidbar sein; ihnen werden i. allg. für die formale Beschreibung die Werte Null und Eins zugewiesen. Man unterscheidet prinzipiell die getaktete (synchrone) und die ungetaktete (asynchrone) Betriebsart von Binärsteuerungen sowie statische (kombinatorische) und dynamische (sequentielle oder Folge-) Steuerungen. Dynamische Steuerungen enthalten Speicher für binäre Größen. Die algebraische Beschreibung einer Binärsteuerung erfolgt durch die (i. allg. nichtlineare) Zustandsgleichung

$$^{k}\boldsymbol{z} = f(^{k-1}\boldsymbol{z}, {}^{k}\boldsymbol{x})$$

und die Ausgabegleichung

$$^{k}\boldsymbol{y} = g(^{k}\boldsymbol{z}, {}^{k}\boldsymbol{x})\,.$$

$^{k-1}\boldsymbol{z}$ ist der Zustand der Steuerung vor Auftreten einer Änderung des Eingangssignalvektors $\boldsymbol{x}$. $^{k}\boldsymbol{z}$ ist der daraus resultierende Folgezustand; f wird als Überführungsfunktion bezeichnet. $\boldsymbol{y}$ ist der Ausgangssignalvektor, der durch die Ausgabe- oder Ergebnisfunktion g mit dem Zustand und dem Eingang verknüpft ist.

Bei der Analyse und dem Entwurf von Binärsteuerungen werden außer den BOOLEschen Gleichungssystemen der Problemstellung angepaßte Beschreibungsmittel, z. B. *formale Sprachen*, Tabellen (*Automatentabelle, Entscheidungstabelle*), *Graphen* (Automatengraph, Programmablaufsprache, Steuergraph, *Petrinetze*) sowie Zeitdiagramme verwendet. Der systematische Entwurf einer Binärsteuerung setzt die Formalisierung der Aufgabenstellung unter Verwendung der genannten Beschreibungsmittel voraus und hat aufwandsarme Lösungen, gegebenenfalls unter Berücksichtigung von Zusatzforderungen (z. B. Zuverlässigkeit, automatische Fehlererkennung), zum Ziel.

Die Realisierung erfolgt z. B. mit elektrischen, pneumatischen und hydraulischen Relais. Weit verbreitet sind elektronische Steuerungssysteme mit diskreten oder integrierten Dioden- und Transistorschaltkreisen. Hochintegrierte Binärsteuerungen sind entweder durch PROMs bzw. PLA-Schaltkreise speicherprogrammierbar oder durch Einsatz von gewöhnlichen oder speziellen *Mikrorechnern* frei programmierbar.

H. EHRLICH

Binärvektor – s. BOOLE*scher Raum*.

Binder – s. *Verbinder*.

Black-box-Methode, rechnergestützte – Methode zur Analyse und Simulation der Funktions- und Verhaltensweisen komplexer Systeme bei bekannten Eingangs- und Ausgangsgrößen und unbekannter Struktur und unbekannten Prozeßabläufen innerhalb dieser Systeme (s. *Schwarzer Kasten*) unter Einsatz der elektronischen *Rechentechnik*. Ergebnis der Anwendung der r. B. bilden:

– die Ermittlung des Transformationsoperators T des analysierten Systems, z. B. in Form einer Matrix $\boldsymbol{A}$ (s. *Matrix der partiellen Wirkung*);
– die Bestimmung voraussichtlicher Prozeßergebnisse

$$Y = T \cdot X$$

bei gegebenen Prozeßvoraussetzungen X;
– die Berechnung benötigter Prozeßvoraussetzungen

$$X' = T^{-1} \cdot Y'$$

bei Vorgabe zu erreichender Prozeßergebnisse Y';
– die Ableitung hypothetischer Aussagen über die Struktur R des analysierten Systems.

Entsprechend der Abbildung (s. S. 52) ergibt sich der dargestellte Ablauf der Analyse und Simulation unter Nutzung einer EDVA; die Simulation kann dabei zyklisch in Varianten durchgeführt werden.

H.-G. LAUENROTH

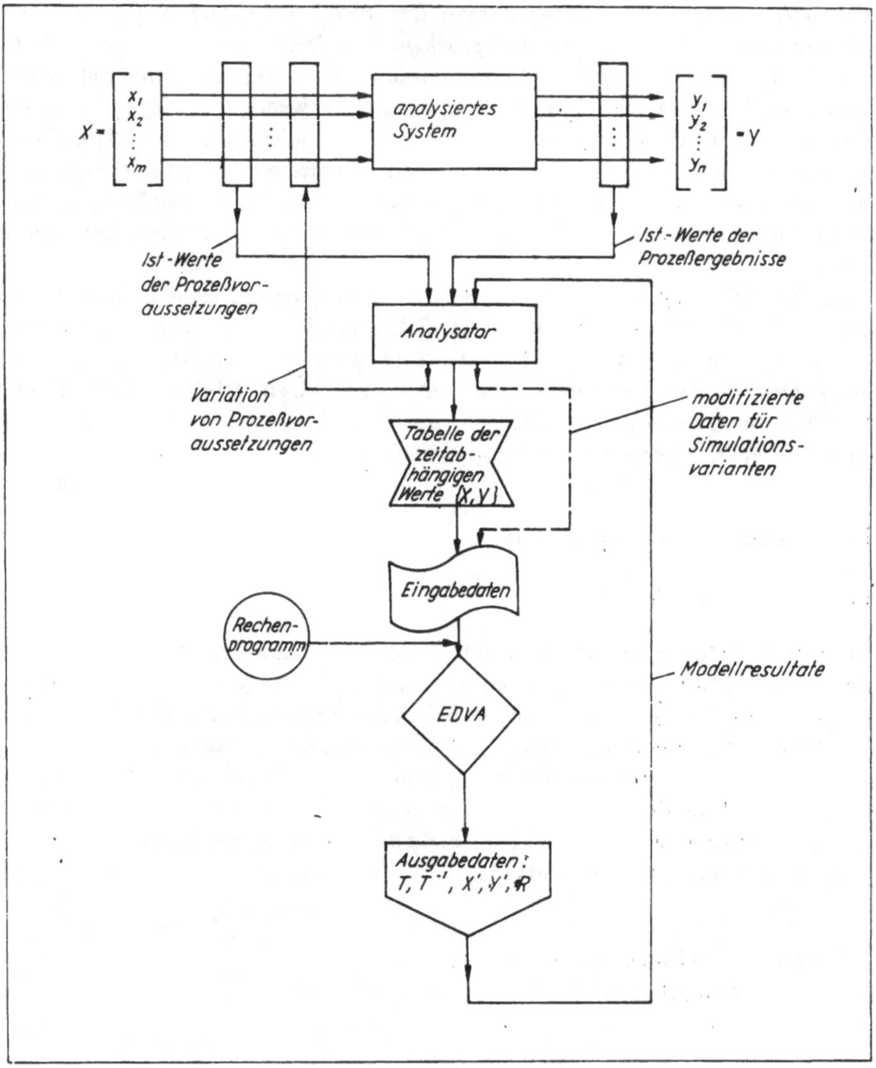

Prinzip der rechnergestützten black-Box-Analyse

Literatur: LAUENROTH, H.-G., u. K. BÖHM: Kybernetik in der industriellen Organisation. Berlin: VEB Verlag Technik 1979.

BOOLEsche Ableitung – s. BOOLEsche *Differentialkalkül*.

BOOLEsche Differentialgleichung – s. BOOLE*scher Differentialkalkül.*

BOOLEsche Differenz –s. BOOLE*scher Differentialkalkül.*

BOOLEsche Gleichung – Durch $\boldsymbol{x}=(x_1,\ldots, x_k)$, $x_i \in \{0,1\}$, seien Binärvektoren (s. BOOLE*scher Raum*) beschrieben. Mit zwei BOOLE*schen Funktionen* $f(\boldsymbol{x})$ und $g(\boldsymbol{x})$ wird die Gleichung

$$f(\boldsymbol{x})=g(\boldsymbol{x}) \tag{1}$$

gebildet. Ihre Lösungsmenge bilden alle $\boldsymbol{x}$, die (1) identisch erfüllen. Die gleiche Lösungsmenge besitzt die homogenisierte Gleichung

$$f(\boldsymbol{x}) \nleftrightarrow g(\boldsymbol{x})=0\,, \tag{2}$$

so daß es genügt, sich mit der Lösung und Interpretation homogener Gleichungen vom Typ

$$h(\boldsymbol{x})=0 \tag{3}$$

zu befassen. Sie treten in allen Anwendungsbereichen der BOOLE*schen Algebren* auf (Logik, Theorie der *Schaltsysteme, Automatentheorie, Algorithmentheorie, Graphentheorie, diskrete Optimierung* u. a.). Die Bestimmung der Lösungsmenge ist, im Gegensatz zur einfachen Prüfbarkeit eines Vektors $\boldsymbol{x}$ auf Lösungseigenschaften, eine i. allg. äußerst komplexe Aufgabe, da die Zahl der Lösungsvektoren exponentiell mit der Variablenzahl steigt. Praktisch ist sie bis zu einigen 10 Variablen allgemein möglich (s. *Ternärvektorliste*), darüber hinaus führen in einigen Fällen spezielle Funktionenklassen, Dekompositions- und Näherungsmethoden weiter.

Ist ein System von Gleichungen $h_1(\boldsymbol{x})=0, \ldots, h_n(\boldsymbol{x})=0$ gegeben, so läßt es sich stets äquivalent durch

$$h_1(\boldsymbol{x}) \vee \ldots \vee h_n(\boldsymbol{x})=0 \tag{4}$$

ersetzen und damit auf den Typ (3) zurückführen.

Praktisch wichtig ist das Auflösungsproblem BOOLEscher Gleichungen. Es sei die Gleichung

$$h(x_1,\ldots, x_k; y_1,\ldots, y_n)=0$$

gegeben, die lösungsäquivalent durch ein Gleichungssystem

$$\begin{matrix} y_1=f_1(\boldsymbol{x}) \\ \vdots \\ y_n=f_n(\boldsymbol{x}) \end{matrix} \tag{5}$$

zu ersetzen ist. Die Auflösbarkeit ist gegeben, wenn die Bedingung

$$\min_{\boldsymbol{y}}{}^n h(\boldsymbol{x}, \boldsymbol{y})=0 \tag{6}$$

erfüllt ist (s. BOOLE*scher Differentialkalkül*), sie führt jedoch auch bei Gültigkeit von (6) i. allg. nicht zu eindeutigen Lösungen. Für jede Funktion f_i läßt sich ein Funktionenverband angeben, dessen Elemente zulässige Werte von f_i bilden. Mit $\boldsymbol{y}_0 = (y_1, \ldots, y_{i-1}, y_{i+1}, \ldots, y_n)$ gilt für f_i

$$\min_{\boldsymbol{y}_0}{}^{n-1} h(\boldsymbol{x}, \boldsymbol{y})|_{y_i=0} \leqq f_i \leqq \min_{\boldsymbol{y}_0}{}^{n-1} h(\boldsymbol{x}, \boldsymbol{y})|_{x_i=1}. \tag{7}$$

Die Auflösung ist eindeutig, wenn untere und obere Grenze des Verbandes zusammenfallen. Bemerkenswert ist der Satz: Sei $h(\boldsymbol{x}, \boldsymbol{y}) = 0$ nach $\boldsymbol{y}$ auflösbar, dann ist die Gleichung auch nach jedem anderen Vektor $\boldsymbol{y}^*$ auflösbar, der wenigstens die Variablen von $\boldsymbol{y}$ enthält.

D. BOCHMANN

Literatur: BOCHMANN, D., u. CH. POSTHOFF: Binäre dynamische Systeme. Berlin: Akademie-Verlag 1981, München, Wien: Oldenbourg-Verlag 1981; BOCHMANN, D., CH. POSTHOFF u. A. D. ZAKREWSKIJ: BOOLEsche Gleichungen – Theorie, Anwendungen, Algorithmen. Berlin: VEB Verlag Technik 1984; RUDEANU, S.: Boolean Functions and Equations. Amsterdam: North-Holland Publ. Co. 1974.

BOOLEscher Differentialkalkül – Innerhalb der BOOLE*schen Algebren* gibt es zwei Operationen mit Gruppeneigenschaft, die Antivalenz ($\not\sim$, $\oplus$) und die Äquivalenz ($\equiv$), die deshalb als Summen- und auch Differenzoperationen interpretiert werden können. Auf ihnen aufbauend konnte ein Differenzen- und Differentialkalkül geschaffen werden (AKERS 1959, TALANZEW 1959, BOCHMANN 1963, THAYSE 1970), in dem jedoch wegen der praktischen Anschaulichkeit (Identität der Operanden $\Leftrightarrow$ Ergebnis der Differenzbildung $= 0$) die Antivalenz bevorzugt wurde. Der Kalkül erlaubt die Behandlung zeitlicher, räumlicher und anderer Änderungen in binären dynamischen Systemen.

Es sei $\boldsymbol{x} = (x_1, \ldots, x_k)$, $x_i \in \{0,1\}$, ein Binärvektor. Ihm wird das Differential $\mathrm{d}\boldsymbol{x} = (\mathrm{d}x_1, \ldots, \mathrm{d}x_k)$, $\mathrm{d}x_i \in \{0,1\}$, als Vektor von Änderungsgrößen (i. allg. unabhängig von $\boldsymbol{x}$) zugeordnet. Nach einer Änderung von $\boldsymbol{x}$ durch $\mathrm{d}\boldsymbol{x}$ entsteht ein neuer Vektor $\boldsymbol{x}^*$. Es gilt

$$\boldsymbol{x}^* = \boldsymbol{x} \not\sim \mathrm{d}\boldsymbol{x}\,, \tag{1}$$

$$\mathrm{d}\boldsymbol{x} = \boldsymbol{x} \not\sim \boldsymbol{x}^*\,. \tag{2}$$

Durch (2) wird der Begriff BOOLEsche Differenz nahegelegt, der aber in der Literatur auch in anderer Bedeutung auftritt.

Als (totales) Differential einer Funktion $f(\boldsymbol{x})$ wird definiert

$$\mathrm{d}f(\boldsymbol{x}) = f(\boldsymbol{x}) \not\sim f(\boldsymbol{x} \not\sim \mathrm{d}\boldsymbol{x}). \tag{3}$$

Wird die Änderung nur auf eine Variable x_i bezogen (nur $\mathrm{d}x_i \neq 0$), so spricht man vom partiellen Differential

$$\underset{x_i}{\mathrm{d}}\, f(x_i) = f(x_i) \not\sim f(x_i \not\sim \mathrm{d}x_i). \tag{4}$$

(Jeweils konstante Parameter sollen nicht extra geschrieben werden.)

In (4) ist der Wert von $\mathrm{d}x_i$ noch beliebig. Setzt man $\mathrm{d}x_i = 1$, so entsteht die von x_i unabhängige partielle Ableitung von f nach x_i:

$$\frac{\partial f}{\partial x_i} = f(x_i) \not\sim f(\bar{x}_i)\,. \tag{5}$$

Eine ähnliche Festlegung für den gesamten Vektor $\boldsymbol{x}$ führt zur vektoriellen Ableitung von f nach $\boldsymbol{x}$:

$$\frac{\partial f}{\partial \boldsymbol{x}} = f(\boldsymbol{x}) \not\sim f(\bar{\boldsymbol{x}})\,. \tag{6}$$

Ableitungen können mehrfach ausgeführt werden. Es gelten für die Ausführung der Ableitungsoperatoren Kommutativitäts- und Assoziativitätsgesetze und die wichtige Eigenschaft

$$\frac{\partial}{\partial x_i}\frac{\partial f}{\partial x_i} = 0\,. \tag{7}$$

Weitere Begriffe des B. D. entstanden (unter Verzicht auf die Gruppenaussagen) dadurch, daß statt der Antivalenzoperation die Konjunktion und Disjunktion verwendet werden:

$$\mathrm{Min}\, f(\boldsymbol{x}) = f(\boldsymbol{x}) \wedge f(\boldsymbol{x} \not\sim \mathrm{d}\boldsymbol{x})\,, \tag{8}$$

$$\mathrm{Max}\, f(\boldsymbol{x}) = f(\boldsymbol{x}) \vee f(\boldsymbol{x} \not\sim \mathrm{d}\boldsymbol{x})\,, \tag{9}$$

$$\min_{x_i} f(x_i) = f(x_i) \wedge f(\bar{x}_i)\,, \tag{10}$$

$$\max_{x_i} f(x_i) = f(x_i) \vee f(\bar{x}_i)\,. \tag{11}$$

Die Operatoren Min und Max sind hier als totales Minimum und Maximum geschrieben und hängen eng mit dem totalen Differential zusammen,

$$\mathrm{d}f(\boldsymbol{x}) = \mathrm{Min}\, f(\boldsymbol{x}) \not\sim \mathrm{Max}\, f(\boldsymbol{x})\,. \tag{12}$$

Die mit den Ableitungen verwandten (hier partiell geschriebenen) Operatoren min und max genügen

$$\frac{\partial f}{\partial x_i} = \min_{x_i} f(x_i) \not\sim \max_{x_i} f(x_i) \tag{13}$$

und können ebenfalls mehrfach ausgeführt werden. Außerdem ist es für manche Anwendungen zweckmäßig, gerichtete Differentiale und Ableitungen einzuführen, bei denen die Änderungsrichtungen $0 \to 1$ und $1 \to 0$ unterschieden werden.

Anschaulich sind folgende Interpretationen wichtig:

$f\partial/\partial x_i$ ist genau dann gleich 1, wenn eine Änderung von x_i zu einer Änderung von f führt.

$\partial \boldsymbol{x}/\partial f$ ist genau dann gleich 1, wenn eine Änderung des gesamten Vektors $\boldsymbol{x}$ (z. B. $(0, \ldots, 0) \to (1, \ldots, 1)$) zu einer Änderung von f führt.

$\mathrm{d}f(\boldsymbol{x})$ ist in Abhängigkeit von den Werten der $\mathrm{d}\boldsymbol{x}$ (der gerade auftretenden Änderungen) gleich 1, wenn sich f ändert, d. h., es enthält alle Ableitungen als durch die Parameter $\mathrm{d}x_i$ festzulegende Spezialfälle.

Auch für alle anderen Operatoren lassen sich solche anschaulichen Interpretationen angeben, so daß die Mittel des B. D. eine praktisch bequeme Formulierung vielfältiger dynamischer Problemstellungen unterstützen. Für komplexere Änderungsbegriffe (z. B. Änderung von f durch die Änderung wenigstens einer Variabler aus einer gegebenen Teilmenge) wurden ebenfalls Operatoren bereitgestellt, ihre Eigenschaften untersucht und beschrieben.

Wir geben einige für partielle, aber auch für vektorielle und mehrfache Ableitungen geltende Zusammenhänge an:

$$\frac{\partial}{\partial x_i}\,(f(\boldsymbol{x}) \not\sim g(\boldsymbol{x})) = \frac{\partial f}{\partial x_i} \not\sim \frac{\partial g}{\partial x_i}, \tag{14}$$

$$\frac{\partial}{\partial x_i}\,(f(\boldsymbol{x}) \wedge g(\boldsymbol{x})) = g\,\frac{\partial f}{\partial x_i} \not\sim f\,\frac{\partial g}{\partial x_i} \not\sim \frac{\partial f}{\partial x_i}\,\frac{\partial g}{\partial x_i}, \tag{15}$$

$$\frac{\partial}{\partial x_i}\,(f(\boldsymbol{x}) \vee g(\boldsymbol{x})) = \bar{g}\,\frac{\partial f}{\partial x_i} \not\sim \bar{f}\,\frac{\partial g}{\partial x_i} \not\sim \frac{\partial f}{\partial x_i}\,\frac{\partial g}{\partial x_i}. \tag{16}$$

Ähnliche Beziehungen gelten auch für die Differentiale. Die Umkehrung der Ableitungs- und Differentialoperatoren (z. B. das Bestimmen von $f(\boldsymbol{x})$ aus

$$g(\boldsymbol{x}) = \frac{\partial f}{\partial \boldsymbol{x}} \tag{17}$$

bei gegebenen $g(\boldsymbol{x})$) kann als Spezialfall der Untersuchung und Lösung Boolescher Differentialgleichungen angesehen werden, für die eine Reihe analytischer und rechnerorientierter Lösungsverfahren erarbeitet wurden. Zwei Zusammenhänge betonen dabei die besondere praktische Bedeutung:

1. Lösungen von Booleschen Differentialgleichungen, die Ableitungsoperationen enthalten, sind Mengen binärer Funktionen. Es wurde gezeigt,

daß zu jeder Menge binärer Funktionen eine generierende Differentialgleichung gehört. Damit entstand für die Untersuchung von Klassen binärer Funktionen ein neues Instrument, das zur Analyse, Optimierung, Funktionsauswahl u. a. eingesetzt werden kann.

2. Die besonders einfachen Differentialgleichungen vom Typ

$$f(\boldsymbol{x}, \mathrm{d}\boldsymbol{x}) = 0 \tag{18}$$

definieren *Graphen* und werden erfolgreich zu deren Untersuchung eingesetzt. Dabei werden die $\boldsymbol{x}$ als Punkte in einem BOOLE*schen Raum* und $\mathrm{d}\boldsymbol{x}$ als Richtung einer von $\boldsymbol{x}$ wegführenden Kante interpretiert. Alle Lösungen von (18) gelten als Kanten des Graphen. Die Handhabung, Analyse, Synthese usw. eines endlichen Graphen wird damit auf entsprechende Operationen mit binären Funktionen zurückgeführt.

Anwendungen findet der B. D. bisher vorrangig bei Aufgaben der Diagnose, Testung, Testsatzermittlung und Empfindlichkeitsanalyse binärer Automaten. Weitere Anwendungsgebiete sind Hasardanalyse, Berücksichtigung und Bestimmung dynamischer Effekte und Nebenbedingungen in Automaten, Lösung und Auflösung BOOLEscher Gleichungssysteme, Verhaltensanalyse von Automaten.

Es gibt eine Reihe von Ergebnissen, die bei den Spezialfällen zeitlicher und räumlicher Änderungen den B. D. bereichern und weiterführen.

D. BOCHMANN

Literatur: BOCHMANN, D., u. V. N. ROGINSKIJ: Dynamische Prozesse in Automaten. Berlin: VEB Verlag Technik 1977; BOCHMANN, D., u. CH. POSTHOFF: Binäre dynamische Systeme. Berlin: Akademie-Verlag 1981, München, Wien: Oldenbourg-Verlag 1981; THAYSE, A.: Boolean Calculus of Differences. Berlin, Heidelberg, New York: Springer-Verlag 1981; BOCHMANN, D.: Automatengraphen. Berlin: Akademie-Verlag 1982; BOCHMANN, D., CH. POSTHOFF u. A. D. ZAKREWSKIJ: BOOLEsche Gleichungen – Theorie, Anwendungen, Algorithmen. Berlin: VEB Verlag Technik 1984.

BOOLEscher Differentialoperator – s. BOOLE*scher Differentialkalkül.*

BOOLEscher Raum – Es sei $\boldsymbol{x} = (x_1, \dots, x_k)$ ein Binärvektor (k-Tupel), dessen Komponenten x_i nur die Werte 0 und 1 annehmen, die als Definitions- und Wertebereich BOOLEscher Funktionen aufgefaßt werden. Die Gesamtheit aller $\boldsymbol{x}$ für festes k bildet einen BOOLEschen Raum B^k, der vielfältige theoretische und praktische Bezüge besitzt. Praktisch bedeutungsvoll ist insbesondere die bei vielen Problemen auftretende Forderung, in hochdimensionalen B. R. Rechnungen auszuführen.

Für die $\boldsymbol{x}$ wird eine Halbordnungsrelation eingeführt: Für zwei Vektoren $\boldsymbol{x}_1 \leqq \boldsymbol{x}_2$ ist komponentenweise nur eine der Kombinationen $0 \leqq 0$, $0 \leqq 1$, $1 \leqq 1$ erlaubt. Ordnungsrelationen lassen sich in vielfältiger Weise festlegen. Am wichtigsten sind die durch das Dezimaläquivalent (Interpretation von $\boldsymbol{x}$ als Dualzahl) oder einen GRAY-Code vorgegebenen Reihenfolgen. Für B^k kann gezeigt werden, daß es sich um einen topologischen, regulären, kompakten Raum handelt, der die Eigenschaften eines linearen Vektorraums erfüllt. Die wichtigste Metrik in B^k ist die HAMMING-Distanz $H\mathrm{d}(\boldsymbol{x}_1, \boldsymbol{x}_2)$: die Zahl der unterschiedlichen Komponenten der Vektoren $\boldsymbol{x}_1$ und $\boldsymbol{x}_2$. Es sei $\boldsymbol{x}_0 \in B^k$, dann bilden alle Vektoren mit $H\mathrm{d}(\boldsymbol{x}_0, \boldsymbol{x}) \leqq h$ eine Hyperkugel um $\boldsymbol{x}_0$ mit dem Radius h. Der gesamte Raum B^k bildet um jeden seiner 2^k Punkte eine Hyperkugel mit dem Radius k.

Es seien $\boldsymbol{x}_1$ und $\boldsymbol{x}_2$ zwei Punkte mit $\boldsymbol{x}_1 \leqq \boldsymbol{x}_2$ und $H\mathrm{d}(\boldsymbol{x}_1, \boldsymbol{x}_2) = h$. Dann stimmen $\boldsymbol{x}_1$ und $\boldsymbol{x}_2$ in $k-h$ Stellen überein, während in h Stellen bei $\boldsymbol{x}_1$ eine 0 und bei $\boldsymbol{x}_2$ eine 1 steht. Die Menge aller $\boldsymbol{x}$ mit $\boldsymbol{x}_1 \leqq \boldsymbol{x} \leqq \boldsymbol{x}_2$ bildet dann einen BOOLEschen Unterraum B^h, der allen schon genannten Bedingungen ebenfalls genügt. Kleinste Elemente (Infima) sind in B^k der Nullvektor 0 und in B^h $\boldsymbol{x}_1$, größte Elemente (Suprema) entsprechend 1 und $\boldsymbol{x}_2$. Der von uns gewählte Unterraum B^h läßt sich zweckmäßig durch einen Ternärvektor der Länge k kennzeichnen, der in den festgelegten Stellen 0 oder 1 und in den variablen Stellen das Symbol „–" enthält. Jede Punktmenge in B^k kann durch geeignete Zerlegung in BOOLEsche Unterräume als *Ternärvektorliste* (TVL) dargestellt werden. Sind die Unterräume disjunkt, so kommt man zu orthogonalisierten TVL, die das effektivste rechnerinterne Mittel zur Ausführung von Rechnungen in B. R. sind. BOOLEsche Unterräume werden auch als Hyperkuben bezeichnet.

Eine Punktmenge in B^k kann durch eine charakteristische Funktion gekennzeichnet werden, die genau für die Punkte der Menge den Wert 1 annimmt. Jede Funktion $f(\boldsymbol{x})$ kennzeichnet in diesem Sinne einen Teilraum. Maximal große Hyperkuben, die nur 1-Punkte der Funktion enthalten, bilden ihre Primimplikanten. Die zugehörigen Ternärvektoren haben maximale Strichzahlen. Eine Überdeckung aller 1-Punkte durch eine minimale Zahl von Primimplikanten führt zu einer (unter bestimmten Voraussetzungen) aufwandsminimalen Schaltung, die die gegebene Funktion realisiert.

Von großem Interesse ist das Einbetten endlicher *Graphen* in B. R. hinreichend großer Dimension. Die Knoten des Graphen werden mit Punkten des Raumes identifiziert, die Kanten werden zu Übergängen zwischen diesen. Eine Kante wird dann durch einen Punkt-Richtungs-Vektor $(\boldsymbol{x}, \mathrm{d}\boldsymbol{x})$ charakterisiert (BOOLE*scher Differentialkalkül*), der gesamte (schlichte, ungewichtete) Graph durch eine charakteristische Funktion $g(\boldsymbol{x}, \mathrm{d}\boldsymbol{x})$ oder eine BOOLEsche Gleichung $f(\boldsymbol{x}, \mathrm{d}\boldsymbol{x}) = 0$ mit $f = \bar{g}$. Die für die Behandlung BOOLEscher Räume und Funktionen bereitgestellten Mittel werden damit auch für Graphen verfügbar.

Die Abbildung eines B. R. auf sich selbst oder in (auf) einen anderen B. R. wird im allgemeinen als Umcodierung der Punkte (z. B. der Knoten des Graphen) zu verstehen sein. Sie ist technisch durch Schaltnetzwerke mit mehreren Ausgängen zu realisieren und bewirkt eine Reihe mathematischer Zusammenhänge, wie z. B. Vergröberung eines Graphen (oder anderer in B^k auftretender Objekte), Stetigkeit der Abbildung (verbunden mit Hasard-Problemen) u. a.

Eine BOOLEsche *Funktion* von k Variablen kann ebenfalls als 2^k-dimensionaler Binärvektor aufgefaßt werden. Jedem Punkt in B^{2^k} ist damit eine Funktion über B^k zugeordnet. BOOLEsche Unterräume in B^{2^k} beschreiben dann den wichtigen Fall der Verbände BOOLEscher Funktionen.

D. BOCHMANN

Literatur: RUDEANU, S.: Boolean Functions and Equations. Amsterdam: North-Holland Publ. Co. 1974; BOCHMANN, D.: Einführung in die strukturelle Automatentheorie. Berlin: VEB Verlag Technik 1975, München, Wien: Hanser-Verlag 1975; BOCHMANN, D., u. CH. POSTHOFF: Binäre dynamische Systeme. Berlin: Akademie-Verlag 1981, München, Wien: Oldenbourg-Verlag 1981; THAYSE, A.: Boolean Calculus of Differences. Berlin, Heidelberg, New York: Springer-Verlag 1981; BOCHMANN, D., CH. POSTHOFF u. A. D. ZAKREWSKIJ: Boolesche Gleichungen – Theorie, Anwendungen, Algorithmen. Berlin: VEB Verlag Technik 1984.

BOOLEsches Differential – s. BOOLEscher *Differentialkalkül.*

BOOLEsches Gleichungssystem – s. BOOLEsche *Gleichung.*

Bootstrapping – Methode zur Erzeugung neuer Programmversionen unter Benutzung bereits vorhandener Versionen geringeren Leistungsvermögens; hat bei der Erzeugung von *Compilern* für höhere *Programmiersprachen* zusammen mit der Verwendung von Cross-Compilierung und *Compiler-Com-*

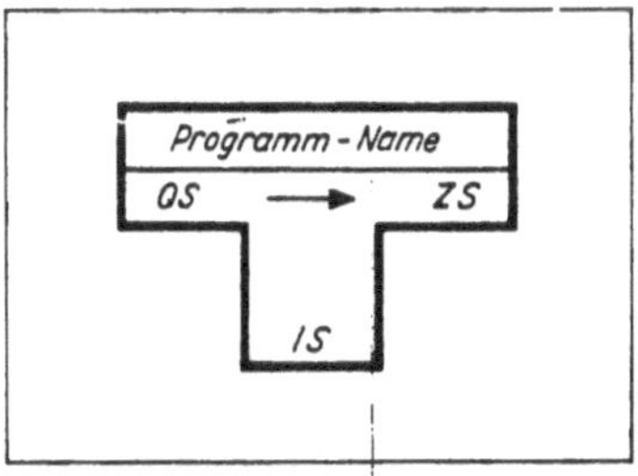

Abb. 1

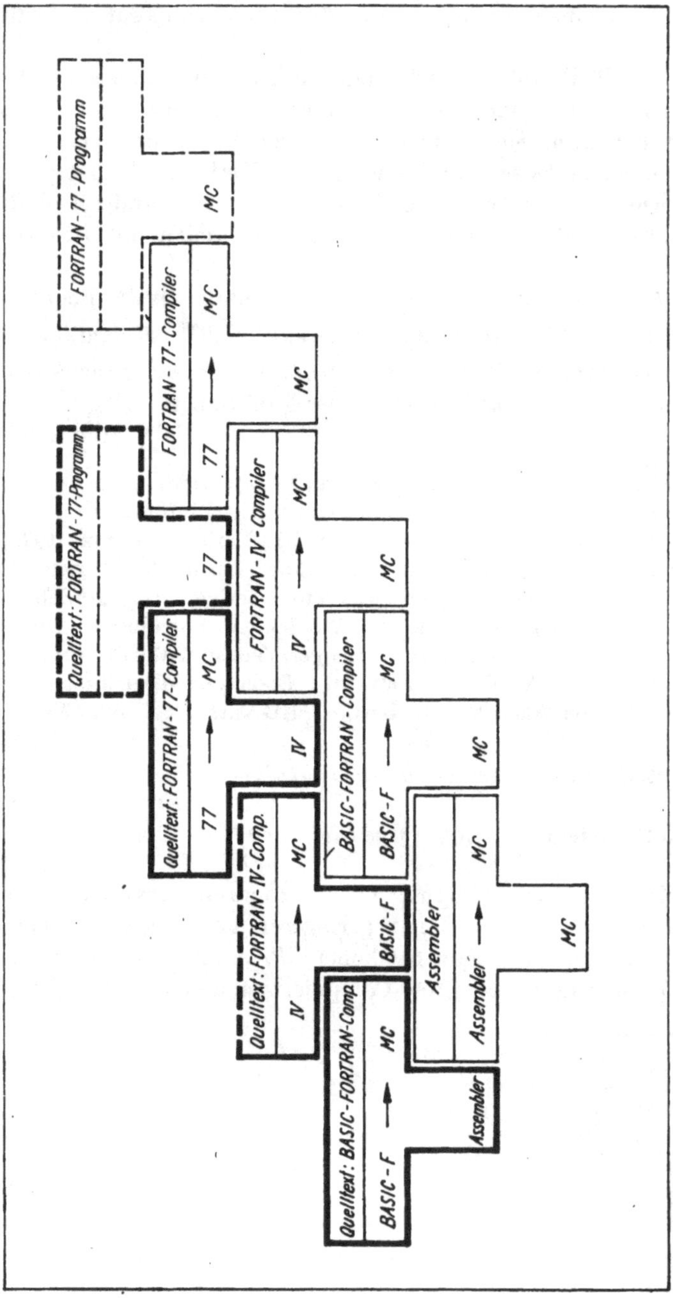
FORTRAN-77-Programm
MC
FORTRAN-77-Compiler
77
MC
MC
Quelltext: FORTRAN-77-Programm
77
FORTRAN-IV-Compiler
IV
MC
MC
Quelltext: FORTRAN-77-Compiler
77
MC
IV
BASIC-FORTRAN-Compiler
BASIC-F
MC
MC
Quelltext: FORTRAN-IV-Comp.
IV
MC
BASIC-F
Assembler
Assembler
MC
MC
Quelltext: BASIC-FORTRAN-Comp.
BASIC-F
MC
Assembler

Abb. 2

pilern besondere Bedeutung erlangt. Auch der Transport von Compilern zwischen verschiedenen Rechnertypen wird häufig durch B. durchgeführt.

Beim B. von Compilern wird zunächst ein Compiler für eine Untermenge der zu implementierenden Sprache erzeugt. Der eigentliche Compiler wird anschließend unter Verwendung dieser Sprachuntermenge programmiert und mit dem bereits implementierten Compiler übersetzt. Als Ergebnis dieser Übersetzung entsteht ein Compiler für den gesamten Sprachumfang, der auch in der Lage ist, sein eigenes Programm zu übersetzen (Selbstübersetzung). Soll später eine Obermenge der Sprache erzeugt werden (Spracherweiterung), dann kann das Compilerprogramm unter Ausnutzung aller bisher implementierten Spracheigenschaften modifiziert werden.

Zur Beschreibung von Bootstrapping-Prozessen dienen die sog. T-Diagramme. Sie haben die in Abb. 1 gezeigte Form und enthalten die vom Compiler akzeptierte Quellsprache QS, die erzeugte Zielsprache ZS und die Implementierungssprache IS für den Compiler selbst. Ein *FORTRAN*-77-Compiler könnte z. B. mit dem in Abb. 2 angegebenen Bootstrapping-Prozeß erzeugt werden: Ein *BASIC-FORTRAN*-Compiler wirdi n *Assembler-Sprache* programmiert und mittels des vorhandenen Assemblers in ein abarbeitungsfähiges Programm (IS = Maschinencode MC) überführt. Der FORTRAN-IV-Compiler kann nun bereits in BASIC-FORTRAN formuliert werden, also auf einem wesentlich höheren Sprachniveau. Durch Übersetzung mit dem BASIC-FORTRAN-Compiler wird ein lauffähiger FORTRAN-IV-Compiler erhalten. Schließlich wird der FORTRAN-77-Compiler in FORTRAN-VI programmiert. Dabei wäre auch eine Implementierung als FORTRAN-77-FORTRAN-IV-Konverter möglich, die lediglich noch einen zusätzlichen Übersetzungslauf erfordern würde. Der durch mehrere Übersetzungsschritte erhaltene FORTRAN-77-Compiler schließlich übersetzt beliebige FORTRAN-77-Programme.

W. Assmann

Brainware – Überlegungen und potentielle Lösungen als Basis zur Erarbeitung von Software und auch Hardware für naturwissenschaftliche, technische, ökonomische und andere Aufgaben, die in dieser Form oder modifiziert für eine automatisierte Informationsverarbeitung geeignet sind, jedoch noch nicht genutzt werden.

Der Begriff Brainware entstand mit der Entwicklung und Vorbereitung der Begriffe *Software* und *Hardware* und soll verdeutlichen, daß der Hard- und Software eines Rechners noch die geistigen Fähigkeiten des Menschen übergeordnet sind. Demzufolge wird die Entwicklung der Brainware einerseits von den Forderungen und Tendenzen der Hard-, Soft- und *Orgware*-Entwicklung, zum anderen aber auch von der allgemeinen und der disziplinären Wissenschaftsentwicklung direkt und indirekt bestimmt.

Brainware wurde im kapitalistischen Sinne zuweilen auch als jene Menge „geistigen Kapitals“, welche eine Firma besitzt, verstanden.

H.-G. Lauenroth, H. Völz

Büroautomatisierung – Prozeß, bei dem der Mensch durch Einbeziehung mikroelektronischer und nachrichtentechnischer Mittel von monotonen Informationsprozessen in der Verwaltung entlastet wird bzw. durch den bestimmte Informationsprozesse in der Verwaltung beschleunigt oder erst möglich werden.

Die B. ist gekennzeichnet durch den Einsatz von Datenverarbeitungs-, Textverarbeitungs- und Informationsübertragungssystemen in Arbeitsplatzrechnern, zunächst getrennt voneinander, später als integriertes System, sowie durch den Aufbau von *Informationssystemen* für komplexe Sachgebiete. Durch Integration der Verarbeitung, Speicherung und Übertragung von Sprache, Text, Daten und Graphik wird mit einem Gerät der Zugriff zu einer großen Zahl von Informationsquellen sowie das Zusammenspiel mit anderen Menschen und Rechnern möglich.

Datenverarbeitungssysteme zur B. sind vorrangig als Informationssysteme für solche Gebiete wie Planung, Statistik, Organisation, Kader, Bibliothek, Buch- und Lagerhaltung ausgeprägt.

Textverarbeitungssysteme ermöglichen die Eingabe, Speicherung, Korrektur, Formatierung und Ausgabe von Textinformationen. Sie sind in unterschiedlichen Ausbaustufen auch mit Mitteln der Textgestaltung versehen.

Der Informationsübertragungsanschluß bietet je nach vorhandener Kommunikationstechnologie den Anschluß an ein lokales Netz zur Abwicklung der hausinternen Kommunikation oder auch an ein öffentliches Datennetz mit den dort verfügbaren Diensten, wie Teletex, Telefax, Videotext.

C. Sattler

Bus – lineare Verbindungsstruktur für die zeitmultiplexe Datenübertragung zwischen Funktionseinheiten eines *Mikroprozessors, Digitalrechners* bzw. *Mehrrechnersystems.* Der Bus stellt eine globale Kommunikationsressource des Systems dar, die durch die angeschlossenen Funktionseinheiten angefordert werden kann und diesen konfliktfrei für die Realisierung ihrer Übertragungsanforderungen zugeordnet wird.

Der Bus umfaßt i. allg. mehrere parallele Signalleitungen (*Bus-Leitungen*), an die alle kommunizierenden Funktionseinheiten angeschlossen sind. Anzahl und Funktion der Bus-Leitungen werden durch das Arbeitsprinzip des Bus festgelegt und bilden die *Bus-Struktur.* Die Funktionseinheiten sind über Bus-Koppler, die einen Master- und/oder Slave-Teil enthalten, an den Bus angeschlossen. Der Master kann die Bus-Zuordnung anfordern, diese bei

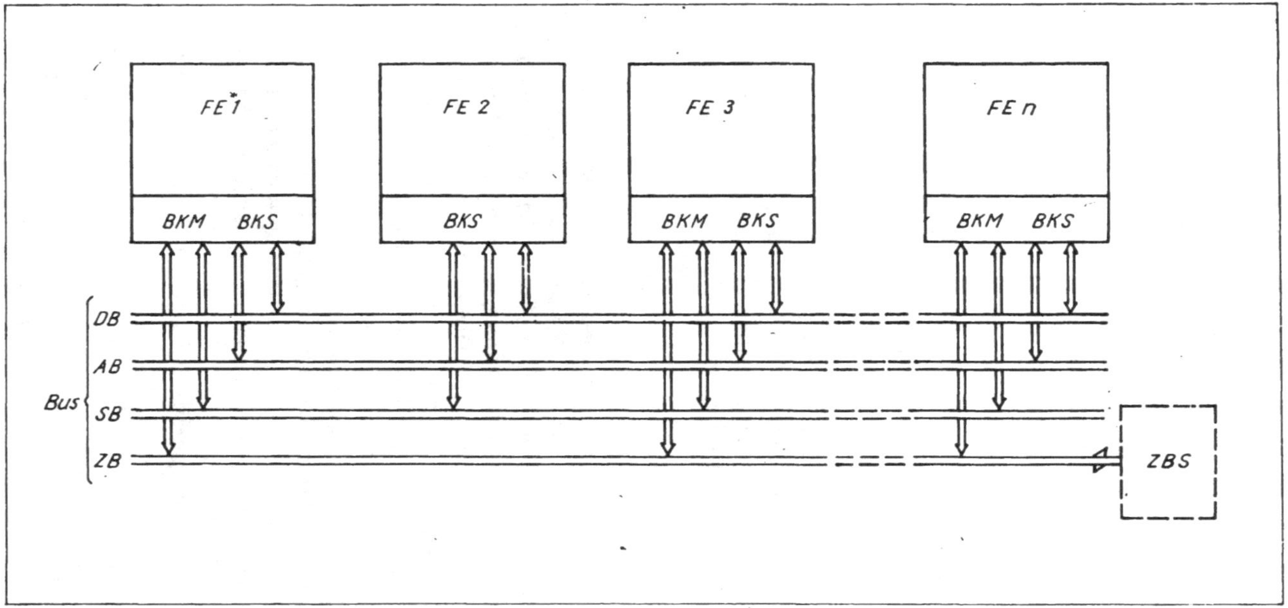

Allgemeine Busstruktur mit Ankopplung der Funktionseinheit

DB–Daten-Bus	FE –Funktionseinheit
AB–Adreß-Bus	BKM–Bus-Koppler/Master
SB–Steuer-Bus	BKS –Bus-Koppler/Slave
ZB–Zuordnungs-Bus	ZBS –Zentrale Bus-Steuerung

Gewährung durch die Zuordnungssteuerung übernommen und Übertragungen mit Slaves anderer Funktionseinheiten durchführen. Slaves reagieren entsprechend den ihnen innerhalb des Systems eindeutig zugeordneten Adressen auf die Übertragungsanforderungen des jeweils aktiven Masters.

Gemäß dieser Arbeitsweise umfaßt der Bus Signalleitungen für

- die Steuerung der Bus-Zuordnung (Zuordnungs-Bus),
- die Steuerung der Datenübertragung (Steuer-Bus), (Schreiben/Lesen, Kennzeichnung, Strobierung, Übertragungsbreite, Quittierung, Unterbrechung),
- die Datenübertragung (Daten-Bus) sowie
- die Adressierung (Adressen-Bus).

Einschließlich der Leitungen für die zentrale Fehlererkennung, Takt- und Stromversorgung kann ein Bus bis zu 100 Signalleitungen umfassen (S-100-Bus).

Zur Einsparung von Signalleitungen ist es möglich, Daten und Adressen zeitmultiplex über die gleichen Leitungen zu übertragen. Der Ablauf einer Übertragung (Bus-Zyklus) besteht aus einer Zuordnungsphase, in der der Bus bei mehreren vorliegenden Anforderungen nach einer vorgegebenen Strategie eindeutig und konfliktfrei einem Master zugeordnet wird, und einer oder mehreren Übertragungsphasen. Bei Systemen mit nur einem Master entfallen Zuordnungs-Bus und Zuordnungsphase. (Ein Beispiel dafür ist der Makrorechner-Bus.)

Wesentlich für die Bewertung eines Busses sind der maximale Datendurchsatz, der Realisierungsaufwand, die Flexibilität und Erweiterungsfähigkeit sowie das Ausfallverhalten. Diese Eigenschaften werden weitgehend durch das Arbeitsprinzip der Zuordnungssteuerung und die Realisierung der Datenübertragung bestimmt. Die Zuordnungssteuerung kann zentral oder dezentral, zyklisch, prioritätsgesteuert oder stochastisch sowie mit paralleler oder sequentieller Forderungserfassung bei diskreter oder codierter Adressierung erfolgen. Die Übertragung kann mit unterschiedlicher Datenbreite (1, 2, 4 Byte), synchron oder asynchron und mit paralleler bzw. zeitmultiplexer Adressen- und Datenübergabe ausgeführt werden.

Hoher Datendurchsatz, angemessener Realisierungsaufwand, sehr gute Flexibilität und Erweiterungsfähigkeit und günstiges Ausfallverhalten werden bei dezentraler Prioritätssteuerung mit paralleler, codierter Forderungserfassung und hoher Übertragungsbreite bei zeitmultiplexer Adressen- und Datenübergabe erreicht.

Durch die internationale Standardisierung von Bussystemen soll die Kompatibilität von Funktionseinheiten und die flexible Konfigurierbarkeit von Rechnersystemen bzw. Mehrrechnersystemen auf der Basis von Bussen gewährleistet werden. Dazu umfaßt die Spezifikation eines Busses Festlegungen zu der Anzahl und funktionellen Bedeutung der Bus-Leitungen, den elektrischen Parametern der Bussignale, den logischen und zeitlichen Abläufen der Bus-Zyklen sowie den konstruktiven Parametern (Leiterplattenformat, Steckverbinder und Steckverbinderbelegung).

Eine spezielle Ausführung des Busses für Systeme mit größeren Entfernungen (10–1000 m) zwischen den Funktionseinheiten ist der serielle Bus. Dieser besitzt nur eine Bus-Leitung, über die alle erforderlichen Steuerinformationen, Adressen und Daten in geeigneter Form und Folge (Prozedur) seriell übertragen werden.

I. Wende

Literatur: Anderson, G. A., a. E. D. Jensen: Computer interconnection structures – taxanomy, characteristics and examples. Computing Surveys ACM, New York **7** (1975) 4; Giloi, W.: Rechnerarchitektur. Berlin, Heidelberg, New York: Springer-Verlag 1981; Kells, A. E., H. Fullmer, D. B. Gustavson a. G. Morrow: Standard specification for S-100 bus interface devices. Computer, Long Beach **12** (1979) 7; Gustavson, D. B.: Standards committee activities – an update. Computer, Long Beach **12** (1979) 7.

Bus-Leitung – diskrete physikalische Signalleitung eines *Bus,* der eine bestimmte funktionelle Bedeutung zugeordnet ist.

I. Wende

Bus-Struktur – aus dem Arbeitsprinzip eines *Bus* resultierende Anzahl und funktionelle Zuordnung der *Bus-Leitungen.* I. allg. umfaßt die Bus-Struktur einen Zuordnungs-, Steuer-, Daten- und Adressen-Bus.

I. Wende

Bus-Systeme – s. *Bus.*

C

CAMAC – (Computer Automated Measurement and Control) modular aufgebautes Instrumentierungssystem zum Austausch von Daten zwischen einer digitalen Verarbeitungseinheit (Rechner) und einer Meßeinrichtung mit dem Ziel, die Meßdaten zu erfassen und zu verarbeiten sowie die Meßeinrichtung vom Rechner kontrollieren, steuern und bei Bedarf aufgabenspezifisch programmieren zu können. Ursprünglich Ende der 60er Jahre unter Leitung des (westeuropäischen) ESONE-Komitees (European Standard of Nuclear Electronics) für die Instrumentierung von Experimenten in der Elementarteilchenphysik entwickelt, wird CAMAC inzwischen in vielen Bereichen von Wissenschaft und Technik, aber auch im Gesundheitsweisen, im Transport-, im Nachrichtenwesen u. a. angewendet und ist überall dort vorteilhaft einsetzbar, wo es auf eine schnelle Anpassung der Versuchsapparatur in Forschung oder Produktion an veränderliche Aufgabenstellungen ankommt und wo zur Automatisierung des Meßprozesses die Meßeinrichtung mit einem *Digitalrechner* gekoppelt werden soll.

Gerätetechnische Basis des Systems ist ein Standardrahmen (crate), in den bis zu 25 Funktionseinheiten (Moduln) als Einschubeinheiten aufgenommen und zu komplexen Meßsystemen zusammengeschlossen werden können. Die Verbindung zwischen den Moduln erfolgt über eine standardisierte Rahmenrückverdrahtung (horizontaler Datenweg) und wird von einer Rahmensteuerung (cratecontroller) gesteuert (s. Abb. 1). Horizontaler Datenweg und Moduln sind weder von der gewählten Konfiguration noch vom verwendeten Rechner abhängig. Im rückwärtigen Teil des Rahmens ist genügend Raum für die Stromversorgungseinheiten.

Kennzeichnend für CAMAC ist die Festlegung solcher logischen, elektrischen und konstruktiven Bedingungen, die für die Kompatibilität der Moduln wesentlich ist. Dadurch ist gewährleistet, daß Moduln der verschieden-

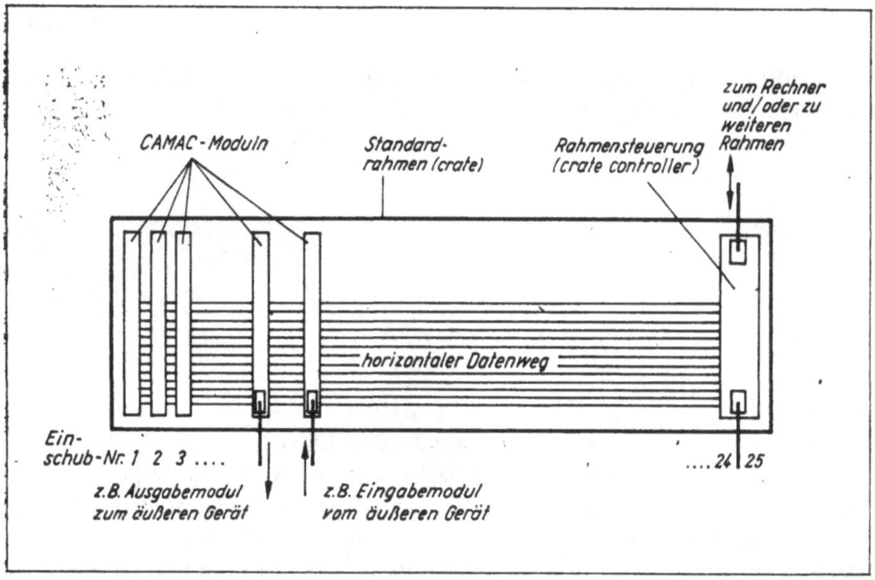

Abb. 1
CAMAC-Rahmen mit Rahmensteuerung und Moduln (schematische Darstellung)

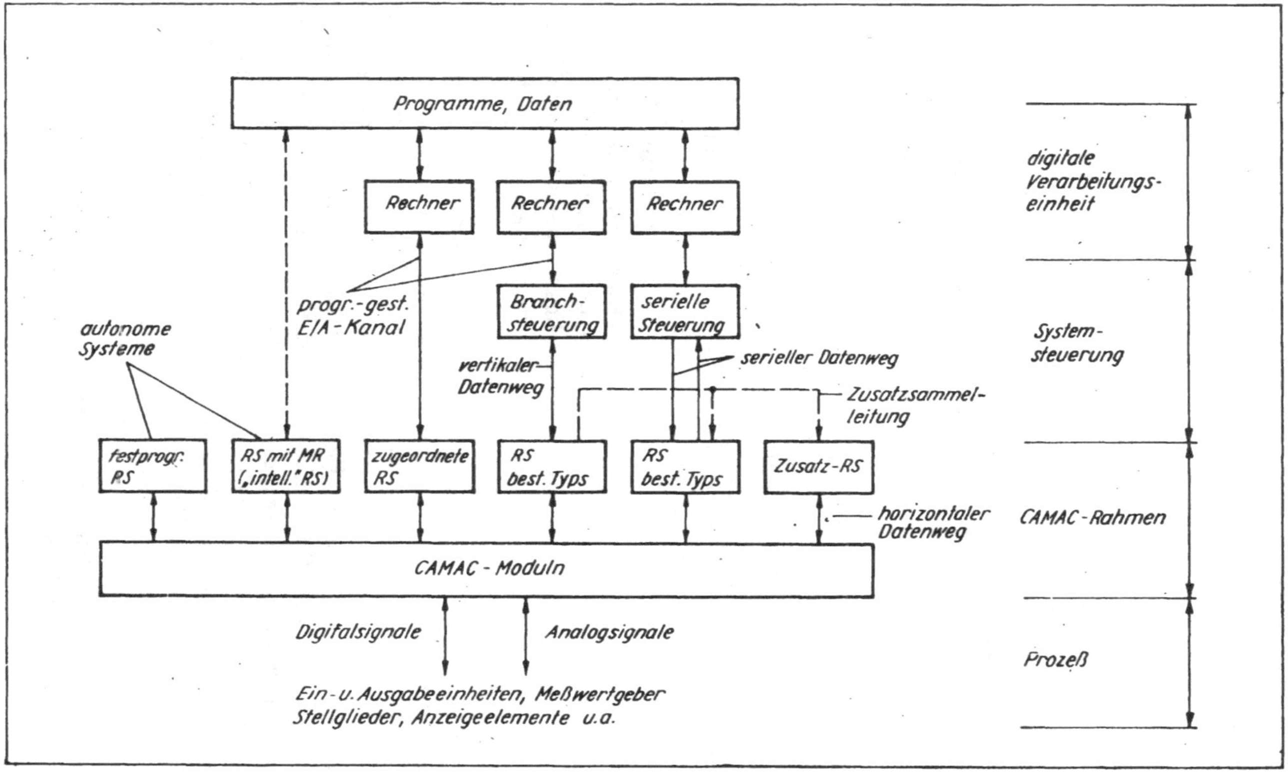

Abb. 2
CAMAC-Konfigurationen; RS–Rahmensteuerung, MR–Mikrorechner

sten Hersteller austauschbar sind und ohne Anpassungsarbeiten in das Meßsystem einbezogen werden können. Die wesentlichen logischen, elektrischen und konstruktiven Bedingungen sind in einer Reihe von sog. CAMAC-Spezifikationen festgelegt. Diese Systemspezifikationen umfassen insbesondere die Organisation des Datenverkehrs zwischen den Moduln und der Steuereinheit im Rahmen und zwischen der Steuereinheit des Rahmens und dem externen Rechner sowie Empfehlungen zur Programmierung der rechnergesteuerten CAMAC-Geräte.

CAMAC-Grundkonfigurationen (s. Abb. 2), die sich in einer Vielzahl von Varianten an die unterschiedlichsten Anwendungsfälle anpassen lassen, sind: 1. Autonome CAMAC-Systeme (Stand-alone-Systeme), die in der Regel Rahmensteuerungen mit einem freiprogrammierbaren *Mikrorechner* („intelligente" Rahmensteuerung) enthalten; 2. Zugeordnete CAMAC-Systeme mit nur einem oder nur wenigen Rahmen, bei denen die Rahmensteuerung direkt an den externen Rechner, z. B. einen Kleinrechner, anzupassen ist; 3. Vertikaler CAMAC-Datenweg (branch highway), wobei über den sog. vertikalen Datenweg mit Parallelübertragung der Daten (eine parallele Sammelleitung mit 66 Leitungspaaren) bis zu sieben Rahmen an einen Rechneranschluß für CAMAC (branch driver) angeschlossen werden können (für mittlere und größere, aber räumlich stark beschränkte Systeme geeignet); 4. Verteilte CAMAC-Systeme für räumlich weit ausgedehnte Systeme, bei denen die Systemsteuerung über den sog. seriellen Datenweg mit maximal 62 Rahmen oder über entsprechende Adapter auch mit anderen Einheiten verbunden ist, wobei die Übertragungsgeschwindigkeit dieses seriellen Datenweges sehr stark von den verwendeten Übertragungsstrecken (z. B. Fernsprechleitungen) abhängt.

Die *Implementierung* der Bedienprogramme erfolgt entweder durch eine rechnertypabhängige oder eine rechnertypunabhängige Programmierung. Die rechnertypabhängige Programmierung erfordert zwar umfangreiche Detailkenntnisse über den Funktionsablauf in der CAMAC-Steuerung, läßt sich aber vereinfachen, wenn die Befehlsfolgen für die CAMAC-Operationen als *Unterprogramme* oder *Makrobefehle* bereitgestellt werden. Bei der rechnertypunabhängigen Programmierung der CAMAC-Operationen werden symbolische Instruktionen und Anweisungen, die in ihrer Handhabung der Programmierungstechnik in einer höheren *Programmiersprache* ähneln, verwendet und die Besonderheiten des betreffenden Rechners und des CAMAC-Systems im *Übersetzungsprogramm* berücksichtigt.

Einsatzgebiete neben der Experimentautomatisierung in der Elementarteilchenphysik sind vor allem die Laborautomatisierung bei chemischen und physikalischen Untersuchungen und Überwachungsaufgaben in der Medizin und im Umweltschutz, aber auch – allerdings nicht so bedeutungsvoll –

Meß- und Steuerungsaufgaben in der industriellen Steuerungs- und Regelungstechnik. CAMAC ist ein firmenunabhängiger Standard und lizenzfrei nutzbar. Von der Ständigen Kommission für die friedliche Anwendung der Atomenergie des RGW wurden (bereits 1974) auf der Grundlage der Materialien des ESONE-Komitees Standardempfehlungen des RGW ausgearbeitet und den sozialistischen Ländern vornehmlich für den wissenschaftlichen Gerätebau empfohlen. Zur Zeit werden von über 50 Herstellern weltweit über 1000 CAMAC-Moduln angeboten. In der DDR werden z. B. im Zentralinstitut für Kernforschung der Akademie der Wissenschaften vielfach benötigte Moduln, wie Impulszähler, Ein- und Ausgaberegister, in Kleinserie gefertigt.

G. LAUX

Literatur: MEILING, W.: Digitalrechner in der elektronischen Meßtechnik, Bd. 2: Gerätetechnik und Anwendungen. Berlin: Akademie-Verlag 1978; NAUMANN, G., W. MEILING u. A. STSCHERBINA: Standard-Interfaces der Meßtechnik. Berlin: VEB Verlag Technik 1980; CAMAC – A Modular Instrumentation System for Data Handling, Revised Description and Specification. Report EUR 4100, 3rd edition. CEC, Luxembourg 1980.

CCD-Technik – s. *Halbleitersensor.*

CDL – *Programmiersprache,* die speziell zur Entwicklung von *Compilern* geschaffen wurde. Der Name ergibt sich als Abkürzung von „Compiler Description Language". Ausgangspunkt für die verwendete Schreibweise ist die Darstellung einer *kontextfreien Grammatik* nach VON WIJNGAARDEN, z. B.

number: digit, number; digit.

In CDL wird jedoch die Umformung in die LL(1)-Form gefordert:

number: digit, numbertail.

numbertail: digit, numbertail;.

Derartige Regeln für die *syntaktische Analyse* liefern einen BOOLEschen Wert und heißen *Prädikate.*

Als Seiteneffekt solcher Prädikate können semantische Aktionen durchgeführt werden, z. B. die Bestimmung des Wertes von number. Die Regeln erhalten dadurch die Form:

number: digit, action 1, numbertail.

numbertail: digit, action 2, numbertail;.

Aktionen liefern keinen BOOLEschen Wert.

Durch Angabe von Regeln lassen sich Aktionen und Prädikate auf andere Aktionen und Prädikate zurückführen. Die Basisaktionen und -prädikate werden als Makros in einer Basissprache (*Assembler* oder höhere *Programmiersprache*) formuliert. Als weiteres Sprachelement lassen sich Regeln mit Parametern und lokalen Variablen, sogenannten Affixen, versehen. Um eine nichtrekursive Analyse zu ermöglichen, werden Marken und Sprünge eingeführt, deren Verwendung jedoch entsprechend den Prinzipien der strukturierten Programmierung stark eingeschränkt ist. Weiterhin sind Klammerungen innerhalb von Regeln möglich. Als *Datentypen* gibt es in CDL nur das Maschinenwort und das lineare Feld fester Länge. Der Parameteraufruf erfolgt über die Adresse.

P. ENSKONATUS

Literatur: KOSTER, C. H. A.: Using the CDL Compiler-Compiler. Berlin, Heidelberg, New York: Springer-Verlag 1974.

Chip – wenige mm^2 großes Plättchen (meist) aus einkristallinem Silizium, auf dem fotolithographisch, durch Ätz- oder andere Verfahren definierte Strukturveränderungen vorgenommen wurden, mit denen elektronische Bauelemente realisiert sind. S. *Mikroelektronik*.

Clusterung – Verfahren zum Auffinden „natürlicher" Klassenzuordnungen in einer Menge von Objekten mit a priori unbekannter Klassenzugehörigkeit. Als Maß der Zugehörigkeit zu einem Cluster wird entweder der Abstand zu einem Clusterzentrum, der Abstand zum Clusterrand oder die *Wahrscheinlichkeit*, zu einer durch eine unimodale Verteilung erzeugten Punktmenge zu gehören, benutzt.

Das Ziel der Clusterung besteht darin, Gebiete mit hoher relativer Punkthäufigkeit voneinander abzugrenzen. Die Zahl der Cluster ist meistens nicht bekannt. Es gibt eine Vielzahl von Clusterverfahren, die in der Regel nach folgendem Schema ablaufen:

```
Beginn: Initialisierung von Clusterzentren;
        Iterationsschleife bis zum Erreichen eines stationären Güte-
        wertes:
          Zuordnung der Objekte zu Clusterzentren;
          Korrektur der Clusterzentren;
          Auflösung irrelevanter Cluster;
          Initialisierung neuer Clusterzentren;
          Berechnung der Güte der Clusterung;
        Ende der Iterationsschleife;
Ende.
```

Clusterverfahren werden vorzugsweise zur Strukturierung nicht klassifizierter Stichproben und zum Auffinden von Unterklassen in klassifizierten Stichproben eingesetzt.

K. FRITZSCH

Literatur: SCHOENBORN, W., K. FRITZSCH u. G. STANKE: Lernverfahren für technische Systeme. Berlin: Akademie-Verlag 1983.

Compiler-Compiler – Programmsystem zur Erzeugung von Compilern.

Compiler führen die Transformation eines in einer Quellsprache geschriebenen Programms in ein semantisch äquivalentes Programm in einer Zielsprache durch. Dabei dienen als Quellsprachen höhere *Programmiersprachen* universellen Charakters (z. B. *FORTRAN*, *PL/1* oder in letzter Zeit MODULA und *Ada*) oder auf einen bestimmten Problemkreis zugeschnittene Programmiersprachen, sog. Fachsprachen (z. B. *PEARL* für die Prozeßrechnerprogrammierung oder REDUCE für Formelmanipulation). Andererseits werden als Zielsprachen fast ausschließlich *Maschinensprachen* verwendet. Entsprechend der erheblichen Bedeutung, die Compiler für die Programmierung von Rechenanlagen haben, und der großen Anzahl von möglichen (und notwendigen) Kombinationen von Quell- und Zielsprachen infolge der ständig steigenden Anzahl der verwendeten Rechnertypen ist es erforderlich, die Erzeugung von Compilern durch den Einsatz von Compiler-Generatoren den sog. Compiler-Compilern zu rationalisieren.

Zur Generierung eines Compilers erhält der Compiler-Compiler als Eingabedaten formale Beschreibungen der Quell- und Zielsprache sowie der durchzuführenden Transformationen. Weitere Informationen über den zu erzeugenden Compiler sind im Compiler-Compiler selbst enthalten, z. B. über das anzuwendende Syntaxanalyseverfahren. Ferner ist es erforderlich, Aufgaben des Compilers, die mit den zur Verfügung stehenden Spezifikationsmethoden nicht beschreibbar sind, mittels extern erzeugter Compiler-Komponenten zu behandeln. Hierzu enthalten die generierten Compiler entsprechende Anschlußpunkte. Gemäß den jeweils verwendeten Spezifikationsmethoden und Compilerstrategien ist auch das Leistungsvermögen der Compiler-Compiler sehr unterschiedlich. Immerhin haben sich für einige Teilaufgaben Standardtechniken durchgesetzt.

Die formale Beschreibung von Lexik und Syntax der Quellsprache erfolgt grundsätzlich mittels *generativer Grammatiken* nach CHOMSKY. Diese Methode wird auch bei der Definition der Programmiersprachen selbst eingesetzt. Die erstmals im *ALGOL*-60-Bericht verwendete Notation wird unter der Bezeichnung BACKUS-NAUR-Form (BNF) in den meisten Compiler-Compilern mit geringen Modifikationen angewendet. Die Lexik der Quellsprache muß dabei durch eine reguläre Grammatik, die Syntax durch eine *kontextfreie Grammatik* bzw. eine effektiv analysierbare Untermenge dieses Grammatiktyps wie LALR (1) oder LR (1) beschreibbar sein. Als Beispiele seien die Definition eines Bezeichners und einer bedingten Anweisung von *PASCAL* in einer modifizierten BNF angegeben:

```
identifier        ::=letter [letter_or_digit]* ||
letter_or_digit   ::=letter | digit ||
letter            ::=A | B | C | ... | Z ||
```

digit ::=0 | 1 | 2 | ... | 9 ||
if_statement ::= IF expression THEN statement
[ELSE statement] ||

Eine vollständige Beschreibung der Quellsprache erfordert neben der Definition von Lexik und Syntax noch genaue Angaben über die Semantik. Hierzu gehören Kontextabhängigkeiten (statische Semantik) und Transformationsregeln (dynamische Semantik). Kontextabhängigkeiten werden durch eine Reihe von Vorschriften beschrieben, die festlegen, welche Voraussetzungen zur Anwendung bestimmter Sprachkonstruktionen erfüllt sein müssen. Als Beispiele seien der Deklarationszwang für Identifikatoren und die Einhaltung von Typkompatibilitätsbedingungen genannt. Für die formale Beschreibung solcher Kontextabhängigkeiten sind zweistufige Grammatiken, wie sie VAN WIJNGAARDEN für die Definition von *ALGOL*-68 eingeführt hat, sehr gut geeignet, eine Verwendung in Compiler-Compilern ist jedoch wegen der schwierigen Verarbeitungsprobleme nicht üblich. Ebenso hat die axiomatische Beschreibung der Eigenschaften von Programmiersprachen nach HOARE in Compiler-Compilern bisher keinen Eingang gefunden, obwohl die definierenden Berichte der Programmiersprachen häufig diese Methode verwenden. Statt dessen haben sich hierfür *Attributgrammatiken* durchgesetzt, bei denen die Syntaxdefinition mittels BNF durch Attribute und Regeln zu deren Berechnung ergänzt wird. Dieses Konzept ist zwar sehr flexibel und erlaubt eine vollständige Beschreibung der Semantik, ist aber aufgrund der prozeduralen Beschreibungsmethode recht aufwendig.

Die weiteren erforderlichen Compiler-Komponenten werden in der Regel nicht durch Compiler-Compiler erzeugt. Ursache dafür ist das Fehlen von geeigneten Beschreibungsmethoden. Zwar ist es möglich, die durchzuführenden Transformationen von der Quell- in die Zielsprache mittels Transformations- oder Graphgrammatiken anzugeben, eine Anwendung zur Compiler-Generierung ist aber bisher nicht bekannt, wohl wegen des erheblichen Aufwands für den Compiler-Compiler einerseits und der geringen Effektivität der generierten Compiler andererseits. Ein besonderes Problem stellt ferner der letzte Compilierungsschritt, die eigentliche Maschinencode-Erzeugung, dar. Hierzu sind die Eigenschaften des Zielrechners genau zu beschreiben, so daß in Verbindung mit den bereits erwähnten Transformationsregeln und Regeln zur Beschreibung der Struktur der Zielsprache (Lexik und Syntax des auszugebenden Codes) eine Generierung dieser Compiler-Komponente möglich wäre. Hierzu existieren bereits erste *Implementierungen*.

Anhand der Abbildung sei die Arbeitsweise eines Compiler-Compilers erläutert. Der Compiler-Compiler erzeugt die einzelnen Compiler-Komponenten aus den zugeordneten formalen Beschreibungen. Dabei kann das Ergebnis

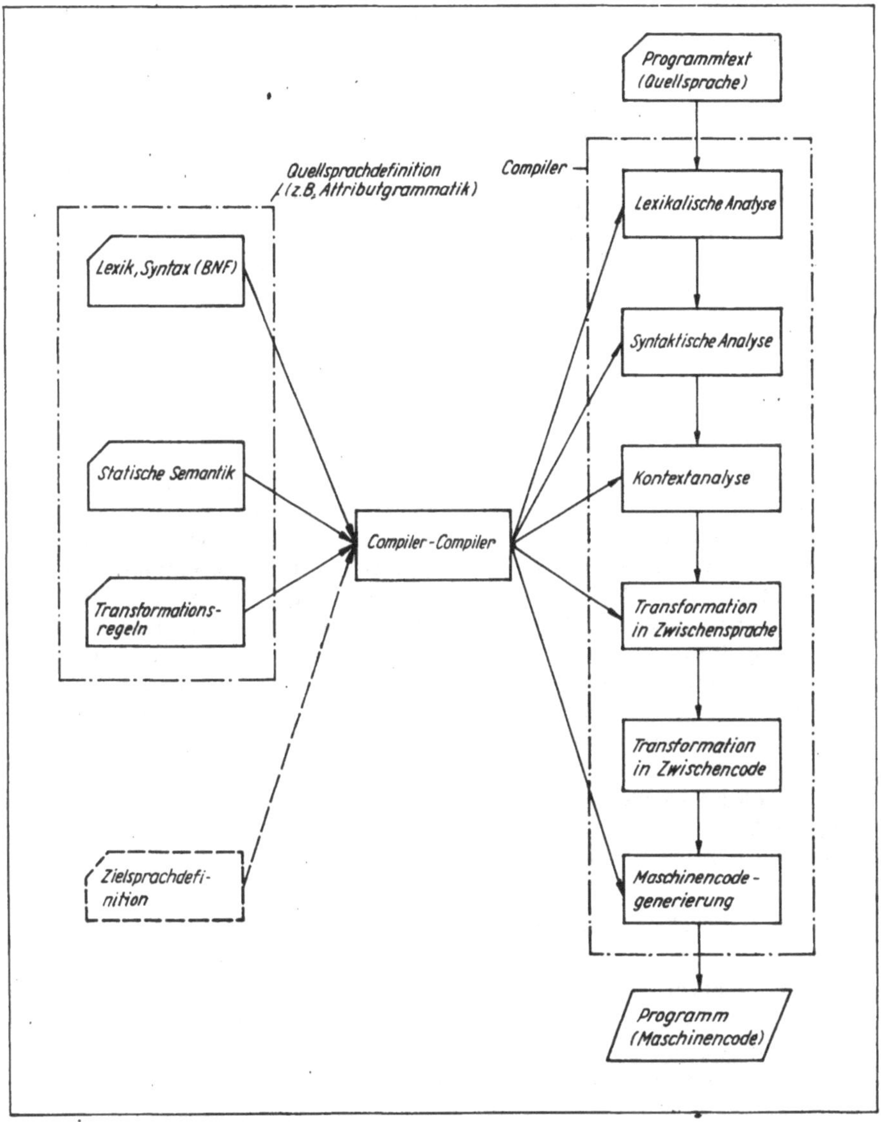

Zur Darstellung der Arbeitsweise des Compiler-Compilers

dieser Generierung entweder ein arbeitsfähiges Programm sein oder die Parametrisierung eines vorgefertigten Programms, z. B. durch Tabellen von Steuerdaten. Die generierten oder anderweitig bereitgestellten Compiler-

Komponenten verarbeiten das in der Quellsprache geschriebene Programm in mehreren Etappen. Nach einer Analysephase, in der der Text auf lexikalische und syntaktische Richtigkeit sowie Einhaltung der Kontextbedingungen getestet wird, wird eine interne Darstellung des Programmtextes bereitgestellt. Hierzu wird in vielen Fällen eine Transformation in eine abstrakte *Zwischensprache* benutzt, die durch einen weiteren Transformationsschritt in den Code eines abstrakten Rechners überführt wird. Erst in der letzten Phase der Compilierung erfolgt dann die Erzeugung des realen Maschinencodes. Diese Zwischenschritte werden je nach Compiler-Architektur explizit (Mehrpaß-Compiler) oder implizit (Einpaß-Compiler) durchgeführt.

W. ASSMANN

Literatur: BACKUS, J. W. et al.: Report on the algorithmic language ALGOL 60. Communications of the ACM, New York **3** (1960) 5; KNUTH, D.: Semantics of context-free languages. Mathematical Systems Theory, New York **2** (1968) 2; FELDMAN, J., a. D. GRIES: Translator writing systems. Communications of the ACM, New York **11** (1968) 2; WIJNGAARDEN, A. VAN: Report on the algorithmic language ALGOL 68. Numerische Mathematik, Berlin, Göttingen, Heidelberg **14** (1969), 29–218; HOARE, C. A. R., a. N. WIRTH: An axiomatic definition of the programming language PASCAL. Acta Informatica, Berlin, Heidelberg, New York **2** (1973) 4; MARCOTTY, M., a. H. F. LEDGARD: A sampler of formal definitions. Computing Surveys, New York **8** (1976) 2; UHL, J., S. DROSSOPOULOU; G. PERSCH, G. GOOS, M. DAUSMANN, G. WINTERSTEIN a. W. KIRCHGÄSSNER: An Attribute Grammar for the Semantic Analysis of Ada. Berlin, Heidelberg, New York: Springer-Verlag 1982.

Compiler, optimierender – *Compiler,* der umfangreiche Optimierungen des erzeugten *Maschinenprogramms* durchführt.

Compiler transformieren einen in einer Quellsprache formulierten *Algorithmus* (ein Programm) in einen dazu semantisch äquivalenten Algorithmus in einer Zielsprache (i. allg. in Maschinencode). Für diese Formulierungen existieren meist verschiedene Möglichkeiten, so daß sowohl die vom Programmierer stammende Fassung als auch das vom Compiler erzeugte transformierte Programm Uneffektivitäten enthalten können. Aufgabe eines optimierenden Compilers ist es nun, das erzeugte Programm durch zusätzliche Transformationen hinsichtlich des Laufzeitverhaltens und des Speicherplatzbedarfs zu verbessern.

Bei maschinenabhängigen Transformationen wird angestrebt, auf dem Zielrechner besonders optimal ablaufende Befehlsfolgen auszunutzen, maschinenunabhängige Transformationen wenden allgemeine Optimierungsprinzipien auf das gesamte Programm (globale Optimierung) oder auf Programmteile (lokale Optimierung) an. Besondere Bedeutung hat die Optimierung von Zyklen. Die „90:10-Regel“ besagt, daß 90 % der Rechenzeit in nur 10 % des Codes verbraucht werden, also in Zyklen. Hierfür typische Optimierungen sind das Herausziehen zyklusinvarianter Berechnungen aus dem Zyklus, die Elimination von nicht benötigten Zählvariablen, die Behandlung von mehrfach vorkommenden Teilausdrücken und die Abänderung der Berechnungsreihenfolge in Ausdrücken.

Die Durchführung von Optimierungen setzt eine sorgfältige Analyse des Programms voraus, das hierzu in Form von gerichteten Graphen dargestellt wird. Eine vollständige Optimierung ist wegen Entscheidbarkeitsproblemen bei der Datenflußanalyse nicht durchführbar.

W. Assmann

Literatur: Aho, A. V., a. J. D. Ullman: The Theory of Parsing, Translation and Compiling. Englewood Cliffs: Prentice-Hall 1973.

Compilierung, separate – separate Übersetzung von einzelnen Programmen eines Programmsystems.

Größere Programmsysteme bestehen aus einer Vielzahl von relativ unabhängigen Programmeinheiten (*Prozeduren*, Moduln). Bei Durchführung von Programmänderungen in einer solchen Einheit, wie sie während des Testprozesses häufig erforderlich sind, ist bei Anwendung der s. C. nur die Übersetzung des davon betroffenen Bausteins erforderlich, sofern nicht die Anschlußbedingungen verändert werden. Die separate Deklaration und Verwendung von Objekten (Prozeduren, aber auch *Datentypen* und Programmvariablen) in verschiedenen Programmeinheiten erfordern deshalb eine Verträglichkeitsprüfung. Hierfür enthalten moderne *Programmiersprachen* (wie *Ada*) und deren *Compiler* entsprechende Konzepte (Import und Export von Objekten). Durch Ausnutzung dieser Eigenschaften läßt sich das Prinzip der *abstrakten Datentypen* effektiv anwenden.

W. Assmann

Computer Aided Design – s. *Rechnergestützter Entwurf*. Begriff hat in seiner englischen Originalschreibweise Eingang in die deutsche Fachsprache gefunden; noch häufiger ist seine Abkürzung CAD gebräuchlich.

Computer Aided Manufacturing – s. *Rechnergestützte Fertigung*. Begriff hat in seiner englischen Originalschreibweise Eingang in die deutsche Fachsprache gefunden; noch häufiger ist seine Abkürzung CAM gebräuchlich.

Computergeometrie – s. *Digitalgraphik*.

Computergraphik – ist im Sinne der künstlerischen graphischen Datenverarbeitung einerseits ein Teil der umfassenderen *Computerkunst* (u. a. mit

Computermusik, Computerfilm), zum anderen ein Element der graphischen Datenverarbeitung, wie wissenschaftlich orientierte, technisch konstruktive, betriebs- und volkswirtschaftliche, werbende oder informierende, ausbildende sowie zum Spielen verwendete. In dieser Aufzählung wurde nur der Teil der graphischen Datenverarbeitung beachtet, der als eigentliche Computergraphik bezeichnet werden kann, so daß andere Disziplinen, wie *digitale Bildverarbeitung* und *Mustererkennung* außer Betracht blieben.

Mit der so definierten C. treten Kunst, Wissenschaft und Technik in ein neues Wechselverhältnis. Einerseits werden komplexe mathematische Zusammenhänge optisch wirksam und sinnlich wahrnehmbar dargestellt, und umgekehrt werden Strukturanalysen optischer Wirkungen möglich.

Ausführende sind in beiden Fällen kreative Menschen, die sich eines neuen Hilfsmittels – des programmierten Computers, der zusätzlich mit einem Zeichen- und Bildschirmgerät ausgestattet ist – bedienen. Dieses Werkzeug erschließt neue visuelle Möglichkeiten und erlaubt neuartige ästhetische Problemlösungen. Insbesondere bietet es mit den neuen technischen Entwicklungen sogar die Möglichkeit, bewegte Abläufe von Farben und von Formen frei zu gestalten. Dabei bietet die verwendete Technik im Zusammenwirken mit der *Software* neuartige Hilfsmittel an, indem z. B. durch die Transformationen von Formen, den schnell realisierbaren Wechsel von Farben oder den Einsatz von stochastischen Veränderungen mit Pseudozufallszahlengeneratoren die Phase des Entwurfes vielfältig unterstützt wird.

Entscheidenden Einfluß auf die Erstellung der Graphiken besitzt auch die *interaktive Arbeitsweise*. Sie bietet vor allem auch Vorteile zur Verkürzung der Einarbeitungszeit bei bereits fertiggestellten Programmsystemen, so daß dieses Werkzeug schneller als je ein anderes zuvor beherrscht und im Sinne der Kunst gehandhabt werden kann.

Die Vielfalt von Werken der C. ist inzwischen beachtenswert groß und weiter im Steigen begriffen. Sie reicht von den auf analogem Wege erzeugten Oszillogrammen über digitalisierte Bilder und computergenerierte Gemälde bis zu digital erzeugten Schwingungsformen, ornamentartigen Zusammenstellungen, mit Permutationen erzeugten Konstruktionen, mit Pseudozufallszahlengeneratoren aufgebauten Gebilden, zu Raumstrukturen und Strukturevolutionen und schließlich bis zu Rastergraphiken. Dabei nehmen gegenwärtig Bildschirm- und Videoarbeiten gegenüber Plotterarbeiten stark zu.

Eingesetzt hat die Entfaltung der künstlerischen C. unmittelbar mit dem Beginn der Computerentwicklung in den dreißiger und vierziger Jahren unseres Jahrhunderts. Sie wurde bis gegen 1960 vor allem durch Oszillogramme (W. B. Hales, B. Laposky, H. W. Franke, M. Bense) bekannt, ehe A. Fetter den Begriff „computer graphics" einführte. Danach beginnt die

Zeit der Plotter-Bilder (G. Nees, F. Make, M. A. Noll, H. W. Franke, L. Summer, P. Hartwig, V. Molnar). Es werden (seit 1963) Wettbewerbe ausgeschrieben, Ausstellungen organisiert (1965: Weltausstellung der C. in New York), Gesellschaften gegründet (seit 1966), eigene Zeitschriften herausgegeben (seit 1968) und Bücher geschrieben (1967: H. W. Franke – Phänomen Kunst). Die Nutzung von Bildschirmen und schließlich von Farbbildröhren stellen den nächsten Höhepunkt der Entwicklung dar, deren Möglichkeiten noch längst nicht erschöpft scheinen. Seit 1975 arbeitet der Graphiker H. Bartnig in der DDR mit einem Rechner und veröffentlichte 1979/80 seine ersten mit einem Zeichengerät vorbereiteten „Computergraphiken 1–6".

M. Grabow

Literatur: Bense, M.: Aesthetica (I bis IV). Baden-Baden: Agis-Verlag 1965; Franke, H. W.: Phänomen Kunst. München: Heinz-Moos-Verlag 1967; Limbeck, L., u. R. Schneeberger: Computergraphik. München: Ernst Reinhardt Verlag 1979; Franke, H. W., O. Pracht, N. C. Barbieri u. W. Bäumer: Computergrafik (CHIP-Spezial 3/81). Würzburg: Vogel Verlag 1981; Schmidhäusler, P., O. Pracht u. H. W. Franke: Computergrafik 2: Grundlagen, Techniken, Anwendungen (CHIP-Special 12). Würzburg: Vogel Verlag 1981; Grabow, M., u. M. Fischer: Computergraphik. spectrum, Berlin **12** (1981) 9.

Computerkunst – im engeren Sinne die Anwendung der elektronischen Rechentechnik zur Erzeugung von „Kunstwerken", vor allem in der Musik, in bildnerischen Darstellungen und bei der Generierung von literarischen Texten. Im weiteren Sinne versteht man darunter alle Anwendungen des Rechners auf künstlerischem Gebiet, also z. B. auch bei der Archivierung, der Verwaltung und der Kunstkritik.

Zwei wesentliche Teilgebiete der Computerkunst sind die Analyse von Kunstwerken sowie Methoden zur Generierung von Kunstwerken.

Bei der Analyse von Kunstwerken wird mit den heute vorhandenen Mitteln vor allem die Signalstatistik genutzt. In einem literarischen Werk werden dabei die Häufigkeiten der Buchstaben, die Übergangshäufigkeiten zwischen ihnen automatisch ausgewertet. In anderen Fällen werden die Silben je Wort und die Worte je Satz bzw. in der Musik die Notenwerte oder die zeitlichen Längen von Themen, Motiven und emotionalen Flächen ausgewertet. Es werden also aus dem Kunstwerk primär ein Alphabet (im allgemeinen Sinne) ausgewählt und die Häufigkeit der einzelnen Symbole bzw. die Übergangshäufigkeiten zwischen den Symbolen ausgewertet, um somit in der Regel für die einzelnen Kunstwerke typische Werte zu erhalten. Sie wurden u. a. schon zur Bestimmung der Autorschaft herangezogen. Ferner stellen sie eine Basis für die Generierung „ähnlicher" Werke dar. Einige Autoren hegten die Hoffnung, damit eine „exakte“ Kunstkritik entwickeln zu können. Heute ist klar, daß damit nur ein zusätzliches, wenn auch in einigen Fällen sehr nützliches Mittel für die Ästhetik bzw. Kunstwissenschaft verfügbar ist.

Die Synthese bzw. Generierung von Kunstwerken ist die Hoffnung vieler Wissenschaftler, die sich mit der Computerkunst beschäftigen, zumal schon – zumindest in der *Computergraphik* – durchaus eigenständige Leistungen von ästhetischem Reiz hervorgebracht worden sind. Die Frage, ob es sich hierbei um Kunstwerke handelt, ist noch sehr umstritten. Im allgemeinen werden aus einem Genre, z. B. Madrigalen, die verschiedenen statistischen Gesetze mittels Rechner extrahiert. Auf der Basis dieses Bestandes wird dann mit Zufallsgeneratoren und Auswahlregeln ein Werk ähnlicher Art generiert. Einige Programmierer – insbesondere in der Computergraphik – gehen dabei von zum Teil intuitiv vorgegebenen Regeln aus. Gerade für die Computergraphik ist noch von Vorteil, daß die peripheren Geräte der elektronischen Rechenanlagen eine Präzision erlauben, zu der ein Künstler, selbst bei noch so hoher Disziplin und Meisterschaft, nicht fähig wäre. Zuweilen liegt allein in dieser Präzision der Reiz der Computergraphiken.

Eine Besonderheit der Computerkunst bahnt sich zur Zeit beim künstlerischen Tanz (Ballett) an. Hier existiert bisher keine ausreichende Notation der Bewegungen. Mit der Display-Technik kann seit kurzem eine Simulation des Tanzes auf dem Bildschirm realisiert werden. Dies kann sich sowohl in Richtung einer idealen Tanzschrift als auch für die Entwicklung von Choreographien vorteilhaft auswirken. Mit diesem Beispiel ist ein dritter wichtiger Zweig der Computerkunst aufgezeigt. Über die Fähigkeit des Rechners, große Datenmengen zu speichern, besteht durchaus die nützliche Möglichkeit, ihn in der kreativen Phase des Kunstschaffenden im Sinne einer Menütechnik heranzuziehen. Er zeigt dann alle gespeicherten Varianten für eine Aufgabe an, und der Künstler wählt die ihm am geeignetsten erscheinende aus.

H. Völz

Literatur: Völz, H.: Information I u. II. Berlin: Akademie-Verlag 1982/83.

Cross-Referenz – Teil des Protokolls eines Übersetzerlaufs/Assemblerlaufs zur Erleichterung der Korrektur eines Programms bei syntaktischen oder logischen Fehlern, in dem alle im Quellprogramm verwendeten Namen mit ihren Attributen sowie alle Zeilen des Quellprogramms, in denen sie benutzt werden, aufgeführt sind. Eine einfache Form der C. ist die Symboltabelle – die Liste aller in einem Übersetzerlauf verwendeten Namen. S. a. *Übersetzer*.

Literatur: Paulin, G.: Kleines Lexikon der Mikrorechentechnik. Berlin: VEB Verlag Technik 1983.

D

D-Algorithmus – strukturorientiertes Verfahren zum Generieren von Tests für binäre Schaltungen nach dem Prinzip der Signalwegsensibilisierung.

Zur Fehlersuche in digitalen Systemen mit binär arbeitenden Schaltelementen werden Signalbelegungen der Eingangsanschlüsse benötigt, die es gestatten, in der Schaltung enthaltene Fehler aufgrund der vom Sollergebnis abweichenden Ausgangssignale nachzuweisen. Das Aufstellen einer vollständigen Menge von Signalbelegungen zur Prüfung eines Systems – des sogenannten Testsatzes – ist eine arbeitsaufwendige Aufgabe, für die weitgehende Rechnerunterstützung angestrebt wird.

Der D-Algorithmus baut im Gegensatz zu funktionsorientierten Ansätzen, bei denen nur die Eingangs-/Ausgangsabbildung zugrundegelegt wird, auf der Kenntnis der detaillierten Schaltungsstruktur und der darin vorkommenden Fehler auf. Üblicherweise wird das bekannte SA0/SA1-Fehlermodell benutzt (SA ... – stuck at, d. h. festgehalten auf, ...), bei dem als mögliche Fehler unveränderliche 0- bzw. 1-Logikpegel an jedem Schaltelementeanschluß angenommen werden. Grundsätzlich beruht die Testerzeugung auf *Steuerbarkeit und Beobachtbarkeit* im System, d. h. Auslösen der fehlerhaften Situation an der entsprechenden Stelle im System und Transformation bzw. Transport der fehlerbehafteten Resultate aus dem Inneren des Systems auf verfügbare (anzeigbare, auswertbare) Variable, d. h. meistens Ausgänge. Steuer- und Beobachtungsbedingungen ergeben zusammen eine Eingangsbelegung, den Test. Bei der Testgenerierung nach dem Prinzip der Signalweg-(Pfad-) Sensibilisierung werden nacheinander alle Signalwege von Eingangs- zu Ausgangsanschlüssen ausgewählt und durch eine entsprechende Eingangsbelegung steuerbar und beobachtbar gemacht (sensitiviert, sensibilisiert), so daß alle SA0- und SA1-Fehler der auf diesem Pfad liegenden Schaltelementeanschlüsse am Ausgang nachweisbar werden.

Der D-Algorithmus ist eine rechentechnische Methode, mit der die dabei auftretenden drei Hauptprobleme praktisch gelöst werden: 1. Kennzeichnung der zu testenden Stellen, 2. Aufstellen eines Signalweges zu einem Ausgang (Beobachtbarkeit), 3. Sensibilisierung des ausgewählten Signalweges und Erzeugen der fehlerhaften Situation an der zu testenden Stelle durch eine entsprechende Eingangsbelegung (Steuerbarkeit).

Zu 1.: Diese Aufgabe wird durch die Verwendung von fünf möglichen Variablenwerten pro Anschluß gelöst: „0" (fehlerfreier logischer 0-Pegel), „1" (fehlerfreier logischer 1-Pegel), „x" (unbestimmter bzw. nicht definierter beliebiger Wert), „D" (fehlerhafte Veränderung von 1 auf 0), „$\bar{D}$" (fehlerhafte Veränderung von 0 auf 1). Mit diesen Werten wird für jeden Schaltelementetyp, der in der Schaltung enthalten ist, eine Tabelle der gültigen Anschlußbelegungen (Implikanten) aufgestellt. Beispielsweise sind für ein Element mit der Funktion $F=A\&B$ folgende Implikanten (ABF) wichtig: ($0x0$), ($x00$), (111), ($x1x$), ($1xx$), (DDD), ($\bar{D}\bar{D}\bar{D}$), ($D\bar{D}0$), ($\bar{D}D0$). Mit den sogenannten Fehlerimplikanten ($11D$), ($0x\bar{D}$), ($x0\bar{D}$) werden im Schaltelement entstehende Fehler bezeichnet.

Zu 2.: Die Charakterisierung eines Signalweges erfolgt durch sogenannte D-Ketten. Ausgehend von einem als fehlerhaft angenommenen Schaltelement, das mit einem entsprechenden Fehlerimplikanten belegt wird, wird die Kette der sich anschließenden Verbraucherelemente so mit passenden D-Implikanten belegt, daß sich D oder $\bar{D}$ zu einem Ausgang fortpflanzen.

Zu 3.: Die durch die Sensibilisierung des Signalweges entstandenen Bedingungen an den einzelnen Schaltelementen werden durch eine Rückwärtsrechnung auf eine passende Eingangsbelegung transformiert (Konsistenz-

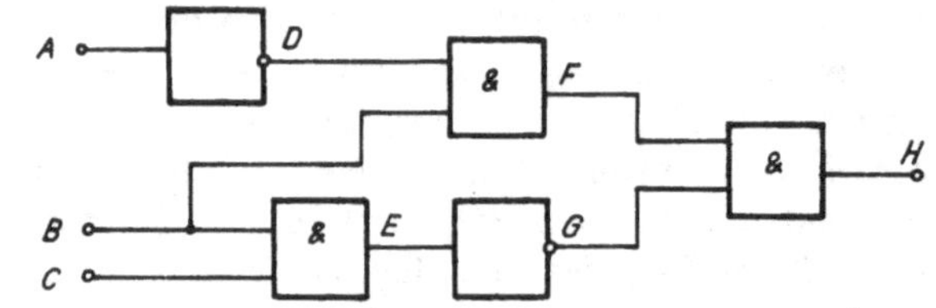

A	B	C	D	E	F	G	H	
x	x	x	x	x	x	x	x	*Anfangsbelegung*
x	1	1	x	D	x	x	x	*Fehlerimplikant*
x	1	1	x	D	x	$\bar{D}$	x	*D-Kettung*
x	1	1	x	D	1	$\bar{D}$	$\bar{D}$	
x	1	1	1	D	1	$\bar{D}$	$\bar{D}$	*Konsistenzoperation*
0	1	1	1	D	1	$\bar{D}$	$\bar{D}$	

Prinzip der Methode des D-Algorithmus

operation). Das Prinzip des gesamten Verfahrens ist für einen sehr einfachen Fall in der Abbildung dargestellt.

Die Schwierigkeiten des Verfahrens liegen bei der Behandlung vermaschter Schaltungen (rekonvergente Signalwege), bei sequentiellen Schaltungen und Mehrfachfehlern. Hierbei treten sogenannte Widersprüche und Maskierungseffekte auf, d. h., es entstehen widersprüchliche Forderungen für die Beschaltung gewisser Anschlußpunkte (Einschränkung der Steuerbarkeit) und Behinderungen in der Fehlerweiterleitung (Einschränkung der Beobachtbarkeit). Für große Systeme erwachsen daraus prinzipielle rechentechnische Probleme.

D. Reinert

Literatur: Muth, P.: A nine-valued circuit model for test generation. IEEE Trans. on Computers, New York **C-25** (1976) 6; Akers, S. B.: A logic system for fault test generation. IEEE Trans. on Computers, New York **C-25** (1976) 6; Reinert, D.: Prüftheorie diskreter Systeme. Berlin: VEB Verlag Technik 1979; Roth, J. P.: Diagnosis of automata failures – a calculus and a method. IBM Journal Res. a. Develop., New York **10** (1966) 7.

Datenbeschreibungssprache – Für die Arbeit mit einer *Datenbank* stehen den Anwendern und Administratoren in der Regel verschiedene Formulierungsmöglichkeiten zur Verfügung, die unter der Bezeichnung Datenbanksprachen zusammengefaßt werden. Diese werden nach ihrem vorrangigen Verwendungszweck unterschieden in Datenbeschreibungssprachen (Data Description Languages – DDL), Datenmanipulationssprachen (Data Manipulation Languages – DML) und Datenabbildungssprachen (Data Conversion Languages – DCL). Die Grenzen zwischen diesen drei Klassen von Sprachen sind fließend, da zu ihrer Festlegung stets mehrere, einander teilweise überschneidende Eigenschaften und Funktionen betrachtet werden müssen.

Eine D. soll dem Betriebsadministrator als Ausdrucksmittel dienen, um seine Kenntnis des interessierenden Realitätsausschnitts (Diskursbereichs) zu formulieren und mittels eines Übersetzungs- oder Interpretationsprogramms in ein Datenbankschema zu überführen. Für jeden Typ (Klasse) von Objekten bzw. Objektgruppen des interessierenden Realitätsauschnitts werden mit Hilfe der D. der Name des Objekttyps und die zur Beschreibung der Eigenschaften der Objekte bzw. Objektgruppen notwendigen Attribute festgelegt. Die Attribute werden dabei in identifizierende und beschreibende Attribute unterschieden. Für jedes Attribut werden Name, *Datentyp*, Länge, Genauigkeit, Position im Satz usw. vorgegeben. Neben den Objekttypen werden außerdem die verschiedenen Typen von Beziehungen beschrieben, die zwischen den Objekten und Objektgruppen im interessierenden Realitätsausschnitt existieren. Die Form und die Möglichkeit der Beschreibung solcher Beziehungen sind sehr stark abhängig vom verwendeten Datenmodell (*Datenstruktur*), so daß eine D. im allgemeinen nur für eine bestimmte Datenmodell-Klasse Anwendung finden kann. Einige der bekanntesten D. (bzw. Datenbanksprachen mit ausgeprägten Beschreibungsfunktionen) sind

– SQL, QBE	für das relationale Datenmodell,
– CSDL, CODASYL-DDL	für das Netzwerk-Datenmodell und
– IMS-DDL	für das hierarchische Datenmodell.

R. OSSWALD

Literatur: OSSWALD, R.: Data base description on the conceptual level. Proc. of 4th Data Base Seminar on Data Base Management Systems. Schwerin, Dezember 1981; ДРИБАС, В. П.: Реляционные модели баз данных. Минск: Изд. БГУ им. В. И. Ленина 1982; ДЕЙТ, К.: Введение в системы баз данных. Москва: Изд. Наука 1980.

Datenkommunikation – s. *Datennetz.*

Datenmanipulation – ganz allgemein jede Arbeit mit den Daten einer *Datenbasis*, sofern diese Arbeit Änderungen an der Datenbasis bewirkt. Damit wird z. B. die Recherche in einer Datenbasis nicht zur Datenmanipulation gezählt. Die Datenmanipulation wird gewöhnlich unterteilt in Speichern (oder Zufügen), Ändern und Löschen, wobei sich Speichern und Löschen meist auf ganze Sätze, das Ändern nur auf einzelne Felder bezieht. In Abhängigkeit vom Datenmodell (*Datenstruktur*) der Datenbasis kann sich eine Manipulationsfunktion aus mehreren Operationen zusammensetzen (außer dem relationalen Datenmodell), um die Verbindungen zu anderen Sätzen explizit zu lösen bzw. aufzubauen. Das erste Laden einer Datenbasis wird häufig als spezielle, nicht zur Datenmanipulation gehörende Funktion aufgefaßt. Betrachtet man aber den Anfangszustand als gültige „leere" Datenbasis, so kann bereits mit der Funktion Zufügen das Laden der Datenbasis ausgeführt werden.

Im erweiterten Sinne werden zur Datenmanipulation auch vom Nutzer aktivierbare Funktionen gezählt, die der Behandlung von Systemdaten (wie Datenbeschreibungstabellen und Indextabellen) dienen bzw. Speicherfunktionen (wie Verdichten und Kopieren) ausführen.

R. OSSWALD

Literatur: ДЕЙТ, К.: Введение в системы баз данных. Москва: Изд. Наука 1980.

Datenmodell, hierarchisches – s. *Datenstruktur.*

Datenmodell, relationales – s. *Datenstruktur.*

Datennetz – System zur Abbildung der Kommunikationsfunktion von verteilten Rechner- und rechnergestützten Telekommunikationssystemen. Elemente eines Datennetzes können sein: Kommunikationsprozessoren, Modems, Übertragungskanäle, Multiplex- und Konzentratorsysteme, Paket-Bildungs-/Auflösungseinrichtungen, Datenübertragungseinrichtungen, Netzkontrollzentren. Wesentliche Systemrelationen werden festgelegt durch eine Hierarchie von Kommunikationsprotokollen zur Gewährleistung einer fehlerfreien Übertragung von Nachrichten zwischen einer Quelle und einer Senke über einen gestörten Kanal. Kommunikationsprotokolle sind Sätze von Regeln für die Formate der Steuer-, Dienst- und Nutzernachrichten, für die Prozeduren zur Organisation der Datenverbindung, für den Ablauf der Übertragung sowie für die Fehlererkennung und -behandlung.

Nutzer eines Datennetzes sind Datenendeinrichtungen in Gestalt von *Wirtsrechnern* (Host) oder speziellen Terminals zur Realisierung von *Rechnernetz-* oder Telekommunikationsfunktionen.

Datennetze können in Abhängigkeit von der Hardware-Basis zur Abbildung der Kommunikationsfunktion (ein oder mehrere Kommunikationsprozessoren) und in Abhängigkeit von der Form der Realisierung dieser Prozessoren (auf Arbeitsrechnern eines Rechnernetzes als Wirtsrechner oder auf eigenständiger Hardware) als zentrale oder dezentrale Systeme mit direkter bzw. indirekter Kopplung implementiert sein. Datennetze können unter Nutzung analoger Signale arbeiten, wobei die Umsetzung der digitalen Nachrichten durch Modulator-Demodulator-Einrichtungen (Modems) erfolgt. Eine höhere Wirtschaftlichkeit wird mit rein digital arbeitenden Netzen erreicht.

Bei der Vermittlungstechnik von Datennetzen konkurrieren zwei Grundverfahren: Im Fall der Leitungs- oder Durchschaltevermittlung wird auf Anforderung zwischen beiden kommunizierenden Endeinrichtungen eine durchgehende Verbindung aufgebaut. Die Übertragung der Nachricht erfolgt ohne Zwischenspeicherung. Bei der Speicher- oder Teilstreckenvermittlung wird demgegenüber die Nachricht vom Datennetz übernommen und in einem Kommunikationsprozessor zwischengespeichert, ohne daß eine freie, durchgeschaltete Verbindung zur Verfügung steht. Verläuft der erforderliche Übertragungsweg über mehrere Kommunikationsknoten des Datennetzes, so werden entsprechende Teilstrecken sukzessiv bereitgestellt, wobei nach jeder Übertragung über eine Teilstrecke eine erneute Zwischenspeicherung im nächsten Knoten erfolgt. Wird dabei die Nachricht in ihrer gesamten Länge als Block behandelt, so liegt der Fall der Nachrichtenvermittlung vor. Zur Reduzierung der in den Knoten benötigten Zwischenspeicher wird die Nachricht im Fall der Paketvermittlung in kurze Pakete standardisierter Länge aufgeteilt, die dann unabhängig voneinander – unter Umständen auf verschiedenen Wegen – durch das Datennetz laufen.

Wird das Datennetz von einem Nutzerbereich betrieben, so liegt ein privates oder bereichsspezifisches System vor, das zumeist mit herstellerspezifischen Netzlösungen arbeitet. Im Zusammenhang mit der wachsenden Nachfrage nach Daten- und Textkommunikation kommt es zum Aufbau von öffentlichen, nationalen Datennetzen, die dominierend von den Nachrichtenverwaltungen betrieben werden und als offene Systeme für jeden Nutzer zugängliche Dienstleistungen anbieten. Zur Gewährleistung der Kommunikation zwischen beliebigen Datenendeinrichtungen dienen Kommunikationsstandards auf der Grundlage eines Referenzmodells für die Verkopplung offener Systeme.

Im Rahmen dieses von der ISO (s. *International Organization for Standardization*) entwickelten Architekturmodells hat sich der Standard X. 25 als *Schnittstelle* zwischen dem Datennetz und der nutzereigenen Datenendeinrichtung durchgesetzt. Zur Gewährleistung der internationalen Datenkommunikation werden die öffentlichen Datennetze in Analogie zum Vorgehen bei Telefonnetzen international verkoppelt.

Werden in einem Datennetz verschiedene Verkehrsarten und Kommunikationsformen realisiert, so liegt Dienstintegration vor. Mit dem generellen Trend zur digitalen Übertragung und Vermittlung wird die Integration der Sprach-, Daten-, Text- und Bildkommunikation auf der Grundlage dienstintegrierter digitaler Netze möglich.

H. W. MEIER

Datenstruktur – wird in unterschiedlicher Bedeutung verwendet: einmal als Synonym für „Satzstruktur“, zum anderen gleichbedeutend mit dem Begriff „Datenmodell“.

Unter Satzstruktur wird die Gliederung von *Sätzen einer Datei* in Segmente, Bereiche, Felder usw. verstanden. In den *Programmiersprachen* existieren Möglichkeiten der Definition, um mit den durch die Satzstruktur vorgegebenen einzelnen Elementen eines Satzes operieren zu können.

Auf dem Gebiet der *Datenbanken* bezeichnet die Datenstruktur (oder vorzugsweise das „Datenmodell“) das Organisationsprinzip, nach dem die Daten in der *Datenbasis* abgespeichert sind und das sich nicht nur auf einzelne Satzarten beschränkt, sondern auch auf die Verbindungen zwischen den Sätzen einer oder mehrerer *Dateien*. Die verschiedenen Datenmodelle unterscheiden sich im wesentlichen durch die Darstellungsform der Beziehungen, die zwischen den durch die Daten repräsentierten Objekten bestehen, und die meist durch Verbindungen zwischen Sätzen ausgedrückt werden. Durch ein für das jeweilige Datenbankbetriebssystem spezifisches Datenmodell werden die Verbindungsformen generell festgelegt. Die mit dem Datenbankbetriebssystem ausführbaren Operationen basieren auf diesem Datenmodell. Trotz der Vielzahl verschiedener Datenmodelle – meist nutzt jedes Datenbankbetriebssystem sein eigenes – tendieren alle zu wenigen großen Familien von Datenmodellen hin, deren meistdiskutierte Vertreter das hierarchische, das Netzwerk- und das relationale-Modell sind.

Das hierarchische Modell ermöglicht die direkte *Implementierung* von $1:n$-Beziehungen zwischen verschiedene Objektmengen. In einer 2-Ebenen-Hierarchie wird ein Datensatz in ein Kopfsegment und eine variable Anzahl von abhängigen Segmenten unterteilt. Das Kopfsegment enthält die Merkmale des übergeordneten Objekts bzw. gemeinsame Merkmale aller abhängigen Objekte, während die Folgesegmente die individuellen Merkmale der abhängigen Objekte enthalten. Eine Erweiterung auf mehr als zwei hierarchische Ebenen erfolgt nach demselben Prinzip. Die Verbindungen zwischen einem Kopfsegment und den von ihm abhängigen Folgesegmenten sowie zwischen Folgesegmenten untereinander werden durch eine bestimmte physische Speicherfolge und/oder durch Zeigerdaten hergestellt, die als Systemdaten mit in der Datenbasis geführt werden.

Mit dem Netzwerk-Datenmodell lassen sich $n:m$-Beziehungen zwischen Objektmengen darstellen. Sein wichtigstes Anwendungsgebiet ist deshalb die Stücklistenverarbeitung. Die Objektmengen werden – ähnlich dem hierarchischen Datenmodell – durch spezifische Satztypen repräsentiert, jedoch wurde für die Beziehungen zwischen ihnen ein zusätzlicher Satztyp eingeführt: der Verbindungssatz. Die am weitesten verbreitete Terminologie zum Netzwerk-Datenmodell wurde von der CODASYL Data Base Task Group festgelegt.

Das relationale Datenmodell entsprang den Bemühungen um eine Darstellung der Verbindungen, die unabhängig ist von der speziellen Implementierung bzw. der zur Verfügung stehenden Gerätetechnik. Anstelle zusätzlicher Gebilde wie Zeigerdaten und Verbindungssätze wurde eine neutrale Speicherung der Daten in Tabellenform gewählt. Jede Tabelle (Relation) enthält die Informationen zu einer Objektmenge (mit Objekten einer bestimmten Klasse), wobei die Zeilen der Tabelle den einzelnen Objekten entsprechen, während die Spalten die Attribute (Merkmale) darstellen, die die Objektklasse charakterisieren. Im Schnittpunkt von Zeile und Spalte steht der Wert, den ein Attribut eines bestimmten Objekts zur Zeit einnimmt. Die Tabellen sind auch geeignet, Beziehungen zwischen Objektmengen darzustellen: Jede Zeile entspricht einer einzelnen Beziehung, wobei die teilnehmenden Objekte durch eindeutig identifizierende Attributspalten vertreten sind. Zusätzliche Attributspalten können benutzt werden zur Darstellung von Merkmalen, die der Beziehung selbst zukommen. Der wesentliche Vorzug eines solchen tabellenorientierten Datenmodells liegt in seiner Einfachheit und der Benutzung von Identifikatoren anstelle von Zeigerdaten oder anderen gerätetechnisch bedingten Strukturen.

R. Osswald

Literatur: KATSCHIBAIA, W.: Untersuchungen zur Projektierung und Implementierung von relationalen Datenbanken. Diss. A, Techn. Univ. Dresden 1981/82; CODASYL Data Base Task Group. Report ACM, New York, April 1971; ДРИБАС, В. П.: Реляционные модели баз данных. Минск: Изд. БГУ им. В. И. Ленина 1982; ДЕЙТ, К.: Введение в системы баз данных. Москва: Изд. Наука 1980.

Datentyp – Der Datentyp eines Feldes steht in enger Beziehung zur Darstellungsform dieses Datenfeldes im Speicher einer Datenverarbeitungsanlage. Aus Gründen einer günstigen Speicherplatznutzung werden z. B. rein numerische Datenfelder anders (dichter) gespeichert als beliebige Zeichenketten. Entsprechend unterscheiden sich die auf diese Datenfelder anwendbaren Operatoren. In der Programmierung ist deshalb für jedes Datenfeld die Angabe eines Datentyps notwendig, um damit das Übersetzerprogramm zur Auswahl der passenden Operatoren zu veranlassen, z. B. string oder integer.

Die in modernen Datenverwaltungssystemen (s. *Datenverwaltung*) angestrebte Datentyp-Unabhängigkeit bezieht sich nur auf die Angabe des Datentyps durch den Programmierer, tatsächlich werden jedoch entsprechende Informationen entweder in einer Datenbeschreibungstabelle je *Datei* oder als Datentypanzeiger je Datenfeld geführt.

R. OSSWALD

Literatur: HAUPT, D., u. M. PORST: Betriebssystem OS/ES: Jobsteuerung, Ein- und Ausgabe. Leipzig: Teubner-Verlag 1977; SCHOCH, H.: Programmieren mit PL 1. Berlin: Akademie-Verlag 1984.

Dauerverfügbarkeit – s. *Verfügbarkeit.*

DDC – (Abk., engl. direct digital control = direkte digitale Regelung); Online-Regelung im geschlossenen Kreis mittels eines Prozeßrechners (Mikro-Prozeßrechners) als Regler. Der Prozeßrechner arbeitet als Abtastregler, der durch Prozeßkoppeleinheiten mit einer oder mehreren Regelstrecken gekoppelt ist (digitale Vielfachregelung). Der signalmäßige Wirkungsablauf geht aus der Abb. hervor. Zu den Abtastzeitpunkten kT erfolgt mittels Analog/Digital-Wandlung die Übernahme der Prozeßsignale, die nach Amplitude und Zeit quantisiert wird. Die Abtastung erfolgt meißt äquidistant. Aus den Eingangsdaten werden nach dem jeweilig programmierten Regelungsalgorithmus die Ausgangsdaten berechnet. Gegebenenfalls ist das Reglerprogramm durch eine vorangestellte Meßwert- bzw. nachgestellte Steuergrößenbehandlung ergänzt. Bei analog arbeitenden Stellgliedern werden die digitalen Steuergrößen mittels Digital/Analog-Wandlung in analoge Signalwerte umgesetzt und in Haltegliedern für die Dauer einer Tastperiode

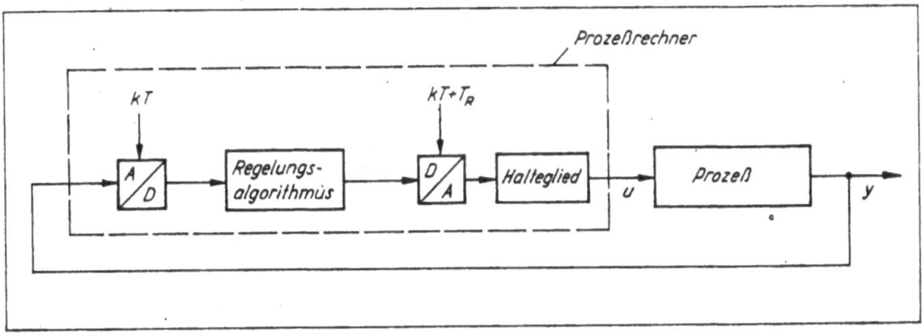

Prinzip der direkten digitalen Regelung

gespeichert. Zu berücksichtigen ist, daß die Abtaster im Ein- und Ausgangskanal nicht synchron, sondern um die Rechenzeit T_R zueinander versetzt arbeiten.

Neben den regelungstechnischen Funktionen übernimmt ein DDC-Rechner eine Vielzahl von Überwachungs- und Sicherungsfunktionen. Weiterhin sind DDC-Systeme mit Umschaltmöglichkeiten vom DDC-Regime auf Reservereglerbetrieb (*Back-up*-Reglerbetrieb) oder auf Handsteuerung ausgerüstet.

G. Billerbeck

Literatur: Anke, K., H. Kaltenecker u. R. Oetker: Prozeßrechner. Berlin: Akademie-Verlag 1971; Isermann, R.: Digitale Regelsysteme. Berlin, Heidelberg, New York: Springer-Verlag 1977.

Deadbeat-Regelung – ein spezieller Regelungstyp, mit dem an linearen Regelstrecken Übergangsvorgänge endlicher Dauer (mit endlicher Einstellzeit) realisiert werden können. Das läßt sich nur mit diskontinuierlich (zeitdiskret) arbeitenden (zumeist digitalen) Reglern erzielen. Man unterscheidet DB-Regelungen mit Ausgangs- und mit Zustandsrückführungen.

Am meisten verbreitet sind Eingrößen-DB-Regelungen mit Ausgangsrückführung. Der klassische DB-Regelalgorithmus für eine minimale endliche Einstellzeit folgt in einfacher Weise zwangsläufig aus dem Prozeß- und Signalverhalten. Zusätzliche Entwurfsfreiheiten ergeben sich in verschiedenen Formen für erweiterte DB-Regelalgorithmen. Durch sie kann z. B. eine zu harte Steuereinwirkung auf die Regelstrecke gemildert werden. Die Verlängerung der endlichen Einstellzeit und ein erhöhter Aufwand im Regler sind die Folge. DB-Regelungen zeichnen sich durch einen sehr einfachen und übersichtlichen Entwurfsvorgang aus, so daß sie sich auch für den Echtzeit-Entwurf, z. B. bei adaptiven Regelungen, eignen. Wegen der starren Kopplung (Empfindlichkeit) klassischer DB-Regler an die Streckeneigenschaften sollen DB-R. nur an Prozessen mit asymptotischem Übergangsverhalten eingesetzt werden.

DB-Verhalten aus beliebigen Anfangszuständen heraus kann mit zeitdiskreten Zustandsreglern für endliche Einstellzeit erreicht werden. Zur gewünschten Überführung in N Abtastschritten müssen durch den Regler sämtliche Eigenwerte in den Ursprung der komplexen z-Ebene verschoben werden (spezielle Form der Eigenwertvorgabe). Bei einer Regelstrecke n-ter Ordnung mit einer Ein- und Ausgangsgröße ist die minimale Anzahl von Abtastschritten mit $N=n$ festgelegt.

Die Zustands-DB-Regelungen haben ähnliche Vor- und Nachteile wie die Ausgangs-DB-Regelungen.

K. Reinisch

Literatur: Isermann, R.: Digitale Regelsysteme. Berlin, Heidelberg, New York: Springer-Verlag 1977; Günther, M.: Analyse und Synthese zeitdiskreter digitaler Steuerungssysteme. In: Taschenbuch der Elektronik in 6 Bänden, hrsg. von E. Philippow. 2. vollst. neu bearb. Aufl. Berlin: VEB Verlag Technik 1985.

Deadlock – unproduktiver Systemzustand, auch als Systemverklemmung bezeichnet, der nur durch einen Eingriff von außen zu beseitigen ist. Eine typische D.-Situation für Warteschlangensysteme tritt dann auf, wenn die Sätze zuführenden Komponenten den gesamten Warteraum füllen können, die Verarbeitungskomponente aber mindestens einen freien Bereich in diesem Warteraum für ihre Funktion benötigt. Der aktuelle Fall kann nur durch Stop der Zuführung und Streichen eines Satzes gelöst werden. Die Möglichkeit des Auftretens wird durch einen gesonderten Verarbeitungspuffer beseitigt. D.-Situationen werden auch bewußt herbeigeführt, wenn Ausnahmezustände erkannt werden, für die im System noch keine Behandlung vorgesehen ist, z. B. wird im ESER (s. *Einheitliches System der Elektronischen Rechentechnik)* in solchen Fällen ein Programmstatuswort geladen, das den Wartezustand herbeiführt, aber gleichzeitig sämtliche Unterbrechungen verbietet. Das Feld der Befehlsadresse enthält dann einen Code, der eine grobe Zuordnung der D.-Situation ermöglicht. Die Weiterarbeit ist nur nach erneutem Systemstart möglich.

H.-J. Schiller

Dead-zero-Signal – analoges Abbildungssignal für Meß-, Steuer-, Regel- und Stellgrößen, dessen Signalbereich entweder auf einer Seite durch den Wert 0 (Null) begrenzt ist oder symmetrisch zum Wert 0 liegt. Dabei entspricht dem

Dead-zero-Signale (Beispiele)

Signalbereich Abzubildende Größe	Dead-zero-Abbildungssignal
(+20 ... +280) °C	(0 ... 10) V
(+300 ... 0) mm	(0 ... 10) V
(20 ... 100) kPa	(0 ... 20) mA
(−75 ... 0 ... +75) kPa	(−10 ... 0 ... +10) V

Wert 0 des D. im ersten Falle der Minimal- oder Maximalwert, im zweiten Falle der Wert 0 der abzubildenden Größe. Beispiele zeigt die Tabelle. S. a. *Einheitssignal; Life-zero-Signal.*

B. HOFMANN

Debugging – Lokalisierung und Beseitigung von Programmfehlern.

Während formale Programmfehler durch den *Compiler* erkannt werden und mittels dessen Diagnostik leicht korrigiert werden können, sind zur Behandlung logischer Programmfehler Programmläufe mit geeigneten Testdaten und die Auswertung des Programmverhaltens erforderlich. Dieser Verifikationsprozeß ist insbesondere bei größeren Programmen bzw. Programmsystemen außerordentlich aufwendig. Es wird deshalb versucht, hierfür durch Bereitstellung einer Testumgebung weitgehende Unterstützung zu schaffen. Neben einer Instrumentierung des Programms durch den Compiler (Einfügen und Auswerten von zusätzlichen Testanweisungen) und die automatische Generierung von Testdaten haben sog. Debugger besondere Bedeutung. Diese Programmsysteme gestatten es, den Laufzeittest von Programmen in einer interaktiven Testumgebung durchzuführen. Dadurch kann die Abarbeitung der Programme an definierten Stellen und zu beliebiger Zeit unterbrochen werden, es können Angaben über den Programmstatus gewonnen und dieser nach Bedarf modifiziert werden. Dabei wird der Programmcode in vielen Fällen interpretativ abgearbeitet. Für das Debugging von *Mikrorechner*-Software stehen spezielle Rechner, sog. Programmentwicklungssysteme, zur Verfügung, die zusätzliche Hardware-Komponenten zur Testunterstützung enthalten.

W. ASSMANN

Literatur: SCHNEIDER, H.-J. (Hrsg.): Lexikon der Information und Datenverarbeitung. München, Wien: R. Oldenbourg Verlag 1983.

Digitale Bildverarbeitung – auch rechnergestützte Bildverarbeitung; automatisierte Auswertung von bildlichen Darstellungen (Bildern), die angesichts der stürmischen Entwicklung der Produktivkräfte in den letzten Jahrzehnten eine immer höhere Bedeutung erlangt hat.

Ein Bild ist die natürliche Darstellung der Struktur und des Zustandes von Objekten. Als Beispiel sei ein Satellitenwetterbild, das geographische Struktur und Atmosphärenzustand in vollendeter Form aufeinander bezieht, genannt. Das Messen über das Bild erspart ein unmittelbares Berühren oder Manipulieren des Objekts und erlaubt auch den Zugang zu normalerweise nicht erkennbaren Objekten (z. B. in der Strahlendiagnostik, bei der Elektronenmikroskopie, in der Astronomie). Der hohe Informationsgehalt von Bildern und die gerade deswegen in der natürlichen Evolution entstandene Leistungsfähigkeit des menschlichen Sehapparates hat das Analysieren von Bildern zum primären Bestandteil der Tätigkeit vieler Menschen gemacht. Da immer bessere Registriermedien, Sonden, Mikroskope und Abtastgeräte sowie neuartige Verfahren zur Bilderzeugung (z. B. Radar, Tomographie, Sonographie, Thermographie) bereitgestellt werden, entstehen täglich Millionen neuer Bilder und alljährlich viele neue Auswerteaspekte. Zu beachten ist, daß der durchgängigen Automatisierung vieler Prozesse heute noch dort Grenzen gesetzt sind, wo es darum geht, Entscheidungen und Steueraktionen aus Bildsignalen abzuleiten, so z. B. in der medizinischen Diagnostik und beim Einsatz von Robotern in der Produktion.

Wesentlich für jede Bildverarbeitung ist, daß aus dem Bild eine geeignete Abstraktion des abgebildeten Objekts hergeleitet werden muß, wobei das Bildsignal meist deformiert und gestört ist. Beispiele für derartige Abstraktionen sind die Frage, ob ein gesuchtes Objekt vorhanden oder nicht vorhanden ist, Objektkoordinaten oder ein transformiertes Bild, das bequemer als das Ursprungsbild interpretierbar ist. Damit unterscheidet sich die rechnergestützte Bildverarbeitung grundlegend von der *Computergraphik*, die die umgekehrte Aufgabe zu erfüllen hat, nämlich aus einem möglichst abstrakten Modell Bilder vorgegebener Qualität (z. B. technische Zeichnungen, Landkarten oder Trickfilmszenen) zu erzeugen.

Bilddigitalisierung und Rasterbilderzeugung: Ein Bild ist zunächst ein zweidimensionales Signal, mathematisch dargestellt durch eine Funktion zweier Ortsveränderlicher x und y; Informationsparameter z ist in den meisten Fällen die Intensität oder Helligkeit (Abb. 1a). Gemessen wird eine mittlere Intensität integrativ über einen Meßfleck, auch Leuchtfleck genannt. Periodisches Verschieben des Meßflecks über das Bild ergibt ein Gitter – ein Raster; das Rastermaß ist der Abstand der Meßflecke voneinander. In diesem vorgegebenen Raster wird die Funktion $z(x, y)$ punktweise abgetastet (Abb. 1b) und so – indem jedem Gitterpunkt des Rasters ein Intensitätswert zugeordnet ist – in eine zweidimensionale Zahlenfolge umgesetzt (Abb. 1c). Die Elemente der so entstehenden (Zahlen-)Folge heißen Bild-

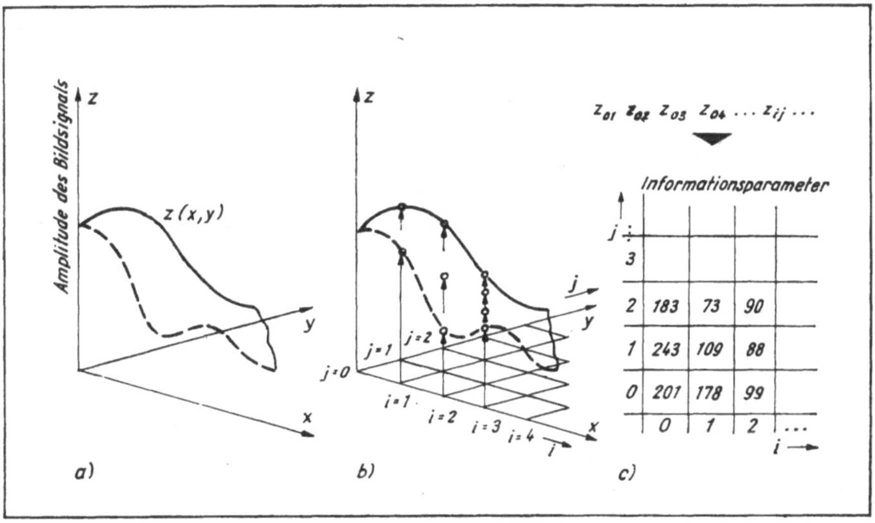

Abb. 1
Digitalisierung eines Bildes: Der Informationsparameter ist meist die Helligkeit (Intensität).
Ein Bild kann als Funktion der beiden Ortsveränderlichen betrachtet werden (Funktionswert = Amplitude des Bildsignals (a)). Aus dieser Funktion lassen sich in einem Abtastprozeß diskrete Werte gewinnen (die in b) mit Pfeilspitzen markiert sind). Digital codiert werden sie in einer zweidimensionalen Folge zusammengefaßt und einem Rechner zugeführt.

elemente oder Pixel (abgeleitet vom englischen picture element). Eine Abtastung im Raum bzw. in der Zeit führt zu Folgen mit mehr als zwei Dimensionen.

In den meisten Fällen wendet man ein quadratisches Raster an. Selbstverständlich werden die Eigenschaften des ursprünglichen stetigen Signals von der Folge nur dann hinreichend gut repräsentiert, wenn das Abtastraster dicht genug ist und hinreichend genau reproduziert werden kann. Die meisten technischen Lösungen der Bildabtastung sehen ein zeilenweises Abtasten vor (Abb. 2).

Die Anzahl der Bildelemente je Bild hängt vom konkreten Anwendungsgebiet der automatischen Bildverarbeitung ab. Während z. B. ein Satellitenbild typischerweise ein Format von 4000×4000 Pixel – also ebenso viele Abtastpunkte – hat, genügen für ein Bild in der Nuklearmedizin 64×64 Pixel (Die Auflösung des menschlichen Auges entspricht einem aus 600×600 ... 1000×1000 Pixel bestehenden Blickfeld.). Die so gewonnene Meßwertfolge wird durch einen *Analog-Digital-Umsetzer* (ADU) in ein für den Rechner

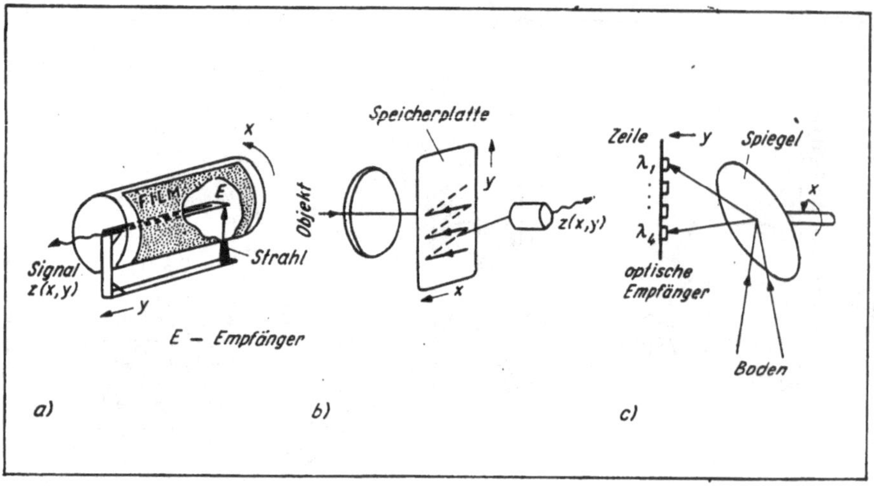

Abb. 2
Technische Systeme zum Abtasten von Bildern

a) Trommelabtaster für Filme
Der auf einer rotierenden Trommel befestigte Film wird von einem in der Trommelachse verschiebbaren Strahl durchleuchtet. Ein in der Trommel gegenüberliegender Empfänger nimmt das entsprechend der Filmschwärzung geschwächte Signal auf.

b) Fernsehsystem
Das auf der Speicherplatte befindliche Bild wird entsprechend der Videonorm mit einem Elektronenstrahl abgelesen und in Stromschwankungen umgesetzt.

c) Multispektralscanner
In Flugrichtung eines Flugzeugs oder Satelliten ist ein rotierender Spiegel angebracht, der die von der Erde emittierte Strahlung zu einer Zeile von einem auf verschiedene Lichtwellenlängen eingestellten optischen Empfänger lenkt. Für ein einziges Bildelement werden mehrere Signale gewonnen.

verständliches, digital codiertes Signal umgewandelt. In den meisten Fällen wird dafür ein 8 bit langes Wort (1 Byte) im Dualsystem verwendet. Die Dualzahl 00000000 (Wert = 0) ist z. B. die Codierung für „völlig dunkel" und 11111111 (255) die für „ganz hell"; die dazwischen liegenden Intensitäten wären mit den Dualzahlen von 00000001 (1) bis 11111110 (254) zu codieren.

Natürlich wird auch der umgekehrte Weg beschritten: Aus einem rechteckigen Schema von digital codierten und im Rechner gespeicherten Werten wird durch Digital-Analog-Umsetzung ein stetiges Signal erzeugt. Dieses steuert die Helligkeit einer Fernsehröhre (Rasterdisplay) oder eines Be-

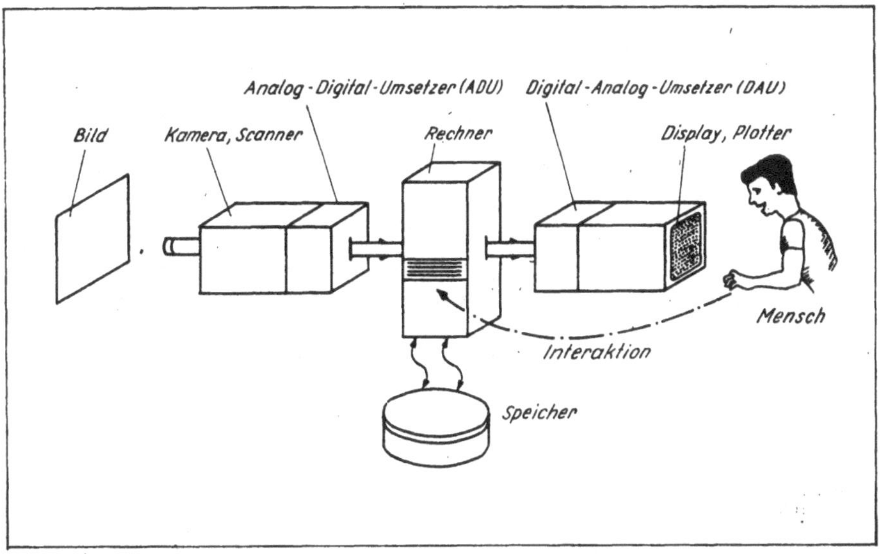

Abb. 3
Digitale Bildverarbeitung
Das abgetastete Signal wird im Analog-Digital-Umsetzer digital codiert und vom Rechner gespeichert und verarbeitet. Das verarbeitete Bild wird in ein analoges Bild zurückgewandelt – wenn es nicht sogar ausreicht, ein vereinfachtes Modell des Bildes oder Objektes, z. B. eine Tabelle geometrischer Merkmale, eine Liste der Konturpunkte, anzugeben. Der Benutzer kann auf Grund der Verarbeitungsresultate auf die Verarbeitung einwirken (Interaktion).

lichtungsstrahls (Fotoregistrator) und erzeugt damit ein Farb- oder Halbtonbild. So ergibt sich das in Abb. 3 dargestellte Arbeitsschema der rechnergestützten oder digitalen Bildverarbeitung.

Aufgaben der digitalen Bildverarbeitung: Folgende Grundaufgaben sind mit Verfahren der digitalen Bildverarbeitung lösbar. Viele Verfahren sind auf verschiedene Grundaufgaben anwendbar.

– Bildrestauration: Hierbei werden die bei Bildaufnahmen und -übertragung entstandenen zufälligen oder systematischen Fehler des Aufnahmesystems, des Übertragungssystems und der Aufnahmebedingungen korrigiert. Hierzu gehören Verfahren zur Bildentzerrung, Glättung und Akkumulation von Bildern, die dazu dienen sollen, das Signalrauschen zu unterdrücken.

– Bildverstärkung: Das Bild soll in eine besser auswertbare Form gebracht werden, wobei besondere Rücksicht auf die visuelle Leistung des Menschen zu nehmen ist (der Mensch kann z. B. nur etwa 30 Graustufen, aber

Tausende von Farben unterscheiden). Neben Verfahren der Kontrastanhebung, Hochpaßfilterung und Pseudokolorierung wendet man auch Techniken an, bei denen die Grauwerte mittels Pseudo-3D-Visualisierung auf Längen (s. Abb. 1a und 1b) oder Grauwertschnitte abgebildet werden.

– Bildreferenz: Diese Aufgabe ergibt sich, wenn einigen oder allen Elementen eines Bildes die entsprechenden Elemente eines anderen Bildes zuzuordnen sind. Wichtige Einsatzfälle liegen vor, wenn die Parallaxe aus Stereopaaren abgeleitet werden soll, wenn ein bewegtes Objekt aus einer Bildfolge zu erkennen oder wenn ein Multispektralbild aus mehreren Spektralauszügen zu formieren ist. Im letzteren Fall dominieren Verfahren der Korrelationsanalyse sowie der geometrischen Transformation von Bildern.

– Bildsegmentierung: Das Bild soll in homogene Gebiete zerlegt werden, wobei man darauf abzielt, die gefundenen Segmente Objekten oder Objektflächen zuzuordnen. Dies ist ein wichtiger Schritt zur Bildabstraktion. Diese Aufgabe der Bildsegmentierung wird mittels punktweiser Klassifikation, Kantendetektion oder sog. Flächenwachstumsalgorithmen gelöst. Bei Kantendetektionsverfahren geht man davon aus, daß Segmente durch Bildelemente abgetrennt werden, in deren Umgebung die Intensität sich stark ändert. Gerade diese Bildelemente sucht man. Bei Flächenwachstumsverfahren hingegen werden Gebiete solange nach allen Richtungen ausgedehnt, bis innerhalb dieser Gebiete ein bestimmtes Homogenitätsmaß (z. B. die Streuung der Grauwerte) nicht überschritten wird. Die resultierenden Gebiete sind dann die gesuchten Segmente.

– Bildabstraktion: Entsprechend dem jeweiligen Auswerteaspekt ist das Bild (mittels Codierung) in eine kompaktere Form oder (mittels Objektmodellierung) in eine dem abgebildeten Objekt besser entsprechende Darstellung umzusetzen. Falls das Bild nur nach bestimmten Segmentformen und -konfigurationen abgesucht wird, haben wir die klassische Aufgabe der Bildmustererkennung vor uns, die z. B. bei der Schriftzeichenerkennung gelöst werden muß.

Verfahren der digitalen Bildverarbeitung: Die folgenden Beispiele sollen die Vielfalt der möglichen Verfahren verdeutlichen.

– Geometrische Entzerrung: Durch Transformation der Bildkoordinaten wird die punktweise Referenz zwischen Bildern erreicht.

$x = x(u, v)$ $\quad$ x, y – Originalkoordinaten
$y = y(u, v)$ $\quad$ u, v – Zielkoordinaten

– Punktweise Grauwertkorrektur: Verzerrungen oder ungünstige Kontrastverhältnisse werden durch Transformation der Grauwerte berichtigt.

$z' = z'(z(x, y))$ $\quad$ z – alter Grauwert
z' – neuer Grauwert

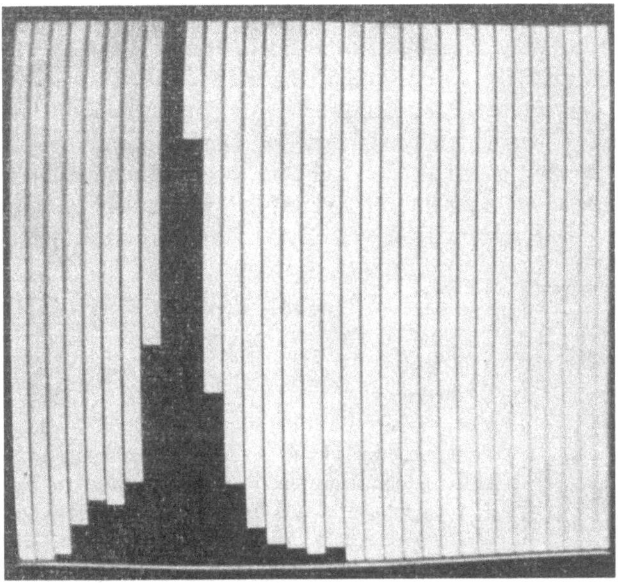

Abb. 4
Histogrammausgleich
a) Histogramm eines Bildes

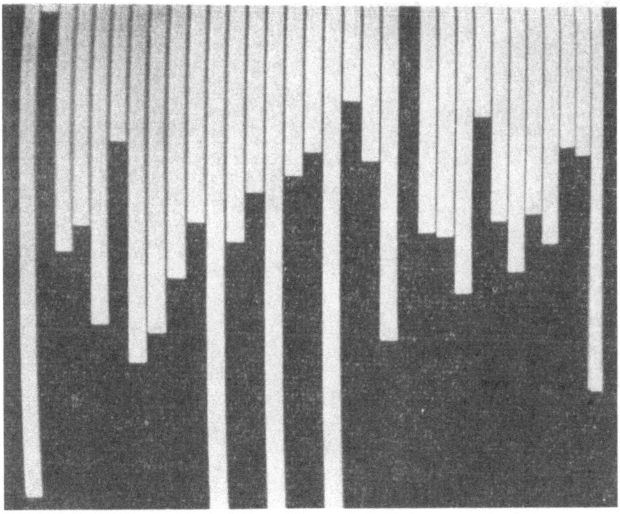

b) Histogramm nach Ausgleich

Häufig werden hierbei Methoden angewendet, die von der statistischen Analyse der Grauwerte im Bild ausgehen. Beim Histogrammausgleich wird maximale Gleichverteilung der Grauwerte zum Ziel gestellt (Abb. 4).

– Filterung: Durch Verrechnung der Grauwerte in einem laufenden Fenster (Abb. 5) erhält man einen neuen Ausgangswert. Die Verrechnungsvorschrift A wird auch Operator genannt. Je nachdem, ob vorher berechnete Werte als Input der nächsten Berechnung verwendet werden oder nicht, spricht man von rekusiven oder nichtrekusiven Filtern. Filter lösen Aufgaben

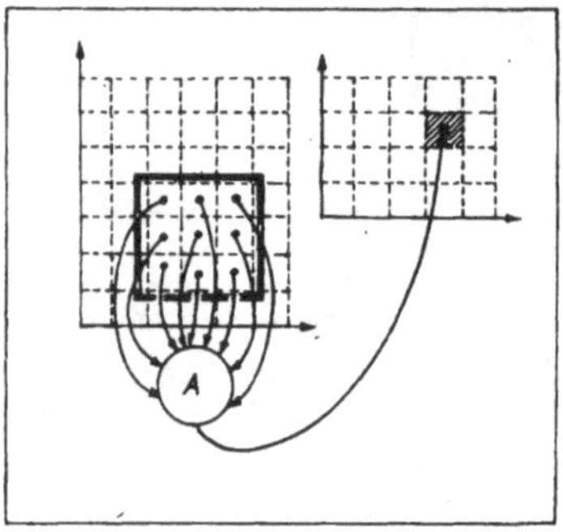

Abb. 5
Filterung
Über jeden Punkt der Bildmatrix wird ein Fenster (hier ein 3×3-Fenster) gelegt. Ein lokaler Algorithmus A verarbeitet die Amplituden innerhalb dieses Fensters und ordnet das Resultat dem Bildelement eines anderen Bildes zu, das die Koordinaten des Zentralpunktes eines Fensters hat.

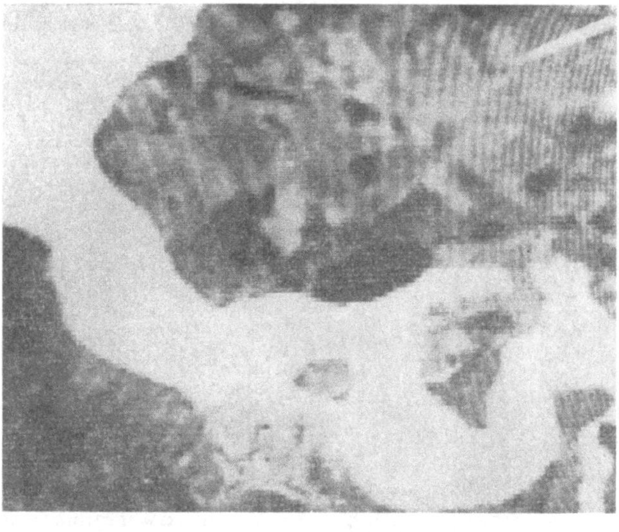

Abb. 6
Kantendetektion durch Anwendung eines Hochpaßfilters
a) eine mit der Multispektralkamera MKF-6 (Kanal 6) aufgenommene Küstenlinie

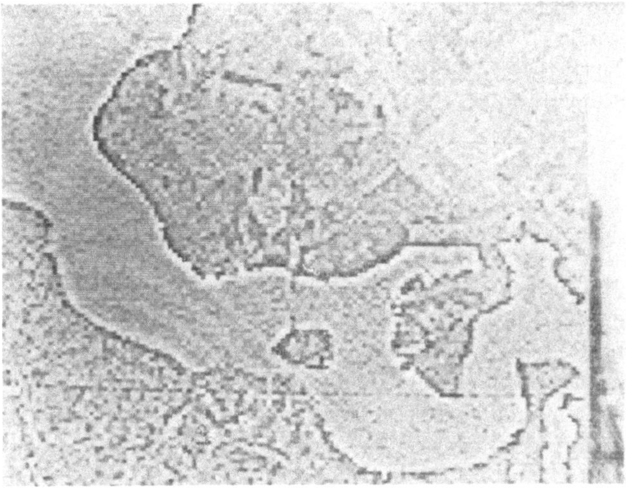

b) Anwendung eines LAPLACE-Filters auf Abb. a), hierbei entspricht einem verschwindenden Ausgangssignal ein mittleres Grau

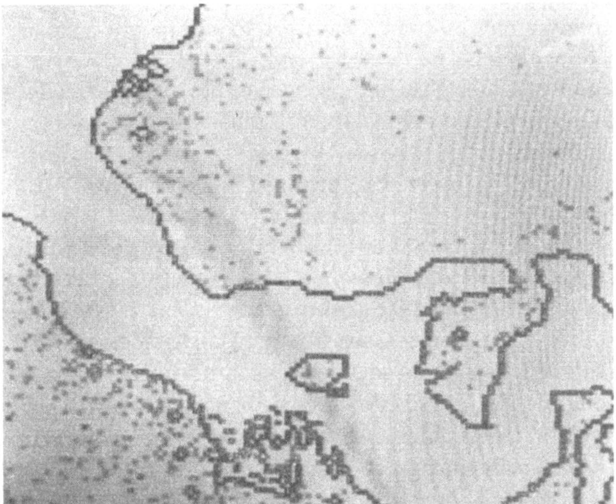

c) Segmentierung des Bildes b) mittels Schwellwert, der so gewählt wurde, daß eine graphikähnliche Struktur der Küstenlinie entsteht

der Unterdrückung von Störungen (Glättung), der Erkennung von Kanten und der Rekonstruktion des Ausgangssignals.

Abb. 6 zeigt den Einsatz eines speziellen Filters – einer Variante des sog. LAPLACE-Filters – mit der Impulsantwort

$$G(i, j) = \begin{bmatrix} 1 & -2 & 1 \\ -2 & 4 & -2 \\ 1 & -2 & 1 \end{bmatrix}.$$

Die Elemente dieser Matrix geben die Gewichte an, mit denen entsprechend Abb. 5 die Amplituden der Bildelemente (Pixel) im gleitenden 3×3-Fenster zu multiplizieren und dann zu summieren sind, um das Filter-Ausgangssignal zu erhalten. Bei Grauwertprofilen, die zumindest von einer der Koordinaten x oder y nicht oder linear abhängig sind, ergibt dieses Filter ein verschwindendes Ausgangssignal. Das heißt, dieses Filter dient dazu, Ecken, Täler und Grate in dem Grauwert-„Gebirge" zu erkennen. Rangordnungsfilter nehmen den in wachsender Amplitudenfolge an k-ter Stelle liegenden Wert aus den im laufenden Fenster erscheinenden Werten als Output. Spezialfälle sind Maximum-, Minimum-, Median-, Erosions- und Dilatationsoperator.

– Multispektralklassifikation: Bei diesem Segmentierungsverfahren entspricht jedem Bildelement nicht nur ein Grauwert, sondern ein Vektor $\boldsymbol{z}$, dessen Komponenten verschiedene Grauwerte sind. Die einzelnen Komponenten von $\boldsymbol{z}$ ergeben sich aus der Strahlungsenergie, die in verschiedenen Spektralbereichen – aber von ein und demselben Flächenstück – empfangen werden.

Segmentieren bedeutet, daß für jeden Rasterpunkt – anhand des Vektors $\boldsymbol{z}(x, y)$ – zu entscheiden ist, ob er einer bestimmten Klasse zugehört (z. B. Wasser, Wald, Kultur mit oder ohne Schädlingsbefall, Kultur geringer oder hoher Reife). Normalerweise wird die Entscheidung nach folgender Regel getroffen: Wenn $g_k(\boldsymbol{z}) > g_l(\boldsymbol{z})$ für alle $l \neq k$, dann gehört $\boldsymbol{z}$ zur k-ten Klasse. Die Gesamtheit der Funktionen g_k heißt Klassifikator. Im Beispiel auf Abb. 7 sind diese Funktionen durch die Abstände des Vektors von den Klassenmittelpunkten veranschaulicht. Üblicherweise wird der Klassifikator in einem Lernprozeß aufgebaut: Man bietet dem Rechner vorgegebene Vektoren mit bekannter Klassenzugehörigkeit an, anhand derer der Rechner befähigt wird, das interne Modell seines Klassifikators der vorgelegten Aufgabe gemäß auszulegen. In der Bildverarbeitung werden solche Trainingsexemplare sog. Testgebieten entnommen. Nachdem der Rechner „belehrt" wurde, unterzieht er das Gesamtbild – die Gesamtheit der Rasterpunkte – der Klassifizierungsprozedur.

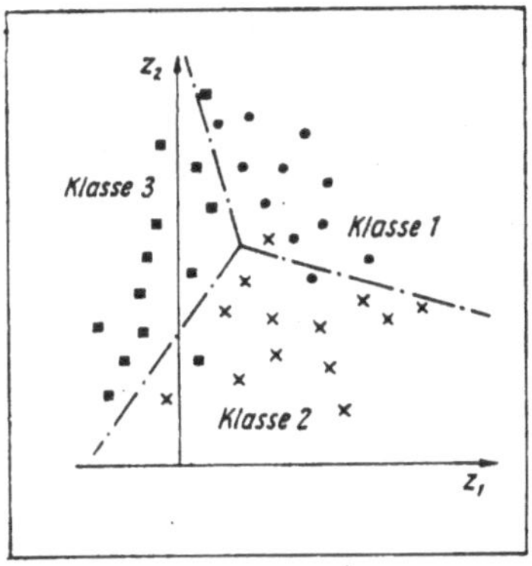

Abb. 7
Klassifikation in drei Klassen
Hier hat der Merkmalsvektor zwei Komponenten – z_1 und z_2. Die dargestellten Punkte entsprechen einer Stichprobe. Die strichpunktierten Geraden trennen die einzelnen Klassen voneinander ab.

– Objektanalyse: Nachdem die Objektabbilder durch Segmentierungsverfahren voneinander und vom Hintergrund abgetrennt wurden, werden sie ausgemessen und mit Merkmalen versehen. Ein nachgeschalteter Klassifikator weist je nach Invarianzeigenschaften der Merkmale die Einzelobjekte Klassen zu (z. B. gesunde oder maligne Zelle, fehlerfreies Teil oder Ausschuß). Beispiele für derartige Merkmale sind: Umfang, Fläche, maximale Elongation, Formfaktor, Flächenträgheitsmomente, Richtung der Hauptachse, Integral über die Objektgrauwertverteilung. Oft ist es günstiger, derartige Entscheidungen aus kompakter codierten Daten (Runlength-Code, Ketten-Code, Vektorliste usw.) herzuleiten.

Die rechnergestützte Bildverarbeitung wird sich aufgrund ihrer hohen Flexibilität immer neue Anwendungsgebiete erobern. Für einen breiten Einsatz sind allerdings notwendigerweise die Operationsgeschwindigkeit von Rechenautomaten erheblich zu erhöhen und die Gerätekosten zu vermindern. Die Bildverarbeitung ist eine Herausforderung an Rechnerarchitektur und Mikroelektronik, aber auch an alle potentiellen Einsatzgebiete in Industrie und Technik.

W. Wilhelmi

Literatur: Pratt, W. K.: Digital Image Processing. New York: John Wiley & Sons 1978; Pratt, W. K.: Image Transmission Techniques. New York: John Wiley & Sons 1980; Huang, T. S.: Two-dimensional Digital Signal Processing, vol. 1 a. 2. Berlin, Heidelberg, New York: Springer-Verlag 1981; Rosenfeld, A.: Image pattern recognition. Proc. of the IEEE, New York **69** (1982) 5; Kazmierczak, H.: Erfassung und maschinelle Verarbeitung von Bilddaten – Grundlagen und Anwendungen. Wien, New York: Springer-Verlag 1980; Ярославский, Л. П.: Введение в цифровую обработку изображений. Москва: Сов. Радио 1979.

Digitalgraphik – eine in der DDR gebräuchliche Bezeichnung eines Teilgebietes der graphischen Datenverarbeitung, d. h. der Verarbeitung graphischer Daten mittels EDVA, die durch eine spezielle graphische Peripherie (Plotter, Zeichenmaschinen, graphische Bildschirme, Digitalisiergeräte und weitere spezielle Ein- und Ausgabegeräte) erweitert werden. Graphische Daten beschreiben digitalisierte Bilder oder Graphiken des zwei- oder dreidimensionalen Raumes. Der Begriff D. wird entsprechend internationalen Entwicklungen auf das Teilgebiet der sogenannten generativen Graphik eingeschränkt und ist ein Synonym für *Computergraphik,* Rechnergraphik, computer graphics und машинная графика. Die graphische Datenverarbeitung wird gegenwärtig in drei Teilgebiete geteilt: D. oder generative Graphik, Bildanalyse und kognitive Graphik. Der Gegenstand aller drei Teilgebiete sind digitalisierte Bilder, die i. allg. durch unterschiedliche *Datenstrukturen* dargestellt und in *Datenbasen* gehalten werden. Ziel der D. ist die Erzeugung, Darstellung und Manipulation (soweit diese der Erzeugung und Darstellung dient) von digitalisierten Bildern. Eingegeben werden Informationen zur algorithmischen Erzeugung von digitalisierten Bildern. Ausgegeben werden graphische Darstellungen derartiger Bilder auf den Medien der graphischen Peripherie. Ziel der Bildanalyse (image processing) ist die Analyse und Modifikation des digitalisierten Bildes zum Zweck der Verbesserung der Bildqualität und der Gewinnung lokaler Teilbilder, z. B. bei Satellitenaufnahmen. Eingegeben werden digitalisierte Bilder. Ausgegeben werden veränderte, verbesserte, aufgelöste digitalisierte Bilder. Ziel der kognitiven Graphik (pattern recognition) ist das Erkennen von Strukturen und Eigenschaften sowie die Gewinnung neuer Informationen über das Bild. Eingegeben werden digitalisierte Bilder. Ausgegeben werden Daten über die gewonnenen Informationen. Die Grenzen zwischen den Teilgebieten sind fließend. Methoden und Verfahren werden wechselseitig genutzt, z. B. werden in der D. Methoden der Bildanalyse und kognitiven Graphik zur Verbesserung der Eingabemöglichkeiten angewendet.

Die D. entstand in den 60er Jahren und entwickelte sich als Teilgebiet der Informationsverarbeitung außerordentlich stürmisch. Ihrer Entwicklung liegt die Tatsache zugrunde, daß einerseits der Mensch einen außerordentlich schnellen visuellen Kanal (50 Millionen Worte pro Minute) besitzt, so daß das Bild für die Kommunikation Mensch – EDVA von größter Bedeutung ist und andererseits das Preis-Leistungs-Verhältnis bei der graphischen Peripherie wesentlich verbessert wurde. Die Einheit von konkreter graphischer Gerätetechnik und Software wird als graphisches System bezeichnet. Graphische Systeme kommen in Abhängigkeit von den Anwendungen in großer Vielfalt vor und erfordern eine leistungsfähige *Rechentechnik* und *Software,* insbesondere der Speicherbedarf ist hoch. Eine mittlere technische

Zeichnung benötigt etwa 20000 Bytes. Von wesentlicher Bedeutung in der D. ist die graphische Aus- und Eingabe. Für die graphische Aus- und Eingabe wurde eine standardisierte *Schnittstelle*, das graphische Kernsystem, GKS von der ISO und von DIN entwickelt, um die Übertragbarkeit graphischer Software von einer Gerätetechnik zur anderen zu erleichtern. Von wesentlicher Bedeutung für die Anwendungen ist die Arbeit des Nutzers im unmittelbaren Dialog mit Hilfe der graphischen Peripherie. Man spricht in diesem Fall auch von interaktiven graphischen Systemen. Besondere Anwendungsgebiete der D. sind: Geometrie im Zusammenhang mit vielen Anwendungen (Computergeometrie), rechnerunterstütztes Konstruieren, Entwerfen und Fertigen, visuelle Auswertungen für Entscheidungsvorbereitungen in Wirtschaft und anderen gesellschaftlichen Bereichen, Prozeßkontrolle, *Computerkunst*, Wissenschaft, Computeranimation (Trickfilm, Medizin), Videotext und Formgestaltung (Design).

K.-H. Kutschke

Literatur: Encarnacao, J. L.: Computer Graphics. München, Wien: R. Oldenbourg Verlag 1975; Giloi, W. K.: Interactive Computer Graphics. Englewood Cliffs: Prentice-Hall, Inc. 1978; Schrack, G.: Grafische Datenverarbeitung – Eine Einführung. Mannheim, Wien, Zürich: Wissenschaftsverlag, Bibliographisches Institut 1978; Werler, K. H.: Probleme der graphischen Datenverarbeitung. Berlin: Akademie-Verlag 1975.

Direktzugriff – s. *Zugriffsmethoden.*

Displayfile – Befehlsliste zur Darstellung eines Bildes auf einem graphischen Ausgabegerät, die i. allg. in einer hardwarenahen Sprache geschrieben ist. Der Aufbau hängt von den vorgesehenen Anwendungen und den dabei notwendigen Manipulationsmöglichkeiten (Hinzufügen, Löschen, Verändern von Bildelementen, Schnelligkeit der Manipulationen, Unterstützung durch den Displayprozessor) ab. Meist sind D. strukturiert und als Baumstruktur aufgebaut.

Nach Giloi besteht ein D. für ein darzustellendes Bild aus einer geordneten Menge von Befehlen für den Displayprozessor, einer Menge von Identifikatoren, die der Menge der graphischen Elemente zugeordnet ist, einer Menge von Zeigern, die die Teile der Befehlsliste, die einem graphischen Element entsprechen, mit dem jeweiligen Identifikator verbinden, und einer Menge von speziellen Befehlssegmenten für „Symbole" (Taktbilder).

A. Meissner

Literatur: Encarnacao, J. L.: Computer Graphics. München, Wien: R. Oldenbourg Verlag 1975; Giloi, W. K.: Interactive Computer Graphics. Englewood Cliffs: Prentice Hall, Inc. 1978; Newmann, W. M., a. R. E. Sproull: Principles of Interactive Computer Graphics. New York: McGraw-Hill Book Co. 1979.

DOS – (Disk Operating System) *Betriebssystem* für kleine und mittlere Anlagen des *ESER* der Reihen 1 und 2 sowie für IBM-Anlagen der Familien *IBM* 360/370. Das DOS gestattet Multiprogrammbetrieb (s. *Multiprogramming*) mit max. 3 Programmen, wobei der nutzbare *Hauptspeicher* in drei Bereiche mit festen Grenzen, dem Background und dem Foreground 2 und Foreground 1, geteilt ist, denen die Verarbeitungspriorität in umgekehrter Reihenfolge statisch zugewiesen ist. Das DOS zeichnet sich durch einen relativ kleinen residenten *Supervisor* aus, der den Anwenderbedürfnissen entsprechend aus der Gesamtmenge der Funktionen durch einen Makrosatz generiert wird. Das Dateiensystem ist schwach entwickelt. Bereitgestellt werden *Assembler* und die Programmiersprachen *FORTRAN*, *COBOL*, *PL/1*, RPG und *ALGOL* sowie ein universelles Sortier- und Mischprogramm, Dienst- und Hilfsprogramme. Zur Pufferung der Jobstrom-Ein- und Ausgabe steht als Zusatzkomponente POWER zur Verfügung. Fernverarbeitung ist mit BTAM und ROTAM möglich.

H.-J. Schiller

Driftausfall – s. *Ausfall*.

Durchflußkennlinie – statische Kennlinie von Drosselstellgliedern (Stellventile, -klappen), gewöhnlich angegeben als Durchflußkoeffizient k_v (Wasserdurchfluß unter Bezugsbedingungen) in Abhängigkeit vom Stellhub. Bei der Durchflußkennlinie werden Bezugsbedingungen, d. h. konstanter Differenzdruck am Stellglied vorausgesetzt. Im praktischen Einsatz ist gewöhnlich der Differenzdruck durchflußabhängig; unter diesen Bedingungen erhält man von der D. abweichende Betriebskennlinien.

R. Müller

Dynamisches Laden – s. *Lademodul*.

E

Echtzeitprogrammiersprache – *Programmiersprache* mit speziellen Sprachelementen für den *Echtzeitbetrieb* von *Digitalrechnern.*

Für die Echtzeitverarbeitung ist besonders charakteristisch, daß mehrere voneinander unabhängige externe (technische) Prozesse Verarbeitungskapazität beim Rechner anfordern (z. B. um aus Meßwerten Steuerwerte zu errechnen) oder daß zu bestimmten Zeiten Parameter dieser Prozesse abgefragt werden (z. B. um eine quasikontinuierliche Überwachung vorzunehmen). Darüber hinaus müssen voneinander abhängige Prozesse in geeigneter Weise miteinander kommunizieren können. Da beim Einsatz von Echtzeitrechnern den externen Prozessen interne Prozesse für die Durchführung der notwendigen Verarbeitungsaufgaben zugeordnet werden, ergibt sich daraus, daß E. gegenüber den üblichen Programmiersprachen zusätzliche Sprachelemente für die Verarbeitung von externen Forderungen (Interruptbehandlung), für die Zeitsteuerung (Auslösung von Aktionen zu einem bestimmten Zeitpunkt oder nach einer bestimmten Zeitdauer), für die Synchronisation von Prozessen (Signalmechanismus) und für die Prozeßkommunikation (Datenaustausch zwischen Prozessen) enthalten müssen. Ferner sind Verwaltungsfunktionen für interne Prozesse (Generierung, Start, Unterbrechung, Fortsetzung, Beendigung) erforderlich.

Eine typische E. ist *PEARL*, die fast ausschließlich für die Prozeßrechner-Programmierung eingesetzt wird. Aber auch universelle höhere Programmiersprachen enthalten entweder von vornherein entsprechende Sprachelemente (*Ada*) oder werden durch *externe Prozeduren* und durch die Ausnutzung von Betriebssystemeigenschaften für die Echtzeitprogrammierung nutzbar (MODULA-2).

W. Assmann

Einheitssignal – Eingangs- oder Ausgangssignal von Automatisierungsgeräten mit festgelegten Parametern, das infolge langjährigen, meist internationalen Gebrauchs und/oder Standardisierung in modular aufgebauten Automatisierungssystemen vorwiegend angewendet wird. E. bilden eine Voraussetzung für die effektive Projektierung, den zuverlässigen Betrieb und die rationelle Instandhaltung von Automatisierungsanlagen. Von besonderer Bedeutung sind sie als sog. Interface-Signale an *Schnittstellen* solcher Anlagen.

Weit verbreitet sind elektrische und pneumatische E., wobei zwischen analogen und binären E. zu unterscheiden ist. Analoge E. untergliedern sich in *Dead-zero-* und *Life-zero-Signale.* Letztere ermöglichen durch ihren unterdrückten Nullpunkt eine einfache Fehlererkennung hinsichtlich Leitungs-

Auswahl gebräuchlicher Einheitssignale

Einheitssignal		analog Dead-zero	Life-zero	binär 0 (Low)	1 (High)	Bemerkungen
elektrisch	Eingang	(0 ... 10) V	(1 ... 5) V	0	12, 24, 60 V	
		(−10 bis +10) V	(0,625 ... 3,125) V	(0 ... 0,8) V	(2 ... 5) V	TTL-Signal
	Ausgang	(0 ... 5) mA	(4 ... 20) mA	0	12, 24, 60, 220 V	
		(0 ... 20) mA		(0 ... 0,4) V	(2,4 ... 5) V	TTL-Signal
pneumatisch	Eingang	–	(20 ... 100) kPa	(0 ... 0,2) p_H	(0,8 ... 1) p_H	$p_H = 140$ kPa ±10 %
	Ausgang			(0 ... 0,05) p_H	(0,95 ... 1) p_H	

bruch und Hilfsenergie-Ausfall. Innerhalb von elektrischen Automatisierungsgeräten ist die Benutzung von Einheits-Spannungssignalen günstig. Zur Informationsübertragung zwischen Automatisierungsgeräten, besonders über größere Entfernungen, werden Einheits-Stromsignale benutzt. Diese bieten den Vorteil, daß bei üblichen Leitungs- und Lastwiderständen (Bürden) die Übertragungsfehler vernachlässigbar sind.

Für pneumatische Automatisierungsgeräte haben sich Drucksignale zwischen 0 und 140 kPa als E. bewährt. Bei elektrischen Automatisierungsgeräten werden das Life-zero/Einheitsstromsignal (4 . . . 20) mA für die Analogtechnik und TTL-Signale für die Digitaltechnik als E. angestrebt.

Infolge der Zunahme mikroelektronischer Automatisierungsgeräte nehmen auch frequenzanaloge und codierte digitale Signale den Charakter von E. an, letztere vor allem für Bus-Systeme (s. *Bus*).

Werden Automatisierungsgeräte so konstruiert, daß sie bereits von einem Teil des Änderungsbereiches eines analogen E. voll ausgesteuert werden können, spricht man von Splitrange-Betrieb. In diesem Falle lassen sich z. B. vom gleichen Regler in Abhängigkeit vom Prozeßzustand mehrere (i. allg. zwei) unterschiedliche Stelleinrichtungen über ein- und dieselbe Signalleitung steuern.

Eine Auswahl gebräuchlicher E. zeigt die Tabelle.

B. Hofmann

Literatur: TGL RGW 1036 (Juli 1981); TGL 22500/02 (Okt. 1981); TGL 25502/02 (Aug. 1982); TGL 32863 (Dez. 1976); Töpfer, H., u. W. Kriesel: Funktionseinheiten der Automatisierungstechnik. Berlin: VEB Verlag Technik 1983; Hengstenberg, J., B. Sturm u. O. Winkler: Messen, Steuern und Regeln in der chemischen Technik, Band 3. Berlin, Heidelberg, New York: Springer-Verlag 1981.

Emulation – Simulation kompletter Hardwarebedingungen eines Rechners auf einem anderen Rechner mit Softwaremitteln. Derartige Softwarekomplexe nennt man Emulatoren. E. ist sinnvoll durchführbar, wenn der existierende Programmfond eines Rechners auf einem anderen, dazu nicht kompatiblen Rechner genutzt werden soll (z. B. nach Installation einer neuen Rechenanlage). Emulatoren sind im allgemeinen nicht sehr effektiv. Eine breite Anwendung hat sich deshalb nicht durchgesetzt.

D. Richter

Energieflüsse in Ökosystemen – s. *Systemökologie*.

Entkopplung – Maßnahmen zur (teilweisen) Beseitigung der insbesondere bei klassischen *Mehrgrößenregelungen* vorliegenden Wechselwirkungen zwi-

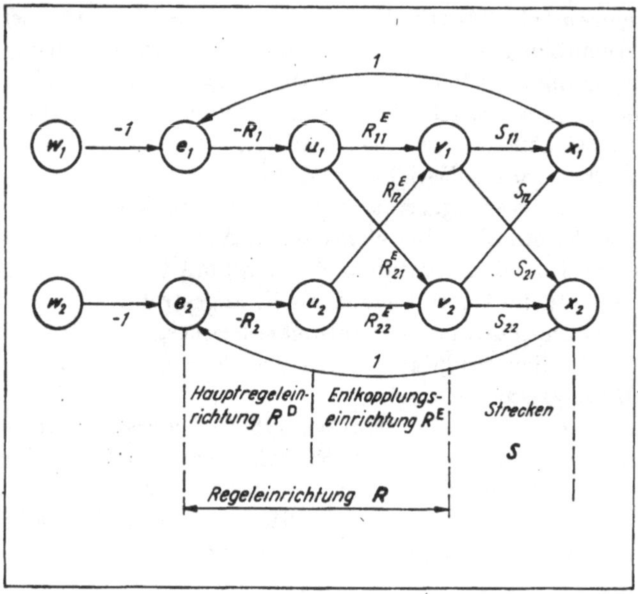

Entkoppelte Zweigrößenregelung $\boldsymbol{x}_i$ – Regelgröße, $\boldsymbol{w}_i$ – Führungsgröße, $\boldsymbol{e}_i$ – Regelabweichung, $\boldsymbol{v}_i$ – Stellgröße

schen verschiedenen Regelkreisen. Diese treten auf, wenn zwei oder mehr Regelkreise infolge Einwirkung der Stellgrößen auf die nicht zugeordneten Regelgrößen (durch die Existenz von Koppelstrecken) miteinander verbunden sind. Durch die Entkopplung sollen die Bemessungen der einzelnen Kreise unabhängig gemacht und die Auswirkungen von Führungsgrößenänderungen und Störungen auf die Kreise beschränkt werden, auf die sie unmittelbar einwirken. Ein Regelkreis in einem Mehrgrößensystem heißt autonom, wenn die Führungsgrößen der anderen Kreise nicht auf diesen einwirken bzw. wenn die Eigenbewegung dieses Kreises nicht von der der anderen abhängt. Das wird dadurch erreicht, daß mit Hilfe von Entkopplungsreglern parallele Wirkungswege zu den bestehenden Koppelstrecken gebildet und so bemessen werden, daß sich die Wirkungen von einem zum anderen Regelkreis über beide Wege kompensieren. Die Abb. zeigt eine Zweigrößenregelung. Für $R_{11}^E = S_{22}$ und $R_{21}^E = -S_{21}$ ist die Wirkung von $\boldsymbol{u}_1$ (und auch von $\boldsymbol{w}_1$ und $\boldsymbol{e}_1$) auf $\boldsymbol{x}_2$ aufgehoben. Zu beachten ist, daß sich auch die Eigenschaften der resultierenden Strecke durch die Entkopplung ändern. Bei der Zustandsregelung eines Mehrgrößensystems wird dieses als eine Gesamtheit betrachtet und nicht in einzelne Kreise aufgelöst. Das Entkopplungsproblem stellt sich dort nicht.

K. REINISCH

Literatur: Reinisch, K.: Analyse und Synthese kontinuierlicher Steuerungssysteme. Berlin: VEB Verlag Technik 1982.

Entscheidungsbaum – s. *Klassifikator*.

Entscheidungstabelle – Hilfsmittel in der Problemanalyse und Programmentwicklung, aber auch in der Programmsystemsteuerung und im Management. Mit Hilfe von E. können komplexe Entscheidungssituationen transparent dargestellt und für andere Menschen handhabbar gemacht werden. Sie bieten außerdem ein formales Gerüst für die programmtechnische Realisierung nichttrivialer Entscheidungen.

Eine E. läßt sich im Standardfall durch das in der Tab. angegebene Schema charakterisieren. Im Bedingungsteil werden alle Bedingungen be-

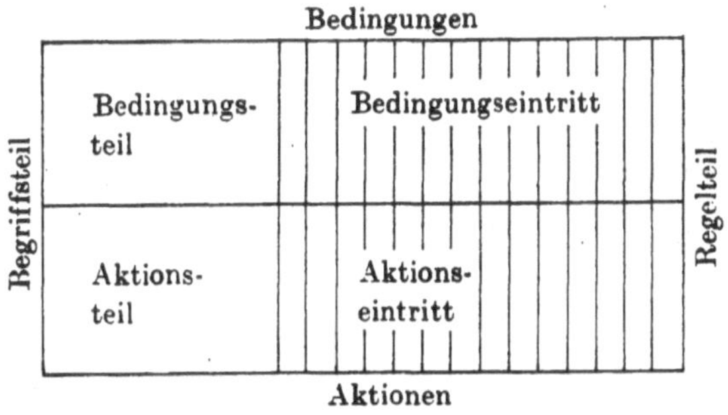

schrieben, die im jeweils vorliegenden Fall in Frage kommen. Der Aktionsteil enthält alle möglichen Aktionen oder Maßnahmen, die als Folge einer Bedingungskombination ausgelöst werden können. Im Teil Bedingungseintritt werden alle Varianten von Bedingungskombinationen (im allgemeinen als Boolescher Vektor) aufgeführt, die als Entscheidungsfall auftreten können. Der Aktionsteil enthält dann die dazugehörige Kennzeichnung derjenigen Aktionen, die auszuführen sind. In der Regel bestimmt die Reihenfolge der Eintragung im Aktionsteil auch die Reihenfolge der Ausführung; sie kann jedoch auch explizit in der Tabelle angegeben werden. Bei der Aufstellung von E. sollte Redundanz im Regelteil vermieden werden. Häufig findet man in E. als letzte die ELSE-Regel, d. h., wenn keine der zuvor angegebenen Bedingungskombinationen eingetreten ist, sind die in der ELSE-Regel angeführten Aktionen auszuführen.

Durch die Beschreibung der Entscheidungen zur Auswahl von Aktionsfolgen mit Hilfe von E. erfolgt auf natürliche Weise eine Konzentration der Entscheidungsmechanismen. Die Technik der E. ist dadurch sehr flexibel. Die Anwendung von E. in Verwaltungsbereichen hat sich vor allem dort bewährt, wo das kooperative Zusammenwirken mehrerer Beteiligter zu Formalismen zwingt. In Programmsystemen bilden sie eine Grundlage für komplexe Steuerungen.

D. Richter

Literatur: Fischbach, F., J. Gross u. W. Ott: Entscheidungstabellen – Hilfsmittel zur Entscheidungsfindung. Köln, Braunsfeld: Verlagsgesellschaft Rudolf Müller 1975; Erbesdobler, R., J. Heinemann u. P. Mey: Entscheidungstabellentechnik – Grundlagen und Anwendungen von Entscheidungstabellen. Berlin, Heidelberg, New York: Springer-Verlag 1976; Jocuthy, B. v., u. W. Schupp: Anwendung der Entscheidungstabellentechnik. München: Siemens AG 1976; Busch, H.-J., M. Engelien u. H. Stahn: Algorithmisches System. Entscheidungstabellentechnik. Berlin: Akademie-Verlag 1981.

Estimation – s. *Schätzung*.

Evolutionsmodelle – dynamische Systeme, die eine Entwicklung (Evolution) ihrer *Zustandsgrößen* durchlaufen, ohne von Steuergrößen abhängig zu sein. Die Änderung der Zustandsgrößen hängt nur vom erreichten Zustand und eventuell explizit von der Zeit (z. B. jahreszeitlich bedingtes Wachstum in biologischen Systemen) ab. Ist $\boldsymbol{z}(t)$ der n-dimensionale *Zustandsvektor*, so führt die *mathematische Modellierung* auf autonome *Differentialgleichungen*

$$\frac{\mathrm{d}}{\mathrm{d}t}\,\boldsymbol{z}(t)=\boldsymbol{f}(\boldsymbol{z}(t)) \tag{1}$$

bzw. Differenzengleichungen

$$\boldsymbol{z}(t+\Delta t)=\boldsymbol{f}(\boldsymbol{z}(t))\,. \tag{2}$$

Durch Erweiterung des Zustandsraumes um eine Komponente $z_{n+1}=t$ mit dem Entwicklungsgesetz $\frac{\mathrm{d}}{\mathrm{d}t}\,z_{n+1}=f_{n+1}(\boldsymbol{z},\ z_{n+1})=1$ bzw. $z_{n+1}(t+\Delta t)=$ $=f_{n+1}(\boldsymbol{z}, z_{n+1})=\Delta t$ ist stets eine Darstellung als autonome Differential- bzw. Differenzengleichung möglich.

In allgemeinerem Sinne spricht man von E., wenn die Zustandsänderung auch von weiter zurückliegenden Zustandswerten $\boldsymbol{z}(t-\tau)$ abhängt. Wird deren Einfluß z. B. durch ein Faltungsintegral $\int_0^t \boldsymbol{z}(t-\tau)\boldsymbol{g}(\tau)\mathrm{d}\tau=y(t)$ beschrieben, so ist ebenfalls das Zurückführen auf eine autonome Differentialgleichung (1) und somit auf ein E. im engeren Sinne möglich.

Wichtige spezielle E. sind:

a) bei eindimensionalem Zustandsraum die Wachstumsmodelle, z. B. das

Potenztriebkraftmodell

$$\frac{\mathrm{d}}{\mathrm{d}t}z = C(z-A)^k (B-z)^l;$$

das das Wachstum von z zwischen den Werten A und B beschreibt;

b) bei zweidimensionalem Zustandsraum das LOTKA-VOLTERRA-Modell

$$\frac{\mathrm{d}}{\mathrm{d}t}z_1 = z_2(a-bz_2)$$

$$\frac{\mathrm{d}}{\mathrm{d}t}z_2 = z_2(cz_1-d),$$

das die Populationsgrößen z_1 und z_2 einer Beute- bzw. einer Räuberspecies modelliert;

c) bei n-dimensionalem Zustandsraum das verallgemeinerte VOLTERRA-Modell

$$\frac{\mathrm{d}}{\mathrm{d}t}z_i = z_i\left(\sum_{j=1}^{n} a_{ij} - b_i\right); \quad i = 1, 2, \ldots, n.$$

Die meisten praktisch betrachteten E. lassen sich durch Erweiterung des Zustandsraumes in die Gestalt eines verallgemeinerten VOLTERRA-Modells überführen.

Wichtige Fragestellungen bei der Untersuchung von E. sind die Ermittlung von stationären Punkten bzw. von periodischen Lösungen und die Untersuchung der Stabilität. E. finden Anwendung besonders zur Modellierung von Systemen aus Biologie, Ökologie und Ökonomie (s. *Systemökologie*).

W. JANSEN

Experimentautomatisierung – s. *Automatisierung wissenschaftlicher Forschungsarbeiten.*

F

Fehlerstabilisierung – Verfahren zur automatischen Korrektur bestimmter Klassen von Programmfehlern.

Programme können die verschiedensten Arten von Fehlern enthalten. Formale Fehler werden vom *Compiler* entdeckt und in gewissem Umfang korrigiert, logische Fehler müssen durch Programmtestung (s. a. *Debugging*) vom Programmierer behandelt werden. Die Behandlung formaler Fehler durch den Compiler schließt die Lokalisierung des Fehlers, dessen Klassifizierung, die Ausgabe einer Fehlermeldung, eine Korrektur des Fehlers durch die Fehlerstabilisierungskomponente des Compilers und die Fortsetzung der Compilierung ein. Dabei können lexikalische Fehler, syntaktische Fehler und Verletzungen von Kontextbedingungen korrigiert werden. In jedem Fall werden vom Compiler Annahmen über die Ursachen erkannter Fehler gemacht, und auf deren Basis wird die Fehlerkorrektur durchgeführt. Da sich Fehler häufig erst zu einem wesentlich späteren Analysezeitpunkt bemerkbar machen und dadurch die eigentliche Fehlerursache schwer zu ermitteln oder nicht mehr korrigierbar ist, ist das Leistungsvermögen von Fehlerstabilisierungsverfahren begrenzt. Als Korrekturmöglichkeiten stehen zur Verfügung die Korrektur von Schreibfehlern („programm“ anstelle „program“), das Einfügen von fehlenden Symbolen, das Streichen von überflüssigen Symbolen und die Substitution fehlerhafter Symbole durch andere. *Compiler-Compiler* stellen sprachunabhängige Fehlerstabilisierungskomponenten für die erzeugten Compiler bereit, die tabellengesteuert arbeiten oder aus mehreren Korrekturmöglichkeiten durch Variantenvergleich nach vorgegebenen Bewertungskriterien eine optimale Variante auswählen.

W. Assmann

Literatur: Graham, S. L., a. S. P. Rhodes: Practical syntactic error recovery. Communications of the ACM, New York 18 (1975) 11.

Fehlertoleranz – Eigenschaft von Systemen, trotz aufgetretener Fehler die Arbeitsfähigkeit des Systems aufrechtzuerhalten, wenn auch häufig nur bei vermindertem Leistungsumfang (sog. Degradation).

Bei informationsverarbeitenden Systemen können *Hardware*-Fehler, *Software*-Fehler oder *Algorithmus*-Fehler auftreten. Ursachen für Hardwarefehler sind z. B. Ausfall elektronischer Bauelemente durch Umgebungseinflüsse wie Hitze, Feuchtigkeit oder Störspannungen oder defekte elektromechanische Baugruppen durch mechanische Abnutzung. Softwarefehler entstehen durch Irrtümer des Programmentwerfers oder des Programmierers bei der Codierung von Programmen. In vielen Fällen entstehen Softwarefehler als Nebenwirkungen von nachträglichen Ergänzungen oder Änderungen des Programms. Ein Algorithmusfehler liegt vor, wenn der Algorithmus für die zu lösende Problemklasse bei gewissen Eingabedaten falsche Resultate liefert, z. B. durch numerische Instabilitäten und das Auflaufen von *Rundungsfehlern*.

F. bezieht sich in erster Linie auf Hardwarefehler, kann aber auch in bezug auf Softwarefehler gemeint sein. Unter Softwarefehler versteht man alle Möglichkeiten, mit Hilfe von Laufzeitreaktionen auf erkannte Fehler das (ggf. reduzierte) Ziel des Programms auf anderem Wege zu erreichen. Das geschieht auf der Basis ausreichender *Redundanz* von Daten und Programmen.

F. gegenüber Hardwarefehlern wird bereits durch die klassischen Methoden der statischen Redundanz erreicht, z. B. durch Bereitstellung von Reserveelementen, durch Einsatz von k-aus-n-Systemen. Die zuerst eintretenden Ausfälle von Bauelementen müssen noch keine fehlerhafte Arbeitsweise des Systems bewirken. Es toleriert diese Fehler. Sie werden „maskiert", ohne daß sie im einzelnen lokalisiert oder gar beseitigt werden. Im Laufe der Betriebszeit des Systems entstehen mehr und mehr Bauelementeausfälle, die schließlich zum *Ausfall* des Systems führen müssen. Für moderne informationsverarbeitende Systeme sind dynamische Redundanztechniken, die ihr Vorbild in biologischen und soziologischen Systemen haben, charakteristisch. Diese Systeme sind in der Lage, aufgetretene Fehler von Elementen zu erkennen und zu lokalisieren. Dazu müssen Möglichkeiten der Selbstdiagnose implementiert werden. Die als fehlerhaft diagnostizierten Teile des Systems werden isoliert und von der weiteren Beteiligung an der Arbeitsweise des Systems ausgeschlosssen. Das geschieht durch Rekonfiguration der Systemstruktur. Dadurch wird ggf. der Leistungsumfang des Systems gemindert. Während der Arbeit des Systems in der neuen Konfiguration läßt sich in vielen Fällen die Reparatur der ausgefallenen Teile durchführen. Anschließend kann die ursprüngliche Konfiguration der Systemstruktur wieder benutzt werden. Ist eine Reparatur der ausgefallenen Teile nicht möglich, so ist eine nachfolgende dauernde Nichtbenutzung dieser Teile unumgänglich. Bei Ausfall weiterer Elemente ist eine erneute Rekonfiguration erforderlich, die eventuell zu einer weiteren Leistungsminderung des Systems führt. Das Gesamtsystem fällt zu den Zeitpunkt aus, zu dem erstmalig so viele nicht reparierfähige isolierte Baugruppen vorhanden sind, daß die noch verbliebenen arbeitsfähigen Baueinheiten nicht mehr zu einem arbeitsfähigen System verkoppelt werden können.

K. Reinschke

Literatur: Neumann, J. v.: Theory of self-reproducing automata (ed. a. compl. by A. W. Burks). Urbana: Univ. of Illinois Press 1966; Avizienssis, A.: Fault-tolerant systems. IEEE Trans. on Computers, New York C-25 (1976), 1304–1312; Dal Cin, M.: Fehlertolerante Systeme. Stuttgart: B. G. Teubner 1979.

Feldrechner – spezialisiertes Rechnersystem für die parallele Bearbeitung matrixförmiger *Datenstrukturen*, bestehend aus einem Feld gleichartiger Verarbeitungselemente, die unter zentraler Steuerung verschiedene Daten-

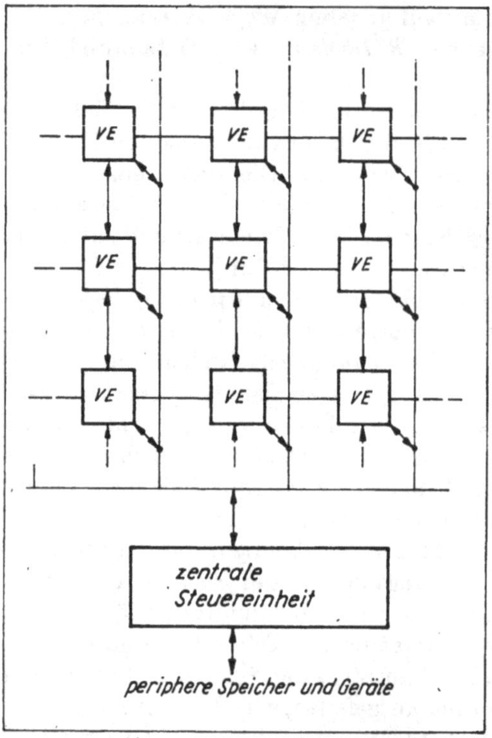

Abb. 1
Prinzip der Hardware-Struktur eines Feldrechners, VE – Verarbeitungselement

ströme mit jeweils gleichen Operationen bearbeiten. Die Verarbeitungselemente sind meist mit ihren vier Nachbarn und mit der zentralen Steuereinheit verbunden. Sie bestehen i. allg. aus einer arithmetisch-logischen Einheit für die Operationsausführung, Registern für den Datenaustausch und den internen Status sowie einem lokalen Datenspeicher. Die Komplexität der Verarbeitungselemente, d. h. Verarbeitungsbreite, Umfang des Befehlssatzes, Anzahl der Register und Kapazität des lokalen Datenspeichers, werden durch die vorgesehene Anwendung bestimmt. Die zentrale Steuereinheit lädt die lokalen Speicher der Verarbeitungselemente mit den zu bearbeitenden Daten, interpretiert das abzuarbeitende Programm und übergibt an die Verarbeitungselemente die aktuellen Operandenadressen und Befehle.

F. werden für die Lösung von Problemen eingesetzt, die wesentlich auf Matrizen-Operationen oder Differenzverfahren für matrixförmig angeordnete Daten (Bildverarbeitung, Wettervorhersage, Ordnen, Speichern und Wiederauffinden von Daten, lineare Optimierung usw.) beruhen.

Als Nachteil von F. ist zu werten, daß die Dimension der parallel abarbeitbaren Datenfelder durch die physikalische Struktur des Feldes von Ver-

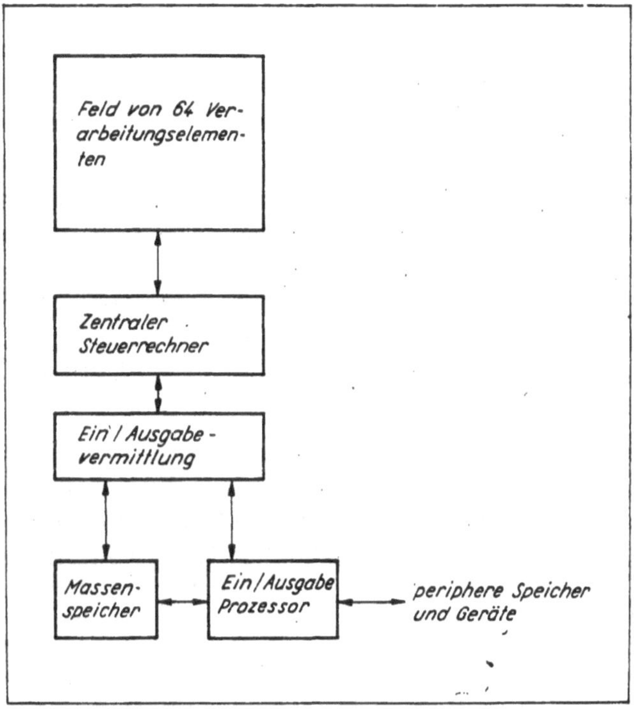

Abb. 2
Hardware-Struktur des Feldrechners ILLIAC IV

arbeitungselemente vorgegeben ist, d. h., durch das zentrale Steuerprogramm ist das zu lösende Problem an diese Struktur anzupassen. Komplexe Befehle, die es auf der Basis von Deskriptoren für matrixförmige Daten gestatten, Felder beliebiger Dimension abzuarbeiten, existieren in F. nicht. Daher ist die Programmierung von F. sehr aufwendig. F. werden vorwiegend für spezielle Probleme der genannten Art eingesetzt, die den enormen Hardware-Aufwand rechtfertigen.

Der wohl bekannteste F., die ILLIAC IV, wurde 1970 an der Universität von Illinois/USA entwickelt und in einem Exemplar aufgebaut. Das System erreicht mit 64 Verarbeitungselementen eine Verarbeitungsgeschwindigkeit von 100 ... 200 Mio Operationen/s. Die Verarbeitungsbreite der Elemente beträgt 64 bit und ist auf 2×32 bit bzw. 8×8 bit umschaltbar.

I. Wende

Literatur: Giloi, W.: Rechnerarchitektur. Berlin, Heidelberg, New York: Springer-Verlag 1981.

Fertigungsdisposition — s. *Rechnergestützte Fertigung.*

Fertigungssteuerung, rechnergestützte – s. *Rechnergestützte Fertigung.*

Fertigungszelle – Werkzeugmaschine zur automatischen Bearbeitung von Werkstücken in einer oder mehreren Aufspannungen. Sie besteht aus weitgehend automatisch arbeitenden und systemgerecht integrierten Teilsystemen zur Werkstückbearbeitung, -handhabung und -behandlung, zur Werkzeugspeicherung und zum Werkzeugwechsel sowie zur Steuerung, Energieumsetzung, Ver- und Entsorgung, Gütesicherung, Diagnose, Wartung und Instandhaltung.

J. KALTWASSER

Literatur: TGL 27324 – Werkzeugmaschinen. Begriffe; KLAUS, R., u. G. KLEDITZSCH: Erfahrungen beim Einsatz von Fertigungszellen. IKM'82, Leipzig 1982.

Filter, optimales – Der wirkliche Zustand $\boldsymbol{x}_t$ eines stochastischen dynamischen Systems läßt sich im allgemeinen nicht exakt beobachten. Vielmehr muß man aus den über eine Meßeinrichtung ermittelten Zeitverläufen $\boldsymbol{z}_t$ auf den wahren Zustand schließen. Das soll im Sinne eines möglichst geringen *Fehlers* optimal erfolgen. Für eingeschwungene lineare Systeme wurde das Problem in den 40er Jahren unabhängig voneinander von A. N. KOLMOGOROW und N. WIENER gelöst. Entscheidende Weiterentwicklungen der Optimalfiltertheorie gelangen ab 1960 R. E. KALMAN, R. L. STRATONOVIC, R. S. BUCY, H. J. KUSHNER u. a.

Das dynamische System werde für $t \geqq 0$ beschrieben durch eine *stochastische Differentialgleichung*

$$\mathrm{d}\boldsymbol{x}_t = f(t, \boldsymbol{x}_t)\mathrm{d}t + B(t, \boldsymbol{x}_t)\mathrm{d}W_t \quad \text{mit} \quad \boldsymbol{x}_0 = c\,,$$

wobei $\boldsymbol{x}_t$ einen n-dimensionalen Vektor und W_t einen m-dimensionalen WIENER-Prozeß bezeichnen. Die beobachtete Größe (vgl. Abb.) sei r-dimensional und genüge für $t=0$ der Beziehung

$$\mathrm{d}\boldsymbol{z}_t = h(t, \boldsymbol{x}_t)\mathrm{d}t + \boldsymbol{R}(t)\mathrm{d}V_t \quad \text{mit} \quad \boldsymbol{z}_0 = b$$

mit einem q-dimensionalen WIENER-Prozeß V_t.

Es wird vorausgesetzt, daß die vier zufälligen Elemente W, V, b und c stochastisch unabhängig sind. Ferner seien die für die Existenz und Eindeutigkeit der Lösungen stochastischer Differentialgleichungen zu stellenden Bedingungen an $\boldsymbol{R}$ und h erfüllt. Die Beobachtung von $\boldsymbol{z}$ erfolge im Intervall $[0, t]$ und liefere das Trajektorienstück $\boldsymbol{z}_{[0,t]}$.

Die Aufgabe besteht nun darin, für $t>0$ eine n-dimensionale *Zufallsgröße* $\hat{\boldsymbol{x}}_{t_1}$ als meßbares Funktional von $\boldsymbol{z}_{[0,t]}$ so zu konstruieren, daß 1. $\hat{\boldsymbol{x}}_{t_1}$ erwartungstreu ist, d. h. $E\hat{\boldsymbol{x}}_{t_1} = E\boldsymbol{x}_{t_1}$, und 2. für jedes andere erwartungstreue

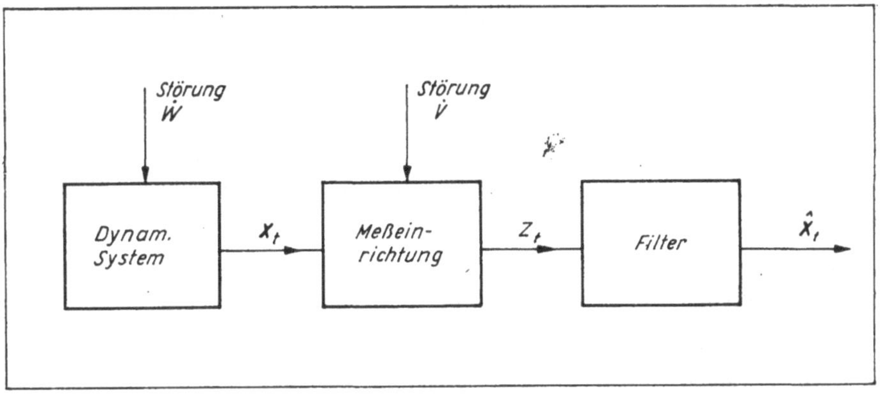

Anordnung des optimalen Filters

Funktional F die Ungleichung

$$E[(\boldsymbol{x}_{t_1}-\hat{\boldsymbol{x}}_{t_1})' \boldsymbol{C}(\boldsymbol{x}_{t_1}-\hat{\boldsymbol{x}}_{t_1})] \leqq E[(\boldsymbol{x}_{t_1}-F)' \boldsymbol{C}(\boldsymbol{x}_{t_1}-F)]$$

für jede nicht negativ definite symmetrische Matrix $\boldsymbol{C}$ gilt. Dann ist $\hat{\boldsymbol{x}}_{t_1}$ im Sinne der kleinsten Streuung eine optimale Schätzung von $\boldsymbol{x}_{t_1}$. Wählt man

$t_1 < t$, so handelt es sich um eine Interpolation,

$t_1 = t$, so handelt es sich um eine Filterung (Glättung, smoothing),

$t_1 > t$, so handelt es sich um eine Extrapolation (Vorhersage, prediction).

Die theoretische Lösung des Problems ist der bedingte *Erwartungswert*

$$\hat{\boldsymbol{x}}_{t_1} = E(\boldsymbol{x}_{t_1} \mid \boldsymbol{z}_{[0,t]}) \, .$$

Die sog. Kalman-Bucy-Filter liefern einen praktikablen *Algorithmus* zur Ermittlung des numerischen Wertes der optimalen Schätzung $\hat{\boldsymbol{x}}_t$. Aus der numerischen Beobachtung von $\boldsymbol{z}_{[0,t]}$, den Systemfunktionen f, $\boldsymbol{B}$, h, $\boldsymbol{R}$ und der Anfangsverteilung von $\boldsymbol{x}_0$ wird $\hat{\boldsymbol{x}}_t$ berechnet.

Unter gewissen Voraussetzungen gilt der Darstellungssatz

$$\hat{\boldsymbol{x}}_t = E(\boldsymbol{x}_t \mid \boldsymbol{z}_{[0,t]}) = \int_{R^n} X \, p_t(X \mid \boldsymbol{z}_{[0,t]}) \mathrm{d}X$$

mit der bedingten Dichte

$$p_t(X \mid \boldsymbol{z}_{[0,t]}) = \frac{E(\mathrm{e}^Q \mid \boldsymbol{x}_t = X) \, p_t(x)}{E(\mathrm{e}^Q)} \, ,$$

wobei $Q = -\frac{1}{2}\int_0^t h'(\boldsymbol{R}\boldsymbol{R}')^{-1} h \mathrm{d}s + \int_0^t h'(\boldsymbol{R}\boldsymbol{R}')^{-1} \mathrm{d}\boldsymbol{z}_s$.

Daraus lassen sich weitere Gleichungen für die Momente der bedingten Dichte herleiten.

Im linearen Fall lauten die Gleichungen für das dynamische System und für die Meßeinrichtung

$$\mathrm{d}\boldsymbol{x}_t = \boldsymbol{A}(t)\boldsymbol{x}_t \mathrm{d}t + \boldsymbol{B}(t)\,\mathrm{d}W_t \quad \text{mit} \quad \boldsymbol{x}_0 = c\,,$$

$$\mathrm{d}\boldsymbol{z}_t = \boldsymbol{H}(t)\,\boldsymbol{x}_t\,\mathrm{d}t + \boldsymbol{R}(t)\,\mathrm{d}V_t \quad \text{mit} \quad \boldsymbol{z}_0 = b\,.$$

Die bedingte Dichte $p_t(X \mid \boldsymbol{z}_{[0\,t]})$ ist jetzt normalverteilt mit dem Mittelwert $\hat{\boldsymbol{x}}_t = E(\boldsymbol{x}_t \mid \boldsymbol{z}_{[0,t]})$ und

der Kovarianzmatrix $\boldsymbol{P}(t) = E[(\boldsymbol{x}_t - \hat{\boldsymbol{x}}_t)\,(\boldsymbol{x}_t - \hat{\boldsymbol{x}}_t)']$.
Diese genügen der linearen Differentialgleichung

$$\mathrm{d}\hat{\boldsymbol{x}}_t = \boldsymbol{A}\hat{\boldsymbol{x}}_t \mathrm{d}t + \boldsymbol{P}\boldsymbol{H}'(\boldsymbol{R}\boldsymbol{R}')^{-1}(\mathrm{d}\boldsymbol{z}_t - \boldsymbol{H}\hat{\boldsymbol{x}}_t \mathrm{d}t) \quad \text{mit} \quad \boldsymbol{x}_0 = E(c)$$

bzw. der Matrix-Riccati-Differentialgleichung

$$\dot{\boldsymbol{P}} = \boldsymbol{A}\boldsymbol{P} + p\boldsymbol{A}' - \boldsymbol{B}\boldsymbol{B}' - p\boldsymbol{H}'(\boldsymbol{R}\boldsymbol{R}')^{-1}\boldsymbol{H}\boldsymbol{P} \quad \text{mit} \quad \boldsymbol{P}_0 = E(cc')\,.$$

Die Hauptschwierigkeit liegt nun in der numerischen Lösung der Matrix-Riccati-Differentialgleichung.

K. Reinschke

Literatur: Wiener, N.: Extrapolation, interpolation and smoothing of stationary time series with engineering applications. Cambridge/Mass.: Mass. Inst. Techn. Press 1949; Kushner, H. J.: Stochastic Stability and Control. New York: Academic Press 1967; Bucy, R. S., a. P. D. Joseph: Filtering of Stochastic Processes with Applications to Guidance. New York: Interscience Publ. 1968; Kalman, R. E., P. L. Falb a. M. A. Arbib: Topics in Mathematical System Theory. New York: McGraw-Hill Book Co. 1969; Arnold, L.: Stochastische Differentialgleichungen. München, Wien: R. Oldenburg Verlag 1973; Стратанович, Р. Л.: Условные марковские процессы и их применение к теории оптимального управления. Москва: Изд. Московского Унив. 1966.

Firmware – s. *Hardware*.

Flexible Automatisierung – Entwicklungsstufe der Automatisierung von Produktions- und Informationsprozessen, die im Vergleich zur Einzweckautomatisierung (s. Tab.) durch größere Einsatzbreite, stimulierendes Innovativitätsverhalten (s. *Innovation*), günstigere soziale Bedingungen und eine höhere Effektivität gekennzeichnet ist.

Elemente der f. A. bilden in der metallverarbeitenden Industrie insbesondere *NC-Maschinen* als singuläre, rechnergesteuerte und rechnergekoppelte Maschinen, *Industrieroboter* als festprogrammierte, adaptive und intelligente Roboter und *flexible Fertigungssysteme* als *Fertigungszellen*, rechnergestützte Fertigungsabschnitte und bedienarme Systeme sowie *Mikroprozessoren*, *Bürorechner*, *Prozeßrechner*, Datenverarbeitungsanlagen

Vergleich relevanter Faktoren der Einzweckautomatisierung und der flexiblen Automatisierung

Lfd. Nr.	Faktor	Einzweck-Automatisierung	Flexible Automatisierung
1	Einsatzbreite	Großserienfertigung	Klein-, Mittel-, Groß- serienfertigung
2	Produkt-Innovativität	hemmend	fördernd
3	Prozeß-Innovativität	hemmend	fördernd
4	Charakter der Arbeit	Tendenz zur Monotonie	im wesentlichen abwechslungsreich
5	Arbeitskräfte-qualifikation	Tendenz zur Polarisierung	Angleichung der Anforderungen
6	Effektivität	begrenzte Auswirkungen	weitgehende Auswirkungen

und *Kommunikationstechnik* mit entsprechender *Peripherie*. Dies ermöglicht den Übergang von Einzellösungen zu Systemlösungen, die Verbindung von automatisierter Produktionstechnologie und automatisierter Informationstechnologie, die Erschließung neuer Anwendungsgebiete sowie die kurzfristige Umstellung auf veränderte oder neue Erzeugnisse und Technologien.

Die effektive Nutzung des Potentials der f. A. erfordert eine zielgerichtete, langfristig orientierte strategische Arbeit (s. *Automatisierungskonzeption*).

H.-G. Lauenroth

Literatur: Haustein, H. D., u. H. Maier: The diffusion of flexible automation and robots. Laxenburg: IIASA WP-81-152, 1981.

Flexibles Fertigungssystem – (engl.: flexible manufacturing system); ein komplexes hierarchisches System in der materiellen Produktion, das durch eine rechnergestützte Integration des Steuerungs- und Informationssystems gekennzeichnet ist. Wesentliche Komponenten eines solchen r. F. sind neben den Rechnern (das können Groß-, Klein- und/oder *Mikrorechner* sein) CNC-Maschinen (s. *NC-Maschine*), *Fertigungszellen*, *Manipulatoren*, sensorgesteuerte und freiprogrammierbare *Roboter*, automatisierte Transport- und Lagersysteme und automatisierte Meßsysteme sowie Anlagen zur Entsorgung. S. a. *Rechnergestützte Fertigung*.

J. Kaltwasser

Frequenzgang – Der F. $G(j\omega)$ ist der das Übertragungsverhalten eines linearen Übertragungsgliedes (Übertragungssystems) für Sinussignale beschreibende komplexe Operator, durch dessen Multiplikation mit der komplexen Amplitude des sinusförmigen Eingangssignals das (ebenfalls sinusförmige) Ausgangssignal erhalten wird. Er ist eine Funktion des Frequenzparameters. Sein Betrag $|G(j\omega)|$ heißt Amplitudengang, seine Phase $\varphi(\omega) = \arg G(j\omega)$ wird Phasengang genannt.

Der F. kann für eine bestimmte Frequenz experimentell durch Messung der Amplituden und Phasen von Ein- und Ausgangssignal (bei sinusförmigem Testsignal) und Bildung des Quotienten der Amplituden und der Phasendifferenz bestimmt werden. Erfolgt das für genügend viele Frequenzen, so kann das Ergebnis durch einen analytischen Ausdruck approximiert werden. Bei gegebenen Systemgleichungen (Differentialgleichung, Zustands- und Ausgabegleichung) erhält man den F. durch FOURIER-*Transformation* bei verschwindenden Anfangsbedingungen und Bildung des Quotienten der FOURIER-Transformierten des Ausgangs- zu der des Eingangssignals. Der F. ist die FOURIER-Transformierte der *Gewichtsfunktion*. Für die Lösung vieler Probleme ist eine graphische Darstellung des F. vorteilhaft. Sie erfolgt als Frequenzgangortskurve in der komplexen $G(j\omega)$-Ebene oder als Amplituden- und Phasenkennlinie im Frequenzgangliniendiagramm, das auch als Bodediagramm bezeichnet wird.

K. REINISCH

Literatur: GÖLDNER, K.: Mathematische Grundlagen der Systemanalyse, Bd. 1: Elementare Verfahren zur Analyse linearer Systeme der Kybernetik. Leipzig: Fachbuchverlag 1981; REINISCH, K.: Kybernetische Grundlagen und Beschreibung kontinuierlicher Systeme. Berlin: VEB Verlag Technik 1974.

Führungsgröße — s. *Regelung*.

Funktionsmodelle ökonomischer Prozesse — Beschreibung des Prozeßablaufs in makro- und mikroökonomischen Systemen (Planungs-, Produktions-, Transport-, Lagerhaltungs-, Absatzprozesse u. a.) durch graphische, tabellarische, algorithmische und analytische Modelle. Funktionsmodelle bilden die Basis für die rechnergestützte Simulation und Optimierung ökonomischer Prozesse. Entsprechend den Grundbeziehungen

$$Y = T \cdot X$$

und

$$X = T^{-1} \cdot Y$$

können nach Ermittlung des Transformationsoperators T als Abbild des Prozeßablaufes innerhalb eines Systems voraussichtliche Resultate (Prozeßausgangsgrößen Y) bei variierten Prozeßvoraussetzungen (Ressourcen als Eingangsgrößen X) oder bei Vorgabe der zu erreichenden Resultate die benötigten Ressourcen berechnet werden. S. *Matrix der partiellen Wirkung.*

H.-G. LAUENROTH

Fuzzy-Modelle – s. *Unscharfe Modelle.*

Fuzzy-Steuerung – s. *Unscharfe Modelle.*

G

Gegenkopplung – s. *Rückführung* und *Rückkopplung.*

Generische Eigenschaft – Betrachtet wird eine Klasse von dynamischen Systemen. Jeder Repräsentant dieser Klasse wird als Punkt in einem mehrdimensionalen Raum $\sum$ gedeutet. Eine Systemeigenschaft heißt generisch, wenn der Gesamtheit der Systemrepräsentanten, die diese Eigenschaft besitzen, eine offene und dichte Teilmenge in $\sum$ entspricht.

Als Beispiel sei die Klasse der linearen Systeme in Zustandsraumdarstellung betrachtet: $\dot{\boldsymbol{x}} = \boldsymbol{Ax} + \boldsymbol{Bu}$, $\boldsymbol{y} = \boldsymbol{Cx}$ mit $\boldsymbol{x} \in R^n$, $\boldsymbol{u} \in R^m$, $\boldsymbol{y} \in R^r$, wobei die Matrizen $\boldsymbol{A}$, $\boldsymbol{B}$, $\boldsymbol{C}$ keine identisch verschwindenden Elemente besitzen sollen. In diesem Falle ist $\sum$ der $(n^2 + n \cdot m + n \cdot r)$-dimensionale Raum. Nichtsteuerbarkeit oder Nichtbeobachtbarkeit derartiger Systeme drückt sich in Polynomgleichungen zwischen $\boldsymbol{A}$, $\boldsymbol{B}$ und $\boldsymbol{C}$ aus. Durch solche Polynomgleichungen wird eine algebraische Teilmenge S in $\sum$ definiert. Ihr Komplement $\sum \setminus S$ ist offen und dicht in $\sum$. Folglich ist die *Steuerbarkeit und Beobachtbarkeit* eine generische Eigenschaft der betrachteten Systemklasse.

Bei der Behandlung nichtlinearer dynamischer Systeme – vor allem in der Singularitätentheorie und ihren Anwendungen in Physik und Technologie – wird die „Generizität von Eigenschaften" mehr und mehr ein zentraler Begriff.

K. REINSCHKE

Literatur: WONHAM, W. M.: Linear Multivariable Control – a Geometric Approach. Berlin, Heidelberg, New York: Springer-Verlag 1979; TRIEBEL, H.: Analysis und mathematische Physik. Leipzig: B. G. Teubner 1981.

Generizität – s. *Generische Eigenschaft.*

GERSCHGORIN-Bänder – in der Ebene des komplexen *Frequenzganges* liegende Einhüllende der sogenannten GERSCHGORIN-Kreise, deren Mittelpunkte auf den Ortskurven der *Übertragungsfunktionen* der Hauptdiagonalelemente der Übertragungsfunktionsmatrix liegen und deren Radius der Betragssumme der nichtdiagonalen Zeilen- oder Spaltenelemente mit dem gleichen Zeilen- bzw. Spaltenindex entspricht.

GERSCHGORIN-Kreise werden bei der ursprünglich von GERSCHGORIN angegebenen Methode zur Abschätzung der Lage der Eigenwerte der (n, n)-Systemmatrix eines Mehrgrößensystems $\dot{\boldsymbol{x}} = \boldsymbol{A}\boldsymbol{x}$ verwendet.

Die Anwendung der GERSCHGORIN-Kreise auf Frequenzgangdarstellungen dient der Feststellung der diagonalen (Zeilen- oder Spalten-)Dominanz von (stabilen) Systemen, z. B. von Regelstrecken oder offenen Ketten. Diagonaldominanz liegt vor, wenn bei $\omega \in (0, \infty)$ der Ursprung der komplexen Ebene außerhalb der für alle n Diagonalübertragungsfunktionen zu zeichnenden GERSCHGORIN-Bänder liegt.

Für eine feste Frequenz ω ergibt sich der Mittelpunkt eines GERSCHGORIN-Kreises aus dem entsprechenden Ortskurvenpunkt des Diagonalelementes zu $G_{ii}(j\omega)$, und sein Radius ist:

$$r(j\omega) = \sum_{\substack{j=1 \\ j \neq i}}^{n} G_{ij}(j\omega) \quad \text{bzw.} \quad r'(j\omega) = \sum_{\substack{k=1 \\ k \neq i}}^{n} G_{ki}(j\omega) .$$

Eine zweite wichtige Anwendung betrifft die Stabilitätsbeurteilung von *Mehrgrößenregelungssystemen*. Die von MACFARLANE – ausgehend von dem durch die Rückführdifferenzmatrix

$$\boldsymbol{I} + \boldsymbol{G}_1(p)\, \boldsymbol{G}_2(p)$$

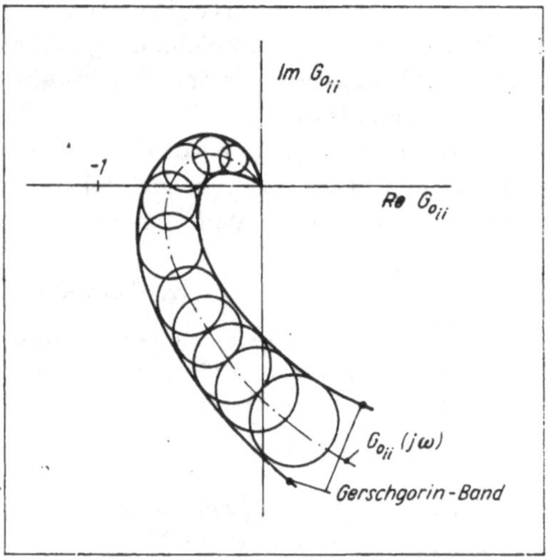

Darstellung des GERSCHGORIN-Bandes

gegebenen Zusammenhang zwischen dem geschlossenen und dem offenen System – angegebene hinreichende Stabilitätsaussage lautet: Ein im offenen Zustand stabiles, vollständig steuer- und beobachtbares System ist im geschlossenen System (asymptotisch) stabil, wenn in der Rückführdifferenzmatrix die Elemente der Hauptdiagonale für alle $\omega \in (-\infty, \infty)$ dominieren, d. h., wenn

$$|1 + G_{0ii}(j\omega)| > \sum_{\substack{j=1 \\ j \neq i}}^{n} |G_{0ij}(j\omega)| = r_g(j\omega)$$

$$|1 + G_{0ii}(j\omega)| > \sum_{\substack{k=1 \\ k \neq i}}^{n} |G_{0kj}(j\omega)| = r'_g(j\omega)$$

gilt und nach Einzeichnung der damit zu bildenden GERSCHGORIN-Kreise bzw. der einhüllenden GERSCHGORIN-Bänder der kritische Punkt $(-1, j0)$ für alle $i = 1, \ldots, n$ nicht umschlossen wird (s. Abb.).

GERSCHGORIN-Kreise bzw. -Bänder spielen gleichermaßen bei der Anwendung des inversen NYQUIST-Verfahrens eine Rolle.

H. EHRLICH

Grammatik, attributive – s. *Attributgrammatik.*

Graphische Datenverarbeitung – s. *Computergraphik.*

Greifer – Element des *Industrieroboters,* das ein zu handhabendes Objekt (Werkstück, Werkzeug) ergreift, festhält und in einer gewünschten Lage ablegt. Ein Greifer besteht aus Greifeinheit und Bewegungseinheiten, die oft durch Sondereinheiten, wie Ausgleichseinheit und technologische Einheit, ergänzt werden. Die Greifeinheit steht in unmittelbarem Kontakt mit den zu handhabenden Objekten und muß daher den Werkstückeigenschaften (Masse, Form, Abmessungen, Oberfläche, Material, Temperatur, Aggressivität) angepaßt werden. Ferner sind die Betriebsbedingungen zu berücksichtigen (Schmutz, Schmiermittel, Schwingungen). Hieraus ergibt sich eine Vielfalt von Greifeinheiten unterschiedlichster Bauart:

Fingergreifeinheiten bestehen aus mechanischen oder pneumatischen Fingern. Pneumatische Finger sind elastische, einseitig nicht dehnbare, aber biegsame, in Kammern unterteilte Schläuche und dienen zum Greifen von Bohrungen und Wellen. Mechanische Finger sind meist dreigliedrige Nachbildungen der menschlichen Finger. Sie werden durch Seilzug angetrieben und dienen z. B. zum Greifen von Glasgefäßen.

Bei den Zangengreifeinheiten werden zwei Greiforgane (Klauen) zangenförmig aufeinander zubewegt. Dabei können die Greiforgane eine Parallelbewegung (Geradschiebung, Kreisschiebung), eine Drehung um einen festen Punkt oder eine allgemeine ebene Bewegung ausführen. Zangengreifeinheiten werden sehr häufig verwendet.

Sauggreifereinheiten besitzen einen Sauger, der mit dem Objekt durch Unterdruck eine Haftverbindung herstellt. Angewandt werden sie zum Handhaben leichter und großflächiger Teile.

Magnetgreifeinheiten stellen zwischen Greifer und Objekt einen Kraftschluß durch Magnetkraft (Permanentmagnet, Elektromagnet) her und können nur zur Handhabung ferromagnetischer Materialien eingesetzt werden. Nachteilig kann sich Restmagnetismus auswirken.

Die Bewegungseinheiten des Greifers bestehen aus Gelenken (Drehgelenke, Schubgelenke), Antrieben (pneumatische oder hydraulische Drehwinkelmotoren und Arbeitszylinder, Elektromotoren) sowie Getrieben (Zahnrad-, Schnecken-, Zahnriemen-, Wellgetriebe) und verleihen dem *Manipulator* die erforderlichen Freiheitsgrade für die Bewegung des Objekts im Raum. Zur Vermeidung von Überbeanspruchungen infolge fehlender Freiheitsgrade verfügen einige Greifer über Ausgleichseinheiten. Ihre Aufgabe besteht darin, Abweichungen bei der Positionierung des Greifers relativ zum Objekt bzw. des gegriffenen Objekts relativ zur Spannvorrichtung selbständig auszugleichen. Schließlich kann zum Greifer eine technologische Einheit gehören. Das sind Werkzeuge (Spritzpistole, Punktschweißzange) oder Magneteinheiten verschiedenster Art.

Man unterscheidet zwei prinzipielle Bauformen von Greifern: Bei Kompaktgreifern liegen Gelenke und Antriebe für die Bewegungseinheiten dicht beieinander, so daß sich geringe Abmessungen ergeben. Sie zeichnen sich durch eine hohe Leistungsfähigkeit aus, sind aber wenig anpassungsfähig. Baukastengreifer sind dagegen schnell an unterschiedliche Handhabungsaufgaben anpaßbar. Die einzelnen Bewegungseinheiten können beliebig miteinander oder mit anderen Einheiten kombiniert werden. Zum schnellen Werkstückwechsel kommen Greifer mit Doppelgreifeinheiten zum Einsatz, wobei der Übergabe des unbearbeiteten Objekts an die Maschine durch die eine Greifeinheit und die Entnahme des fertigen Werkstücks aus der Maschine durch die andere erfolgt. Von besonderer Bedeutung sind flexible Greifeinheiten, die durch große Verstellbereiche oder selbstadaptierende Greiforgane eine schnelle Anpassung an die unterschiedlichen Formen und Größen von Werkzeugen und Werkstücken gestatten. Der Einsatz automatischer Greiferwechselsysteme (z. B. in der Montage) ist ein anderer Weg zur Flexibilität.

W. Kolbe

Literatur: Lundström, G.: Industrial robot grippers. The Industrial Robot, London 2 (1973) 12; Schlimm, N.: Greifersysteme – Anpassung des Roboters an seine Aufgabe. Industrie-Anzeiger, Essen **101** (1979) 38; JACOBI, P., u. G. GNAUCK: Rationalisierungsmittel zur Auslegung von Greifern. Maschinenbautechnik, Berlin **30** (1981) 5; VOLMER, J. (Hrsg.): Industrieroboter. Berlin: VEB Verlag Technik 1981.

Grenzzyklus – geschlossene Kurve in der Phasenebene, durch die die Dauerschwingung eines nichtlinearen dynamischen Systems der mathematischen Gestalt $\dot{x}=f(x, y)$, $\dot{y}=g(x, y)$ gekennzeichnet werden kann. Der französische Mathematiker H. POINCARÉ prägte diesen Begriff (cycle limit) in den 80er Jahren des 19. Jahrhunderts im Zusammenhang mit Fragestellungen der Himmelsmechanik. Etwa gleichzeitig und unabhängig von ihm beschrieb der französische Ingenieur H. LEAUTE unter der Bezeichnung „cycle ferme" das gleiche Erscheinungsbild im regelungstechnischen Kontext.

In der näheren Umgebung eines G. gibt es keine weiteren geschlossenen Trajektorien in der Phasenebene. Folglich können sich G. niemals kreuzen.

Ein G. heißt stabil (instabil), falls jede in der Nähe des G. beginnende Trajektorie im weiteren Prozeßablauf sich dem G. mehr und mehr nähert (sich von dem G. mehr und mehr entfernt). Stabile G. sind der Prototyp für anziehende Teilmengen (Attraktoren), instabile G. sind der Prototyp für abstoßende Teilmengen (Repelloren) des Phasenraumes.

Existieren zu einem gegebenen dynamischen System mehrere G., so sind stabile und instabile G. abwechselnd ineinander geschachtelt.

Jede *Trajektorie*, die in einem beschränkten Bereich der Phasenebene verbleibt (z. B. aus Gründen der endlichen Energie des Systems), fällt entweder mit einem G. zusammen oder nähert sich asymptotisch einem stabilen G. (bzw. einem stabilen singulären Punkt, d. h. einer Gleichgewichtslage).

K. REINSCHKE

Literatur: FÖLLINGER, O.: Nichtlineare Regelungen I. Berlin: Akademie-Verlag 1980; RÖRENTROP, O.: Entwicklung der modernen Regelungstechnik. München, Wien: R. Oldenbourg Verlag 1971.

Große Systeme – Klasse von Systemen mit folgenden Eigenschaften: – Komplexität und Kompliziertheit (große Anzahl von Elementen und Kopplungsbeziehungen sowie unterschiedliche Funktionsweisen der systembildenden Elemente), – stochastischer Charakter (zufällige Wirkung einer Vielzahl innerer und äußerer Einflußfaktoren), – funktionelle und strukturelle Hierarchie (bezüglich der Ziele, der Entscheidungen, der Algorithmen, der Informationen und des Aufbaus des Systems), – Transformation stofflicher, energetischer und informationeller Komponenten (mit konjunktiver Verknüpfung dieser Komponenten zur Erreichung eines bestimmten Zieles), – Adaptions- und Entwicklungsfähigkeit (Anpassung an geänderte Bedingungen und Herausbildung effektiver Formen von Verhalten, Funktionsweise und Struktur), – Tätigkeit des bewußt handelnden Menschen (sowohl in bezug auf die Zielsetzung für das System als auch hinsichtlich der Prozeßabläufe und ihrer Steuerung innerhalb sozialer Systeme).

Als große Systeme (auch komplexe oder komplizierte Systeme genannt) lassen sich u. a. Reproduktionsprozesse und ihre Steuerung im Maßstab von Betrieben und Kombinaten, von Wirtschaftszweigen, Territorien, nationalen Volkswirtschaften und internationalen Wirtschaftssystemen modellieren. Infolge der Vielzahl der Elemente, Prozeßabläufe und Informationsprozesse sowie des hohen Grades an Unbestimmtheit von Einflußfaktoren, Verhaltensweisen und Strukturen in diesen Systemen sind geeignete und rationelle Methoden der Analyse und Synthese großer Systeme erforderlich (s. *Große Steuersysteme*); in zunehmendem Maße werden hierfür *unscharfe Modelle* (fuzzy models) verwendet.

H.-G. Lauenroth

Großrechentechnik – elektronische Datenverarbeitungsanlagen mit hohen Leistungsparametern. Im allgemeinen impliziert man mit diesem Begriff die Vorstellung von universell einsetzbaren sowie serienmäßig produzierten Rechnern. Maschinen mit außerordentlich hoher Leistung (insbesondere Verarbeitungsgeschwindigkeit) nennt man Hochleistungsrechner. Als Spezialrechner oder Spezialressource werden Anlagen oder Zusatzeinrichtungen bezeichnet, die höchste Leistungsparameter bei speziellen Aufgabenklassen erreichen.

Die Bezeichnung Großrechner ist zu der Zeit entstanden, als hohe Datenverarbeitungsleistung nur mit räumlich großen Datenverarbeitungsanlagen möglich war. Im englischen Sprachraum wird der etwas günstigere Begriff Maxicomputer verwendet.

Die Entwicklung der *Rechentechnik* hat das Leistungsniveau der G. ständig steigen lassen. Das durchschnittliche Leistungsvermögen der G. vor 10 Jahren ist heute durch die *Kleinrechentechnik* erreicht. Die Verarbeitungsgeschwindigkeit der Großrechner liegt gegenwärtig zwischen 0,5 und 30 Millionen Operationen je Sekunde. Einzelne Rechnertypen (z. B. CRAY-1) erreichen mehrere Hundert Millionen Operationen. Der physikalische Adreßraum unterschreitet im allgemeinen 4 Megabyte nicht. Der virtuelle Adreßraum ist nicht kleiner als 16 Megabyte. Sie verdoppeln sich im Durchschnitt jährlich bis alle 2 Jahre.

International gelten als typische Beispiele der G. die Rechner IBM 370-168 (s. *IBM-System*/370), *CDC* 7600, BESM 6 (s. *BESM*), TI ASC, CRAY–1, STAR-100, CDC-CYBER-170. Im RGW-Bereich und insbesondere in der DDR bilden die Rechner der ESER-Reihen *EC* 1040 und EC 1055 die Masse der G.

Umfangreiche Peripherie ist an die G. anschließbar: Lochband-, Magnetbandeinheiten, Lochkartenleser, -stanzer, Folienspeichergeräte, Wechselplattengeräte, Festkopfplattenspeicher, Paralleldrucker, alphanumerische und graphische Bildschirmgeräte, Plotter, Mikrofiche-Technik, einfache und intelligente Terminals, Multiplexer, Modems.

Die *Rechnerarchitektur* ist im allgemeinen dadurch gekennzeichnet, daß die Prozessoren funktionell im Mittelpunkt des Rechners stehen. Der Informationsaustausch zwischen Prozessoreinheiten und externen Geräten erfolgt über Kanäle.

Großrechner sind vorrangig in *Rechenzentren kollektiver Nutzung* mit weitestgehend universellem Aufgabenprofil und territorialem Einzugsbereich installiert. Sie werden für rechentechnische Prozesse zur Verarbeitung von Massendaten in *Datenbanken*, als Verarbeitungsrechner in *Rechnernetzen* und für Aufgaben mit hohem Rechenaufwand und großem Datentransfer eingesetzt.

Ihre Softwareausstattung ist reichhaltig. Dazu gehören *Betriebssysteme* für Multinutzerbetrieb in Stapel- und Dialogverarbeitung, *Programmiersysteme* und *Compiler* in der Regel für fast alle verbreiteten höheren *Programmiersprachen*, Datenbanksysteme sowie diverse Anwenderprogrammpakete für unterschiedliche Sachgebiete.

D. RICHTER

Literatur: SIEWIOREK, D. P., C. G. BELL a. A. NEWELL: Computer Structures – Principles and Examples. New York: McGraw-Hill Book Co. 1982.

Grundstrukturen der Steuerung – Aufgabe der Steuerung ist die zielgerichtete Beeinflussung physikalisch-technischer, ökonomischer oder anderer Größen (Zielgrößenvektor $\boldsymbol{x}$), die a) innerhalb bestimmter Toleranzen konstant zu halten sind (*Prozeßstabilisierung*), b) bestimmte Grenzwerte nicht überschreiten dürfen (*Prozeßsicherung*), c) auf vorgeschriebene Weise verändert werden müssen (*Prozeßführung*) und d) zu Extremwerten (Maxima, Minima) geführt werden müssen (*Prozeßoptimierung*). Zur Beeinflussung der Zielgrößen dienen Steuergrößen (Steuervektor $\boldsymbol{u}$). Störgrößen (Störvektor $\boldsymbol{z}$) wirken in ungewollter und meistens unerwünschter Art und Weise ebenfalls auf die Zielgrößen.

Die Grundstrukturen der Steuerung unterscheiden sich in der Bildung des Steuervektors $\boldsymbol{u}$ aus den Meßwerten von $\boldsymbol{x}$, $\boldsymbol{z}$ und (im Falle der Prozeßführung) Führungsgrößenverläufen $\boldsymbol{w}$.

Geschlossene Steuerung: Der Steuervektor $\boldsymbol{u}$ wird aus Meßwerten von $\boldsymbol{x}$ sowie ggf. von $\boldsymbol{w}$ ($\boldsymbol{w}_x$) ermittelt: $\boldsymbol{u} = f(\boldsymbol{x}, \boldsymbol{w}_x)$. Da $\boldsymbol{x}$ wiederum von $\boldsymbol{u}$ abhängt, ergibt sich ein geschlossener Wirkungskreis (Abb. 1). Man spricht auch von einer *Rückführung* von $\boldsymbol{x}$ auf $\boldsymbol{u}$. Die Bezeichnung der geschlossenen Steuerung

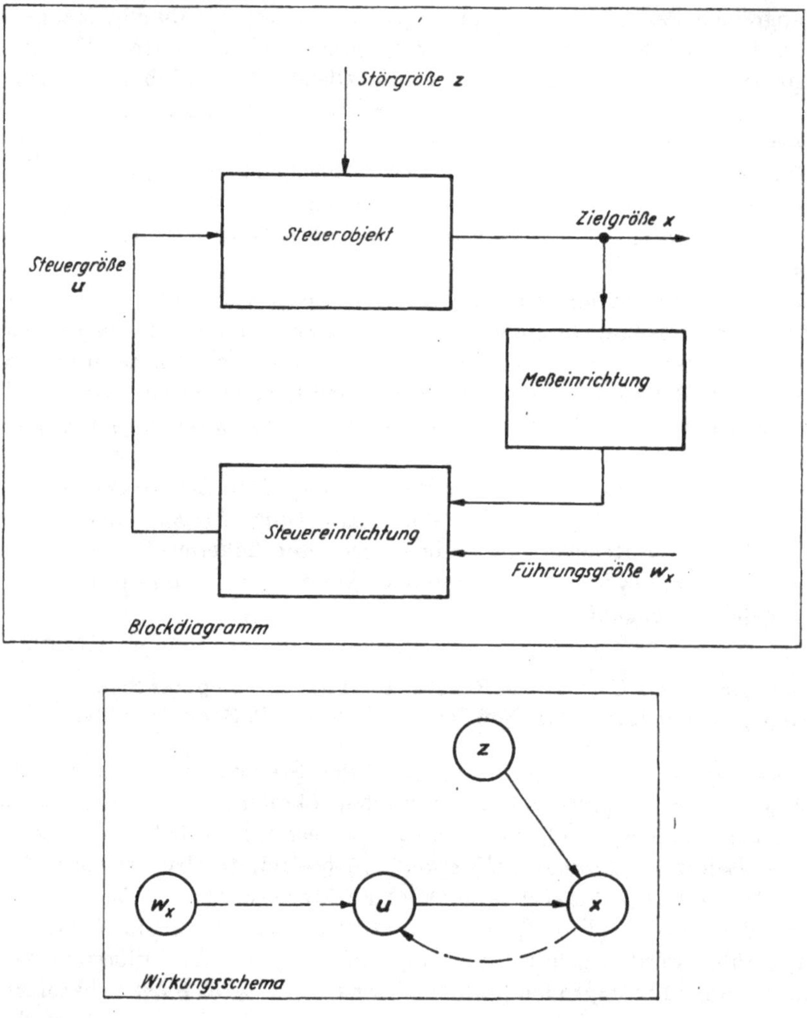

Abb. 1
Geschlossene Steuerung: Blockdiagramm und Wirkungsschema

hängt von der Steuerungsaufgabe ab. Bei der Prozeßstabilisierung und -führung spricht man vom Regelkreis, bei der Prozeßsicherung vom Abschaltkreis, bei der Prozeßoptimierung von einer Feedback-Optimierung. Die Funktion f hängt ebenfalls von der Steuerungsaufgabe und relativ schwach von den Eigenschaften des Steuerungsobjekts ab. Für niedrige Anforderungen an die Güte der Funktionserfüllung kann f auch empirisch ermittelt werden. Robustheit des Systemverhaltens ist unschwer zu erreichen. Technische Voraussetzung für die Anwendung dieser Grundstruktur ist die Meßbarkeit von $\boldsymbol{x}$. Wesentlicher Vorteil ist, daß allen irgendwie auftretenden Störgrößen entgegengewirkt wird, ohne daß deren Existenz bekannt sein muß. Durch den geschlossenen Wirkungskreis können sich dynamische Probleme, insbesondere solche der Instabilität ergeben.

Offene Steuerung: Der Steuervektor $\boldsymbol{u}$ wird aus dem Führungsgrößenverlauf $\boldsymbol{w}_u$ (der auch in der Steuereinrichtung gespeichert sein kann) und aus Meßwerten des Störvektors $\boldsymbol{z}$ gebildet: $\boldsymbol{u}=f(\boldsymbol{w}_u, \boldsymbol{z})$. Man spricht auch von einer Vorwärtssteuerung (Abb. 2). Folgende Bezeichnungen sind bei den einzelnen Steuerungsaufgaben üblich: Prozeßstabilisierung – Steuerung nach

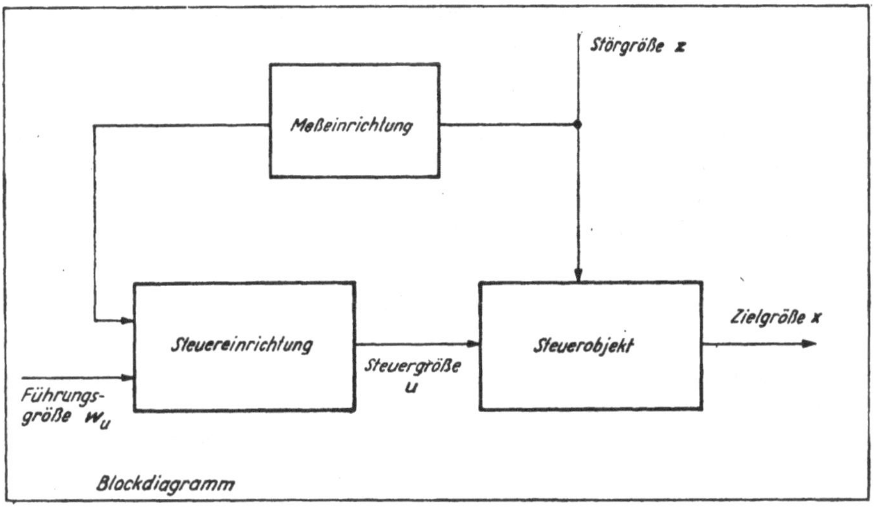

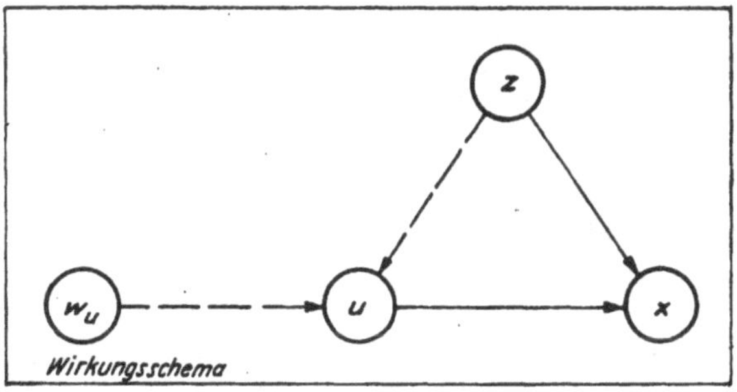

Abb. 2
Offene Steuerung: Blockdiagramm und Wirkungsschema

der Störgröße (relativ ungebräuchlich); Prozeßsicherung – Verriegelungssteuerung; Prozeßoptimierung – Feedforward-Optimierung. Die Funktion f hängt wiederum von der Steuerungsaufgabe und stark von den Eigenschaften des Steuerobjekts ab. Zur Festlegung von f bedarf es exakt gültiger Modelle des Steuerungsobjekts. Wirksamkeit der offenen Steuerung besteht nur gegenüber denjenigen Störgrößen, die bekannt sind, gemessen und in die Bildung von $\boldsymbol{u}$ einbezogen werden. Das Systemverhalten ist sehr empfindlich gegenüber Änderungen der Eigenschaften des Steuerungsobjekts. Ein Vorteil der offenen Steuerung ist, daß die Zielgröße $\boldsymbol{x}$ nicht gemessen zu werden braucht. Zusätzliche Dynamik- oder Stabilitätsprobleme existieren bei offenen Steuerungen nicht.

G. BRACK

Gütekriterium – In der Theorie der selbsttätigen Regelungen wurde der Terminus „Güte" in den 40er Jahren eingeführt; spezielle Gütemaße waren bereits früher von M. TOLLE und K. KÜPFMÜLLER vorgeschlagen worden. Ein Gütemaß für das stationäre Verhalten des klassischen eindimensionalen Regelkreises bei aperiodischen Stör- und Führungssignalen ist die bleibende Regelabweichung $\boldsymbol{e}(\infty)$.

Als Gütemaß für das Verhalten des Regelkreises unter periodischen Störungen dient der Regelfaktor (K. KÜPFMÜLLER, 1928)

$$R = \frac{\text{Amplitude der Regelabweichung mit Regler}}{\text{Amplitude der Regelabweichung ohne Regler}}.$$

Bei Verwendung einer *Sprungfunktion* als Testsignal wird die Güte des Übergangsvorganges durch die Überschwingweite, die Einschwingzeit und die Beruhigungszeit bestimmt.

Das Zeitintegral einer Funktion der Regelabweichung $\boldsymbol{e}(t)$ wurde in der Form

$I = \int_0^\infty \boldsymbol{e}^2(t)\, dt$ im Jahre 1943 von A. C. HALL,

für aperiodische Regelvorgänge in der Form

$I = \int_0^\infty (\boldsymbol{e}(t) - \boldsymbol{e}(\infty))\, dt$ im Jahre 1944 von R. OLDENBOURG und H. SARTORIUS,

in der Form

$I = \int_0^\infty (e^2 + c_1 \dot{e}^2 + c_2 \ddot{e}^2)\, dt, \quad c_1, c_2 \geqq 0,$ 1948 von A. A. FELDBAUM und in der Form

$I = \int_0^\infty t\, |\boldsymbol{e}(t)|\, dt$ im Jahre 1953 von D. GRAHAM und R. C. LATHROP als Gütekriterium vorgeschlagen.

In der Theorie der optimalen *Mehrgrößenregelungen* wird heute mit dem quadratischen Gütekriterium

$$I = \boldsymbol{x}'(T)\boldsymbol{S}\boldsymbol{x}(T) + \int_0^T (\boldsymbol{x}'\boldsymbol{Q}\boldsymbol{x} + \boldsymbol{u}'\boldsymbol{R}\boldsymbol{u})\,\mathrm{d}t\,,$$

wobei $\boldsymbol{S}$ und $\boldsymbol{Q}$ symmetrische positiv semi-definite Matrizen und $\boldsymbol{R}$ positiv definite Matrizen sind, gearbeitet.

In allen Fällen ist das Integral I durch geeignete Wahl des Steuervektors $\boldsymbol{u}$ zu minimieren.

K. REINSCHKE

Literatur: OLDENBOURG, R. C., u. H. SARTORIUS: Dynamik selbsttätiger Regelungen, Bd. I. München, Wien: R. Oldenbourg Verlag 1951; RÖRENTROP, K.: Entwicklung der modernen Regelungstechnik. München, Wien: R. Oldenbourg Verlag 1971; REINISCH, K.: Analyse und Synthese kontinuierlicher Steuerungssysteme. Berlin: VEB Verlag Technik 1979.

H

Halbleitersensor – Meßfühler bzw. *Meßumformer* (s. a. *Sensor*), der auf der Basis eines Halbleitergrundwerkstoffes mit den Methoden und technologischen Verfahren der Halbleitertechnik hergestellt wird. Die rasche Entwicklung und Anwendung der *Mikroelektronik* erzeugt nicht nur einen großen Bedarf an Sensoren, sie ermöglicht auch prinzipiell durch Einsatz der Massenherstellungsverfahren der Halbleitertechnologie die Entwicklung kostengünstiger, kompatibler und integrierter Sensorsysteme. Entsprechend der zentralen Stellung des Halbleitergrundwerkstoffs Silizium, welches das zur Zeit am besten beschreibbare und beherrschbare Halbleitermaterial darstellt, und infolge seiner für einen sensorischen Einsatz speziell geeigneten physikalischen Eigenschaften sind gegenwärtig vor allem Silizium-Sensoren auf einem besonders hohen Entwicklungsstand. Silizium wird für sensorische Zwecke überwiegend als einkristallines Massivmaterial, gegebenenfalls auch mit Epitaxieschichten, eingesetzt. In zunehmendem Maße werden auch einkristalline und polykristalline Silizium-Dünnschichtmaterialien auf Isolator-Substraten als Sensorwerkstoff verwendet. Zur Herstellung einer Vielzahl von H. kommt der Silizium-Planartechnologie die entscheidende Bedeutung zu. Diese Technologie gestattet im besonderen Maße die monolithische Integration von Sensor und Teilen der Auswerteelektronik. Im folgenden werden die wesentlichsten Typen der gegenwärtig eingesetzten Silizium-H. kurz dargestellt.

Silizium-Strahlungssensoren arbeiten in einem breiten Bereich des elektromagnetischen Spektrums (200 bis 1100 nm). Die am häufigsten verwendeten sensitiven Effekte sind die Änderung der Fotoleitfähigkeit, der fotovoltaische

Effekt, der fotoelektrische Effekt am *pn*-Übergang sowie der fotokapazitive Effekt an MIS-Strukturen (=Metall-Isolator-Halbleiter). Spezielle Anwendungen des fotoelektrischen Effekts führen zu den positionsempfindlichen H., deren Signale Informationen über die räumliche Lage des zu messenden Lichtpunktes geben, sowie zu den ladungsgekoppelten CTD-H. (= charge transport device). In letztgenannten Sensoren erzeugen die einfallenden Photonen Ladungsträgerpaare, die in speziell angelegten, diskreten Potentialmulden im Silizium-Material gesammelt, gespeichert und sequentiell ausgelesen werden. Ladungsgekoppelte Silizium-H. sind als Bildsensoren seit etwa 1970 bekannt. Je nach Herstellungstechnologie und damit konkreter Form der Kopplung und des Ausleseverfahrens unterscheidet man verschiedene CTD-Methoden, eine der bekanntesten Formen sind CCD-Zeilen und -Matrizen (=charge coupled device). Silizium-H. sind auch zum Nachweis von Gamma- und Röntgenstrahlung sowie von ionisierender Teilchenstrahlung (Halbleiter-Kernstrahlungsdetektoren) einsetzbar.

Die wichtigsten H. zur Messung mechanischer Größen sind die piezoresistiven Silizium-Sensoren für Druck, Beschleunigung und daraus ableitbare Größen; gemessen wird die Änderung des elektrischen Widerstandes (Stromdichte) unter dem Einfluß mechanischer Spannungen im Kristallgitter einer dünnen Silizium-Membran.

Thermische H. nutzen die Temperaturabhängigkeit des Ladungsträgertransportes im Material. Besondere Vorteile besitzt dabei der Ausbreitungswiderstands-H. (Spreading-Sensor) aus neutronendotiertem Silizium. Eine zweite Methode verwendet die Temperaturabhängigkeit von Ladungsträgergrenzflächentransport- und Polarisationseffekten.

Obwohl Silizium kein magnetisches Material ist, sind auf der Basis passiver Wandlereffekte, insbesondere des HALL-Effektes und mit diesem verbundener Prozesse, eine Reihe von Magnetfeld-H. herstellbar. Moderne Entwicklungen auf dem Gebiet der chemisch sensitiven Sensoren führen zu den feldeffektgesteuerten H., deren Wirkprinzip auf der Modulierung der Ladungsträgerkonzentration in einer Silizium-Oberflächenschicht über einen Isolator durch Ladungsinfluenz beruht. Ein bereits im Einsatz befindlicher Typ sind die ionensensitiven Feldeffekttransistoren (ISFET).

Neben den Silizium-H. sind vorrangig für den Einsatz in der Optoelektronik sowie bei höheren Temperaturen H. auf der Materialbasis von einkristallinen Mischverbindungen (z. B. GaAs, InP) sowie polykristalline H. zu nennen.

H. ENDERT

Literatur: ALLAN, R.: New applications open for silicon sensors. A special report. Electronics, New York **53** (1980) 24; Autorenkollektiv: Sensoren auf der Grundlage von Silizium. Studie. Zentralinst. f. Kernforschung – AdW/TU Dresden, 1982.

Handhabungstechnik – automatische oder halbautomatische Einrichtungen zur Realisierung von Vorgängen zum Handhaben von Werkstücken, Materialien, Werkzeugen, Vorrichtungen, Meßzeugen usw. im Fertigungsprozeß. Dabei werden unter Handhabungen Verrichtungen verstanden, die für einen Gegenstand eine definierte Position und Orientierung im Raum erzeugen bzw. aufrechterhalten, ohne das Arbeitsgut selbst dabei zu verändern. Entsprechend den Funktionsbereichen der Handhabungseinrichtungen werden Speicher-, Ordnungs-, Zuteil-, Ein- und Ausgabe-, Weitergabe-, Spann- sowie Kontroll- und Überwachungseinrichtungen unterschieden.

Speichereinrichtungen werden zum zeitweiligen Aufbewahren eines Vorrates von Arbeitsgut von einer oder zwischen zwei Fertigungseinrichtungen benutzt. Zur Speicherung ungeordneter Teile dienen Bunker (Zellenrad-, Trommel-, Magnetrotor-, Trichter-, Schöpfbunker), während in Magazinen (Schachtmagazine, Trommel- und Plattenmagazine, Band- und Kettenmagazine, Scheibenmagazine, Trichtermagazine, Rollkanal- und Gleitbahnmagazine) geordnete Teile gespeichert werden. Eine weitere Form des Speicherns ist das Stapeln mit Hilfe von Stapeltellern, -tischen und -böcken.

Beim Ordnen wird das Arbeitsgut aus einer beliebigen in eine definierte Position und Orientierung gebracht. Als Ordnungseinrichtungen werden z. B. Vibrationswendelförderer, Schleppkettenförderer u. a. eingesetzt.

Um eine bestimmte Menge des Arbeitsgutes im Arbeitstakt zur nachfolgenden Fertigungseinrichtung zu befördern, sind Zuteileinrichtungen wie Schieber, Schleusen und Weichen erforderlich.

Die Förderung des Arbeitsgutes in bestimmter Position und Orientierung zur Fertigungseinrichtung bzw. Werkstückaufnahme und umgekehrt wird von Ein- und Ausgabeeinrichtungen vorgenommen. Hierzu dienen neben Sternrädern, Magnetrollen, Ausstoßern u. a. vor allem *Manipulatoren.*

Zur Weitergabe des Arbeitsgutes von einer Fertigungseinrichtung zur anderen oder zwischen den Handhabungseinrichtungen bei meist beibehaltener Orientierung dienen Einrichtungen wie Roll- und Gleitkanäle, Kegel- und Zylinderwalzen, Förderbänder, Schubstangen, Schwingrinnen u. a.

Um geordnete Werkstücke in einer bestimmten Lage halten zu können, ist ein kraftschlüssiges Lagesichern erforderlich. Dies kann entweder mit *Greifern* oder mit Spannvorrichtungen (Zangenspanner, Elektromagnetspanner, Backenfutter u. a.) realisiert werden.

Zur Sicherung eines störungsfreien Fertigungsablaufes werden schließlich Kontroll- und Überwachungseinrichtungen benötigt. Hierzu werden *Sensoren* verschiedenster Art (Taster, Lichtschranken, Strahlenrelais, Ultraschallschranken, Infrarotgeber, visuelle Systeme u. a.) eingesetzt. S. a. *Sensortechnik für Industrieroboter.*

W. Kolbe

Literatur: HESSE, S., u. H. ZAPF: Verkettungseinrichtungen in der Fertigungstechnik. Berlin: VEB Verlag Technik 1970; RAAB, H. H.: Handbuch der Industrieroboter. Bauweise, Programmierung, Anwendung, Wirtschaftlichkeit. Braunschweig, Wiesbaden: Vieweg und Sohn 1981; VOLMER, J. (Hrsg.): Industrieroboter. Berlin: VEB Verlag Technik 1981.

Handlungsplanung, automatische – Methode der *künstlichen Intelligenz* zur automatischen Generierung einer Operationsfolge (Handlungsfolge, Handlungsplan), die zu einer bestmöglichen Lösung eines gegebenen Problems führt. Die a. H. stellt ein wesentliches Merkmal von *Robotern* der 3. Generation dar und setzt die Fähigkeit des Systems voraus, auf der Grundlage von sensorischer und A-priori-Information ein internes Modell der realen Umwelt aufzubauen. Alle hinreichenden und notwendigen Informationen zur Lösung einer Klasse von Problemen sind im internen Umweltmodell explizit gegeben oder durch Inferenzmechanismen generierbar. Wird – ausgehend von einem Anfangszustand (Anfangsmodell) – dem automatischen Handlungsplanungssystem ein zu erreichender Zielzustand (Zielmodell) mitgeteilt, so kann aus einer potentiell vorhandenen Menge möglicher Handlungsfolgen durch sukzessives Auferlegen von Restriktionen diese potentielle Menge zunehmend eingeschränkt werden, so daß schließlich eine zulässige Handlungsfolge als Lösung verbleibt, die den gegebenen Anfangszustand in den gewünschten Zielzustand transformiert und bei Bedarf ein Optimalitätskriterium erfüllt.

Systeme der a. H. nutzen Problemlösungstechniken der künstlichen Intelligenz und bestehen aus einer Methode zur Erzeugung des Problemraumes, der sich aus der Menge der Umweltzustände und der Menge der Operatoren zur Transformation der Umweltzustände zusammensetzt, sowie aus einem Suchprozeß (verschiedene Varianten des *Backtracking* und der Mittel-Ziel-Analyse), der innerhalb dieses Problemraumes zur Ermittlung der Handlungsfolge stattfindet.

Die heute vorhandenen experimentellen Systeme zur a. H. von Robotern unterscheiden sich nach der Art der Problemraummodellierung (Umweltmodellierung), wobei eine effektive Abspeicherung der Zustandsmenge angestrebt wird, nach der Art der Vermeidung einer kombinatorischen Explosion während des Suchprozesses sowie nach der zur Beschreibung der Umwelt und der einzelnen Handlungen verwendeten höheren Roboterprogrammiersprache (AL, LAMA, AUTOPASS, RAPT, SITPLAN u. a.).

Das Planungssystem STRIPS (USA, 1971) benutzt zur Zustandsbeschreibung eine deklarative Form, und zwar prädikatenlogische Ausdrücke, während als Suchstrategie die Mittel-Ziel-Analyse angewandt wird. In dem hierarchischen Planungssystem NOAH (USA, 1977) wird eine hybride Form zur Darstellung des Problemraumes benutzt, die sowohl prozedurale als auch deklarative Information nutzt und als prozedurales Netz bezeichnet wird. Der Suchprozeß erfolgt in der Weise, daß nach der Ableitung konjunktiver Teilziele aus dem Zielzustand eine hierarchische Aufspaltung des Problemraumes erfolgt. Aus jedem dieser einfacheren Problemräume entsteht ein linearer, im groben richtiger Plan. Auftretende Konflikte bei der Verkettung der einzelnen Pläne werden durch spezielle Korrekturmechanismen mit geringem Aufwand beseitigt. Das Planungssystem APROS (UdSSR, 1979) nutzt zur Beschreibung des Problemraumes spezielle semantische Netze, die als pyramidale Netze bezeichnet werden. Es handelt sich um ein *adaptives System*, bei dem durch einen Lernprozeß Problemklassen definiert werden, denen in einer Bibliothek abgespeicherte Lösungstechniken zugeordnet sind. APROS verfügt über sechs Suchtechniken, wobei die bidirektionale Suche als Hauptsuchverfahren dient.

Die a. H. wird in künftigen flexiblen und adaptiven Robotersystemen bei der Kollisionsvermeidung, Störungsbeseitigung, Greifpunktbestimmung, Ermittlung von Montagefolgen usw. zunehmend an Bedeutung gewinnen.

W. KOLBE

Literatur: FIKES, R. E., a. N. J. NILSSON: STRIPS – a new approach to the application of theorem proving in problem solving. Artificial Intelligence, London **2** (1971) 3/4; NILSSON, N. J.: Problem solving methods in Artificial Intelligence. New York: McGraw-Hill Book Co. 1971; SACERDOTI, E. D.: Planning in a hierarchy of abstraction spaces. Artificial Intelligence, London **5** (1974) 2; SACERDOTI, E. D.: A Structure for Plans and Behaviour. New York, Oxford, Amsterdam: Elsevier 1977; GLADUN, V. P., a. N. D. VASCHNENKO: Adaptive problem solving systems. Kybernetes, London **9** (1980), 181–188; LOZANO-PEREZ, T.: Automatic planning of manipulator transfer movements. IEEE Trans. on Systems, Man and Cybernetics, New York SMC-11 (1981) 10.

Hardware – Der Begriff entstand in den 50er Jahren mit der Entwicklung der *Rechentechnik*. Dabei wurde seinerzeit alles als Hardware bezeichnet, was als produzierbare Gerätetechnik existierte. Das Gegenteil war die *Software*, also jener Teil, der für den effektiven Betrieb eines Rechners notwendig war und nicht zur Gerätetechnik, sondern als Programminformation benötigt wird. Im Laufe der Zeit wurden beide Begriffe mehr oder weniger modifiziert. Heute wird für die Definition dieser Begriffe von beliebigen Geräten ausgegangen (s. Abb. 1). Die Entscheidung, ob ein Gerät Hardware ist und damit Software benötigt, ergibt sich aus der Beantwortung der Frage, ob das Gerät automatisch steuerbar ist. Bei Bejahung dieser Frage stellt das gesamte Gerät die Hardware dar, und alle zusätzlich benötigte Steuerinformation ist die zugehörige Software. Diese Software kann bei Weiterentwicklungen z. T.

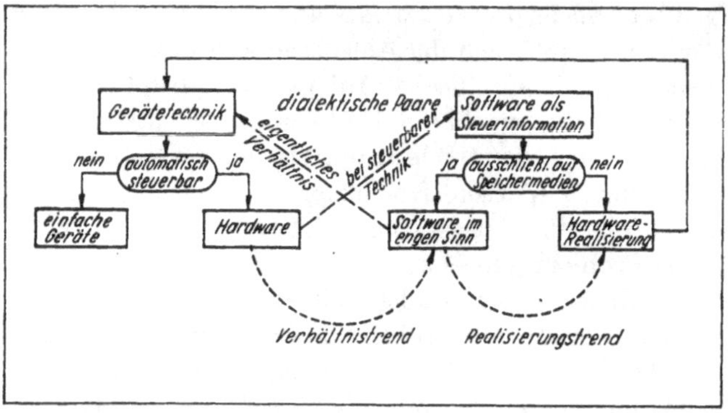

Abb. 1
Zum allgemeinen Verhältnis von Hard- und Software

in das Gerät als Hardware einbezogen werden. Dabei handelt es sich um Hardware-Realisierungen der zuvor vorhandenen Software. In einigen Fällen, wenn solche Software ganz firmenspezifisch ist, wird von Firmware gesprochen. In diesem Sinne gibt Abb. 2 einen vereinfachten Überblick bezüglich verschiedener Ebenen eines Gerätes und seiner Steuerung durch Software. Früher existierte hierfür auch der Begriff *innere Software*. Lösungen eines bestimmten Problems können mit unterschiedlichen Anteilen von Hard- und Software (und z. T. auch Firmware) realisiert werden. Jede dieser möglichen Lösungsvarianten hat Vorteile und Nachteile, die vor allem in den unterschiedlichen Eigenschaften von Hard- und Software gegeben sind. Die Firmware liegt zwischen diesen Extremen, folglich auch ihre Eigenschaften.

H. Völz

Literatur: Völz, H.: Information I. Berlin: Akademie-Verlag 1982.

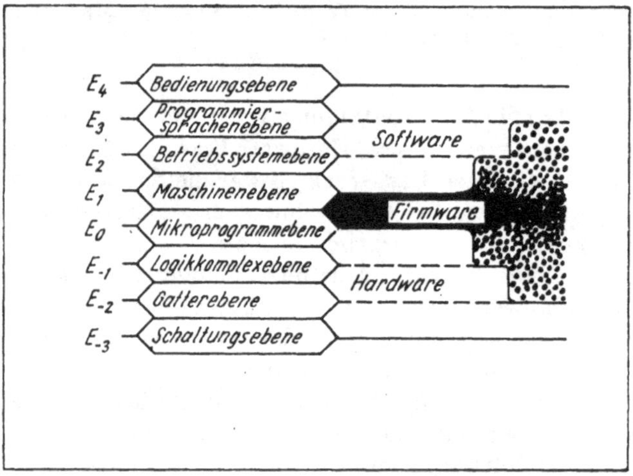

Abb. 2
Überblick über die verschiedenen hierarchischen Betrachtungsebenen von Rechnersystemen

Hilfsenergie — Energieart und -menge zum Betrieb von Automatisierungsgeräten und -systemen, auch als Versorgungs- oder Speiseenergie bezeichnet. Man unterscheidet im wesentlichen elektrische, pneumatische und hydraulische H. Die Art der H. beeinflußt entscheidend Eigenschaften und Anwendungsgebiet von Automatisierungsgeräten und -systemen. Während elektrische (elektronische) Systeme besonders für die Großautomatisierung geeignet sind, hat die Pneumatik Vorteile in der Mittel- und Kleinautomatisierung, in der Stelltechnik, in explosionsgefährdeten Bereichen sowie teilweise bei der Informationsgewinnung. Die Anwendung der Hydraulik ist in der Automatisierungstechnik — von Spezialfällen abgesehen — auf Stellantriebe beschränkt. Wichtige Parameter der verschiedenen H.-Arten sowie Maßnahmen bei H.-Ausfall (Notstromversorgung, Zuschaltung von Reservenetzen, Pufferung von Datenspeichern usw.) sind in Standards festgelegt. Die Tabelle gibt eine Übersicht über gebräuchliche Nennspannungen und -drücke der elektrischen bzw. pneumatischen H.

Nennspannungen und Nenndrücke wichtiger Hilfsenergiearten

Hilfsenergie	Nennspannung bzw. Nenndruck	Bemerkungen
Elektrisch	6, 12, 24, 48 V	Gleichspannung
	60, 110, 220, 440 V	
	6, 12, 24, 42 V_{eff}	Wechselspannung 50 Hz,
	110, 220 V_{eff}	einphasig
	42 V_{eff}	Wechselspannung 50 Hz,
	380/220 V_{eff}, 660/380 V_{eff}	dreiphasig
Pneumatisch	20 kPa	für Geräte ohne bewegte Bauteile (Strahlelemente)
	140 kPa	für Informationsgewinnung, -eingabe, -verarbeitung
	140, 250, 400 kPa	für Informationsnutzung
	600, 800, 1000 kPa	(Stelltechnik) und Hilfsgeräte
	160, 630 kPa	zusätzlich für Digitalgeräte

Für den Masseneinsatz in der Kleinautomatisierung haben Geräte ohne besondere H.-Zufuhr große Bedeutung. Hier wird die zum Betrieb erforderliche Energie der Eingangsgröße oder dem Automatisierungsobjekt entnommen (Beispiel: Feuerzugregler an Öfen).

B. Hofmann

Literatur: Töpfer, H., u. W. Kriesel: Funktionseinheiten der Automatisierungstechnik. Berlin: VEB Verlag Technik 1983; TGL RGW 1036 (Juli

1981); TGL 22500/02 (Okt. 1981); HENGSTENBERG, J., B. STURM u. O. WINKLER: Messen, Steuern und Regeln in der chemischen Technik, Band 3. Berlin, Heidelberg, New York: Springer-Verlag 1981.

Hilfsgrößenaufschaltung – Sammelbezeichnung für die Aufschaltung von Störgrößen, Hilfsregelgrößen und Hilfsstellgrößen.

Ziel der *Störgrößenaufschaltung* ist die Unabhängigkeit (Invarianz) der Regel- von der Störgröße. Sie wird gemäß Abb. 1 dadurch erreicht, daß durch

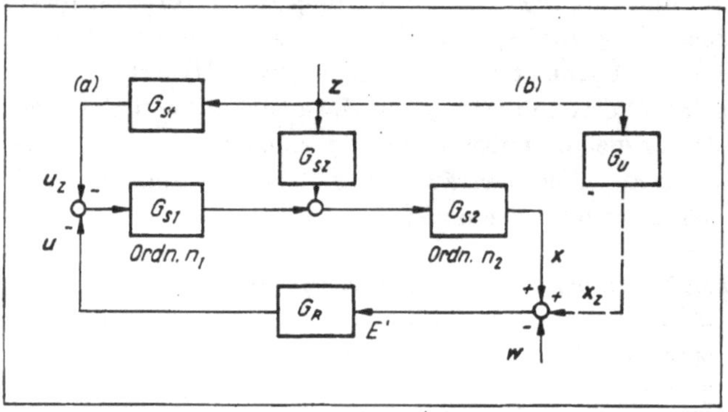

Abb. 1 Störgrößenaufschaltung auf Stellglied (a) und Regler (b)

eine Aufschaltung (*Vorwärtssteuerung*) der *Störgröße z* a) über ein Steuerglied G_{St} auf das Stellglied oder b) über ein Umformglied G_U auf den Regler ein dem vorhandenen Wirkungsweg paralleler Weg so gebildet wird, daß sich die Wirkung der Störung auf die Regelgröße x über beide Kanäle kompensiert. Im Fall a) lautet die Invarianzbedingung $G_{St}(p) = G_{SZ}(p)/G_{S1}(p)$. Sie kann wegen des i. allg. auftretenden Nullstellenüberschusses meist nur näherungsweise realisiert werden. Voraussetzung für eine Störgrößenaufschaltung ist die Meßbarkeit der Störung. Aufgabe des Reglers G_R ist die Ausregelung des Kompensationsfehlers und anderer nicht gemessener Störgrößen sowie die Angleichung an die Führungsgröße.

Durch die Aufschaltung von Hilfsregel- und Hilfsstellgrößen können gegenüber dem einfachen einschleifigen Regelkreis meist beträchtliche Verbesserungen im Regelungsverhalten erzielt werden. Die Einführung von Hilfsregelgrößen ist hierbei bei Störeintritten nahe dem Streckeneingang, die von Hilfsstellgrößen für solche nahe dem Streckenausgang günstig.

Bei der Hilfsregelgröße wird hinter dem Eintritt der Störung eine von dieser abhängige Zwischengröße der Strecke, die Hilfsregelgröße x_H, abgegriffen und entweder a) über ein Glied G_{XH} auf den Regler aufgeschaltet oder b) auf einen Hilfsregler G_{RH} gegeben, der vom Hauptregler G_R seine Führungsgröße erhält (s. Abb. 2). Letzte Schaltung bezeichnet man als Kaskadenregelung.

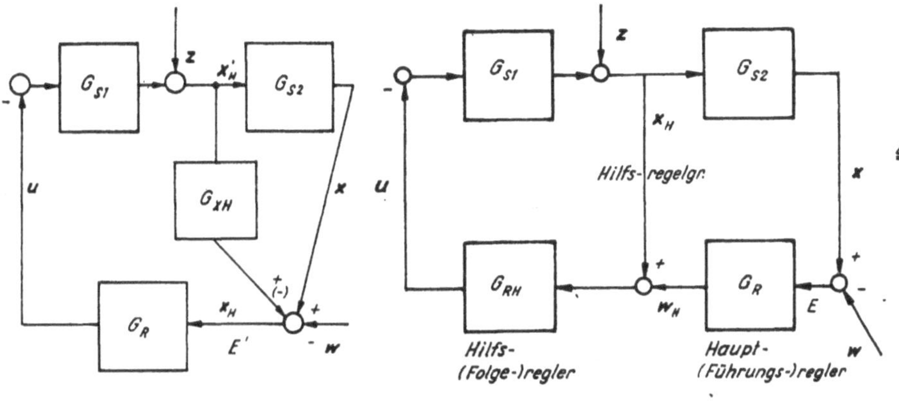

Abb. 2 Regelkreis mit Hilfsregelgröße x_H
a) Aufschaltung auf Regler, b) Kaskadenregelung

In beiden Fällen wird erreicht, daß die Störung nur in stark reduzierter Form den hinteren Streckenteil G_{S2} durchläuft und deshalb vom Hauptregler G_R leicht ausgeregelt werden kann. Außerdem wird die Eigendynamik des Regelkreises deutlich verbessert. Die Aufschaltung über G_{XH} muß nachgebend (über ein Glied mit differenzierendem Charakter) erfolgen, damit im stationären Zustand x an w (und nicht an $w + x_H$) angeglichen wird.

Bei Verwendung einer Hilfsstellgröße u_H muß im hinteren Teil der Strecke ein zweites Stellglied angebracht werden (können). Dieses kann vom Hauptregler G_R über ein Umformglied G_{UH} oder über einen parallel geschalteten Hilfsregler G_{RH} (s. Abb. 3) angesteuert werden. Aus technologischen oder

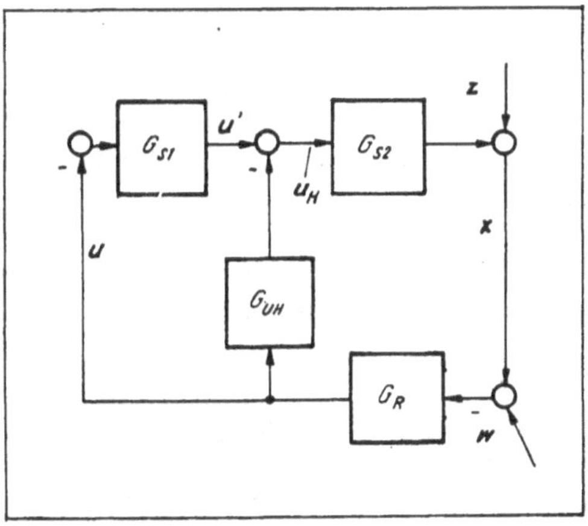

Abb. 3
Regelkreis mit Hilfsstellgröße u_H
a) Aufschaltung über Umformglied G_{UH}

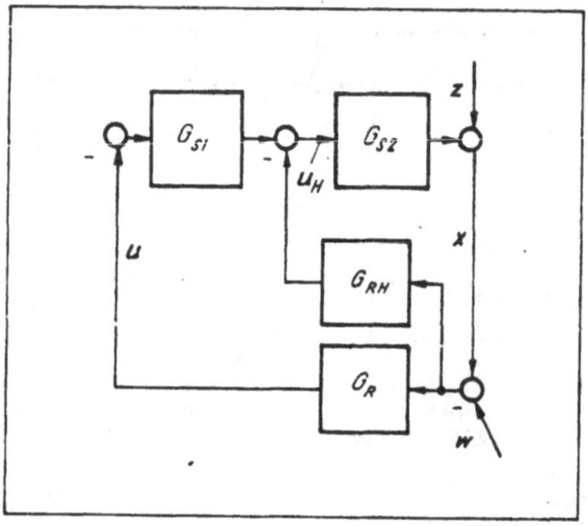

b) Aufschaltung über parallelen Regler G_{RH}

ökonomischen Gründen muß in solchen Fällen u_H stets stationär verschwinden (sonst könnte die Stellgröße u entfallen und durch u_H ersetzt werden). Das wird durch nachgebende Aufschaltung über G_{UH} oder dadurch erreicht, daß als G_R ein Regler mit I-Anteil, als G_{RH} ein P-Regler verwendet wird.

Die Abbildungen verdeutlichen, daß bei der Hilfsregel- wie bei der Hilfsstellgröße eine zweite Schleife (Hilfsschleife) gebildet wird. Gegenüber der einfachen einschleifigen Eingrößenregelung werden beide deshalb als vermaschte Eingrößenregelung bezeichnet.

K. Reinisch

Literatur: Reinisch, K.: Analyse und Synthese kontinuierlicher Steuerungssysteme. Berlin: VEB Verlag Technik 1982.

HIPO-Technik – Systementwurfs- und Dokumentationstechnik. Der Name ist die Abkürzung für „Hierarchie plus Input-Prozeß-Output". Die Methode stellt die Beziehungen zwischen den Eingaben, den Verarbeitungsstufen und Ausgaben innerhalb eines Systems dar. Mit HIPO werden die Funktionen und nicht die Organisation des Systems beschrieben.

Die HIPO-Technik ist ein Verfahren zur Beschreibung von Systemen oder Programmen, bei dem die Funktionen in einer sinnvollen Weise immer weiter unterteilt werden. Sie ist anwendbar bei Systemen unterschiedlichen Komplexitätsgrades. Die Anwendungsbreite reicht von Verwaltungsvorgängen bis zu Computer- oder Programmsystemen.

HIPO besteht aus einer Reihe von Bausteinen: Das Hierarchieprogramm stellt die Funktionen des Systems in Form eines hierarchischen Baumes dar; die Übersichtsdiagramme dienen als Mittel zur Beschreibung von Eingaben,

Prozessen und Ausgaben für die Hauptfunktionen; die I-P-O-Diagramme (Input-Prozeß-Output-Diagramm) bringen eine genauere Beschreibung der einzelnen Elemente des Funktionsbaumes.

D. RICHTER

Literatur: KATZAN, H.: Methodischer Systementwurf. Eine Einführung in die HIPO-Technik. Köln, Braunsfeld: Verlagsgesellschaft Rudolf Müller 1976.

I

Identifikation – dem englischen Terminus „identification" entlehnter Begriff in der Theorie der *automatischen Steuerung*, im Deutschen auch als „experimentelle Systemanalyse" bezeichnet. Mitunter benutzt man den Begriff „experimentelle Prozeßanalyse", der zusätzlich zur Systemanalyse auch die „Signalanalyse" umfaßt.

Ausgehend von der stets vorhandenen A-priori-Kenntnis über ein zu untersuchendes reales System soll durch die I., die auf der Verarbeitung gewisser Eingangs- und der zugehörenden Ausgangssignale beruht, das Wissen über das System so weit vermehrt werden, daß eine für den jeweiligen Zweck ausreichende Modellbeschreibung des realen Systems möglich wird. Die A-priori-Kenntnisse werden beispielsweise bei technischen Systemen durch die Naturgesetze, die den betreffenden Zweig der Technik beherrschen (MAXWELLsche Gleichungen in der Elektrotechnik, NAVIER-STOKES-Gleichungen in der Strömungsmechanik usw.), geliefert. Aus den Meßergebnissen an den Ein- und Ausgängen des Systems sind die für die quantitative Modellbeschreibung notwendigen A-posteriori-Kenntnisse über das System zu bestimmen. Bei der Modellierung des realen Systems kann man auf unterschiedliche Weise vorgehen. Es wird zwischen nichtparametrischen Modellen (VOLTERRA-Reihen, Impulsantworten, Frequenzgänge, Spektraldichten u. a.) und parametrischen Modellen (nichtlineares Zustandsraummodell, gebrochen rationale Übertragungsfunktion u. a.) unterschieden. Ein parametrischer Modellansatz kann zu sehr unbefriedigenden Resultaten führen, wenn die angesetzte Struktur des Modells (z. B. die Zahl der Zustandsvariablen oder die Ordnung des Zähler- und Nennerpolynoms der *Übertragungsfunktion*) nicht der Struktur des realen Systems entspricht.

Verfahren zur I. der Parameter bei gegebener Struktur werden unter den Bezeichnungen „*Kennwertermittlung*" oder „Parameterschätzung" zusammengefaßt. Der letztgenannte Name deutet bereits an, daß man bei stochastischen

Störungen oft stochastische Testsignale an den Eingang des Systems legt und die Kennwertermittlung mit Hilfe der Methoden der *mathematischen Statistik* erfolgt. Verfahren zur Ermittlung des Zustandsvektors des Systems aus gemessenen Eingangs- und Ausgangssignalen werden unter der Bezeichnung „Zustandsschätzung" subsumiert.

Zur Lösung von Kennwertermittlungsproblemen sind zwei Klassen von Implementierungsverfahren üblich (vgl. Abb.). Bei den direkten oder expliziten Verfahren (z. B. Regression) erhält man die Schätzungen $\hat{p}$ der gesuchten Parameterwerte $\boldsymbol{p}$ aus dem gemessenen Verlauf der Eingangs- und der Ausgangsgrößen mit Hilfe expliziter mathematischer Beziehungen. Bei den indirekten oder impliziten Verfahren (z. B. rekursive Regression) wird parallel zum System ein Modell mit einstellbaren Parametern geschaltet. Diese werden unter Auswertung der Abweichung $\boldsymbol{e}$ mit Hilfe eines Einstellalgorithmus rekursiv den Parametern $\boldsymbol{p}$ angeglichen. Die indirekten Verfahren sind zur Echtzeit-Parameterschätzung geeignet.

K. Reinschke

Literatur: Eykhoff, P.: System Identifikation. Parameter and State Estimation. New York: John Wiley and Sons 1974; Strobel, H.: Experimentelle Systemanalyse. Berlin: Akademie-Verlag 1975.

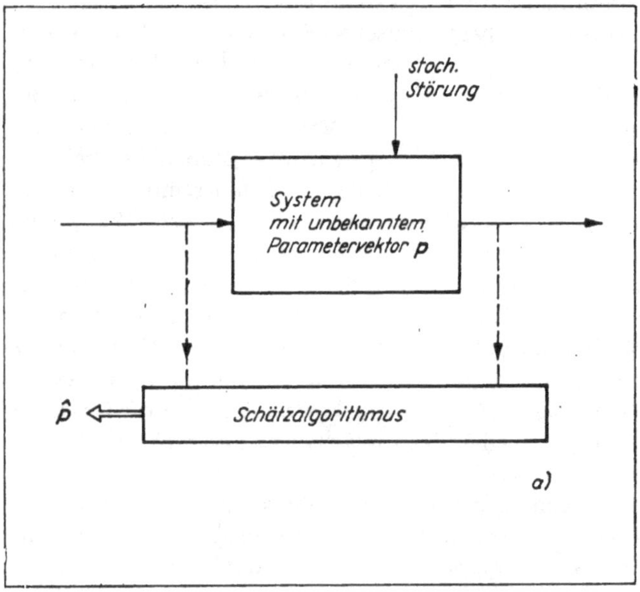

Implementierungsverfahren zur Lösung von Kennwertermittlungsproblemen
a) direkte Verfahren,

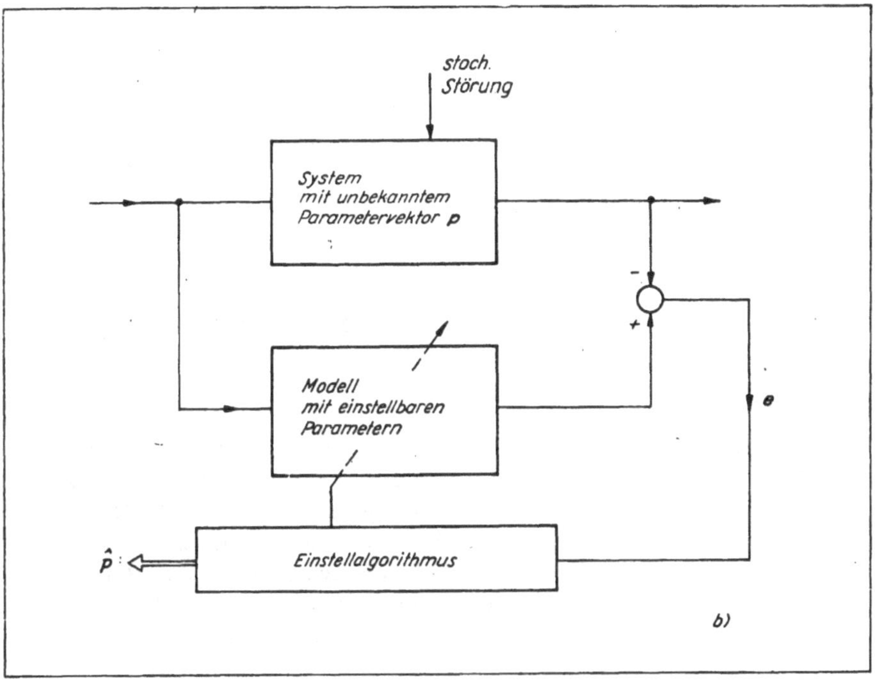

b) indirekte Verfahren

Implementierung – Tätigkeit des Umsetzens eines Entwurfs in ein maschinengerechtes, ablauffähiges System. Drei wesentliche Tätigkeiten werden unterschieden: 1. Codieren der Moduln des Programmsystems mit einer maschinengerechten Sprache, 2. Testen der Moduln auf die Erfüllung der im Entwurf fixierten Eigenschaften und 3. Verwalten der Moduln, um sie der Nutzung zugänglich zu machen und sie auf dem erforderlichen aktuellen Stand zu halten. Codieren, Testen und Verwalten laufen ineinander verzahnt ab. Da das Implementieren immer noch den Hauptaufwand bei der Erarbeitung von Programmsystemen erfordert, bemüht man sich intensiv um die Rationalisierung der Implementierung.

Die Produktivität und Qualität der Tätigkeit Codieren hängt wesentlich von den Mitteln ab, die zur Umsetzung des Entwurfs bereitgestellt werden. Im Mittelpunkt stehen hier die verwendeten *Programmiersprachen*.

Jeder Modul sollte zwei Arten von Tests durchlaufen: den separaten Einzeltest und den integrierten Komplextest. Im separaten Test werden die vom Modul benötigten Ressourcen simuliert, er wird insgesamt in einer simulierten

Umgebung getestet. Damit wird gesichert, daß sich die Umgebung richtig verhält und auftretende Fehler im Modul liegen müssen. Im integrierten Test wird der Modul in der realen Umgebung getestet.

Die Verwaltung bezieht sich auf die gesamte Entwicklungsphase, eigentlich bereits auf die Planung. Zu verwalten sind sämtliche Ergebnisse des Entwicklungsprozesses. Die sorgfältige Verwaltung der Unterlagen hat für die Implementierung große Bedeutung, besonders bei einer arbeitsteiligen Erarbeitung.

P. BACHMANN

Literatur: BACHMANN, P. (Hrsg.): Programmsysteme. Berlin: Akademie-Verlag 1983.

Informatik – (engl.: informatics, franz.: informatique, russ.: информатика) Neologismus, seit Mitte der 60er Jahre in unterschiedlicher Bedeutung gebraucht zur Bezeichnung von Wissenschaftsdisziplinen unterschiedlichen Abstraktionsgrades, aber auch in Verbindung mit Namen von Institutionen, Gesellschaften, Periodika usw. Durch Kombination von I. mit weiteren Begriffen wird die Bedeutungsvielfalt erhöht (Wissenschafts-I., Wirtschafts-I., medizinische I.). Die international geführte Diskussion ist noch nicht abgeschlossen, ein Benutzer des Terminus I. muß jeweils angeben, um welche I. es sich handelt.

1966 führten A. I. MICHAILOW, A. I. TSCHERNY und R. S. GILJAREWSKI in Moskau I. als Bezeichnung für eine Wissenschaftsdisziplin ein (s. a. Teil F–L, S. 238ff.). Sie ersetzten den Terminus „*Wissenschaftliche Information*“ durch I. Gegenwärtig wird I. definiert als Wissenschaft, die die Struktur und die allgemeinen Eigenschaften der wissenschaftlichen Information sowie die Gesetzmäßigkeiten aller Prozesse der wissenschaftlichen Kommunikation untersucht, von den nichtformalen Prozessen des Austauschs wissenschaftlicher Information im unmittelbaren mündlichen und Briefverkehr von Wissenschaftlern und Spezialisten bis zu den formalen Austauschprozessen über die Kanäle der wissenschaftlichen Literatur. Einen wichtigen Teil der wiss. Kommunikationsprozesse bildet die (häufig institutionalisierte) *wiss. Informationstätigkeit* zur Sammlung, analytisch-synthetischen Verarbeitung, Speicherung, Recherche und Verbreitung wiss. Information.

Ziel der I.-Forschung ist eine Theorie der wiss. Kommunikation als Voraussetzung für eine optimale Nutzung des ständig zunehmenden Weltfundus an wiss. Information für den wiss.-technischen und gesellschaftlichen Fortschritt. Im einzelnen verlaufen die Untersuchungen auf dem Gebiet der I. in folgenden Richtungen: 1. Wiss.-informationelle Hauptprozesse, 2. Geschichte und Organisation der wiss. Informationstätigkeit, 3. Optimale Darstellungsformen wiss. Information, 4. Eigenschaften und Gesetzmäßigkeiten der Flüsse wiss. Information, 5. Analysemethoden der semantischen Information, 6. Informationssprachen und maschinelle Übersetzung, 7. Informationssysteme, von der einfachen Steilkartei bis zu wiss. Kommunikationsnetzen mit Hunderten von Datenbasen, 8. Technische Mittel für alle wiss. Kommunikationsprozesse. Die I. untersucht nicht die Informationsverarbeitungsprozesse in den Einzelwissenschaften im Vorfeld der Gewinnung wiss. Information. Sie korrespondiert wegen des interdisziplinären Charakters wiss. Kommunikationsprozesse mit zahlreichen anderen Disziplinen: Kybernetik, Wissenschaftswissenschaft, Linguistik, Semiotik, Psychologie, Soziologie, Bibliothekswissenschaft u. a.

Dieses I.-Verständnis ist in der UdSSR und in den sozialistischen Ländern (Ausnahme VR Polen) stark verbreitet. Die entsprechende Disziplin heißt in der BRD „Informationswissenschaft", in Frankreich „Information Scientifique", in den englisch-sprachigen Ländern „Information Science". In der DDR erscheint die entsprechende Zeitschrift seit 1970 als INFORMATIK (Berlin), in der UdSSR das Referateorgan Реферативный Журнал Информатика, engl. Ausgabe Informatics Abstracts (Moskau).

1966 beschloß die Academie Française, mit I. (Informatique) den in den englischsprachigen Ländern eingeführten Terminus „Computer Science" zu übersetzen. I. wurde definiert als Wissenschaft von der rationellen, besonders der automatisierten Informationsverarbeitung zur Unterstützung der menschlichen Erkenntnis und Kommunikation auf technischem, ökonomischem und sozialem Gebiet. Obwohl als Wissenschaft definiert, wurde I. schnell zu einem Synonym für jegliche Informationsverarbeitung mit technischen Mitteln; 1966 – Gründung einer Compagnie internationale de informatique (CII), 1967 – Beschluß, in Frankreich eine nationale I.-Industrie aufzubauen, in deren Sphäre gegenwärtig etwa die Hälfte aller Werktätigen beschäftigt ist.

Auf einem internationalen Kongreß 1978 in Japan wurde als I. der Komplex von Gebieten definiert, welche im Zusammenhang stehen mit der Ausarbeitung, Schaffung, Nutzung und materiell-technischen Sicherstellung von Informationsverarbeitungssystemen einschließlich der Maschinen, Ausrüstungen, Software, mit den Organisationsaspekten, aber auch mit dem Komplex von industriellen, handelsmäßigen, administrativen, sozialen und politischen Wirkungen.

In den englischsprachigen Ländern gibt es dieses I.-Verständnis nicht, dort blieb „Computer Science" eingebürgert. In der BRD und Österreich jedoch wird unter I. vor allem die Disziplin verstanden, welche sich mit der rechnergestützten Informationsverarbeitung befaßt, I. ist dort eine Ausbildungsrichtung für Datenverarbeitung; 1969 – Gründung der Gesellschaft für Informatik e. V., Zeitschriften: ANGEWANDTE INFORMATIK (Braunschweig) seit 1971, ACTA INFORMATICA (Berlin-Heidelberg-New York) seit 1972. In der UdSSR beschloß die Akademie der Wissenschaften 1983 die Gründung einer Abteilung für Informatik, Rechentechnik und Automatisierung. In der DDR gibt es Vertreter beider oben beschriebenen Grundrichtungen, allerdings mit Modifikationen im Gegenstands- und Objektbereich der jeweiligen I.

M. Bonitz

Literatur: Michailow, A. I., A. I. Tscherny u. R. S. Giljarewski: Wissenschaftliche Kommunikation und Information. Leipzig: VEB Bibliographisches Institut 1980; Le Garff, A.: Dictionaire de l'informatique 1. éd. Paris: Pr. Univ. de France 1975; Bonitz, M.: Zur Entwicklung der Wissenschaftsdisziplin Informatik in der DDR. Informatik, Berlin 25 (1978) 4; Völz, H.: Information I u. II. Berlin: Akademie-Verlag 1982/83; Fuchs-Kittowski, K., H. Kaiser, R. Tschirschwitz u. B. Wenzlaff: Informatik und Automatisierung, Bd. 1. Berlin: Akademie-Verlag 1976; Михайлов, А. И., А. И. Черный и Р. С. Гиляревский: Информатика – новое название теории научной информации. Научно-техническая информация, Москва (1966) Но. 12; Сифоров, В. И.: Наука об информации и её проблемы. Междунар. форум информ. докум. 8 (1983) 1; Глушков, В. М.: Основы безбумажной информатики. Москва: Изд. Наука 1982.

Informationsprozesse, Grundoperationen – elementare Bestandteile von Informationsprozessen zur Steuerung technischer, biologischer, ökonomischer und anderer Systeme. Entsprechend der Abb. werden die vier Grundoperationen: Informationserfassung (E), Informationsverarbeitung (V), Informationsspeicherung (S) und Informationsweiterleitung (W) unterschieden, die in einem System aufgabengemäß in verschiedenen Kombinationen auftreten können. Hinzu kommen Zwischentransport- und Zwischenspeicheroperationen in den Fällen, in denen auf Grund der Komplexität des betreffenden Systems räumliche und zeitliche Abstände zwischen der Realisierung einzelner Operationen auftreten.

Zu industriellen *Steuersystemen* bildet die Systemanalyse dieser Prozesse eine unabdingbare Voraussetzung für ihre Automatisierung unter Einsatz zentraler und dezentraler Datentechnik. Sie bezieht sich dabei auf die Bestimmung des quantitativ und qualitativ für die Steuerung notwendigen Umfangs zu erfassender Information, auf die Art, Tiefe und Form der verarbeitungswürdigen Information, auf die Untersuchung von Umfang und Technologie der Informationsspeicherung sowie auf die Festlegung der für die kurz-, mittel- und langfristige Steuerung der Produktion weiterzuleitenden Information. Hierzu können verschiedene Kombinationen dieser Grundoperationen verwendet werden, z. B. der vollständige Weg [E → V → S → W] bei der Steuerung komplexer Prozesse, die Wege [E → S → W] und [E → V → W] für die

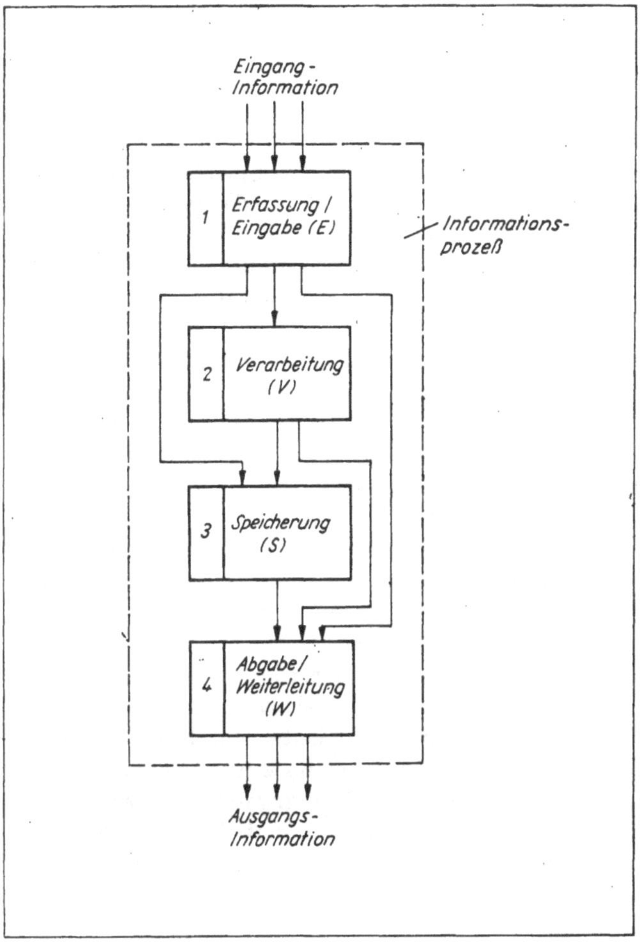

Grundoperationen von Informationsprozessen und Varianten ihrer Verknüpfung

Speicherung von Routinedaten in der direkten Fertigungssteuerung mit gegebenenfalls späterer Verarbeitung bei Störungssituationen oder die Weiterleitung erfaßter Daten zur Verarbeitung und Speicherung in übergeordneten Ebenen hierarchischer *Rechnernetze*. Außerdem können Zyklen innerhalb dieser Wege auftreten, so wird z. B. bei der Ermittlung langfristiger Steuerstrategien die Verarbeitung sowohl aktueller als auch historischer (d. h. gespeicherter Daten) Information über den Weg [E → S → V → S → W] realisiert.

Bei der Projektierung *automatisierter Leitungssysteme* ist die zusammenhängende Analyse dieser Grundoperationen in qualitativer, quantitativer und rechentechnischer Hinsicht auf der Basis hierarchischer *Algorithmensysteme* von prinzipieller Bedeutung für die Effektivität der Automatisierung informationsverarbeitender Prozesse.

H.-G. LAUENROTH

Informationssystem – (IS) System zum Sammeln, Speichern, Wiederauffinden und Bereitstellen von Informationen. IS sind in den gesellschaftlichen Prozeß der Arbeitsteilung eingebundene Systeme und dienen zur zweckentsprechenden, aufgabenbezogenen, rechtzeitigen, exakten und rationellen Informationsbereitstellung. IS sind integrierter Bestandteil von Leitungs- und Steuerungssystemen.

Die kleinste im IS enthaltene selbständige Größe ist die Informationseinheit als informationeller Operand. Die Informationseinheit bildet im IS ein Objekt ab und setzt sich aus Objektnamen sowie Namen und Wert von Merkmalen (Attributen) als atomare Bestandteile der Information zusammen. Objekte sind diskrete Einheiten der Realität oder der Abbildung, Sachverhalte und Informationen selbst. Die Informationseinheit hat für sich allein für einen Nutzer in einem bestimmten Zusammenhang eine selbständige Bedeutung. Die auf einen Objektbereich bezogene strukturierte Menge von Informationseinheiten wird Informationsbasis genannt. IS weisen mindestens zwei Komponenten auf, eine organisatorisch-methodische und eine verarbeitungstechnische. Mittels der organisatorisch-methodischen Komponente werden die strukturelle und funktionelle Einbindung von IS in den gesellschaftlichen Prozeß der Arbeitsteilung gesichert, Aufgaben und Verantwortlichkeiten zur Realisierung der Funktion von IS festgelegt sowie Methodiken des Entwurfs von IS entsprechend unterschiedlicher sachbezogener Zielstellungen bereitgestellt.

Wird die Verarbeitungskomponente eines IS automatisiert, liegt ein automatisiertes Informationssystem vor, das spezifischer Ausdruck des Heraustretens des Menschen aus dem informellen Prozeß ist und zur Neufestsetzung menschlicher Tätigkeiten führt.

Automatisierte IS sind technologische Systeme, die aus gerätetechnischer Basis und abgrenzbaren technologischen Teilsystemen (Informations- bzw. Datenbasis, Algorithmen- bzw. Programmbasis) bestehen. Werden elektronische Digitalrechner als gerätetechnische Basis eingesetzt, können die Funktionen des Sammelns und Bereitstellens von Informationen mittels Datenkommunikationstechnologie unterstützt werden. Die Anwendung der Datenbanktechnologie unterstützt die Funktionen des Speicherns und Wiederauffindens von Informationen.

Obwohl sich international noch keine einheitliche Begriffsbestimmung für IS durchgesetzt hat, werden volkswirtschaftliche IS nach institutionellen (betriebliche IS, Leitungsinformationssysteme) und sachgebietsorientierten

(IS für Rechnungsführung und Statistik, IS für Planung, IS für Information und Dokumentation) Gesichtspunkten unterschieden. Darüber hinaus sind in Abhängigkeit von den Arten der gesammelten und bereitgestellten Informationseinheiten Software-IS, bibliographische IS, faktographische IS oder in Abhängigkeit vom Zugriff zu den Informationseinheiten On-line-IS zu finden.

Probleme beim Aufbau von IS sind die Bestimmung geeigneter organisatorisch-methodischer Regelungen zur Realisierung eines stabilen und rationellen Routinebetriebes des IS, die statische und dynamische Beschreibung des Ausschnittes der objektiven Realität (Datenmodell) und dessen Abbildung in Informationsbasen unter den Zielfunktionen des IS sowie die Identifizierbarkeit gespeicherter Informationseinheiten zum Zwecke der gesicherten Wiederauffindbarkeit (Schlüsselordnung, Nomenklaturen)

W. Claus

Literatur: Langefors, B.: Theoretical analysis of information systems, 4th edition. Philadelphia: Aucherbach Publisher Inc. 1973; Österle, H.: Entwurf betrieblicher Informationssysteme. München, Wien: Carl Hanser Verlag 1981; Belke, W.: Ein Beitrag zur technologischen und speziell informationstechnologischen Grundlagenforschung unter besonderer Berücksichtigung der technologischen und der semiotischen Betrachtungs- und Vorgehensweise. Diss. B. Techn. Univ. Dresden 1979.

Informationstechnik – Unter diesem Begriff werden meist alle Gebiete der technischen Anwendung der Information – insbesondere die Erfassung, Übertragung, Speicherung und Verarbeitung von *Information* – zusammengefaßt. In erster Linie werden darunter elektrische Systeme (Informationselektronik) verstanden, es gibt aber auch eine pneumatische und hydraulische Informationstechnik. Eine Einteilung dieses großen Gebietes kann nach Bauelementen, Systemen und Theorien erfolgen.

Bei den Bauelementen existieren elektrische und elektronische, monolythische Bauelemente, aber auch jene in Dünnschicht- und Dickschichttechnik sowie pneumatische und hydraulische.

Bei den Systemen steht meist die Anwendung im Vordergrund. Daher unterscheidet man: leitungsgebundene Systeme, z. B. Telefon, Telegraph, Kabelfernsehen, Vermittlung, Lichtleiter; Funktechnik (z. B. für Rundfunk und Fernsehen) und kommerzielle Einrichtungen (z. B. Radar oder Satellitentechnik) usw.; Fernwirk- und Automatisierungstechnik; Informationsverarbeitung von speziellen Hardwarestrukturen über *Mikro-* und *Klein-* bis zur *Großrechentechnik* und Meßtechnik.

Das Spektrum der Theorien ist – entsprechend diesem umfangreichen Gebiet – sehr groß. Beispielhaft seien hier genannt: *Informationstheorie*, *Co-*

dierungstheorie, *Automatentheorie*, *Bedienungstheorie*, Korrelationsanalyse, Zuverlässigkeitstheorie, *Systemtheorie* und Theorie der Filter. Im weiteren Sinne gehören hierzu auch die Theorien der folgenden Gebiete: *automatische Steuerung*, analoge Schaltungen, digitale Schaltungen, elektromagnetische Wellen, Elektroakustik, Festkörperphysik, Magnetismus.

In speziellen Einrichtungen wird unter Informationstechnik ein ausgewähltes Arbeitsgebiet verstanden. Einen guten Überblick über die wichtigsten Gebiete enthält die angegebene Literatur.

H. Völz

Literatur: Philippow, E. (Hrsg.): Taschenbuch der Elektrotechnik in 6 Bänden, Bd. 2: Grundlagen der Informationstechnik, Bd. 3: Bauelemente und Bausteine der Informationstechnik, Bd. 4: Systeme der Informationstechnik. Berlin: VEB Verlag Technik 1977 bis 1979.

Inkrementelle Übersetzung – Übersetzung von Programmen mittels eines Compilers, der Programmänderungen inkrementell durchführt. Solche inkrementellen *Compiler* sind Mehrpaß-Compiler, die das zu übersetzende *Programm* in eine solche interne Darstellung überführen, daß spätere Programmänderungen nicht eine vollständige Neuübersetzung, sondern lediglich Übersetzung des zu ändernden Programmstücks erfordern. Alle sich daraus ergebenden Änderungen des erzeugten *Maschinenprogramms* werden aus den Änderungsinformationen und den in der Interndarstellung enthaltenen Referenzen ermittelt und selektiv durchgeführt. Für die Programmänderungen werden syntaxgesteuerte Editoren verwendet.

Die inkrementelle Compilierung hat den Vorteil sehr kurzer Übersetzungszeiten bei geringfügigen Programmänderungen (kurze Antwortzeiten im *Dialogbetrieb*), erfordert aber höhere Aufwendungen für die Compilererzeugung und die benötigten Ressourcen zur Durchführung von Übersetzungen.

W. Assmann

Innovation – (Neuerung) Entwicklung, Nutzung und Ausbreitung von neuen Erzeugnissen mit verbesserten Leistungsparametern und Gebrauchseigenschaften (Produktionsinnovationen) sowie von neuen Technologien mit höherer Effektivität (Prozeßinnovationen). Innovationen bilden (s. Abb.) das Ergebnis der Vereinigung eines existierenden oder latenten ökonomischen Bedarfs B mit nutzbaren wissenschaftlichen Problemlösungen L unter gegebenen oder möglichen Realisierungsbedingungen R, so z. B. des Bedarfs zur Produktions- und Produktivitätssteigerung, Rationalisierung, Effektivitätserhöhung und Verbesserung der Arbeitsbedingungen in Betrieben und Kombinaten (Bedarfsfeld), der automatisierten Produktions- und Informationstechnik auf der Basis der *Mikroelektronik* in Form von *NC-Maschinen*, *In-*

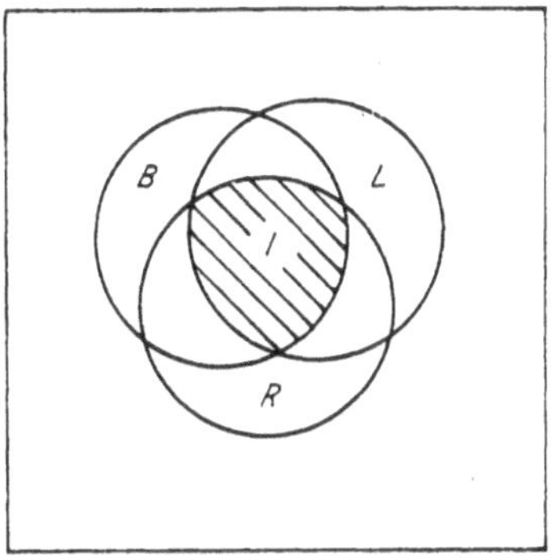

Innovation *I* in Abhängigkeit von den Faktoren *L*, *B* und *R*

dustrierobotern, flexiblen Fertigungssystemen, Bürorechnern, Datenverarbeitungssystemen, Kommunikationstechnik (Lösungsfeld) oder der einsetzbaren materiellen, finanziellen und personellen Ressourcen (Realisierungsfeld). Es werden drei Typen von Innovationen unterschieden:

Basisinnovationen (z. B. Mikroelektronik, moderne Biotechnologien) sind durch tiefgreifende Veränderungen von Erzeugnissen und Technologien, Eröffnung neuer Produktionsfelder, Schaffung neuer Effizienzpotentiale, sprunghafte Steigerung der Arbeitsproduktivität und umfassende Bedürfnisbefriedigung charakterisiert.

Verbesserungsinnovationen entwickeln vorhandene Produkte und Prozesse in Bezug auf Qualität, Quantität, Sortiment, Wirkungsgrad, Ressourceneinsatz, Zuverlässigkeit, Kosten, Nutzerfreundlichkeit u. a. weiter; sie vertiefen das durch Basisinnovationen geschaffene Effizienzpotential.

Pseudoinnovationen weisen lediglich scheinbare Neuerungsmerkmale auf und erreichen die vorgenannten Effekte nicht.

Die gezielte Vorbereitung und Realisierung von Innovationen zur Durchsetzung des wissenschaftlich-technischen Fortschritts auf allen Ebenen der Volkswirtschaft erfordert eine langfristig orientierte strategische Arbeit zur Bestimmung zukunftsträchtiger *Innovationsfelder* sowie zur Erarbeitung und Auswahl effektiver *Innovationsstrategien.* Hierzu werden in zunehmendem Maße systemanalytische Verfahren und rechnergestützte Entscheidungsmodelle eingesetzt (s. a. *Systemanalyse von Innovationsprozessen*).

H.-G. Lauenroth

Literatur: Maier, H., a. J. Robinson (Ed.): Innovation Policy and Company Strategy. Laxenburg/Austria: IIASA Coll. Proc. Series **CP-82**, 1982; Lauenroth, H.-G., u. M. Weber: Inhalt, Prinzipien und Methoden der Systemanalyse von Innovationsprozessen. messen. steuern. regeln, Berlin **26** (1983) 10 und **26** (1983) 11.

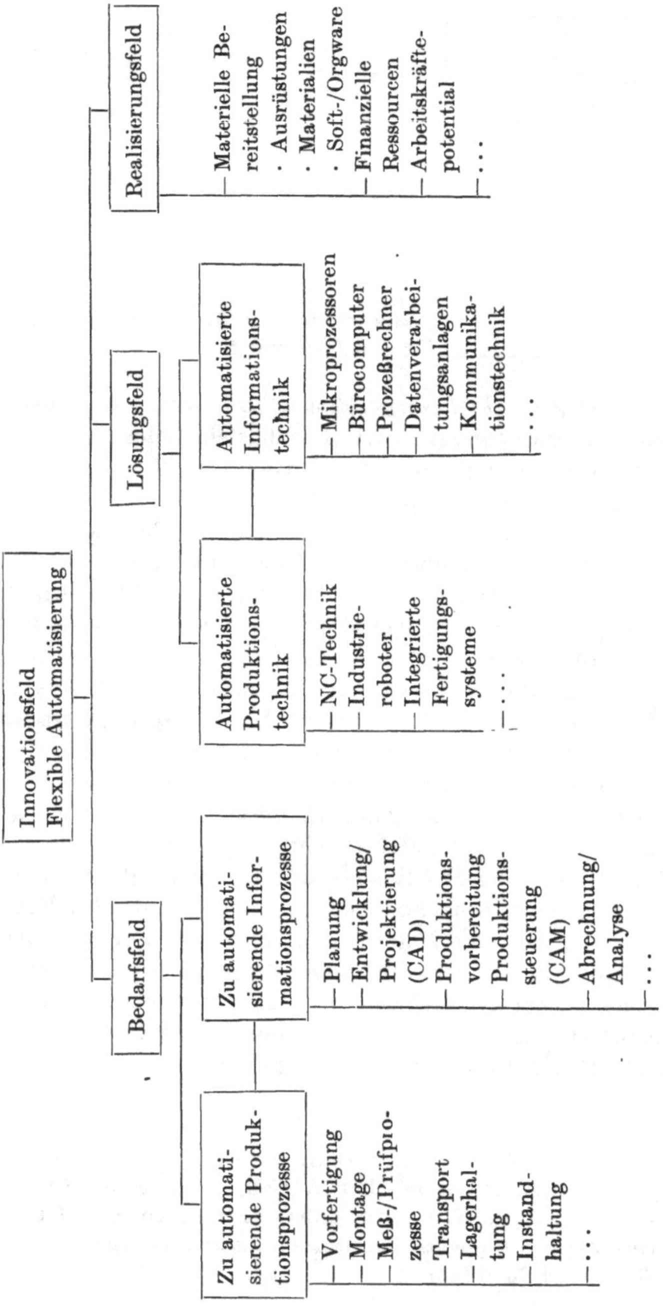

Elemente des Innovationsfeldes Flexible Automatisierung eines Kombinates

Innovationsfelder – Felder des existierenden oder latenten Bedarfs an Produkt- und/oder Prozeßinnovationen (Bedarfsfeld), der nutzbaren wissenschaftlich-technischen Problemlösungen (Lösungsfeld) und der gegebenen oder möglichen Realisierungsbedingungen (Realisierungsfeld).

Wesentliche globale I. bilden gegenwärtig u. a. die *Mikroelektronik* im Produktions- und Konsumtionsbereich, die *flexible Automatisierung* von Fertigungs- und Informationsprozessen, die Entwicklung neuer Werkstoffe und Werkstoffsubstitution, die Erschließung und bessere Nutzung von Energieressourcen, die Entwicklung moderner Biotechnologien sowie neue Verkehrslösungen und die Umweltgestaltung. Für das I. Flexible Automatisierung sind in der Abb. die spezifizierten Bedarfs-, Lösungs- und Realisierungsfelder im Rahmen eines Kombinates qualitativ dargestellt. Ihre quantitative Analyse unter Nutzung systemanalytischer Verfahren und rechnergestützter Entscheidungsmodelle führt zu *Innovationsstrategien* (s. a. *Systemanalyse von Innovationsprozessen*).

H.-G. LAUENROTH

Literatur: MAIER, H.: Wissenschaftlich-technische Neuerungsprozesse, Effektivität und Strategienbildung. Wirtschaftswissenschaft, Berlin **29** (1981) 11.

Innovationsprozesse, Effektivität – qualitative und quantitative Aussagen über die sozialökonomischen Auswirkungen der Entwicklung, Nutzung und Ausbreitung von *Innovationen* oder Neuerungen. Sie können im Ergebnis systemanalytischer Untersuchungen als Primär-, Sekundär- und Tertiärwirkungen über Einschätzungen, Skalierungen und Kenngrößen erfaßt und als dynamische und relative Effizienz berechnet werden. Die relative Effizienz $\eta(t)$ ermittelt sich nach MAIER mit

$$\eta(t) = \frac{e_i(t)}{\bar{e}(t)}$$

aus dem Verhältnis von dynamischer und durchschnittlicher Effizienz. Die dynamische Effizienz $e_i(t)$ ist der Ausdruck für den Effekt, der durch Erst-Realisierung einer Produkt- oder Prozeßinnovation in einer innovativen Produktionseinheit i entsteht (z. B. durch Vergrößerung des Marktanteils in Exportländern, sprunghafte Steigerung der Arbeitsproduktivität, wesentliche Senkung der Selbstkosten, veränderte Preisgestaltung usw.), während mit $\bar{e}(t)$ die durchschnittliche Effizienz als gewogenes Mittel aller Produktionseinheiten bezeichnet wird.

Die dynamische Effizienz ist der ökonomisch relevante Maßstab für den wissenschaftlich-technischen Neuheits- oder Innovationsgrad der Produktion.

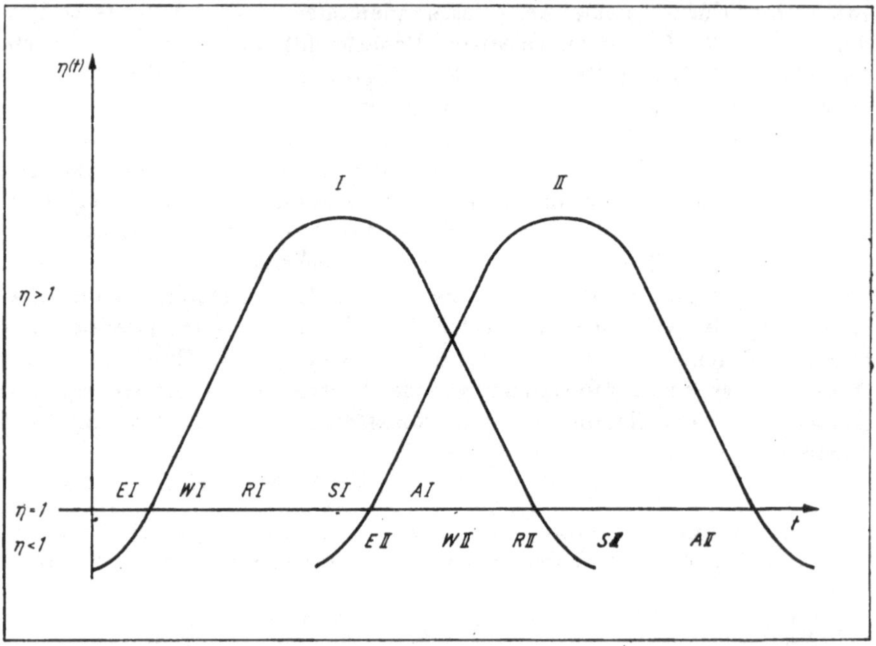

Entwicklung der relativen Effizienz $\eta(t)$ in den Phasen von zwei Innovationszyklen I und II

Für die Größenordnung und Wertigkeit der relativen Effizienz ergeben sich (s. Abb.) drei Grundsituationen in den Innovationsphasen Einführung (E), Wachstum (W), Reife (R), Saturation (S) und Alterung (A): 1. Realisierung der dynamischen Effizienz mit der Auswirkung $\eta(t) > 1$ als erstrebenswerter Zustand für die Nutzung von Innovationen; 2. Verallgemeinerung der Innovation mit dem Resultat $\eta(t) = 1$, so daß die Innovation auch das durchschnittliche Produktionsniveau bestimmt; 3. Notwendigkeit der Ablösung der analysierten Innovationen durch andere Innovationen, da diese mit $\eta(t) < 1$ bereits den Maßstab für das durchschnittliche Produktionsniveau bilden. Diese Grundsituationen dürfen jedoch nicht als alternative Entscheidungskriterien für die Bewertung von *Innovationsstrategien* generell angesehen werden; dies würde weder der Komplexität noch der Dynamik von Innovationsprozessen Rechnung tragen. Vielmehr ist zu berücksichtigen, daß die relative Effizienz in der Einführungsphase einer Innovation durchaus ungünstig sein und erst in den Wachstums- und Reifephasen in die Bereiche $\eta(t) \geqq 1$ gelangen kann, daß ferner in den Wachstums-, Reife- und Saturationsphasen die absoluten Werte für die dynamische Effizienz $e_i(t)$ eingeschätzt werden müssen und daß die Effizienz in der Alterungsphase eines Innovationszyklus I in Verbindung mit der Effizienz der Ausbreitungsphase des Folgezyklus II zu bringen ist. Daraus folgt, daß die Effektivität von Innovationsprozessen eine sehr komplexe Kategorie darstellt. Ihre Berechnungsverfahren befinden sich im Stadium der Entwicklung.

H.-G. LAUENROTH

Literatur: MAIER, H.: Wissenschaftlich-technische Neuerungsprozesse, Effektivität und Strategienbildung. Wirtschaftswissenschaft, Berlin **29** (1981) 11; LAUENROTH, H.-G., u. M. WEBER: Inhalt, Prinzipien und Methoden der Systemanalyse von Innovationsprozessen. messen. steuern. regeln, Berlin **26** (1983) 10 u. **26** (1983) 11.

Innovationsstrategien – Handlungsalternativen für die Entwicklung, Nutzung und Ausbreitung wissenschaftlich-technischer Neuerungen oder *Innovationen* (s. a. *Systemanalyse von Innovationsprozessen*). I. entstehen im Ergebnis systemanalytischer Untersuchungen unter zunehmender Verwendung rechnergestützter Entscheidungsmodelle. Es werden sechs Strategiearten unterschieden: 1. Offensiv-Strategien – Beschreiten von Neuland mit neuen eigenen Lösungen unter hohem Risiko; 2. Nutzungs-Strategien – Einstieg in die Wachstumsphase bereits begonnener Innovationsprozesse; 3. Übernahme-Strategien – Verwendung von Resultaten realisierter Innovationsprozesse; 4. Reaktions-Strategien – Realisierung von Innovationen geringeren Umfanges auf Grund von Forderungen der Abnehmer; 5. Traditions-Strategien – Verzicht auf nennenswerte Innovationen; 6. Nischen-Strategien – Orientierung auf spezielle Produkte und Prozesse mit begrenztem Ausmaß.

Für das Innovationsfeld Automatisierung beziehen sich innovationsstrategische Entscheidungen u. a. auf Relationen von Einzelautomatisierung und *flexibler Automatisierung*, auf Proportionen des Einsatzes von *NC-Maschinen*, *Industrierobotern* und *flexiblen Fertigungssystemen* verschiedener Generationen, auf das Verhältnis zentraler und dezentraler Datenverarbeitungs- und Datenspeichertechnik, auf Entwicklungstendenzen von *Brainware*, *Software*, *Orgware* und *Hardware* bei der Rationalisierung von Informationstechnologien sowie auf das Niveau und den Grad der Automatisierung als zweiggebundene, funktionsgebundene und technikgebundene Kategorie.

Die Bewertung von I. wird nach mehrdimensionalen, flexiblen und hierarchisch strukturierten Kriterien vorgenommen; sie muß zudem der Kompliziertheit der Zielformulierung Rechnung tragen, die von technischen, ökonomischen, sozialen und weiteren Faktoren bestimmt wird und zu Zielindifferenz (weitgehende Unabhängigkeit von Zielen), Zielkonkurrenz (Gegenläufigkeit von Zielen) und Zielkomplementarität (Ergänzung von Zielen) führt. Ein wesentliches Bewertungskriterium bildet die relative Effizienz von Innovationen (s. *Innovationsprozesse, Effektivität*).

H.-G. LAUENROTH

Literatur: MAIER, H.: Wissenschaftlich-technische Neuerungsprozesse, Effektivität und Strategienbildung. Wirtschaftswissenschaft, Berlin **29** (1981) 11; LAUENROTH, H.-G., u. M. WEBER: Inhalt, Prinzipien und Methoden der Systemanalyse von Innovationsprozessen. messen. steuern. regeln, Berlin **26** (1983) 10 u. **26** (1983) 11; WÖLFLING, M., u. a.: Neuerungsprozesse und die Perspektiven der Volkswirtschaft. Berlin: Akademie-Verlag 1984.

Input – Eingangstrom von Informationen, Daten und Programmen in eine Rechenanlage.

Instandhaltung – Gesamtheit aller Maßnahmen zur Erhaltung und Wiederherstellung der Funktionsfähigkeit von Betrachtungseinheiten (z. B. Anlagen, Baugruppen oder Bauteile). Dabei heißt eine Betrachtungseinheit funktionsfähig, wenn sie allen Forderungen des Gebrauchs genügt (insbes. hinsichtlich Qualität und Quantität der hergestellten Produkte, der Wirtschaftlichkeit, der Schutzgüte). I.-Leistung ist eine materielle Leistung, deren Gebrauchswert in der Erhaltung und/oder Wiederherstellung der Funktionsfähigkeit von Betrachtungseinheiten besteht. Als I.-Prozeß bezeichnet man den Arbeitsprozeß, durch den die I.-Leistung erbracht wird. I.-Aufwand ist der Aufwand im betrieblichen Reproduktionsprozeß, der aus lebendiger und vergegenständlichter Arbeit für die Erbringung der I.-Leistung besteht.

I.-Vorhaben werden nach Umfang und Art gegliedert. Nach dem Umfang ist zu unterscheiden zwischen laufender I. (nur begrenzte Unterbrechung des Produktionsprozesses, um den Zustand einzelner Baugruppen zu verbessern), Groß-I. (=Generalreparatur: Ausgliederung der Anlage aus dem Produktionsprozeß, um den Anlagenzustand insgesamt zu verbessern) und Störungsbeseitigung. Bei den I.-Arten wird unterschieden zwischen Warten (zur Verminderung der Abnutzungsgeschwindigkeit), Kontrollieren (zur Ermittlung des Anlagenzustandes), Instandsetzen (zur Wiederherstellung der Funktionsfähigkeit), Austauschen (Instandsetzen, wobei die geschädigten Baugruppen oder Bauteile durch neue bzw. aufgearbeitete ersetzt werden) und Aufarbeiten (Instandsetzen von Baugruppen oder Bauteilen in Werkstätten).

Nach der Form der räumlichen Organisation des I.-Prozesses wird zwischen Vor-Ort-I. und Werkstatt-I. unterschieden.

K. REINSCHKE

Literatur: TGL 24310 Begriffe der Instandhaltung.

Instandsetzung – Instandhaltungsprozeß, bei dem überwiegend Instandhaltungsmaßnahmen mit der Instandhaltungsart „Instandsetzen" durchgeführt werden; s. *Instandhaltung.*

K. Reinschke

Literatur: TGL 24310 Begriffe der Instandhaltung.

Instrumentierung – Ausrüstung eines zu automatisierenden technischen Prozesses mit BMSR-Geräten (Anlagenautomatisierung). Für das Ergebnis der ingenieurmäßigen Vorbereitung der Instrumentierung ist die Bezeichnung Projekt gebräuchlich. Deshalb wird Projektierung häufig als Synonym für Instrumentierung benutzt, obwohl der Begriff Projektierung umfassender sein sollte.

R. Müller

Integrität – Mit Integrität wird eine charakteristische Stabilitätseigenschaft von *Mehrgrößenregelungssystemen* (MGR) bezeichnet. Die Integrität eines MGR ist gegeben, wenn bei Auftrennen einzelner Signalpfade in den Hauptregelkreisen keine Instabilität auftritt. Dabei wird vorausgesetzt, daß das MGR im offenen und geschlossenen Zustand stabil ist. Integrität ist für die Sicherheit praktisch ausgeführter Systeme von grundlegendem Interesse. Das Trennen von Signalpfaden kann durch Ausfall von Meß-, Stell- und Rückführsignalen oder auch durch Automatik-Hand-Umschaltungen verursacht werden. Integrität ermöglicht bei der Inbetriebnahme von MGR wesentliche Vereinfachungen dadurch, daß die Hauptregelkreise einzeln nacheinander in Betrieb gesetzt werden können. Ebenso kann damit ein sicheres Abfahren von Anlagen mit MGR gewährleistet werden.

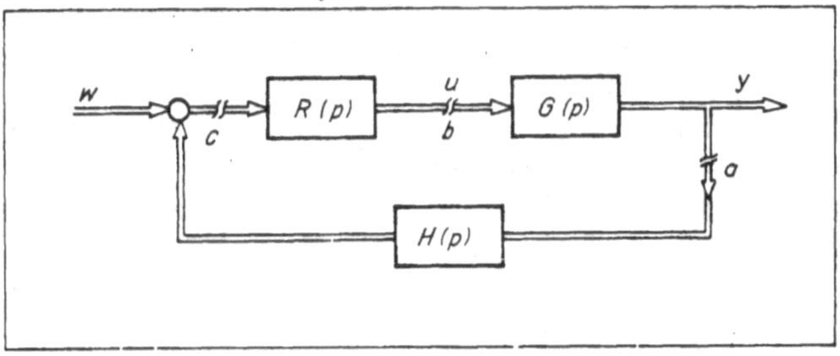

Schnittstellen eines Mehrgrößenregelungssystems zur Aufstellung der Rückführdifferenzmatrizen
$\boldsymbol{G}^a(p) = \boldsymbol{I} + \boldsymbol{G}(p)\boldsymbol{R}(p)\boldsymbol{H}(p) = \boldsymbol{I} + \boldsymbol{G}_0^a(p)$,
$\boldsymbol{G}^b(p) = \boldsymbol{I} + \boldsymbol{R}(p)\boldsymbol{H}(p)\boldsymbol{G}(p) = \boldsymbol{I} + \boldsymbol{G}_0^b(p)$ und
$\boldsymbol{G}^c(p) = \boldsymbol{I} + \boldsymbol{H}(p)\boldsymbol{G}(p)\boldsymbol{R}(p) = \boldsymbol{I} + \boldsymbol{G}_0^c(p)$

Integrität ist prinzipiell dadurch überprüfbar, daß die Stabilität der durch Auftrennen eines oder mehrerer Signalpfade entstehenden Restsysteme z. B. anhand der Aufstellung der charakteristischen Gleichung und der Bestimmung ihrer Wurzeln untersucht wird. Ein übersichtliches Vorgehen wird erreicht, wenn man von den Rückführdifferenzmatrizen entsprechend den drei möglichen Schnittstellen (vor und hinter dem Regler, hinter der Strecke) in einem MGR ausgeht (s. Abb.): Bei Ausfall eines oder mehrerer Reglereingangs-, Stell- oder Meßsignale mit dem Index i werden in den entsprechenden Rückführmatrizen die i-ten Zeilen und Spalten gestrichen. Danach ist die Stabilität der entstehenden Untermatrix (-matrizen) G_0^a, G_0^b oder G_0^c z. B. mit dem verallgemeinerten NYQUIST-Kriterium (s. *Stabilitätskriterien*) zu untersuchen.

H. EHRLICH

Interaktion – s. *Interaktives System*.

Interaktives System – Gesamtheit der Mittel, die zur direkten, zielgerichteten Wechselwirkung zweier Systeme benötigt werden. Der Begriff wird im allgemeinen nur auf die kooperative Wechselwirkung zwischen Mensch und Rechner angewendet. Das i. S. besteht aus Gerätetechnik (Rechner, Peripherie, Terminals), *Software* (*Betriebssystem*, *Rahmenprogrammsystem*, Anwendungssoftware) und dem Menschen. Es ist im Idealfall dadurch charakterisiert, daß bei beiden Partnern, Mensch und Rechner, a priori ein allgemeines Wissen vom Anwendungsbereich vorhanden ist, beide ein im Zusammenhang stehendes Ziel haben und dieser Zusammenhang während des interaktiven Prozesses erhalten bleibt, daß die Verantwortung für die Erreichung des Zieles zwischen Mensch und Rechner geteilt ist und die Initiative im Prozeß zwischen Mensch und Rechner wechselt, daß es anpaßbar an Fähigkeiten und Wünsche des Menschen, an den jeweiligen Sachverhalt und an Input- und Outputgeräte ist, es über den Anwendungsbereich hinzulernen kann und schließlich daß es Fragen stellen, Aussagen erläutern, Wissen darstellen, Wissen aufnehmen sowie dazwischen wechseln kann.

Man unterscheidet fünf Grundtypen von i. S., die in der Praxis kaum in diesen reinen Formen auftreten:
- *Informationssysteme*,
- Datenerfassungs- und -manipulationssysteme,
- *Programmiersysteme*,
- Systeme zur Steuerung technologischer Prozesse und
- halbautomatische Aufgabenlösungssysteme.

Das i. S. kann einen vorbestimmten Modus haben oder aus mehreren Komponenten unterschiedlicher Modi bestehen. Im zweiten Fall müssen die Komponenten so voneinander abgegrenzt sein, daß sie für den Nutzer (Menschen) erkennbar sind. Prinzipielle Modi sind: Kennenlernen des Systems, Erfragen von Fakten oder Zusammenhängen, gezielte Aufgabenausführung, Dateneingabe, kooperative Gestaltung (z. B. an graphischen Objekten), Editierung, Programmierung, Befehlsgebung und Erläuterung von Schlußfolgerungen. Der interaktive Prozeß zerfällt in die Bestandteile „Wissen“ und „Tun“. Ersterer bezeichnet den Prozeß der Herstellung von Übereinkommen zwischen Mensch und Rechner, was zu tun ist, d. h., es werden z. B. *Szenarien* definiert oder verändert. Zweiterer steuert einen definierten Prozeß. Der Steuerteil eines i. S. überwacht und lenkt den Gesamtprozeß.

Zwischen Mensch und Rechner werden zwei *Schnittstellen* unterschieden. Die erste ist zwischen dem Nutzer eines i. S. und dem Rechner definiert, sie wird Nutzerschnittstelle genannt. Zur Kommunikation zwischen Nutzer und Rechner gibt es zwei Sprachen, die eng miteinander gekoppelt sind: eine Inputsprache und eine Outputsprache. Bekannte Formen einer Inputsprache sind Kommandos, Funktionstasten oder deskriptive Sprachen. Als Outputsprachelemente sind Fragen, *Menüs* oder graphische Daten hinlänglich bekannt. Die zweite Schnittstelle kennzeichnet die Beziehung zwischen dem Programmierer eines i. S. und dem Rechner, sie wird Programmierschnittstelle genannt. Der Programmierer bedient sich unterschiedlicher *Programmiersprachen* zur *Implementierung* eines Systems.

Die meisten in der Praxis heute existierenden i. S. approximieren nur einen Teil der eingangs genannten Charakteristika idealer Systeme. Viele sind tatsächlich reine reaktive Systeme, in denen nur vom Menschen Aktionen ausgelöst werden, die den Rechner zu vorprogrammierten Reaktionen veranlassen.

D. RICHTER

Literatur: GUEDJ, R. A., P. J. W. TEN HAGEN, F. R. A. HOPGOOD, H. A. TUCKER a. D. A. DUCE: Methodology of Interaction. Amsterdam, New York, Oxford: North-Holland Publishing Company 1980; Довялло, А. М.: Диалог пользователя и ЭВМ. Основы проектирования и реализации. Киев: Наукова думка 1981.

Interaktives Terminal – s. *Rechnergestützter Arbeitsplatz.*

Interrupt – in der elektronischen *Rechentechnik* durchgängig gebrauchter Begriff für Unterbrechung. Die technische Einrichtung zur Unterbrechung eines gerade laufenden *Programms* ist das Interruptsystem, auch *Unterbrechungssystem* genannt.

K

Kalman-Bucy-Filter – s. *Filter, optimales.*

Kaskadenregelung – s. *Hilfsgrößenaufschaltung.*

Katastrophentheorie – auf den französischen Mathematiker René Thom zurückgehende Theorie; versucht, sehr allgemeine Aussagen über sprunghafte Zustandsänderungen zu machen. Betrachtet werden dabei Systeme ϱ, die von gewissen willkürlich beeinflußbaren reellen Parametern $y_1, \ldots, y_s$ (den sog. Kontrollparametern) abhängen und die die Eigenschaft haben, daß stetige Veränderungen dieser Parameter abrupte Umschläge ihres (inneren) Zustandes bewirken können. Indem man derartige plötzliche Veränderungen als Katastrophen bezeichnete, kam die Theorie zu ihrem Namen.

Ein Beispiel: Ein elastischer, gerader Metallstreifen (Feder) sei mit seinem unteren Ende senkrecht eingespannt. Auf das freie Ende wirke eine Kraft K senkrecht zur oberen Kante der Feder (s. Abb. 1). Wir nehmen an, daß sich

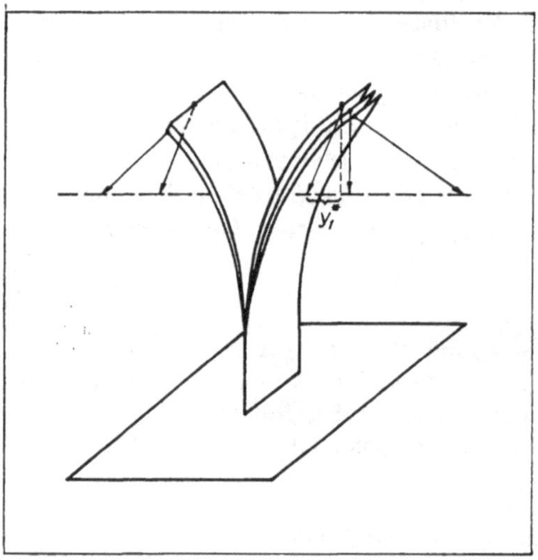

Abb. 1
Einseitig eingespannter Metallstreifen (Feder)

K beliebig verändern läßt, und bezeichnen die horizontale und die vertikale Komponente mit y_1 bzw. y_2 (Kontrollparameter). Wird $y_2 < 0$ konstant gehalten, während y_1 von Werten $y_1 \gg 0$ zu Werten $y_1 \ll 0$ variiert, so wird die Feder bei einem gewissen negativen Wert y_1^* von der rechten nach der linken Seite springen (Katastrophe). Hierbei ist (in gewissen Grenzen) y_1^* offenbar eine monoton wachsende Funktion von y_2.

Die K. stellt sich die Aufgabe, phänomenologisch zu beschreiben, wie solche Umschläge von der Veränderung der Kontrollparameter abhängen. In der elementaren K. wird vorausgesetzt, daß der Zustand von ϱ durch endlich viele reelle Parameter $x_1, \ldots, x_r$ (Zustandsparameter) beschrieben wird und daß das Verhalten von ϱ durch folgende Bedingung durch eine reelle Funktion $f(x_1, \ldots, x_r, y_1, \ldots, y_s)$ von $r+s$ Variablen bestimmt ist: Bei gegebenen Kontrollparametern $y_1, \ldots, y_s$ befindet sich ϱ stets in einem Zustand $x_1, \ldots, x_r$, bei dem $f(x_1, \ldots, x_r, y_1, \ldots, y_s)$, verglichen mit benachbarten Zuständen, minimal wird. Als Katastrophenmenge $\mathfrak{K}$ bezeichnet man dann die Gesamtheit der Kontrollparametersätze $(y_1, \ldots, y_s)$, bei denen Sprünge des Zustandes von ϱ auftreten können. Genauer, ein Punkt $(y_1, \ldots, y_s)$ des s-dimensionalen Raumes $\mathbb{R}^s$ der Kontrollparameter liegt genau dann in der Katastrophenmenge $\mathfrak{K}$, wenn es eine stetige Schar $(y_1(t), \ldots, y_s(t))$ $(-1 \leqq t \leqq 1)$ von Kontrollparametern gibt, bei deren Durchlaufen das System für $t=0$ plötzlich seinen Zustand ändert.

Eine wesentliche Aussage der elementaren K. ist eine qualitative Be-

Abb. 2
$\mathbb{R}^s$ für $s=2$ (Ebene)

schreibung von $\mathfrak{K}$, falls s nicht zu groß ist und wenn man von gewissen Ausnahmefällen bei der Funktion f absieht. Ist $s=1$, so ist der Kontrollraum $\mathbb{R}^s$ die Zahlengerade, und $\mathfrak{K}$ besteht im allgemeinen Fall nur aus einzelnen getrennt liegenden Punkten. Für $s=2$ ist $\mathbb{R}^s$ die Ebene, und $\mathfrak{K}$ setzt sich aus glatten Kurvenstücken zusammen, von denen in einzelnen Punkten zwei mit ihren Endpunkten in einer Spitze mit einer gemeinsamen Tangente zusammenlaufen können (s. Abb. 2). Bei drei Kontrollparametern ist $\mathbb{R}^s$ der dreidimensionale Raum, und $\mathfrak{K}$ setzt sich aus glatten Flächenstücken zusammen, die längs gewisser Kurven in einem Grat mit gemeinsamer Tangente zusammenstoßen können (s. Abb. 3). Außer diesen Graten können hier noch drei weitere Arten des lokalen Verhaltens von $\mathfrak{K}$ auftreten, die in den

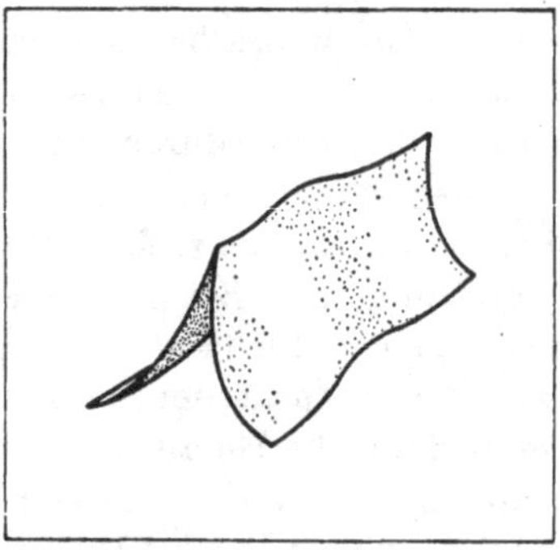

Abb. 3
Grat

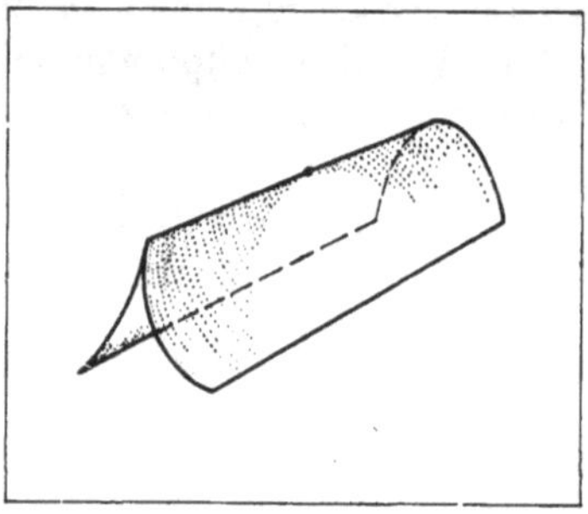

Abb. 4
Hyperbolischer Nabel (Ende eines Grates)

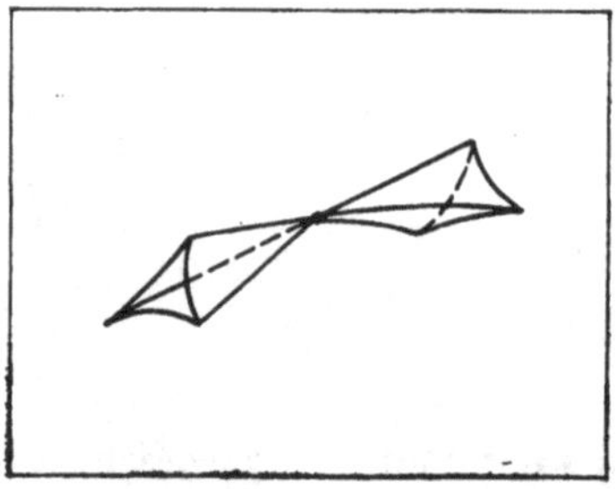

Abb. 5
Elliptischer Nabel

Abb. 4 bis 6 angedeutet sind. So gibt es für $s=3$ fünf verschiedene Möglichkeiten für das lokale Aussehen von $\mathfrak{K}$: die glatte Fläche, den Grat, den hyperbolischen Nabel, den elliptischen Nabel und den Schwalbenschwanz. Ist $s=4$, so gibt es sieben Möglichkeiten für das lokale Verhalten von $\mathfrak{K}$ im vierdimensionalen Raum $\mathbb{R}^s$, und das sind die oft genannten sieben THOMschen Katastrophen. In unserem Beispiel wird die Katastrophenmenge nahe $(y_1, y_2)=(0, 0)$ eine Spitze haben (s. Abb. 7).

Anwendungen der K. liefern exakte Resultate (qualitativer Art) etwa bei Untersuchungen elastischer Systeme. Da ihre Aussagen insofern nicht von

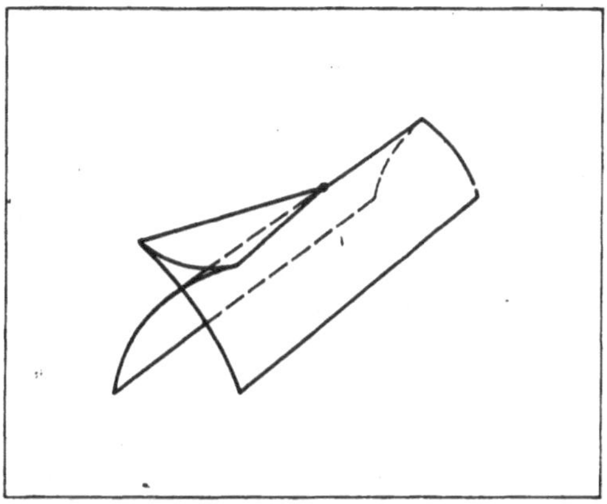

Abb. 6
Schwalbenschwanz

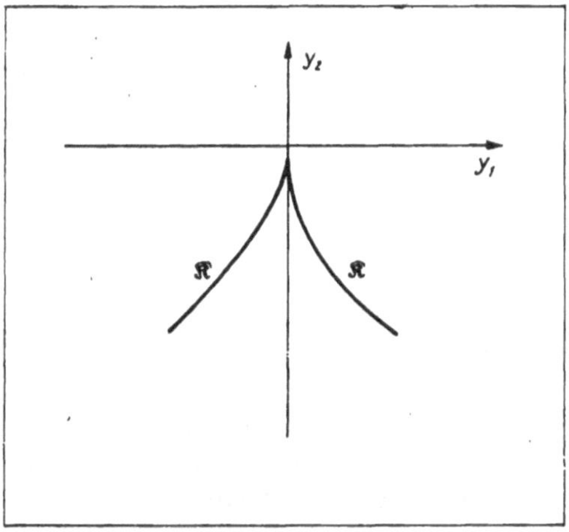

Abb. 7
Zur Verdeutlichung der Thomschen Katastrophen

der Kompliziertheit des Systems ϱ abhängen, als die Anzahl der Zustandsparameter r beliebig groß sein kann, hat man versucht, die elementare K. heranzuziehen, um Reaktionen des Gehirns, d. h. das Verhalten von Individuen oder auch von gesellschaftlichen Gruppen zu beschreiben. Obwohl dabei die für die Theorie notwendigen Voraussetzungen nicht nachprüfbar sind, zeigen sich in einzelnen Fällen frappierende Übereinstimmungen mit beobachteten Tatsachen. Für manche im Raum ablaufenden morphogenetischen Prozesse ist es möglich, die Ortskoordinaten als Kontrollparameter anzusehen. Die K. sagt dann voraus, daß die entstehenden Formen von Teilen der Katastrophenmenge begrenzt werden. Exakte Ergebnisse in diesem Zusammenhang liegen für die Beschreibung von Kaustiken (Brennflächen) in Strahlensystemen vor.

Im Gegensatz zur hier beschriebenen elementaren K. hat die von THOM andeutungsweise konzipierte allgemeine K. bisher zu keinem überschaubaren Begriffsapparat geführt. Ihre Probleme führen u. a. auf Fragen bei der Bifurkation von Attraktoren in der Dynamik und damit in ein Gebiet, auf dem bisher nur spärliche gesicherte Erkenntnisse vorliegen.

U. J. BOTHE

Literatur: THOM, R.: Stabilité structurelle et morphogénèse. New York: Benjamin 1972; POSTON, T., a. I. STEWART: Catastrophe Theory and its Applications. London, San Francisco, Melbourne: Pitman 1978; ZEEMAN, E. C.: Catastrophe Theory – selected papers 1972–1977. Reading/Mass.: Addison-Wesley 1977.

Klassifikator – Verfahren zur Zuordnung von Objekten oder Datenmengen zu Klassen. Eine Klasse ist eine Menge von Objekten mit gleichen Eigenschaften in bezug auf eine bestimmte Art der Beschreibung oder wird charakterisiert durch einen *Algorithmus* zur Erzeugung von zur Klasse gehörigen Objekten. Die erste Definition ist extensional, die Klasse wird durch eine Menge von Beispielen beschrieben, wobei im allgemeinen nicht vorausgesetzt werden kann, daß es sich um besonders typische Vertreter der Klasse handelt. Die zweite Definition ist intensional; das Finden der Vorschrift zur Erzeugung der Klassenmenge ist gleichbedeutend mit der Ermittlung der Klassifikationsvorschrift.

Die wichtigsten Typen von K. sind der Entscheidungsbaumklassifikator, der Repräsentantenklassifikator und der Trennflächenklassifikator.

Der Entscheidungsbaum ist eine Klassifikationsvorschrift, bei der die Komponenten des *Merkmalsvektors* eines Objektes sequentiell mit Schwellenwerten verglichen werden, bis eine eindeutige Klassenzuordnung erfolgt ist. In der Trainingsphase wird der Entscheidungsbaum mit Hilfe einer klassifizierten Stichprobe (Menge von Objekten mit bekannter Klassenzugehörigkeit) so belehrt, daß in der Kannphase möglichst wenige Komponenten den Merkmalsvektor benötigen werden. Dies ist z. B. von praktischer Bedeutung, wenn die Kosten zur Berechnung des Merkmalsvektors hoch sind wie z. B. in der medizinischen Diagnostik. Ist bei der Klassifikation eine gegenseitige Abhängigkeit der Merkmale relevant, sind Entscheidungsbaumklassifikatoren weniger geeignet.

Der Repräsentantenklassifikator ist gekennzeichnet durch eine Menge von Merkmalsvektoren, die Klassenrepräsentanten darstellen, und ein Abstandsmaß. Ein unbekanntes Objekt wird derjenigen Klasse zugeordnet, zu deren Repräsentant es den geringsten Abstand hat. Repräsentantenklassifikatoren sind leicht zu belehren. Oft ist es schwierig, eine geeignete Vorschrift zur Normierung der Merkmalsvektoren zu finden. Die richtige Normierung ist jedoch von großem Einfluß auf die Güte des Repräsentantenklassifikators.

Der Trennflächenklassifikator verwirklicht ein sehr allgemeines Prinzip. Ausgehend von der Vorstellung, daß die Objekte einer Klasse bestimmten Nachbarschaftsbeziehungen im Merkmalsraum genügen, wird versucht, in der Trainingsphase die Trennflächen zwischen diesen Gebieten zu bestimmen. Sehr leistungsfähige K. lassen sich mit Trennebenen konstruieren. Bei komplizierten Trennflächen zwischen den Klassen werden mehrere Ebenenstücke zusammengesetzt.

Zur theoretischen Begründung von Klassifikationsvorschriften und zur Beurteilung der Güte von K. werden meist statistische Methoden eingesetzt. Bei Entscheidungsbäumen sind zusätzlich *Graphentheorie* und Aussagenlogik von Bedeutung.

Das grundlegende Gütekriterium ist die Wahrscheinlichkeit der Fehlklassifikation in der Arbeitsphase. Da es aber meist nicht gelingt, ein hinreichend vollständiges Klassenmodell bei realen Datensätzen aufzustellen, werden weitere Kriterien hinzugezogen, so u. a. die Fähigkeit zur Rückweisung von Objekten, die zu keiner Klasse gehören, die Fähigkeit zur Verarbeitung unvollständig beschriebener Objekte, die Fähigkeit zur Generalisierung (Erlernen hinreichender Klassifikationsvorschriften aus kleinen Stichproben) sowie der Komfort bei der Belehrung (in der Trainingsphase). s. a. *Clusterung*.

K. Fritzsch

Literatur: Unger, S., u. F. Wysotzky: Lernfähige Klassifizierungssysteme. Berlin: Akademie-Verlag 1981; Schoenborn, W., K. Fritzsch u. G. Stanke: Lernverfahren für technische Systeme. Berlin: Akademie-Verlag 1983.

Kleinrechentechnik – Klasse von Rechnern, die in ihrem Leistungsvermögen unterhalb der *Großrechentechnik* liegt.

Kleinrechner besitzen eine programmierbare Steuerung mit dem Ziel der billigsten, schnellsten *Implementierung* einer speziellen Funktion. Auf Grund der geringeren Universalität gegenüber Großrechnern sind Kleinrechner mit weniger Overhead belastet und besser an die Aufgaben anpaßbar. Sie werden deshalb vorzugsweise dezentral, integriert in den Arbeitsprozeß eingesetzt. Typische Anwendungsaufgaben kommen aus dem Bereich der Labor- und Prozeßautomatisierung, befinden sich auf dem weiten Feld der rechnergestützten Arbeitsplätze (z. B. *Digitale Bildverarbeitung*, rechnergestützte Konstruktion, Softwareentwicklungsplätze), sind die Bearbeitung wissenschaftlich-technischer Probleme mit mittlerem Rechenaufwand und Datentransfer. Die K. ist auch geeignet als Träger lokaler *Informationssysteme* sowie als Vermittlungsrechner in lokalen *Rechnernetzen*.

Die Kleinrechner besitzen eine Busarchitektur, d. h., logisch funktionell steht ein *Bus* im Mittelpunkt des Rechners. Über ihn erfolgt der Informationsaustausch sämtlicher angeschlossener Module (*Prozessor*, *Speicher*, *Ein- und Ausgabegeräte*). Die maximale Verarbeitungsbreite des Zentralprozessors beträgt 16 bit, zukünftig auch 32 bit. Die anschließbare Peripherie ist von der gleichen Art wie jene bei Großrechnern. Zusätzlich besteht die Möglichkeit, Prozeßperipherie anzukoppeln (z. B. *CAMAC*).

Die K. hat eine rasante Entwicklung genommen. Etwa jährlich verdoppelt sich im Durchschnitt der virtuelle Adreßraum und ungefähr alle 2 Jahre der physikalische Adreßraum. Zur Zeit liegt die Grenze zwischen Großrechentechnik und K. etwa bei 16 bzw. 4 Megabyte. Die Verarbeitungsgeschwindigkeiten schwanken zwischen 0,2 und 3 Millionen Operationen je Sekunde.

D. Richter

Literatur: Siewiorek, D. P., C. G. Bell a. A. Newell: Computer Structures – Principles and Examples. New York: McGraw-Hill Company 1982.

Kommunikationsnetz – System zur Realisierung der Sprach-, Daten-, Text- oder auch Bildkommunikation. S. *Datennetz*.

Kommunikationstechnik – Zu den heutigen klassischen Kommunikationstechniken Fernsprecher, Fernschreiber, Rundfunk und Fernsehen kommen in zunehmendem Maße neue hinzu. Sie können auf unterschiedliche Weise klassifiziert werden. Zwei Hauptgruppen sind jedoch deutlich zu erkennen: 1. Sie benutzen entweder alte Nachrichtentechniken oder schaffen neue Übertragungswege; 2. Sie sind nur in einer Richtung oder bidirektional zu betreiben.

So erfolgt das Fernkopieren (Telefax) über das Fernsprechnetz mittels der zusätzlichen neuen Geräte. Es ist bidirektional zu betreiben. Die Vielzahl der international verwendeten Broadcast-Videotext-Systeme benutzen den Fernsehkanal und sind daher nur in der Richtung vom Sender zum Empfänger zu betreiben. In der Vertikalaustastlücke des Fernsehbildes werden hierbei einige Zeilen (bei der 625-Zeilen-Norm max. die Zeilen 7 bis 22 und 320 bis 335) mit codierter Text- und Bildinformation belegt. Diese Information kann von einem speziellen Decoder ausgefiltert und zu fertigen speziell abnehmbaren Bildern aufbereitet werden. Der hierbei erreichbare Informationsfluß liegt bei ca. 10 kbit pro Sekunde und verwendete Fernsehzeile. Die interaktiven Videotext-Systeme nutzen den Fernsprechkanal über spezielle Medien. Sie sind dadurch in zwei Richtungen zu betreiben. Die Kommunikation erfolgt hierbei über eine zentrale Datenbank. Jeder Teilnehmer hat bei diesen Systemen die Möglichkeit, Daten in der Datenbank abzuspeichern und Daten aus der

Datenbank abzurufen. Entsprechend den Fernsprechnormen liegt die Übertragungsrate meist bei 1200 bit/s. Bei mehreren Systemen ist die Datenrate für die Übergabe von Informationen an die Datenbank reduziert, beim

Übersicht über wichtige Broadcast- und interaktive Videotext-Systeme

Staat	Institution	Übertragungsmedium		
		Fernsehkanal		Fernmeldekanal
	CCIR	Teletext		
		Broadcast Videography		
	CCITT CEPT		Videotext	
		Broadcast Videotext		Interaktiv Videotext
GB		Broadcast Teletext		Interaktiv Teletext
		Teletext		Viewdata
	BBC	Ceefax } Programmname		
	IBA	Oracle } Programmname		
	Post Office			Prestel
BRD	KtK	Videotext		Bildschirmtext
	DIN		Bildschirmtext	
		Teletext		Leitungstext
	Presse	„Bildschirmzeitung"		
	Philips	Polyglot		
Frankreich	CCETT	Antiope-Didon		Antiope-Titan
				Titac
				Teletel
Schweiz		Fernseh-Bildschirmtext		Videotext
Kanada		Broadcast Telidon		Interactiv Telidon
				Telidon Doc
				Videotext Bell
Japan	NHK	Cibs		
	PTT			Captains
USA		Erprobung verschiedener technischer Standards (Teletext, Antiope, Telidon) mit neuen Bezeichnungen, z. B.		
	Micro-TV	Info-Text		
	KSL-TV	Teledata		
	CBS-TV	Teletext		
	CPB-TV	Linie 21		

BRD-System Bildschirmtext z. B. auf 75 bit/s. Einen Überblick zu wichtigen Broadcast- und interaktiven Videotext-Systemen gibt die Tabelle.

Neue Kommunikationstechniken werden durch neue Übertragungswege möglich. Im Zentrum der Entwicklung stehen hier drei Varianten: Lichtleiter, Breitbandkabel und Satelliten. Alle drei Systeme zeichnen sich durch ihre große Bandbreite aus. Sie ermöglichen dadurch viele Kanäle der klassischen Technik oder Kanäle für höchste Qualitäten, z. B. im Rundfunk und Fernsehen digitale Techniken bzw. Hochzeilenfernsehen. Sie ermöglichen aber auch erstmals eine effektive Lösung des Bildtelefons. Mit diesen Kanälen wird immer wieder neu erwogen, wie durch Bildschirmkonferenzen u. ä. Reisen vermieden werden können. An dieser Stelle wird international die Akzeptanz verschiedener Medien untersucht. Ein Beispiel hierzu zeigt die Abb. im Vergleich von Telefon, direktem persönlichen Kontakt (face to face)

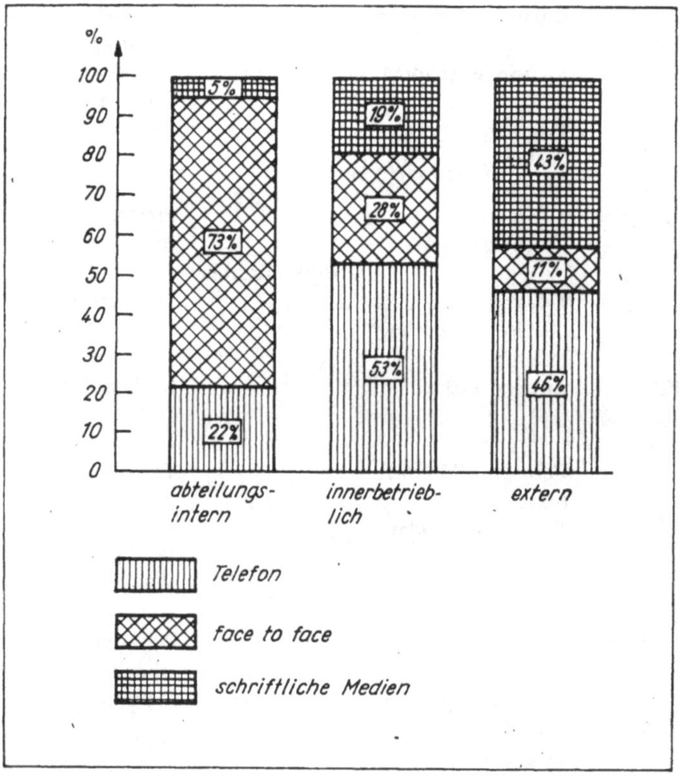

Vergleich der Akzeptanz von Telefon, direktem persönlichen Kontakt und schriftlichen Medien

und schriftlichen Medien. Ergänzend sei noch auf die *Rechnernetze* als neues Medium hingewiesen. Durch die ständige Zusammenschaltung mehrerer Rechner in kleinen Territorien und in weltweiten Systemen entsteht insbesondere eine neue Qualität für die Verfügbarkeit von Daten.

H. Völz

Literatur: Wiletzki, B.: Möglichkeiten, Chancen und Grenzen für das Konsumgüter-Marketing durch das neue Medium Bildschirmtext. Berlin, Offenbach: VDE-Verlag 1982; Kaiser, W.: Entwicklungslinien der Telekommunikation. Nachrichttechn. Ztschr., Berlin **36** (1982) 2; Wagner, H.: Systeme zur Zusatzinformation im Fernsehsignal. radio. fernsehen. elektronik, Berlin **31** (1982) 12.

Kompatibilität – „Verträglichkeit" von *Hardware-* oder *Software*systemen. Zwei voneinander abhängige Systeme heißen zueinander kompatibel, wenn die sich gegenseitig beeinflussenden Teilkomponenten so aufeinander abgestimmt sind, daß die notwendigen Funktionen ausführbar sind. Die K. wird durch die Definition der *Schnittstellen*, die zugrunde gelegten *Datenstrukturen* oder die syntaktische und semantische Interpretierbarkeit gegenseitig übermittelter Informationen bestimmt.

Die im Laufe der Entwicklung entstandenen Versionen eines komplexen Systems nennt man aufwärtskompatibel, wenn die Strukturen, Schnittstellen und Standardisierungen existierender Versionen in den weiterentwickelten weiterhin gültig sind.

D. Richter

Komplexität – In einem mathematisch präzisierten Sinn sind einerseits algorithmische K. und andererseits strukturelle K. untersucht worden.

Mit der Entwicklung der *Rechentechnik* begann man, die Komplexität von Algorithmen durch den erforderlichen rechentechnischen Aufwand zu beschreiben. So beschreibt die Raumkomplexität eines Algorithmus den mindestens erforderlichen Speicherplatzbedarf im Rechner für ein Programm, das den Algorithmus realisiert. Entsprechend beschreibt die Zeitkomplexität eines Algorithmus die mindestens erforderliche Rechenzeit für ein den Algorithmus realisierendes *Programm*. Speicherplatz und Rechenzeit hängen aber einerseits vom benutzten Rechnertyp und der benutzten *Programmiersprache* (Problembeschreibungssprache) und andererseits von der speziellen Beispielaufgabe ab. Deshalb sind diese Bezugsgrößen bei Komplexitätsuntersuchungen von Algorithmen zu spezifizieren.

In der abstrakten Komplexitätstheorie werden als Rechnertypen Turing-*Maschinen* oder andere abstrakte Maschinentypen oder Algorithmenschemata und als Beschreibungssprache in der Regel *formale Sprachen* über einem endlichen Alphabet zugrunde gelegt.

In der sog. konkreten Komplexitätstheorie wird als Beschreibungssprache die der *numerischen Mathematik* verwendet, für den Rechnertyp wird angenommen, daß gewisse Elementaroperationen (z. B. die Multiplikation) in einer Zeiteinheit ausführbar sind, andere (z. B. die Addition) in der Zeit $\mathcal{O}$. Man interessiert sich dann für Algorithmen, die ein numerisches Problem (z. B. die Matrizenmultiplikation) mit möglichst wenigen der interessierenden Operationen lösen.

Eine Beispielaufgabe B wird i. allg. durch ihre Beschreibungslänge $l(B)$ in der gewählten Problembeschreibungssprache charakterisiert, z. B.: Länge des Wortes der formalen Sprache; Grad des betrachteten Polynoms, Ordnung der betrachteten Matrix, Kantenzahl des betrachteten Graphen.

Gilt nun (bei fixiertem Rechnertyp und fixierter Problembeschreibungssprache) für einen *Algorithmus* $\mathcal{A}$, daß er zu jeder Beispielaufgabe B in höchstens $k \cdot f(l(B))$ Zeiteinheiten das Ergebnis liefert (k eine Konstante), so sagt man, der Algorithmus $\mathcal{A}$ habe eine Zeitkomplexität von der Ordnung f oder: $\mathcal{A}$ hat die Zeitkomplexität $\mathcal{O}(f)$. f ist dabei eine ganzzahlige Funktion. Da ein konstanter Faktor k unberücksichtigt bleibt, verändert sich die Zeitkomplexität eines Algorithmus nicht, wenn a) statt eines Rechners R ein m-mal schnellerer Rechner R' zugrunde gelegt wird und b) statt einer Problembeschreibungssprache, die eine Beispielaufgabe B mit der Länge $l(B)$ beschreibt, eine Sprache verwendet wird, die B mit der Länge $l'(B)$ beschreibt, wenn nur $l'(B) \leqq n \cdot l(B)$. Die Zeitkomplexität eines Algorithmus ist damit weitgehend unabhängig vom zugrunde gelegten Rechnertyp und von der zugrunde gelegten Problembeschreibungssprache.

Ein Algorithmus heißt polynomial (gelegentlich auch effizient), wenn seine Zeitkomplexität von polynomialer Ordnung ist, d. h., wenn er die Zeitkomplexität $\mathcal{O}(p)$ hat, wobei p ein Polynom ist.

Die algorithmische Komplexität eines Problems ist die niedrigste Komplexität, die ein Algorithmus, der das Problem löst, besitzen kann.

Gibt es nachweisbar keinen Algorithmus, der alle Beispielaufgaben des Problems löst, so heißt das Problem unentscheidbar. Dabei ist der Begriff Algorithmus im mathematisch präzisierten Sinn der *Algorithmentheorie* zu verwenden (s. *Algorithmentheorie, unentscheidbare Probleme*).

Mit P wird die Klasse derjenigen Entscheidungsprobleme bezeichnet, für die es einen polynomialen Algorithmus gibt, der alle Beispielaufgaben löst, z. B. gehört das Problem der Bestimmung des kürzesten Weges zwischen zwei Knoten in einem kantenbewerteten *Graphen* zu P. Mit NP wird die Klasse derjenigen Entscheidungsprobleme bezeichnet, für die es einen polynomialen nichtdeterministischen Algorithmus gibt, der alle Beispielaufgaben lösen kann. Offenbar ist P eine Teilmenge von NP. Weiterhin gilt: Für jedes Entscheidungsproblem aus NP gibt es ein Polynom p und einen deterministischen Algorithmus mit der Zeitkomplexität $\mathcal{O}(2^p)$, der das Problem löst. Ob P = NP oder P ≠ NP gilt, ist eines der großen, bisher nicht gelösten, Probleme der theoretischen Informatik. Die verbreitete Vermutung ist P ≠ NP. S. A. Cook stellte 1971 den Begriff der sog. *NP-Vollständigkeit* vor. Er wies nach, daß sich jedes Entscheidungsproblem aus NP auf ein spezielles Entscheidungsproblem (das Erfüllbarkeitsproblem) polynomial reduzieren läßt. Somit gilt: Wenn ein polynomialer Algorithmus für dieses Problem gefunden ist, so gilt P = NP. Entscheidungsprobleme, die diese Eigenschaft besitzen, heißen NP-vollständig. NP-vollständige Probleme sind also anschaulich „die schwersten" Probleme in NP. Seit 1971 ist von hunderten bekannter Probleme nachgewiesen, daß sie NP-vollständig sind. Eine Liste von mehr als 300 NP-vollständigen Problemen enthält die 1979 erschienene Monographie von Garay und Johnson, die eine ausgezeichnete Einführung in dieses Gebiet ist.

Klassisches Beispiel für die strukturelle Komplexität von Schemata ist die von Shannon eingeführte *Entropie*. Ähnliche Maße (über Automorphismen) für Graphen sind z. B. von A. Mowshowitz untersucht worden; dabei erhalten anschaulich regelmäßigere Strukturen ein geringeres Komplexitätsmaß als anschaulich unregelmäßigere Strukturen des gleichen Umfangs.

Im Rahmen der *Graphentheorie* selbst sind viele spezielle Maße für die strukturelle Komplexität genauer untersucht worden.

Unmittelbar praktische Bedeutung haben die Probleme der strukturellen K. z. B. beim Schaltkreisentwurf, z. B. beim Layout von Logikschaltungen, bei der Verkabelung von Gebäuden, Industrieanlagen usw. Bei derartigen Anwendungen werden in der Regel sehr spezifische Maße für die strukturelle K., wie Anzahl der Überkreuzungen von Verbindungslinien, Kabellängen, Länge von Kabelschächten, Anzahl der verwendeten Standard-Unterstrukturen u. ä., betrachtet.

Die algorithmische K. von Entscheidungsproblemen des Typs „Gibt es eine Lösung des Problems, so daß die strukturelle K. der Lösung nicht größer als N ist?" ist meist sehr hoch. So ist z. B. das Problem „Hat ein gegebener Graph eine chromatische Zahl $\leqq N$?" NP-vollständig.

H. D. Modrow

Literatur: Garay, M. R., a. D. S. Johnson: Computers and Intractability. A Guide to the Theory of NP-Completeness. San Francisco: Freeman 1979; Specker, E., a. V. Strassen: Komplexität von Entscheidungsproblemen. Ein Seminar. Berlin, Heidelberg, New York: Springer-Verlag 1976; Cook, S. A.: The complexity of theorem-proving procedures. Proc. 3rd Ann. ACM Symposium on Theory of Computing, New York 1971;

Mowshowitz, A.: Entropy an the complexity of graphs. Thesis, Univ. of Michigan 1967; Cvetkovic, D. M., M. Doob a. H. Sachs: Spectra of Graphs. Berlin: Dt. Verlag d. Wissenschaften 1980; Цвиркун, А. Б.: Структура сложных систем. Москва: Советское радио 1975.

Komplexmethode der linearen Optimierung – Methode, um vorrangig Planaufgaben komplex, flexibel und reaktionsschnell zu optimieren. Diese Anwendung der *linearen Optimierung* entspricht weitgehend den Anforderungen, die sich aus dem Ablauf der Planausarbeitung an die Methode der Planoptimierung ergeben.

Das prinzipielle Herangehen bei der K.d.l.O. beginnt mit der Optimierung des ersten Planansatzes (Grundaufgabe) unter unvollständiger Information. Durch diese Lösung werden erste Engpässe und Disproportionen sichtbar. In weiteren Optimierungsrunden (Komplexschritten) wird nun – unter Einbeziehung des Rechnerdialogs und unter Auswertung der ersten Lösung – mit diesen zusätzlichen Informationen auf die Planaufgabe rückgekoppelt (s. Abb. 1). Das Neue besteht darin, daß der bei einer traditionellen Plan-

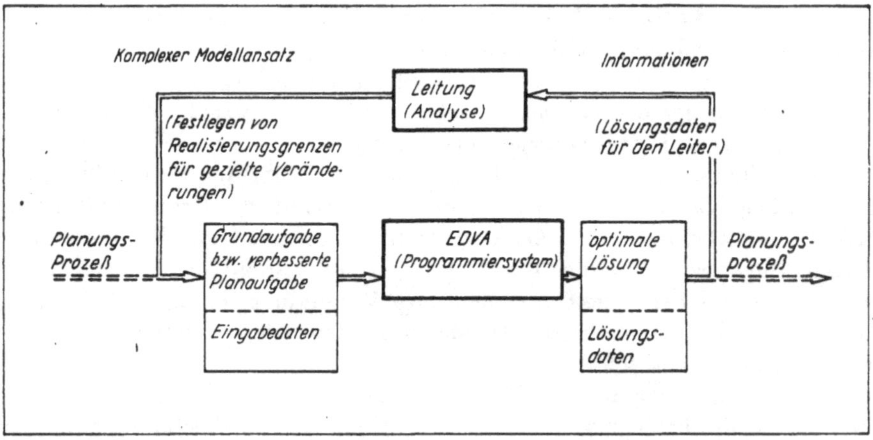

Abb. 1
Anwendungsschema der Komplexmethode bei der Planoptimierung

optimierung als konstant angenommene Ausgangszustand in seinem veränderbaren Teil mit variablen Größen beschrieben wird. Das bedeutet, daß z. B. im Unterschied zum traditionellen Produktionsprogrammplan bei der Optimierung nicht nur Entscheidungsfreiheiten in den Stückzahlen bestmöglich genutzt, sondern alle im ökonomisch-mathematischen Modell enthaltenen ökonomischen, technologischen und technischen Größen in ihrem beeinflußbaren Bereich als variable Parameter definiert und im nächstfolgenden Optimierungsschritt in ihren zweckmäßigsten Veränderungen berechnet werden. Auf diese Weise wird eine günstige Überwindung der Disproportionen erreicht, und zwar so, daß mit dem geringsten Aufwand an Leitungsmaßnahmen der größtmögliche Produktionseffekt erzielt werden kann. Im besonderen können mit diesem Optimierungsmodell die Intensivierungsschwerpunkte der betrachteten ökonomischen Einheit qualitativ bestimmt und quantitativ berechnet werden. Diese Optimierungsrunden können so oft wie notwendig wiederholt werden, bis alle Leitungsmaßnahmen und Wettbewerbsmöglichkeiten genutzt oder die Planerwartungen erreicht worden sind.

Mit der K.d.l.O. sind gezielte Veränderungen der Grundaufgabe in drei Hauptrichtungen möglich (Abb. 2).
Der komplexe Modellansatz kann in Abhängigkeit von der Leitungsstrategie, dem Planungszeitpunkt und der Art der rechentechnischen Realisierung sehr unterschiedlich formuliert werden. Zwei Beispiele sind in Abb. 3 gegeben.
Dem iterativen Charakter des Planungsprozesses wird durch die iterativ ablaufenden Komplexschritte entsprochen, die sich solange wiederholen, bis mit den Optimierungsergebnissen die Planerwartungen (PE) erreicht sind oder der Zielfunktionszuwachs $Z^{pKS}_{\max}$ den Rechenaufwand nicht mehr rechtfertigt:

$$Z_{\max} + Z^{(1KS)}_{\max} + Z^{(2KS)}_{\max} + \dots + Z^{(pKS)}_{\max} \geqq \text{PE}.$$

Mit Hilfe der K.d.l.O. ist man in der Lage, für mehrere unterschiedliche Ziel-

$$\begin{array}{c} Z = \boldsymbol{c}^T \cdot \boldsymbol{x} \Rightarrow \text{Max!} \\ \boldsymbol{A} \cdot \boldsymbol{x} \leqq \boldsymbol{b} \\ \boldsymbol{x}^{(u)} \leqq \boldsymbol{x} \leqq \boldsymbol{x}^{(o)} \end{array}$$

a) Grundaufgabe

$$\begin{array}{l} Z + \Delta Z = (\boldsymbol{c} + \Delta \boldsymbol{c})^T \cdot \boldsymbol{x} \Rightarrow \text{Max!} \\ (\boldsymbol{A} - \Delta \boldsymbol{A}) \cdot \boldsymbol{x} \leqq \boldsymbol{b} + \Delta \boldsymbol{b} \\ \boldsymbol{x}^{(u)} \leqq \boldsymbol{x} \leqq \boldsymbol{x}^{(o)} \\ \Delta \boldsymbol{A}^{(u)} \leqq \Delta \boldsymbol{A} \leqq \Delta \boldsymbol{A}^{(o)} \\ \Delta \boldsymbol{b}^{(u)} \leqq \Delta \boldsymbol{b} \leqq \Delta \boldsymbol{b}^{(o)} \\ \Delta \boldsymbol{c}^{(u)} \leqq \Delta \boldsymbol{c} \leqq \Delta \boldsymbol{c}^{(o)} \end{array}$$

b) Änderungsrichtungen

Abb. 2
Gezielte Veränderung der Grundaufgabe mit Hilfe der Komplexmethode
Z – Wert der Zielfunktion; $\boldsymbol{x}$ – Variablenvektor; $\boldsymbol{A}$ – Aufwandsmatrix (Bedingungsmatrix); $\boldsymbol{b}$ – Fondsvektor der Begrenzungen; $\boldsymbol{c}$ – Koeffizientenvektor der Zielfunktion; ΔZ – gesuchte Verbesserung von Z; $\Delta \boldsymbol{A}$, $\Delta \boldsymbol{b}$, $\Delta \boldsymbol{c}$ – gesuchte Veränderungen von $\boldsymbol{A}$, $\boldsymbol{b}$, $\boldsymbol{c}$; $\Delta \boldsymbol{A}^{(u)}$, $\Delta \boldsymbol{b}^{(u)}$, $\Delta \boldsymbol{c}^{(u)}$ – untere Realisierungsgrenzen; $\Delta \boldsymbol{A}^{(o)}$, $\Delta \boldsymbol{b}^{(o)}$, $\Delta \boldsymbol{c}^{(o)}$ – obere Realisierungsgrenzen

Übersicht der möglichen Komplexvarianten

Optimierungs-Klasse und ihre ökonomische Zielstellung		0 Grund-aufgabe	I extensive Verbesse-rung			II intensive Verbesse-rung			III zielextreme Verbesse-rung		IV restriktive Verbesse-rung			V zielintensive Verbesse-rung	
Komplex-Variante		0	1	2	3	4	5	6	7	8	9	10	11	12	13
Fondsvektor	$\boldsymbol{b}$		×	×	×						×	×	×		
Bedingungs-Matrix	$\boldsymbol{A}$					×	×	×			×	×	×	×	×
Zielfunktions-koeffizienten	$\boldsymbol{c}$								×	×				×	×
Struktur der Optimal-basis	stabil		×			×			×		×			×	
	teilweise stabil			×			×			×		×			×
	frei				×			×					×		

a)
$$\begin{aligned} Z &= \boldsymbol{y}_{\text{opt}}^{T(\text{SV})} \cdot \Delta\boldsymbol{b} \Rightarrow \text{Max!} \\ -\boldsymbol{A}_{B,\text{opt}}^{-1} &\cdot \Delta\boldsymbol{b} \leqq \boldsymbol{x}_{\text{opt}}^{(\text{BV})} \\ \Delta\boldsymbol{b}^{(u)} &\leqq \Delta\boldsymbol{b} = \Delta\boldsymbol{b}^{(o)} \end{aligned}$$

b)
$$\begin{aligned} Z + \Delta Z &= \boldsymbol{c}^T \cdot \boldsymbol{x} \Rightarrow \text{Max!} \\ \boldsymbol{A}_1 \cdot \boldsymbol{x} &\leqq \boldsymbol{b}_1 \\ (\boldsymbol{A}_2 - \Delta\boldsymbol{A}_2) \cdot \boldsymbol{x} &= \boldsymbol{b}_2 \\ \boldsymbol{x}^{(u)} \leqq \boldsymbol{x} &\leqq \boldsymbol{x}^{(o)} \\ \Delta\boldsymbol{A}^{(u)} \leqq \Delta\boldsymbol{A} &\leqq \Delta\boldsymbol{A}^{(o)} \end{aligned}$$

Abb. 3
Beispiele für den komplexen Modellansatz

a) mit der Inversen in dualer Form und stabiler Struktur der Optimalbasis bei gesuchten Veränderungen des Fondsvektors (geeignet für Handrechnungen)
   $\boldsymbol{y}_{\text{opt}}^{(\text{SV})}$ – Vektor der Dualbewertungen der gelösten Grundaufgabe
   $\boldsymbol{x}_{\text{opt}}^{(\text{BV})}$ – optimale Basislösung der Grundaufgabe
   $\boldsymbol{A}_{B,\text{opt}}$ – optimale Inverse der gelösten Grundaufgabe

b) bei optimalen Veränderungen der Koeffizienten der Bedingungsmatrix ohne die Inverse durch Einbeziehung der Grundaufgabe (Lösung nur mit EDVA rationell möglich)

funktionen mit ähnlicher Zielrichtung eine gemeinsame optimale (indifferente) Lösung zu berechnen bzw. sich einer solchen Lösung anzunähern. Der Lösungspunkt wird mit wachsender Optimierungsstufe gegenüber Schwankungen der Zielfunktionskoeffizienten immer unempfindlicher und genügt so einer immer breiteren Klasse von Zielfunktionen. Die gezielten Veränderungen der jeweiligen Einflußgrößen können sowohl einzeln in den drei genannten Hauptrichtungen als auch in geeigneten Kombinationen untereinander und zur Struktur der Optimalbasis vorgenommen werden. Eine Übersicht der möglichen Komplexvarianten zeigt die Tabelle.

E. Kummerow, W. Lassmann

Literatur: Lassmann, W., u. E. Kummerow: Produktionsplanoptimierung. 2. überarb. Aufl. Berlin: Verlag Die Wirtschaft 1977; Autorenkollektiv: Komplexe Anwendung der linearen Optimierung. rechentechnik/datenverarbeitung, Berlin, Beiheft 1, 1978; Peissker, G.: Entscheidungsvorbereitung in der Kombinats- und Betriebsplanung mit Hilfe der Unschärfe-Theorie und der Komplexmethode. Diss. B, Martin-Luther-Univ. Halle 1983.

Kreisverstärkung – Mit K. V_0 wird der statische Verstärkungsfaktor (der Übertragungsfaktor) der von Regler G_R und Regelstrecke G_S oder allgemeiner der von Rückführungsglied G_r und von diesem umfaßtem Vorwärtsglied G_v gebildeten offenen Kette G_0 eines Regelkreises oder einer Rückführschaltung bezeichnet (falls dieser existiert): $V_0 = G_0(O) = G_R(O) \cdot G_S(O)$. Er existiert nur für Proportionalketten (Ketten ohne Integrator). Eine hohe K. gewährleistet eine kleine bleibende Regelabweichung $e_B = e(\infty)$ bei konstanter *Störgröße* $e_B/z_0 = 1/(1 + V_0)$ für am Streckenausgang bei abgeschaltetem Regler gemessene konstante Störung z_0. Andererseits vergrößert eine Erhöhung der K. die Schwingungsneigung des Regelkreises (der Rückführschaltung) und führt im allgemeinen bei Überschreitung einer kritischen Verstärkung V_{okr} zur Instabilität des geschlossenen Kreises. Die richtige Bemessung der K. ist deshalb eine der wichtigsten Aufgaben beim Entwurf eines Regelkreises.

K. Reinisch

Literatur: Reinisch, K.: Analyse und Synthese kontinuierlicher Steuerungssysteme. Berlin: VEB Verlag Technik 1982.

L

Lademodul – physische Einheit von ausführbaren Programmen oder Programmabschnitten, die bei ihrem Aufruf in ihrer Gesamtheit aus einer Lademodulbibliothek in den Operativspeicher befördert wird. L. können auch reine Konstantenfelder darstellen. Ein L. entsteht im allg. aus Objektmoduln und/oder schon existierenden Lademoduln durch einen Programmverbinderlauf, der zum Ziel-L. Tabellen hinzufügt, die Auskunft über alle Adreßkonstanten geben. Die Bereitstellung zur Ausführung kann erfolgen durch: Aufruf durch Jobsteuerung, innerhalb einer geplanten Überlagerungsstruktur und durch dynamisches Laden von einem beliebigen über- oder gleichgeordneten Programm.

Das *Ladeprogramm* relativiert sämtliche Adressen auf die den Speicherplatz kennzeichnende Startadresse. Lademoduln werden in Lademodulbibliotheken, das sind untergliederte Dateien, gespeichert. Sie sind durch ihren Hauptnamen und mögliche Alias-Namen eindeutig gekennzeichnet. Durch den Programmverbinder kann man ihnen eine Reihe von Attributen hinzufügen, die über ihre Verwendbarkeit eindeutig Auskunft geben, z. B. only loadable (nicht ausführbar), reusable (seriell wiederverwendbar), reentrant (parallel wiederverwendbar).

H.-J. Schiller

Ladeprogramm – Programm, das in der Lage ist, von externen Datenträgern andere Programme in den Operativspeicher zu transportieren, alle Adressenverschiebungen vorzunehmen und bei Bedarf die Steuerung an den Eingangspunkt des geladenen Programms zu geben. L. stützen sich auf die reine Hardware als IPL-Programme (initial program load) und als Bestandteil von *Betriebssystemen* auf den gesamten Apparat der Systemdienste. IPL-Programme führen i. allg. keine Adreßrechnung aus.

L. unter Steuerung von Betriebssystemen werden aktiviert durch Sprachelemente der Jobsteuerung über den Programmlauforganisator, durch den Overlay-Supervisor für geplante Überlagerungsstrukturen und von jedem beliebigen Programm, das die Technik des dynamischen Ladens nutzt. Dem L. muß eine Lademodulbibliothek als Quelle des zu rufenden *Lademoduls* mitgeteilt werden, sonst wird die System-Hauptbibliothek nach dem gewünschten Modul durchsucht. Das L. relativiert alle Adressen des Lademoduls auf die Anfangsadresse des zugewiesenen Operativspeicherbereiches und gibt ihm je nach Auftrag den Status eines Hauptprogramms, den Status eines Unterprogramms mit eigenem Speicherbereich mit oder ohne Steuerungsübergabe, den Status eines Unterprogramms auf den Speicherbereich des Rufers oder den Status einer Unteraufgabe (s. a. Teil F–L, S. 561).

H.-J. SCHILLER

Lader – s. *Ladeprogramm.*

Leitgerät – Baustein elektrischer und pneumatischer Automatisierungsgerätesysteme, Komponente der *Prozeßleittechnik.* L. sind wichtige Hilfsgeräte zur Führung von Regelungsprozessen und werden i. allg. in Fronttafeln von Warten eingebaut. Die meisten L. gestatten die Ausführung folgender Grundfunktionen: Sollwertverstellung und Fernbedienung der Stelleinrichtung von Hand, Hand-Automatik-Umschaltung, Anzeige von Sollwert, Regelgröße, Regelabweichung, Stellgröße sowie von Rückmeldesignalen. Je nach Zusatzfunktionen unterscheidet man häufig zwischen Festwert-, Führungs-, Folge-, Verhältnis-, RGR- und DDC-Leitgeräten, mit deren Hilfe sowohl einfache als auch vermaschte Regelkreise bis hin zu hierarchischen rechnergeführten Automatisierungsstrukturen aufgebaut werden können. Konstruktiv werden L. oft in der sog. Nullpfad- oder Scan-line-Technik ausgeführt.

B. HOFMANN

Literatur: BITTNER, H. W.: Ursapneu-Nulltrend-Reihe. Teltow: VEB GRW 1975; HENGSTENBERG, J., B. STURM u. O. WINKLER: Messen, Steuern und Regeln in der chemischen Technik, Band 3. Berlin, Heidelberg, New York: Springer-Verlag 1981.

Lernverhalten von Ökosystemen – s. *Systemökologie.*

Lichtleiter – zylinderförmiges optisches Übertragungselement (Länge $\gg$ Durchmesser), dessen Wirkungsweise auf der axialen Lichtausbreitung durch interne Totalreflexion beruht. Der L. besteht aus transparentem dielektrischen Material (Quarzglas), dessen Brechzahl durch entsprechende Dotierung im Herstellungsprozeß mit der Entfernung von der Achse progressiv abnimmt (Gradientenlichtleiter), oder einem Kern der Brechzahl n_K und einem Mantel kleinerer Brechzahl n_M (Stufenlichtleiter). Aufgrund ihres geringen Durchmessers (50 ... 200 μm) sind L. mechanisch flexibel.

L. werden zur Übertragung von Bildpunkten oder Bildern (Lichtleiterbündel) aus schwer zugänglichen Gebieten (medizinische Diagnostik) und zur Informationsübertragung in der Nachrichten- und Automatisierungstechnik eingesetzt. Wichtige Kenngrößen zur Bewertung von L. sind die numerische Apertur $NA = \sqrt{n_K^2 - n_M^2}$, die Dispersion (angegeben in ns/km) und die Dämpfung (angegeben in dB/km). Die numerische Apertur entspricht dem Sinus des maximalen Eintrittswinkels Θ_A, unter dem Lichtstrahlen auf die Stirnfläche des L. treffen können (halber Öffnungswinkel des Akzeptanzkegels). Die unter verschiedenen Winkeln eintreffenden Strahlen werden bei ihrer Fortleitung in L. verschieden häufig reflektiert (Moden), was zu Laufzeitunterschieden und bei Impulsübertragungen zur Impulsverbreiterung führt (Modendispersion), die die nutzbare Übertragungsbandbreite begrenzen. Da die Ausbreitungsgeschwindigkeit im L. von der Brechzahl abhängt $\left(v = \frac{c}{n}; c - \text{Lichtgeschwindigkeit}\right)$ und die Brechzahl frequenzabhängig ist,

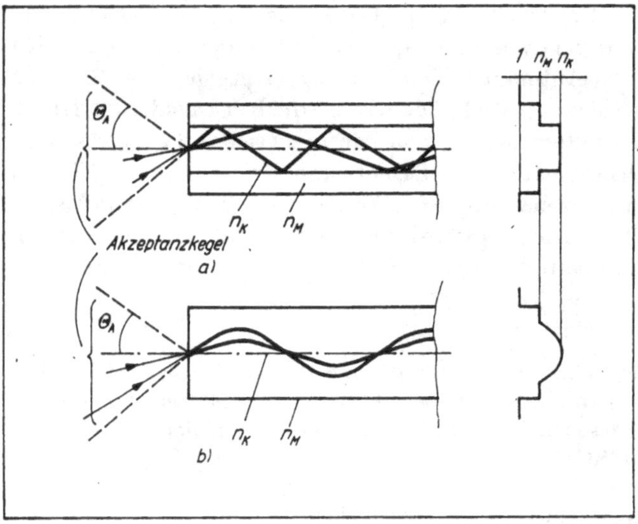

Akzeptanzkegel, Strahlweg und Brechzahlprofil
a) bei Stufenlichtleiter
b) bei Gradientenlichtleiter

kommt es bei Lichtquellen mit breiterem Spektrum (Lumineszenzdiode 30 . . . 50 nm; Laserdiode 1 . . . 5 nm) zur zusätzlichen Materialdispersion. Durch die Wahl geeigneter Brechprofile und Lichtwellenlängen läßt sich die Dispersion bei Gradienten-L. sehr niedrig halten. Die Dämpfung wird durch Lichtabsorption und Lichtsteuerung, bedingt durch Verunreinigungen bzw. Inhomogenitäten im L., verursacht. Die Dämpfung ist frequenzabhängig; besonders niedrige Dämpfungswerte lassen sich bei 0,8; 1,2; 1,6 µm Wellenlänge erreichen.

Insbesondere in der Nachrichtentechnik wird den L. aufgrund ihrer hohen Bandbreite, geringen Dämpfung, Unempfindlichkeit gegenüber elektromagnetischen Störungen und „Abhörsicherheit“, ihres geringen Gewichts und der Substitution von Kupfer für die Zukunft eine breite Anwendung eingeräumt. Gegenwärtig werden Gradienten-L. für die Nachrichtenübertragung mit Dämpfungswerten bei 1 dB/km und Dispersionen <1 ns/km bereitgestellt.

Bei der Projektierung von Übertragungsstrecken ist zu berücksichtigen, daß die notwendigen Kopplungselemente zusätzliche Dämpfungen verursachen.

I. Wende

Literatur: Glaser, W.: Lichtleitertechnik – eine Einführung. Berlin: VEB Verlag Technik 1981; Grau, G.: Optische Nachrichtentechnik. Berlin, Heidelberg, New York: Springer-Verlag 1981; Vocabulary for Fiber Optics and Lightwave Communications. Brookline, Mass./USA: Information Gatekeepers, Inc. 1981.

Life-zero-Signal – analoges Abbildungssignal für Meß-, Steuer-, Regel- und Stellgrößen, dessen Signalbereich in deutlichem Abstand vom Wert 0 (Null) beginnt und diesen nicht enthält (unterdrückter Nullpunkt). Beispiele zeigt die Tabelle. Der Begriff L. wird von einigen Autoren mit „lebender Nullpunkt“ ins Deutsche übersetzt.

Life-zero-Signale (Beispiele)

Signalbereich Abzubildende Größe	Life-zero-Abbildungssignal
(+20 ... +280) °C	(1 ... 5) V
(+300 ... 0) mm	(1 ... 5) V
(−75 ... 0 ... +75) kPa	(4 ... 12 ... 20) mA
(+ 20 ... +100) kPa	(4 ... 20) mA

Im Unterschied zum *Dead-zero-Signal* gestattet das L. auf einfache Weise die Erkennung von Leitungsunterbrechungen und von Hilfsenergie-Ausfall in Automatisierungsanlagen und wird deshalb für die analoge Informationsübertragung in Automatisierungssystemen sehr häufig benutzt. S. a. *Einheitssignal*.

B. HOFMANN

Linearität – eine Eigenschaft, die unterschiedliche Objekte wie Mengen, Operatoren, Funktionen, Gleichungen, beispielsweise Differentialgleichungen, Systeme (mit Input und Output), Optimierungsprobleme u. a. besitzen können.

Eine Menge bildet ein lineares System, wenn in ihr die Operationen Addition von Elementen „+" und die Multiplikation eines Elementes mit einer (reellen) Zahl (oder allgemeiner mit einem Element eines Körpers) erklärt sind und wenn sie folgende Bedingungen erfüllt: $x+y=y+x$ (Kommutativität der Addition), $(x+y)+z=x+(y+z)$ (Assoziativität der Addition), $a(x+y)=ax+ay$, $(a+b)x=ax+bx$ (Distributivität), $a(bx)=(ab)x$ (Assoziativität der Multiplikation), Existenz des 0-Elementes mit $0+x=x$ für alle x aus der Menge, Existenz des 1-Elementes mit $1 \cdot x=x$ für alle x aus der Menge (x, y, z bezeichnen Elemente der Menge; a, b bezeichnen (reelle) Zahlen bzw. allgemeiner Elemente des Körpers).

Sind X und Y beliebige (reelle) Systeme und U ein Operator, der jedem $x \in X$ ein Element $y \in Y$ zuordnet, dann heißt U linear, wenn gilt:

$$U(x_1+x_2)=U(x_1)+U(x_2) \qquad x_1, x_2 \in X \tag{1}$$

$$U(ax)=a \cdot U(x) \qquad x \in X,\ a \text{ beliebige Zahl}\,. \tag{2}$$

Aus (1) folgt (2) für rationale Zahlen a: ist U „stetig", so folgt (2) aus (1) für alle reellen a. Gleichung (1) beschreibt die Additivität des Operators, Gleichung (2) die Homogenität.

Bei speziellen Objekten wird in der Praxis Linearität in einer etwas anderen Form definiert, indem häufig noch ein konstantes Glied ergänzt wird (wobei dann natürlich die Gleichungen (1) und (2) so nicht mehr gelten). So heißt eine Funktion $f(x_1, \ldots, x_n)$ linear, wenn sich f in der Form

$$f(x_1, \ldots, x_n)=\sum_{i=1}^{n} a_i x_i+b \tag{3}$$

darstellen läßt, wobei die Addition und die Multiplikation im betrachteten Körper erklärt sind und die $a_1, \ldots, a_n$, b konstante Elemente des betrachteten Körpers sind.

Lineare Funktionen lassen sich auch durch Funktionalgleichungen definieren.

Die lineare Funktion (3) genügt z. B. der Funktionalgleichung

$$F(f(x_1, \dots, x_n)\,,\quad f(x'_1, \dots, x'_n)) = f(F(x_1, x'_1), \dots, F(x_n, x'_n)) \tag{4}$$

$$\text{mit } F(x, x') = \alpha x + \beta x' + C \tag{5}$$

und der Bedingung

$$b(\alpha + \beta - 1) = C(\sum_i a_i - 1)\,. \tag{6}$$

Gleichungen bzw. Gleichungssysteme heißen linear, wenn die zu definierenden Funktionen linear sind. So heißt das Gleichungssystem

$$\begin{aligned} f_1(x_1, \dots, x_n) &= 0 \\ f_2(x_1, \dots, x_n) &= 0 \\ &\vdots \\ f_m(x_1, \dots, x_n) &= 0 \end{aligned} \tag{7}$$

linear, wenn die Funktionen $f_1, \dots, f_m$ sämtlich linear in demselben Körper sind. Dann läßt sich (7) in der Form

$$\boldsymbol{Ax} = \boldsymbol{b}$$

schreiben, wobei $\boldsymbol{A}$ eine $(m \times n)$-Matrix und $\boldsymbol{b} = (b_1, \dots, b_m)^{\mathsf{T}}$ ein Vektor mit Koeffizienten aus dem betrachteten Körper sind und $\boldsymbol{x} = (x_1, \dots, x_n)^{\mathsf{T}}$ ein Vektor mit Elementen aus der betrachteten linearen Menge ist. (S. *Lineare Gleichungssysteme, Lösungsverfahren*). Analog heißt ein Optimierungsproblem linear, wenn sowohl die Zielfunktion als auch die Nebenbedingungen linear sind (s. *Optimierung, lineare*).

Eine gewöhnliche Differentialgleichung n-ter Ordnung für die Funktion $y(t)$ heißt linear, wenn sie sich als Linearkombination der Ableitungen y', $y'', \dots, y^{(n)}$ und der Funktion y, d. h. in der Form

$$x_{n+1}(t) \cdot y^{(n)} + x_n(t) y^{(n-1)} + \dots + x_2(t) y' + x_1(t) y + x_0(t) = 0$$

schreiben läßt. Lösungsmethoden für lineare Gleichungen bzw. lineare Differentialgleichungen sind ausführlich untersucht. Die relative Einfachheit der Lösungsmethoden beruht wesentlich darauf, daß man durch geeignete Linearkombinationen (spezieller) Lösungen eine (z. B. allgemeine) Lösung erhält, die beispielsweise gewünschte Anfangs- oder Randwerte annimmt.

Bei Systemen mit Input und Output wird die Linearität auf die beiden folgenden Arten definiert: a) Ein System wird linear genannt, wenn die das System beschreibenden Gleichungen linear sind oder wenn das System aus linearen Komponenten, wie Additionsgliedern, Multiplikatoren mit Konstanten, Verzögerungsgliedern, Differenziergliedern usw., aufgebaut ist;

b) Ein System heißt linear, wenn die durch das System vermittelte Input-Output-Abbildung linear ist. Im Fall b) sind die das System definierenden Gleichungen nicht notwendig linear.
Als Beispiel betrachten wir den durch die folgende Tabelle beschriebenen Automaten:

x \ z	Z_1	Z_2	Z_3	Z_4	
	0	1	0	1	y
	0	0	1	1	y
0	Z_1	Z_3	Z_2	Z_4	
1	Z_2	Z_4	Z_1	Z_3	

Codieren wir $Z_1 = \binom{0}{0}$, $Z_2 = \binom{1}{0}$, $Z_3 = \binom{0}{1}$, $Z_4 = \binom{1}{1}$, so gilt

$$Z(t+1) = \begin{pmatrix} 0 & 1 \\ 1 & 0 \end{pmatrix} Z(t) + \binom{1}{0} x(t); \quad y(t) = \begin{pmatrix} 1 & 0 \\ 0 & 1 \end{pmatrix} Z(t) ,$$

und die den Automaten definierenden Gleichungen sind linear. Codieren wir

$$Z_1 = \binom{1}{0}, Z_2 = \binom{1}{1}, Z_3 = \binom{0}{0}, Z_4 = \binom{0}{1} ,$$

so existieren keine linearen Gleichungen, die diesen Automaten beschreiben.

M. Gössel

Literatur: Gill, A.: Linear Sequential Circuits. New York: McGraw-Hill Book Company 1966; Gössel, M.: Non-linear Timediscrete Systems. Berlin: Akademie-Verlag 1982 u. Berlin, Heidelberg, New York: Springer-Verlag 1982; Stepanow, W. W.: Lehrbuch der Differentialgleichungen. Berlin: Dt. Verlag d. Wiss. 1967; Wulich, B. S.: Einführung in die Funktionalanalysis, Teil 1 u. 2. Leipzig: B. G. Teubner Verlag 1961 u. 1962; Wunsch, G.: Moderne Systemtheorie. Eine Einführung in die Grundlagen. Leipzig: Geest & Portig 1962.

LISP – eine funktionale *Programmiersprache* zur Symbolverarbeitung. Haupteinsatzgebiete sind Projekte der *künstlichen Intelligenz.* LISP dient dort auch als Implementationssprache zur Definition von Spezialsprachen bzw. von „sehr hohen Programmiersprachen" (very high level languages).

Die primitiven *Datentypen* in LISP sind ganze Zahlen, Gleitkommazahlen, Zeichenketten und literale Atome. Literale Atome können – wie in herkömmlichen Sprachen – einen Wert besitzen. Der Name eines literalen Atoms kann manipuliert, d. h. zerlegt und auf seine Bestandteile untersucht werden. Den Atomen können beliebig viele Eigenschaften vom Programmierer beigefügt werden. Zu den strukturierten Datentypen gehören S-Ausdrücke, Files und in fortgeschrittenen Systemen auch Felder, Bitketten und Hash-Tabellen. Die Deklarierbarkeit von nutzeigenen Datentypen (Datenkapseln) kann vom Nutzer selbst implementiert werden.

Zur LISP-Syntax: Jede Folge von Ziffern wird als Integerzahl interpretiert, wenn sie innerhalb des zugelassenen Zahlenbereichs liegt (numerisches Atom). Jede Folge von Zeichen, die keine Zahl ist und keine Sonderzeichen enthält, wird als literales Atom interpretiert. Wichtigste Sonderzeichen sind: (,), ., ", /. Ihre Bedeutung ist in den meisten LISP-Systemen standardmäßig vorgegeben. Moderne Systeme gestatten, die Bedeutung dieser Zeichen zu verändern, d. h., Objektzeichen können als Syntaxzeichen definiert werden und umgekehrt. Ohne die Klammerzeichen (bzw. 2 Zeichen, die ihre Bedeutung übernehmen) kann jedoch kein sinnvoller LISP-Ausdruck gebildet werden. LISP-Ausdrücke werden gewöhnlich als S-Ausdrücke bezeichnet (S steht für „symbolische", engl. symbolic expression). Wir gehen von den obigen Standardannahmen aus.

(1) Jedes Atom ist ein S-Ausdruck.

(2) Wenn *a* und *b* S-Ausdrücke sind, so ist auch (*a* . *b*) ein S-Ausdruck.

(3) Eine Folge von beliebigen Zeichen, die durch Anführungsstriche begrenzt ist, ist eine Zeichenkette (z. B. „*A*((.*BC*").

(4) Wenn *z* ein Zeichen ist (Ziffer, Sonderzeichen) so wird *z* in der Zeichenfolge /*z* als literales Atom interpretiert.

(5) NIL ist ein besonderes literales Atom, dessen Bedeutung nicht geändert werden kann. Wenn *a* ein S-Ausdruck ist, so ist (*a* . NIL) eine Liste und wird als (*a*) notiert. Wenn *a* und *b* S-Ausdrücke sind, so wird der LISP-Ausdruck (*a* . (*b*)) als (*a b*) notiert. Beispiel: (*A* . (*B* . NIL) . NIL) entspricht also (*A B*).

Mit diesen wenigen Regeln ist die gesamte LISP-Syntax definiert. Programme und Daten werden in dieser einheitlichen Syntax definiert, wobei diese Unterscheidung nur metasprachliche Bedeutung hat. 1. Ein Programm ist eine Folge von auswertbaren S-Ausdrücken. 2. Ein auswertbarer S-Ausdruck ist ein Atom, dem ein Wert zugewiesen wurde, eine Zahl, ein String oder eine Liste, deren erstes Element (S-Ausdruck) eine funktionale Bedeutung hat. Die restlichen Elemente werden als aktuelle Parameter des ersten funktionalen Elements aufgefaßt. 3. Ein S-Ausdruck hat dann eine funktionale Bedeutung, wenn er entweder a) ein λ-Ausdruck ist oder b) ein literales Atom, dem mittels eines auswertbaren LISP-Ausdrucks ein λ-Ausdruck zugewiesen wurde, oder c) ein literales Atom, dem bereits durch die LISP-Implementation eine funktionale Bedeutung zugewiesen wurde (build-in-functions). Ein λ-Ausdruck ist eine Liste, die beliebig viele – aber mindestens zwei – Elemente enthält. Das erste Element muß eines der atomaren Symbole LAMBDA oder NLAMBDA sein, das zweite Element muß ein atomares Symbol (Nospread-Typ) oder eine Liste von atomaren Symbolen (formale Parameter, Spread-Typ) sein, wobei vor dem letzten ein Punkt stehen darf (Half-spread-Typ). Die restlichen Elemente müssen auswertbare LISP-Ausdrücke sein.

Die Auswertung eines S-Ausdrucks erfolgt automatisch vom System, wenn ein gültiger S-Ausdruck eingelesen wurde. Standardmäßig wird folgender Zyklus abgearbeitet: Einlesen eines S-Ausdrucks, Auswerten, Drucken des Wertes usw. Dieser Zyklus kann gewöhnlich vom Nutzer geändert bzw. durch eigene Auswerte-Routinen abgeblendet werden. Die obige Definition eines LISP-Programms bezieht sich damit nur auf den Standardzyklus. Ob die aktuellen Parameter auswertbare S-Ausdrücke sein müssen, hängt davon ab, ob der führende λ-Ausdruck vom Typ LAMBDA ist (Auswertung der Argumente und Zuweisung der Werte zu den formalen Parametern vor Auswertung des λ-Körpers, 3. bis n-te Ebene des λ-Ausdrucks) oder NLAMBDA (Zuweisung der aktuellen Argumente zu den formalen Parametern und Auswertung des λ-Körpers, was eventuell eine Auswertung einiger oder aller Argumente nach sich ziehen kann). Die Auswertung ist also im zweiten Fall eine Angelegenheit des λ-Körpers und kann durch die Build-in-Funktion EVAL veranlaßt werden, während sie im ersten Fall automatisch erfolgt.

Basis-Funktionen (s. a. Teil F–L, S. 609):

Konstruktor: CONS setzt zwei S-Ausdrücke zu einem neuen S-Ausdruck zusammen: (CONS '*A* '*B*) = (*A* . *B*). CONS ist vom LAMBDA-Typ.

Selektoren: CAR liefert das erste Element eines zusammengesetzten LISP-Ausdrucks, CDR liefert den Rest.

Identifikatoren: ATOM liefert T, wenn der Wert des Arguments ein atomarer S-Ausdruck ist, sonst NIL. EQ liefert T, wenn die Werte seiner beiden Argumente physisch identisch sind.

Kontrollstrukturen:

COND hat beliebig viele Argumente. Jedes Argument ist eine (nichtauswertbare) Liste von auswertbaren S-Ausdrücken. Wenn das erste Element des i-ten Arguments einen von NIL verschiedenen Wert liefert, werden die restlichen Elemente des i-ten Arguments ausgewertet, sonst wird zum $(i+1)$-ten Argument übergegangen. Mit Hilfe von COND und den übrigen Basisfunktionen können bereits anspruchsvolle Programme geschrieben werden, da LISP vollständig rekursiv ist. Z. B. soll die Funktion APPEND zwei beliebige Listen zu einer Liste zusammensetzen, die aus den Elementen der ersten und zweiten Liste in der vorgegebenen Reihenfolge besteht:

```
(DE APPEND (L1 L2)
  (COND ((EQ L1 NIL) L2)
    ((CONS (CAR L1) (APPEND (CDR L1) L2)))))
```

Mit DE wird dem Symbol APPEND ein λ-Ausdruck der Form (LAMBDA (L1 L2) ⟨obiger COND-Ausdruck⟩) zugewiesen.
Aufruf: (APPEND '(*A B C*) '(*D E*)) = (*A B C D E*).

Besonderheiten von LISP:

Die Bildung von S-Ausdrücken und der zu ihrer Verarbeitung benötigte Speicherplatz wird dynamisch dem zur Verfügung stehenden Speicherbereich entnommen. Ist dieser erschöpft, werden die zu diesem Zeitpunkt nicht mehr benötigten Speicherplätze automatisch eingesammelt und dem Speicherraum wieder zur Verfügung gestellt (garbage collection). Ausgangspunkte für die Markierung noch aktiver Speicherzellen sind die Objektliste (alle literalen Atome werden im Einleseprozeß physisch identifiziert und in einer Objektliste zusammengefaßt) und der Keller für die rekursive Verarbeitung.

LISP ist nicht nur eine komfortable Programmiersprache, sondern bietet alle bekannten Hilfsmittel zur Programmentwicklung, da es die dafür wesentlichen Komponenten eines *Betriebssystems* in sich vereinigt. Zur gewöhnlichen Ausstattung eines LISP-Systems gehört ein struktureller Editor, Trace- und Break-Möglichkeiten. Mit Hilfe eines Advise-Systems ist es möglich, die Funktion unter temporären Umgebungen arbeiten zu lassen, um ihr Verhalten besser überprüfen zu können. Diese Hilfsmittel sind gewöhnlich in LISP selbst geschrieben und können vom Nutzer beliebig geändert oder erweitert werden. Auch die Menge der Editier- und Breakkommandos kann vom Nutzer erweitert werden. Aufgrund der Einheitlichkeit der LISP-Syntax, der Ununterscheidbarkeit von Programmen und Daten, kann LISP praktisch beliebig erweitert und modifiziert werden. Wenn z. B. im Basissystem die bekannten Kontrollstrukturen der strukturellen Programmierung (DO, UNTIL, WHILE usw.) nicht vorhanden sind, so können diese mit wenig Aufwand nachdefiniert werden. Jeder Programmierer kann sich damit die Hilfsmittel schaffen, die seinem Programmierstil angemessen sind. LISP ist damit zur schnellen Implementation von Spezialsprachen geeignet.

LISP-Programme werden gewöhnlich unter Interpreterregie eingegeben und getestet. Die Programme können an beliebigen Stellen des Laufs unterbrochen, überprüft und korrigiert werden. Sowohl Top-down- als auch Bottom-up-Entwurf können interaktiv durchgeführt werden. Unvollständige Programme führen zu Laufzeitunterbrechungen und können mit Ersatzwerten fortgesetzt werden.

Es gibt heute eine unüberschaubare Zahl von LISP-Dialekten und -Implementationen. Die verbreitetsten Systeme sind: INTERLISP, MACLISP, STANDARD-LISP, LISP/F3, UCI-LISP. Es kommen verschiedene LISP-Maschinen (LMI Lambda, SYMBOLICS 3600 u. a.) mit ihren eigenen Dialekten hinzu. Die Abweichungen sind meistens nicht so gravierend, daß die Programme nicht in kurzer Zeit umgestellt werden können, wenn nicht ganz spezielle maschinenabhängige Implementationsbesonderheiten bei der Programmierung ausgenutzt werden.

LISP-Compiler verbessern die Effizienz der Programme beträchtlich. Compilieren wird entsprechend der einheitlichen LISP-Philosophie nicht als gesonderter Verarbeitungsschritt aufgefaßt, sondern wird wiederum als auswertbarer S-Ausdruck verstanden. Der erzeugte Code wird in einem gesonderten Speicherraum abgelegt und steht sofort zur Abarbeitung zur Verfügung.

D. Koch

Literatur: Winston, P. H., a. B. K. P. Horn: LISP. New York: Addison-Wesley 1978; Allen, J.: Anatomy of LISP. New York: McGraw-Hill Book Co. 1978; Charniak, E., C. K. Riesbeck a. D. V. McDermott: Artificial Intelligence Programming. Hillsdale/N. J.: Lawrence Erlbaum Associates 1980.

M

Makro-Mikro-Methode der Modellierung – komplexe Methode zur Analyse, Synthese und Bewertung *großer Steuersysteme*. Die von A. A. Ljapunow und S. W. Jablonski begründete Methode ist dadurch charakterisiert, daß sich die Untersuchung dieser Systeme nach dem Prinzip:

Makro-Phase	Makro-Analyse	Analyse-Phase
Mikro-Phase	Mikro-Analyse	
	Projektierung	Synthese-Phase

gliedern läßt: 1. in eine makroskopische Phase, die das zu analysierende Objekt – z. B. die Steuerung eines betrieblichen Reproduktionsprozesses – in seinen Relationen zu seiner Umgebung und in seinem Verhalten als black box (s. *Schwarzer Kasten*) betrachtet, und eine mikroskopische Phase, die die Untersuchung der internen Struktur und Funktion des Systems beinhaltet, sowie 2. in eine analytische Phase, die die Makro- und die Mikro-Untersuchung des Objekts zur Gewinnung von Erkenntnissen über seine Umweltbeziehungen, seinen Aufbau und seine Prozeßabläufe umfaßt, und eine synthetische Phase, die sich auf die Projektierung neuer oder zu rationalisierender Steuersysteme und ihre effektive Gestaltung bezieht.

Etappen, Inhalt und Ergebnisse der Makro-Mikro-Methode sind in der Tabelle zusammengefaßt.

H.-G. Lauenroth

Etappen, Inhalt und Ergebnisse der Makro-Mikro-Methode

Lfd. Nr.	Inhalt	Ergebnisse
	Makro-Analyse	
1	Analyse der System-Umwelt-Beziehungen	externes Strukturmodell
2	Semiotische Analyse der externen Information	externes Informationsmodell
3	Makro-Funktionsanalyse des Systems	Black-box-Funktionsmodell
4	Analyse des Systemverhaltens	hypothetisches Makro-Modell
	Mikro-Analyse	
5	Dekomposition des Systems	internes Strukturmodell
6	Semiotische Analyse der internen Information	internes Informationsmodell
7	Algorithmierung der Steuerprozesse	algorithmisches Modell der Steuerung
8	Analyse der Funktion der Systemelemente	Mikro-Funktionsmodell
	Synthese	
9	Projektierung von Steuerprozeß und Steuersystem	Grundprojekt
10	Modifizierung des Grundprojektes	Projektvarianten
11	Bedienung der Adaptionsfähigkeit des Systems	Entwicklungsmodell
12	Berechnung wesentlicher Kenngrößen des projektierten Systems	Kenngrößensystem

Literatur: Ljapunow, A. A., u. S. W. Jablonski: Theoretische Probleme der Kybernetik. In: Probleme der Kybernetik, Bd. 6. Berlin: Akademie-Verlag 1966; Golenko, D. J., H.-G. Lauenroth, H. Schultze u. G. Schulze: Kybernetik zur Steuerung ökonomischer Prozesse – Grundlagen und Anwendungen. Berlin: Akademie-Verlag 1977.

Manipulator – Maschine zur Verrichtung mechanischer Arbeit in Form der Bewegung massebehafteter Objekte auf räumlichen Bahnen. Nach der Art ihrer Bewegungssteuerung werden manuell gesteuerte und programmgesteuerte Manipulatoren unterschieden.

Manuell gesteuerte Manipulatoren haben keine selbständige Bewegungssteuerung, in ihren Regelkreis ist immer der Mensch einbezogen. Da die Bewegungen synchron oder parallel zu den Aktionen des Bedieners erfolgen, werden sie auch als Synchron- oder Parallelmanipulatoren bzeichnet. Die Bezeichnung Master-Slave-System ist ebenfalls gebräuchlich. Beispiele: Telemanipulatoren aus der Kern- und Isotopentechnik, Schmiedemanipulatoren in der Hüttenindustrie, Teleoperatoren in der Weltraumforschung.

Programmgesteuerte Manipulatoren verfügen über einen Informationsspeicher, der die erforderlichen Weg- und Schaltinformationen zur Durchführung der Bewegungszyklen enthält. Festprogrammierte Manipulatoren können nur einen fest vorgegebenen Bewegungsablauf wiederholt ausführen und werden auch als Einlege- bzw. Ladeeinrichtungen bezeichnet. Beispiel: Portalmanipulator an Dreh- und Schleifmaschinen. Flexibel programmierbare Manipulatoren (*Industrieroboter*) weisen eine größere Beweglichkeit, d. h. eine größere Anzahl von Freiheitsgraden und einen größeren Arbeitsraum auf. Ihr flexibler Informationsspeicher ermöglicht es, den Bewegungszyklus leicht zu ändern bzw. vollkommen neu zu programmieren. Die Greifersysteme (s. *Greifer*) sind auswechselbar und ermöglichen einen universellen Einsatz.

Hinsichtlich ihrer Steuerung wird zwischen Manipulatoren mit Punkt-, Bahn- oder Rechnersteuerung (CNC) unterschieden.

Beschickungsmanipulatoren dienen zum Zuführen und Entnehmen von Werkstücken in bzw. aus Bearbeitungsmaschinen. Werkzeugmanipulatoren (technologische Manipulatoren) bewegen Werkzeuge oder Arbeitsmittel und führen technologische Operationen wie Schweißen, Farbspritzen oder Montagen aus.

W. Kolbe

Literatur: Volmer, J. (Hrsg.): Industrieroboter. Berlin: VEB Verlag Technik 1981; Raab, H. H.: Handbuch der Industrieroboter. Bauweise, Programmierung, Anwendung, Wirtschaftlichkeit. Braunschweig, Wiesbaden: Vieweg und Sohn 1981.

Manipulatorsprache – Sprache, zur schriftlichen Formulierung von Arbeitsanweisungen für einen *Manipulator*, die direkt oder indirekt von der Manipulatorsteuerung interpretiert werden können. Der Vorteil des Einsatzes einer M. gegenüber den heute vorwiegend eingesetzten Teach-in-Methoden zur Programmierung von Manipulatoren besteht darin, daß der Programmiervorgang nicht mehr mit dem technologischen Prozeß gekoppelt ist (On-line-Programmierung), sondern in der Arbeitsvorbereitung erfolgen kann (Off-line-Programmierung), so daß sich die Auslastung der *Handhabungstechnik* verbessert.

Man unterscheidet elementare, problemorientierte und höhere M. Eine elementare M. enthält Elementaranweisungen in alphanumerischer Darstellung, aus denen ein Handhabungsprogramm zusammengestellt werden kann. Dieses Programm wird auf einen Programmträger (z. B. Lochstreifen) übertragen und in die Steuerung eingegeben, von der es unmittelbar verstanden und verarbeitet wird. Mit der elementaren M. können alle Bewegungs- und Ablauffunktionen des Manipulators beschrieben werden. Es lassen sich geometrische Anweisungen aufbauen und logische Ablaufanweisungen erzeugen.

Sollen flexible Handhabungs- und Montageoperationen hoher Komplexität beschrieben werden, so sind Anweisungen zur Verarbeitung interner logischer Zustände, Bedingungsanweisungen mit logischen Ausdrücken sowie Schleifen- und Kommunikationsanweisungen erforderlich, um auf der Grundlage von Sensorinformationen Entscheidungen treffen zu können und eine Synchronisation mit anderen roboterspezifischen Geräten zu erreichen. Diese Anforderungen werden von den problemorientierten und den höheren M. im unterschiedlichen Maße erfüllt. Neben einem Bewegungsbefehl („MOVE") zur Beschreibung von Bewegungsabläufen verfügen diese M. über Sprachelemente zur geometrischen Spezifizierung von Werkstücken, zur Ausgabe der relativen Lage von Objekten zueinander, über spezielle Datentypen für Bewegungspositionen und Bewegungsorientierungen (sog. Framekonzept) sowie über Möglichkeiten der Integration von Sensordaten in Bewegungsbefehle, Programmverzweigungen oder Zuweisungen. Ferner gestatten sie, Unterprogramm-, Prozedur- und Taskverfahren zu verwenden sowie arithmetische Operationen auszuführen. Programme, die in diesen Sprachen geschrieben sind, werden entweder in die elementare M. übersetzt oder erst bei der Abarbeitung im *Steuerrechner* in einzelne Elemente aufgelöst. Erfolgt die Übersetzung *off-line*, so kann ein externer Rechner mit *Compiler* eingesetzt werden. Ist eine universelle Rechnersteuerung vorhanden, so ist eine Übersetzung im Steuerrechner möglich, oder die Anweisungen werden *on-line* in Form von *Makrobefehlen* während der Abarbeitung mit Hilfe eines *Interpreters* aufgelöst.

Die problemorientierten M. (z. B. ROCOL (Leningrad, UdSSR), SIGLA (Olivetti, Italien), VML (Mailand, Italien), ML (IBM), VAL (Unimation, USA), WAVE (Stanford, USA) u. a.) zählen ebenso wie die elementaren M. zu den expliziten *Programmiersprachen*, bei denen die Bewegungen des Manipulators Schritt für Schritt explizit spezifiziert werden. Sie werden heute vereinzelt bereits eingesetzt.

Höhere M. wie AL (Stanford, USA), RAPT (Edinburgh, Großbritannien), AUTOPASS (IBM), LAMA (MIT) u. a. stellen umweltmodellierende (implizite) Programmiersprachen dar. Sie dienen auf der Grundlage eines geometrischen Umweltmodells (z. B. aus Informationen einer CAD/CAM-Datenbasis gewonnen) zur Beschreibung von Handlungen durch Folgen von

Objektbewegungen. Die Folgen der Objektbewegungen werden vom Compiler in Folgen von Manipulatorbewegungen umgesetzt. Höhere M. gewährleisten eine problemnahe Aufgabenbeschreibung und bilden die Voraussetzung für die automatische Generierung von Handlungsfolgen, die Programmverifikation sowie die Fehlerdiagnose und -beseitigung bei Robotern der 3. Generation. Sie befinden sich gegenwärtig noch im Experimentierstadium.

W. KOLBE

Literatur: FINKEL, R., a. o.: AL – a programming system for automation. SAIL, Memo AIM-243, Stanford 1974; LIEBERMANN, L. I., a. M. A. WESLEY: AUTOPASS – an automatic programming system for computer controlled mechanical assembly. IBM Journal Res. a. Dev., New York (1977) 21; SPUR, G., u. B. H. AUER: Industrieroboter. Steuerung, Programmierung und Daten von flexiblen Handhabungseinrichtungen. München: Carl Hanser Verlag 1979; SHIMANO, B.: VAL – a versatile robot programming and control system. Proc. of 3rd Intern. Computer Software and Applications Conference COMPSAC. Chicago 1979.

Maschinenbelegung – s. *Scheduling.*

Maschinenkonstante – von der Architektur des Rechners abhängige Größe, die auf die Programmabarbeitung Einfluß hat. M. werden teilweise automatisch bei der Übersetzung von in höheren Sprachen geschriebenen Programmen durch den *Compiler* in den entstehenden Maschinencode eingearbeitet (z. B. bei der Zahldarstellung) oder üben in ihrer charakteristischen Weise Einfluß auf Rechenergebnisse aus (z. B. relative Maschinengenauigkeit). Es hat sich schon soweit eine Standardisierung durchgesetzt, daß M. als Parameter auf unterschiedlichen Rechnern die gleiche Interpretation haben. In der numerischen Verfahrenstechnik sind viele Bemühungen unternommen worden, durch Parametrisierung der M. zu möglichst rechnerunabhängigen Programmsystemen zu kommen. Eine wesentliche Rolle spielen die M. bei der Gleitpunktdarstellung und -rechnung. Einige Beispiele:

- Basis der Mantisse der Gleitpunktdarstellung;
- Basis der Exponenten der Gleitpunktdarstellung;
- Anzahl der Mantissenstellen;
- Anzahl der Exponentenstellen;
- größte reelle Maschinenzahl $x>0$, für die auch $-x$ als reelle Maschinenzahl darstellbar ist;
- größte ganze Zahl $i>0$, für die alle Zahlen aus dem Intervall $\langle -i, i\rangle$ maschinell darstellbar sind;
- kleinste reelle Maschinenzahl $x>0$, für die auch $-x$ als reelle Maschinenzahl darstellbar ist;

– kleinste reelle Maschinenzahl $x>0$, für die $1.0+x>1$ bei Ausführung der Addition mit Gleitpunktzahlen gilt (relative Maschinengenauigkeit).

D. Richter

Matrix der partiellen Wirkung – Methode zur Ableitung von Funktionsmodellen komplexer Systeme in Matrizenschreibweise unter Anwendung des Black-box-Prinzips. Nach O. Lange ist die Methode anwendbar unter den Voraussetzungen der Modellierung des Systems als deterministisches System, der Existenz linearer Abhängigkeiten der Änderung der Komponenten des Ausgangsvektors $y_i \in \boldsymbol{y}$ von den Änderungen der Komponenten des Eingangsvektors $x_j \in \boldsymbol{x}$ sowie nicht bestehender Abhängigkeiten zwischen den Komponenten $x_j \in \boldsymbol{x}$.

Der Berechnungsweg für die Matrix $\boldsymbol{A}=(a_{ij})$ verläuft wie folgt:

$$a_{ij}=\frac{\Delta y_i}{\Delta x_j},$$

$$\Delta y_i = y_i(t_r)-y_i(t_s) \quad \text{sowie}$$

$$\Delta x_j = x_j(t_r)-x_j(t_s)$$

unter Einhaltung der Bedingung für die partielle Wirkung auf den Ausgangsvektor $\boldsymbol{y}$, d. h. der Veränderungen (nur) einer Komponente x_j, wobei sich keine andere Komponente x_k ändern darf:

$$\Delta x_j \neq 0, \quad \Delta x_k = 0, \quad k \neq j,$$

sowie der Bedingung, jeweils einen späteren Zeitpunkt t_r mit einem der vorangegangenen Zeitpunkte t_s zu vergleichen: $r>s$.

Die sich auf Grund entsprechenden Datenmaterials ergebende Matrix $\boldsymbol{A}$ kann nunmehr nach

$$\boldsymbol{y}=\boldsymbol{A}\cdot\boldsymbol{x}$$

zur Berechnung der voraussichtlichen Resultate $\boldsymbol{y}$ eines Prozesses bei variierten Eingangsgrößen $\boldsymbol{x}$ oder (unter der Voraussetzung invertierbarer Matrizen) nach

$$\boldsymbol{x}=\boldsymbol{A}^{-1}\cdot\boldsymbol{y}$$

zur Ermittlung der benötigten Prozeßvoraussetzungen $\boldsymbol{x}$ zur Erreichung eines vorgegebenen Ergebnisses $\boldsymbol{y}$ verwendet werden.

Auf diese Weise können für geeignete Problemstellungen Funktionsmodelle erarbeitet und das Verhalten von Systemen unter verschiedenen Bedingungen modellhaft variiert werden.

H.-G. Lauenroth

Literatur: LANGE, O.: Ganzheit und Entwicklung in kybernetischer Sicht. Berlin: Akademie-Verlag 1966; LAUENROTH, H.-G., u. K. BÖHM: Kybernetik in der industriellen Organisation. Berlin: VEB Verlag Technik 1979.

Mehrgrößenregelung – Ein *Regelungssystem*, in dem m Regelgrößen mit m Stellgrößen durch Regler verbunden sind, wird als m-Größen-Regelungssystem bezeichnet, wenn die freie Bewegung jedes Kreises von den dynamischen Eigenschaften aller m Strecken und Regler – wesentlich bestimmt durch eine für das gesamte System gültige gemeinsame charakteristische Gleichung – abhängt. Das gilt genau dann, wenn alle m Hauptkreise durch beiderseitige Kopplungen mit dem restlichen System verbunden sind.

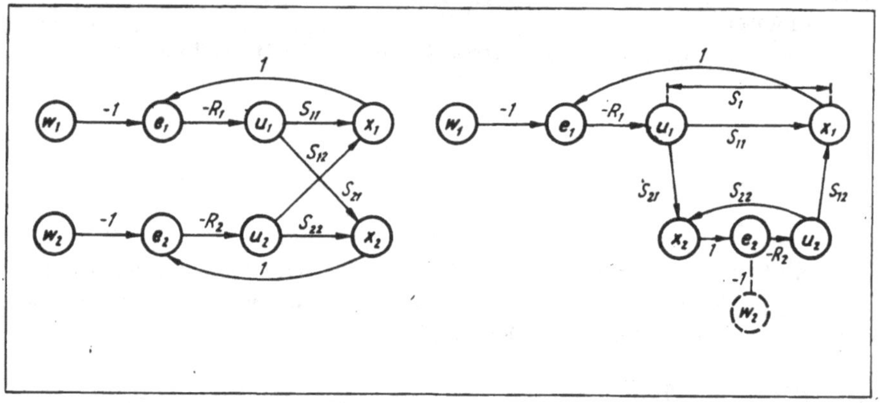

Zweigrößenregelung
S_{ii} – Hauptstrecke, S_{ij} – Koppelstrecke, $\boldsymbol{x}_i$ – Regelgröße, $\boldsymbol{u}_i$ – Stellgröße, $\boldsymbol{e}_i$ – Regelabweichung, $\boldsymbol{w}_i$ – Führungsgröße

Für die in der Abb. dargestellte (nicht entkoppelte) Zweigrößenregelung mit den (durch die Anordnung der Regler bestimmten) Hauptstrecken S_{ii} und Koppelstrecken S_{ij} erhält man als resultierende Strecke S_i für den Regler $R_i (i, j = 1, 2)$ die *Übertragungsfunktion*

$$S_i = \boldsymbol{x}_i/\boldsymbol{u}_i = S_{ii}(1 - C\, G^0_{wj})$$

mit dem Kopplungsfaktor $C = S_{ij}S_{ji}/S_{ii}S_{jj}$ und dem Führungsfrequenzgang des ungekoppelten anderen Hauptkreises (bei abgeschaltetem Regler R_i)

$$G^0_{wj} = G^0_{0j}(1 + G^0_{0j}), \quad G^0_{0j} = R_j S_{jj} \; .$$

Es existiert genau eine charakteristische Gleichung, die von allen Strecken und Reglern abhängt:

$$(1 + S_{ii}R_i)\,(1 + S_{jj}R_j)\,(1 - CG^0_{wi}G^0_{wj}) = 0 \; .$$

Die Eigenschaften der nichtentkoppelten Mehrgrößenregelung werden wesentlich von dem Kopplungsfaktor C und den Schnelligkeiten der beiden ungekoppelten Kreise bestimmt. Ist der statische Kopplungsfaktor $C_0 = C(0) = K_{12}K_{21}/K_{11}K_{22}$ positiv/negativ, so wird die Zweigrößenregelung als positiv/negativ gekoppelt bezeichnet. Die Festlegung der Struktur und Parameter der Regeleinrichtung für ein Mehrgrößensystem erfolgt gewöhnlich nach einem der folgenden Prinzipien:

Nichtentkoppelte Mehrgrößenregelung: Strukturelle Zuordnung der Regel- zu den Stellgrößen (Festlegung der Haupt- und Koppelstrecken) so, daß der statische Kopplungsfaktor C_0 möglichst klein und die dynamischen Trägheiten der Koppelstrecken gegenüber denen der Hauptstrecken möglichst groß sind. Die Bemessung der einzelnen Regler erfolgt nach Verfahren, die für Eingrößenregelungen üblich sind (s. *Regelung*) oder auf deren Grundlage entwickelt wurden. Da die Bemessung jedes Reglers von der Einstellung der anderen Kreise abhängig ist, muß die Bemessung i. allg. in einigen wenigen Iterationszyklen erfolgen.

Entkoppelte Mehrgrößenregelung: Strukturelle Vorentscheidung wie im nichtentkoppelten Fall. Strukturelle Festlegung und Bemessung eines Entkopplungsnetzwerkes (s. *Entkopplung*). Die Bemessung der entkoppelten (Einzel-)Regelkreise erfolgt nach den für Eingrößensysteme üblichen Verfahren.

Zustandsregelung eines Mehrgrößensystems: Trägheitsfreie *Rückführung* sämtlicher Zustandsgrößen auf alle Systemeingänge, wobei die Bemessung auf Grund einer Polzuweisung (Eigenwertzuweisung), z. B. bei der modalen Regelung, oder auf Grund eines quadratischen Integralkriteriums (bei der sogenannten Optimalregelung) erfolgt. Das oben genannte Strukturproblem (Festlegung der Hauptstrecken) entfällt hierbei. Da durch die Zustandsrückführung zunächst nur die Eigendynamik des Systems wesentlich verbessert wird, muß zur Gewährleistung einer stationären Sollwertfolge und Störungseliminierung meist eine dynamische Ausgangsrückführung mit Soll-Istwert-Vergleich hinzugenommen werden. Diese Rückführung muß die schwach stabilen und instabilen Pole der (transformierten) Stör- und Führungssignale besitzen (inneres Modellprinzip). Im allgemeinen ist eine integrale Ausgangsrückführung ausreichend.

K. Reinisch

Literatur: Reinisch, K.: Analyse und Synthese kontinuierlicher Steuerungssysteme. Berlin: VEB Verlag Technik 1982.

Mehrkanalregelung – s. *Regelung*.

Mehrprozessorsystem – räumlich konzentrierte Anordnung von mindestens zwei Prozessoren, die kooperierend und weitgehend parallel geeignet abgegrenzte Teile einer globalen Aufgabenstellung bearbeiten und dabei globale Ressourcen nutzen. M. werden mit folgenden Zielstellungen entwickelt und eingesetzt: Erhöhung der Verarbeitungsleistung, modulare Konfigurierbarkeit und Erweiterungsfähigkeit bezüglich der Leistung und des Funktionsumfangs, Erhöhung von Zuverlässigkeit und Verfügbarkeit durch Redundanz auf Prozessorebene sowie Realisierung übersichtlicher Software-Strukturen durch Funktionsteilung.

Mit der Bereitstellung von kostengünstigen *Mikroprozessoren* hat die Anwendung von M. stark zugenommen.

Die Architektur (*Rechnerarchitektur*) von M. läßt sich als geordnetes Paar von Hardware-Struktur und Operationsprinzip auffassen und klassifizieren. Die Hardware-Struktur wird durch die Haupt-Hardware-Ressourcen (Prozessoren, Speicher), die Verbindungsstruktur (Mehrschienen-Verbindungsstruktur: Multiport-Multibus-Struktur, Kreuzschienen-Matrix, Mehrstufennetzwerk; Einschienen-Verbindungsstruktur: *Bus*) und einen Satz von Kooperationsregeln festgelegt. M. können aus gleichen (homogene M.) oder verschiedenen (inhomogene M.) Prozessoren bestehen. Das Operationsprinzip wird durch die verwendeten Informationsstrukturen und die Steuerstruktur bestimmt. Die Informationsstruktur entspricht weitgehend der von den eingesetzten Prozessoren verarbeitbaren Informationsstruktur. Die Steuerstruktur wird durch die Ebene, auf der die Parallelverarbeitung organisiert ist (Mikrobefehlsebene, Befehlsebene, Task-Ebene, Job-Ebene), geprägt. Die Steuerung kann zentral (eng gekoppelte M.) oder dezentral (lose gekoppelte M.) erfolgen. Ein weiteres Kennzeichen der Steuerstruktur ist die Zuordnung der Bearbeitungsschritte zu den Prozessoren. Bei symmetrischen M. können alle anfallenden Bearbeitungsschritte jedem Prozessor zugeordnet werden (Aufgabenteilung). In unsymmetrischen M. dagegen werden die verschiedenen Bearbeitungsschritte speziellen, für einen bestimmten Bearbeitungsschritt konfigurierten Prozessoren zugeordnet (Funktionsteilung). Bezogen auf Teilmengen der Prozessoren eines M. ist die Kombination von Aufgaben- und Funktionsteilung möglich. Die Zuordnung eines Bearbeitungsschritts zu einem Prozessor kann durch den Ablauf eines zentralen Steuerprogramms (Programmflußsteuerung), durch die Bereitstellung der Eingangsdaten für diesen Bearbeitungsschritt (Datenflußsteuerung) oder das Freiwerden des Prozessors ausgelöst werden.

Die effektive Anwendung von M., insbesondere die Realisierung der erwarteten Leistungssteigerung setzt die Lösung folgender Probleme voraus:

– Die abzuarbeitenden Algorithmen der globalen Aufgabenstellung müssen eine genügende innere Parallelität besitzen, um die parallelen Abarbeitungsmöglichkeiten nutzen zu können.
– Es muß ein Operationsprinzip realisiert werden, das es erlaubt, die paral-

lelen Abarbeitungsmöglichkeiten während der Abarbeitung ohne großen Aufwand zu erkennen und zu nutzen. Das schließt eine möglichst gleichmäßige Lastverteilung im System ein.

- Es muß eine effiziente Lösung für die notwendige Kommunikation zwischen den Hardware-Ressourcen (Verbindungsstruktur) implementiert werden.
- Für die Programmierung und Programmerprobung müssen wirksame Methodologien und Hilfsmittel bereitgestellt werden.

Insbesondere die Kommunikation zwischen den Prozessoren kann bei ungünstiger Auslegung einem linearen Anstieg der verfügbaren Leistung mit der Zahl der im M. arbeitenden Prozessoren entgegenwirken. Ein einfaches Mittelwertmodell verdeutlicht das Problem: In einem homogenen M. mit n Prozessoren mögen alle Prozessoren die Verarbeitungskapazität c besitzen, die Kommunikationsrate zwischen je zwei Prozessoren betrage λ, und für die Bedienung einer Kommunikationsforderung sei die Prozessorzeit T erforderlich. Für diesen Fall beträgt die normierte verfügbare Systemleistung

$$P/C = n(1-(n-1)\,\lambda T)\,.$$

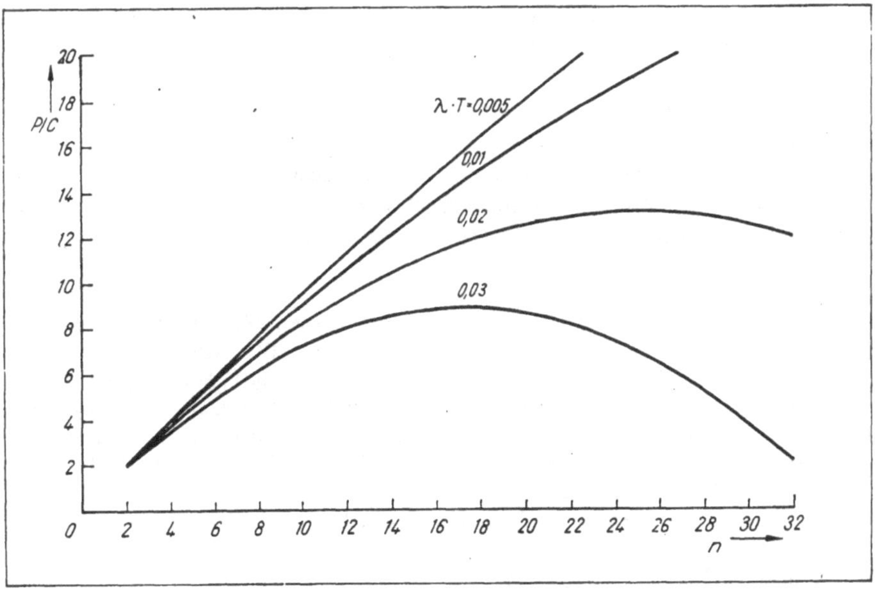

Abb. 1
Normierte verfügbare Leistung eines Mehrprozessorsystems mit symmetrischen Kommunikationsbeziehungen zwischen den Prozessoren als Funktion der Prozessorzahl

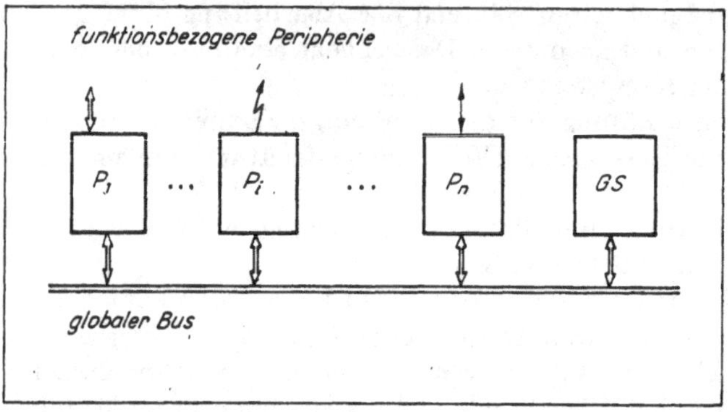

Abb. 2
Hardware-Struktur eines typischen Mehrprozessorsystems auf der Basis von Mikroprozessoren; P – Prozessor, GS – globaler Speicher

Typische M. besitzen als Haupt-Hardware-Ressourcen Mikroprozessoren (mit lokalen Speichern und funktionsbezogener Peripherie) und globale Speicher und als Verbindungsstruktur einen globalen Bus. Ihr Operationsprinzip wird durch funktionsgeteilte Parallelverarbeitung auf Task-Ebene bei zentraler oder dezentraler Steuerung bestimmt.

Pipeline-Rechner und *Feldrechner* realisieren die Parallelverarbeitung auf Mikrobefehls- bzw. Befehlsebene. Sie können im strengen Sinne nicht als M. aufgefaßt werden, da sie als Haupt-Hardware-Ressourcen spezialisierte Verarbeitungselemente besitzen, die über keine autonome Steuerung verfügen und daher nicht als Prozessoren einzustufen sind. Ebenfalls von M. abzugrenzen sind lokale Netze und *Rechnernetze*, bei denen weitgehend autonome Rechner über größere Entfernungen über ein geeignetes Kommunikationssystem relativ lose miteinander gekoppelt sind und meist eine räumliche bzw. territoriale Funktionsteilung statisch vorgegeben ist.

I. Wende

Literatur: Satyanarayanan, M.: Multiprocessing – an annotated bibliography. Computer, Long Beach **13** (1980) 5; Giloi, W.: Rechnerarchitektur. Berlin, Heidelberg, New York: Springer-Verlag 1981; Wende, I.: Performance and overhead of functionally distributed multiprocessor systems. Proceedings of the 2nd Symposium on Microcomputer and Microprocessor Application, vol. II. Budapest: OMKDT TECHNOINFORM 1981; Giloi, W.: Datenfluß-Prinzipien in Rechnerarchitekturen. NTG Fachberichte Bd. 80. Berlin, Offenbach: VDE-Verlag GmbH 1982.

Mehrpunktregelung – s. *Regelung*.

Menü – Mittel zur Gestaltung des Dialogs zwischen Mensch und Maschine in *interaktiven Systemen*. Entsprechend einer festgelegten Strategie (z. B. im *Szenarium*) für den interaktiven Prozeß werden in einem Menü Entscheidungsspielräume des Menschen zur Einflußnahme auf den Prozeß angeboten. Menüs sind Teil der Outputsprache des Teils Rechner in einem interaktiven System. Sie sind problemorientiert aufgebaut und in ihrer Handhabung unkompliziert. Die Strukturierung und das Zusammenwirken unterschiedlicher Menüs in einem interaktiven System können vorbestimmt oder von der Arbeitsschrittfolge im Prozeß beeinflußt werden.

Die Form und Anordnung des Menüs auf dem Bildschirm kann zweckgebunden unterschiedlich sein. Häufig ist es vertikal oder horizontal am Bildschirmrand als Ergänzung zu anderen dargestellten Informationen angeordnet, es kann aber auch die gesamte Bildschirmfläche einnehmen.

Die Menütechnik eignet sich in erster Linie zur sicheren interaktiven Steuerung. In modernen interaktiven Systemen setzen sich Mischtechniken (z. B. Menüs und Kommandos) zur Steuerung durch, eine reine Menütechnik ist kaum zu finden.

D. Richter

Merkmalsbildung – s. *Merkmalsextraktion*.

Merkmalsextraktion – Teilgebiet der *Mustererkennung* als unmittelbare Vorstufe der Klassifikation der zu erkennenden Objekte. Die M. ist eines der Hauptprobleme bei der Entwicklung von Erkennungsverfahren. Das zur Erkennung vorliegende Datenmaterial (digitalisierte und ihrem Grauwert nach quantisierte Bilder) wird zuerst mit Methoden der *Bildvorverarbeitung* in eine für die M. geeignete Form transformiert. Je nach Art der vorliegenden Objekte und in Abhängigkeit vom Erkennungsziel (Teilerkennung, Erkennung von Position und/oder Orientierung von Objekten) müssen unterschiedliche *Merkmale* aus dem Bild extrahiert werden. Die Merkmale stellen eine stark komprimierte Beschreibung der Objekte dar. Sie beschreiben nicht nur quantitative Eigenschaften, wie Fläche, Umfang u. ä., sondern können auch qualitative Eigenschaften, wie z. B. die Irregularität der Form, quantitativ beschreiben. Neben einer bloßen Beschreibung der Objekte dienen die Merkmale in erster Linie zur Objektklassifikation. Nicht alle beschreibenden Merkmale sind auch klassentrennende Merkmale. Sie bilden eine Untermenge davon. Zur Erhöhung der Erkennungssicherheit werden an die klassentrennenden Merkmale häufig Invarianzforderungen im Sinne einer Invarianz gegenüber Drehungen, Maßstabsänderungen, Quantisierungsstörungen u. a. gestellt. Beispielsweise ist die Fläche eines Objektes invariant gegenüber Drehungen (s. *Merkmalsinvarianz*).

Die typischsten Merkmalsgruppen sind morphometrische Merkmale, statistische Merkmale, Schnittmerkmale, Orientierungsmerkmale und syntaktische Merkmale.

Morphometrische Merkmale beschreiben die äußere Gestalt der Objekte. Beispiele sind die Fläche, der Umfang, der maximale und minimale Radius (Radius = Abstand zwischen Flächenschwerpunkt und Konturpunkt), der Formfaktor (Fläche/Umfangsquadrat), die Diagonale des umschreibenden Rechtecks, die Lochflächen sowie die Flächenträgheitsmomente. Sie können entweder unmittelbar aus dem Grauwertbild oder nach der entsprechenden Bildvorverarbeitung aus dem Gradientenbild oder einer Konturbeschreibung extrahiert werden.

Statistische Merkmale sind besonders zur Beschreibung von Texturen auf der Objektoberfläche geeignet. Beispiele sind der Mittelwert und die Varianz der Grauwerte bzw. Gradientenwerte des Bildes, Histogrammomente und eine Reihe von Merkmalen, die aus der Co-occurrence-Matrix (Matrix der Häufigkeiten von Grauwertpaaren benachbarter Bildpunkte) berechnet werden, wie Homogenität, Kontrast, Varianz, Korrelation u. a.

Zur Beschreibung von Binärbildern können sogenannte Schnittmerkmale verwendet werden. Dazu werden um den Flächenschwerpunkt der Objekte konzentrische Kreise mit geeignet gewählten Radien gelegt und die Anzahl der Schnittpunkte dieser Kreise mit der Objektkontur gezählt.

Zur Orientierungsbestimmung von Objekten sind u. a. die Richtung der Hauptträgheitsachsen (berechenbar über die Flächenmomente 2. Ordnung) oder die Richtung des maximalen Radiusvektors geeignet.

Bei einer Beschreibung der Objekte mit syntaktischen Merkmalen werden die Objekte in Form von Symbolketten bzw. *Graphen* als Satz einer formalen Sprache beschrieben. Ein solcher Satz wird auf Grund relationaler Beziehungen einzelner Objektteile mit Hilfe speziell definierter Grundelemente (Primitives) erzeugt. Die diese Sprache beschreibende Grammatik (Modell der Objekte) besteht aus einer Menge von Produktionsregeln, mit deren Hilfe die Zugehörigkeit eines Satzes zu einer Sprache (Objektklasse) überprüft werden kann.

Zur Berechnung der Merkmale ist eine große Anzahl von Algorithmen entwickelt worden, wobei bei der konkreten Anwendung stets ein Kompromiß zwischen dem Aufwand bei der M. und dem Nutzen des Merkmals für die Lösung des Erkennungsproblems geschlossen werden muß. Bei der Verwendung morphometrischer Merkmale müssen insbesondere zur Lösung von Meßaufgaben die Digitalisierungseffekte auf Grund der Rasterung der Objektbilder berücksichtigt und die Merkmale gegebenenfalls korrigiert werden. Ferner ist bei der Merkmalsauswahl zu beachten, daß diese möglichst unabhängig voneinander sind, da damit verschiedene Objekte besser voneinander getrennt werden können (s. *Merkmal*).

W. Uebel

Literatur: SIMON, H., u. a.: Automatische Bildverarbeitung in Medizin und Biologie. Dresden: Verlag T. Steinkopff 1975; ROSENFELD, A., a. A. C. KAK: Digital Picture Processing. New York: Academic Press 1976; KOWALEWSKI, W. A.: Image Pattern Recognition. Berlin, Heidelberg, New York: Springer-Verlag 1980; HÖHNE, K. H.: Digital Image Processing in Medicine. Berlin, Heidelberg, New York: Springer-Verlag 1981.

Merkmalsvektor – bei der *Mustererkennung* die Zusammenfassung der verschiedenen *Merkmale* eines Objekts zu einem Merkmalssatz in Form eines Vektors, der in einem metrischen Raum definiert ist (s. *Merkmalsextraktion*).

Meßumformer – (Transmitter) Gerät zur Umwandlung einer zu messenden physikalischen Größe in ein gut übertragbares und verarbeitbares Signal, meist *Einheitssignal* (s. Abb. S. 198). Die M. werden örtlich in der zu automatisierenden Anlage installiert. Dadurch wird u. a. vermieden, Meßleitungen, die Hochdruck oder aggressive Stoffe führen, bis in die *Meßwarte* zu verlegen. Mit den Einheitssignalen, auf die alle Meßwerte durch die M. abgebildet werden, ergeben sich wesentliche Vereinfachungen hinsichtlich Projektierung Montage und Ersatzlagerhaltung für alle angeschlossenen informationsverarbeitenden und -nutzenden Geräte. S. a. *Sensor*.

R. MÜLLER

Meßwarte – Leitstand, Prozeßwarte, Warte; zentrale Überwachungs- und Lenkungseinrichtung (Prozeßlenkung) für automatisierte Anlagen (Automatisierungsanlage, Binärsteuerung). In der M. findet zu einem hohen Anteil die Kommunikation zwischen dem Menschen (Wartenfahrer) und der automatisierten technischen Anlage statt (Kommunikation Mensch – Automatisierungsanlage). Zu diesem Zweck sind in der M. notwendige Geräte und Einrichtungen zur Informationsdarstellung (Informationsausgabe der Automatisierungsanlage), -verarbeitung (Regler, Rechner) und -ausgabe (vom Menschen an die Bedieneinrichtung; Informationseingabe an die Automatisierungsanlage) angeordnet. In konventionellen M. erfolgt die Informationsdarstellung durch eine große Anzahl Anzeigegeräte (*Nulltrendprinzip*). Zur besseren Orientierung werden oft technologische Schemata mit Meldeleuchten für Antriebe, Füllstand usw. als sogenannte Leuchtschalt-, Blindschalt- oder Fließbilder verwendet. Diese platzintensive und zu einem Informationsüberangebot neigende Form wird in modernen M. durch die Bildschirmtechnik ersetzt (Display). Diese Technik gewährleistet bei entsprechender Programmierung eine Beschränkung auf wesentliche Informationen bei gleichzeitiger Verbesserung von Detaildarstellungen. Die Kommunikation erfolgt hier von einem Bedienpult mit Pultsteuerrechner, Tastatur und Datenverarbeitungsperipheriegeräten.

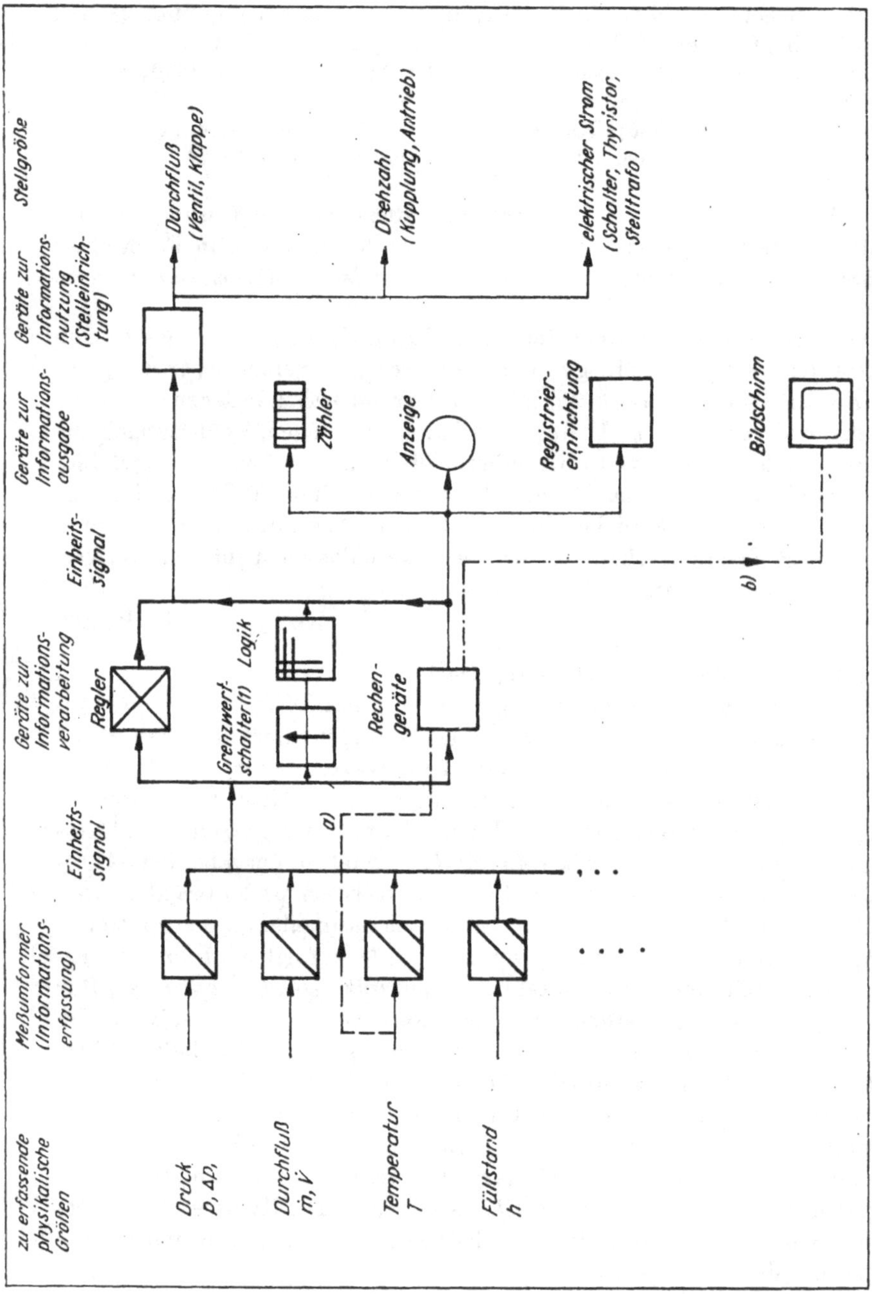

Schema eines Gerätesystems mit Einheitssignal a) vorzugsweise mit natürlichen Signalen b) üblicherweise mit digitalen Signalen

Komplexe Prozesse (Produktionsprozesse) werden in zunehmenden Maße mit Hilfe von Rechnern (*Prozeßrechner*) überwacht und gesteuert, die in der M. stationiert werden. Damit ergibt sich in der Regel eine Aufteilung der M. in Wartenraum (Pulte, Wartenzellen), Wartennebenraum (Informations-, Starkstrom- und Rangier-Verteiler-Zellen) und Rechnerraum (Prozeßrechner und -peripherie).

R. Müller

Mikroelektronik – ein spezieller Zweig der Elektronik, der sich z. Z. erheblich erweitert, viele Zweige der Volkswirtschaft stark beeinflußt und z. T. sogar wesentlich verändert. Die M. ist durch folgende Fakten gekennzeichnet: 1. Eine größere Anzahl von Bauelementen, die zusammen meist eine funktionelle Einheit bilden, werden in einem Prozeßablauf aus mehreren Stufen gleichzeitig auf einem Halbleitersubstrat, meist aus Reinstsilizium, hergestellt. 2. Für die Herstellung der *Bauelemente der Mikroelektronik* werden spezielle Methoden der Strukturierung des Halbleitermaterials nacheinander angewendet. Diese Technologien sind vor allem Epitaxie, Fotolithographie, Diffusion, Metallisieren und Ätzen. Den meist verwendeten Ablauf für die Herstellung der Bauelemente zeigt die Abb. In Stufe 1 wird der Schaltungsentwurf entsprechend der Aufgabenstellung des Bauelements durchgeführt. Hierbei können bzw. müssen gemäß Stufe 2 und Stufe 6 Methoden des *rechnergestützten Entwurfs* einbezogen werden. Im Verlauf dieses Prozesses entstehen die etwa 1 m^2 großen Vorlagen. Aus ihnen werden die Masken eines Bauelements im Dezimeterbereich erzeugt und aus diesen wiederum die endgültigen Schablonen zur Belichtung. Sie sind auf die Maske des sog. Wafers (der im ersten Schritt des stufenweisen Verkleinerungsprozesses zu realisierenden Siliziumscheibe) zugeschnitten und tragen gleichzeitig die Strukturen für viele parallel zu erzeugende Schaltkreise.

Unabhängig von diesem eben beschriebenen Weg erfolgt die Herstellung der Wafer. Hierzu wird in mehreren technologischen Stufen ein hochreiner und einkristalliner Siliziumstab von ca. 8 cm Durchmesser und 1 m Länge hergestellt (7). Er wird nach Kennzeichnung der Kristallorientierung mittels Phase in viele Scheiben von ca. 0,5 mm Dicke zerschnitten (9). Sie werden über einige Stufenprozesse auf eine extrem glatte, fehlerfreie Oberfläche hin bearbeitet (10). In den Schritten 11 bis 16 wird mehrmals nacheinander der Wafer über die Masken belichtet und mit fotolytischen, Ätz- und anderen Prozessen strukturiert. Danach existiert der fertige Schaltkreis vielfach nebeneinander auf dem Wafer. Die einzelnen Schaltkreise werden dann mit Sonden getestet (17) und die fehlerhaften gekennzeichnet. Danach wird der Wafer geritzt und in die einzelnen Schaltkreise geteilt. Diese werden von hier ab als Chip bezeichnet. Sie werden anschließend in ein Gehäuse gefügt und

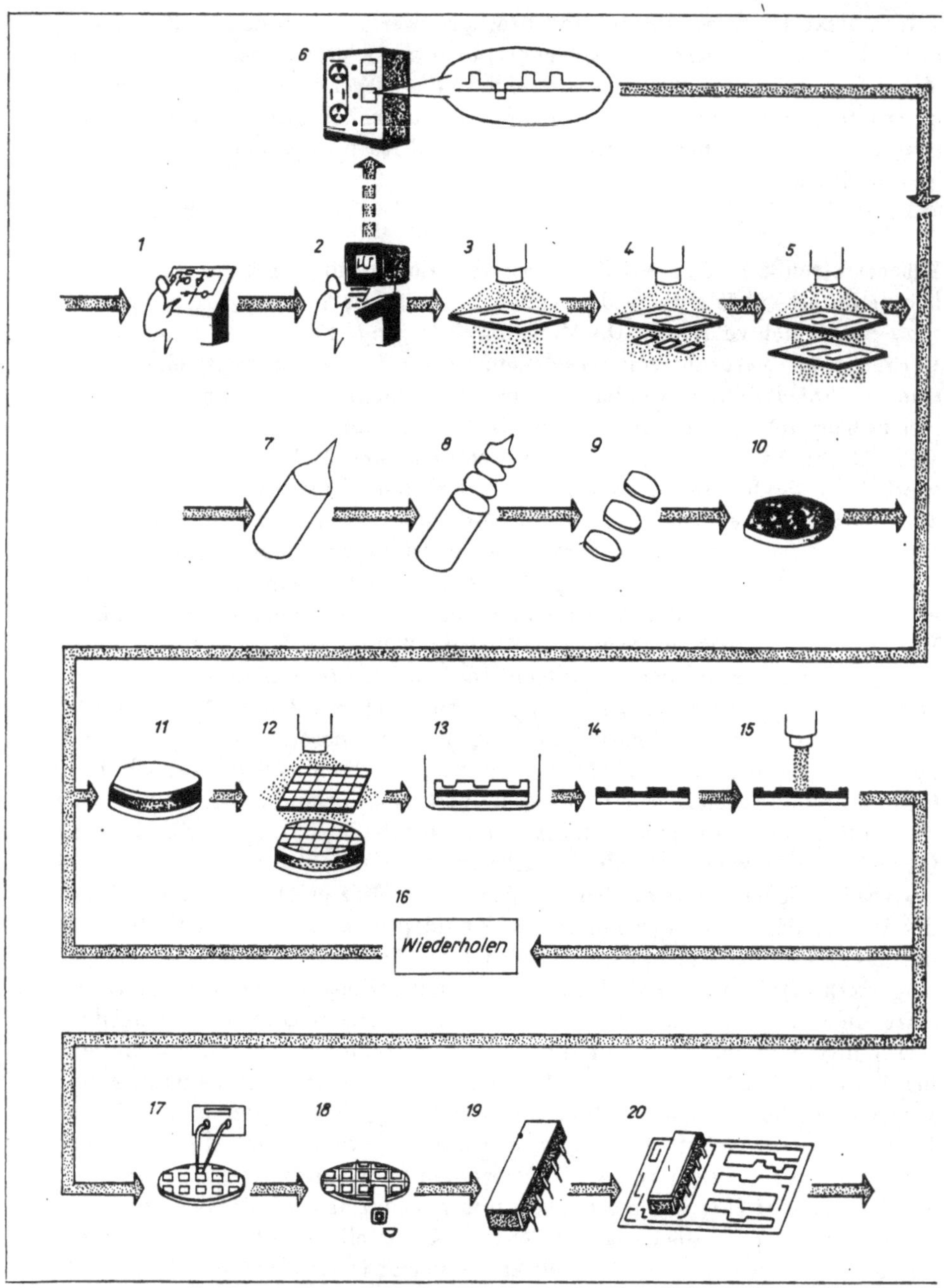

Üblicher Ablauf bei der Herstellung mikroelektronischer Bauelemente

stellen dann das fertige Mikroelektronik-Bauelement dar (19), welches für die praktische Anwendung noch in eine Schaltung, meist auf einer Leiterplatte, einzufügen ist.

H. Völz

Mikroprozessor – mikroelektronische Realisierung der *zentralen Verarbeitungseinheit* eines *Digitalrechners* in einem oder wenigen hochintegrierten Schaltkreisen (LSI, VLSI). Die konkrete interne Struktur und der Funktionsumfang von M. werden durch das vorgesehene Anwendungsgebiet und die Bedingungen der Herstellungstechnologie bestimmt. Die Vorzüge von M. gegenüber konventionellen Prozessoren sind geringes Volumen, geringer Energiebedarf, niedrige Kosten (bei hohen Losgrößen), hohe Zuverlässigkeit und flexible Einsatzmöglichkeiten.

Unter Ausnutzung der Fortschritte der Halbleitertechnologie wurden Leistung und Funktionsumfang von M. seit ihrer Einführung (1970) wesentlich gesteigert. Das betrifft neben der Erweiterung des Befehlssatzes insbesondere die Verarbeitungsbreite (4, 8, 16, 32 bit) und die Verarbeitungsgeschwindigkeit (von einigen 10^4 auf einige 10^5 Operationen/s).

Ergänzt durch Halbleiterspeicher und Schaltkreise für die Realisierung peripherer Schnittstellen bilden M. einen *Mikrorechner*. Mikrorechner in einem geschlossenen Gefäßsystem mit peripheren Geräten und Speichern werden als Mikrorechnersystem bezeichnet.

Die Anwendung von M. erstreckt sich von programmierbaren digitalen

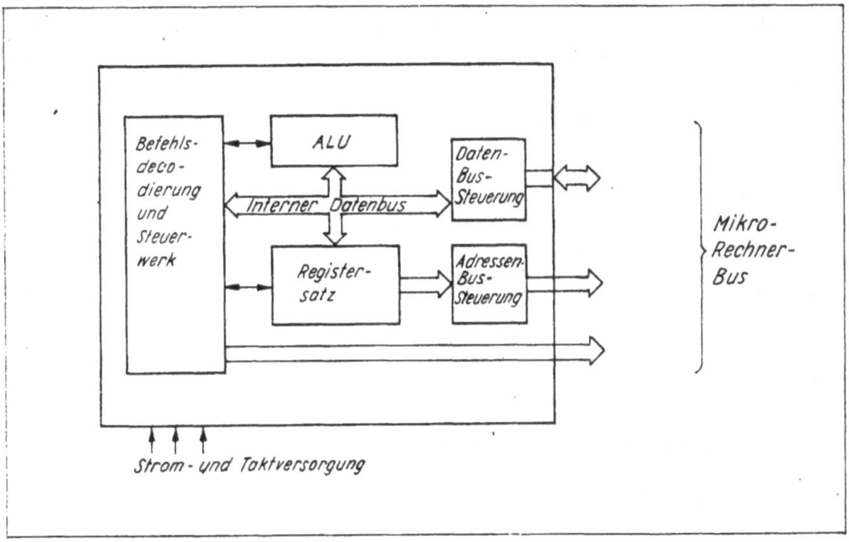

Interne Grobstruktur eines universellen Mikroprozessors

Steuerungen über die Prozeß- und Büroautomatisierung bis zu leistungsfähigen, universellen Kleinrechnern. Die weiteste Verbreitung hat der universelle M. gefunden. Bei ihm sind Arithmetisch-Logische-Einheit (ALU), Befehlsdecodierung, Steuerwerk, Registersatz und Bussteuerung über einen internen *Datenbus* und spezielle Steuerleitungen miteinander verbunden und meist in einem Schaltkreis untergebracht. Die äußeren Anschlüsse dieses Schaltkreises dienen neben der Takt- und Stromversorgung der Realisierung des Mikrorechner-*Bus*, über den der M. mit dem *Speicher* und peripheren Schaltkreisen gekoppelt ist. Universelle M. werden vorwiegend in MOS-Technologie hergestellt und in einem Dual-in-line-Gehäuse mit 40 bis 60 äußeren Anschlüssen untergebracht.

Spezielle Ausführungen von M. sind der Ein-Chip-Mikrorechner und der Bit-Slice-Prozessor. Der Ein-Chip-Mikrorechner ist ein in einem hochintegrierten Halbleiterschaltkreis (VLSI) untergebrachter Mikrorechner geringer Leistung und einfacher Konfiguration, bestehend aus Mikroprozessor, permanentem Programmspeicher (PROM), Arbeitsspeicher (RAM) und peripheren Schnittstellen. Er wird vorwiegend für die Realisierung digitaler Steuerungen eingesetzt. Der Bit-Slice-Prozessor ist ein mikroprogrammierbarer (Mikro-)Prozessor, bestehend aus Mikroprogrammspeicher, Steuerwerk und ALU, bei dem die ALU bis zur benötigten Verarbeitungsbreite aus Elementen (slices) geringer Verarbeitungsbreite (2, 4 bit) kaskadiert wird und i. allg. nur wenige elementare Operationen ausführt. Er wird zur Erzielung hoher Verarbeitungsgeschwindigkeiten vorwiegend in TTL- oder ECL-Technologie hergestellt und besteht i. allg. aus vier oder mehr integrierten Schaltkreisen.

Ein wesentliches Kennzeichen moderner M. ist ihre Eignung für die funktionsteilige Zusammenarbeit mit Co-Prozessoren (Arithmetikprozessoren, Ein-/Ausgabe-Prozessoren) und den Aufbau von *Mehrprozessorsystemen*.

I. Wende

Literatur: Kobitzsch, W.: Mikroprozessoren – Aufbau und Wirkungsweise Teil 1: Grundlagen. München, Wien: R. Oldenbourg Verlag 1977; Carson, J. H.: Tutorial – Design of Microprocessor Systems. New York: IEEE, 1979; Bursky, D.: Microprocessor selection guide. Electronic Design, Rochelle Park **25** (1977) 21.

Mikrorechnersystem – in geschlossenem Gefäßsystem untergebrachter *Mikrorechner*, ausgerüstet mit peripheren Geräten und Speichern.

Minimal-Varianz-Regelung – s. *Regelung*.

Missionsverfügbarkeit – s. *Verfügbarkeit*.

Mitkopplung – s. *Rückführung* und *Rückkopplung*.

Modelladaptive Regelung – *adaptive Regelung* mit Bezugsmodell; eine Klasse adaptiver Regelungen, die durch die explizite Verwendung eines Vergleichssystems (Bezugsmodells) zur Spezifikation des Gütemaßes gekennzeichnet ist. Der schematische Aufbau modelladaptiver Regelungssysteme ist in der Abb. dargestellt. Der Grundregelkreis mit veränderbarem Regler und Prozeß stellt ein einstellbares System dar. Das i. allg. zeitinvariante Bezugsmodell gibt das ideale (gewünschte) Übertragungsverhalten des geregelten Prozesses bezüglich eines Führungs- oder Referenzsignals vor. Die Ausgangssignaldifferenz von Bezugsmodell und einstellbarem System wird

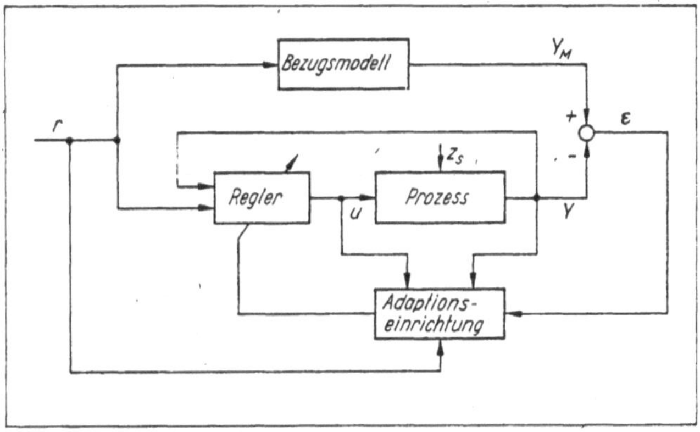

Modelladaptives Regelungssystem

einer Adaptionseinrichtung zugeführt, die durch Verstellung der Reglerparameter das Übertragungsverhalten des Grundregelkreises dem des Bezugsmodells anpaßt. Das Fehlersignal soll für alle Referenzsignale möglichst zu Null werden. Neben der skizzierten Parallelstruktur ergeben sich durch serielle Anordnung bzw. durch Aufspaltung des Bezugsmodells oder des einstellbaren Systems weitere modelladaptive Regelungsstrukturen. Die Reglerparameterbestimmung erfolgt entweder direkt in Abhängigkeit vom Fehlersignal oder indirekt, je nachdem, ob ein implizites oder explizites Prozeßmodell ermittelt wird.

Das Hauptproblem beim Entwurf m. R. ist das Auffinden von Adaptionsalgorithmen, die eine exakte Nachführung des Prozesses gewährleisten. Die Ordnung des Grundkreisreglers muß geeignet gewählt werden, um ausreichende parametrische Einstellmöglichkeiten zu schaffen. Dazu ist jedoch die A-priori-Information über die (angenommene) Prozeßordnung erforderlich. Das Auffinden von Berechnungsvorschriften für die Parameterverstellungen ist auf Grund des nichtlinearen/zeitvariablen Charakters des Gesamtsystems schwierig. Die ursprünglich eingesetzten *Gradientenverfahren* garantieren nur unter bestimmten Bedingungen Stabilität. Demgegenüber ermöglicht die unmittelbare Anwendung von Stabilitätstheorien (II. Methode von LJAPUNOW; s. LJAPUNOW-*Methoden*; Theorie der Hyperstabilität von POPOW) die Synthese global asymptotisch stabiler Systeme.

Modelladaptive Systeme wurden sowohl für kontinuierlich als auch für diskontinuierlich arbeitende Regler entwickelt. Hinsichtlich der Realisierbarkeit haben nur differentiations- bzw. prädiktionsfreie Algorithmen Bedeutung. Zwischen modelladaptiven Reglern und Self-tuning-Reglern (s. *Self-tuning-Regelung*) besteht ein enger Zusammenhang, da beide Typen zu den parameteradaptiven *Regelungen* gehören. Darüber hinaus lassen sich alle rekursiven *Parameterschätzverfahren* auf modelladaptive Strukturen zurückführen.

G. BILLERBECK

Literatur: LANDAU, I. D.: Adaptive Control – the Model Reference Approach. New York, Basel: Marcel Deccer, Inc. 1979; EGARDT, B.: Stability of Adaptive Controllers. Berlin, Heidelberg, New York: Springer-Verlag 1979.

Modellierung von Ökosystemen – s. *Systemökologie*.

Modularität – Eigenschaft der Struktur eines Systems, die sich charakterisieren läßt als Prinzip, das System aus relativ abgeschlossenen Einheiten, sog. Moduln, aufzubauen, die unter Beachtung von Schnittstellenbedingungen frei wählbar zusammengesetzt werden können.

Die Modularität kann sowohl hinsichtlich des apparativen Aufbaues (*Hardware*) als auch hinsichtlich der programmtechnischen Versorgung (*Software*) bestehen. Die gerätetechnische Modularität eines Systems ist eine wesentliche Vorbedingung für seine Konfigurierbarkeit, d. h. die Möglichkeit, eine an die Funktion angepaßte Systemvariante aufzubauen. Bei modularen Systemen aus sehr vielen Einzelmoduln werden spezielle Projektierungsmethoden geschaffen. Beispiele für modulare Softwarestrukturen sind die meisten *Betriebssysteme* von Rechnern. Die Software-Modularität erleichtert die Programmierung und erhöht die Zuverlässigkeit und die Übersichtlichkeit der Programme. Oft wird die Generierung eines bestimmten Betriebssystems durch sogenannte *Menüs* unterstützt, aus denen der Bediener die für den vorgegebenen Zweck geeignete Konfiguration auswählen kann.

Nicht nur Datenverarbeitungsanlagen, sondern auch moderne Steuerungssysteme für Roboter, Systeme zur Verarbeitung und Erkennung bildlicher Information und Systeme der Experimentautomatisierung sind modular aufgebaut. Modulare Systeme lassen sich relativ leicht warten.

K. FRITZSCH

Multiprozessor – s. *Mehrprozessorsystem*.

N

NC-Maschine – numerisch gesteuerte Werkzeugmaschine; unterschieden werden (die festverdrahteten) NC-Maschinen (numerical control) und (die freiprogrammierbaren) CNC-Maschinen (computer numerical control). Auf Grund des erreichten Standes der *Mikroelektronik,* vor allem durch den Einsatz von *Mikroprozessoren* wurden die NC-Maschinen von den CNC-Maschinen abgelöst. Bei CNC-Maschinen kann die Programmierung des Bearbeitungsvorganges manuell über ein Bedienfeld oder maschinell auf einem anderen Rechner erfolgen. Die maschinelle Programmierung der Steuerprogramme unter Verwendung von Unterprogrammen wird dabei bevorzugt angewendet. Werden mehrere CNC-Maschinen von einem *Prozeßrechner* gesteuert, dann spricht man vom DNC-Betrieb (direct numerical control). Der Übergang von DNC-Systemen zu *flexiblen Fertigungssystemen* ist fließend.

J. Kaltwasser

Nichtnumerische Algorithmen – In vielen Anwendungsfällen der Datenverarbeitung fallen die auszuwertenden Daten nicht in Form von Zahlen an, wie es zum Beispiel in der ökonomischen Datenverarbeitung zur Auswertung ökonomischer Kennziffern oder in der numerischen Datenverarbeitung zur Durchführung der verschiedensten Berechnungen (Statik im Bauwesen!) der Fall ist, sondern in völlig anderen Darstellungsformen. Bei der Bildverarbeitung etwa sind optische Informationen zu bearbeiten, bei der Sprachverarbeitung akustische Signale, bei der Textverarbeitung liegt natürlich-sprachlicher Text vor, in Formelmanipulationssystemen und Theorembeweisern aber mathematische Texte, *Compiler* bearbeiten Texte einer formalen Sprache und in *Datenbanken* schließlich werden die verschiedensten Informationen abgespeichert. Das eigentliche Problem der nichtnumerischen Datenverarbeitung ist deshalb, daß die Verarbeitungseinheiten der *Digitalrechner* ausschließlich numerische (und in begrenztem Umfang logische) Daten verarbeiten können. Dieses historisch begründete Problem führt dazu, daß die Verarbeitung nichtnumerischer Daten in drei Etappen erfolgen muß: Transformation in numerische Daten (z. B. Codierung von Buchstaben, Darstellung von Bildern als zweidimensionale Matrix mit diskreten Grauwerten als Matrixelemente), Verarbeitung und Rücktransformation in nichtnumerische Daten. Aber auch nach der Transformation in eine maschineninterne Darstellung erfolgt die Verarbeitung häufig nach anderen Gesichtspunkten. Während numerische Algorithmen vorwiegend arithmetische Operationen anwenden und mit mehrdimensionalen Matrizen arbeiten, stehen in der nichtnumerischen Datenverarbeitung Operationen, wie Sortieren und Suchen, Umordnen, Transformieren usw., im Vordergrund. Auch werden vorwiegend andere *Datenstrukturen*, wie Keller, Listen und Graphen, angewendet. In den meisten Fällen ist deshalb die Abarbeitung nichtnumerischer Algorithmen relativ uneffektiv, wenn nicht überhaupt unmöglich. Erst der Einsatz von Spezialprozessoren, die entweder spezielle numerische Algorithmen hocheffektiv abarbeiten können (z. B. Feldprozessoren) oder über spezielle Operationen zur direkten Verarbeitung von nichtnumerischen Daten verfügen (LISP-Prozessor, Direktverarbeitungsprozessor für höhere Programmiersprachen, Assoziativspeicher), ermöglicht eine hinreichende Effektivitätssteigerung.

Am folgenden Beispiel soll der Unterschied zwischen numerischer und nichtnumerischer Datenverarbeitung deutlich gemacht werden. Wird die quadratische Gleichung

$$ax^2+bx+c=0$$

numerisch bearbeitet, so ist die Vorgabe der Koeffizienten a, b und c erforderlich. Nach Eingabe von

$$a=9,\quad b=0,\quad c=-1$$

erhält man als Ergebnis

$$x_1=0{,}3333;\quad x_2=-\,0{,}3333.$$

Bei nichtnumerischer Verarbeitung mittels eines Formelmanipulationssystems erhält man zunächst die allgemeine Lösung

$$x_{1,2}=\frac{1}{2a}\,(-b\pm\sqrt{b^2-4ac})\,.$$

Zusätzlich kann man nun noch die Koeffizienten spezifizieren und erhält als weiteres Ergebnis mit den obigen Koeffizientenwerten die spezielle Lösung

$$x_1=\frac{1}{3},\quad x_2=-\frac{1}{3}\,.$$

Dabei ist die Zahlendarstellung der Ergebnisse besonders zu beachten. Während im ersten Fall das Ergebnis durch die begrenzte Rechengenauigkeit des Prozessors abgerundet ist (bei komplizierten numerischen Algorithmen müssen sogar besondere Vorkehrungen getroffen werden, um eine Ergebnisverfälschung zu vermeiden), ist im zweiten Fall das Ergebnis exakt.

W. Assmann

Nichtnumerische Datenverarbeitung – Abarbeitung *nichtnumerischer Algorithmen* auf *Digitalrechnern.*

Nichtnumerische Informationsverarbeitung – Verarbeitung nichtnumerischer Daten; s. *Nichtnumerische Algorithmen.*

Notabschaltung – sicherheitstechnische Maßnahme (*Prozeßsicherung*) zum Stillsetzen einer technischen Anlage beim Eintritt einer unzulässigen Bedingung, z. B. beim Überschreiten eines Grenzwertes infolge *Ausfall* eines Anlagenteiles (Zuverlässigkeit, Instandhaltung). N. ist „von Hand“ mit Nottaster oder automatisch (Abfahrsteuerung) möglich; dabei kann u. U. der Fehlerort eingekreist und nur der fehlerbehaftete Anlagenteil abgeschaltet werden (Selektivität, vor allem bei *Redundanz* oder Prozeßrechnereinsatz). Die Abfahrsteuerung soll möglichst die problemlose Wiederinbetriebsetzung sichern, indem, sofern die Zeit das zuläßt, die Reihenfolge des Abschaltens z. B. mit Pausen (für das Leerlaufen von Transporteinrichtungen und Mühlen) erfolgt.

R. Müller

NP-Vollständigkeit – Begriff aus der algorithmischen Komplexitätstheorie; s. *Komplexität* eines Problems. Ein Problem P heißt NP-vollständig, wenn es in NP liegt und jedes Problem aus NP sich durch einen *polynomialen Algorithmus* auf P reduzieren läßt. Ob es einen polynomialen Algorithmus für irgendein NP-vollständiges Problem gibt, ist eines der großen, bisher ungelösten Probleme.

H. D. Modrow

Nulltrendprinzip – Scan-line-Prinzip, Quick-scan-Prinzip: Ausführung der Anzeigeeinrichtungen von *Leitgeräten* (Hand-Automatik-Umschaltung), bei der der Toleranzbereich des eingestellten Sollwertes als transparentes Sollwertband (Nullpfad) farbig (meist grün) in der Gerätemitte über einer beweglichen Sollwertskala (Trommel oder Band) angeordnet ist. Der Nullpfad verdeckt den meist leuchtend roten Zeiger des Istwertes (Regelkreis) bei hinreichender Übereinstimmung von Istwert und Sollwert. Der Zeiger wird erst bei unzulässigen Abweichungen vom Sollwert deutlich sichtbar. Bei der Reihenanordnung mehrerer Leitgeräte in der Wartenfront (*Meßwarte*) erhöht sich die Übersichtlichkeit bei Überwachungstätigkeiten (*Prozeßüberwachung*). So werden Aktivitäten erst dann ausgelöst, wenn ein Zeiger die durchgehende Linie verläßt.

R. Müller

O

Ökomodellierung – s. *Systemökologie*.

Ökosystem – s. *Systemökologie*.

OEM-Baugruppe – (original equipment module); *Mikrorechner* werden in der Regel aus Standardbaugruppen aufgebaut, die in weiten Grenzen wählbar zusammengeschaltet werden. Die Baugruppen werden oft als OEM-Module bezeichnet. Sie werden über einen nach bestimmten Richtlinien zu betreibenden *Bus* (Sammelleitung) gekoppelt, so daß aufgabenangepaßte Gerätekonfigurationen aufgebaut werden können. O. der Mikrorechentechnik sind u. a. zentrale Recheneinheiten, Speicher, Anschlußsteuerungen für periphere Geräte, Interfaces (Schnittstellen) zu externen Geräten. Auch der Busrichtlinie entsprechende, für spezielle Anwendungszwecke geschaffene Baugruppen werden als O. bezeichnet. Beim Aufbau von Systemen aus O. sind in der Regel nicht unerhebliche Aufwendungen für die programmtechnische Versorgung (*Software*) erforderlich.

K. FRITZSCH

off-line – es besteht keine physische Verbindung zwischen einer genutzten Hardwarekomponente und dem *Rechnersystem*; z. B. Off-line-Datenerfassung: der vom Erfassungsgerät hergestellte Datenträger muß manuell zum Rechnersystem befördert werden und wird dort von direkt angeschlossenen Geräten gelesen.

H.-J. SCHILLER

on-line – die betrachtete Hardwarekomponente ist physisch mit dem *Rechnersystem* verbunden und wird von diesem gesteuert; z. B. On-line-Datenerfassung: an einem Bildschirmgerät eingegebene Daten werden unter Steuerung des Rechnersystems auf einem direkt angeschlossenen Datenträger gesammelt.

H.-J. SCHILLER

On-line-Fehlererkennung – Zur Funktionsüberwachung des laufenden Betriebes von Schaltungen und Schaltungsteilen werden On-line-Fehlererkennungsschaltungen verwendet. Abb. 1 zeigt eine Schaltung S, die durch eine Fehlererkennungsschaltung F_S überwacht wird. Bei fehlerhafter Arbeitsweise von S soll F_S das Signal 1 (Fehler) und bei korrekter Arbeitsweise von S das Signal 0 (kein Fehler) ausgeben. Dabei strebt man an, daß F_S mit möglichst geringem Aufwand realisiert wird.

Eine einfache, aber relativ aufwendige Fehlererkennungsschaltung erhält man, indem man S doppelt ausführt und die Ausgänge der beiden Schaltungen S vergleicht (s. Abb. 2). In diesem Fall besteht die Fehlererkennungsschaltung F_S aus S und dem Vergleicher. Häufig angewandt wird die Methode der separaten Verarbeitung von Prüfsymbolen, die in Abb. 3 an einer Schaltung S mit zwei Eingängen und einem Ausgang erläutert sei. Aus den

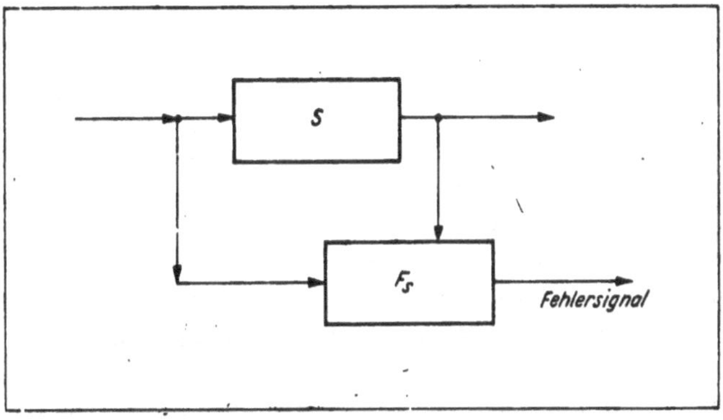

Abb. 1
Schaltung, die durch eine Fehlererkennungsschaltung überwacht wird

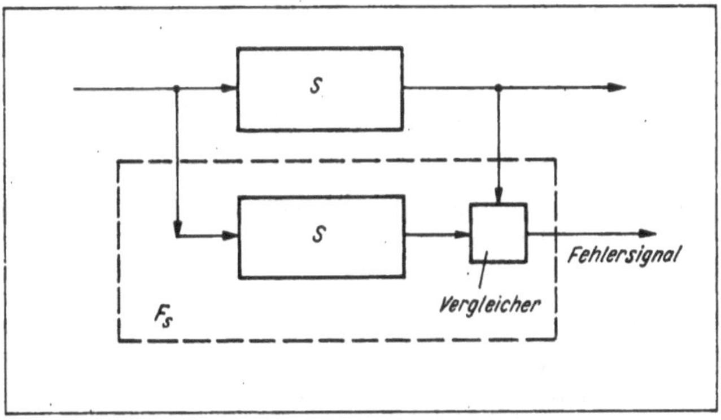

Abb. 2
Fehlererkennungsschaltung mit Vergleicher

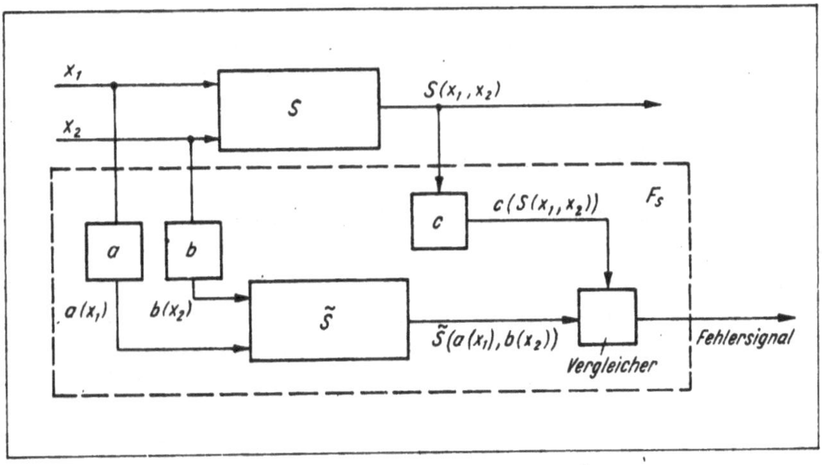

Abb. 3
Methode der separaten Verarbeitung von Prüfsymbolen

Eingangssignalen x_1, x_2 werden zunächst die Größen $a(x_1)$, $b(x_2)$ (Prüfsymbole) abgeleitet, die von der Schaltung $\tilde{S}$ zu $\tilde{S}(a(x_1), b(x_2))$ verarbeitet und mit dem aus dem Ausgang von S abgeleiteten Prüfsymbol $c(S(x_1, x_2))$ verglichen werden.

Bei der Fehlererkennung durch systematische Codes ist die Schaltung S so entworfen, daß Codewörter bei korrekter Arbeitsweise in Codewörter abgebildet werden. Die Fehlererkennungsschaltung prüft dann nur, ob auch tatsächlich Codewörter von S ausgegeben werden. Für den einfachsten Fall Boole*scher Funktionen* soll noch erläutert werden, wie man eine an dem technologisch bedingten Fehlermodell optimal angepaßte Fehlererkennungsschaltung ableiten kann.

Es sei $f\colon \{0,1\}^n \to \{0,1\}$ eine n-stellige Boolesche Funktion, $\Xi \subseteq \{0,1\}$ die Menge der interessierenden Inputs und $\mathfrak{F}(f) = (f_0 = f, f_1, \ldots, f_k)$ das Fehlermodell von f. Dabei sind $f_1, \ldots, f_k$ diejenigen Funktionen, in die f auf Grund technologischer Fehler gestört sein kann. Dann ist $\varphi\colon \{0,1\}^{n+1} \to \{0,1\}$ fehlererkennende Funktion für f mit dem Fehlermodell $\mathfrak{F}(f)$, wenn gilt:

$$\varphi(x, y) = \begin{cases} 0 \text{ für } x \in \Xi \text{ und } y = f(x)\,, \\ 1 \text{ für } x \in \Xi \text{ und es existiert ein } f_i \in \mathfrak{F}(f), \\ \qquad\qquad y = f_i(x) \neq f(x)\,, \\ \text{beliebig sonst.} \end{cases}$$

Durch Minimierung und anschließende Realisierung der partiell definierten Booleschen Funktionen $\varphi(x, y)$ erhält man eine optimal an das Fehlermodell angepaßte Fehlererkennungsschaltung.

M. Gössel

Literatur: Geisselhardt, W.: Fehlerdiagnose in Geräten der Digitaltechnik. München, Wien: Hanser-Verlag 1978: Reinert, D.: Prüftheorie diskreter Systeme. Berlin: VEB Verlag Technik 1979.

Operationsverfügbarkeit — s. *Verfügbarkeit.*

Operative Lenkung der Produktion — (OLP) rechnerunterstützte Steuerung größerer Wirtschaftseinheiten zur Sicherung optimaler Planerfüllung. Die OLP löst auf der Ebene von Kombinaten, Betrieben und Anlagen folgendes Steuerungsproblem: Erfüllung des Produktionsplanzieles bei Einhaltung vorgegebener Restriktionen und Extremierung einer skalaren oder vektoriellen Zielgröße (z. B. Gewinn) für kürzere Zeithorizonte (Stunden bis Tage). Aufgaben der OLP werden durch die Wirkung stochastischer Störungen erforderlich gemacht (z. B. Ausfall von Apparaten; Störung in der Versorgung mit Stoffen oder Energien). Bei der Problemlösung ist der aktuelle Zustand der technologischen Anlagen zu berücksichtigen, wobei Speicherinhalte eine besonders wichtige Rolle spielen. Ergebnisse der OLP (Steuergrößen) sind Vorgaben für hierarchisch untergeordnete Teilsysteme (z. B. Auslastung von Teilanlagen; Inbetriebnahme oder Abstellung von Apparaten; Vorgaben für Produktströme). Die OLP ordnet sich ein in das Gesamtsystem der Planung und Leitung einer Wirtschaftseinheit. Von den Aufgaben der Prozeßautomatisierung unterscheidet sie sich durch den Wirkungsbereich (Prozeßautomatisierung: Einzelapparat, Teilanlage; OLP: Anlage, Betrieb, Kombinat), von denen der lang- und mittelfristigen Planung durch die Zeithorizonte.

Charakteristisch für die OLP ist die Problemlösung durch den Menschen als Entscheidungsträger (Dispatcher), der dabei durch technische Systeme zur Informationsgewinnung, -übertragung und -verarbeitung unterstützt wird. Eine automatische Lösung von Aufgaben der OLP ohne letztliche Einbeziehung des Menschen ist vorerst nicht zu erwarten. Gründe dafür sind nicht quantifizierbare Anteile bei den Optimierungszielen und Schwierigkeiten einer vollständigen Modellierung und Algorithmierung. Zunehmende Bedeutung erhalten dagegen rechnerunterstützte Systeme zur Erleichterung der Entscheidungstätigkeit.

G. BRACK

Operative Steuerung – s. *Rechnergestützte Fertigung.*

Orgware – Menge der Ablauf-, Aufbau- und Informationsorganisationslösungen eines Projektes zur automatisierten, mechanisierten oder manuellen Prozeßdurchführung, beispielsweise auf den Gebieten der Organisation der Planung, Produktionsvorbereitung, Material- und Lagerwirtschaft eines Betriebes. Die O. zielt auf eine möglichst optimale Gestaltung der Funktion und der Struktur eines Prozesses und auf effektive Lösungen zur Erfassung, Verarbeitung, Speicherung und Weiterleitung der zur Steuerung erforderlichen Information unter Berücksichtigung technischer, ökonomischer, soziologischer und arbeitspsychologischer Kriterien.

In *automatisierten Leitungssystemen* erfolgt die Konzipierung und Realisierung der Ablauf-, Aufbau- und Informationsorganisation in wechselseitiger Abhängigkeit von der vorhandenen oder benötigten Hardware und Software. O. kann als Standard-O., die für vergleichbare Prozesse universell anwendbar ist, und als Prinzip-O., die aufgabenorientiert ist und für differenzierte Anwendungsfälle modifiziert werden kann, entwickelt und genutzt werden. Standard-O. ist besonders für elementare Prozesse geringer Komplexität und Kompliziertheit geeignet; Prinzip-O. bildet die typische Form für automatisierte Systemlösungen.

In zunehmenden Maße enthält O. Optimierungsmodelle und Simulationsverfahren zur Vorbereitung optimaler Entscheidungen und zur Ermittlung möglicher Prozeßabläufe. Die Entwicklung von O. für schwachstrukturierte Aufgaben mit hoher Unbestimmtheit, z. B. für Prognoseprozesse und *Innovationsstrategien*, befindet sich erst im Anfangsstadium.

H.-G. LAUENROTH

OS – (operating System) weit verbreitetes *Betriebssystem* für mittlere und große Rechner des *ESER* der Reihe 1 und 2 und der IBM-Familien 360/370 (s. *IBM*/360 und *IBM-System*/370). Das OS besteht aus dem Steuerprogramm, der Menge der Verarbeitungsprogramme und den Zusatzkomponenten. Das Steuerprogramm realisiert die Jobverwaltung, die Aufgabenverwaltung, die *Datenverwaltung* und die Testung mit Zuverlässigkeitssicherung und Statistik. Das Steuerprogramm kann in drei verschiedenen Konfigurationen erzeugt werden:

- MFT Multiprogramming with a fixed number of tasks,
- MVT Multiprogramming with a variable number of tasks,
- SVS Single virtuell storage.

MFT und MVT unterstützen nicht die Funktion des virtuellen Speichers, sie erlauben max. 15 parallele Nutzerprogramme. SVS unterstützt den virtuellen Speicher mit einem Adreßraum von 16 Megabyte, es erlaubt im virtuellen Speicher max. 64 parallele Nutzerprogramme. In allen drei Konfigurationen erfolgen Ein- und Ausgabe des Jobstromes voll gepuffert. Das Job-Scheduling (s. *Scheduling*) erfolgt über einen Apparat von Klassen und Prioritäten. Das Aufgaben-Scheduling erfolgt prioritätsgesteuert, wobei nur beim SVS eine dynamische Prioritätsänderung im Ergebnis des vorangegangenen Verhaltens möglich ist. Externe *Dateien* können sequentiell, index-sequentiell, direkt, untergliedert oder nur im SVS virtuell sequentiell organisiert sein. Fernverarbeitung wie auch graphische Geräte sind auf mehreren Niveaus unterstützt.

Für lokale *Mehrrechnersysteme* stehen Hardware und Basissoftware zur Verfügung. Ein umfangreicher Apparat dient der Fehlerbehandlung. Zu den Verarbeitungsprogrammen zählen *Assembler*- und Sprachübersetzer für *FORTRAN*, *PL* 1, *COBOL*, RPG, *ALGOL* und *PASCAL* oft in unterschiedlichen Leistungsstufen sowie ein Satz von Dienst- und Hilfsprogrammen. Die verbreitetsten Zusatzkomponenten sind das Dialog-Teilhabersystem CRJE (Conversationel Remote Job Entry) und das allgemeine Teilnehmersystem TSO (Time Sharing Option). Jeder Anwender generiert sich aus dem alle Komponenten umfassenden Verteilungssystem in zwei Stufen das seinen Bedürfnissen entsprechende OS selbst.

H.-J. SCHILLER

Ostrowski-Bänder – in der Ebene des komplexen *Frequenzganges* liegende Einhüllende der sogenannten Ostrowski-Kreise, deren Mittelpunkte auf den Ortskurven der Hauptdiagonalelemente der Übertragungsfunktionsmatrix eines *Mehrgrößenregelungssystems* (MGR) liegen. Ihre Radien ergeben sich zu

$$d_i(j\omega) = \Phi_i(j\omega) \cdot r_i(j\omega)$$

bzw. zu

$$d'_i(j\omega) = \Phi'_i(j\omega) \cdot r'_i(j\omega)\,.$$

Die $r_i(j\omega)$ bzw. $r'_i(j\omega)$ sind die Radien der Gerschgorin-Kreise (s. *Gerschgorin-Bänder*), die der Betragssumme der nichtdiagonalen Zeilen- bzw. Spaltenelemente mit gleichem Zeilen- bzw. Spaltenindex wie die betrachtete Hauptdiagonalübertragungsfunktion entsprechen.
Die Faktoren $\Phi_i(j\omega)$ bzw. $\Phi'_i(j\omega)$ ergeben sich, abgeleitet aus dem Ostrowski-Theorem, zu

$$\Phi_i(j\omega) = \max_{\substack{j \\ j \neq i}} \frac{r_i(j\omega)}{|G_{ii}(j\omega)|}$$

bzw.

$$\Phi'_i(j\omega) = \max_{\substack{j \\ j \neq i}} \frac{r'_i(j\omega)}{|G_{ii}(j\omega)|}\,.$$

Die Ostrowski-Kreise haben den gleichen geometrischen Ort wie die Gerschgorin-Kreise, ihre Radien sind jedoch infolge des „Schrumpfungsfaktors" Φ bzw. Φ' kleiner. Dementsprechend liegen die Ostrowski-Bänder innerhalb der Gerschgorin-Bänder. Sie gestatten schärfere Aussagen über die Stabilität von MGR und bilden deshalb auch eine bessere Grundlage für ihren Entwurf.

Ostrowski-Bänder werden insbesondere in Verbindung mit dem inversen Nyquist-Verfahren zum Reglerentwurf herangezogen, bei dem nach Sicherstellung der Diagonaldominanz des offenen und des geschlossenen MGR durch einen Kompensator die Hauptregelkreise einzeln nach Methoden des Einzelregelkreises dimensioniert werden.

H. Ehrlich

Output – Ausgangsstrom von Informationen, Daten oder Programmen aus einer Rechenanlage.

Overhead – s. *Rahmenprogrammsystem*.

P

Parameterschätzverfahren – Methoden, die man der experimentellen Modellbildung (*Identifikation*) zuordnet. Ihre Zielstellung besteht darin, aus den gemessenen und i. allg. statistisch verrauschten Werten der Eingangsgrößen $\boldsymbol{u}$ und Ausgangsgrößen $\boldsymbol{y}$ eines statistischen oder dynamischen Prozesses unter einem vorgegebenen Optimalitätskriterium ein Prozeßmodell dem Prozeß so anzupassen, daß die Abweichungen zwischen den gemessenen und den mit Hilfe der geschätzten Parameter berechneten Ausgangsgrößen minimal werden (s. Abb. 1). Dabei geht man i. allg. von einer zeitdiskreten

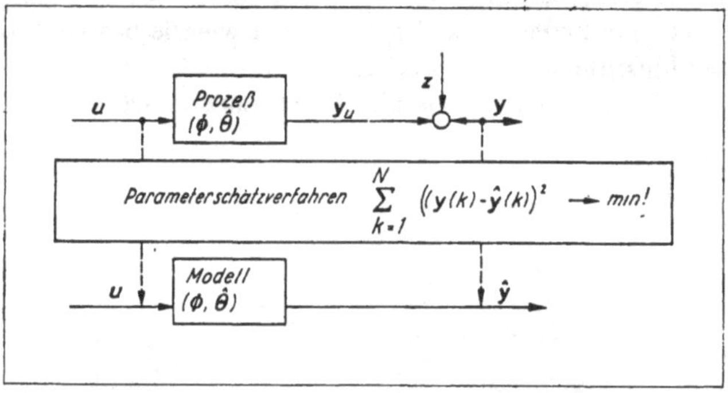

Abb. 1
Aufgabe der Parameterschätzverfahren
$\boldsymbol{u}^T = [u_1, u_2, \ldots, u_{na}]$ – Vektor der Eingangsgrößen
$\boldsymbol{y}_u = [y_{u_1}, y_{u_2}, \ldots, y_{u_{nb}}]$ – Vektor der Ausgangsgrößen
$\boldsymbol{z}^T = [z_1, z_2, \ldots, z_l]$ – Vektor der Störgrößen
$\boldsymbol{y} = [y_1, y_2, \ldots, y_{nb}]$ – Vektor der gemessenen Ausgangsgrößen
Φ – formaler Ausdruck für die Prozeßstruktur
Θ – Vektor der Parameter zur Prozeßstruktur
$\wedge$ kennzeichnet die Schätzwerte

Darstellung der Prozeßstruktur aus, wobei man zwischen parametrischen Modellen (Differenzengleichung, z-Übertragungsfunktion) und nichtparametrischen Modellen (z. B. Stützstellen der Gewichtsfunktion) unterscheidet. Zur Prozeßstruktur gelangt man über eine theoretische Modellbildung (Aufstellen der Grundzusammenhänge der Wissenschaftsdisziplin, aus der der Prozeß stammt, und der prozeßspezifischen Verknüpfungsbeziehungen; wenn möglich: Überführung in ein linearisiertes System mit konzentrierten (=ortsunabhängigen) Parametern; Zusammenstellung der i. allg. kontinuierlichen Prozeßgleichungen; Überführung in zeitdiskrete Darstellung) oder durch mehr oder weniger willkürliche Festlegung unter Zuhilfenahme

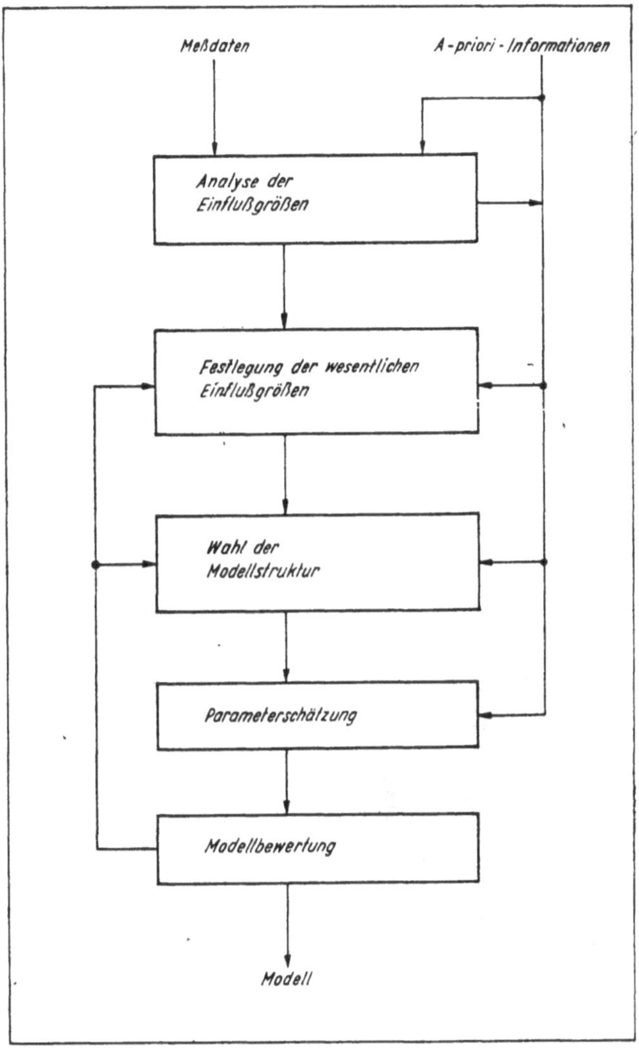

Abb. 2
Stufen der Modellbildung

von A-priori-Informationen über den Prozeß. Eine Verdeutlichung dieses Sachverhaltes liefert Abb. 2, die das Problem der Parameterschätzung in den Gesamtzusammenhang stellt.

Mit Hilfe statistischer Maßzahlen wurden Merkmale der Schätzergebnisse formuliert:

a) Erwartungstreue Schätzung: Eine Schätzung $\hat{\Theta}$ ist erwartungstreu,

Überblick über Verfahren der Parameterschätzung

Verfahren	Zielkriterium	Ziel	A-priori-Informationen bzw. Voraussetzungen	Eigenschaften der Schätzung	Bemerkungen
BAYES-Schätzung	$Q=f(C(\Theta, \hat{\Theta}))$	$\min\limits_{\Theta} Q$	$p(\Theta \mid \boldsymbol{y})$ $p(\Theta)$ $C(\Theta, \hat{\Theta})$	optimal, erwartungstreu, minimale Varianz	$C(\Theta, \hat{\Theta})$ Kostenfunktion
BAYES-Schätzung	$Q=p(\Theta \mid \boldsymbol{y})$	$\max\limits_{\Theta} Q$	$p(\Theta \mid \boldsymbol{y})$ und $p(\Theta)$ gaußverteilt	erwartungstreu, [1] [4] wenn $E\{e(m)\, e(l)\}=0$ für $m \neq l$	
Maximum-Likelihood-Schätzung	$Q=p(\boldsymbol{y} \mid \Theta)$	$\max\limits_{\Theta} Q$	$p(\boldsymbol{y} \mid \Theta)$	erwartungstreu, [2] minimale Varianz für $N \to \infty$	
Maximum-Likelihood-Schätzung (abgeleitete Form)	$Q=\sum\limits_{k=1}^{N} \varepsilon^2(k)$ bzw. $Q=\det \sum\limits_{k=1}^{N} \boldsymbol{e}(k)\boldsymbol{\varepsilon}^{\mathrm{T}}(k)$	$\min\limits_{\Theta} Q$	$p(\boldsymbol{y} \mid \Theta)$ gaußverteilt	erwartungstreu, [2] minimale Varianz für $N \to \infty$	
Methode der kleinsten Quadrate (Regression)	$Q=\boldsymbol{e}^{\mathrm{T}}\boldsymbol{e}$ bzw. $Q=\sum\limits_{k=1}^{N} \boldsymbol{e}^2(k)$	$\min\limits_{\Theta} Q$	keine	erwartungstreu, [1] [4] wenn $E\{\boldsymbol{e}(m)\, \boldsymbol{e}(l)\}=0$ für $m \neq 1$	

Regressions-schätzung mit Ansatz nach ASTRÖM	$Q = e^T W^{-1} e$	$\min_{\Theta} Q$	W^{-1}	erwartungstreu,[2] minimale Varianz	W^{-1} Filtermatrix
Verallgemeinerte Methode der kleinsten Quadrate	$Q = \sum_{k=1}^{N} \varepsilon^2(k)$	$\min_{\Theta} Q$	keine	i. allg. erwartungstreu[1][3]	
Zweistufige Methode der kleinsten Quadrate	$Q_1 = \sum_{k=1}^{N} r^2(k)$ und $Q_2 = \sum_{k=1}^{N} \xi^2(k)$	$\min_{g} Q_1$ $\min_{\Theta} Q_2$	keine	i. allg. erwartungstreu[1][3]	1. Schritt: Schätzung der Gewichtsfunktion des nichtparametrischen Modells 2. Schritt: Schätzung der Parameter des parametrischen Modells bei geglätteter Ausgangsgröße

[1]) On-line-Schätzung ist möglich.
[2]) On-line-Schätzung ist nicht möglich.
[3]) Berechnung der Störparameter ist möglich.
[4]) Berechnung der Störparameter ist nicht möglich.

wenn ihr Erwartungswert $E(\hat{\Theta})$ gleich dem wahren Wert von Θ ist. $E(\hat{\Theta})=\Theta$ bzw. $E(\hat{\Theta}-\Theta)=0$.
Gilt dieser Zusammenhang nur für unendlich großen Datenumfang

$$\lim_{k\to\infty} E(\hat{\Theta})=\Theta\ ,$$

heißt die Schätzung asymptotisch erwartungstreu.

b) Wirksame Schätzung: Eine Schätzung heißt wirksam, wenn zusätzliche Datengruppen die Varianzen und Kovarianzen der Parameter verringern:

$$\operatorname{cov}\{\hat{\Theta}_k\} \leqq \operatorname{cov}\{\hat{\Theta}_{k-1}\}\ .$$

Ein Schätzverfahren, das eine kleinere Varianz als ein anderes liefert, wird als wirksamer bezeichnet. Eine Schätzung, die den minimalen Wert der Varianz annimmt, heißt wirksamste oder effiziente Schätzung.

c) Konsistente Schätzung: Eine Schätzung heißt konsistent, wenn Abweichung und Varianz der Parameter mit steigendem Datenumfang gegen 0 gehen; hinreichend sind also asymptotische Erwartungstreue und verschwindende Varianz:

$$P\{\lim_{k\to\infty} |\hat{\Theta}-\Theta|=0\}=1\ .$$

Die Einteilung der P. wird nach der verwendeten *Zielfunktion* vorgenommen. Deren Auswahl wiederum ist wesentlich von den verfügbaren A-priori-Informationen (Verteilungsfunktionen vom Parametervektor und/oder von der Ausgangsgröße, Kovarianzmatrix des Störgrößenvektors, Kostenfunktion (z. B. zu ökonomischen Kennziffern) $C(\Theta, \hat{\Theta})$ usw.), aber auch von der zur Verfügung stehenden Rechentechnik (Speicherplatzbedarf, Rechenzeit des Verfahrens) und von der rekursiven Gestaltbarkeit der Verfahren (wenn Echtzeitidentifikation und/oder die Miterfassung von zeitvarianten (driftenden) Parametern verlangt wird) abhängig. Ein Überblick über gebräuchliche P. wird in der Tabelle gegeben. Dazu kommen Schätzungen mit erweiterten Matrizenansätzen, Hilfsvariablenmethoden und das Tally-Prinzip als wichtige Verfahren, die im Prinzip auf der Methode der *kleinsten Quadrate* beruhen, aber so gestaltet sind, daß sie zu erwartungstreuen Schätzungen führen.

Man unterscheidet weiterhin in direkte und indirekte P. Die direkten P. sind dadurch gekennzeichnet, daß sie die Parameter aufgrund gleichzeitig aller in die Schätzung eingehenden Datensätze bestimmen, wobei die Schätzung selbst in einem Schritt (Einschritt-Verfahren) oder iterativ in mehreren Schritten (Mehrschritt-Verfahren) erfolgen kann. Sie sind i. allg. nur für den

Off-line-Einsatz geeignet und folgen dem generellen Ansatz:

$$\frac{\partial Q(\hat{\Theta})}{\partial \hat{\Theta}} = 0 .$$

Die indirekten P. minimieren das Optimalitätskriterium durch schrittweise Hinzunahme jeweils eines neuen Datenpaares in jedem Schätzschritt. Sie sind also rekursiv gestaltet und folgen dem allgemeinen Ansatz

$$\lim_{k\to\infty} \frac{\partial Q(\hat{\Theta})}{\partial \hat{\Theta}} \Rightarrow 0 ,$$

was zu folgender Grundstruktur für Rekursivalgorithmen führt:

$$\hat{\Theta}(k+1) = \hat{\Theta}(k)$$

$$\begin{bmatrix}\text{neuer}\\ \text{Schätz-}\\ \text{vektor}\end{bmatrix} = \begin{bmatrix}\text{alter}\\ \text{Schätz-}\\ \text{vektor}\end{bmatrix}$$

$$+\boldsymbol{K}(k+1) \quad \{\boldsymbol{y}(k+1) \quad - \quad \boldsymbol{z}^{\mathrm{T}}(k+1)\hat{\Theta}(k)\}$$

$$+\begin{bmatrix}\text{Bewertungs-}\\ \text{faktor}\end{bmatrix} \left\{\begin{bmatrix}\text{neuer Wert}\\ \text{der Ausgangs-}\\ \text{größe}\end{bmatrix} - \begin{bmatrix}\text{mit altem Schätz-}\\ \text{vektor vorausberech-}\\ \text{neter Wert der Aus-}\\ \text{gangsgröße}\end{bmatrix}\right\}$$

In der Gestaltung des Bewertungsfaktors $\boldsymbol{K}(k+1)$ unterscheiden sich die einzelnen rekursiven P., zu denen neben den genannten noch die auf *Gradientenverfahren* beruhenden Verfahren der Relaxation (für ungestörte oder schwach gestörte Prozesse) und der *stochastischen Approximation* (für stark gestörte Prozesse) gezählt werden müssen, die keine direkten Verfahren als Entsprechung haben. Die indirekten Verfahren können durch den Einbau von Wichtungstermen die Miterfassung von ständigen (exponentielle Wichtung) oder einmaligen bzw. seltenen (blockweise Wichtung) Parameteränderungen ermöglichen. Anfangswerte der Schätzalgorithmen und Wichtungsparameter müssen geeignet gewählt werden, die Schätzergebnisse bedürfen einer statistischen Bewertung. Die indirekten Verfahren sind für den On-line-Einsatz zur Echtzeitmodellbildung geeignet.

Die Parameterschätzung multivariabler Systeme (Miterfassung der inneren Verkopplungen!), im geschlossenen Regelkreis (günstig, wenn die Einspeisung zusätzlicher Testsignale parallel zu den normalen Betriebsschwankungen möglich ist) und bei nichtlinearen Systemen (Wiener- bzw. Hammerstein-Modell) gestaltet sich i. allg. gegenüber der Schätzung einvariabler linearer Systeme aufwendiger, ist aber möglich. Wesentlich für die Güte der Schätzergebnisse ist auch die Wahl der Eingangsgrößen (Testsignale). Als vorteilhaft haben sich pseudostochastische Binärsignale (PRBS-Folgen), ternäre und höherwertige Signale und vor allem auch gesättigte und teilgesättigte, insbesondere orthogonale, Versuchsplanfolgen erwiesen.

Im Zusammenhang mit den P. sind auch die Zustandsschätzverfahren zu sehen, bei denen der Zustand eines dynamischen Prozesses bei bekannten Parametern aus den Messungen der Aus- und Eingangsgrößen geschätzt wird (Optimalfilterproblem).

D. WERNER.

Literatur: Taschenbuch der Elektrotechnik, Bd. 2: Grundlagen der Informationstechnik, hrsg. von E. PHILIPPOW. Berlin: VEB Verlag Technik 1977.

PASCAL – eine universelle, *problemorientierte Programmiersprache*, die 1971 von N. WIRTH entworfen und implementiert wurde. Bei ihrem Entwurf sind die Vorteile und Erfahrungen der in den fünfziger und sechziger Jahren entstandenen Sprachen *FORTRAN*, *ALGOL*-60, *COBOL* und *PL* 1 verarbeitet worden. Sie ist auf Grund ihrer logischen Geschlossenheit einfach erlernbar. Heute existieren auf nahezu allen Rechenanlagen (von *Mikrorechnern* bis zu Großrechenanlagen) geeignete PASCAL-Compiler.

Der Aufbau der Sprache ist blockorientiert. Ein Programm besteht aus

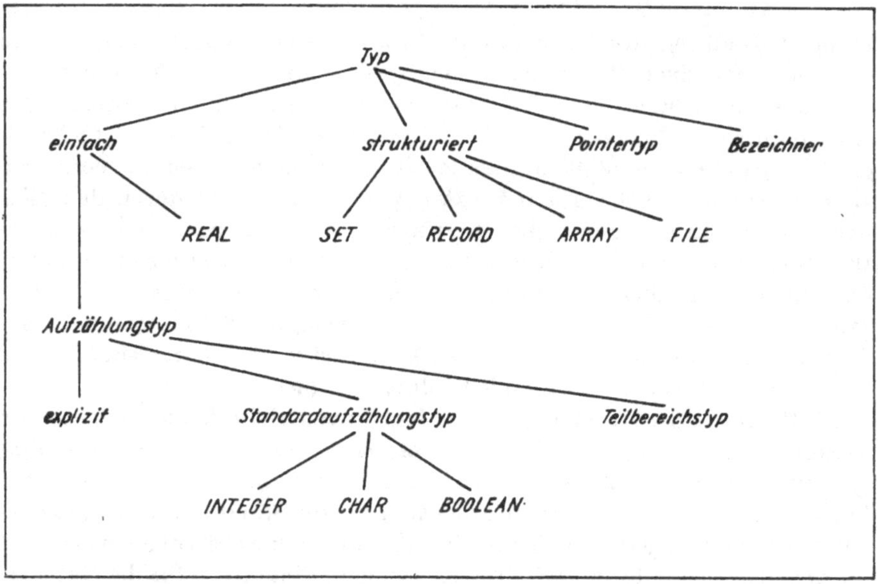

PASCAL-Typarten

dem Programmkopf und einem Block, der wiederum weitere Blöcke enthalten kann. Alle Prozeduren und Funktionsprozeduren sind Blöcke. Jeder Block besteht aus einem Markendeklarationsteil, einem Konstantendefinitionsteil, einem Typendefinitionsteil, einem Variablendeklarationsteil, einem Routinendeklarationsteil und einer Verbundanweisung. Das gesamte Programm wird als eine in sich logisch geschlossene Einheit (als ein Satz der Sprache PASCAL) übersetzt. Der Anschluß externer Prozeduren ist somit ursprünglich nicht im PASCAL-Konzept enthalten und bedarf einer Spracherweiterung. Dafür existieren mehrere maschinenabhängige Varianten.

Ein *Datentyp* in PASCAL ist eine definierte Menge von Werten. Die einzelnen Typarten sind in der Abb. dargestellt. Die Bedeutung sei an einigen Beispielen erläutert: expliziter Aufzählungstyp: (ROT, BLAU, GRÜN)
INTEGER: 1,100, –256
CHAR: 'Zeichen'
BOOLEAN: FALSE, TRUE
Teilbereichstyp: 0 . . . 15, '*A*' . . . '*Z*'
REAL: 10.2, –0.25, 3. 14159
SET: SET OF 0 . . . 15, SET OF CHAR
Hiermit sind Mengenkonstruktionen möglich.
Eine Menge wird z. B. notiert als /0,10 . . . 100, 1000/

```
RECORD: DATUM = RECORD TAG:   1 . . 31
                       MONAT: 1 . . 12
                       JAHR:  INTEGER
                END;
```

RECORD-Typen sind strukturierte Datentypen, die aus mehreren Komponenten beliebigen Typs, also z. B. wieder vom gleichen Recordtyp (recursiver Record), bestehen.

ARRAY: ARRAY / 1 . . 256, 1 . . 128 / OF INTEGER,
ARRAY / '*A*' . . '*Z*' / OF REAL

FILE: FILE OF REAL
Zum Aufbau von Datenmengen zur Ein- und Ausgabe.

Pointertyp: Zeiger auf dynamisch erzeugte Objekte. Damit ist es möglich, vorher nicht vereinbarte Variablen beliebigen Typs (außer FILE-Typs) während der Programmabarbeitung zu erzeugen und zu vernichten.

Bezeichner: Name eines Typs.

Infolge der Vielfalt der Typarten ist in PASCAL ein sehr effektives Programmieren möglich, verbunden mit einer hohen Fehlersicherheit, da der durch den Algorithmus bedingte eingeschränkte Wertebereich bereits als Typ festgelegt werden kann.

Die in höheren Programmiersprachen üblichen Standardfunktionen sind in PASCAL ebenfalls definiert, ergänzt um spezielle Funktionen zur Operation mit Variablen vom Typ CHAR und zur Handhabung dynamischer Variabler. Die Verwendung von Variablen vom Pointertyp erlaubt u. a. ein rationelles Programmieren von Listenstrukturen, Bäumen und anderen Graphenstrukturen unter Ausnutzung der speicherplatzeffektiven dynamischen Variablen.

Die wichtigsten Anweisungen in PASCAL sind die Ergibtanweisung (ausdruck:=ausdruck;), die Prozeduranweisung (prozedurname (parameterliste);), die Verbundanweisung (BEGIN anweisungen; END;), die Caseanweisung (CASE ausdruck OF markierte anweisung END;), die Ifanweisung (IF ausdruck THEN anweisung ELSE anweisung;), die Foranweisung (FOR bezeichner:=ausdruck TO ausdruck DO anweisung;), die Whileanweisung (WHILE ausdruck DO anweisung), die Repeatanweisung (REPEAT anweisung UNTIL ausdruck) und die Gotoanweisung (GOTO marke).

Die Eingabe- und Ausgabeoperationen in PASCAL basieren auf der Verarbeitung von Files, die nach ihrer Eröffnung und Initialisierung elementweise erweitert bzw. gelesen werden können. Ein spezieller und besonders wichtiger Filetyp ist der Standardfiletyp TEXT. Die Komponenten von Textfiles sind Zeichen (Variablen vom Typ CHAR). Textfiles besitzen eine Zeilenstruktur. Auf der Grundlage von Files sind die Standardprozeduren zum Schreiben und Lesen WRITE und READ definiert, mit deren Hilfe ein effektives Programmieren ohne Beachtung besonderer Formate, wie *FORTRAN*, möglich ist.

W. Uebel

Literatur: Wirth, N.: The programming language PASCAL. Acta Informatica, Berlin, Heidelberg, New York (1971) 1; Jensen, K., a. N. Wirth: PASCAL – user manual and report. Berlin, Heidelberg, New York: Springer-Verlag 1975; Ottmann, T., u. P. Widmayer: Programmierung mit PASCAL. Stuttgart: B. G. Teubner-Verlag 1982; Wilson, I. R., a. A. M. Addyman: PASCAL – leicht verständliche Einführung in das Programmieren mit PASCAL. München, Wien: Hanser-Verlag 1981: Paulin, G., u. H. Schiemangk: Programmieren mit PASCAL. Berlin: Akademie-Verlag 1985.

PEARL – Echtzeitprogrammiersprache für On-line-Steuerung und -Auswertung technischer Prozesse. PEARL (Process and Experiment Automation Realtime Language) ist eine höhere *Programmiersprache*, die eine weitgehend rechnerunabhängige Programmierung von Echtzeitverarbeitungsaufgaben erlaubt. Eine Untermenge der Sprache ist als Basic PEARL standardisiert.

Ein PEARL-Programm besteht aus voneinander unabhängig übersetzbaren Moduln (s. *Compilierung, separate*), die jeweils aus einem Systemteil zur Beschreibung des Interfaces zwischen Rechner und Peripherie (Standardperipherie, wie Lochkartenleser und Drucker, und Prozeßperipherie, wie Meßwertgeber und Stellglieder) und einem Problemteil zur Beschreibung der Verarbeitungsaufgabe bestehen. Hierfür stehen zunächst auch aus anderen Programmiersprachen bekannte Sprachkonzepte, wie Deklaration von Datenvariablen, Typen und Prozeduren, zur Verfügung. Darüber hinaus werden alle Echtzeitverarbeitungsprobleme durch ein sehr breites Spektrum von Anweisungen zur Zeitsteuerung und zur Parallelverarbeitung unterstützt. Grundelement für die Behandlung der Parallelverarbeitungsproblematik ist die Task. Eine Task ist die Ausführung eines Programmstücks unter der Kontrolle des *Betriebssystems*. Sie muß durch entsprechende Angaben deklariert werden und kann dynamisch gestartet, verzögert, fortgesetzt oder beendet werden. Die Zuordnung von Tasks zu den zur Verfügung stehenden Prozessoren (u. U. nur ein einziger) erfolgt prioritätengesteuert. Durch die Zeitsteuerung kann das Verhalten von Tasks zu bestimmten Zeitpunkten oder nach einer bestimmten Zeitdauer einmalig oder periodisch und unter gewissen Nebenbedingungen beeinflußt werden. Die Anweisung

AT·10:0:0 EVERY 10 MIN UNTIL 11:0:0 ACTIVATE MESSUNG;

bedeutet, daß von 10.00 Uhr bis 11.00 Uhr alle 10 Minuten die Task MESSUNG ablaufen soll. Zur Synchronisierung von Tasks werden Semaphor-Variablen verwendet, ferner wird die Verarbeitung von Interrupts unterstützt.

W. Assmann

Phasengang – s. *Frequenzgang*.

Pipeline-Prinzip – eine Variante zur Realisierung von Parallelarbeit in einem Rechner, einem Prozessor oder einem *Rechnersystem* zur Erhöhung des Durchsatzes, d. h. der Anzahl der pro Zeit bearbeiteten Prozesse. Ein zu bearbeitender Prozeß wird in zeitlich nacheinander abzuarbeitende Segmente eingeteilt, die von autonomen Einheiten des Rechners oder Prozessors bearbeitet werden können. Bei einer wiederholten Ausführung des betrachteten Prozesses können dann von den verschiedenen autonomen Teilen des Rechners gleichzeitig die ihnen zugeordneten Segmente, jeweils für unterschiedliche Wiederholungen des Prozesses, bearbeitet werden. In der industriellen Produktion ist diese Methode durch das Fließband oder die Taktstraße gut bekannt. Das P. ist stets auf ein bestimmtes Abstraktionsniveau der Beschreibung bezogen, das oftmals nicht explizit angegeben wird. So kann beispielsweise ein serieller Rechner intern Pipeline-Rechenwerke verwenden.

Eine Menge von Prozessen $P^{(i)}$, $i=1,2,3,\ldots$, die von der Einheit R des Rechners seriell bearbeitet werden kann, sei in die Segmente $\Pi_1^{(i)}$, $\Pi_2^{(i)}$, $\Pi_3^{(i)}$

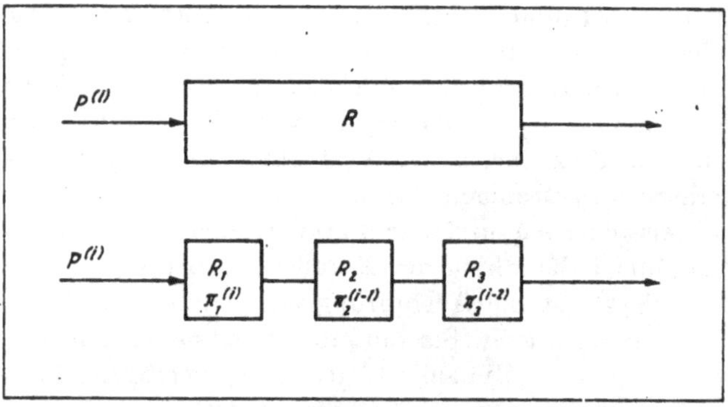

Ein Prozeß $P^{(i)}$, der seriell von R bearbeitet wird, wird nach dem Pipeline-Prinzip überlappt von R_1, R_2, R_3 bearbeitet.

zergliedert, die von den autonomen Einheiten R_1, R_2, R_3 nacheinander bearbeitet werden können. Bei aufeinanderfolgend zu bearbeitenden Prozessen $P^{(1)}$, $P^{(2)}$, ... bearbeiten die autonomen Einheiten R_1, R_2, R_3 jeweils gleichzeitig die Teilprozesse $\Pi_1^{(i)}$, $\Pi_2^{(i-1)}$, $\Pi_3^{(i-2)}$, die zu verschiedenen Prozessen $P^{(i)}$, $P^{(i-1)}$, $P^{(i-2)}$ gehören. Die Abb. veranschaulicht diesen Sachverhalt.

Eine besonders vorteilhafte Variante liegt dann vor, wenn die Bearbeitungszeit für alle Teilprozesse in allen autonomen Einheiten gleich ist. Bei Beginn der Arbeit einer Pipeline muß diese gefüllt werden, ebenso, wie sie am Ende ihrer Arbeit geleert werden muß. Durch Füllen und Leeren wird der Durchsatz der Pipeline vermindert, so daß der Vorteil einer Pipeline-Verarbeitung erst bei einer großen Anzahl von hintereinander auszuführenden Prozessen voll wirksam wird.

M. Gössel

Literatur: Ramamoorthy, C. V., a. H. F. Li: Pipeline architecture. Computing Surveys, New York 9 (1977) 2; Bode, A., u. W. Händler: Rechnerarchitektur II. Berlin, Heidelberg, New York: Springer-Verlag 1983.

Pipeline-Prozessor – s. *Pipeline-Prinzip.*

Polyoptimierung – s. *Vektoroptimierung.*

Portabilität – Hierunter wird die Übertragbarkeit von *Software* von einer *EDVA* auf eine andere verstanden. Durchgesetzt hat sich folgende Definition: Software heißt portabel, wenn der Aufwand zur Übertragung von einem Anlagentyp auf einen anderen zum Zwecke des Erreichens gleicher Ergebnisse wesentlich geringer ist als der Aufwand für die erneute Programmierung. Probleme ergeben sich für die Übertragung von Software insbesondere aus Unterschieden in der Datendarstellung, den auf verschiedenen Anlagen implementierten Sprachen und Sprachvarianten sowie Differenzen zwischen den *Betriebssystemen.* Ein Mittel zur Lösung von Portabilitätsproblemen ist die Entwicklung portabler *Programmiersprachen* und *Compiler.* Wichtige Voraussetzung für portable Software ist eine sorgfältige Dokumentation. Das betrifft insbesondere die *Schnittstellen* zum Betriebssystem und die in der *Assembler*sprache geschriebenen Bestandteile.

P. ENSKONATUS

Literatur: COWELL, W. (Hrsg.): Portability of Numerical Software. Berlin, Heidelberg, New York: Springer-Verlag 1977.

Programmbanksystem – System zur Unterstützung der Nachnutzung von Programmen. Durch programmtechnische Mittel wird die Erfassung der Programme in Programmbanken, die Suche nach ihnen und ihre Bereitstellung automatisiert. Die Technologie eines P. regelt die notwendigen Aktivitäten für den lokalen oder verteilten Betrieb des Systems. Die Mittel zur Automatisierung bilden das Programmbank-Betriebssystem. Durch die Anwendung der Prinzipien der Mehrebenenarchitektur analog zur Datenbanktechnik wird die weitgehende Unabhängigkeit von der Art und der Anzahl der verwalteten Programme gesichert. Die nachnutzbaren Programme werden logisch in Programmbanken zusammengefaßt, die nach Anwendungsgebieten gegliedert sind. Durch Konventionen wird die Einhaltung von Qualitätsparametern für die Programme und deren Dokumentation sowie die Anwendbarkeit der Mittel zur automatisierten Bereitstellung vorgeschrieben. Das P. unterstützt nicht die Abarbeitung der bereitgestellten Programme.

L. BLENCKE

Programmiersystem – Gesamtheit aller Mittel einer EDVA für die Erzeugung von abarbeitungsfähigen Programmen. Ein P. beinhaltet mindestens die Mittel zur Eingabe und Verwaltung von Programmen in einer *Programmiersprache,* die entsprechenden *Compiler* und Lader. Qualifiziertere P. werden ergänzt durch Editorprogramme, eine Bibliotheksorganisation mit Hilfsmitteln für die Leitung und Kontrolle der Softwareprojektierung, Entwurfssprachen, Datenbeschreibungssprachen, verschiedene Compiler für den Test und die Optimierung der erzeugten Programme. Angestrebt wird die Bereitstellung von Verifikations- und Dokumentationshilfen. P., die eine umfangreiche Unterstützung bieten, werden vorzugsweise von Entwicklerkollektiven bei der Projektierung und Implementierung genutzt. Sie werden auch als Softwareentwicklungsplätze bezeichnet.

L. BLENCKE

Projektierung von Automatisierungsanlagen – Gesamtheit der ingenieurtechnischen Vorbereitungsarbeiten für eine Investition. Die P.v.A. erfolgt

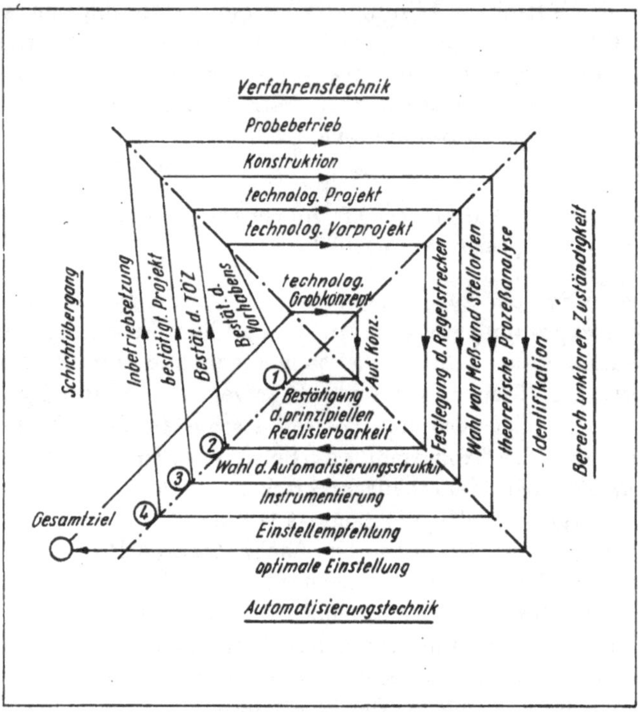

Schematischer Ablauf der ingenieurtechnischen Leistungen für die Errichtung einer automatisierten Anlage (1) – Aufgabenstellung, (2) – Dokumentation zum Investitionsgrundsatzentscheid, (3) – Projekt, (4) – Ausführungsunterlagen

in mehreren Etappen unterschiedlichen Detaillierungsgrades: Aufgabenstellung, Dokumentation zum Investitionsgrundsatzentscheid, Projekt, Erarbeitung der Ausführungsunterlagen. Die Abb. zeigt die für die Anlagenautomatisierung typischen Inhalte verschiedener Projektierungsetappen und die Zuordnung der Aufgaben zu den Hauptpartnern. Das Ergebnis jeder dieser Investitionsverarbeitungsetappen ist durch Bestätigungen und Genehmigungen (Einordnung in die Planung, Genehmigung durch Bauaufsichtsbehörden, Feuerwehr, Wasserwirtschaft usw.) abzuschließen. Die P.v.A. wird arbeitsteilig zwischen den verschiedenen Fachgebieten bearbeitet. Dabei sind Automatisierungsziele, Signalflußstrukturen (Automatisierungsstruktur, Regelungsstruktur) zu erarbeiten, und eine Prinzipentscheidung über die Automatisierungsgerätetechnik ist zu fällen.

Die P.v. A. bestimmt – insbesondere durch die Festlegung der Automatisierungsziele und -strukturen – entscheidend die Effektivität der Automatisierung.

R. MÜLLER

Prozedur, externe – Prozedur, die außerhalb der Übersetzungseinheit deklariert wurde, in der sie verwendet wird (s. *Compilierung, separate*).

Prozedur, interne – Prozedur, bei der Deklaration und Aufruf in der gleichen Übersetzungseinheit erfolgen (s. *Compilierung, separate*).

Prozeßablaufplan – (PRAP) ein graphisches Beschreibungsmittel für technologische Prozesse, die mittels einer Binärsteuerung automatisiert werden sollen. Ein PRAP stellt den betreffenden Prozeß als Folge von Steuereingriffen (sog. Operationen) dar, die eindeutig auf Grund festgelegter Prozeßzustände eingeleitet werden müssen, um den technologischen Vorgang richtig ablaufen lassen zu können. Ein Prozeßzustand wird durch Prozeßgrößen beschrieben, die bestimmte Schwell- oder Grenzwerte erreicht haben oder nicht. Zu jeder Operation gehören mindestens zwei verschiedene Prozeßzustände. Einer ist solange beobachtbar, bis die durch die Operation verursachte Prozeßzustandsänderung eingetreten ist (in der Abb. P_1). Der

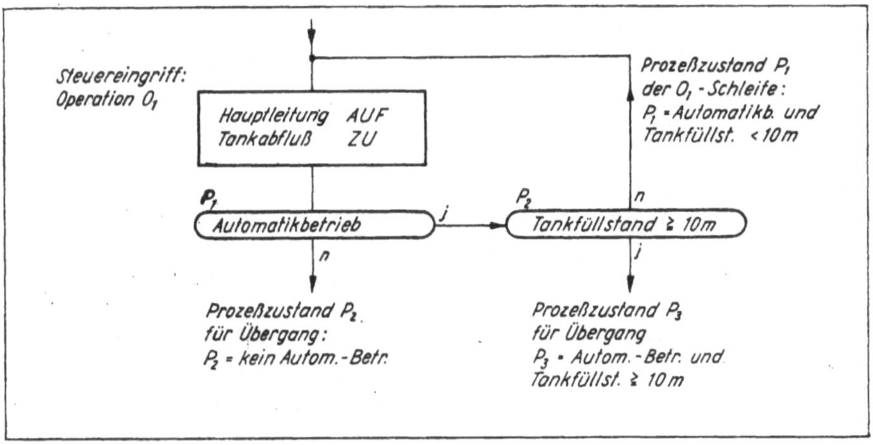

Ausschnitt aus einem Prozeßablaufplan

zweite (und jeder weitere) führt aus dieser Situation heraus zu einer neuen Operation, zu der wiederum wenigstens zwei verschiedene Prozeßzustände gehören. Der PRAP ist stets in sich geschlossen, hat also weder Anfang noch Ende. Der Beginn der Prozeßbeschreibung ist zu kennzeichnen. Parallel zueinander ablaufende Prozesse erfordern getrennte PRAP.

R. MÜLLER

Prozeßanalyse – Erkennen und möglichst quantitatives Beschreiben wesentlicher Zusammenhänge in (technologischen) Prozessen (als Objekte der Automatisierung). Die Ergebnisse einer P. können in qualitativen oder quantitativen Einzelaussagen bestehen; häufig wird aber unter dem Ergebnis einer P. ein (mathematisches) Prozeßmodell verstanden (Prozeßmodellierung). In einigen Fachgebieten wird in der DDR die Bezeichnung P. auch in einem umfassenderen Sinne der Aufdeckung von Engpässen und Reserven zur Intensivierung der Produktion verwendet.

Hauptmethoden der P. zur Gewinnung quantitativer Modelle sind:

1. Verfahren der theoretischen P. Sie sind anwendbar auf reale oder gedachte Prozesse und gelten jeweils für ganze Prozeßklassen. Die Modelle werden nach feststehenden Regeln aus allgemeingültigen naturwissenschaftlichen und technischen Gesetzmäßigkeiten sowie speziellen geometrischen und stofftechnischen Daten aufgestellt. Beschränkungen bei der theoretischen P. existieren a) grundsätzlich durch Grenzen des naturwissenschaftlich-technischen Wissens, b) praktisch durch notwendige Kompromisse zwischen Widerspiegelungsgüte und Umfang bzw. Handhabbarkeit der Modelle.

2. Verfahren der experimentellen P. Sie sind nur anwendbar auf existierende Prozesse und gelten jeweils nur für den untersuchten Prozeß im Untersuchungsbereich. Die Modelle werden durch Auswertung von Daten gewonnen, die bei gezielten (aktiven) Experimenten am Prozeß oder auch aus dem normalen Prozeßbetrieb (sog. passive Experimente) erhalten werden. Experimente und Methoden ihrer Auswertung richten sich nach den beabsichtigten Modellinhalten. Beschränkungen bei der experimentellen P. sind gegeben durch a) die Eigenschaften der Prozesse und der auf diese einwirkenden Störsignale (insbes. Instationarität), b) den zur Experimentation verfügbaren Zeitaufwand.

Nach den Modellinhalten wird vor allem unterschieden zwischen Modellen des statischen sowie des dynamischen Verhaltens, jeweils für Systeme mit analogen sowie diskreten Veränderlichen. Hauptformen von Prozeßmodellen sind 1. Gleichungsform (algebraische, transzendente Gleichungen; gewöhnliche, partielle Differenzialgleichungen; Operatorgleichungen; BOOLEsche Gleichungen), 2. graphische Form (gerichtete Graphen, Blockdiagramme, Ablaufpläne), 3. Diagrammform (sog. nichtparametrische Modelle: Sprung- und Impulsantwortfunktionen, Frequenzgangkennlinien).

G. BRACK

Literatur: BRACK, G.: Dynamische Modelle verfahrenstechnischer Prozesse. Berlin: VEB Verlag Technik 1972; ISERMANN, R.: Prozeßidentifikation. Berlin, Heidelberg, New York: Springer-Verlag 1975; BUDDE, K. (Hrsg.): Komplexe Prozeßanalyse. Leipzig: VEB Deutscher Verlag der Grundstoffindustrie 1982.

Prozeßbilanzierung, automatische — selbsttätige Ermittlung von Stoff- und Energiemengen (Bilanzwerten) für vorgegebene Bilanzräume vor allem in verfahrens- und energietechnischen Anlagen zu Zwecken der Abrechnung, Analyse und operativen Lenkung und Planung. Die a. P. basiert auf Durchflußmeßwerten von Rohstoff-, Produkt- und Energieströmen, die die Grenzen der Bilanzräume durchsetzen, sowie einigen weiteren Meßgrößen (Temperaturen, Zusammensetzungen) und verarbeitet diese durch Integration über vorgegebene Bilanzzeiträume. Charakteristisch sind hohe Anforderungen an Genauigkeit und Zuverlässigkeit der ermittelten Bilanzwerte. Sind redundante Meßwerte verfügbar, dann lassen sich durch Verfahren des Bilanzausgleichs die wahrscheinlichen Fehler der Bilanzwerte verringern. Technische Mittel der a. P. sind zählende Meßeinrichtungen oder *Prozeßrechner*.

G. Brack

Prozeßführung, automatische — selbsttätige Anfahr-, Abfahr- oder Umfahrsteuerung kontinuierlicher oder Programmsteuerung diskontinuierlicher technologischer Prozesse.

Die a. P. ist eine der Grundaufgaben bei der Automatisierung von Produktionsprozessen, in der eine größere Anzahl von Teilaufgaben zusammengefaßt sind. Bei diskontinuierlichen Prozessen (Chargenprozessen) dient die a. P. dazu, die durch die Technologie festgelegten Fahrweisen zu realisieren. Dabei können Aufgaben der Ablaufsteuerung, Zeitplansteuerung und Zeitplanregelung, bei Parallelbetrieb einer größeren Anzahl von Einzelprozessen auch solche der Koordinierungssteuerung auftreten. Bei kontinuierlichen Prozessen (Fließprozessen) können Aufgaben planmäßig zu feststehenden Terminen oder infolge des Einwirkens von Störungen zu statistisch verteilten Zeitpunkten anfallen. Eine a. P. ist dann sinnvoll, wenn diese Aufgaben in kürzeren Zeitabständen auftreten oder wenn dabei viele komplizierte Operationen anfallen.

G. Brack

Prozeßleittechnik — Geräte und Verfahren zur Führung von Automatisierungsprozessen durch den Anlagenfahrer. Hierunter versteht man insbesondere das Beobachten des Prozeßzustandes, das Bedienen der Automatisierungsanlage bei der Inbetriebnahme, bei der Optimierung ihrer Fahrweise und bei der Außerbetriebnahme sowie das Protokollieren und Bilanzieren des Prozesses. Zur P. gehören Anzeige-, Melde-, Registrier-, Rechen- und Betätigungselemente bzw. -geräte, die in Schränken, Fronttafeln und/oder Bedienpulten von Warten zusammengefaßt sind. Sie müssen den Regeln der Anthropotechnik entsprechen, um optimale Kommunikationsmöglichkeiten zwischen Mensch und Anlage zu gewährleisten. Außer den Geräten der P. sind Verfahren (Algorithmen) zur Auswertung der gemessenen, angezeigten bzw. registrierten Prozeßgrößen sowie zur optimalen Strukturierung und Parameterwahl der Automatisierungsanlage erforderlich.

In konventionellen Automatisierungsgerätesystemen werden diese Funktionen von Leitgeräten, Zeigerinstrumenten, Blatt- oder Bandschreibern, Zählgeräten, Glühlampen, Schaltern und einfachen analogen Recheneinrichtungen realisiert. Die Verfahren der *Prozeßführung* beschränken sich hier auf relativ einfache Einstellregeln für Reglerstruktur und -parameter – z. B. nach ZIEGLER/NICHOLS – sowie auf den Aufbau einfacher vermaschter Regelkreise, wie sie bei Verhältnis- und Kaskadenregelungen auftreten. Diese Regeln dienen sowohl zur Inbetriebnahme der Anlage als auch zur Optimierung ihrer Fahrweise.

Die P. erfährt mit der Einführung mikroelektronischer Automatisierungsgerätesysteme besonders in der Großautomatisierung umfassende Änderungen. Die konventionellen Geräte der P. werden weitgehend durch Schwarz/Weiß- und/oder Farbbildschirmgeräte (Monitore, Displays) zur Beobachtung und Meldung, durch Prozeßbedientastaturen, Lichtgriffel und/oder Rollkugel zur Bedienung sowie durch Datenverarbeitungsgeräte (Leitrechner, Band-, Plattenspeicher, Floppy-Disk, Drucker usw.) zur Prozeßführung, Protokollierung und Bilanzierung ersetzt. Der Betrieb dieser Einrichtungen wird mittels sog. Wartenrechner koordiniert. Der Informationsaustausch zwischen ihnen erfolgt über Datenbahnen (Bus-Systeme). Dadurch ist es möglich, eine wesentlich größere Menge an Prozeßinformationen in kürzerer Zeit und bei geringerem Platzbedarf in der Warte zu erfassen, zu speichern, zu verarbeiten, weiterzuleiten und darzustellen, dabei den Aufwand an Kabeln und Leitungen zu verringern sowie Montagearbeiten in der Warte und vor Ort einzuschränken. In vielen Fällen sind jedoch aus Sicherheits- und Nachweisgründen zusätzlich konventionelle Geräte, insbesondere Registriergeräte, erforderlich.

Die Einführung der neuen Gerätegeneration der P. in die industrielle Praxis ermöglicht die Anwendung sog. höherer Automatisierungs-Algorithmen sowie moderner Methoden der Prozeßführung. Dazu gehören:

1. die situationsbezogene Informationsdarbietung in Form von Fließbildern, Balkendiagrammen und/oder Kurven auf Farbdisplays: Diese vom Anlagenfahrer benötigten Informationen werden meist in drei Ebenen hierarchisch strukturiert, wobei die Anwahl von Übersichten der Gesamtanlage, von Ausschnitten (Signalgruppen, technologischen Blöcken) und von Details der Anlage (einzelne Meßstellen, Signale, Regelkreise) und ihrer aktuellen Zustandsparameter seriell erfolgt (Menütechnik). Damit wird ein guter Überblick über das Prozeßgeschehen bei gleichzeitiger Beschränkung auf wesentliche Informationen erreicht;

2. die flexible On-line-Anpassung der Automatisierungsanlage an den Prozeß durch softwaremäßige Struktur- und Parameteränderungen im Bildschirmdialog: Dabei werden mit Hilfe der Prozeßbedientastatur elektronisch

gespeicherte Algorithmen und Daten in Form von Softwaremodulen aufgerufen und kombiniert (Konfigurierung der Anlage). Dieses Verfahren ermöglicht eine schnelle Inbetriebnahme durch sog. Einfahrhilfen oder *Anfahrautomatiken,* eine effektive Optimierung durch Anwendung von Identifikations- und Adaptionsalgorithmen sowie ein sicheres Stillsetzen der Anlage durch Abruf sog. Entscheidungshilfen bei Havariegefahr oder durch Einschaltung von Abfahrautomatiken bei der planmäßigen Außerbetriebsetzung.

Mittels der modernen P. kann somit schnell und sicher in das Prozeßgeschehen eingegriffen, Produktgüte und Prozeßausbeute verbessert sowie Diagnose, Wartung und Instandhaltung der Automatisierungsanlage erleichtert werden.

B. HOFMANN

Literatur: BUSSMANN, W., u. a.: Prozeßbedienung und -beobachtung mit dem System TELETERM. Siemens Energietechnik, Berlin **1** (1979) 6; ECKELMANN, W., u. a.: Digitale Prozeß-Automatisierungssysteme. Regelungstechn. Praxis, München **21** (1979) 11; BUESING, W.: Dezentrale Prozeßautomatisierungssysteme – Anforderungen und Schnittstellen. Regelungstechn. Praxis, München **22** (1980) 2; TÖPFER, H., H. FUCHS u. H. WILLEM: Moderne gerätetechnische Mittel und ihre Konsequenzen für neue Automatisierungskonzepte. messen, steuern. regeln, Berlin **23** (1980) 1; SADOWSKI, H., u. J. SAWATZKI: Das neue Automatisierungssystem für verfahrenstechnische Anlagen. Wiss.-techn. Informationen des VEB KAAB, Berlin **17** (1981) 1; WELZEL, H.: Das mikroelektronische Automatisierungssystem audatec – Aufbau, Funktion, Anwendung. Wiss.-techn. Informationen des VEB KAAB, Berlin **19** (1983) 4.

Prozeßoptimierung, automatische – selbsttätige Optimierung des stationären Betriebs oder von Übergangsvorgängen in technologischen Anlagen unter Verwendung von *Prozeßrechnern.* Die a. P. realisiert die Lösung von mathematischen Optimierungsaufgaben in technischen Systemen unter den Bedingungen des realen Betriebs, charakterisiert vor allem durch die Echtzeitforderungen: Die Lösung des Optimierungsproblems muß in einem Zeitraum erhalten werden, der durch die Prozeßdynamik sowie die Störsignaldynamik bedingt ist. Als Ergebnisse der a. P. werden (zwischen den Optimierungszeitpunkten) stationäre Werte bzw. Zeitverläufe von Steuergrößen erhalten, die den Prozessen aufzuprägen sind, meistens durch Sollwertführung unterlagerter Regelkreise.

Zur a. P. werden die folgenden *Grundstrukturen der Steuerung* verwendet:
1. Offene Steuerung, auch Feedforward-Optimierung genannt. Die Steuergrößen werden aus den zu messenden Störgrößen nach einem Verfahren der direkten oder Suchoptimierung aus dem mathematischen Prozeßmodell er-

mittelt; 2. Geschlossene Steuerung, auch Suchoptimierung oder Feedback-Optimierung genannt. Das Optimum wird am realen Prozeß durch Variation der Steuergrößen gesucht.

G. Brack

Literatur: Hartmann, K. (Hrsg.): Analyse und Steuerung von Prozessen der Stoffwirtschaft. Berlin, Leipzig: Akademie-Verlag, VEB Deutscher Verlag für Grundstoffindustrie 1971.

Prozeßsicherung, automatische – automatisierungstechnisches Teilgebiet der Sicherheitstechnik mit dem Hauptziel der Abwendung von Gefährdungen für Menschen, Ausrüstungen und Produkte in technologischen Anlagen.

Systeme der a. P. erweitern und ergänzen die Wirkung einfacher, direkt wirkender sicherheitstechnischer Mittel (Schutzelemente), wie z. B. Sicherheitsventile, Schmelzsicherungen. Gegenüber diesen können sie neben dem Hauptziel, Abwendung von Gefährdungen, noch Nebenziele, so die Vermeidung unbegründeter Abschaltungen, Minimierung des Gesamtschadens bei nicht abwendbaren Störereignissen, schnelle Wiederherstellung der Arbeitsfähigkeit nach Störereignissen verfolgen.

Bei der a. P. werden die in der Automatisierungstechnik allgemein üblichen *Grundstrukturen der Steuerung* und technischen Mittel eingesetzt. Zur Erfüllung der hohen Zuverlässigkeitsforderungen sind Sondermaßnahmen struktureller und gerätetechnischer Art üblich.

G. Brack

Literatur: Baldeweg, F., D. Balzer, u. G. Brack: Automatische Prozeßsicherung in Produktionssystemen. Berlin: VEB Verlag Technik 1983.

Prozeßstabilisierung – selbsttätiges Konstanthalten technologischer Parameter auf vorgegebenen Sollwerten. Die P. ist bei verfahrenstechnischen, energietechnischen und verwandten Prozessen die am weitesten verbreitete Grundaufgabe der Automatisierung. Sie gewährleistet die Einhaltung eines zeitlich konstanten oder planmäßig veränderlichen technologischen Regimes in vorgegebenen Grenzen, auch wenn die zu stabilisierenden Prozesse der Einwirkung bestimmter Klassen von Störgrößen ausgesetzt sind.

Zur Lösung von Aufgaben der P. werden die beiden *Grundstrukturen der Steuerung* verwendet: 1. Geschlossene Steuerung, hier Regelung genannt (Regelkreis, s. Abb. 1). Charakteristika: a) Die Regelgröße muß gemessen werden. b) Im Rahmen der Arbeitsfähigkeit des Systems wird allen Störeinwirkungen entgegengewirkt. c) Es existiert ein geschlossener Wirkungskreis mit inhärenten Dynamik-, insbesondere Stabilitätsproblemen; 2. Offene Steuerung, auch Steuerung nach der Störgröße genannt (s. Abb. 2). Charak-

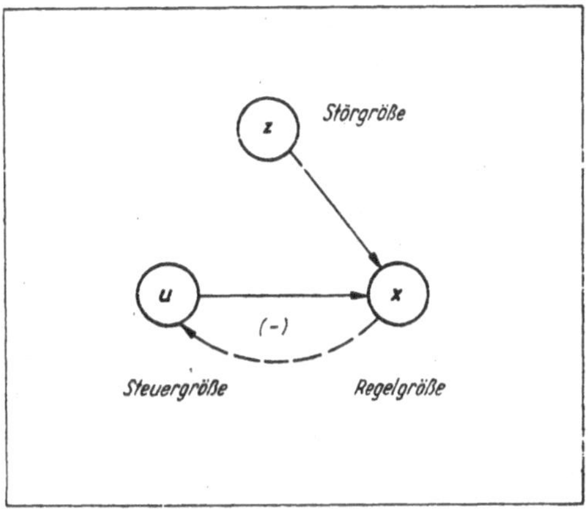

Abb. 1
Regelung (geschlossene Steuerung)

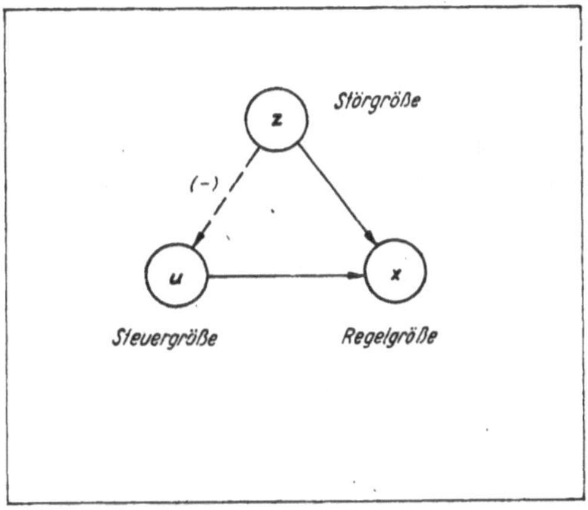

Abb. 2
Steuerung nach der Störgröße (offene Steuerung)

teristika: a) Die Regelgröße braucht nicht gemessen zu werden, dafür sind diejenigen Störgrößen zu messen, deren Einfluß auf die Regelgröße entgegengewirkt werden soll. b) Es wird nur den gemessenen und in die Bildung der Steuergröße einbezogenen Störgrößen entgegengewirkt. c) Exakte Einhaltung einer Kompensationsbeziehung mit hohen Anforderungen an Prozeßmodellierung und technische Realisierung ist notwendig. Offene Steuerungen werden zur P. nur selten verwendet; gebräuchlich ist dagegen die Kombination offener und geschlossener Steuerungen (Regelung mit Störgrößenaufschaltung).

Zur technischen Realisierung eines Regelkreises gehören Prozeßmeßeinrichtungen, Regler (analoge oder fest- oder freiprogrammierbare digitale) sowie Stelleinrichtungen.

G. Brack

Prozeßüberwachung – Grundfunktion der Prozeßautomatisierung; liefert dem Operateur die Informationen zur Vornahme direkter Steuereingriffe (Prozeßbedienung) oder indirekter Einwirkungen (über das Leitungs- und Planungsgeschehen) auf technologische Prozesse.

Zur P. sind zu erfassen und dem Operateur geeignet darzubieten: 1. Momentanwerte relevanter Prozeß- und Produktgrößen, 2. Zeitverläufe bzw. zeitlich zurückliegende Werte, 3. Grenzwertüberschreitungen und Störungen, 4. Betriebsabläufe und Bedienhandlungen. Anstelle direkt meßbarer können auch aus Meßwerten errechnete Größen überwacht werden.

Die Mittel für die P. (Prozeßmeßeinrichtungen, Analoganzeiger und -schreiber, optische und akustische Binärsignalisatoren, Digital- und Bildschirmanzeigen, alphanumerische Drucker mit zugehöriger Informationsaufbereitung) bestimmen wesentlich den Investitions- und Wartungsaufwand einer Automatisierungsanlage. Für die P. gilt der Grundsatz, Informationen nur dann zu erfassen, wenn Möglichkeit und Notwendigkeit ihrer Nutzung gegeben sind.

G. Brack

Pseudocode – (im allgemeinen mnemonischer) Befehlscode für eine *elektronische Rechenmaschine*, für den keine direkte Entsprechung als Maschinencode existiert. Bevor er verarbeitet werden kann, ist eine Abbildung auf einen Maschinencode vorzunehmen. Eine gebräuchliche Form von P. ist die Makrotechnik in Assemblersprachen.

D. Richter

Q

Quelltext – in einer *Programmiersprache* vorliegendes *Programm*. Der Quelltext enthält die Anweisungen und Kommentare. Durch *Compiler* werden Programme aus dem Quelltext in eine abarbeitungsfähige Form überführt.

L. Blencke

R

Rahmenprogrammsystem – verallgemeinerte, von einer konkreten Problemlösung abgehobene Komponenten eines Programmsystems. R., für die auch die Begriffe problemorientierte oder nutzerorientierte Betriebssysteme verwendet werden, stellen für definierte Aufgabenspektren Softwarerahmen dar, die durch aufgabentypische Bearbeitungsprogramme ausgefüllt werden können. Durch R. wird der Anwender bei der Programmierung seines Problems von vielen rechentechnischen Nebenaufgaben entlastet; ihm stehen gleichzeitig eine Reihe von Servicefunktionen zur Verfügung.

In R. werden sowohl die problem- als auch geräteunabhängigen Teile eines Programmsystems zusammengefaßt. Dazu gehören Datenverwaltungsdienste, Ein- und Ausgabeprozesse (für Stapel- und Dialogprozesse) sowie Steuer- und Überwachungsfunktionen (interaktive und automatische).

Die Schnittstellen des R. zu den geräte- und problemabhängigen Softwarekomponenten hängen vom avisierten Einsatzspektrum ab. Das Konzept der R. ist gegenüber Einzellösungen speicherplatzaufwendiger und im allgemeinen weniger laufzeiteffektiv. Dieser Mehraufwand – als Overhead bezeichnet – wird mitunter wegen des Vorteils einer schnellen, mit vielen Serviceleistungen ausgestatteten *Implementierung* einer Problemlösung in Kauf genommen. In erster Linie trifft man R. auf Großrechnern an, wo Zeit- und Speicherplatzmehraufwand weniger als bei Kleinrechnern ins Gewicht fallen.

D. Richter

Literatur: Bachmann, P. (Hrsg.): Programmsysteme. Berlin: Akademie-Verlag 1983.

Rechnerarchitektur – Gestaltung und Funktionsweise, Prinzipien der Steuerung und des Betriebes sowie Möglichkeiten und Regeln für die Anwendung eines technischen *Informationsverarbeitungssystems*, insbesondere eines *Rechnersystems*. Mit der Entwicklung der *Rechentechnik* ist permanent die Frage der Architektur der Rechner verbunden.

Die einfache Grundstruktur eines Rechners nach J. v. Neumann, bestehend aus einer Verarbeitungseinheit (*Prozessor*), einem *Steuerwerk*, einem *Speicher* sowie *Ein- und Ausgabegeräten*, bestimmte lange Zeit die gerätetechnische Gestaltung. Gleichzeitig bildete die Formulierung von sequentiellen Algorithmen die Grundlage für die rechentechnische Erschließung von Anwendungen. Mit der Schaffung von parallelverarbeitenden Systemen rückt aufgrund der außerordentlichen Vielfalt der Parallelisierungsmöglichkeiten in der gerätetechnischen Lösung, verbunden mit der Entwicklung der *Mikroelektronik*, die R. verstärkt in den Vordergrund, da leistungsfähigere Systeme aufgebaut, neue Anwendungen erschlossen und effektivere Lösungsmöglichkeiten entwickelt werden können.

Der Gegenstand der R. wird nach Giloi als geordnetes Paar von Operationsprinzipien und Hardwarestruktur der Architektur definiert. Dabei um-

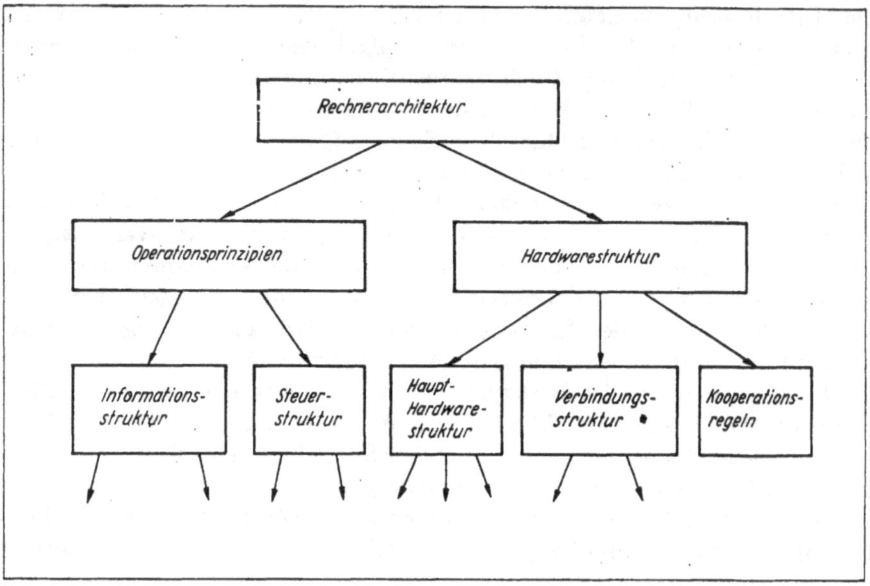

Unterteilung der Rechnerarchitektur nach GILOI

fassen die Operationsprinzipien das funktionelle Verhalten eines Rechnersystems durch die Spezifizierung einer Informationsstruktur und einer Steuerstruktur, während die Hardwarestruktur durch die Struktur der Haupt-Hardware-Ressourcen, die Struktur ihrer Verbindung und die Regeln für ihre Kooperation festgelegt wird. Es ergibt sich damit der in der Abb. dargestellte Baum von Definitionen, der mehrstufig weiter untersetzt werden kann, so daß eine beliebige Rechnerarchitekturlösung gemäß dem Definitionsschema eingeordnet werden kann. Die Vielzahl der Architekturmöglichkeiten führte zu Klassifizierungen, wie die Unterteilung der R. nach der Existenz von einem oder mehreren Befehlsströmen bzw. einem oder mehreren Datenströmen und der Kombination dieser Möglichkeiten untereinander nach FLYNN. Für alle vier Klassen gibt es Beispiele. Wesentliche Aspekte einer R., wie Informationsdarstellung im Rechner, Informationszugriffsmechanismen, Steuerstrukturen und Kommunikationsstrukturen, werden dabei jedoch nicht berücksichtigt.

Der Entwurf einer konkreten R. wird durch die zu realisierenden Anwendungen und solche Bedingungen bestimmt wie Möglichkeiten der Parallelisierung der Anwendungen, die technischen und technologischen Voraussetzungen, die *Kompatibilität* zu existierenden Systemen, die *Portabilität* der Lösungsalgorithmen für nachfolgende Systeme und den Aufwand für die

Realisierung. Die Parallelität des Bearbeitungsprozesses von einem oder mehreren Datenströmen einer R. kann sich auf die Abarbeitung eines Befehls (durch Parallelarbeit von Teilen des Befehls), mehrerer Befehle, von Befehlsgruppen oder Tasks bzw. geschlossener Aufträge (*Jobs*) beziehen. Es wurden typische Architekturen entwickelt, die sich vor allem durch die Verbindungsstrukturen der Haupt-Hardware-Ressourcen unterscheiden bzw. charakterisiert werden, wie Array-Strukturen, Pipeline-Strukturen, Netzstrukturen oder Bus-Strukturen. Eine enge Beziehung besteht vor allem in bezug auf den Entwurf zwischen der R. einerseits und der Analyse der gesellschaftlichen Erfordernisse, der Technologie der Programmierung, dem Schaltkreisentwurf und der Fertigungstechnologie andererseits. Rechnerarchitekturentwurf umfaßt den Hardware-Entwurf in Wechselwirkung zum Entwurf des *Betriebssystems* und in Wechselwirkung mit dem Entwurf der Programmierumgebung. Diese Einheit findet ihren Niederschlag beispielsweise in HLL-Architekturen (high-level-language), wobei Sprachkonstruktionen unmittelbar hardwaremäßig realisiert werden.

Besondere Zielstellungen für den Rechnerarchitekturentwurf bilden neben der Erschließung neuer Anwendungen und der Erhöhung der Verarbeitungsleistung eine hohe Zuverlässigkeit und *Fehlertoleranz* bzw. die Abbildbarkeit auf Schaltkreise. Aus den Möglichkeiten der parallelverarbeitenden Informationsverarbeitungssysteme resultieren Anforderungen an die Parallelisierung der Lösungsprozesse von Anwendungen im numerischen und nichtnumerischen Bereich.

D. Hammer

Literatur: Giloi, W. K.: Rechnerarchitektur. Berlin, Heidelberg, New York: Springer-Verlag 1981; Flynn, M. J.: Some computer organizations and their effectivness. IEEE Trans. on Computers, New York **C-21** (1972) 9; Giloi, W. K.: Towards a taxonomy of computer architecture based on the machine data type view. In: the 10th Annal International Symposium on Computer Architecture. Stockholm: Computer Society Press 1983; McMinn, C., R. Markowitz; J. Wharton a. W. Grundmann: Silicon operating system standardizes software. Electronics, New York **54** (1981) 9; Best, D. W., C. E. Kress, N. N. Mykris, I. D. Russel a. W. J. Smith: CMOS/SOS Microprocessors. IEEE Miere, New York 1982.

Rechnergestützte Fertigung – auch rechnergestützte Produktion; Prozeßsteuerung von *flexiblen Fertigungssystemen* mit Hilfe von elektronischen Rechenanlagen. Als Synonym für r. F. hat die englische Originalschreibweise Computer Aided Manufacturing und mehr noch die Abkürzung CAM Eingang in die deutsche Fachsprache gefunden.

In flexiblen Fertigungssystemen steuern hierarchisch strukturierte *Mehrrechnersysteme* nach dem Prinzip der verteilten Intelligenz die einzelnen Prozesse bzw. Komponenten dieses Systems. In der höchsten Hierarchieebene (Ebene I) – der Planungsebene – werden die langfristige Planung (z. B. Materialplanung) und die mittelfristige Fertigungsplanung auf Großrechnern unter Verwendung mathematischer Methoden durchgeführt. In der mittelfristigen (und gleitenden) Fertigungsplanung werden Einschleusreihenfolge und Einschleuszeitpunkt von Fertigungsaufträgen ermittelt, die dann (mit den dazugehörigen technologischen Informationen) an den *Steuerrechner* übergeben werden. In der mittleren Hierarchieebene (Ebene II) – der zentralen Fertigungssteuerung – erfolgt die organisatorische Steuerung, deren wichtigste Komponente die Maschinenbelegung ist. Mit der Zuordnung der Arbeiten (Arbeitsgänge) zu den Maschinen muß die *Verfügbarkeit* von Werkzeugen, Prüfmitteln, Transportkapazität, CNC- und Roboterprogrammen usw. gesichert sein, damit der zeitliche Ablauf (Schedule) der Arbeiten im gesamten System gewährleistet ist und auch die Folgearbeitsgänge entsprechend der (für mehrere Stunden im voraus durchgeführten) Maschinenbelegung realisiert werden können. In der unteren Hierarchieebene (Ebene III) findet die technische Steuerung des flexiblen Fertigungssystems statt. Darunter wird die CNC-, Roboter-, Transport-, Lagersteuerung usw. verstanden, die dezentral erfolgt und von der Steuerung der Hierarchieebene II (mit der operativen Disposition oder Fertigungsdisposition) koordiniert wird.

Die Verwendung von elektronischen Rechenanlagen für die Produktionssteuerung ist bei kontinuierlichen Prozessen (z. B. in der chemischen Industrie) seit mehr als 30 Jahren üblich. Ende der 60er Jahre begann – auf Grund des erreichten Entwicklungsstandes der *Mikroelektronik* – die „Computerisierung" der diskreten Fertigung, vor allem in der metallverarbeitenden Industrie und in der Elektronik.

Der Einsatz von flexiblen Fertigungssystemen ermöglicht die automatisierte Fertigung in der Klein- und Mittelserienproduktion, die z. B. in der metallverarbeitenden Industrie in den entwickelten Industrieländern ca. 75 % beträgt. Ein entscheidender Aspekt der r. F. ist die Integration zu durchgehenden CAD/CAM-Lösungen (s. *Rechnergestützter Entwurf*) im Rahmen des Konzeptes der flexiblen Automatisierung. Die Automatisierung und Integration vom Entwurf über Konstruktion, die Erstellung technologischer Daten, die maschinelle Erarbeitung von CNC- und Roboterprogrammen (s. *NC-Maschine*) usw. bis zur Fertigungssteuerung ist der Weg zur automatisierten Fabrik der Zukunft, deren erste Prototypen in der zweiten Hälfte der 80er Jahre erwartet werden.

J. Kaltwasser

Rechnergestützter Arbeitsplatz – gestattet dem jeweiligen Benutzer (ingenieurtechnisches Personal, Physiker, Chemiker, Sachbearbeiter in der Verwaltung, im Handel, im Dienstleistungsbereich, Bankangestellte u.v.a.) die Bearbeitung einer Aufgabe mit Hilfe einer elektronischen Rechenanlage (Kleinrechner, *Bürorechner, Mikrorechner* usw.) ohne eigene Programmierkenntnisse und ohne Zwischenschaltung eines Programmierers. R. A. können autonom arbeiten, Terminal eines größeren Rechners sein oder als Satellitenrechner einem größeren *Rechnersystem* angeschlossen werden. Die gerätetechnische Ausstattung des r. A. richtet sich nach dem jeweiligen Anwendungsbereich (z. B. spezielle graphische Ausgabegeräte für CAD-Anwendungen; s. *Rechnergestützter Entwurf*).

A. MEISSNER

Rechnergestützter Entwurf – alle Maßnahmen in der Projektierung und Konstruktion, die eine rechnergestützte Automatisierung zum Ziel haben, d. h. die Unterstützung des Menschen durch in einem Rechner gespeicherte Informationen und durch vom Rechner ausgeführte Berechnungen beim Prozeß des Entwerfens und Konstruierens. Anwendungsschwerpunkte sind zur Zeit die Bereiche Elektronik, Automobilbau, Flugzeugbau, Baugewerke, Anlagenplanung und Mechanik.

Als Synonym für r. E. hat die englische Originalschreibweise Computer Aided Design und mehr noch die Abkürzung CAD Eingang in die deutsche Fachsprache gefunden.

Die technische Unterstützung durch ein CAD-System umfaßt drei wesentliche Arbeitsschritte: die Erfassung und Erstellung von Daten, die Operationen mit den Daten (Aufruf, Modifikation, Verknüpfung, Löschung) und die Ausgabe von Daten. Ein CAD-System besteht aus den notwendigen Geräten (*Hardware*) und den erforderlichen Verarbeitungsprogrammen (*Software*). Der Mensch ist wesentlicher Teil eines CAD-Systems und übernimmt die eigentlichen Entwurfsentscheidungen. Dabei ergibt sich folgende Aufgabenverteilung: Mensch – kreative Aufgabe (Problemlösungen), Erkennung und Auswertung von formal schwer beschreibbaren Zusammenhängen (komplexere *Mustererkennung*) sowie Bewertung einer Lösung; Maschine (Rechner, Rechenanlage) – Speicherung und Vorverarbeitung von Daten, Auffinden einzelner Daten aus großen Datenbeständen, Ausführung von algorithmisch beschreibbaren Berechnungen sowie Informationstransformation, d. h. Umwandlung von Daten in andere Darstellungsformen (z. B. Daten in eine Zeichnung). Aus dieser Aufgabenverteilung ergibt sich eine starke *Interaktion des Menschen mit der Rechenanlage*, die durch geeignete Hardware und Software unterstützt werden muß.

Bei CAD-Systemen lassen sich zur Zeit drei wesentliche Konfigurationen unterscheiden: 1. Stand-alone-Systeme ohne direkte Verbindung zu anderen Rechnern bzw. *Rechnersystemen*, 2. Systeme mit einem größeren Rechner als *Wirtsrechner* und einem Kleinrechner als Satellit sowie 3. an Großrechnersysteme über einen Vorrechner angeschlossene CAD-Systeme. Hardwaremäßig stellt sich ein CAD-System als ein durch CAD-spezifische Peripherie (insbesondere graphische Ein-/Ausgabegeräte) ergänzter Rechner dar. Mit ihrer steigenden Leistungsfähigkeit werden in zunehmendem Maße auch Kleinrechner eingesetzt. Wesentliche Bestandteile neben der Hardware, die die Leistungsfähigkeit eines CAD-Systems bestimmen, sind das *Betriebssystem*, die Datenbasis (Verwaltungssystem), ein Interaktionsprogramm, ein Graphikprogramm und Anwendungsprogramme. Standardprogrammsprache für CAD-Anwendungen ist zur Zeit *FORTRAN*. *PASCAL* ist durch eine Vielzahl von Möglichkeiten für strukturierte Programmierung und Datenstrukturierung als Ablösesprache für CAD-Anwendungen geeignet. *Ada* erscheint als eine sehr geeignete Sprache für CAD-Systeme, doch ist die Verfügbarkeit von Ada-Compilern gegenwärtig noch nicht ausreichend.

Standardisierungen im CAD-Bereich haben das Ziel, die *Portabilität* von Software und den vielseitigen Einsatz von Peripheriegeräten auch in diesem Bereich zu erhöhen. Standardisierungsbestrebungen betreffen die Hardware (Festlegung der *Schnittstellen*) und die Software (Software-Betriebssystem, graphische Grundsoftware, Schnittstellen zu Anwendungsprogrammen).

Über die eingangs genannten Anwendungsschwerpunkte hinaus erfolgt die Anwendung von CAD-Systemen in immer weiteren Bereichen der Produktion. Die Einbeziehung der technologischen Vorbereitung der Produktion und der Steuerung der Produktion führt zu integrierten Systemen, die unter dem Begriff CAD/CAM (Computer Aided Design/Computer Aided Manufacturing) zusammengefaßt werden. S. a. *Rechnergestützte Fertigung*.

A. MEISSNER

Literatur: GILOI, W. K.: Interactive Computer Graphics. Englewood Cliffs: Prentice Hall, Inc. 1978; SPUR, G., u. F. L. KRAUSE: Aufbau und Einordnung von CAD-Systemen. VDI-Berichte, Düsseldorf (1981) 413; DAUS, W., u. J. GULBINS: CAD-Systeme, Hardwareaufbau und Einsatz. Berlin, Heidelberg, New York: Springer-Verlag 1983.

Rechnernetz, lokales – s. *Rechnernetz* und *Datennetz*.

Redundanz – Bezeichnung lateinischen Ursprungs (redundare = überströmen, Überfluß haben; redundantia = Brandung, Überfülle (im Ausdruck), redundanter = (zu) wortreich), die als Übersetzung des englischen Wortes „redundancy" zum deutschen Terminus wurde.

In der *Informationstheorie* wurde in den 40er Jahren die R. als quantitatives Maß für die überflüssigen Zeichen bei der Darstellung einer Nachricht eingeführt (s. *Redundanz von Nachrichten*). In der deutschsprachigen nachrichtentechnischen Literatur hat man sich bemüht, die englische Bezeichnung „redundancy" ins Deutsche mit „Weitschweifigkeit" zu übersetzen. In Erweiterung des nachrichtentechnischen Redundanzkonzepts wird der Begriff R. heute qualitativ wie folgt gefaßt: R. liegt in einem System vor, wenn es – in einem jeweils zu spezifizierenden Sinne – aufwendiger aufgebaut ist als mindestens erforderlich wäre, um die vorgeschriebene Systemfunktion zu erfüllen (s. a. *Systemredundanz*).

R.-Techniken werden eingesetzt, um die Zuverlässigkeit technischer Systeme zu erhöhen. R., durch die eine Verbesserung der interessierenden Zuverlässigkeitskennwerte der Betrachtungseinheit erreicht wird, heißt nützliche R. R., bei der eine solche Verbesserung nicht erreicht wird, heißt leere oder schädliche R. Belastungs-R. ist eine Methode zur Erhöhung der Zuverlässigkeit der Betrachtungseinheit, die auf einem Überdimensionieren der Bauelemente beruht. Als Beispiele können das Dimensionieren mit Sicherheitsfaktoren in der Baumechanik und im Apparatebau sowie die gezielte Unterlastung elektronischer Bauelemente durch das Vorschreiben sog. Derating-Faktoren (= Unterlastungsfaktoren) genannt werden.

Strukturelle R. ist eine Methode zur Erhöhung der Zuverlässigkeit der Betrachtungseinheit, die auf der Verwendung zusätzlicher Strukturelemente beruht. Dabei ist zu unterscheiden zwischen statischer und dynamischer struktureller R. Bei der statischen R. (Dublieren von Bauelementen, k-aus-n-Schaltungen, fest verdrahtete R., wie Vierfachlogik u. a.) werden die zuerst auftretenden Bauelementeausfälle „maskiert", ohne sie zu orten oder gar zu beseitigen. Die dynamische R. ist charakterisiert durch selbsttätige Diagnostizierbarkeit der ausgefallenen Baueinheiten und Rekonfigurierbarkeit des Systems (s. *Fehlertoleranz*). Ein Spezialfall der strukturellen R. ist die *Reservierung*.

Funktionelle R. ist eine Methode zur Erhöhung der Zuverlässigkeit der Betrachtungseinheit, die auf der Verwendung von Elementen beruht, die in der Lage sind, zusätzliche Funktionen zu erfüllen.

Zeitliche R. ist eine Methode zur Erhöhung der Zuverlässigkeit der Betrachtungseinheit, die für die Aufgabenerfüllung eine längere Zeitdauer zuläßt als unbedingt erforderlich ist.

Informationelle R. beruht auf der Verwendung von redundanten Informationen. Sie wird in der Informations- und *Codierungstheorie* genutzt und fällt mit dem o. g. Redundanzbegriff der Nachrichtentheorie zusammen.

K. REINSCHKE

Literatur: SHANNON, C. E.: A mathematical theory of communication. Bell System Techn. J., New York **27** (1948), 379–423, 623–656; REINSCHKE, K.: Zuverlässigkeitserhöhung durch strukturelle Redundanz. Z. el. Inform.- u. Energietechnik, Leipzig **2** (1972), 33–48; KOSLOW, B. A., u. I. A.

Uschakow: Handbuch zur Berechnung der Zuverlässigkeit in Elektronik und Automatentechnik (In dt. Sprache hrsg. u. ergänzt von K. Reinschke). Berlin: Akademie-Verlag 1978; Dal Cin, M.: Fehlertolerante Systeme. Stuttgart: B. G. Teubner Verlag 1979; DDR-Standard TGL 26096: Zuverlässigkeit in der Technik.

Regelfaktor – Als Regelfaktor $R(\omega_i)$ für eine sinusförmige Störung der Frequenz ω_i (mit beliebigem Störeintrittsort) wird das Verhältnis der Amplituden der (dann ebenfalls sinusförmigen) Regelabweichung $|E(\omega_i)|$ bei zugeschaltetem Regler zu der bei abgeschaltetem Regler (also die durch Zuschaltung des Reglers bewirkte Reduktion des Regelfehlers) bezeichnet. Man erhält mit dem *Frequenzgang* $G_0(j\omega)$ der von Strecke und Regler gebildeten offenen Kette: $R(\omega_i) = 1/|1 + G_0(j\omega_i)|$. Bei einer statischen Störung ergibt sich bei Regelkreisen ohne I-Glied mit $G_0(0) = V_0$ der statische Regelfaktor $R_0 = 1/(1 + V_0)$. Die Abb. erläutert, daß einem bei tiefen Frequenzen vor-

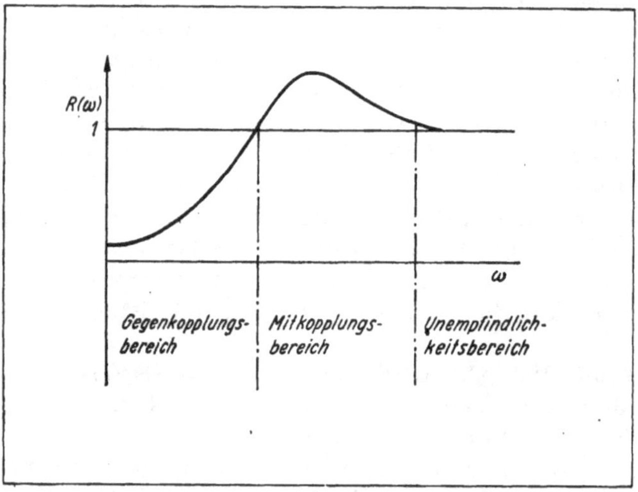

Typischer Verlauf des Regelfaktors

liegenden Gegenkopplungsbereich, in dem die *Regelung* wirksam ist, ein Mitkopplungsbereich folgt, in dem Störungen durch die Regelung noch vergrößert werden. Bei hohen Frequenzen ist die Regelung unwirksam. Die Bemessung muß so erfolgen, daß das wesentliche Störspektrum möglichst im Gegenkopplungsbereich liegt.

K. Reinisch

Literatur: Reinisch, K.: Analyse und Synthese kontinuierlicher Steuerungssysteme. Berlin: VEB Verlag Technik 1982.

Regelung – Steuerung mit *Rückführung* der (gemäß Aufgabenstellung) gesteuerten Größe, der Regelgröße, wobei letztere fortlaufend gemessen und mit der für sie vorgegebenen Führungsgröße verglichen wird. Bei Auftreten einer Abweichung zwischen beiden, die als Regelabweichung bezeichnet wird, erfolgt ein Eingriff (eine Steuerung) in der Weise, daß die Regelgröße an die Führungsgröße angeglichen wird. Auf diese Weise entsteht ein geschlossener Wirkungskreis, der Regelkreis (s. Abb. 1). Dieser hat – bei geeigneter Be-

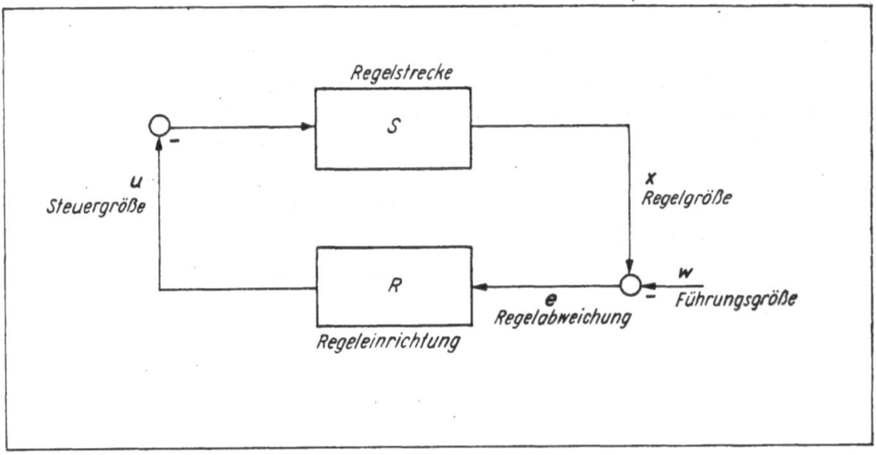

Abb. 1
Regelkreis (geschlossener Wirkungskreis)

messung – die Fähigkeit, die Regelgröße (und andere Prozeßgrößen) in einem durch die Führungsgröße vorgegebenen Arbeitspunkt zu stabilisieren, an beliebiger Stelle eintretende Störungen zu eliminieren und die Regelgröße einer sich ändernden Führungsgröße nachzuführen.

Der Teil der gegebenen Anlage bzw. des Objektes, der durch die Regelung beeinflußt wird und dessen Änderungen für die Ausführung der Regelungsaufgabe Bedeutung hat (d. h. vom Stelleingriff bis zum Meßort für die Regelgröße) wird als Regelstrecke bezeichnet. Die Gesamtheit der Glieder, die der aufgabengemäßen Beeinflussung der Regelstrecke bzw. der Regelgröße über das Stellglied dienen, heißt Regeleinrichtung. Sie umfaßt Meßglied, *Meßumformer*, den Regler im engeren Sinn (zur Realisierung der Verstärkung und des gewünschten Regelalgorithmus) sowie den Stellantrieb.

Übliche lineare Regler sind der P-, I-, PI-, PD- und PID-Regler (P–proportional, I–Integral, D–Differential). Die Gleichung des PID-Reglers lautet

(K_R Übertragungsfaktor, T_n Nachstellzeit, T_v Vorhaltzeit, u Stellgröße, e Regelabweichung)

$$u(t) = K_R \left(e(t) + \frac{1}{T_n} \int_0^t e(\tau)\, d\tau + T_v \frac{de(t)}{dt} \right).$$

Bei den anderen Reglertypen fehlen der differentiale und/oder der integrale Anteil. Analoge PI-(PD-)Regler werden gewöhnlich durch eine nachgebende (verzögerte) Rückführung zu einem P-Verstärker hohen Verstärkungsgrades realisiert, PID-Regler häufig durch eine verzögerte Gegen- und Mitkopplung.

Wegen der einfachen Realisierbarkeit mittels Schalter (Relais) und der möglichen hohen Leistungsverstärkung sind für Regelungen geringerer Ansprüche Mehrpunktregler in Anwendung, wobei beim Zweipunkt-(Dreipunkt-)Regler die Ausgangsgröße nur 2 (3) diskrete Werte annehmen kann. Das hat zur Folge, daß auch im stationären Zustand die Regelgröße eine Arbeitsschwingung um den Sollwert vollführt. Eine Verbesserung des Regelungsverhaltens erreicht man durch eine verzögerte Rückführung zum Dreipunktglied. Bei dem so aufgebauten *Schrittregler* (s. Abb. 2) erhält der Stell-

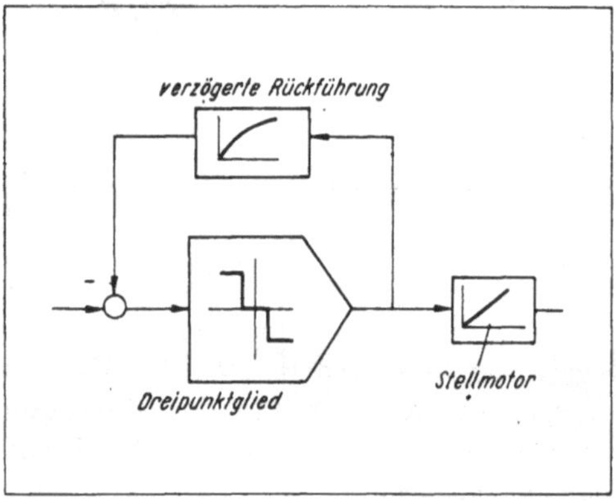

Abb. 2
Schrittregler

motor eine Folge von positiven bzw. negativen Impulsen variabler Dauer und Folgefrequenz, so daß der Ausgang der Regeleinrichtung schrittweise verstellt wird. Der Schrittregler mit verzögerter Rückführung hat ein quasilineares und quasikontinuierliches Verhalten, das dem eines kontinuierlichen PI-Reglers nahekommt.

Mit Einführung der *Mikroelektronik* werden Regler zunehmend mit Hilfe von *Mikrorechnern* realisiert. Das wird als direkte digitale Regelung (*DDC*) bezeichnet. Die digitale Arbeitsweise bedingt, daß die Regelgröße zu diskreten Zeitpunkten (mit der Abtastperiode T) abgetastet und der Abtastwert durch einen *Analog-Digital-Umsetzer* digital codiert wird. Nach Verarbeitung entsprechend dem benutzten diskreten Regelalgorithmus wird der berechnete Stellgrößenwert durch einen *Digital-Analog-Umsetzer* in eine analoge Größe rückgewandelt, meist in einem Halteglied gespeichert und auf das Stellglied gegeben. Digitale Regler bedingen deshalb eine zeitdiskrete (diskontinuierliche) Arbeitsweise, die als Abtastregelung bezeichnet wird (s. a. *Abtastsystem*). Sie ermöglichen, mit dem gleichen Mikrorechner durch ein- und ausgangsseitige Umschalter als Mehrkanalregler mehrere Regelstrecken zeitlich gestaffelt (zyklisch) zu bedienen. Als Regelungsalgorithmen dienen überwiegend diskretisierte und evtl. modifizierte Varianten des kontinuierlichen PID-Algorithmus. In rekursiver (inkrementeller) Form lautet dieser

$$\Delta \boldsymbol{u}(k) = \boldsymbol{u}(k) - \boldsymbol{u}(k-1) = r_0 \boldsymbol{e}(k) + r_1 \boldsymbol{e}(k-1) + r_2 \boldsymbol{e}(k-2)\,;\ \boldsymbol{u}(k) = \boldsymbol{u}(kT)\,,$$

wobei die Koeffizienten r_i bei kleinen Abtastperioden T über die für den kontinuierlichen Fall bestimmten Koeffizienten K_{R}, T_{n}, T_{v} (s. o.) berechnet werden können. Die bequeme Programmierbarkeit von Mikrorechnern erlaubt, auch andere und kompliziertere Regelungsalgorithmen zu realisieren. Hierzu gehören die (nur für zeitdiskrete Arbeitsweise möglichen) Regelungen mit endlicher Einstellzeit (s. *Deadbeat-Regelung*) und die Zustandsregler, bei denen alle Zustandsgrößen der Strecke zum Regler rückgeführt werden. Da meist nicht alle Zustandsgrößen meßbar sind, erfordert die Zustandsregelung i. allg. den Einsatz von Zustandsbeobachtern. Die Bemessung der Zustandsrückführung erfolgt nach Methoden der gezielten Polverschiebung (die unabhängige gezielte Polverschiebung heißt modale Regelung) oder bei den sog. optimalen Regelungen durch Minimierung eines quadratischen Funktionals ($\boldsymbol{q}$, $\boldsymbol{u}$ Vektoren der Zustands- bzw. Steuergrößen, $\boldsymbol{Q}$, $\boldsymbol{R}$ Wichtungsmatrizen)

$$I = \int_0^{\infty} [\boldsymbol{q}^T(t)\,\boldsymbol{Q}\boldsymbol{q}(t) + \boldsymbol{u}^T(t)\,\boldsymbol{R}\boldsymbol{u}(t)]\,\mathrm{d}t\,.$$

Bei dem für stochastische Störungen gebräuchlichen Minimum-Varianz-Regler, einem dynamischen Regler für Ausgangsrückführung, erfolgt die Bemessung durch Minimierung der Varianz der Regelabweichung $E\{\boldsymbol{e}^2(k)\}$, E Erwartungswert, bzw. beim verallgemeinerten Minimum-Varianz-Regler durch Minimierung der gewichteten Summe der Varianz von Regelabweichung und Stellgröße.

Der Regelkreis besitzt die Fähigkeit, die genannten Aufgaben der Stabilisierung, Störeliminierung und Führungsgrößenfolge auch bei mäßigen Änderungen der statischen und dynamischen Übertragungseigenschaften der Regelstrecke – wenn auch mit verminderter Güte – zu erfüllen. Durch spezielle Methoden können unempfindliche oder robuste Regler bzw. Regelungen entworfen werden, wobei die Unempfindlichkeit stärker die lokalen Eigenschaften (bei differentiellen Änderungen der Parameter der Strecke im Arbeitspunkt), die Robustheit die Gewährleistung einer zufriedenstellenden Regelung bei Parameteränderungen der Strecke über einen vorgegebenen Toleranzbereich betreffen. Bei stärkeren Änderungen der Übertragungseigenschaften der Strecke müssen die Reglerparameter denen der Strecke nachgeführt werden. Dann liegt eine adaptive oder selbstanpassende Regelung vor. Das ist mit einer direkten oder indirekten Identifikation der Strecke oder ihrer veränderlichen Parameter verbunden.

Bei Strecken mit vielen dynamischen Trägheiten und hohen Güteforderungen ist es zuweilen nicht möglich, diese mit dem bisher betrachteten einschleifigen Regelkreis (s. Abb. 1) zu erfüllen. Wesentliche Verbesserungen bringen häufig *Störgrößenaufschaltungen* bzw. die Hinzunahme von Hilfsregel- und Hilfsstellgrößen. Die nähere Betrachtung unter dem Schlagwort *Hilfsgrößenaufschaltung* zeigt, daß im ersten Fall eine überlagerte Vorwärtssteuerung vorliegt, während in den beiden letzteren eine Hilfsschleife und damit eine vermaschte oder mehrschleifige Eingrößenregelung gebildet wird.

Zusätzliche Stabilitäts- und Entwurfsprobleme entstehen bei *Mehrgrößenregelungen*, bei denen mehrere Regelgrößen mit gegenseitig verkoppelten Regelkreisen vorliegen (s. a. *Entkopplung*). Bei der Zustandsrückführung in Mehrgrößensystemen werden das System als eine Einheit betrachtet und alle sinnvollen Zwischengrößen rückgeführt (das entspricht einer Erweiterung der Rückführung nur einer Hilfsregelgröße). Da durch die (proportionale) Zustandsrückführung zunächst nur die Eigendynamik des Systems verbessert wird, sind zur Gewährleistung der Störeliminierung und Führungsgrößenfolge i. allg. Soll-Istwert-Vergleiche für die Regelgrößen durchzuführen und die Regelabweichungen durch zusätzliche Ausgangsrückführungen mit integralem Verhalten auf die Stelleingänge zurückzuführen.

K. REINISCH

Literatur: REINISCH, K.: Kybernetische Grundlagen und Beschreibung kontinuierlicher Systeme. Berlin: VEB Verlag Technik 1974; REINISCH, K.: Analyse und Synthese kontinuierlicher Steuerungssysteme. Berlin: VEB Verlag Technik 1982; GÜNTHER, M.: Analyse und Synthese zeitdiskreter/digitaler Steuerungssysteme. In: Taschenbuch Elektrotechnik in 6 Bänden, hrsg. von E. PHILIPPOW, 2. vollst. neu bearb. Aufl. Berlin: VEB Verlag Technik 1985.

Regler – s. *Regelung.*

Reservierung – Möglichkeit zur Erhöhung der Zuverlässigkeit von Betrachtungseinheiten mit Hilfe von Reserveelementen; damit eine Methode zur Realisierung von struktureller *Redundanz.*

Man unterscheidet zweckmäßig zwischen Grundelementen und Reserveelementen der Betrachtungseinheit. Ein Grundelement ist ein Strukturelement, das zur Gewährleistung der Arbeitsfähigkeit der Betrachtungseinheit unbedingt erforderlich ist. Ein Reserveelement soll bei Ausfall eines Grundelementes die weitere Arbeitsfähigkeit der Betrachtungseinheit gewährleisten helfen.

Klassifizierung der Reservierung

Klassifizierungsmerkmal	Art der Reservierung und der Reserve
Art des Zuschaltens der Reserveelemente	ständige Reservierung Reservierung durch Ersetzen
Vielfachheit der Reservierung	einfache Reservierung mehrfache Reservierung
Umfang der Reserveeinheit	Gesamt-Reservierung Einzelelement-Reservierung
Zustand der Reserveelemente	kalte (unbelastete) Reserve warme (erleichterte) Reserve heiße (belastete) Reserve
Verhalten nach Ausfall	Reserve mit Erneuerung Reserve ohne Erneuerung
Einsatzort der Reserveelemente	fixierte Reserve gleitende Reserve
Homogenitätseigenschaft der Reserve	homogene Reservierung gemischte Reservierung

Bei der fixierten R. ist die Anschlußstelle für jedes Reserveelement streng vorherbestimmt

Bei der ständigen R. tragen die Reserveelemente gleichberechtigt mit dem Grundelement zur Arbeitsfähigkeit der Betrachtungseinheit bei. Ein typischer Fall ist die *heiße* (oder belastete) *Reserve.*

Bei der R. durch Ersetzen wird die Funktion des Grundelementes dem Reserveelement erst nach Ausfall des Grundelementes übertragen. Ein typischer Fall ist die *kalte* (oder unbelastete) *Reserve.*

Bei der gleitenden R. wird eine Gruppe von Grundelementen der Betrachtungseinheit durch ein oder mehrere Reserveelemente verstärkt, die jeweils ein beliebiges ausgefallenes Grundelement ersetzen können.

Bei der R. ohne Erneuerung wird die Arbeitsfähigkeit jedes ausgefallenen Grund- und Reserveelementes nicht wiederhergestellt.

Bei der R. mit Erneuerung wird die Arbeitsfähigkeit jedes ausgefallenen Grund- und Reserveelementes nach dem Ausfall wiederhergestellt. Bei der homogenen R. wird in einer Betrachtungseinheit nur eine Art der R. verwendet. Bei der gemischten R. können verschiedene Arten der R. innerhalb einer Betrachtungseinheit eingesetzt werden.

K. Reinschke

Literatur: DDR-Standard TGL 26096: Zuverlässigkeit in der Technik; Koslow, B. A., u. I. A. Uschakow: Handbuch zur Berechnung der Zuverlässigkeit in Elektronik und Automatentechnik (In dt. Sprache hrsg. u. ergänzt von K. Reinschke) Berlin: Akademie-Verlag 1978.

Restart – Wiederanlauf eines abnormal geendeten Prozesses unter teilweiser oder vollständiger Nutzung der bis zum Abbruch erbrachten Ergebnisse. Der R. kann automatisch erfolgen oder manuell gesteuert sein. Allgemeingültige R.-Punkte sind Job- und Stepgrenzen. Spezielle R.-Punkte sind durch geplante Prüfpunkte definierbar.

Der System-R. mit Wiederanlauf an Jobgrenzen ist i. allg. problemlos. Der System-R. mit Wiederanlauf an Stepgrenzen erfordert komplizierte Prozesse zur Bereitstellung aller *Dateien* und ist nicht für jeden *Job* erfolgreich. Der R. von Problemprogrammen an geplanten Prüfpunkten erfordert sorgfältige Überlegungen bei der Festlegung der Prüfpunkte. Trotz dieser Aufwendungen zur Sicherung eines erfolgreichen R. ist dies eine wichtige Methode zur effektiven Ressourcennutzung.

H.-J. Schiller

Robustheit – Begriff der Umgangssprache (z. B. mechanisch robuste Ausführungsvariante eines Gerätes), der seit den 70er Jahren in verschiedenen Fachgebieten eine fachsprachliche Spezifizierung erfahren hat. In jedem Falle drückt R. eine Unbeeinflußbarkeit gegenüber gewissen Störungen aus.

Im Rahmen der Softwaretechnologie versteht man unter R. die Fähigkeit von Softwaresystemen, auch bei besonderen Belastungen – bedingt z. B. durch Hardwareausfälle oder falsche Eingabedaten – immer noch gewisse Mindestanforderungen zu erfüllen.

In der Regelungstheorie wird R. bewußt gegenüber Unempfindlichkeit abgegrenzt. Bei Empfindlichkeitsuntersuchungen werden die Auswirkungen differentieller Parameteränderungen betrachtet. Kleine Abweichungen der Parameter von ihren Nominalwerten sollen möglichst kleine Abweichungen vom nominalen Systemverhalten bewirken. Im Gegensatz dazu läßt man bei der robusten Regelung durchaus große Empfindlichkeiten zu. Entscheidend ist, daß sich die Systemcharakteristiken bei gegebenen endlichen Parameterschwankungsbereichen innerhalb eines vorgegebenen zulässigen Toleranzgebietes befinden.

K. Reinschke

Literatur: Ackermann, J.: Abtastregelung, Band II: Entwurf robuster Systeme. Berlin, Heidelberg, New York: Springer-Verlag 1983; Schneider, H.-J. (Hrsg.): Lexikon der Informatik und Datenverarbeitung. München, Wien: R. Oldenbourg Verlag 1983.

S

Schaltsystem – Schaltung (Schaltnetzwerk) zur technischen Realisierung logischer Funktionen bei der Informationsverarbeitung. S. bestehen aus digitalen oder digital betriebenen Bauelementen (Schaltelementen, Gattern) sowie aus Signalleitungen und Leitungen zur Versorgung der Schaltelemente mit Hilfsenergie.

Hinsichtlich ihrer Grundstruktur unterscheidet man zwischen kombinatorischen und sequentiellen S. Erstere realisieren logische Funktionen, bei denen der Zustand der Ausgangsgrößen $y_1, y_2, \ldots, y_m$ ausschließlich von den Zuständen der Eingangsgrößen $x_1, x_2, \ldots, x_n$ im betrachteten Zeitpunkt (Takt) abhängt (Abb. 1). Bei sequentiellen S. kann dagegen der Zustand der

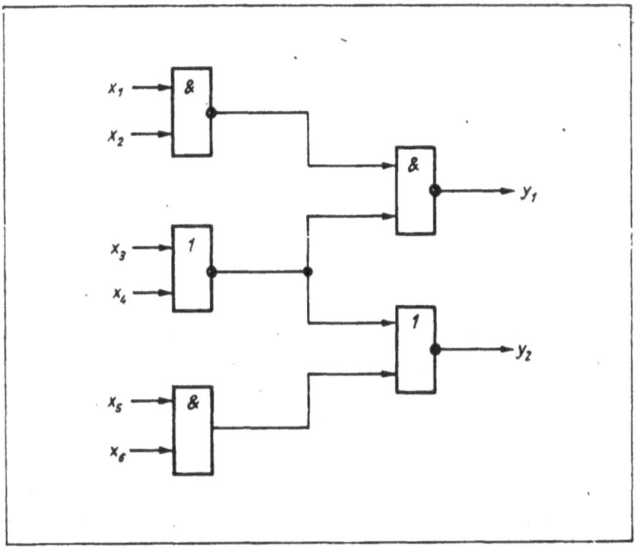

Abb. 1
Beispiel für ein kombinatorisches Schaltsystem

Ausgangsgrößen von den Zuständen der Eingangsgrößen in beliebigen Zeitabständen vor dem betrachteten Zeitpunkt abhängen (Folgeschaltung). Solche S. enthalten im Unterschied zu kombinatorischen S. stets Signalrückkopplungen und/oder Speicherzellen (Abb. 2). Sie kommen in technischen Anwendungsfällen fast ausschließlich vor, kombinatorische S. in reiner Form dagegen seltener.

Im weitaus größten Teil aller S. werden zweiwertige (binäre) Schaltelemente eingesetzt, da diese einfach herstellbar sind und sehr zuverlässig arbeiten. Für Sonderfälle werden auch mehrwertige, insbesondere dreiwertige

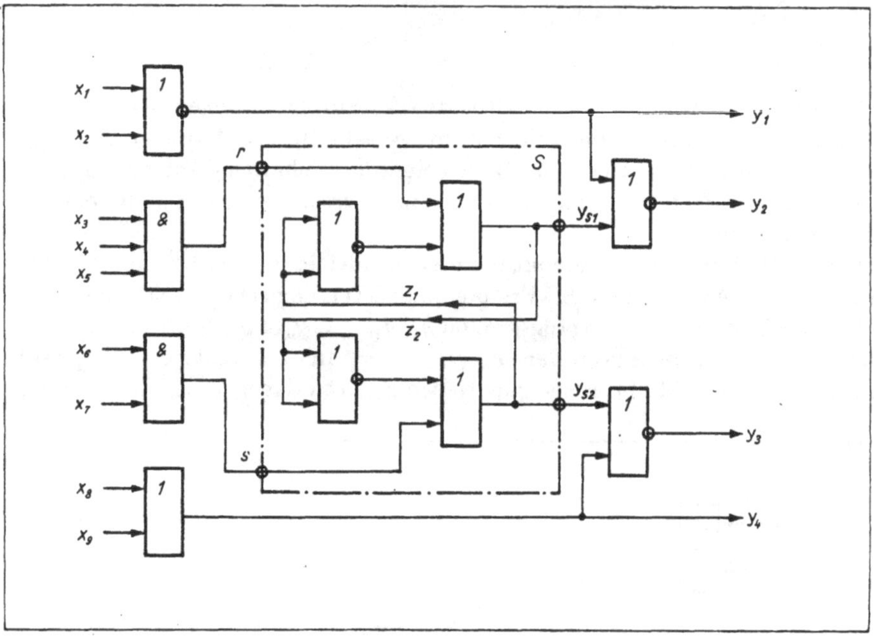

Abb. 2
Beispiel für ein sequentielles Schaltsystem
z_1, z_2 – Rückkopplungen, S – Speicherzelle (*rs*-Flip-Flop)

(ternäre) S. verwendet. Binäre S. werden mit Signalen betrieben, die nur zwei Werte annehmen können, z. B. eine niedrige und eine höhere elektrische Spannung. Diese beiden Werte werden oft mit Low (L) und High (H) bzw. mit 0 und 1 bezeichnet.

Infolge von Verzögerungen beim Lauf der Signale durch das S. können sog. Wettlauferscheinungen zwischen solchen Signalen auftreten, die das S. funktionsbedingt auf unterschiedlichen Wegen durchlaufen. Das kann bei ungetakteten (asynchronen) S. zu Fehlschaltungen (Hasards) führen. Zur Unterdrückung dieser Erscheinungen wurden spezielle Strukturen für S. entwickelt. Die zweckmäßigste Methode zur Vermeidung von Hasards ist die Taktung (Synchronisierung) der S. Sie wird in modernen S. fast ausschließlich angewendet.

Nach der zum Betrieb erforderlichen Hilfsenergie werden elektronische, elektrische und pneumatische S. unterschieden. Die Art der Hilfsenergie hat entscheidenden Einfluß auf die Herstellungs- und Anwendungseigenschaften des S. Für industrielle S. kleinen und mittleren Umfangs haben sich elektrische (elektromechanische) und pneumatische S. bewährt. Als Schaltelemente werden hier Relais bzw. Wegeventile benutzt, die in funktioneller und konstruktiver Hinsicht speziell für die Belange der S. geschaffen wurden (z. B. die Bauelemente der Gerätesysteme RELOG, *DRELOBA*, *USEPPA* u. a.). Durch die schnelle Entwicklung der *Mikroelektronik* bedingt, werden in vielen Bereichen der Volkswirtschaft zunehmend elektronische S. eingesetzt.

Binäre, sequentielle, getaktete mikroelektronische S. sind die sog. Hardware-Basis aller modernen elektronischen Geräte, Rechenanlagen und Steuereinrichtungen. Diese S. zeichnen sich durch hohe Packungsdichte der Schaltelemente infolge Verwendung *integrierter Schaltkreise* (IS), durch hohe Signalverarbeitungsgeschwindigkeiten (System-Taktfrequenz im MHz-Bereich), durch flexible Programmierbarkeit, geringen Energieverbrauch und sinkende Herstellungskosten aus. Bei integrierten Schaltkreisen ist eine schnelle Zunahme des Integrationsgrades (von SSI über MSI, LSI zu VLSI) durch Anwendung neuer Herstellungstechnologien (TTL-, ECL-, FET-, I^2L-, EFL-Technik und deren Varianten) zu beobachten. Damit wird eine wesentliche Erhöhung der Arbeitsgeschwindigkeit und der Packungsdichte der Schaltelemente auf dem sog. *Chip* sowie eine Verringerung der Verlustleistung erreicht. Um für konkrete Anwendungsfälle spezielle S. rasch aufbauen zu können, wurden IS-Strukturen entwickelt, deren logische Funktion – z. B. für Kundenwunschschaltungen oder Programmspeicher – am fertigen Bauelement festgelegt werden kann (ROM-, PLA-, PAL-, ULM-Struktur). Für einen prozeßnahen Einsatz unter schwierigen Umgebungsbedingungen (extreme Temperaturen, hohe Luftfeuchtigkeit, elektromagnetische Felder usw.) sind jedoch elektronische S. ohne zusätzlichen Aufwand gegenwärtig nur bedingt geeignet.

Beim Entwurf von S. wird – ausgehend von der technologischen oder sonstigen Aufgabenstellung – zunächst ein Modell des S. in Form eines mathematischen Ausdrucks oder eines sog. Logikplanes aufgestellt (abstrakter Automat). Dabei werden i. allg. nur die logischen Grundfunktionen UND, ODER und NICHT (Negation) verwendet. Das Modell wird nach Regeln der Schaltalgebra z. T. unter Verwendung von Rechenanlagen vereinfacht und auf den im jeweiligen technischen S. zu verwendenden Gattertyp zugeschnitten (meist NAND- oder NOR-Gatter). Hieran schließt sich die rechnergestützte Anfertigung eines detaillierten Planes aller benötigten Gatter einschließlich ihrer Signalverbindungs- und Hilfsenergieversorgungsleitungen an (Layout). Hierbei sind alle funktionellen und elektrischen Bedingungen zu berücksichtigen, wie z. B. Zahl der Eingänge pro Gatter (Fan-in-Faktor), Belastbarkeit der Gatter-Ausgänge (Fan-out-Faktor), Einfügung zusätzlicher Gatter zur Signalregenerierung, Zahl der Gatter pro Chip, Abmessungen und Lage der aktiven Zonen (n- und p-Gebiete), Leiterbahnen und Bondinseln, Verlustwärmeabführungen u. a. m. Entwurf und Herstellung moderner mikroelektronischer S. sind nur mit Hilfe von Spezialtechnologien möglich, die hohe Investitionen und qualifiziertes Personal erfordern.

B. HOFMANN

Literatur: MÖSCHWITZER, A., u. K.-H. RUMPF: Einführung in die Elektronik. Berlin: VEB Verlag Technik 1980; ECKHARDT, D., u. W. GROSS: Grundlagen der digitalen Schaltungstechnik. Berlin: Militärverlag der DDR 1982; ZANDER, H.-J.: Logischer Entwurf binärer Systeme. Berlin: VEB Verlag Technik 1982; TÖPFER, H., u. W. KRIESEL: Funktionseinheiten der Automatisierungstechnik. Berlin: VEB Verlag Technik 1983.

Schätzung – Ermittlung der Modellkoeffizienten (Estimation); unabhängig davon, auf welchem Wege man zum *mathematischen Modell* gekommen ist, wird eine mathematische Struktur erstellt, die im allgemeinen noch freie Parameter enthält. Für konkrete Anwendungen sind diese Parameter auf der Grundlage von Beobachtungen der Eingangsgrößen $\boldsymbol{u}$ und der Ausgangsgrößen $\boldsymbol{y}$ des Systems, das im allgemeinen durch eine Transformation $\boldsymbol{y} = T \cdot S(\boldsymbol{u}, \boldsymbol{x}_0)$ beschrieben werden kann ($\boldsymbol{x}_0$ = Anfangszustand), zu schätzen. Das Problem der Schätzung der Modellparameter ist eines der schwierigsten Probleme der Modellbildung, in deren Ergebnis das System durch das Modell $\boldsymbol{y}_{\mathrm{M}} = T \cdot M(\boldsymbol{u}, \boldsymbol{x}_0, \boldsymbol{a})$ beschrieben wird. Nicht selten müssen theoretisch gut begründete Modelle für die praktische Anwendung verworfen werden, weil die in ihnen enthaltenen Parameter nicht mit ausreichender Genauigkeit geschätzt werden können.

Eine theoretisch gut begründete Schätzmethode müßte berücksichtigen, daß in der Praxis das Schätzproblem immer zugleich Approximation eines komplizierten Systems und statistische Schätzung beinhaltet. In beiden Fällen wird ein Maß $Q(\boldsymbol{a})$ benötigt, das den Grad der Übereinstimmung zwischen Modell und System in Abhängigkeit vom Parameter $\boldsymbol{a}$ mißt. Die Beurteilung der Güte der Schätzung nach den gebräuchlichen Kriterien wie z. B. mittlere quadratische Abweichung der Ausgangsgrößen von Modell und System (s. *Approximation einer Funktion, mittlere quadratische* und *Kleinste Quadrate, Methode*) oder maximale absolute Abweichung (s. *Approximation einer Funktion, gleichmäßige* und TSCHEBYSCHEW-*Approximation*) ist problematisch. Im allgemeinen dient das Modell zur Lösung der Syntheseaufgabe, die anschließend am realen Prozeß realisiert werden soll. Es ist deshalb zweckmäßig, die Genauigkeit und Zweckmäßigkeit der Anpassung, ausgehend von den dynamischen Systemeigenschaften und entsprechend der Zielstellung der Syntheseaufgabe, zu überprüfen.

Die Verwendung innerer *Gütekriterien,* d. h. der gleichen Information, mit der auch die Parameterschätzung erfolgt, unterstützt die mit der Entwicklung der EDVA erkennbare Tendenz, die Kompliziertheit der verwendeten

Modelle bis an die Grenzen der rechentechnischen Möglichkeiten zu erhöhen. Erforderlich werden äußere Gütekriterien, die neben der formalen Anpassung die Eignung des Modells zur Aufgabenlösung beurteilen, wie z. B. Vorhersagegenauigkeit, Größe des Konfidenzintervalls, Stabilität des Systems u. a.

In der Praxis der Parameterschätzung ist vielfach erkennbar, daß weit stärker im Interesse einer pragmatischen Lösbarkeit des Schätzproblems mit vorhandenen Methoden (lineares Normalgleichungssystem) als aus inhaltlichen Gründen Annahmen getroffen werden wie z. B. Wahl in den Parametern linearer Modelle, quadratischer Gütefunktionale u. a. Im Hinblick auf die vielen, nicht kontrollierbaren Annahmen, die bei der Schätzung gewöhnlich gemacht werden, sind die Parameter und die Abweichungen statistisch zu analysieren. S. a. *Parameterschätzverfahren.*

J. A. MÜLLER

Literatur: EYKHOFF, P.: System Identification, Parameter and State Estimation. New York: Wiley & Sons 1974; IWACHNENKO, A. G., u. J. A. MÜLLER: Selbstorganisation von Vorhersagemodellen. Berlin: VEB Verlag Technik 1984; Цыпкин, Я. З.: Информационная теория идентификации. Москва: Изд. Наука 1983.

Scheduling – Strategien, die aus einer Menge von Aufträgen den nächsten zur Bearbeitung auswählen. Zu den bekannten Strategien zählen: FIFO – First In First Out; Priorität; LIFO – Last In First Out; SJN – Shortest Job Next. Dazu kommen noch Klassenbildung, dynamische Prioritätsänderung und Kombinationen aller Möglichkeiten.

Das S. wird in *Multiprogramming*-Betriebssystemen in zwei getrennten Ebenen benutzt: als Job-S. oder auch Maschinenbelegung, das der Auswahl des nächsten *Jobs* zum Bearbeitungsstart dient, und als Aufgaben-S., das die Verteilung der Zentraleinheitszeit zwischen den in Bearbeitung befindlichen Aufgaben vornimmt. Voraussetzung für ein erfolgreiches Job-S., d. h. die optimale Auslastung der gerätetechnischen Ressourcen, ist ein mit Jobs unterschiedlichster Charakteristika gefüllter Warteraum. Aus diesem Warteraum muß das Job-S. die Jobs in geeigneter Reihenfolge abrufen, so daß die Ressourcen Zentraleinheit, Operativspeicher und 1. Peripherie über die gesamte Betriebsdauer möglichst gleichmäßig belastet sind. Mittel dazu sind die Abbildung von Job-Charakteristika auf die Ebene der Klassen und Prioritäten. Wegen der vielen Einflußgrößen und deren unterschiedlicher Wichtung erfüllen die bekannten *Betriebssysteme* diese Forderungen nur im Ansatz. Bessere Leistungen bieten hier oft die zu den Betriebssystemen verfügbaren Front-End-Systeme, wie z. B. HASP (Houston Automatic Spooling Priority) oder JES (Job Entry Subsystem).

Das Aufgaben-S. dient der Zuweisung der *Zentraleinheit* zu den rechenbereiten Aufgaben. Hier gibt es Prioritäts- und Zeitscheibenstrategien wie auch Kombinationen, wobei oft mit dynamischer Prioritätsänderung gearbeitet wird. Die höchsten Prioritäten sind den residenten Systemaufgaben zugewiesen. Erst für Prioritäten, die Problemprogrammen zugewiesen werden, sind Zeitscheibengruppen oder dynamische Prioritätszuweisung möglich. Die Zeitscheibentechnik gestattet eine sehr gleichmäßige Verteilung der Zentraleinheitszeit unter den Problemaufgaben, während die dynamische Prioritätszuweisung eine günstige Auslastung der Ressourcen bewirkt, da innerhalb der gesteuerten Aufgabengruppe immer die Aufgabe mit der höchsten Ein-Ausgabe-Intensität die höchste Priorität erhält.

H.-J. SCHILLER

Schnittstelle – (auch Interface) Konzept, das die Spezifik der Verbindung zweier Einrichtungen mit unterschiedlichen Funktionen enthält. Das Konzept umfaßt eine abgegrenzte Menge von Funktionen einschließlich erforderlicher Parameter sowie Vorgaben zur Anwendung dieser Funktionen, um eine Verbindung der unterschiedlichen Einrichtungen mit der Zielstellung des Zusammenwirkens beider Einrichtungen zu gewährleisten. Die Funktionen des Konzepts sind in einer implementierungsunabhängigen Form bereitzustellen.

Die Einrichtungen mit unterschiedlichen Funktionen können repräsentiert werden durch unterschiedliche Gerätesysteme, Module eines Gerätesystems, Softwaresysteme, Module eines Softwaresystems oder durch den Menschen und ein Gerätesystem bzw. den Menschen und ein Softwaresystem. Die Art der Verbindung wird durch die jeweiligen Einrichtungen bestimmt.

In der Datenkommunikation (s. *Datennetz*) wird die Spezifik der Verbindung der Datenendeinrichtung (DTE – data terminal equipment) und der Datenübertragungseinrichtung (DCE – data circuit terminating equipment) als das „Interface" bezeichnet.

D. HAMMER

Literatur: ISO/TC97/SC6 N 1699, Data Communications, May 1978.

Schrittregler – ein i. allg. mit einer integralen Stelleinrichtung zusammenarbeitender Regler, dessen Ausgangsgröße nur zeitweise vorhanden ist. Während eines solchen Zeitintervalls wird die Ausgangsgröße der Stelleinrichtung um einen Betrag verstellt, den man als Schritt bezeichnet. Die funktionelle und konstruktive Realisierung des Zusammenhangs der Reglerausgangsgröße und der Regelabweichung ist sehr vielgestaltig. Typisch ist der Einsatz von Zwei-, Drei- und Mehrpunktgliedern sowie von Abtasteinrichtungen (s. *Abtastsystem*) mit äquidistanter Abtastung, die mitunter gleichzeitig eine Pulsbreitenmodulation des Reglereingangssignals durchführen. Durch *Rückführungen* vorzugsweise über Zwei- und Dreipunktglieder entsteht ein Verhalten, das dem der stetigen Regler ähnlich ist (stetigähnliche Regler).

Konventionelle gerätetechnische Lösungen sind als Meßwerkregler bekannt und weit verbreitet. Ist (bei konstanter Schrittfrequenz) die Schrittgröße von der Regelabweichung unabhängig (z. B. Abtastung eines Zweipunktgliedes und konstante Haltedauer), spricht man von ausschlagunabhängigen Schrittreglern. Bei ausschlagabhängigen Schrittreglern wird die Schrittgröße durch die Amplitude und/oder die Breite des am integral wirkenden Stellantrieb anliegenden Rechteckimpulses bestimmt.

Die Vorteile der Schrittregler liegen in ihrem relativ einfachen, kompakten Aufbau und den erzielbaren hohen Signalleistungsverstärkungen (s. a. *Regelung*).

H. EHRLICH

Selbstorganisation — spontanes Entstehen einer Organisation in einem System, wobei folgende drei Bedingungen notwendig sind: 1. Es existiert eine ursprüngliche Organisation. 2. Es liegt ein Mechanismus zur zufälligen Mutation dieser Organisation vor. 3. Es ist ein Auswahlmechanismus vorhanden, mit dessen Hilfe die Mutationen bezüglich ihrer Nützlichkeit für die Verbesserung der Organisation eingeschätzt werden können. In diesem allgemeinen Sinne ist die S. verbunden mit einer spontanen Vergrößerung von Ordnung oder Organisiertheit, d. h. mit Entropieverringerung in einem unter dem Einfluß von Umwelteinwirkungen stehenden System, das aus vielen Elementen besteht.

Die S. findet insbesondere Anwendung zur Weiterentwicklung der kybernetischen Modellbildung und trägt damit zur Erhöhung der Erkenntnisfunktion bei, die u. a. auf Grund der Bindung an die subjektiven Vorstellungen des Modellierers, der Unbestimmtheit der A-priori-Information sowie der Zweistufigkeit (a) Modellbildung, b) Parameterschätzung) begrenzt ist. Betrifft die A-priori-Unbestimmtheit lediglich die Systemparameter bei konstanter, vorgegebener Systemstruktur, so liegt ein Problem der Adaption und des Lernens vor; ist auch die Struktur unbestimmt, so werden Algorithmen zur Strukturadaption benötigt. Ist eine Parametrisierung der Struktur nicht möglich (z. B. durch Entwicklung in eine Reihe orthogonaler Funktionen), werden Methoden zur Synthese der Struktur des Systems (d. h. der S.) benötigt, wobei auf der Grundlage der Vorgabe einer prinzipiellen Klasse von Teilsystemen die Struktur des Systems sich im Syntheseprozeß ergibt.

Ein Herangehen der Modellbildung auf der Grundlage der Prinzipien der S. ermöglicht insbesondere für komplizierte Systeme und bei ungenügender

A-priori-Information, dem Ziel einer induktiven Modellbildung näher zu kommen, die weitgehend frei von ungewisser subjektiver Information, ausgehend von sicherer Information, das Modell maschinell erstellt, die Güte der Modellbildung, u. a. auch ausgehend von der Aufgabenstellung, festlegt und die ermöglicht, aus der unendlichen Vielfalt der Modelle ein im vorgegebenen Sinne bestes Modell auszuwählen.

Methodologische Grundlage einer selbstorganisierenden Modellierung ist die Annahme, daß alle Information über die Wechselwirkung zwischen den wesentlichen Variablen des zu modellierenden Systems (d. h. über Struktur und Funktion des Systems) in den Beobachtungen der Variablen enthalten ist. Damit muß der Modellierer lediglich befähigt werden, diese Information aus den Realisierungen herauszulösen – eine Aufgabe, die nach Tichonow zu den *nicht korrekt gestellten Aufgaben* gehört. Die S. mathematischer Modelle soll diese Aufgabe übernehmen, ohne daß ihre Anwender mit Hilfe der theoretischen Systemanalyse tief in die Gesetzmäßigkeiten des Untersuchungsobjektes eindringen müssen, lediglich durch Anwendung weitgehend universeller Algorithmen zur Erstellung eines Modells im vorgegebenen Sinne optimaler Kompliziertheit. Gegenwärtig beinhaltet die S. mathematischer Modelle die Evolutionsmodellierung und die heuristische Selbstorganisation.

J. A. Müller

Literatur: Tichonow, W. I.: Umkehraufgaben und Datenbewertung. Graz. Bericht Nr. 172, 1981; Iwachnenko, A. G., u. J. A. Müller: Selbstorganisation von Vorhersagemodellen. Berlin: VEB Verlag Technik 1984; Растригин, Л. А., и В. А. Марков: Кибернетические модели познания. Методологические вопросы. Рига: Изд. Зинатнье 1976; Букатова, И. Л.: Моделирование эволюций и его применение. Москва: Изд. Наука 1979.

Self-tuning-Regelung – selbstoptimierende *adaptive Regelung* (engl.: self-tuning control, selbsteinstellende Regelung); eine Klasse von adaptiven Regelungen, die durch die Verknüpfung von Identifikationsalgorithmen zur Ermittlung eines Prozeßmodells und von Regelungsalgorithmen gekennzeichnet ist. Der schematische Aufbau von Self-tuning-Regelungen ist in der Abb. skizziert. Das Gesamtsystem ist zerlegbar in eine innere Schleife (Grundregelkreis) – bestehend aus dem Prozeß und einem einstellbaren linearen Regler – und einer äußeren Schleife zur Reglerparameterverstellung, bestehend aus den Verarbeitungsblöcken „Parameterschätzung" und „Entwurf". Der Wirkungsablauf enthält die On-line-Lösung eines zugrunde liegenden Entwurfsproblems für bekannte Prozeßparameter. Da diese jedoch unbekannt sind, werden sie jeweils durch ihre aktuellen Schätzwerte ersetzt. Die Ermittlung des parametrischen Prozeßmodells erfordert die A-priori-

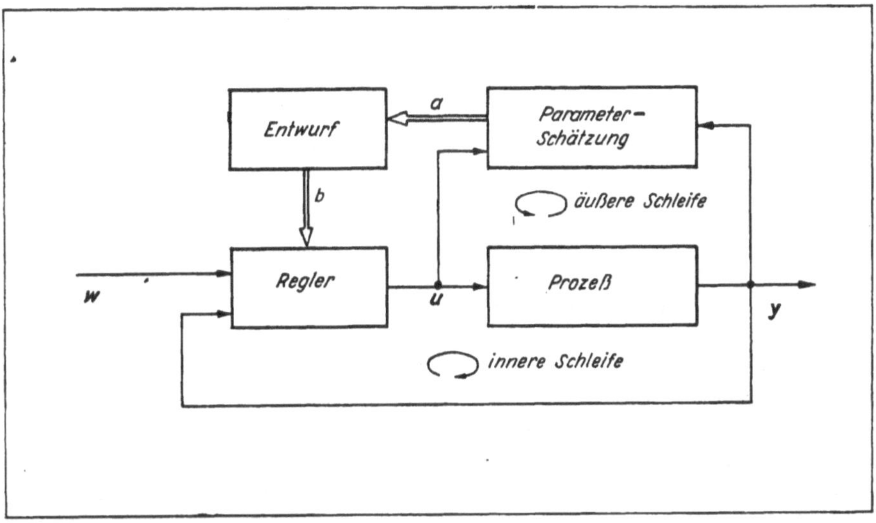

Self-Tuning-Regelungssystem

Information über die (angenommene) Prozeßordnung bzw. Prozeßstruktur.

Das Self-tuning-Konzept ist hinsichtlich der Kombinationsmöglichkeiten von Parameterschätzalgorithmen und Regelungsalgorithmen sehr flexibel, so daß es im Grunde genommen auf jeden Regelungstyp anwendbar ist. Beispiele dafür sind: *Deadbeat-Regelung*, Minimal-Varianz-Regelung, Polvorgabe-Regelung, Zustandsregelung, lineare optimale (LQG-)Regelung. Für die Parameterschätzung kommen z. B. *stochastische Approximation*, rekursive Methode der *kleinsten Quadrate* (alle Versionen), rekursive Methode der Hilfsvariablen und rekursive *Maximum-Likelihood-Methode* in Frage.

Self-tuning-Regler werden in explizite und implizite unterschieden. Im ersten Fall wird ein explizites Prozeßmodell ermittelt, dessen Parameter die Eingangsinformationen für den Entwurfsschritt sind. Im zweiten Fall wird durch eine geeignete Reparametrisierung das Prozeßmodell durch Reglerparameter beschrieben, die das Entwurfsziel erfordert. Die Schätzung dieses impliziten Prozeßmodells liefert folglich die Reglerparameter direkt, so daß der Entwurfsschritt entfällt und erhebliche Vereinfachungen des gesamten Adaptionsalgorithmus erreichbar sind. Den genannten Methoden entsprechen die indirekten bzw. direkten *modelladaptiven Regelungen*, die enge Beziehungen zu den Self-tuning-Regelungen aufweisen.

Die Analyse von Self-tuning-Regelungssystemen ist auf Grund ihres nichtlinearen Charakters schwierig, insbesondere unter Berücksichtigung stochastischer Störungen. Stabilität und Konvergenzbedingungen konnten bisher nicht für die Systemklasse als Ganzes angegeben werden, sondern jeweils nur für spezielle Konfigurationen. Self-tuning-Regelungen sind einsetzbar zur einmaligen (oder wiederholten) Einstellung von Regelkreisen oder als adaptive Regler im eigentlichen Sinne. Im ersten Fall ist die Einbindung eines Self-tuning-Algorithmus in ein DDC-Programmpaket möglich, um eine Vielzahl von Regelkreisen selbsttätig einzustellen.

G. BILLERBECK

Literatur: ISERMANN, R.: Digitale Regelsysteme. Berlin, Heidelberg, New York: Springer-Verlag 1977; UNBEHAUEN, H. (Hrsg.): Methods and Applications in Adaptive Control. Berlin, Heidelberg, New York: Springer-Verlag 1980.

Sensor – Bauelement im Meßprozeß, das nichtelektrische physikalische und chemische Größen eines Meßobjektes in elektrische Größen umwandelt und damit eine elektronische Datenerfassung und -verarbeitung ermöglicht. Sensoren stellen das Bindeglied zwischen der im Meßprozeß zu erfassenden Umwelt, an die sie unmittelbar berührend (taktil) oder berührungslos gekoppelt sind, und dem Meßsystem dar. Dem eigentlichen Sensorelement (Geber) ist häufig ein Umsetzelement (Aufnehmer) vorgelagert, das die zu messende Größe in eine ebenfalls nichtelektrische, jedoch besser umsetzbare Größe umwandelt (z. B. Transformation von Kraft und Druck in Wegänderungen über eine Membran). Aufnehmer und Geber bilden zusammen den Sensor (auch Meßfühler oder Transducer genannt). Die Art des elektrischen Ausgangssignals des Sensors ist durch den physikalischen Wandlungseffekt im Geber festgelegt. Da diese Abbildungsgröße in den meisten Fällen nicht identisch mit dem gewünschten Signal ist, wird der Sensorausgang mit einem Wandler verbunden, der eine Umformung, Signalanpassung und Vorverarbeitung (Verstärkung, Linearisierung, Filterung) in ein standardisiertes bzw. für die Weiterverarbeitung geeignetes Signal vornimmt. Moderne Sensorentwicklungen integrieren die signalverarbeitenden Bauelemente hybrid oder monolithisch (s. a. *Halbleitersensor*). Die Einheit von Sensor und Wandler wird als Sensorsystem (auch *Meßumformer* oder Transmitter genannt) bezeichnet.

Sensoren und Sensorsysteme werden nach verschiedenen Prinzipien klassifiziert. Am gebräuchlichsten ist die Betrachtung nach der Art der Meßgröße. Die wesentlichsten Meßgrößen sind Druck (Kraft), Temperatur (Wärme), Strahlung (insbesondere Licht), Konzentration von Komponenten in Flüssigkeiten und Gasen (chemische Zusammensetzung), Magnetfeld, Schall, Feuchte, Position (Abstand, Füllstand, Stückzahl), Geschwindigkeit (Durchfluß) und Beschleunigung. Eine andere Möglichkeit der Klassifikation beruht auf den der elektrischen Signalerzeugung zugrunde liegenden physikalischen Wandlungseffekten (z. B. thermo-, piezo-, photo- und chemoelektrische und elektromagnetische Sensoren) bzw. auf der Unterteilung nach aktiven (Spannung, Strom, Ladung) und passiven (Widerstand, Induktivität, Kapazität) elektrischen Signalformen. Nach der Darstellung bzw. der Vorverarbeitung des Sensorsignals unterscheidet man amplitudenanaloge, digitale (direkte Umsetzung oder über eine Umformung in ein amplitudenanaloges Signal und nachfolgende Analog-Digital-Umsetzung) und frequenzanaloge (pseudodigitale) Sensorsysteme. Spezielle Formen sind hierbei binäre Sensorsysteme (Ja/Nein-Aussagen). Multisensorsysteme ermöglichen die gleichzeitige Erfassung mehrerer Meßgrößen (unter Einschluß entsprechender Multiplexanordnungen). Je nach Umfang der Signalverarbeitung im Sensorsystem einschließlich der Integration von *Mikroprozessoren* ergeben sich verschiedene Stufen von intelligenten Sensorsystemen. Intelligente Sensorsysteme erlauben die echtzeitorganisierte Kennlinien-, Drift-, Temperatur- und Fehlerkorrektur und ermöglichen eine Signalverarbeitung in unmittelbarer Gebernähe, so daß damit alle Nachteile von Systemstrukturen mit zentralem Rechner (hohe Rechnerbelastung, Störbeeinflussung der zu übertragenden Meßsignale, Systemausfall bei Störung des Zentralrechners) entfallen.

Neben den sich auch in der weiteren Zukunft für bestimmte Meßaufgaben behauptenden konventionellen Sensoren erlangen vor allem die modernen, mikroelektronik-kompatiblen Sensoren (bezüglich Abmessungen, Zuverlässigkeit, Preis, Signalform, Integrierbarkeit, Herstellungstechnologie) sehr stark an Bedeutung. Dabei findet eine starke Rückwirkung der Entwicklung der mikroelektronischen Technologien auf die Technologie der Sensorherstellung statt. Parallel zu den Halbleitertechnologien werden moderne Sensorentwicklungen auf der Basis der Dünnfilmtechnologie (insbesondere für Druck- und Dehnungsmessungen sowie Temperatur-, Gas- und Feuchtemessungen), Dickschichttechnologie (z. B. temperatur- und druckabhängige, piezoresistive, magnetische sowie feuchte- und gassensitive Pasten) sowie mittels Sintertechnologien (Keramiksensoren für Gas-, piezo- und pyroelektrische Messungen, Kalt- und Heißleiter) durchgeführt. Hervorzuheben sind weiterhin die Folientechnologien (z. B. metallische Präzisions-Widerstandsfolien für Dehnungsmeßstreifen und Kunststoffolien für taktile Sensoren), moderne metallisch-magnetische Technologien (amorphe Magnetika, WIEGAND-Sensor) und die optoelektronischen Sensoren. Neben den optoelektronischen Halbleitersensoren werden in zunehmendem Maße integriert-optische Sensorsysteme und Lichtleitfaser-Sensorsysteme, speziell im Zusammenhang mit den Möglichkeiten der Lichtleiterkurzstreckenübertragung, entwickelt, die für den sensorischen Nachweis eines breiten Spektrums von Meßgrößen (Position, Druck, Temperatur, Beschleunigung, Konzentration u. a.) geeignet sind. Für die jeweilig benötigten Sensortypen wird die Auswahl der entsprechenden Herstellungstechnologie vor allem von den spezifischen Einsatzbedingungen (Verkapselung), der erforderlichen Genauigkeit und Langzeitstabilität und insbesondere von den erforderlichen Stückzahlen bestimmt. Aus diesem Grund können für gleiche Meßgrößen unterschiedliche Sensorentwicklungen auf der Basis verschiedener Herstellungstechnologien notwendig sein.

Das Sensorsystem bildet in Verbindung mit dem Mikroprozessor und entsprechenden Aktoren zur Rückwirkung auf den Umweltprozeß ein geschlossenes kybernetisches System.

H. ENDERT

Literatur: Proc. of SENSOR '82, Essen 1982; Proc. of SENSOR '83, Basel 1983.

Sensortechnik für Industrieroboter – In der modernen Automatisierungstechnik erfolgt die Sicherung eines störungsfreien Prozeßablaufes auf der Grundlage von A-priori-Kenntnissen über die erforderlichen Prozeß- und Einflußgrößen. Eine gerätetechnische Möglichkeit, um Informationen aus der Umwelt des zu steuernden Prozesses zu gewinnen, die – insbesondere auch im Hinblick auf den zunehmenden Einsatz von *Industrierobotern* – immer mehr an Bedeutung gewonnen hat, sind *Sensoren.* Sensoren dienen zur Überwindung von A-priori-Unkenntnis. Sensorsysteme für Industrieroboter zum Beispiel gestatten es, die notwendigen A-priori-Kenntnisse bei der Programmierung und Steuerung wesentlich herabzusetzen und damit die Belehrung zu vereinfachen, eine Adaption an schwankende Prozeßparameter zu realisieren, Operationen in einer weitgehend unbestimmten Umwelt durchzuführen sowie Kontroll- und Meßaufgaben zu übernehmen.

Art und Umfang der Nutzung der Sensorinformationen sind ein wesentliches Merkmal für die verschiedenen Generationen der Industrieroboter. Roboter der 1. Generation verfügen über sog. innere Sensoren, mit deren Hilfe der innere Zustand des Roboters, z. B. seine internen Bewegungsbegrenzungen, überprüft und während des Bewegungsablaufes Zustandsabweichungen erfaßt und signalisiert werden können. Roboter der 2. Generation enthalten äußere Sensoren zur Erfassung lokaler Veränderungen der Umwelt in der Umgebung des augenblicklichen Arbeitspunktes des Roboters. Die gewonnenen Informationen werden dazu benutzt, aufgetretene lokale Zustandsabweichungen zu korrigieren (z. B. Montageroboter, bei dem während eines Fügevorganges Positionsabweichungen erfaßt und korrigiert werden). Roboter der 3. Generation enthalten leistungsstarke Sensorsysteme zur Erfassung von Informationen über globale Veränderungen der Umwelt. Gekoppelt mit einem System der *künstlichen Intelligenz,* ist der Roboter in der Lage, eine Klassifizierung von Umweltausschnitten und Situationen vorzunehmen, Handlungs- und Teilprozeßabläufe selbständig zu erlernen und Entscheidungen im Sinne der Planung von Handlungsabläufen zu treffen und entsprechend zu reagieren.

Zweckmäßig erfolgt eine Einteilung der Sensoren für Industrieroboter in taktile Sensoren, Näherungssensoren und visuelle Sensoren. Taktile Sensoren erfassen die unmittelbare dynamische Relation zwischen Roboterhand (*Greifer*) oder Werkzeug und dem Objekt. Zu ihnen gehören Kraft- und Momentensensoren zur Messung der Kräfte in den Manipulatorgelenken und zwischen Roboterarm und Hand sowie der von der Manipulatorhand auf das Objekt wirkenden Kräfte, Berührungssensoren (binäre und analoge), bei denen die Information über den Kontakt zwischen den Fingern der Manipulatorhand und dem Objekt im Arbeitsraum erhalten wird, und Rutschsensoren für ein sicheres und gefühlvolles Greifen schwerer oder zerbrechlicher Objekte. Näherungssensoren werden in Anwesenheitssensoren und Distanzmeßsysteme unterteilt. Anwesenheitssensoren, mit denen Informationen über das Vorhandensein von Objekten sowie bestimmter Merkmale erfaßt werden, eignen sich insbesondere für alle Arten von Positionierprozessen. Distanzmeßsysteme (oder Abstands- bzw. Distanzsensoren) sollen Entfernungen zwischen Objekt und Roboter bzw. Greifer, zwischen Werkzeug und gewünschtem Kontaktbereich und zwischen relevanten Markierungen und Sensor quantitativ erfassen. Die gegenwärtige Vielfalt von Näherungssensoren erfordert im Sinne der Effektivität eine genaue Analyse möglicher Sensorlösungen und die Entwicklung bzw. Auswahl eines minimal notwendigen Grundsortiments. Visuelle Sensoren dienen der Erfassung des allgemeinen Zustandes der Umwelt (s. *Visuelles System*).

Der gegenwärtige Entwicklungsstand der Sensortechnik für Industrieroboter ist dadurch gekennzeichnet, daß eine Reihe von Prinziplösungen für die wichtigsten Meßaufgaben verfügbar ist, die Breiteneinführung von roboterspezifischen Sensoren mit einsatzorientierten Sensoranwendungen gerade beginnt, die Sensortechnik für Handhabungsprozesse (s. *Handhabungstechnik*) – insbesondere im Hinblick auf den Einsatz von Robotern in technologischen Einheiten (*Fertigungszellen, flexible Fertigungssytseme*) – verstärkt bearbeitet wird. In der DDR konzentrieren sich die Forschungs- und Entwicklungsarbeiten auf die Anpassung vorhandener Sensoren an Beispieleinsatzfälle für Industrieroboter der 2. Generation, auf die Entwicklung neuer Sensoren und Sensorsysteme und deren Anwendung bei Beispieleinsatzfällen von Robotern der 2. Generation sowie auf Sensorsysteme für Industrieroboter der 3. Generation einschließlich der Geräte- und Programmtechnik für die Informationsverarbeitung und -nutzung. International rückt immer mehr die Entwicklung modular aufgebauter Sensorbaukästen in den Vordergrund.

G. Laux

Literatur: KEMPE, V.: Sensortechnik für Industrieroboter der 2. und 3. Generation. messen, steuern, regeln, Berlin **26** (1983) 1 u. **26** (1983) 2; BIRK, J., a. R. KELLEY: An overview of the basic research needed to advance the state of knowledge in robotics. IEEE Trans. on System, Man and Cybernetics, New York **SMC-11** (1981) 8; MAGER, U.: Sensoren und Objekt-Erkennungssysteme für Industrieroboter der zweiten und dritten Generation. Literaturbericht. FZ des Werkzeugmaschinenbaus Karl-Marx-Stadt 1980; OSSENBERG, K.: Optische Sensorsysteme für industrielle Anwendungen, Fachber. Messen, Steuern, Regeln, Bd. 4: Wege zu sehr fortgeschrittenen Handhabungssystemen. Berlin, Heidelberg, New York: Springer-Verlag 1980; VOLMER, J., P. JACOBI, K. HÄHNEL u. V. LANGER: Montage mit sensorgesteuertem Greifer. Maschinenbautechnik, Berlin **29** (1980) 4; ВАИНШТЕЙН, Т. Г., Н. В. САВАЛИШИН и И. Б. МУЧНИК: Обработка визуальной информации (обзор). Автоматика и Телемеханика, Москва (1974) 6.

SHEGALKIN-Polynom – s. TAYLOR-*Entwicklung* BOOLE*scher Funktionen.*

Signalflußgraph – gewichteter orientierter *Graph,* der einem linearen algebraischen Gleichungssystem

$$\sum_{j=1}^{n} a_{ij} x_j = b_i \quad (i=1, \ldots, n)$$

wie folgt zugeordnet wird: Jeder Variablen x_i wird ein Knoten i zugeordnet, vom Knoten j führt zum Knoten i ein orientierter Bogen mit dem Gewicht

$$a'_{ij} = a_{ij} + \delta_{ij}, \quad \text{wobei} \quad \delta_{ij} = \begin{cases} 1 & \text{für} \quad i=j \\ 0 & \phantom{\text{für}} \quad i \neq j \end{cases},$$

das oft als „Transmission“ bezeichnet wird;
von einem weiteren Knoten 0 aus führen Bogen zu den Knoten i mit den Gewichten $(-b_i)$.

S. wurden in den 50er Jahren von MASON zur Berechnung von Übertragungsfaktoren von *Regelungssystemen* und von *elektrischen Netzwerken* eingeführt. S. können darüber hinaus zur Lösung beliebiger algebraischer Gleichungssysteme verwendet werden. Dazu werden die folgenden Bezeichnungen gebraucht: Ein Pfad vom Knoten i zum Knoten j des S. ist eine Folge von Bogen, die – wenn man den Orientierungen der einzelnen Folgen folgt – vom Knoten i zum Knoten j führt und keinen Knoten des S. mehrfach berührt. Eine Schleife erster Ordnung ist eine Bogenfolge des S., bei der lediglich Start- und Zielknoten der Folge übereinstimmen. Eine Schleife zweiter Ordnung ist ein disjunktes Schleifenpaar. Eine Schleife dritter Ordnung ist ein disjunktes Schleifentripel, usw.

Die Unbekannten x_i des Gleichungssystems ergeben sich nun aus der

MASONschen Formel

$$x_i = \frac{\sum_{\varrho=1}^{ri} P_{0i}^{\varrho} \left(1 + \sum_{\varkappa} (-1)^{\varkappa} \sum_{\sigma} L_{\varrho\sigma}^{(\varkappa)}\right)}{1 + \sum_{\varkappa} (-1)^{\varkappa} \sum_{\sigma} L_{\sigma}^{(\varkappa)}}$$

mit den Abkürzungen

r_i = Zahl der Pfade vom Knoten 0 zum Knoten i;
P_{0i}^{ϱ} = Produkt der Bogengewichte des ϱ-ten Pfades vom Knoten 0 zum Knoten i des S.;
$L_{\varrho\sigma}^{(\varkappa)}$ = Produkt der Bogengewichte der σ-ten Schleife $\varkappa$-ter Ordnung, die den durch die Transmission P_{0i}^{ϱ} gekennzeichneten Pfad nicht berührt;
$L_{\sigma}^{(\varkappa)}$ = Produkt der Bogengewichte der σ-ten Schleife $\varkappa$-ter Ordnung des S.

K. REINSCHKE

Literatur: MASON, S. J., a. H. J. ZIMMERMANN: Electronic Circuits, Signals and Systems. New York: Wiley & Sons 1960; REINSCHKE, K., u. P. SCHWARZ: Verfahren zur rechnergestützten Analyse linearer Netzwerke. Berlin: Akademie-Verlag 1976.

Signaturanalyse – Zur Kennzeichen- oder Signaturbildung von Binärfolgen werden lineare Schieberegister verwendet. Gibt man eine r-stellige Binärfolge $b = b_1, \ldots, b_r$ in ein n-dimensionales rückgekoppeltes (lineares) Schieberegister mit dem Anfangszustand $z(0)$ ein, so geht dieses Register in Abhängigkeit von der eingegebenen Binärfolge in einen Zustand $z' = (z_1', \ldots, z_n') = f(z(0), b_1, \ldots, b_r)$ über. Der Zustand z' ist ein Kennzeichen der eingegebenen Binärfolge b, und z' nennt man die Signatur $S(b, z(0))$ von b. Da es 2^r unterschiedliche Binärfolgen der Länge r und 2^n verschiedene Zustände des Registers und damit auch 2^n unterschiedliche Signaturen gibt, sind für $r > n$ unterschiedlichen Binärfolgen gleiche Signaturen zugeordnet.

Die Signaturbildung wird insbesondere zum Vergleich von langen Binärfolgen, von Ist- und Sollfolgen angewendet. Für ein n-dimensionales Signaturregister gibt es für jede Sollfolge $b_1, \ldots, b_r$, $r > n$, genau $2^{r-n} - 1$ fehlerhafte Istfolgen der Länge r, die die gleiche Signatur wie die Sollfolge haben. Diese Zahl sagt aber zunächst sehr wenig über die an Hand ihrer Signatur erkennbaren, tatsächlich relevanten fehlerhaften Binärfolgen aus. Auf Grund der *Linearität* der rückgekoppelten Schieberegister gilt: 1. Sind $b = b_1, \ldots, b_r$, $b' = b_1', \ldots, b_r'$ und $b \oplus b' = b_1 \oplus b_1', \ldots, b_r \oplus b_r'$ Binärfolgen, dann gilt $S(b, z) = S\ (b'\ z)$ genau dann, wenn $b \oplus b'$ den Zustand 0 des Signaturregisters in den Zustand 0 überführt ($\oplus$ bezeichnet die Antivalenz); 2. Ist die Abweichung einer Istfolge b' von einer Sollfolge b zu irgendeinem Zeitpunkt t_0 an der Signatur zu erkennen und stimmen b und b' für $t > t_0$ überein, dann sind ihre

Signaturen für alle $t > t_0$ unterschiedlich; 3. Unterscheiden sich b und b' genau in einem Bit, dann unterscheiden sich ihre Signaturen.

Zur Signaturbildung werden hauptsächlich vollständige und unvollständige Signaturregister sowie Reihenschaltungen von vollständigen und unvollständigen Signaturregistern verwendet. Vollständige Signaturregister sind lineare Schieberegister maximaler Länge. Unterschiedliche Abweichungen der Istfolge von der Sollfolge werden wesentlich mit gleicher Wahrscheinlichkeit erkannt. Unvollständige Signaturregister besitzen nur eine *Rückkopplung*. Das n-te (letzte) Flip-Flop des Registers ist über ein Antivalenzglied auf das erste Flip-Flop rückgekoppelt. Für $n = 4$ zeigt die Abb. a) ein

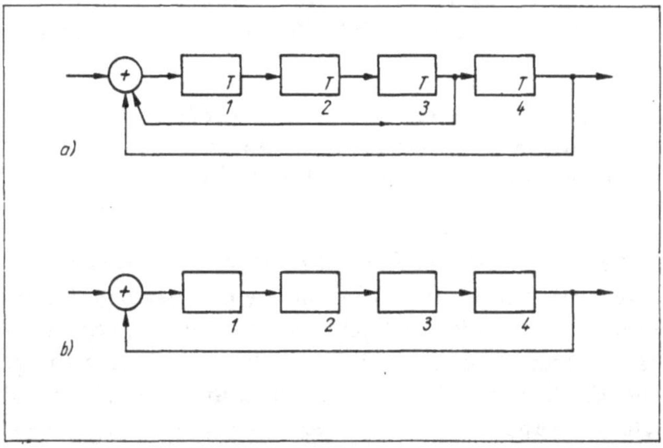

a) Vollständiges Signaturregister
b) unvollständiges Signaturregister für $n = 4$

vollständiges und Abb. b) ein unvollständiges Signaturregister. Unterscheiden sich die Istfolge b' von der Sollfolge b in k Stellen, so unterscheiden sich die Signaturen von b und b', wenn k eine ungerade Zahl ist und wenn die Signatur mit einem unvollständigen Signaturregister gebildet wird. Im Gegensatz dazu existiert kein Signaturregister, das alle Abweichungen gerader Anzahl einer Istfolge von einer Sollfolge anzeigt.

M. Gössel

Literatur: Frohwerk, R. A.: Signature analysis – a new digital field method. Hewlett Packard Journal, New York **28** (1977) 9; Leisengang, D.: Berechnung von Fehlererkennungswahrscheinlichkeiten bei Signaturregistern. Elektron. Rechenanlagen, München **24** (1982) 1; Voelkel, L.: Fehlerdiagnose durch Kennzeichenauswertung. Nachrichtentechnik. Elektronik, Berlin (1981) 4.

Simulation von Ökosystemen – s. *Systemökologie*.

Software – s. *Hardware*; s. a. Teil S–Z, S. 70ff.

Softwarestandard – Regeln zur Sicherung verschiedener Qualitätsparameter bei Entwurf, *Implementierung* und Wartung von *Software*. Softwarestandards können die rechentechnische Umgebung, die Nutzung von Entwurfs- und *Programmiersprachen*, die formale Gestaltung der Software, den Korrektheitsnachweis und die Dokumentation regeln. Gegenwärtig werden Softwarestandards von größeren Entwicklerkollektiven angewendet.

L. Blencke

Sparse Matrix – Matrix mit einem sehr hohen Anteil von Nullen als Koeffizienten. Die Bezeichnungen sparsam, dünn oder schwach besetzt sind im deutschen Sprachgebrauch ebenfalls üblich. Es gibt keine definierten quantitativen Grenzen für den Anteil von Nullen in s. M.; man geht jedoch davon aus, daß der Anteil so hoch ist, daß sich bei der Speicherung oder Algorithmenabarbeitung auf Rechenanlagen unter Beachtung dieser charakteristischen Eigenschaft ein Vorteil gegenüber ihrer Vernachlässigung ergibt.

S. M. treten bei verschiedenen Problemen auf. Sehr stark ist die Technik im Umgang mit s. M. durch die Methode der finiten Elemente zur Lösung *partieller Differentialgleichungen* gefördert worden. Aber auch beim Entwurf von Schaltkreisen, bei der Berechnung elektrischer Netzwerke oder in ökonomischen Verflechtungsmodellen treten schwach besetzte Matrizen auf. Generell kann man mit steigender Dimension der Matrizen einen wachsenden relativen Anteil von Nullen beobachten.

Für s. M. sind spezielle Speicherungstechniken und Algorithmen entwickelt worden. Wenn die Verteilung der von Null verschiedenen Koeffizienten einer Matrix mit einer bestimmten Strukturierung (z. B. Blockdiagonal-, Blocktridiagonal-, Mehrfachdiagonalmatrix) verbunden ist, lassen sich besonders effektive Speicherungsformen und Algorithmen begründen. Aber auch in dem Fall, wenn man keine spezielle Struktur ausnutzen kann, existieren vorteilhafte Strategien.

Bei den Speicherungstechniken für s. M. kommt es darauf an, den Vorteil des hohen Anteils von Nullen in der Matrix in einen wesentlichen Speicherplatzgewinn gegenüber der Vollspeicherung umzuwandeln. Gleichzeitig ist ein vertretbarer Aufwand beim Zugriff zu einzelnen Koeffizienten und eine Flexibilität bei der Veränderung der Verteilung der von Null verschiedenen Koeffizienten zu garantieren. Jede Speicherstrategie muß ein Kompromiß zwischen unterschiedlichen und sich teilweise widersprechenden Kriterien sein. Eine bekannte und breit einsetzbare Speicherungsmethode ist die Technik der verketteten Listen. Mit ihr werden die Nichtnullelemente der Matrix spalten- oder zeilenweise als Referenzkette gespeichert. Damit ist es mit relativ wenig Aufwand möglich, neue Elemente aufzunehmen bzw. existierende zu streichen. Zugriffszeit zu einzelnen Elementen und Speicherbedarf für die Gesamtmatrix sind günstig.

Algorithmen zur Lösung von Problemen mit s. M. sind i. allg. Modifikationen existierender Algorithmen für die allgemeinen Aufgaben. Das Ziel der Algorithmusmodifikationen besteht darin, die Existenz sehr vieler Nullen zur Einsparung von Operationsaufwand auszunutzen. Zentrales Problem der Modifikationen ist die Minimierung der Auffüllung, d. h. die weitestgehende Vermeidung der Entstehung neuer Nichtnullelemente. Die Aufwandsminimierung und die Erzielung höchster numerischer Stabilität können Widersprüche hervorrufen. Strategien müssen Kompromisse zwischen den Kriterien sein.

D. Richter

Literatur: Tewarson, R. P.: Sparse Matrices. New York, London: Academic Press 1973; Peters, F. J.: Sparse Matrices and Substructures. Amsterdam: North Holland Publ. Co. 1980; Hollatz, H.: Numerische Verfahren in Aktion, Band 1: Moduln für lineare Gleichungssysteme. Berlin: Akademie-Verlag 1980.

Speicher – Der deutsche Begriff Speicher umfaßt das Speichern, d. h. die Aufbewahrung oder Erhaltung, von Stoffen (Material), Energie und Information. Hier interessiert nur die Informationsspeicherung. Sie steht als Grundprozeß neben den beiden anderen: Übertragung und Verarbeitung von Informationen.

Dabei sollen aber betont die nichttechnischen Speicher ausgeklammert werden, obwohl gerade sie im Sinne der Kybernetik in mehrfacher Hinsicht interessant sind. Es seien hier nur die Gebiete der genetischen, neuronalen, immunbiologischen, hormonellen und kollektiven Speicherung erwähnt.

In der Technik unterscheidet man:

– klassische Speicher als Zusammenfassung der älteren Methoden auf Papier bzw. Film, also u. a. Fotografie, Buchdruck, Zeichnungen, Gemälde, Kinofilm usw.;
– Speicher für Fernsehsignale, also vor allem Videobandgeräte im Studio und im Heim, aber auch die Videoplatte;
– Speicher für auditive Signale, also insbesondere die Schallplatte und das Magnetband einschließlich seiner Form in Kassetten;
– Speicher für Meßdaten in analoger und digitaler Technik;
– Speicher der Rechentechnik

Die bisherigen Fakten weisen aus, daß der Speicher eine fundamentale Baugruppe und die Speicherung ein fundamentales Gebiet der Digitaltechnik sind, z. B. vollzog sich die größte Entwicklung der *Mikroelektronik* in den letzten Jahren bei den Speicherschaltkreisen. Die Speicherkapazität bestimmt wesentlich Preis und Leistungsfähigkeit aller EDVA.

So wurden insbesondere für die *Rechentechnik* eine Vielfalt von Speichern entwickelt, die nebeneinander, aber in bestimmter Abstufung zueinander eingesetzt werden. Zu nennen sind:

Kernspeicher, sie gelten heute als überholt, bildeten aber über mehr als zwei Jahrzehnte die Arbeitsspeicher der Rechentechnik;

Halbleiterspeicher sind die heutigen Arbeitsspeicher für alle Rechner, und zwar vom Mikro- bis zum Großrechner. Ihre Varianten sind:

- bipolare RAM, statische und dynamische RAM (alles Schreib-lese-Speicher);
- ROM als Festwertspeicher für unveränderliche Daten und Programme;
- PROM – programmiere ROM, die also schwierig zu beschreiben und schnell zu lesen sind. Sie existieren wiederum in einer größeren Palette, z. B. als vom Halbleiterhersteller durch Masken programmierbare, über UV löschbare und elektrisch veränderbare;

Magnetomotorische Speicher in den Varianten Magnetband, Magnetbandkassetten, Floppy-Disc, Fest- und Wechselplattenspeicher, Winchesterausführung des Festplattenspeichers und früher auch noch Magnettrommelspeicher.

Bei den sonstigen Typen hatten eine Zeitlang die Dünnschichtspeicher Bedeutung. Seit 20 Jahren gibt es Bubblespeicher, die bislang aber kein großes Einsatzgebiet fanden. Eine gewisse Zukunft besitzen die Tieftemperaturspeicher, insbesondere auf der Basis des JOSEPHSON-Effektes, und neuerdings wieder die magnetooptischen Speicher (s. a. Teil S–Z, S. 75ff).

H. VÖLZ

Literatur: VÖLZ, H.: Information I. Berlin: Akademie-Verlag 1982; VÖLZ, H.: Allgemeine Systematik und Grenzen der Speicherung. Technik, Berlin 34 (1979) 12; VÖLZ, H.: Elektronik. 4. Aufl. Berlin: Akademie-Verlag 1985; VÖLZ, H.: Zur Perspektive magnetomotorischer Speicher. J. Signal. AM, Berlin 7 (1981) 5.

Spektrum eines Signals – Synonym für die FOURIER-Transformierte

$$X(j\omega) = \int_{-\infty}^{\infty} x(t)\, e^{-j\omega t} dt$$

eines Signals $x(t)$; s. a. FOURIER-*Transformation* und *Zufallsprozeß, stationärer.*

K. REINSCHKE

Literatur: UNBEHAUEN, R.: Systemtheorie – eine Darstellung für Ingenieure. 3. Aufl. Berlin: Akademie-Verlag 1980.

Spezialprozessor – Rechen- und Verarbeitungseinheit mit problemangepaßter Architektur. Der Aufbau herkömmlicher Rechner wird durch das von J. v. NEUMANN eingeführte Prinzip des Zusammenwirkens des zentralen Rechenprozessors mit einem *Speicher* für *Daten* und *Programme* geprägt. Durch einen *Befehl* wird dabei jeweils eine Dateneinheit verarbeitet (Single Instruction – Single Data). Bei Aufaben mit intensiver Kommunikation zwischen dem Zentralprozessor und dem Speicher wird die Verbindungsstrecke zwischen diesen überlastet. Für spezielle Aufgabenklassen wie die numerische Lösung *partieller Differentialgleichungen* oder Faltungsoperationen der digitalen Signalverarbeitung sind alternative Architekturen entwickelt worden. Bei der Verarbeitung von Bildinformationen werden z. B. sogenannte *Pipelineprozessoren* eingesetzt. Dies sind hintereinandergeschaltete S., die von den zu verarbeitenden Daten ohne Vermittlung eines Speichers durchlaufen werden, wobei jeder Prozessor der Pipeline eine Teilaufgabe übernimmt.

Diese neuartigen Architekturprinzipien werden auch bei der Entwicklung von Hochleistungsrechnern eingesetzt. Durch die stark verbesserten Möglichkeiten des Schaltkreisentwurfes ist es relativ einfach, S. in größerer Stückzahl und mit kurzer Entwicklungszeit zur Verfügung zu stellen. Moderne S. sind programmierbar. Sie werden oft als sogenannte Coprozessoren eingesetzt und ersetzen den Zentralprozessor bei einer bestimmten Klasse von Aufgaben. Typisches Beispiel sind die sogenannten Arithmetikprozessoren, die die Grundrechenarten oder Standardfunktionsberechnungen mit höherer Genauigkeit und/oder Geschwindigkeit als der Zentralprozessor ausführen. Die Grenze zwischen S. und Universalprozessor ist daher fließend. S. a. *Spezialrechner; Bildvorverarbeitung.*

K. FRITZSCH

Spontanausfall – s. *Ausfall.*

Sprungausfall – s. *Ausfall.*

Stabilisierung – s. *Prozeßstabilisierung.*

Stabilitätsverhalten von Ökosystemen – s. *Systemökologie.*

Standardsoftware – *Software,* deren Anwendung zur Lösung ständig wiederkehrender Aufgaben vorgeschrieben oder üblich ist. Der Anwendungsbereich von Standardsoftware kann durch einen Rechnertyp, betriebliche Festlegungen oder vorgeschriebene Auswertungen bestimmt werden.

L. BLENCKE

Stelltechnik – Geräte und Verfahren zur Beeinflussung von Stoff- und Energieströmen, insbesondere in der Automatisierungstechnik. Die Geräte der S. werden häufig als Stelleinrichtungen bezeichnet. Sie bestehen aus dem Stellglied, dem Stellantrieb und Hilfseinrichtungen zur Signalwandlung und -verstärkung sowie zur Positionierung, Positionsmeldung und Verblockung des Stellgliedes.

Stellglieder greifen unmittelbar in den Stoff- bzw. Energiestrom ein, wofür meist Ventile, Hähne, Klappen, Schieber oder Strömungsleiteinrichtungen (Leitschaufeln), aber auch Dosierpumpen, Förderschnecken, Getriebe usw. eingesetzt werden. Hierbei erfolgt der Stelleingriff mittels mechanisch bewegter Bauteile. In Sonderfällen kommen Stellglieder ohne mechanisch bewegte Bauteile zum Einsatz, für Stoffströme z. B. Wirbeldrosseln oder Wandstrahlelemente (s. *Strahlelement*). Elektrische Energieströme werden verbraucherseitig mittels Schaltern, Stellwiderständen oder -transformatoren, Transistoren, Thyristoren usw. beeinflußt.

Stellantriebe haben die Aufgabe, in Abhängigkeit von einer Stellgröße bzw. einem Stellsignal am Stellglied definierte Stellwege und -geschwindigkeiten zu erzeugen. Dazu sind Stellkräfte und -leistungen erforderlich, die einer Hilfsenergiequelle entnommen werden. Je nach Hilfsenergieart wird im wesentlichen zwischen elektrischen, pneumatischen und hydraulischen Stellantrieben unterschieden. Elektrische Stellantriebe mit konventionellen Motoren benötigen meist Zwischengetriebe und sind relativ langsam, kompliziert und teuer. Eine wesentliche Verbesserung elektrischer Stellantriebe ist mit der Einführung z. B. von Scheibenläufer- und Schrittmotoren sowie von Thyristorsteuerungen verbunden. Pneumatische (Membran-)Stellantriebe sind mechanisch robust und einfach aufgebaut, explosionssicher sowie relativ schnell und billig. Sie sind deshalb in der Industrie weit verbreitet. Für große Kräfte, Hübe und Stellgeschwindigkeiten werden hydraulische (Kolben-)Stellantriebe eingesetzt. Bei Hilfsenergieausfall oder Havarien fahren pneumatische Stellantriebe das Stellglied i. allg. in eine (gefahrlose) Endlage, elektrische und hydraulische Stellantriebe verblocken dieses meist in der zuletzt eingenommenen Position. Unterscheiden sich die Hilfsenergiearten des Stellsignals und des Stellantriebs, müssen der Stelleinrichtung Signalwandler zugeordnet werden, wobei elektrisch-pneumatische und elektrisch-hydraulische Wandler dominieren. In den meisten Fällen ist auch eine Verstärkung des Stellsignals erforderlich.

Je nach Eingriff in den Prozeß wird zwischen binären, analogen und digitalen Stelleinrichtungen unterschieden. Während binäre Stelleinrichtungen nur die Stellungen „Auf“ und „Zu“, analoge Stelleinrichtungen aber auch jede Zwischenstellung einnehmen können, bestehen digitale Stelleinrichtungen aus mehreren parallel angesteuerten „Auf“-„Zu“-Stelleinrichtungen, deren Einfluß auf den Stoff- oder Energiestrom i. allg. binär abgestuft ist.

Je nach Typ der Stelleinrichtung werden als Stellsignale von den informationsverarbeitenden Einrichtungen (*Regler, Prozeßrechner*) meist binäre oder analoge Einheitssignale ausgegeben. Mit dem zunehmenden Einsatz der *Mikroelektronik* in Automatisierungssystemen sollen künftig in stärkerem Maße Regler- und Überwachungsfunktionen von *Mikrorechnern* übernommen werden, die sich direkt in den Stelleinrichtungen befinden (sog. intelligente Stelleinrichtungen). Diese sind untereinander sowie mit Meßeinrichtungen und Leitrechnern über Bus-Leitungen (s. *Bus*) verbunden. Die Kommunikation zwischen ihnen erfolgt über digitale, serielle Signale im Multiplexbetrieb. Voraussetzung für die Einführung solcher Stelleinrichtungen in die industrielle Praxis sind störsichere Bus-Systeme – z. B. auf der Basis von *Lichtleitern* – sowie mikroelektronische Einrichtungen, die auch unter prozeßnahen Bedingungen zuverlässig arbeiten.

Die Verfahren der S. beziehen sich auf die Realisierung eines definierten Zusammenhanges zwischen Stellweg des Stellgliedes und Änderung des Stellsignals einerseits sowie Änderung des Stoff- bzw. Energiestromes andererseits, d. h. auf die Einhaltung bestimmter Stellkennlinien (z. B. *Durchflußkennlinien*). Weiterhin muß ein bestimmtes Zeitverhalten der Stelleinrichtung eingehalten werden. Sowohl Stellkennlinie als auch Zeitverhalten sind von entscheidendem Einfluß auf die Wirksamkeit und Wirtschaftlichkeit von Stelleinrichtungen, insbesondere in Regelkreisen.

B. Hofmann

Literatur: Töpfer H., u. W. Kriesel: Funktionseinheiten der Automatisierungstechnik. Berlin: VEB Verlag Technik 1983; Junge H.-D.: ABC-Automatisierung. Leipzig: VEB Brockhaus Verlag 1975; Hengstenberg J., B. Sturm u. O. Winkler: Messen, Steuern und Regeln in der Chemischen Technik, Band 3. Berlin, Heidelberg, New York: Springer-Verlag 1981.

Steuerung ökonomischer Prozesse – zielgerichtete Beeinflussung von Reproduktionsprozessen im Maßstab von Betrieben und Kombinaten, von Wirtschaftszweigen, Territorien, nationalen Volkswirtschaften und internationalen Wirtschaftssystemen zur Erreichung und Überbietung geplanter Leistungen unter Einhaltung und Unterbietung vorgegebener Aufwände sowie zur Weiterentwicklung dieser Prozesse. Die Gestaltung günstiger Prozeßabläufe bedeutet, eine negative Prozeßentwicklung in eine positive umzukehren und eine positive Prozeßentwicklung in der Richtung zu verstärken, daß sie sich in positiver Weise möglichst weit von einer Sollvorgabe entfernt. Positive Abweichungen von vorgegebenen Sollvorgaben im Sinne der Übererfüllung von Leistungs-Kenngrößen (z. B. der Arbeitsproduktivität) oder der Untererfüllung von Aufwands-Kenngrößen (z. B. der Selbstkosten pro Erzeugniseinheit) sind daher – im Unterschied zu vielen Steuerprozessen im technischen und biologischen Bereich – nicht nur erwünscht, sondern zu fordern und zu stimulieren. Insofern weisen Modelle von Zielgebieten ökonomischer Prozesse eine nur einseitige Begrenzung auf.

Modelle der *ökonomischen Kybernetik* werden zur Lösung von zwei Grundaufgaben – der Gestaltung von Planungs- und Projektierungsprozessen und der Steuerung von Produktions- und anderen Leistungsprozessen – eingesetzt. Die erste Aufgabe wird gemäß

$$X' = T^{-1} \cdot Y'$$

durch Ermittlung der benötigten Prozeßvoraussetzungen X' durch einen retrospektiven Schluß von den vorgegebenen, zu erreichenden Prozeßergebnissen Y' über ein Prozeßmodell T^{-1} in Form der Inversen des aus Prozeßanalysen abgeleiteten Transformationsoperators T gelöst. Die Lösung der zweiten Aufgabe erfolgt prospektiv gemäß

$$Y = T \cdot X$$

durch Ermittlung der voraussichtlichen Prozeßergebnisse Y bei verfügbaren Prozeßvoraussetzungen X.

Ökonomische Prozesse sind durch Komplexität und Kompliziertheit, stochastischen Charakter, funktionelle und strukturelle Hierarchie, Transformation stofflicher, energetischer und informationeller Komponenten, Adaptions- und Entwicklungsfähigkeit sowie die Tätigkeit des bewußt handelnden Menschen gekennzeichnet. Sie können daher als *große Systeme* modelliert werden.

Die S.ö.P. erfolgt auf der Basis hierarchischer Steueralgorithmen (s. *Hierarchischer Steueralgorithmus*). Ihre Realisierung erfordert einerseits eine koordinierte Ziel- und Entscheidungshierarchie und andererseits ein hierarchisches Informations- und Steuerungssystem. Dabei ist es zur Sicherung einer hohen Effektivität ökonomischer Prozesse erforderlich, ein rationelles Verhältnis von Zentralisation und Dezentralisation der Steueraufgaben und der Steuermittel zu erreichen, die Übereinstimmung von Steuerverantwortung und verfügbaren Mitteln zur Wahrnehmung dieser Verantwortung zu sichern und die notwendige Information für die Steuerung ökonomischer Prozesse rechtzeitig, ausreichend und qualitätsgerecht bereitzustellen. In zunehmendem Maße werden daher Modelle und Methoden der Simulation, der Optimierung und der automatisierten Informationsverarbeitung für die Steuerung ökonomischer Prozesse verwendet. Ein in Entwicklung befindliches Forschungsgebiet von wachsender praktischer Bedeutung ist die Analyse, Synthese und Bewertung von Innovationsprozessen und Innovationsstrategien (s. *Innovation*); hierfür werden systemanalytische Verfahren eingesetzt.

H.-G. Lauenroth

Literatur: Lauenroth, H.-G., S. v. Känel, K.-J. Richter u. G. Schulze: Zur Lösung praktischer Steuerungsaufgaben in ökonomischen Prozessen unter Nutzung der Theorie großer Systeme. messen, steuern, regeln, Berlin **24** (1981) 3.

Steuerung von Ökosystemen – s. *Systemökologie.*

Strukturierte Objekte – s. *Datenstruktur.*

Strukturmatrizen – Modell des Aufbaus eines Systems durch Abbildung der Relationen zwischen den Systemelementen unter Verwendung der Matrizenschreibweise.

Ausgehend von der Systemdefinition $S=[M, R]$, besteht ein System S aus einer Elementmenge $M=\{E_1, E_2, ..., E_m\}$, wobei jedes Element $E_i \in M = [\boldsymbol{x}(t), T, \boldsymbol{y}(t)]$ durch einen Eingangsvektor $\boldsymbol{x}$, einen Transformationsoperator T als Modell seiner Funktionsweise und einen Ausgangsvektor $\boldsymbol{y}$ charakterisiert ist, und einer Relationsmenge $R=\{R_1, R_2, ..., R_n\}$ über der Elementmenge, die als Struktur bezeichnet wird. Diese Relationsmenge stellt das Kopplungsnetz des Systems dar; es kann in graphischer, tabellarischer und mathematischer Form dargestellt werden.

Für *große Systeme* eignet sich besonders die Matrizendarstellung. Eine Strukturmatrix für die Beziehungen der Elemente innerhalb eines Systems (interne Strukturmatrix $\boldsymbol{R}_{\text{int}}$)

$$\boldsymbol{R}_{\text{int}} = \begin{bmatrix} \boldsymbol{C}_{11} \boldsymbol{C}_{12} \ldots\ldots\ldots\ldots \boldsymbol{C}_{1m} \\ \boldsymbol{C}_{21} \boldsymbol{C}_{22} \ldots\ldots\ldots\ldots \boldsymbol{C}_{2m} \\ \ldots\ldots\ldots\ldots\ldots\ldots\ldots\ldots \\ \ldots\ldots\ldots\ldots\ldots\ldots\ldots\ldots \\ \boldsymbol{C}_{n1} \boldsymbol{C}_{n2} \ldots\ldots\ldots\ldots \boldsymbol{C}_{nm} \end{bmatrix}$$

besteht aus Kopplungsmatrizen $\boldsymbol{C}_{ij}$, deren 0/1-Belegung von dem Vorhandensein oder Nichtvorhandensein von Kopplungsbeziehungen zwischen den Elementen i und j bestimmt wird. So enthält ein elementares Produktionssystem (s. Abb.) z. B. technologisch bedingte Kopplungsbeziehungen zwischen den Elementen E_1 und E_2, E_1 und E_3, E_2 und E_3 sowie E_3 und E_1. Damit sind die Kopplungsmatrizen $\boldsymbol{C}_{12}^*$, $\boldsymbol{C}_{13}^*$, $\boldsymbol{C}_{23}^*$ und $\boldsymbol{C}_{31}^*$ belegte Matrizen (gekennzeichnet durch das Symbol $\boldsymbol{C}_{ij}^*$) und die Kopplungsmatrizen $\boldsymbol{C}_{11}$, $\boldsymbol{C}_{21}$, $\boldsymbol{C}_{22}$, $\boldsymbol{C}_{32}$ und $\boldsymbol{C}_{33}$ nichtbelegte Matrizen oder Null-Matrizen (gekennzeichnet durch das Symbol 0). Die allgemeine Form der internen Strukturmatrix dieses Systems erhält folglich die Gestalt:

$$\boldsymbol{R}_{\text{int}} = \begin{bmatrix} 0 & \boldsymbol{C}_{12}^* & \boldsymbol{C}_{13}^* \\ 0 & 0 & \boldsymbol{C}_{23}^* \\ \boldsymbol{C}_{31}^* & 0 & 0 \end{bmatrix}.$$

Werden die Eingangsgrößen jedes Elementes i mit $\boldsymbol{x}_1^{(i)}, \boldsymbol{x}_2^{(i)}, \ldots, \boldsymbol{x}_m^{(i)}$ und die Ausgangsgrößen mit $\boldsymbol{y}_1^{(i)}, \boldsymbol{y}_2^{(i)}, \ldots, \boldsymbol{y}_n^{(i)}$ bezeichnet, leiten sich für das System gemäß der Abb. die Kopplungsbeziehungen ab:

$$\boldsymbol{y}_1^{(1)} = \boldsymbol{x}_2^{(2)},\ \boldsymbol{y}_2^{(1)} = \boldsymbol{x}_3^{(2)},\ \boldsymbol{y}_3^{(1)} = \boldsymbol{x}_3^{(3)},$$

$$\boldsymbol{y}_2^{(2)} = \boldsymbol{x}_1^{(3)},\ \boldsymbol{y}_3^{(2)} = \boldsymbol{x}_2^{(3)},$$

$$\boldsymbol{y}_3^{(3)} = \boldsymbol{x}_3^{(1)}.$$

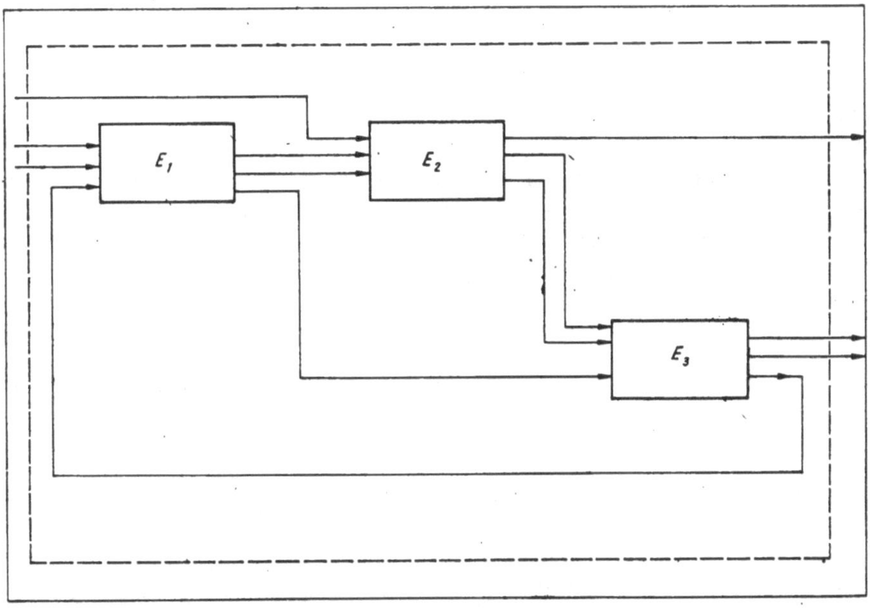

Struktur eines Produktionssystems mit den Elementen E_1 (mechanische Fertigung), E_2 (Aggregatmontage) und E_3 (Endmontage)

Daraus ergibt sich für die Belegung von $\boldsymbol{C}_{12}^*$ die Form

$$\boldsymbol{C}_{12}^* = \begin{matrix} & \boldsymbol{x}_1^{(2)} & \boldsymbol{x}_2^{(2)} & \boldsymbol{x}_3^{(2)} \\ \boldsymbol{y}_1^{(1)} & 0 & 1 & 0 \\ \boldsymbol{y}_2^{(1)} & 0 & 0 & 1 \\ \boldsymbol{y}_3^{(1)} & 0 & 0 & 0 \end{matrix}.$$

In analoger Weise erfolgt dies für die übrigen belegten Kopplungsmatrizen. Als Ergebnis folgt für $\boldsymbol{R}_{\text{int}}$:

$$\boldsymbol{R}_{\text{int}} = \begin{bmatrix} 0 & \begin{matrix} 0 & 1 & 0 \\ 0 & 0 & 1 \\ 0 & 0 & 0 \end{matrix} & \begin{matrix} 0 & 0 & 0 \\ 0 & 0 & 0 \\ 0 & 0 & 1 \end{matrix} \\ 0 & 0 & \begin{matrix} 0 & 0 & 0 \\ 1 & 0 & 0 \\ 0 & 1 & 0 \end{matrix} \\ \begin{matrix} 0 & 0 & 0 \\ 0 & 0 & 0 \\ 0 & 0 & 1 \end{matrix} & 0 & 0 \end{bmatrix}.$$

Auf diese Weise liegt ein eindeutiges und für eine rechentechnische Verarbeitung geeignetes internes Strukturmodell vor. Bei komplexen und hierarchisch strukturierten Systemen werden auch die Umwelt-Beziehungen und die System-Ebenen in die Matrizen aufgenommen; es entstehen Strukturmatrizen mit Kopplungsmatrizen $\boldsymbol{C}_{Ui}$ und $\boldsymbol{C}_{jU}$ sowie Strukturmatrizen höherer Ordnung. Letztere werden durch Vereinigung der Strukturmatrizen $\boldsymbol{R}_{\text{int}}$ gebildet; sie finden bei der Systemanalyse großer Systeme Verwendung.

H.-G. Lauenroth

Literatur: Lange, O.: Ganzheit und Entwicklung in kybernetischer Sicht. Berlin: Akademie-Verlag 1966; Lauenroth, H.-G., u. K. Böhm: Kybernetik in der industriellen Organisation. Berlin: VEB Verlag Technik 1979.

Strukturvariabilität von Ökosystemen – s. *Systemökologie*.

Superpositionsprinzip – Lineare Systeme mit Input und Output genügen einem linearen Superpositionsprinzip. Das bedeutet: Gibt man eine geeignete Linearkombination verschiedener Inputs in das betrachtete lineare System ein, so gibt das System eine Linearkombination der den einzelnen Inputs zugeordneten Outputs aus. Darüber hinaus kann man lineare Systeme durch ihre linearen Superpositionseigenschaften charakterisieren.

Die detailliertere Erläuterung des linearen Superpositionsprinzips erfolgt hier für den Fall *linearer Automaten* mit Initialzustand 0 und mit eindimensionalem In- und Output. Ein linearer Automat $\mathfrak{L}$ ist durch die Überführungsfunktion $\boldsymbol{z}(t+1) = \boldsymbol{A} \cdot \boldsymbol{z}(t) + \boldsymbol{B} \cdot \boldsymbol{x}(t)$ und die Ergebnisfunktion $\boldsymbol{y}(t) = \boldsymbol{C} \cdot \boldsymbol{z}(t) + \boldsymbol{D} \cdot \boldsymbol{x}(t)$ definiert.

$\boldsymbol{A}, \boldsymbol{B}, \boldsymbol{C}, \boldsymbol{D}$ sind Matrizen, $\boldsymbol{z}(t)$ ist der Zustandsvektor, $\boldsymbol{x}(t)$ und $\boldsymbol{y}(t)$ sind der eindimensionale Input und Output, t ist die direkte Zeit. Mit $\boldsymbol{z}(0)=0$ erhält man

$$\boldsymbol{y}(t) = \sum_{i=0}^{t} \boldsymbol{H}(t-i)\, \boldsymbol{x}(i) \text{ mit } \boldsymbol{H}(\tau) = \begin{cases} \boldsymbol{D} & \text{für } \tau=0 \\ \boldsymbol{C}\boldsymbol{A}^{\tau-1}\boldsymbol{B} & \text{für } \tau>0\,. \end{cases} \tag{1}$$

Bei Eingabe von $\boldsymbol{x}_1(0), \boldsymbol{x}_1(1), \boldsymbol{x}_1(2), \ldots$ gibt der Automat $\boldsymbol{y}_1(0), \boldsymbol{y}_1(1), \boldsymbol{y}_1(2), \ldots$ gemäß (1) aus. Bei Eingabe von $\boldsymbol{x}_2(0), \boldsymbol{x}_2(1), \boldsymbol{x}_2(2), \ldots$ gibt $\mathfrak{L}$ $\boldsymbol{y}_2(0), \boldsymbol{y}_2(1), \boldsymbol{y}_2(2), \ldots$ wieder gemäß (1) aus.
Bei Eingabe von $(\boldsymbol{x}_1(0)+\boldsymbol{x}_2(0)), (\boldsymbol{x}_1(1)+\boldsymbol{x}_2(1)), (\boldsymbol{x}_1(2)+\boldsymbol{x}_2(2)), \ldots$ gibt $\mathfrak{L}$ wegen

$$\sum_{i=0}^{t} \boldsymbol{H}(t-i)\,(\boldsymbol{x}_1(i)+\boldsymbol{x}_2(i)) = \sum_{i=0}^{t} \boldsymbol{H}(t-i)\,\boldsymbol{x}_1(i) + \sum_{i=0}^{t} \boldsymbol{H}(t-i)\boldsymbol{x}_2(i)$$

gerade $(\boldsymbol{y}_1(0)+\boldsymbol{y}_2(0)), (\boldsymbol{y}_1(1)+\boldsymbol{y}_2(1)), (\boldsymbol{y}_1(2)+\boldsymbol{y}_2(2)), \ldots$ aus.

Der Automat $\mathfrak{L}$ genügt bezüglich der Operation + oder der Funktion $F(\boldsymbol{x}, \boldsymbol{x}')=\boldsymbol{x}+\boldsymbol{x}'$ einem Superpositionsprinzip. Anschaulich bedeutet das, daß die beiden in Abb. a) dargestellten Schaltungen äquivalent sind.

Folgende Verallgemeinerungen des linearen Superpositionsprinzips werden untersucht:

1. Die Operation + wird durch ein Paar von Operationen $(\bigcirc, \triangledown)$ ersetzt. Dafür ergibt sich beispielsweise die mathematische Aufgabe, für vorgegebene Paare von Operationen $(\bigcirc, \triangledown)$ die Klasse der $(\bigcirc, \triangledown)$-superponierbaren Automaten zu charakterisieren. Anschaulich ist ein Automat $\mathfrak{A}$ $(\bigcirc, \triangledown)$-superponierbar, wenn die in Abb. b) dargestellten Schaltungen äquivalent sind. Sind $\bigcirc$ und $\triangledown$ assoziativ, kommutativ und besitzen sie ein Eins-Element, so sind genau die sog. $(\bigcirc, \triangledown)$-linearen Automaten $(\bigcirc, \triangledown)$-superponierbar.

2. Das Paar von Operationen $(\bigcirc, \triangle)$ ohne Gedächtnis wird durch ein Paar von Automaten $(\mathfrak{C}, \mathfrak{D})$ ersetzt. Dann gilt der wichtige Satz, daß es für jeden Automaten $\mathfrak{A}$ ein Paar von Automaten $\mathfrak{C}$ und $\mathfrak{D}$ gibt, so daß $\mathfrak{A}$ $(\mathfrak{C}, \mathfrak{D})$-superponierbar ist. Trivialfälle werden dabei ausgeschlossen. Anschaulich ist der Automat $\mathfrak{A}$ $(\mathfrak{C}, \mathfrak{D})$-superponierbar, wenn die in Abb. c) dargestellten Schaltungen äquivalent sind.

Die Bedeutung des angeführten Satzes liegt darin, daß man eine nichtlineare Systemtheorie als Theorie der nichtlinearen Superponierbarkeit entwickeln kann. Durch Spezialisierung der Automaten $\mathfrak{C}$ und $\mathfrak{D}$ erhält man spezielle Klassen nichtlinearer $(\mathfrak{C}, \mathfrak{D})$-superponierbarer Systeme und somit eine Klassifikation nichtlinearer Systeme, die keine Approximation verwendet. Probleme der Theorie sind z. B. die Beschreibung des Input-Output-Verhaltens nichtlinearer Systeme durch verallgemeinerte Impulsantworten, die Identifizierkarkeit von Systemklassen, strukturelle Beschreibungen. Weitere Verallgemeinerungen ergeben sich durch Ersetzung des Paares

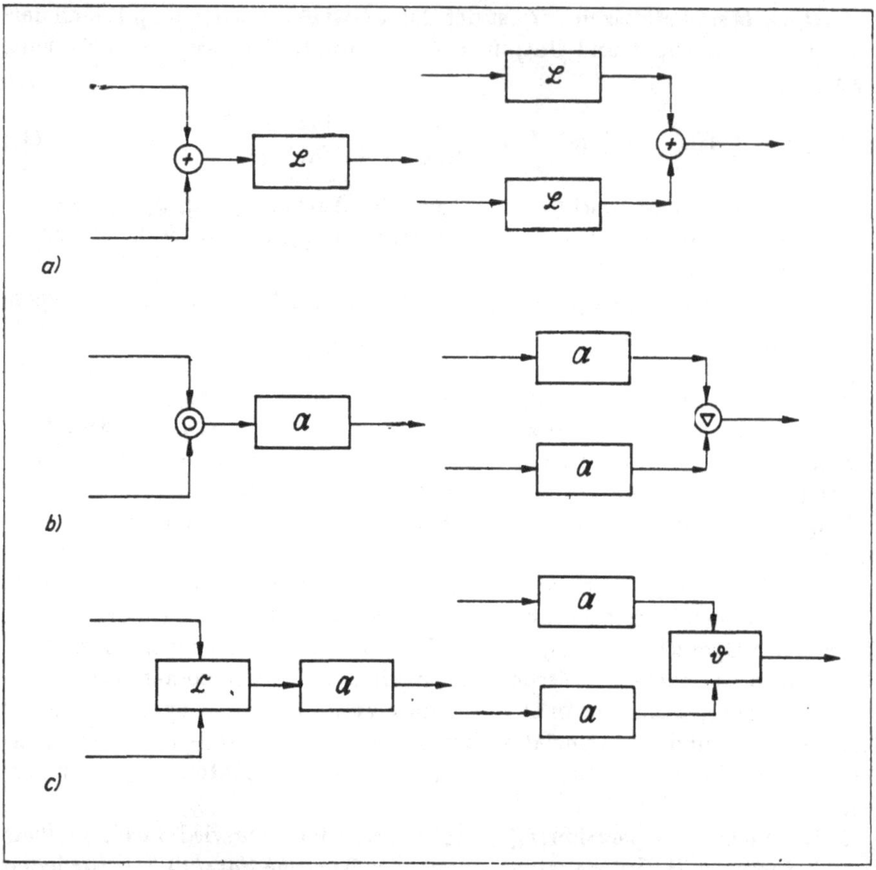

Zur Verdeutlichung des Superpositionsprinzips

(○; ▽) von Operationen durch Paare von Relationen (ϱ, τ). Für Differentialgleichungen wird die nichtlineare Überlagerung von Lösungen der Differentialgleichung zu neuen Lösungen untersucht. Ein bekanntes Beispiel ist die Riccati-Gleichung

$$y' = f(x) \cdot y^2 + g(x)y + h(x)\,.$$

Aus den bekannten Lösungen y_1, y_2, y_3 dieser Gleichung erhält man die allgemeine Lösung

$$y = F_C(y_1, y_2, y_3) = \frac{y_2(y_3 - y_2) - Cy_1(y_3 - y_1)}{y_3 - y_2 - C(y_3 - y_1)}\,,$$

wobei C eine beliebige Konstante ist. Die Funktion F_C heißt Verknüpfungsfunktion (connecting function). Allgemein definiert man:
Es sei $y = F(y_1, ..., y_m)$.
Dann heißt F Verknüpfungsfunktion m-ter Ordnung der Differentialgleichung

$$y^{(n)} = f(y^{(n-1)}, ..., y', y, x) , \quad (2)$$

wenn gilt:
$y_1, ..., y_m$ ist Lösung von $(2) \Rightarrow F(y_1, ..., y_m)$ ist Lösung von (2). Dabei ist y_i Lösung von (2), wenn gilt

$$y_i^{(n)} = f(y_i^{(n-1)}, ..., y_i', y_i, x) ,$$

wobei auf Rand- und Anfangsbedingung kein Bezug genommen wird. Die Definition einer Verknüpfungsfunktion für *partielle Differentialgleichungen* ist analog.

M. Gössel

Literatur: Gössel, M.: Non-linear Time-discrete Systems. Berlin: Akademie-Verlag 1982 u. Berlin, Heidelberg, New York: Springer-Verlag 1982; Gössel, M., u. R. Pöschel: Invariant relations for automata – a proposal. Elektron. Inform.-verarb. u. Kybernetik, Berlin **16** (1980) 4; Jones, S. E., a. W. F. Ames: Non-linear superposition. J. of Mathem. Analysis a. Applications, New York **17** (1967), 484–487; Kocic, V. L.: Theorems on non-linear superposition, p. III: Differential Equations. Beograd: Publ. Inst. Math. **25** (1979) 39; Stepanow, W. W.: Lehrbuch der Differentialgleichungen. Berlin: Dt. Verlag d. Wiss. 1967; Wunsch, G.: Moderne Systemtheorie. Eine Einführung in die Grundlagen. Leipzig: Geest & Portig 1962.

Systemanalyse, Prinzipien – Grundsätze für die Analyse, Synthese und Bewertung *großer Systeme* (insbesondere industrieller Systeme) mit dem Ziel ihrer effektiven Gestaltung.

Zu diesen Prinzipien zählen die Einheit von technischen, ökonomischen und soziologischen Untersuchungen, die Verbindung von Analyse und Synthese, die Komplexität von Makro- und Mikrobetrachtung, der Zusammenhang von Steuer- und Informationsprozeß, die Verflechtung von Verhaltens-, Funktions- und Strukturmodellen sowie die Integration von Modellierung, Optimierung und Automatisierung. Ihre schöpferische Umsetzung in der praktischen Nutzung kybernetischer Instrumentarien bildet eine wesentliche Voraussetzung für die Effektivität systemanalytischer Arbeiten. Dies gilt gleichermaßen für die Berücksichtigung der Aktivitäten des bewußt handelnden Menschen in großen Systemen, die aktive, verändernde Funktion von Systemuntersuchungen, die Einbeziehung der System-Umwelt-Beziehungen, die Gestaltung von Informationsprozessen nach den Erfordernissen der Steuerung, die Verbindung von Ablauf- und Aufbauorganisation untereinander einerseits und zur Strategienbildung andererseits sowie die Orientierung auf eine möglichst optimal automatisierte Gestaltung von Steuerprozessen in großen Systemen. Insofern bilden die Prinzipien der Systemanalyse zugleich eine methodologische Basis für die praktische Untersuchung großer Systeme.

H.-G. LAUENROTH

Literatur: LAUENROTH, H.-G.: Prinzipien und Methoden der ökonomisch-kybernetischen Systemanalyse. Halle: Martin-Luther-Univ. 1981.

Systemanalyse von Innovationsprozessen – Methodologie und Methoden zur Untersuchung von Eigenschaften, Gesetzmäßigkeiten, Dynamik und Steuerung der Entwicklung, Nutzung und Ausbreitung wissenschaftlich-technischer Neuerungen oder *Innovationen* mit dem Ziel der Ableitung und Bewertung von Innovationsstrategien. Innovationsprozesse sind komplexe und komplizierte Prozesse, die Zufalls- und Risikoeinflüssen unterliegen, adaptions- und entwicklungsfähig sind und zur Kategorie schwachstrukturierter Prozesse zählen. Sie können somit als *große Systeme* behandelt und unter Verwendung des systemanalytischen Instrumentariums erforscht werden.

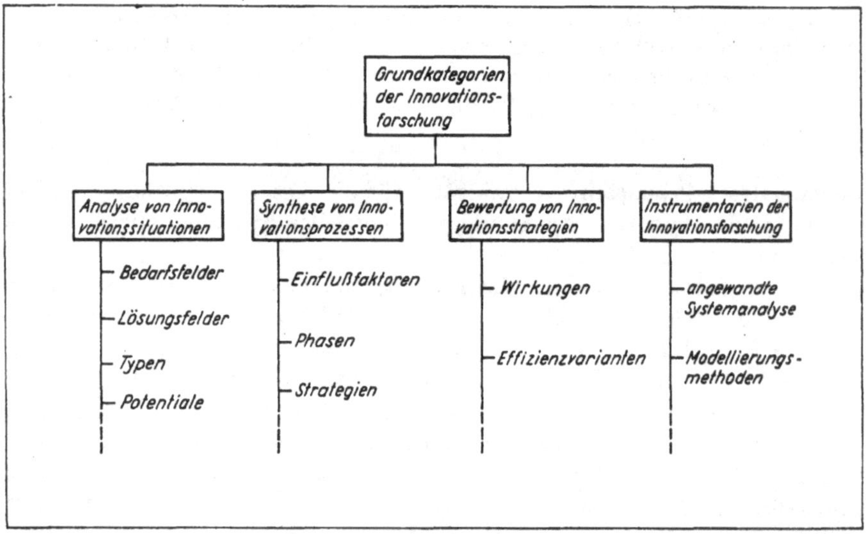

Abb. 1
Grundkategorien der Innovationsforschung

Die inhaltliche Aufgabenstellung der S.v.I. umfaßt (s. Abb. 1) drei Aufgabenklassen: die Analyse von Innovationssituationen, die Synthese von Innovationsprozessen und die Bewertung von Innovationsstrategien.

Die Analyse von Innovationssituationen bezieht sich auf die Ermittlung der Bedarfsfelder für Produkt- und Prozeßinnovationen, die Identifizierung der wissenschaftlich-technischen Lösungsfelder (*Mikroelektronik, flexible Automatisierung,* moderne Biotechnologien, neue Werkstoffe, Energieressourcen usw.), auf die Bestimmung der Innovationstypen Basis-, Verbesserungs- und Pseudeinnovationen sowie auf die Berechnung der Größenordnung, der Ist-Nutzung und der möglichen Nutzung des Innovationspotentials.

Dies bildet die Basis für die Synthese von Innovationsprozessen. Hierzu zählen die Erfassung der für die betreffende Innovation relevanten wissenschaftlichen, technischen, technologischen, ökonomischen, organisatorischen und sozialen Faktoren, die Festlegung des zeitlichen Ablaufs der Innovationsphasen Einführung, Wachstum, Reife, Saturation und Alterung von neuen Produkten und Technologien sowie die Ableitung von Innovationsstrategien in den Varianten Offensiv-, Nutzungs-, Übernahme-, Reaktions-, Traditions- und Nischen-Strategie (s. *Innovationsstrategien*).

Die dritte Aufgabenklasse der S.v.I. beinhaltet die Bewertung von Innovationsstrategien durch die Ermittlung von Primär-, Sekundär- und Tertiärwirkungen sowie die Berechnung der dynamischen und relativen Effizienz von Strategievarianten (s. *Innovationsprozesse, Effektivität*).

Das Instrumentarium der S.v.I. umfaßt wesentliche Prinzipien, die Methodologie und die Methoden zur Untersuchung und Projektierung dieser Prozesse. Zu den Prinzipien gehören die Einheit von wissenschaftlich-technischen, ökonomischen und soziologischen Untersuchungen, die Verbindung von Analyse und Synthese, die Komplexität von Makro- und Mikrobetrachtung, der Zusammenhang von Steuer- und Informationsprozeß, die Verflechtung von Verhaltens-, Funktions- und Strukturmodellen sowie die Integration von Modellierung, Optimierung und Automatisierung (s. *Systemanalyse, Prinzipien*). Die Art und Weise des Herangehens an die S.v.I. ist in einem heuristischen *Algorithmus* nach Abb. 2 zusammengefaßt. Das Spektrum der verwendbaren Methoden ergibt sich aus den inhaltlichen Anforderungen an die Systemanalyse; es gliedert sich in Analyse-, Synthese-, Simulations- und Bewertungsmethoden und -modelle. Die Entwicklung auf diesem Gebiet ist durch den Einsatz alternativer Instrumentarien, Integration kompatibler Methoden und Modelle sowie die Nutzung entscheidungsvorbereitender Systeme (s. Abb. 3) charakterisiert.

H.-G. Lauenroth

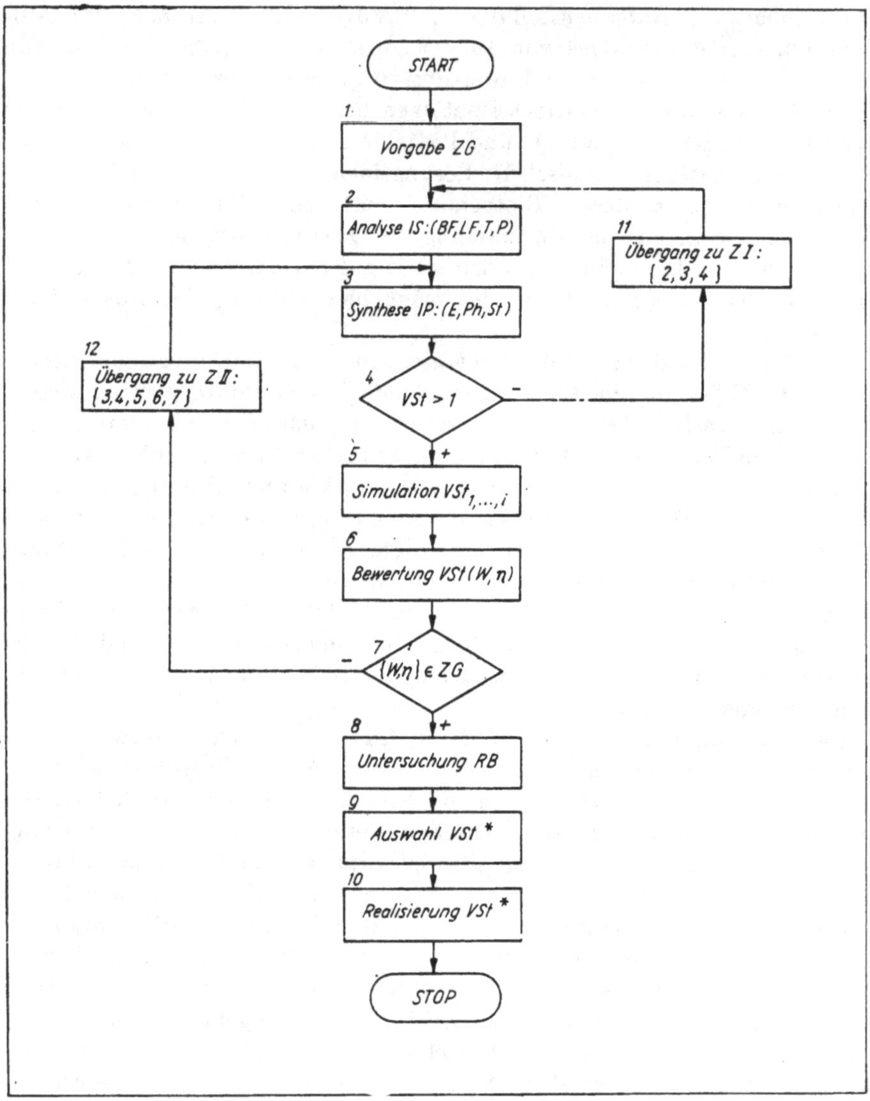
START
1
Vorgabe ZG
2
Analyse IS: (BF, LF, T, P)
3
Synthese IP: (E, Ph, St)
4
VSt > 1
–
+
5
Simulation VSt 1,...,i
6
Bewertung VSt (W, η)
7
{W,η} ∈ ZG
–
+
8
Untersuchung RB
9
Auswahl VSt *
10
Realisierung VSt *
STOP
11
Übergang zu Z I:
{2, 3, 4}
12
Übergang zu Z II:
{3, 4, 5, 6, 7}

Abb. 2 (s. S. 281)

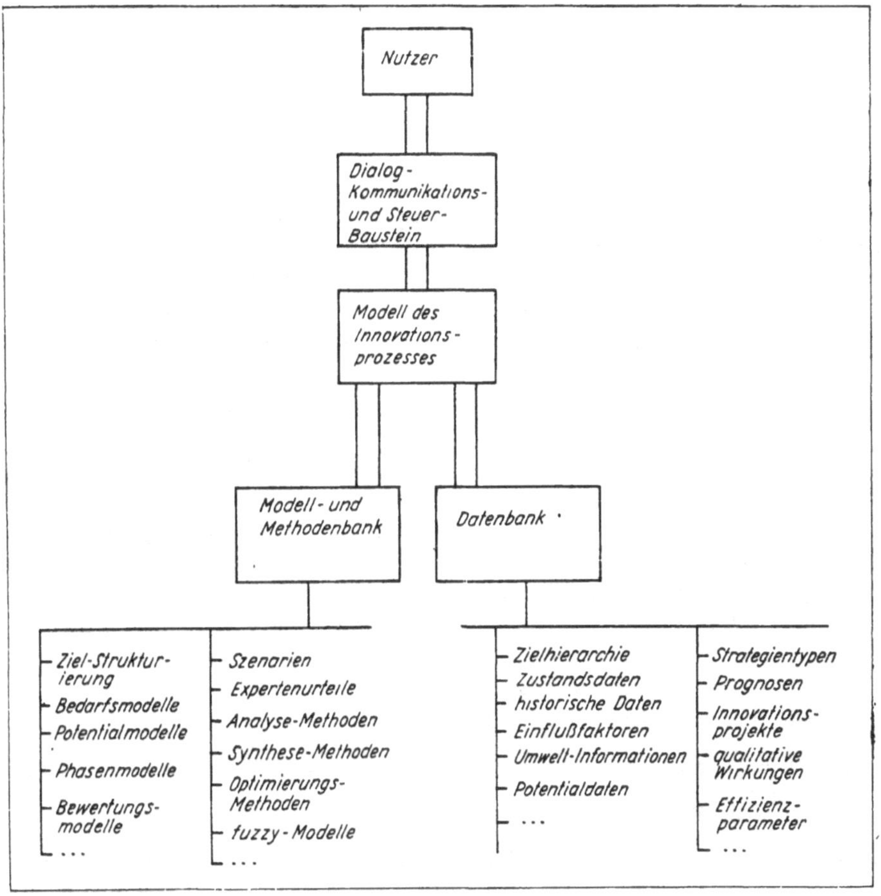

Abb. 3
Konzept des rechnergestützten Entscheidungsmodells für die Innovations-strategien-Auswahl REMISA

Abb. 2 (zu S. 280)
Heuristischer Algorithmus der Systemanalyse von Innovationsprozessen

ZG – Zielgebiet	E – Einflußfaktoren
IS – Innovationssituation	St – Strategien
BF – Bedarfsfeld	W – Wirkungen
LF – Lösungsfeld	η – relative Effizienz
T – Innovationstypen	RB – Realisierungsbedingungen
P – Potentiale	$VSt_{1,\ldots,i}$ – Strategievarianten 1, ..., i
IP – Innovationsprozeß	VSt* – günstigste realisierbare Strategievariante
Ph – Innovationsphasen	ZI, ZII – Zyklen I und II

Literatur: MAIER, H., a. J. ROBINSON: Innovation Policy and Company Strategy. Laxenburg/Austria: IIASA Coll. Proc. Series CP-82, 1982; LAUENROTH, H.-G., u. M. WEBER: Inhalt, Prinzipien und Methoden der Systemanalyse von Innovationsprozessen. messen. steuern. regeln, Berlin **26** (1983) 10 u. **26** (1983) 11.

Systemdynamische Modellierung – Methode der Modellbildung auf der Grundlage der theoretischen Systemanalyse und der Theorie dynamischer Systeme, von J. W. FORRESTER begründet und erfolgreich insbesondere zur Modellierung sozialökonomischer Systeme (z. B. Weltmodell) angewendet. Bei der Modellierung erwies es sich als zweckmäßig, die Systemgrößen in Zustands- und Flußgrößen zu klassifizieren. Als Flußgrößen werden alle jene Größen bezeichnet, für die keine Augenblickswerte beobachtbar sind und die für ein bestimmtes Zeitintervall erklärt werden müssen. Nützlich ist, die Flußgrößen weiter aufzuteilen in Eingangs-, Ausgangs- und innere Flüsse, d. h. Flüsse aus der Umgebung in das System, vom System in die Umgebung und Flüsse zwischen den Systemelementen.

Für statische Systeme ist die Zuordnung der Ausgangsgrößen $\boldsymbol{y}$ zu den gegebenen Eingangsgrößen $\boldsymbol{u}$ eindeutig und kann durch eine Funktion $\boldsymbol{y}=f(\boldsymbol{u})$ abgebildet werden. Für dynamische Systeme läßt sich zu gegebenen Eingangsgrößen $\boldsymbol{u}$ der entsprechende Systemausgang $\boldsymbol{y}$ eindeutig ermitteln, wenn zusätzlich der aktuelle Zustand $\boldsymbol{x}$ des Systems bekannt ist. In allgemeiner Form läßt sich das erhaltene Modell dynamischer Systeme in Form von Zustandsgleichungen angeben:

$$D\boldsymbol{x}=f(\boldsymbol{x}, \boldsymbol{u}, \boldsymbol{s}) ,$$
$$\boldsymbol{y}=g(\boldsymbol{x}, \boldsymbol{u}, \boldsymbol{s}) ,$$

wobei D – Differential- oder Differenzenoperator, $\boldsymbol{x} \in R^p$ – Zustandsvektor, $\boldsymbol{u} \in R^m$ – Eingangsvektor $\boldsymbol{s} \in R^q$ – Störvektor und $\boldsymbol{y} \in R^r$ – Ausgangsvektor bedeuten. Als *Zustandsgrößen* werden alle jene Größen bezeichnet, für die Augenblickswerte beobachtet werden können. Sie sind für jeden beliebigen Zeitpunkt erklärt und beschreiben in ihrer Gesamtheit den Zustand, in dem sich das System gerade befindet. Der Grundgedanke der dynamischen Modellierung besteht nun darin, daß man davon ausgeht, daß die Zustandsänderungen durch Flüsse hervorgerufen werden und man dementsprechend versucht, die Zustandsänderungen in Abhängigkeit von den sie hervorrufenden Flüssen zu modellieren. Dabei erfolgt die Modellierung diskontinuierlich, d. h., alle Systemgrößen werden periodenbezogen als Folgen über der Menge der Perioden definiert. Im weiteren wird der Zustandsraum X in disjunkte Gebiete $\Delta X_i \subset X = \bigcup_{i=1}^{q} \Delta X_i$ aufgeteilt. Die Entscheidung über den weiteren Verlauf der *Trajektorie* ist davon abhängig, in welchem Gebiet der erreichte Zustand $\boldsymbol{x} \in \Delta X_i$ liegt.

Systembildung: Entsprechend einem gegebenen Untersuchungsziel werden die Grenzen des zu untersuchenden Systems abgesteckt. Den für die Lösung der Aufgabe wesentlichen Elementen werden Zustandsgrößen zugeordnet, die das Verhalten der Elemente oder wesentliche Eigenschaften zum Ausdruck bringen. Zwischen den Elementen existieren Kopplungen (materielle, finanzielle, informationelle Ströme u. a.), die durch Flußgrößen zu modellieren sind. Dementsprechend ergeben sich unterschiedliche Netzwerke, wobei die Knoten des Netzwerkes den Zustandsgrößen zugeordnet werden, während die Kanten die Flußgrößen abbilden, die die Zustandsgrößen miteinander verbinden. Das System läßt sich damit darstellen als eine Menge von in ihrer Qualität sehr unterschiedlichen Netzwerken. Es wird angenommen, daß das System so in Elemente e_k $(k=1, 2, \ldots)$ zerlegbar ist, daß jedem Element eine Zustandsgröße x_k $(k=1, 2, \ldots)$ zugeordnet werden kann. Flüsse zwischen den Elementen e_i und e_j werden mit f_{ij} bezeichnet, zwischen Element e_i und der Umwelt (Element e_0) mit f_{0i} (Eingangsgröße) bzw. f_{i0} (Ausgangsgröße). Dabei kann man voraussetzen, daß zwischen zwei verschiedenen Elementen e_i und e_j $(i \neq j)$ in einer Richtung maximal eine Beziehung f_{ij} besteht.

Die Intensität eines Flusses zwischen zwei Zustandsgrößen wird durch Entscheidungsfunktionen bestimmt. Bestandteil des algorithmischen Modells sind Zustandsgleichungen für alle Zustandsgrößen und Entscheidungsfunktionen, die aus den Bestimmungsgleichungen für die Flußgrößen im entsprechenden Intervall bestehen.

Zustandsgleichungen: Der algorithmischen Modellierung liegt eine Modellierung mit diskreter Zeit zugrunde; das Zeitintervall wird in Teilintervalle p_t der Länge h_t eingeteilt. Dabei sind $x_i(T_t)$ der Wert der Zustandsgröße x_i des Elements i am Anfang der Periode p_t bzw. Ende der Periode p_{t-1}, $f_{ij}(T_t, h_t)$ der auf die Periode p_t bezogene Wert der Flußgröße f_{ij}, $z_i(T_t, h_t)$ die während der Periode p_t erfolgte Erhöhung der Zustandsgröße x_i durch Zufluß und $a_i(T_t, h_t)$ die während der Periode p_t erfolgte Verringerung der Zustandsgröße x_i durch Abfluß. Offensichtlich gilt folgende Zustandsgleichung:

$$x_i(T_t+h_t)=x_i(T_t)+z_i(T_t, h_t)-a_i(T_t, h_t)\,.$$

Dabei kann sowohl der Zufluß $z_i(T_t, h_t)$ als auch der Abfluß $a_i(T_t, h_t)$ von den Zuflüssen bzw. Abflüssen in den vorangegangenen Perioden sowie der Folge der Zustandsgrößen abhängen. Im weiteren wird folgende Annahme getroffen:

$$x_i(T_t+h_t)=x_i(T_t)+\sum_{j\in N_1^i} f_{ji}(T_t, h_t)-\sum_{j\in N_2^i} f_{ij}(T_t, h_t)\,.$$

Die Kopplung der Elemente wird mit Hilfe der in den Zustandsgleichungen enthaltenen Indexmengen N_1^i und N_2^i angegeben, wobei N_1^i die Indexmenge der unmittelbaren Vorläufer der i-ten Zustandsgröße und N_2^i die Indexmenge der unmittelbaren Nachläufer der i-ten Zustandsgröße bedeuten. Jeder Zustandsgröße x_i ist damit eine entsprechende Indexmenge N_1^i und N_2^i der unmittelbaren Vor- und Nachläufer zugeordnet.

Entscheidungsfunktionen: Mit Hilfe der Entscheidungsfunktionen ergeben sich die Flußgrößen $f_{ij}(T_t, h_t)$ im Intervall p_t. Die Entscheidungsfunktionen widerspiegeln die Gesetzmäßigkeiten des modellierten Prozesses und die Zielstellung des Menschen. In Abhängigkeit von der Formalisierbarkeit der Steuerung der Flußgrößen mittels der Entscheidungsfunktionen ergeben sich zwei Möglichkeiten der Entscheidungsfindung: 1. Die Bestimmung der Flußgrößen erfolgt automatisch durch den Rechner auf der Grundlage der vorhandenen Informationen über die Zustandsgrößen des Systems. 2. Die Entscheidungsfunktion wird u. a. in Abhängigkeit von den Informationen über die Zustandsgrößen und entsprechend vorhandener Erfahrungswerte von Menschen bestimmt. Letztere Modelle dienen der unmittelbaren *Mensch-Maschine-Kommunikation.*

J. A. Müller

Literatur: Forrester, J. W.: Industrial Dynamics. New York: John Wiley & Sons 1961; Iwachnenko, A. G., u. J. A. Müller: Selbstorganisation von Vorhersagemodellen. Berlin: VEB Verlag Technik 1984.

Systemklassifikation – Einteilung der allgemeinen Systeme (s. *Systemtheorie, allgemeine*) $S=(X, S)$, $X=(X_i)_{i\in I}$, $S \subset \times_{i\in I} X_i$ nach strukturellen oder anwendungsorientierten Gesichtspunkten, z. B. nach den allgemeinen Eigenschaften der Relation S, den *Kardinalzahlen* (card) der Trägermengen (Alphabete) X_i bzw. der Indexmenge I oder den auf den X_i gegebenen algebraisch-topologischen Strukturen. Für naturwissenschaftlich-technische Anwendungen sind die allgemeinen Zeitsysteme $\mathbf{S}=(\mathbf{X}, \mathbf{X}, \mathbf{S}, T, \leqq)$ von besonderer Wichtigkeit. Hierbei handelt es sich um spezielle allgemeine Systeme $(\mathbf{X}, \mathbf{S})$, $\mathbf{X}=(\mathbf{X}_i)_{i\in I}$, $\mathbf{S}\subset \times_{i\in I} \mathbf{X}_i$, deren Trägermengen durch Prozesse $\mathbf{X}_i \subset X_i^T$ mit den Prozeßrealisierungen $\boldsymbol{z}=(\boldsymbol{x}_1, \boldsymbol{x}_2)$, $\boldsymbol{x}_i$: $T \to X_i$, $\boldsymbol{x}_i(t)=x_i$ über der Zeitmenge T mit der Linearordnung $\leqq$ gebildet werden (s. *Relation*). Folgende spezielle Klassen allgemeiner Zeitsysteme seien besonders erwähnt:

a) Autonome Systeme (Prozesse, card $I=1$) und Input-output-Systeme (card $I=2$).

b) Felder: card $I=1$, $X=\bar{X}_1 \subset A^{R^n}$ (R^n: Raum des Feldes $\bar{\boldsymbol{x}}_1 \in X_1$, $\bar{\boldsymbol{x}}_1$: $R^n \to A$, $\bar{\boldsymbol{x}}_1(r_1, \ldots, r_n)=a \in A$, $r_i \in R$.

c) Stochastische Prozesse: card $I=1$, und die Relation $\boldsymbol{S}$ erhält die Struktur eines Wahrscheinlichkeitsraumes $(\boldsymbol{S}, \mathfrak{F}, \boldsymbol{P})$ (s. *Wahrscheinlichkeitstheorie*).

Bemerkt sei noch, daß Verallgemeinerungen des allgemeinen (Zeit-) Systems nötig sein können, z. B. der Übergang von der Relation $\boldsymbol{S}$ zur Relationenfamilie $(\boldsymbol{S}_t)_{t\in T}$ oder die Ersetzung von Funktionen $\boldsymbol{x}: T \to X$ durch funktionale Relationen.

Besonders weit ausgebaut ist die Theorie der autonomen und Input-output-Systeme. Hierbei spielt die Strukturierung der Relation $\boldsymbol{S}$ durch Überdeckungen mit Zustandsmengen $Z\subset \boldsymbol{S}$ (Zustandsparametrisierung, Zustandsbeschreibung von $\boldsymbol{S}$) eine fundamentale Rolle. Man nennt genauer $\boldsymbol{S}=(X, \boldsymbol{X}, Z, P, T, \leqq)$ eine Zustandsbeschreibung des Input-output-Systems $(X, \boldsymbol{X}, \boldsymbol{S}, T, \leqq)$, wenn eine Abbildung $\boldsymbol{P}: T\times Z \to P(\boldsymbol{S})$, $P(t, z)=Z\subset \boldsymbol{S}$, von $T\times Z$ in die Potenzmenge $P(\boldsymbol{S})$ von $\boldsymbol{S}$ definiert ist, so daß für alle $t\in T$ die Vereinigung aller $p(t, z)=Z$ eine Überdeckung von $\boldsymbol{S}$ darstellt (Abb. 1):

$$\bigwedge_{t\in T} \bigcup_{z\in Z} p(t, z)=\boldsymbol{S} . \tag{1}$$

Bei der Einteilung der allgemeinen Zeitsysteme nach den Eigenschaften der Relation $\boldsymbol{S}$ haben Zustandsbeschreibungen eine besondere Bedeutung, die gleichzeitig dynamisch und nichtantizipativ sind. Eine wichtige dynamische Zustandsbeschreibung ist z. B. die natürliche Zustandsbeschreibung, bei

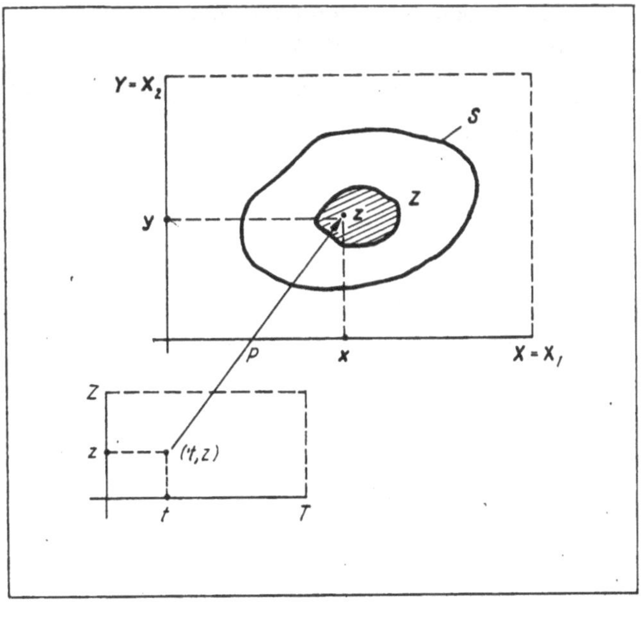

Abb. 1
Überdeckung einer Relation $\boldsymbol{S}\subset \boldsymbol{X}\times \boldsymbol{Y}$ durch Zustandsmessungen $p(t, z)=Z$

der die Elemente $\boldsymbol{z}=(\boldsymbol{x}, \boldsymbol{y})$ $(\boldsymbol{x}=\boldsymbol{x}_1, \boldsymbol{y}=\boldsymbol{x}_2)$ der Zustandsmengen Z durch Erscheinungen

$$p(t, z)=\boldsymbol{z} \underset{t}{<} \boldsymbol{S}=\{\boldsymbol{z}' \mid \boldsymbol{z}' \wedge \in \boldsymbol{S}\ \boldsymbol{z}' \mid T^t=\boldsymbol{z} \mid T^t\} \tag{2}$$

gebildet werden, wobei $\boldsymbol{z} \mid T^t$ die Einschränkung von $\boldsymbol{z}$ auf die Zeitmenge $\{t' \mid t' \in T \wedge t' \leqq t\}$ bezeichnet. Ist diese Zustandsbeschreibung (oder eine

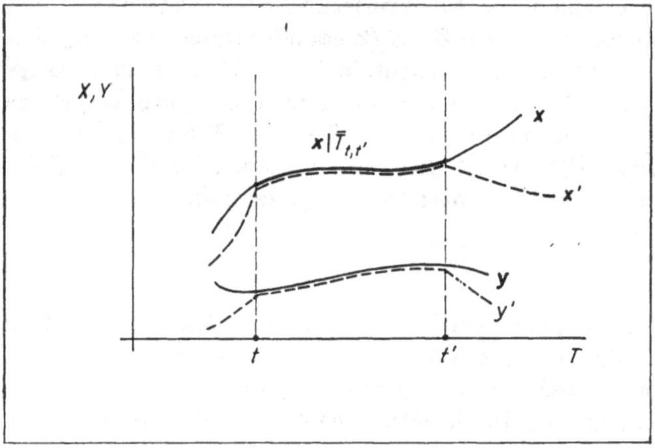

Abb. 2
Beziehungen zwischen Input $\boldsymbol{x}$ und Output $\boldsymbol{y}$ bei einem nichtantizipativen (kausalen) System

andere dynamische Zustandsbeschreibung) außerdem nichtantizipativ (nicht vorgreifend), gilt auch für alle $t' \geqq t$ und alle $\boldsymbol{z}, \boldsymbol{z}'$ (Abb. 2)

$$(\boldsymbol{z}, \boldsymbol{z}') \in p(t, z) \wedge \boldsymbol{x} \mid \overline{T}_{t,t'}=\boldsymbol{x}' \mid T_{t,t'} \Rightarrow \boldsymbol{y}(t')=\boldsymbol{y}'(t')\,, \tag{3}$$

so lassen sich zwei funktionale Relationen, die Überführungsrelation

$$F : D_F \subset (T \times T \times Z \times \boldsymbol{X}) \times Z \tag{4a}$$

und die Ergebnisfunktion

$$g: T \times Z \times X \to Y \tag{4b}$$

definieren, für die (in funktionaler Schreibweise) gilt:

I) Für alle $(t', t, z, \boldsymbol{x})$, $(t', t, z, \boldsymbol{x}')$ aus dem Definitionsbereich D_F von F ist

a) $F(t', t, z, \boldsymbol{x})=\boldsymbol{z}$, (5a)

b) $\bigwedge\limits_{t \leqq \tau \leqq t'} F(t', t, z, \boldsymbol{x})=F(t', \tau, F(\tau, t, z, \boldsymbol{x}), \boldsymbol{x})$,

c) $\boldsymbol{x} \mid T_{t,t'}=\boldsymbol{x}' \mid T_{t,t'} \Rightarrow F(t', t, z, \boldsymbol{x})=F(t', t, z, \boldsymbol{x}')$.

II) Es gibt ein $\boldsymbol{y} \in \boldsymbol{Y}$, so daß für alle $(t', t, z, \boldsymbol{x}) \in D_F$

$$g(t', F(t', t, z, \boldsymbol{x}), \boldsymbol{x}(t'))=\boldsymbol{y}(t') \tag{5b}$$

gilt. Die Beziehungen (5) heißen Zustandsgleichungen (Zustandsdarstellung) des zugehörigen Zeitsystems $\boldsymbol{S}$, das man auch genauer als dynamisches System

$$\boldsymbol{S}_{\mathrm{d}}=(X, Y, Z, \boldsymbol{X}, \boldsymbol{Y}, F, g, T, \leqq) \tag{6}$$

bezeichnet. Die Input-output-Relation $\boldsymbol{S}$ des dargestellten Zeitsystems $\boldsymbol{S}=(X, Y, \boldsymbol{X}, \boldsymbol{Y}, S, T, \leqq)$ errechnet sich aus

$$\boldsymbol{y}=g(\cdot, F(\cdot, t, z, \boldsymbol{x}), \boldsymbol{x}(\cdot))=H(t, z, \boldsymbol{x}), \tag{7a}$$

$$(\boldsymbol{x}, \boldsymbol{y}) \in \boldsymbol{S} \Leftrightarrow \bigvee_t \bigvee_z \boldsymbol{y} \mid T_t=H(t, z, \boldsymbol{x}). \tag{7b}$$

In den Anwendungen sind verschiedene Spezialfälle des dynamischen Systems $\boldsymbol{S}_{\mathrm{d}}$ von Bedeutung, die man erhält, wenn man in (6) zu spezielleren Trägermengen oder Relationen übergeht, wobei natürlich die Berücksichtigung der Eigenschaften realer und angewandter Systeme eine bestimmende Orientierung gibt. Einige solcher Klassen dynamischer Systeme seien noch genauer angegeben:

a) Zeitinvariantes System $\boldsymbol{S}_{\mathrm{d}}$: Hier muß insbesondere gelten:

1) T ist Träger eines Monoids (oder einer *Gruppe*): $T=(T, +, \leqq)$.

2) F und g sind invariant gegenüber einer Zeittranslation:

$$\bigwedge_\tau F(t', t, z, \boldsymbol{x})=F(t'+\tau, t+\tau, z, T^\tau(\boldsymbol{x})). \tag{8}$$

Dabei ist T^τ definiert durch $T^\tau(\boldsymbol{x})\,(t+\tau)=\boldsymbol{x}(t)$.

b) Diskretes System $\boldsymbol{S}_{\mathrm{d}}$: T ist ordnungsisomorph zur Menge $\mathbb{Z}$ der ganzen Zahlen bzw. Menge $\mathbb{N}$ der natürlichen Zahlen. Bei diskreten Systemen ist die Überführungsfunktion F bereits durch die erzeugende (lokale) Überführungsfunktion $f: D_f \subset (T \times Z \times X) \times Z$ definiert:

$$F(t+1, t, z, \boldsymbol{x})=f(t, z, \boldsymbol{x}(t))=z' \quad (t \in \mathbb{Z}). \tag{9}$$

Zeitinvariante und diskrete dynamische Systeme werden auch als (partieller) *Automat* bezeichnet, insbesondere dann, wenn $T=(\mathbb{N}, +, \leqq)$ und die Kardinalzahlen von X, Y (und Z) endlich sind.

c) Lineares System $\boldsymbol{S}_{\mathrm{d}}$: Insbesondere gilt hier:

1) X, Y und Z sind Träger linearer Räume über einem Körper K (insbesondere dem Körper $\mathbb{R}$ der reellen Zahlen). Durch Operationsübertragung sind dann auch $\boldsymbol{X}$ und $\boldsymbol{Y}$ lineare Räume.

2) Die (partiellen) Funktionen F und g sind linear, z. B.:

$$F(t', t, z_1+z_2, \boldsymbol{x}_1+\boldsymbol{x}_2)=F(t', t, z_1, \boldsymbol{x}_1)+F(t', t, z_2, \boldsymbol{x}_2), \tag{10a}$$

$$F(t', t, kz, k\boldsymbol{x})=kF(t', t, z, \boldsymbol{x}) \quad (k \in K). \tag{10b}$$

Zu der allgemeineren Klasse der superponierbaren Systeme gelangt man, wenn man für X, Y und Z nur Gruppoidstruktur $(X, \bigcirc)$, $(Y, \triangledown)$ und $(Z, \square)$ voraussetzt und (nach entsprechender Operationsübertragung auf $\boldsymbol{X}$ und $\boldsymbol{Y}$) z. B. statt (10a) fordert: $F(t', t, z_1 \square z_2, \boldsymbol{x}_1 \bigcirc \boldsymbol{x}_2) = F(t', t, z_1, \boldsymbol{x}_1) \square F(t', t, z, \boldsymbol{x}_2)$

d) Differentialsystem $\boldsymbol{S}_d$: Hier wird im allgemeinen gefordert:

1) T ist die Menge der reellen Zahlen.
2) X, Y, Z sind Träger normierter Räume (Banach-Räume).
3) Die Realisierungen $\boldsymbol{x} \in \boldsymbol{X}$ sowie die Abbildung F genügen gewissen Stetigkeits- bzw. Differenzierbarkeitsbedingungen. In diesem Fall kann (9) durch

$$\frac{\mathrm{d}z}{\mathrm{d}t} = h(t, z, x) \tag{11}$$

ersetzt werden, d. h., die Zustandstrajektorien $\boldsymbol{z} = T \to Z$ sind Lösungen einer Differentialgleichung.

G. Wunsch

Literatur: Kalman, R. E., P. L. Falb, a. M. A. Arbib: Topics in the mathematical system theory. New York: McGraw-Hill Book Company 1969; Pichler, F.: Mathematische Systemtheorie. Berlin: Walter de Gruyter 1975; Wunsch, G.: Systemtheorie. Leipzig: Geest & Portig 1975.

Systemmatrix – Die Zustandsraumdarstellung linearer zeitinvarianter *Mehrgrößenregelungssysteme* erfolgt durch die Zustandsgleichung

$$\dot{\boldsymbol{x}}(t) = \boldsymbol{A}\boldsymbol{x}(t) + \boldsymbol{B}\boldsymbol{u}(t)$$

und die Ausgangsgleichung

$$\boldsymbol{y}(t) = \boldsymbol{C}\boldsymbol{x}(t) + \boldsymbol{D}\boldsymbol{u}(t) \, .$$

Die (n, n)-Matrix $\boldsymbol{A}$ wird als Systemmatrix bezeichnet. Sie bestimmt das dynamische Verhalten eines Mehrgrößenregelungssystems. Insbesondere werden die Eigenschaften der Stabilität und der freien Bewegung des Systems ausschließlich durch $\boldsymbol{A}$ bestimmt. Einen tieferen Einblick in das durch $\boldsymbol{A}$ charakterisierte Systemverhalten erhält man durch eine dyadische Zerlegung von $\boldsymbol{A}$, weil sie den Einfluß der einzelnen Eigenwerte der Matrix $\boldsymbol{A}$ auf die *Zustandsgrößen* gut erkennen läßt.

Zur Vereinfachung wird angenommen, daß alle n Eigenwerte λ_i der Matrix $\boldsymbol{A}$ verschieden sind. Sie werden aus dem charakteristischen Polynom von $\boldsymbol{A}$

$$\det \{\lambda \boldsymbol{I} - \boldsymbol{A}\} = 0$$

bestimmt.

Aus den nicht trivialen Lösungen des Gleichungssystems

$$(\lambda_i \boldsymbol{I} - \boldsymbol{A}) \, \boldsymbol{r}_i = 0 \, , \quad i = 1, 2, \ldots, n \, ,$$

berechnen sich die Eigenvektoren, die eine Basis des Zustandsraumes bilden. Aus den n Eigenvektoren $\boldsymbol{r}_i$ können eine Modalmatrix

$$\boldsymbol{R} = (\boldsymbol{r}_1, \boldsymbol{r}_2, \ldots, \boldsymbol{r}_n)$$

und eine dazu duale Matrix $\boldsymbol{R}^{-1}$ mit den Zeitvektoren ϱ_i^T

$$\boldsymbol{R}^{-1} = \begin{pmatrix} \varrho_1^T \\ \vdots \\ \varrho_n^T \end{pmatrix}$$

gebildet werden. Damit kann $\boldsymbol{A}$ wie folgt zerlegt werden:

$$\boldsymbol{A} = \boldsymbol{R}\,\Lambda\,\boldsymbol{R}^{-1} = \sum_{i=1}^{n} \lambda_i \boldsymbol{r}_i \varrho_i^T$$

mit

$$\Lambda = \operatorname{diag}(\lambda_1, \lambda_2, \ldots, \lambda_n)\,.$$

$\boldsymbol{A}$ kann somit als Summe der dyadischen Matrizen $\boldsymbol{r}_i\,\varrho_i^T$ mit den Eigenwerten λ_i als Koeffizienten dargestellt werden. Das betrachtete System ist stabil, wenn alle Eigenwerte in der linken komplexen Halbebene liegen.

Die freie Bewegung des Systems ergibt sich aus der Integration der homogenen Zustandsgleichung für sämtliche verschiedene Eigenwerte zu:

$$\boldsymbol{x}(t) = e^{\boldsymbol{A}t}\boldsymbol{x}_0 = \sum_{i=1}^{n} e^{\lambda_i t} \varrho_i^T \boldsymbol{x}_0\,;$$

$\boldsymbol{x}_0 = \boldsymbol{x}(0)$: Anfangszustand.

Auch für zeitvariante und bestimmte nichtlineare Systeme sind Systemmatrizen angebbar.

H. Ehrlich

Systemökologie – Gegenstand der S. ist die ganzheitliche Betrachtung von Stoff- und Energieflüssen durch ein ökologisches Gesamtsystem (auch Ökosystem genannt) und der in ihm verkoppelten Grundprozesse. Dabei werden zeitlich, räumlich und funktionell geordnete Mengen von biologischen Elementen, die untereinander und mit der Ökosystemumwelt in Wechselwirkung stehen, betrachtet. Entsprechend den Organisationsebenen der Biologie werden häufig Mengen von Organismen in räumlich abgegrenzten Gebieten (Populationen oder Teile davon) oder Mengen verschiedener Populationen mit einheitlicher Funktion im Ökosystem (Compartment) als Systemelemente betrachtet. Bei Untersuchungen chemischer Stoffkreisläufe können auch abiotische oder organische Fragmente (chemisches Compartment, Pools) als Systemelemente gewählt werden.

Ökosysteme und deren Elemente sind offene Systeme mit Masseaustausch und Energieumwandlung (dissipativ). Zur Lebensfähigkeit gehören als ökologische Grundprozesse der Systemelemente die Stoff- und Energieaufnahme, deren Verarbeitung (Metabolismus), enzymatisch gesteuerte autokatalytische Wachstumsprozesse, Sterbeprozesse, Stoff- und Energieabgabe, Entwicklung, Differenzierung, aktive Bewegung (Migration) und Lernverhalten. Die Stoff- und Energieflüsse sind gebunden an eindeutige Organisationsprinzipien in Gestalt von trophischen Netzen mit Flüssen von Produzenten (Organismen mit Photosynthese) zu Konsumenten (Erbeutungsstoffwechselweg) sowie von Produzenten und Konsumenten zu Destruenten (Reduzenten-Stoffwechselweg). Dabei ist der Reduzenten-Stoffwechselweg für die Stoffkreisläufe in Ökosystemen die Voraussetzung zur Vermeidung der Ressourcenerschöpfung und zur Absicherung von Reparaturmechanismen durch Geburt und Tod.

Ökologische Wechselwirkungen können zwischenartliche und innerartliche Wechselwirkungen sein. Bei den zwischenartlichen Wechselwirkungen unterscheidet man nach dem Nutzen, Schaden oder der Indifferenz für die beteiligten Compartments: Mutualismus (Symbiose; + +), Erbeutung, Parasitismus (+ –) und Konkurrenz (– –) sowie die Spezialfälle Kommensalismus (+ ○) und Amensalismus (– ○); dabei bedeuten „+“ eine Erhöhung der Wachstums- bzw. Vermehrungsrate, „–“ eine Verringerung derselben und „○“ keine Beeinflussung. Die Wechselwirkung, die direkt an Stoff- und Energieaustausch gebunden ist, ist die Erbeutung (Trophie); die anderen sind informationelle Wechselwirkungen, die entweder Stoffflüsse regeln (z. B. Konkurrenz) oder Adaptionsmechanismen bzw. Synergismen darstellen. In realen Ökosystemen lassen sich diese Wechselwirkungen nur in zeitlich und räumlich begrenzten Abschnitten diesem Muster unterordnen. Zur Vermeidung schädlicher zwischenartlicher Wechselwirkungen werden teilweise innerartliche Wechselwirkungen, auch als Regulationsmechanismen bezeichnet, benutzt. Zu diesen gehören die Zustands-(speziell Dichte-)Rückkopplung auf Wachstum, Sterben, Stoffaufnahme, Stoffabgabe und Migration sowie die Anpassung von Wachstum, Sterben, Stoffaufnahme, Stoffabgabe und Migration an ein verändertes Umweltregime und/oder Ökosystemzustandsregime. Innerartliche Wechselwirkungen basieren letztendlich auf Informationsaustausch und Selektion.

Ökosysteme realisieren durch interne Adaptionsvorgänge (Lernverhalten) der biologischen Elemente ihre physikalische, organisatorische und funktionelle Zuverlässigkeit, indem durch Struktur- und Zustandsredundanz und träge Pools eine Verarbeitung von externen Störsignalen und Pufferung von

Effekten, die auf eine unzuverlässige Realisierung von Teilprozessen zurückzuführen sind, erfolgt. Möglichkeiten der Anpassung an variable Umweltbedingungen sind durch genetische Selektion innerhalb der Species durch Ökosystem-Strukturänderung (Verschiebung in der Artenzusammensetzung – Diversität) sowie durch (reversible) Verschiebung von Umweltansprüchen (Änderung der ökologischen Nische) einer Species gegeben.

Auf Grund des gerichteten Energieflusses werden Ökosysteme sehr oft als hierarchische Systeme betrachtet, die internen und externen Störungen unterliegen. Diese werden durch Elementanpassung (s. o.) oder Strukturänderung verarbeitet. Bei der Strukturänderung werden die energetischen (trophischen) Organisationsprinzipien nicht verletzt, sondern nur Redundanzen, sekundäre Stoff- und Energieflüsse u. ä. verändert, d. h. die Artenvielfalt pro trophischer Ebene modifiziert. Diese Strukturvariabilität ist eine wichtige Voraussetzung für die Ökosystemerhaltung in einer gestörten Umwelt.

Zur praxisbezogenen Untersuchung ökologischer Systeme erfolgt – entsprechend den angestrebten Untersuchungsergebnissen und den bei der Untersuchung zu berücksichtigenden Besonderheiten – eine Klassifikation in aquatische Ökosysteme (z. B. Seenökosysteme (flach, tief), Meeres-, Fließgewässer-, Flußmündungsökosysteme), terrestrische Ökosysteme (z. B. Wald-, Forst-, Tundren-, Steppen-, Weidelandökosysteme, Agroökosysteme) und künstliche Ökosysteme (z. B. Stadt-, Talsperren-, Fischteichökosysteme, aber auch Agro- und Forstökosysteme). Methode der wissenschaftlichen Untersuchungen ist in der Regel die *mathematische Modellierung* des betreffenden Ökosystems, d. h. der Aufbau eines geeigneten *mathematischen Modells* zur Analyse, Vorhersage und Ableitung zielgerichteter Steuermaßnahmen. Aspekte der Ökosystem-Analyse sind die Untersuchung von Masseflüssen, Massekreisläufen und des Energiedurchsatzes (Energiehaushalt, Nahrungsnetze, z. B. in der Geoökologie), Untersuchungen von zwischenartlichen Wechselwirkungen (Trophie, Konkurrenz, Kontrolle durch den Menschen, z. B. Pestmanagement), ferner die Untersuchung von Wachstums- und Erhaltungsstoffwechselprozessen (z. B. in der Ökophysiologie), auch Untersuchungen der Artenzusammensetzung und der Ökosystemstruktur (z. B. in der Landschaftsökologie) sowie die Untersuchung innerartlicher Regelmechanismen (z. B. in der Verhaltensökologie).

Ökosysteme unterliegen durch gekoppelte Wachstums-, Sterbe- und Migrationsprozesse umweltabhängig laufenden Zustandsänderungen (Abundanzänderung, Strukturänderung, Sukzession) und konvergieren oft gegen einen standortabhängigen Endzustand, der in künstlichen oder anthropogen beeinflußten Ökosystemen meist verhindert wird (bzw. nach Erreichen wieder verlassen werden kann).

Die Modellierung kleiner Ökosysteme (z. B. zur phänomenologischen Beschreibung von dichteabhängigen Wechselwirkungen) erfolgt mittels analytischer Ansätze, z. B. LOTKA-VOLTERRA-Systeme, dies sind gekoppelte Differentialgleichungssysteme 1. Ordnung, gegebenenfalls erweitert mit zeitvariablen Koeffizienten, mit Zeitverzögerung und mit stochastischen Termen. Diese mathematischen Modelle dienen der Erarbeitung qualitativer Aussagen (z. B. über das Verhalten im Phasenraum oder zu Stabilitätsuntersuchungen). Unter Nutzung von Ansätzen aus der mathematischen Ökologie und von empirischen Funktionen werden zur numerischen Analyse von Ökosystem-Dynamiken Algorithmen zur (digitalen) Simulation entwickelt. Dies geschieht in moderner Form als interaktive Simulation auf der Grundlage einer allgemeinen Simulationssprache (z. B. CSMP, SIMCON F) oder eines ökosystemspezifischen Simulationssystems (z. B. SONCHES 84). Simulationsmodelle sind in der Regel Multiinput/Multioutput-Zustandsmodelle zur Analyse der raum-zeitlichen Dynamik, häufig ausgelegt als Compartmentmodelle (z. B. INNIS/Grasland, GUTTIEREZ/Baumwolle, GNAUCK/Seenökosysteme, POLUEKTOW/Agroökosysteme). Eine andere Methode zur Modellierung von Ökosystemen ist die Berechnung zeitdiskret veränderlicher Diversitätsmaße als Entropie über die Artenfrequenz mit der Absicht, Stabilitätsaussagen zu machen.

Die Steuerung von Ökosystemen mittels geeigneter Simulationsmodelle dient der Erarbeitung rechnergestützter Empfehlungen für den rationellen Einsatz (oft) begrenzter Produktionsmittel wie Wasser, Düngemittel, chemische Mittel zur Schaderregerbekämpfung in der Landwirtschaft, der Vorhersage von Umwelt- und Landschaftsänderungen unter dem Einfluß von Schadstoffen sowie der günstigen Bewirtschaftung ökonomisch genutzter Naturressourcen (z. B. Forstwirtschaft, Fischwirtschaft). Bei der Steuerung von Ökosystemen scheidet in natürlichen Ökosystemen mit längeren Eigenzeiten und verzögerten Reaktionen auf Störungen eine echte *Regelung* (closed loop) meist aus. In der Regel erfolgen diskrete Eingriffe im Sinne eines Managements: Ernte (HARVESTING-Modelle), Behandlungsmaßnahmen (z. B. Pestmanagement, Düngung in Agro- und Forstökosystemen, Umweltschutz) und Struktursynthese von kleinen artenarmen (künstlichen) Ökosystemen, z. B. in der Biotechnologie oder bei Sortenmischungen in der landwirtschaftlichen Pflanzenproduktion. Steuermodelle haben oft den Charakter einer Dispatcher-Steuerung (modellgestützte Auswahl von suboptimalen Managementoptionen auf der Basis biologisch und ökonomisch bewerteter Simulationen). Zur Steuerung werden meist reduzierte Modelle mit einfacher mathematischer Struktur benutzt (HAMMERSTEIN-, WIENER-Modell). Die Identifikation des Steuermodells erfolgt dann unter Nutzung des Simulationsmodells, das als Original benutzt wird. Mittels Simulationsmodellen werden häufig *Entscheidungstabellen* für den operativen Einsatz aufgebaut, die mit Hilfe von *Mikrorechnern* genutzt werden.

K. Bellmann, E. Matthäus

Literatur: Mesarović, M. D. (Ed.): Systems Theory and Biology. Berlin, Heidelberg, New York: Springer-Verlag 1968; Pielou, E. C.: An Introduction to Mathematical Ecology. New York: John Wiley & Sons 1969; Odum, E. P.: Ökologie. München, Bern, Wien: BLV 1972; Jeffers, J. N. R. (Ed.): Mathematical Models in Ecology. Oxford: Blackwell 1972; Pattern, B. C. (Ed.): System Analysis and Simulation in Ecology, vol. I–IV. New York: Academic Press 1971–1976; Strobel, H.: Experimentelle Systemanalyse. Berlin: Akademie-Verlag 1975; Innis, G. S.: Grassland Simulation Model. Berlin, Heidelberg, New York: Springer-Verlag 1978; Gutierrez, A. P., a. o.: The system approach to research and decision making for cotton pest control. In: New Technology in Pest Control, ed. by E. Auffaker. New York: John Wiley & Sons 1980; Unger, K., u. G. Stöcker (Hrsg.): Biophysikalische Ökologie und Ökosystemforschung. Berlin: Akademie-Verlag 1981; Schwarze, G.: SIMCOM, a system of simulation systems also for combined models. In: Discrete Simulation and Related Fields, ed. by A. Javor. Amsterdam: North-Holland Publ. Co. 1982; Svirezhev, Ju. M., a. D. O. Logofet: Stability of Biological Communities. Moscow: Mir Publishers 1983; Bellmann, K., A. Knijnenburg, E. Matthäus u. V. Wenzel: Concept and usage of the interactive simulation system for ecosystems SONCHES. In: Beiträge zur Angewandten Systemanalyse, Teil 1. ZKI-Informationen, Berlin (1983) 1; Straskraba, M., u. A. Gnauck: Aquatische Ökosysteme. Jena: VEB Fischer Verlag 1983; Busch, F., D. Uhlmann u. G. Werse: Ingenieurökologie. Jena: VEB Fischer Verlag 1983.

Systolische Arrays – Netze von einfachen Prozessoren, in denen die Daten in regulärer Weise zirkulieren. Jeder *Prozessor* hat eine einfache Steuerung für seine Berechnungen, und sein Speicherplatz ist klein und konstant und damit unabhängig von der Größe des Arrays. Die Geometrie der Kommunikationspfade ist einfach und regulär, wodurch niedrige Entwurfskosten und eine hohe Chip-Leistungsfähigkeit bei Einchip-Realisierungen erreichbar sind. Algorithmen, die direkt auf s. A. implementierbar sind, heißen systolische Algorithmen.

Der Name „systolisch“ ist der Physiologie entnommen. Man stellt sich vor, daß die Daten durch die Prozessoren „gepumpt“ werden wie etwa das Blut durch die verschiedenen Organe des Körpers. Diese Namensgebung folgt der gegenwärtigen Tendenz, möglichst emotional belegte Namen der Alltagssprache für abstrakte Konstruktionen der Technik zu verwenden. Was man als „einfache“ Prozessoren anzusehen hat, bestimmt der jeweilige Stand der Technologie.

Man kann zeigen, daß viele Probleme, die nichtlineare Zeit zu ihrer Berechnung auf einem einzigen Prozessor erfordern (z. B. $O(n \log n)$, $O(n^2), \ldots$), in linearer Zeit auf s. A. gelöst werden können, wenn das jeweilige Array genügend groß ist. Neben linearen s. A. bieten sich quadratische, hexagonale und dreieckige zweidimensionale Arrays an, da Quadrate, Sechsecke und Dreiecke die Ebene lückenlos überdecken und somit eine gute Flächenausnutzung auf einem ebenen Chip gestatten. Systolische Algorithmen wurden bisher hauptsächlich mit Prozessoren realisiert, die bis zu drei Eingänge *A, B, C* und drei Ausgänge *A, B, C* besitzen und eine Operation ausführen können. Das Prozessorelement lädt die auf den Eingängen anliegenden Daten in die Register R_A, R_B und R_C, berechnet den neuen Inhalt des Registers R_C, meistens $R_C := R_C + R_A \cdot R_B$, und gibt die Registerinhalte im nächsten Takt an den Ausgängen *A, B, C* aus.

Im folgenden werden zwei Beispiele für s. A. beschrieben:

1. Lineares Array zur Berechnung von $y_t = a_1x_{t-2} + a_2x_{t-1} + a_3x_t$ (s. Abb. 1): Wenn y_{in} und x_{in} als Daten an einem Prozessorelement anliegen, berechnet

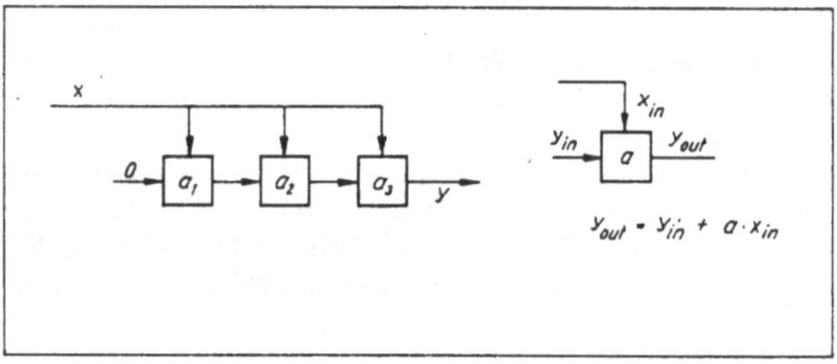

Abb. 1
Systolisches Array zur Berechnung von $y_t = a_1x_{t-2} + a_2x_{t-1} + a_3x_t$

das Prozessorelement $y_{\text{out}} = y_{\text{in}} + a \cdot x_{\text{in}}$. Wenn nur ein Wert anliegt (in den ersten Schritten), berechnet das Prozessorelement nichts; in das (mit P_1 bezeichnete) Prozessorelement wird konstant der Wert 0 eingegeben. Es werde nun $x_1, x_2, x_3, x_4, \ldots$ eingegeben. Im ersten Takt berechnet P_1: a_1x_1, P_2 und P_3 berechnen nichts. Im zweiten Takt berechnen P_1: a_1x_2 und P_2: $a_1x_1 + a_2x_2$, P_3 berechnet nichts. Im dritten Takt berechnen P_1: a_1x_3, P_2: $a_1x_2 + a_2x_3$, P_3: $a_1x_1 + a_2x_2 + a_3x_3$, usw.

2. Hexagonales Array zur Multiplikation zweier Bandmatrizen $\boldsymbol{A}$ und $\boldsymbol{B}$ (s. Abb. 2): Es gilt

$$\begin{bmatrix} a_{11} & a_{12} & & 0 \\ a_{21} & a_{22} & a_{23} & \\ a_{31} & a_{32} & a_{33} & a_{34} \\ & a_{42} & a_{43} & a_{44} \\ 0 & & & \end{bmatrix} \times \begin{bmatrix} b_{11} & b_{12} & b_{13} & & 0 \\ b_{21} & b_{22} & b_{23} & b_{24} & \\ & b_{32} & b_{33} & b_{34} & b_{35} \\ & & b_{43} & b_{44} & \\ 0 & & & & \end{bmatrix} = \begin{bmatrix} c_{11} & c_{12} & c_{13} & c_{14} & 0 \\ c_{21} & c_{22} & c_{23} & c_{24} & \\ c_{31} & c_{32} & c_{33} & c_{34} & \\ c_{41} & c_{42} & c_{43} & & \\ 0 & & & & \end{bmatrix}.$$

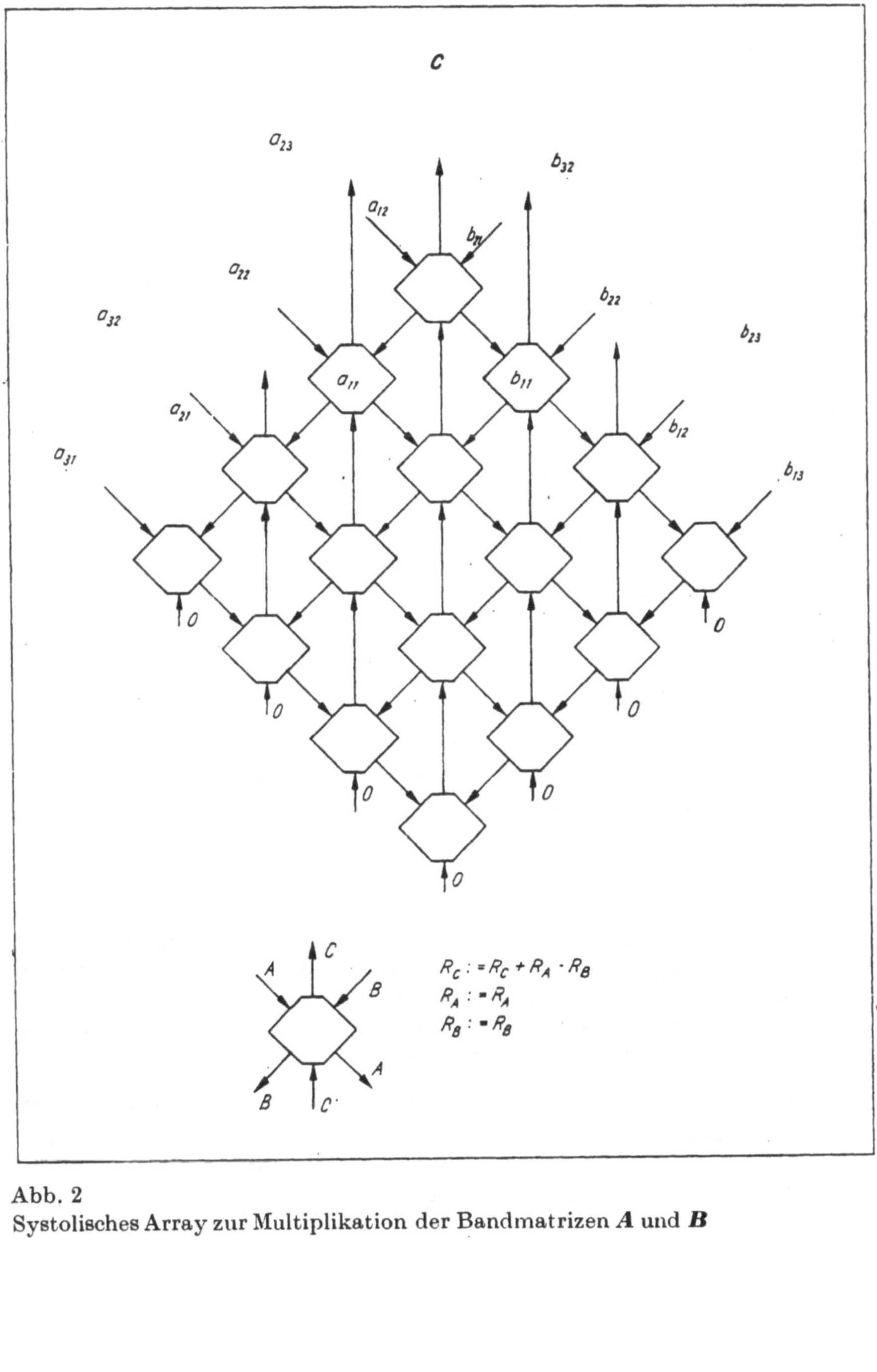

Abb. 2
Systolisches Array zur Multiplikation der Bandmatrizen ***A*** und ***B***

Das Matrixelement c_{ij} wird rekurrent berechnet nach

$$c_{ij}^{(1)}=0\,,$$
$$c_{ij}^{(k+1)}=c_{ij}^{(k)}a_{ik}b_{kj}, \quad k=1,\ldots,n\,,$$
$$c_{ij}=c_{ij}^{(n+1)}\,.$$

Die Eingabe und Ausgabe der Daten erfolgt in unterbrochenen Geraden. In jedem Takt arbeitet die Hälfte der Prozessoren des Arrays. Die Ausgabe der Daten erfolgt in der in Abb. 3 dargestellten Weise.

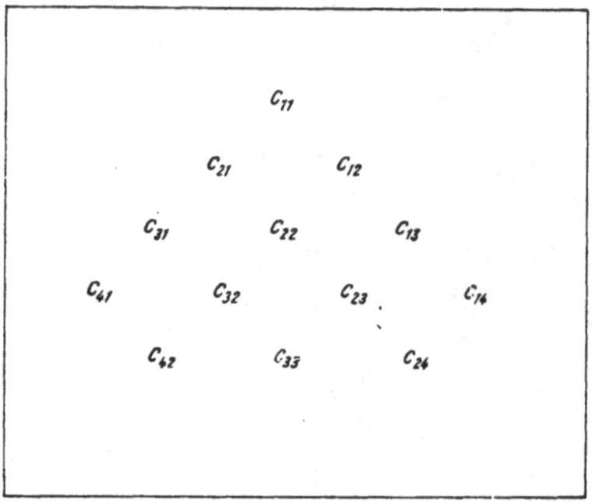

Abb. 3
Struktur der angegebenen Daten des systolischen Arrays nach Abb. 2

Die effektive Anwendung s. A. setzt die Nutzung entsprechend paralleler *Speicher* voraus, die konfliktfreien Zugriff zu den erforderlichen unterbrochenen Geraden erlauben und die möglichst rekursiv adressierbar sind.

M. GÖSSEL

Literatur: KUNG, H. T.: The structure of parallel algorithms. In: Advances in Computers, vol. 19, ed. by M. C. YOUITS. New York: Academic Press 1980; MEAD, C. A., a. L. A. CONWAY: Introduction to VLSI Systems. Reading/Mass.: Addison-Wesley 1980; KUNG, H. T.: Why systolic architectures? Computer, New York **15** (1982) 1; GÖSSEL, M., a. B. REBEL: Parallel memory with recursive addressing. Proc. of the Symposium on Parallel Computing, Berlin (West) 1983. Amsterdam: North-Holland Publ. Co. 1983.

Szenarium – Grundlage der Organisation eines Lösungsprozesses mit Hilfe allgemeiner *Steuerprogramme*. Es stellt die *Schnittstelle* zwischen allgemeiner, problemunabhängiger Bearbeitungssteuerung und spezifischer Problembeschreibung dar. S. besitzen eine formalisierte Struktur und sind mit konkreten Inhalten ausgefüllt. Die formale Struktur ist die Voraussetzung für eine einheitliche, problemunabhängige Steuerung in Programmsystemen sowie für die sprachliche Unterstützung des Entwurfsprozesses bei der Einbindung neuer Aufgaben in *Rahmenprogrammsysteme*.

S. werden sowohl bei Prozessen der Stapelverarbeitung als auch in interaktiven Systemen verwendet. Ihr Hauptinhalt sind die Definition von spezifischen Problembearbeitungsschritten, ihre Aneinanderreihung zu einer Bearbeitungsfolge, bzw. Formulierung der Bedingungen für die Auswahl nachfolgender Schritte, die Verknüpfung dieser Schritte mit Ein- und Ausgabeprozessen bzw. interaktiven Eingriffsmöglichkeiten und die Herstellung der Verbindung zwischen Bearbeitungsprozessen und den zu bearbeitenden Daten.

Die Struktur eines S. ist ein gerichteter *Graph*, dessen Knoten die einzelnen Lösungsschritte sind. Man unterscheidet ablauforientierte und datenflußorientierte. Bei ersteren kennzeichnen die Kanten Zustände, in die nach Ausführung des entsprechenden Lösungsschrittes übergegangen wird. Bei letzteren charakterisieren die Kanten den Datenfluß zwischen den Schritten.

S. sind für den Anwender von (interaktiven) Programmsystemen nicht direkt erkennbar. Er kommt nur mit einzelnen, im Szenarium eingebundenen Elementen wie z. B. *Menüs* in Kontakt.

D. Richter

Literatur: Bachmann, P. (Hrsg.): Programmsysteme. Berlin: Akademie-Verlag 1983.

T

Taylor-Entwicklung Boolescher Funktionen – Jede Boolesche *Funktion* $f(\boldsymbol{x})$ ist vollständig bestimmt durch Angabe ihres Wertes in einem Punkt $\mathbf{c}$ des *Booleschen Raumes* (Entwicklungspunkt) und die Werte aller m-fachen Ableitungen (s. *Boolescher Differentialkalkül*) in diesem Punkt. Sie läßt sich dann darstellen als

$$f(\boldsymbol{x}) = f(\mathbf{c}) \not\sim (x_1 \not\sim c_1) \left.\frac{\partial f}{\partial x_1}\right|_{\boldsymbol{x}=\mathbf{c}} \not\sim \ldots$$

$$\ldots \not\sim (x_k \not\sim c_k) \left.\frac{\partial f}{\partial x_k}\right|_{\boldsymbol{x}=\mathbf{c}} \not\sim (x_1 \not\sim c_1)(x_2 \not\sim c_2) \left.\frac{\partial^2 f}{\partial x_1 \partial x_2}\right|_{\boldsymbol{x}=\mathbf{c}} \not\sim \ldots$$

$$\ldots \not\sim (x_1 \not\sim c_1)(x_2 \not\sim c_2) \ldots (x_k \not\sim c_k) \left.\frac{\partial k_f}{\partial x_1 \ldots \partial x_k}\right|_{\boldsymbol{x}=\mathbf{c}} .$$

Diese Entwicklung gilt für jedes $\boldsymbol{x}=(x_1, \ldots, x_k)$ und $\boldsymbol{c}=(c_1, \ldots, c_k)$. Wird speziell der Nullpunkt $(0, \ldots, 0)$ als Entwicklungspunkt gewählt, so entsteht eine 1927 von I. I. SHEGALKIN angegebene Polynomdarstellung:

$$f(\boldsymbol{x})=f(0) \not\sim x_1 \left.\frac{\partial f}{\partial x_1}\right|_{\boldsymbol{x}=0} \not\sim x_2 \left.\frac{\partial f}{\partial x_2}\right|_{\boldsymbol{x}=0} \not\sim \ldots$$

$$\ldots \not\sim x_k \left.\frac{\partial f}{\partial x_k}\right|_{\boldsymbol{x}=0} \not\sim x_1 x_2 \left.\frac{\partial^2 f}{\partial x_1 \partial x_2}\right|_{\boldsymbol{x}=0} \not\sim \ldots$$

$$\ldots \not\sim x_1 \ldots x_k \left.\frac{\partial^k f}{\partial x_1 \ldots \partial x_k}\right|_{\boldsymbol{x}=0}.$$

Die Länge der längsten im Polynom auftretenden *Konjunktion* sei als Grad der Funktion bezeichnet. Lineare Funktionen sind vom Grad 1. Der Grad ist unabhängig vom Entwicklungspunkt.

SHEGALKIN-Polynome haben sich für den Entwurf prüfgünstiger Schaltungen, aber auch als Grundlage theoretischer Untersuchungen zu dynamischen Problemen bewährt. Sie erlauben, insbesondere bei binären Zeitfunktionen, den Übergang zu spektralen Methoden. Auch auf der Grundlage der Äquivalenz-Operation läßt sich eine TAYLOR-Entwicklung angeben.

D. BOCHMANN

Literatur: THAYSE, A.: Boolean Calculus of Differences. Berlin, Heidelberg, New York: Springer-Verlag 1981; BOCHMANN, D., u. CH. POSTHOFF: Binäre dynamische Systeme. Berlin: Akademie-Verlag 1981, München, Wien: Oldenbourg-Verlag 1981; ЖЕГАЛКИН, И. И.: О технике вычислений предложений в символической логике. Матем. сборник, Москва **34** (1927), 9–28.

Teilausfall – s. *Ausfall.*

Telekommunikation – s. *Kommunikationstechnik.*

Ternärvektorliste – Zur Kennzeichnung von Hyperkuben in BOOLE*schen Räumen* werden dreiwertige Vektoren mit den Symbolen 0, 1 und – in der Bedeutung benutzt, daß zum so gekennzeichneten Hyperkubus alle Binärvektoren gehören sollen, die entstehen, wenn man das Symbol – im Ternärvektor beliebig durch 0 oder 1 ersetzt. Durch Listen von Ternärvektoren (TVL) lassen sich dann BOOLE*sche Funktionen* kennzeichnen, wobei ein enger Zusammenhang zwischen der in *disjunktiver Normalform* dargestellten

Funktion und der Gestalt der TVL besteht:

$$f = a \vee \bar{b}c \vee a\bar{c}d$$

a	b	c	d
1	–	–	–
–	0	1	–
1	–	0	1

Ist in einer TVL die Bedingung erfüllt, daß kein Binärvektor in mehr als einer Zeile enthalten ist, so spricht man von orthogonalisierten TVL. Sie haben sich als das effektivste Mittel zur Behandlung und Lösung Boole*scher Gleichungen* herausgestellt. Dabei ist es möglich, bei gleicher Gestalt der Liste unterschiedliche Operationssymbole anzunehmen (z. B. nach Belieben Disjunktions- und Antivalenzzeichen auszutauschen) und so Rechnungen mit gleicher Leichtigkeit in Booleschen Verbänden oder Ringen durchzuführen. Durch eine solche Erweiterung des Interpretationsspielraumes ergeben die TVL auch ein effektives Mittel zur Behandlung z. B. von *Relationen, Graphen, Hypergraphen, Schaltsystemen* und *Automaten.*

D. Bochmann

Literatur: Bochmann, D.: Automatengraphen. Berlin: Akademie-Verlag 1982; Bochmann, D., Ch. Posthoff u. A. D. Zakrewski: Boolesche Gleichungen – Theorie, Anwendungen, Algorithmen. Berlin: VEB Verlag Technik 1984.

Textkommunikation, elektronische – Prozeß zur Übertragung von Texten. Einige der neuen, rechnergestützten Telekommunikationsformen gewährleisten zum Teil sowohl eine Text- als auch Festbildkommunikation. Entsprechend der Wiedergabeform und Kommunikationsbasis werden unterschieden: Bürofernschreiben (Teletex), Fernkopieren (Telefax), Ein-Kanal-Videotex (Videotext), Zwei-Kanal-Videotex (Videotext, Bildschirmtext), Kabeltext, Kabeltextabruf.

H. W. Meier

Totalausfall – s. *Ausfall.*

Trägheitsglied – auch *Verzögerungsglied,* ein proportionales Übertragungsglied mit reinem Verzögerungscharakter, das durch eine *Übertragungsfunktion* der Form $K/\prod_{i=1}^{n}(1+pT_i)$, $T_i>0$ reell, beschrieben werden kann. Ein solches Trägheitsglied n-ter Ordnung wird symbolisch als T_n-Glied bezeichnet. Dieses Übertragungsglied tritt bei der Modellbildung realer Glieder besonders häufig auf. Es wird durch energetische oder stoffliche Speicher verursacht, bei denen der Zufluß durch einen Widerstand und durch die Rückwirkung des Speicherfüllstandes begrenzt wird. Für ein T_1-Glied, z. B. ein einfaches RC-Glied der Elektrotechnik, erhält man eine Übergangsfunktion $h(t) = K(1 - e^{-t/T})$, bei der sich die Ausgangsgröße exponentiell dem stationären Wert nähert. Die T_i heißen die Zeitkonstanten des Trägheitsgliedes, K ist der Übertragungsfaktor.

K. Reinisch

Literatur: Reinisch, K.: Kybernetische Grundlagen und Beschreibung kontinuierlicher Systeme. Berlin: VEB Verlag Technik 1974.

Transmitter – s. *Meßumformer.*

Tripsystem – Notabfahrprogramm und -ausrüstung zum planmäßigen Stillsetzen einer automatisierten Produktionsanlage im Havariefall als Bestandteil der *Prozeßsicherung.* Als Havariesituation wird gewöhnlich das Über- oder Unterschreiten zulässiger Grenzwerte von Prozeßvariablen angesehen. Das planmäßige Stillsetzen schließt Abfahrprogramme ein. Durch diese soll erreicht werden, daß bei der Notabschaltung Voraussetzungen für die Wiederinbetriebsetzung geschaffen werden, z. B., indem Transporteinrichtungen und Mühlen erst leerlaufen, ehe sie stillgesetzt werden.

R. Müller

Typenalgorithmen zur Steuerung ökonomischer Prozesse – verallgemeinerte Bestlösungen von *Algorithmen* für vergleichbare Prozesse der Planung, technisch-ökonomischen Produktionsvorbereitung, Produktionssteuerung, Abrechnung und Analyse.

Als Ergebnis systemanalytischer Untersuchungen und der Notwendigkeit der Erarbeitung komplexer Algorithmen ergibt sich die Aufgabenstellung der Bestimmung von Gemeinsamkeiten und Unterschieden dieser Prozesse in den Kombinaten und Betrieben eines Industrie- oder Wirtschaftszweiges mit dem Ziel der Typisierung von Steuerprozessen. Daraus leiten sich zwei Kategorien von Typenalgorithmen ab: 1. Standardlösungen, die alle auftretenden Sonderfälle eines Prozesses enthalten und ohne Abweichungen universell anwendbar sind, und 2. Prinziplösungen, die auf die Lösung einer bestimmten Aufgabe gerichtet sind und Abweichungen zur Berücksichtigung von Sonderfällen zulassen.

Standardlösungen eignen sich besonders für relativ abgeschlossene Prozesse begrenzten Umfanges bzw. weniger komplizierter Struktur (z. B. Abrechnungsprozesse in der Industrie). Für komplexe Prozesse werden Standardlösungen auf Grund ihres Umfanges und ihrer Variantenvielfalt unübersichtlich und aufwendig. Hierfür eignen sich modifikationsfähige Prinziplösungen, deren Projekte einen Veränderungsspielraum bis zu 30 % zulassen. Sie bilden die Hauptform hierarchischer Algorithmensysteme zur Steuerung von Produktionsprozessen im Maßstab von Betrieben und Kombinaten, Territorien und Wirtschaftszweigen unter Nutzung von Optimierungs- und Simulationsverfahren und der zentralen und dezentralen automatisierten Informationstechnik.

H.-G. LAUENROTH

Literatur: LAUENROTH, H.-G.: Grundlagen der Algorithmierung ökonomischer Steuerprozesse. Halle: Martin-Luther-Univ. 1972.

U

Unscharfe Algorithmen – s. *Unscharfe Modelle.*

Unscharfe Modelle – Bei der Beschreibung eines realen Objektes wird die Unschärfe durch das Fehlen klar definierter Grenzen hervorgerufen. Ursachen für die Unschärfe können u. a. nur qualitative Kenntnisse und Erfahrungen über das Objekt, ungenau formulierbare Beschreibungen zwischen den Komponenten des Objektes und deren Beziehungen untereinander sowie ungenau definierbare Größen oder Größen mit niedrigem Skalenniveau, die auf das Objekt einwirken, sein. Das Objekt kann also Unschärfe selbst aufweisen, oder sie wird durch eine verbale Beschreibung verursacht.

Bei einer jeden Modellbildung ist u. a. zu untersuchen, auf welchem Betrachtungsniveau die Aufgabe bearbeitet werden soll oder möglicherweise auch nur bearbeitet werden kann. Ein solches Betrachtungsniveau wird auch durch eine erforderliche oder notgedrungene Berücksichtigung der Unschärfe festgelegt. Die Einbeziehung der Unschärfe kann aber auch für die Lösung einer (Teil-)Aufgabe ausreichend sein, wenn beispielsweise keine hohe Genauigkeit erforderlich ist, aber Zeitforderungen oder die Robustheit der Lösung eine wesentlichere Rolle spielen sollen.

Die mathematische Beschreibung der Unschärfe ist von ZADEH mit den „fuzzy sets" eingeführt worden. Eine (übliche) Teilmenge $A \subset X$ kann durch die *charakteristische Funktion* $\mu_A : X \to \{0,1\}$ mit

$$\mu_A(x) = \begin{cases} 1 \text{ falls } x \in A \,, \\ 0 \text{ falls } x \notin A \end{cases}$$

beschrieben werden. Wird statt $\{0,1\}$ das abgeschlossene Intervall $[0,1]$ verwendet, also $\mu_A : X \to [0,1]$, so wird A unscharfe Menge genannt. Der Zugehörigkeitswert $\mu_A(x)$ gibt an, mit welchem Grad das Element $x \in X$ die durch A beschriebene Eigenschaft besitzt. Je näher der Wert von $\mu_A(x)$ an 1 liegt, desto mehr gehört x zu A. Die „Teilmenge" A hat in X keine scharfen Grenzen mehr.

Ein noch offenes Problem ist die „Abbildung" der realen Unschärfe auf das dazu passende mathematische Objekt, der unscharfen Menge also. Das ist selbst eine Modellbildung.

Die Schätzung einer unscharfen Menge kann beispielsweise erfolgen durch die Aggregation elementarer unscharfer Mengen, die Aggregation unscharfer Teilmengen, wobei disjunktive oder konjunktive Gesichtspunkte zu beachten sind, durch Expertenschätzungen sowie durch Vorgabe parametrischer Zugehörigkeitsfunktionen, wobei die Parameter der realen Situation angepaßt werden müssen. Eine durchgängige Schätztheorie gibt es bis jetzt noch nicht.

Eine Algebra unscharfer Mengen kann durch Erweiterungen der aus der üblichen *Mengenlehre* bekannten Operationen eingeführt werden. Die Vereinigung bzw. der Durchschnitt unscharfer Mengen A und B wird durch

$$\mu_{A \cup B}(x) = \max\,(\mu_A(x)\,,\ \mu_B(x))$$

bzw.

$$\mu_{A \cap B}(x) = \min\,(\mu_A(x), \mu_B(x))$$

für alle $x \in X$ erklärt.

Das unscharfe Komplement $\bar{A}$ zur unscharfen Menge A wird durch

$$\mu_{\bar{A}}(x) = 1 - \mu_A(x)$$

eingeführt. Es ist aber zu beachten, daß die bekannten Eigenschaften für ein Komplement $\mu_{A \cup \bar{A}}(x) = 1$ und $\mu_{A \cap \bar{A}}(x) = 0$ für alle $x \in X$ im allgemeinen nicht gelten. (Die unscharfen Mengen auf X bilden daher keinen Booleschen Verband.)

Unscharfe *Relationen* spielen zur Beschreibung des Input-Output-Verhaltens unscharfer realer Objekte eine wesentliche Rolle. Eine unscharfe Relation R ist eine unscharfe Menge auf einem kartesischen Produkt $X \times Y$ mit der Zugehörigkeitsfunktion $\mu_R(x, y)$. Dabei wird X als Input- und Y als Outputmenge interpretiert. Bei mehreren Inputs und mehreren Outputs sind X bzw. Y wiederum kartesische Produkte.

Für die Aufstellung unscharfer Relationen sollen einige Möglichkeiten angegeben werden:

1. In der Literatur werden am häufigsten unscharfe Implikationen verwendet. Mit ihnen können verbale Input-Output-Beziehungen der Form „wenn ... dann" modelliert werden:

IF x_1 = „groß" AND x_2 = „fallend" THEN y_1 = „geringe Änderung"
ELSE
IF x_1 = „mittel" AND x_2 = „gleichbleibend" THEN y_1 = „große Änderung"

ELSE

⋮

Jede dieser unscharfen bedingten Anweisungen stellt einen Zusammenhang zwischen den beteiligten unscharfen Mengen „groß", „fallend" usw. dar und wird als unscharfe Teilrelation interpretiert:

$$\mu_{R_1}(x_1, x_2, y_1) = \min\left(\mu_{\text{„groß"}}(x_1), \mu_{\text{„fallend"}}(x_2), \mu_{\text{„gering"}}(y_1)\right).$$

Mittels ELSE werden die unscharfen Teilrelationen R_i zur gesuchten unscharfen Relation R vereinigt:

$$R = R_1 \cup R_2 \cup \ldots \cup R_n.$$

2. Von gemessenen Input-Output- Paaren (x, y) wird angenommen, daß sich in ihrer Umgebung das System ähnlich verhält. Die Ähnlichkeit der Punkte $z = (x, y)$ zur Messung $z_0 = (x_0, y_0)$ wird durch eine unimodale unscharfe Menge beschrieben, z. B.:

$$\mu_A(z) = 1/(1 + a \cdot d(z, z_0)),$$

wobei d eine geeignete Metrik und a ein Gewichtsfaktor sind. Damit stellt die so gewonnene unscharfe Messung eine Teilrelation dar, deren unscharfe Vereinigung die gesuchte Gesamtrelation ergibt.

3. Sind wie in 2. Input-Output- Paare gegeben, dann kann diese Menge mittels Clusteranalyse in Teilmengen (die Cluster) zerlegt werden. Wird jedes Cluster in geeigneter Weise unscharf beschrieben, so sind wiederum unscharfe Teilrelationen und damit die gesuchte Relation erhalten worden.

4. Unscharfe Grammatiken, unscharfe Graphen lassen sich ebenfalls als Relationen darstellen.

Ist die unscharfe Relation gegeben, so wird der unscharfe Output B für einen unscharfen Input A nach folgender Beziehung berechnet:

$$\mu_B(y) = \sup_{x \in X} \min\left(\mu_R(x, y), \mu_A(x)\right).$$

Für den Sonderfall, daß R eine übliche Funktion f ist, ergibt sich

$$\mu_B(y) = \sup_{x \in X} \left(\mu_A(x) \mid x = f^{-1}(y)\right).$$

Deterministische Relationen können also ohne weiteres verwendet werden. Das ist insbesondere für strukturierte Modelle wichtig, weil dort für die Teilmodelle die jeweils adäquaten Methoden zu ihrer Identifikation herangezogen werden können. Für Anwendungen sei insbesondere auf die unten angegebenen Sammelbände von GUPTA u. a. verwiesen.

B. STRAUBE

Literatur: ZADEH, L. A.: Fuzzy sets. Information and Control, New York 8 (1965), 338–353; ZADEH, L. A.: Outline of a new approach to the analysis of complex systems and decision processes. IEEE Trans. on Systems, Man and Cybernetics, New York **SMC-3** (1973), 28–44; MAMDANI, E. H., a. S. ASSILIAN: A case study on the application of fuzzy set theory to automatic control. Preprints of the IFAC Symposium on Stochastic Control. Budapest 1974; NEGOITA, C. V., a. D. A. RALESCU: Applications of Fuzzy Sets to System Analysis. Basel, Stuttgart: Birkhäuser Verlag 1975; KAUFMANN, A.: Introduction a la theorie des sous-ensembles flous, I, II, III, IV. Paris: Mason et Cie 1973 u. 1975; GUPTA, M. M., G. N. SARIDIS a. B. R. GAINES: Fuzzy Automata and Decision Processes. Amsterdam: North-Holland Publ. Co. 1977; GUPTA, M. M., R. K. RAGADE a. R. R. YAGER: Advances in Fuzzy Set Theory and Applications. Amsterdam: North-Holland Publ. Co. 1979; GUPTA, M. M., a. E. SANCHEZ: Fuzzy Information and Decision Processes. Amsterdam: North-Holland Publ. Co. 1982; GUPTA, M. M., a. E. SANCHEZ: Approximate Reasoning in Decision Analysis. Amsterdam: North-Holland Publ. Co. 1982.

Unscharfe Systeme – s. *Unscharfe Modelle.*

V

Vektoroptimierung – In der *mathematischen Optimierung* wird nur das Problem der Optimierung einer skalaren Zielfunktion betrachtet. Jedoch in vielen realen Situationen treten Probleme mit mehreren sich widersprechenden Zielen auf. Hieraus resultiert das Problem der Optimierung einer vektorwertigen *Zielfunktion*. In mathematischer Schreibweise lautet dieses Problem:

$$\begin{aligned}&\text{V-Max}\,\{\boldsymbol{f}(\boldsymbol{x}) = (f_1(\boldsymbol{x}), \ldots, f_m(\boldsymbol{x})) : \boldsymbol{x} \in S\}\,,\\ &\text{wobei } S = \{\boldsymbol{x} : g_j(\boldsymbol{x}) \leqq 0,\ j = 1, \ldots, r;\ h_l(\boldsymbol{x}) = 0,\ l = 1, \ldots, t\}\,.\end{aligned} \qquad \text{(VMP)}$$

Der Vektor $\boldsymbol{x}$ ist ein n-dimensionaler Vektor von Steuer- oder Entscheidungsvariablen, $f_i(\boldsymbol{x})$, $i = 1, \ldots, m$, sind die m Zielfunktionen, und S ist das zulässige Steuergebiet, definiert durch $r + t$ Nebenbedingungen. Die Menge $Z = \{\boldsymbol{z} : \boldsymbol{z} = \boldsymbol{f}(\boldsymbol{x}), \boldsymbol{x} \in S\}$ wird als Zielgebiet bezeichnet. Schwierigkeiten bei der Behandlung der Aufgabe (VMP) ergeben sich aus der Tatsache, daß für zwei zulässige Vektoren $\boldsymbol{x}^1, \boldsymbol{x}^2 \in S$ nicht in jedem Fall entschieden werden kann, welcher der beiden zugehörigen Vektoren der Zielfunktionswerte $\boldsymbol{f}(\boldsymbol{x}^1)$, $\boldsymbol{f}(\boldsymbol{x}^2)$ $(\boldsymbol{f}(\boldsymbol{x}^1) \neq \boldsymbol{f}(\boldsymbol{x}^2))$ der bessere Vektor ist.

Ein zulässiger Vektor $\boldsymbol{x}^0 \in S$ heißt eine perfekte (absolut-optimale) Lösung für (VMP), falls $\boldsymbol{x}^0$ alle m Zielfunktionen gleichzeitig maximiert. Im allgemeinen existiert eine derartige Lösung nicht. Ein zulässiger Vektor $\boldsymbol{x}^0 \in S$ heißt eine effiziente (PARETO-optimale, funktionaleffiziente) Lösung für (VMP), wenn es keinen zulässigen Vektor $\boldsymbol{x}^1 \in S$ gibt, dessen zugehöriger Vektor der Zielfunktionswerte $\boldsymbol{f}(\boldsymbol{x}^1)$ besser ist als der zu $\boldsymbol{x}^0$ gehörige Vektor der Zielfunktionswerte $\boldsymbol{f}(\boldsymbol{x}^0)$.

Die Lösung der Aufgabe (VMP) besteht im Auffinden aller effizienten Lösungen für (VMP).

Eine Vielzahl von numerischen Verfahren zur Lösung von (VMP) basieren auf der Lösung skalarer Ersatzprobleme für (VMP). Bei einem skalaren Ersatzproblem für (VMP) werden die m Zielfunktionen des (VMP) durch eine „übergeordnete" skalare Zielfunktion ersetzt. Das bekannteste Ersatzproblem ist das parametrische Ersatzproblem:

$$\text{Max}\left\{F(\lambda, \boldsymbol{x}) = \sum_{i=1}^{m} \lambda_i f_i(\boldsymbol{x}) : \boldsymbol{x} \in S, \sum_{i=1}^{m} \lambda_i = 1, \lambda_i \geqq 0, i = 1, \ldots, m\right\}.$$

Das Problem, ein Optimalitätskriterium für mehrere widersprüchliche Ziele zu formulieren, wurde 1896 von PARETO angegeben. KOOPMANS führte 1951 den Begriff der Effizienz in die ökonomische Literatur ein. Im gleichen Jahr erwähnten KUHN und TUCKER das Problem der Optimierung einer vektorwertigen Zielfunktion erstmals in der mathematischen Optimierungsliteratur. Seit 1963, beginnend mit einer Arbeit von ZADEH, setzte eine stürmische Entwicklung der V. ein

A. WITTMÜSS

Literatur: PESCHEL, M., u. C. RIEDEL: Polyoptimierung – Eine Entscheidungshilfe für ingenieurtechnische Kompromißlösungen. Berlin: VEB Verlag Technik 1980; PESCHEL, M.: Ingenieurtechnische Entscheidungen – Modellbildung und Steuerung mit Hilfe der Polyoptimierung. Berlin: VEB Verlag Technik 1980; HWANG, CH.-L., a. A. S. M. MASUD: Multiple Objective Decision Making Methods and Applications. Berlin, Heidelberg, New York: Springer Verlag 1979; Подиновский, В. В., и В. Д. Ногин: Парето-оптимальные решения многокритериальных задач. Москва: Наука 1982.

Verbinder – auch Binder; Komponente von *Betriebssystemen*, mit der übersetzte *Programme* oder Programmabschnitte miteinander verbunden und damit zu Lademoduln werden, also ausführbar sind. Der Eingabestrom des V. besteht aus den zu verbindenden Programmen als Objekt oder Lademoduln und den dazugehörigen Steueranweisungen. Im Ergebnis werden Lademoduln erzeugt, in denen die offenen Bezugnahmen der Eingabemoduln untereinander und zu den Systemdiensten geschlossen sind. Diese Lademoduln werden in der Zielbibliothek abgespeichert und sind von dort als Einheit aufrufbar und dann ausführbar. Der V. kann veranlaßt werden, einen *Lademodul* in Segmente zu gliedern und daraus nach vorgegebenen Anweisungen eine geplante Überlagerungsstruktur zu erzeugen. Zur Ausführungszeit befinden sich dann immer nur einzelne Segmente im Operativspeicher, was dessen Belastung wesentlich reduziert. Neben dem Hauptnamen kann der V. jedem Lademodul Aliasnamen zuordnen. Mit Hilfe des V. können Lademoduln Attribute erhalten, die Auskunft über besondere Eigenschaften beim Laden in den Operativspeicher und zur Ausführungszeit geben.

H.-J. Schiller

Verbundanweisung – eine in höheren *Programmiersprachen* (z. B. *ALGOL*, *PASCAL*) definierte Zusammenfassung mehrerer ausführbarer Anweisungen. V. werden durch Klammerungen (häufig: begin ... end) gekennzeichnet.

Verfügbarkeit – zentraler Begriff der Booleschen Zuverlässigkeitstheorie für Betrachtungseinheiten mit Erneuerung.

Augenblickliche V. (auch als momentane oder instationäre V. bezeichnet) ist die Wahrscheinlichkeit dafür, daß sich die Betrachtungseinheit in einem vorgegebenen Zeitpunkt als arbeitsfähig erweisen wird.

Mittlere V. ist der über ein vorgegebenes Zeitintervall gebildete Mittelwert der augenblicklichen V.

Dauer-V. (manchmal stationäre V. genannt) ist die Wahrscheinlichkeit dafür, daß sich die Betrachtungseinheit zu einem willkürlich gewählten Zeitpunkt während des eingeschwungenen (=stationären) Betriebsablaufes als arbeitsfähig erweisen wird.

Spricht man in der betrieblichen Praxis von V. schlechthin, so ist damit in der Regel die Dauerverfügbarkeit gemeint. Sie kann auch als der Zeitanteil definiert werden, während dessen sich die Betrachtungseinheit bei eingeschwungenem Betriebsablauf im arbeitsfähigen Zustand befindet. Die Dauerverfügbarkeit stellt einen Grenzwert dar, zu dem sowohl die augenblickliche als auch die mittlere V. bei Vergrößerung des betrachteten Zeitintervalls konvergieren.

Intervall-V. (auch Aufgaben-, Missions- oder Operations-V. genannt) ist die Wahrscheinlichkeit dafür, daß sich die in Betriebsbereitschaft befindliche Betrachtungseinheit bei eingeschwungenem Betriebsablauf zu einem beliebigen Zeitpunkt als arbeitsfähig erweist und – mit diesem Zeitpunkt beginnend – während des vorgegebenen Zeitintervalls ausfallfrei arbeitet.

Betrachtet man statt der Arbeitsfähigkeit den Ausfallzustand der Betrachtungseinheit, so lassen sich zu allen V.-Kenngrößen analoge Kenngrößen der Unverfügbarkeit (auch Nichtverfügbarkeit genannt) bilden. Sie ergeben sich zahlenmäßig als Komplement des entsprechenden Verfügbarkeits-Kennwertes zu Eins.

K. Reinschke

Literatur: DDR-Standard TGL 26096: Zuverlässigkeit in der Technik; KOSLOW, B. A., u. I. A. USCHAKOW: Handbuch zur Berechnung der Zuverlässigkeit in Elektronik und Automatentechnik (In dt. Sprache hrsg. u. ergänzt von K. REINSCHKE). Berlin: Akademie-Verlag 1978.

Verkettete Listen – s. *Sparse Matrix.*

Verteilte Systeme – *Rechnersysteme,* die folgende Bedingungen erfüllen: 14. Das Rechnersystem besteht aus mehreren autonomen Verarbeitungsknoten. 2. Die Funktionen des Systems werden durch mehr als einen Prozeß ausgeführt. 3. Es gibt keine zwei Prozesse im System, die die gleiche Sicht vom globalen Zustand des Systems haben. 4. Die Steuerung im System ist verteilt, da es keinen Prozeß gibt, der eine konsistente und identische Sicht des globalen Systemzustandes für alle anderen beteiligten Prozesse erzwingen könnte.

Ein v. S. zeichnet sich durch eine Dezentralisation seiner Systemsteuerung aus. Es gibt kein zentrales *Betriebssystem,* das den Ablauf der einzelnen Prozesse auf Grund der Kenntnis ihrer Zustände steuern könnte. Die geographisch/räumliche Verteilung der Verarbeitungsknoten ist damit nicht der wesentlichste Gesichtspunkt bei der Charakterisierung von v. S. Vielmehr ist das realisierte Verarbeitungsprinzip im System der wesentlichste Abgrenzungsgesichtspunkt.
V. S. können in drei Klassen eingeteilt werden: 1. geographisch verteilte *Rechnernetze,* 2. lokale Netze und 3. *Mehrprozessorsysteme.* Rechnernetze und lokale Netze erfüllen die Bedingungen für ein v. S. vor allem dadurch, daß durch das Fehlen eines gemeinsamen physikalischen Zeitbezugssystems keine zentrale Steuerung aufgebaut werden kann.

Die Steuerung der an einer Funktion beteiligten Prozesse kann nur durch Informationsaustausch zwischen den Prozessen erfolgen. Auf Grund der geographischen/räumlichen Verteilung der Prozesse erfahren diese Informationen nichtvernachlässigbare Verzögerungen, deren Mittelwerte oder Toleranzgrenzen nicht in jedem Fall garantiert werden können. Damit hat kein Prozeß im System einen konsistenten und vollständigen Überblick über den globalen Zustand des Systems und kein Prozeß kann dafür sorgen. Mehrprozessorsysteme können bewußt als v. S. gestaltet werden. Es wird keine zentrale Steuerung realisiert, um ein ausfalltolerantes und modular erweiterbares System zu erhalten.

Hauptvorteile der v. S. sind die Erhöhung der Leistungsfähigkeit (Leistungsverbund) durch gemeinsame Benutzung von Betriebsmitteln wie Programmen (Funktionsverbund), Datenbeständen (Datenverbund) oder Verarbeitungskapazität (Lastverbund), ihre leichte Erweiterbarkeit um neue

Komponenten und Dienste und die Verbesserung der *Fehlertoleranz* (Verfügbarkeitsverbund) sowie des Betriebs- und Wartungsverhaltens durch redundantes Auslegen von Komponenten.

H.-M. ADLER

Literatur: LE LANN, G.: Distributed systems – towards a formal approach. Proc. of the 7th IFIP Congress. Montreal 1977; GILOI, W. K.: Rechnerarchitektur. Berlin, Heidelberg, New York: Springer-Verlag 1981; DROBNIK, O.: Verteiltes DV-System. Informatik Spektrum, Berlin, Heidelberg, New York 4 (1981) 4.

Visuelles System – auch Sichtsystem, Visionssystem (engl.: vision system), System des maschinellen Sehens; Geräte- bzw. Programmsystem zur automatischen Verarbeitung bildhafter Information. Seine Grundfunktionen sind die Bildaufnahme, Bildverarbeitung und Bildspeicherung sowie die Kommunikation mit externen Prozessen bzw. einem Bediener. In der Regel besteht ein v. S. aus einer rechnersteuerbaren Kamera, einer Vorverarbeitungseinheit, einem Auswerterechner und Koppeleinheiten zu externen Geräten. Oft werden auch die Beleuchtungseinrichtungen als zum v. S. zugehörig betrachtet.

Wichtige Leistungskriterien sind der Umfang der zu verarbeitenden Bildinformation (Rasterformat, Grautonauflösung, Multispektralbildverarbeitung), die Reaktionszeit und der Bedienkomfort (Belehrbarkeit). V. S. im engeren Sinne ermöglichen den *Echtzeitbetrieb* (wesentlich z. B. für v. S. für *Industrieroboter*), d. h., daß sie die Bildinformation im Bildaufnahmetakt (z. B. im Fernsehtakt) verarbeiten bzw. daß sie die Auswertung innerhalb eines vom angeschlossenen Prozeß vorgegebenen Intervalls zu beenden in der Lage sind (einige Millisekunden bis etwa eine Sekunde). Systeme der unteren Leistungsklasse sind ausgelegt für die Verarbeitung von Bildern mit den Grautönen Schwarz und Weiß (Binärbilder) mit Reaktionszeiten von etwa einer Sekunde und sind in der *Assembler*-Sprache des Mikrorechners programmierbar. Systeme der oberen Leistungsklasse verarbeiten Bilder mit 256 Graustufen im Fernsehtakt und stellen für die Programmierung eine höhere *Programmiersprache* und/oder eine systemeigene Kommandosprache zur Verfügung. Das Rasterformat beträgt meist 256×256 bis 512×512 Rasterpunkte.

V. S. werden für die visuelle Inspektion (Prüfung auf Vollständigkeit, Maßhaltigkeit, Oberflächenfehler, Kantenfehler), für die Lageerkennung von Teilen (Robotertechnik, Sortierprozesse), für die Prozeßüberwachung, die Zeichenerkennung u. a. eingesetzt.

In einer groben Einteilung unterscheidet man 2D-, $2^1/_2$D- und 3D-Systeme (D – Dimension). Bei 2D-Systemen beschränkt sich die Erfassung der Bild-

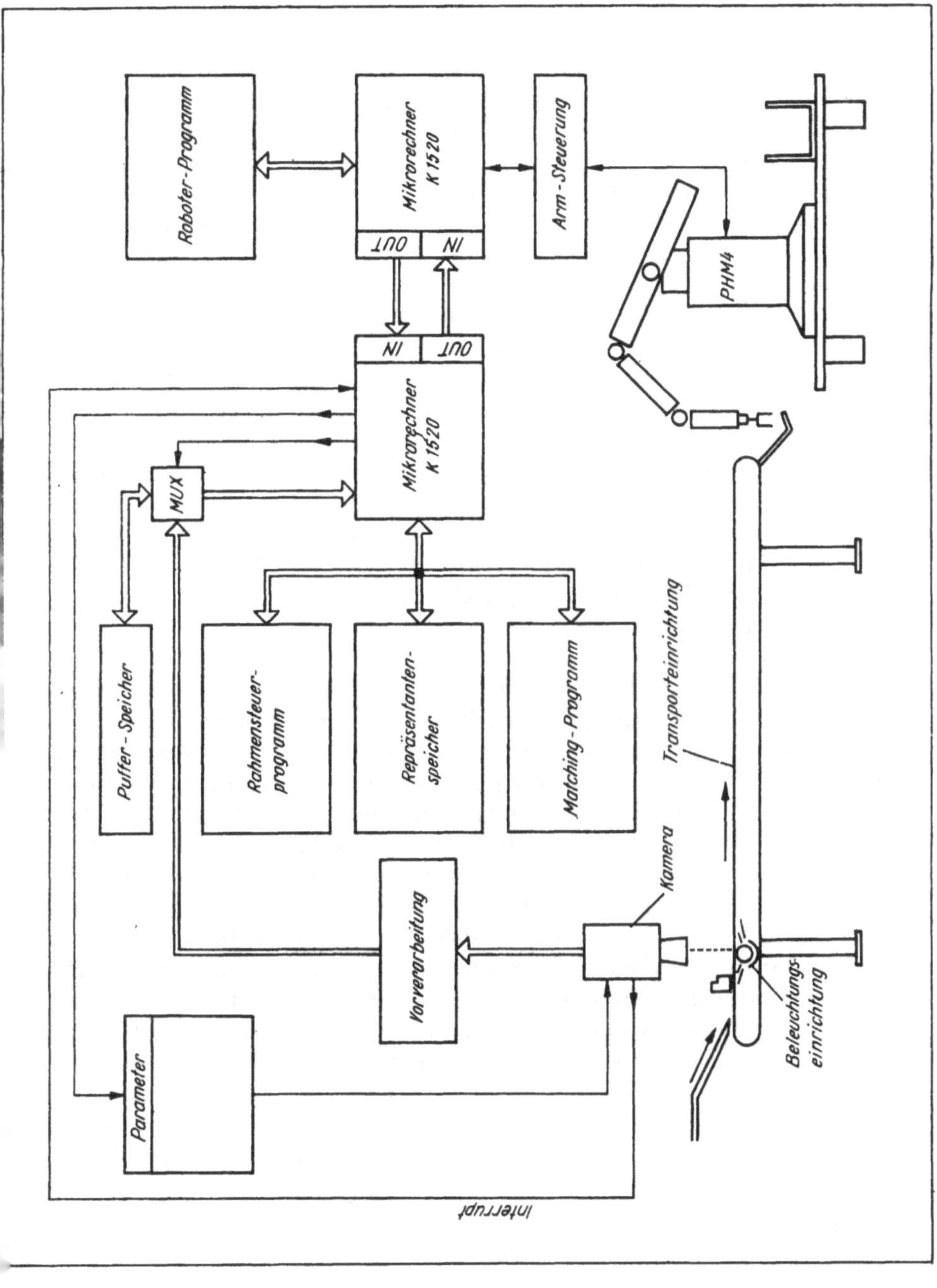

Strukturschaltbild des visuellen Systems MAVIS bei Kopplung mit einem Industrieroboter PHM-4

elemente bzw. Objekte auf die Betrachtungsebene, verwendet wird meist eine Kamera und diffuses Licht. Bei $2^1/_2$D-Systemen werden zusätzlich auf den Beobachter bezogene räumliche Oberflächeneigenschaften des Objekts erfaßt, verwendet wird meist eine Kamera, gekoppelt mit einer entsprechenden Beleuchtungseinrichtung (strukturiertes Licht). Bei 3D-Systemen erfolgt die Erfassung der räumlichen Eigenschaften der Objekte unabhängig vom Beobachtungsstandpunkt. Am weitesten fortgeschritten ist die Entwicklung von 2D-Systemen, z. B. wurde vom Stanford-Forschungsinstitut (USA) der sog. SRI-Vision Modul zur sensorgestützten Manipulation entwickelt. Unter Nutzung der bei SRI gewonnenen Erfahrungen wurde das v. S. CONSIGHT für das Greifen beliebig positionierter, vereinzelter Teile von einem Transportband entwickelt. Breitere praktische Anwendung hat das ebenfalls auf der Basis des SRI-Moduls entwickelte v. S. VS-100 der Machine Intelligence Corp. zusammen mit Robotern des Typs Puma der Fa. Unimate als Gesamtkomplex UNIVISION gefunden. An der Akademie der Wissenschaften der DDR wurde das v. S. MAVIS mit Zeilenkamera, speziellem Interface und einem 8bit-Mikrorechner K 1520 für unterschiedliche Anwendungsfälle entwickelt. Die Abb. zeigt das Strukturschaltbild von MAVIS bei Kopplung mit einem Industrieroboter PHM-4 des VEB Kombinat Robotron. Weitere Beispiele für v. S. sind die Systeme CYTO III bzw. IRI P 256 der amerikan. Firmen Synthetic Vision Systems bzw. International Robomation/Intelligence und das System S.A.M. der Firma Bosch (BRD).

V. S. werden auf der Grundlage von Forschungsergebnissen zur *Mustererkennung* und zur *Erkennung visueller Objekte* entwickelt und meistens unter Verwendung kommerziell erhältlicher *Mikroprozessoren* bzw. *Mikrorechner* realisiert. Eine Reihe von v. S. (weltweit etwa 60 Systeme), die in der Regel für verschiedene Aufgabenklassen programmierbar und konfigurierbar sind, wobei die Rechenprogramme für prototypische Einzelfälle mit zur Ausstattung gehören, wird bereits kommerziell angeboten. Der erreichte Entwicklungsstand auf dem Gebiet v. S. läßt allerdings noch viele Probleme offen. Probleme, die z. Z. verstärkt bearbeitet werden, sind Modelle und Verfahren des räumlichen Sehens, Techniken der Szeneninterpretation und der Verarbeitung schneller Bildfolgen sowie die Trennung sich überlappender Teile. Insbesondere durch die Entwicklung von Bildprozessoren und problemangepaßte Algorithmen sind die Voraussetzungen zu schaffen, daß v. S. für räumliches Sehen, die Analyse komplexer Szenen und die Erkennung bewegter Objekte entwickelt werden können.

K. Fritzsch, G. Laux

Literatur: Carlisle, B., a. o.: The Puma '''/VS-100 Robot Vision System; Ward, M. R., a. o.: CONSIGHT: A practical vision based robot guidance system. 9th Int. Symp. on Industrial Robots, Washington, March

1979; GLEASON, G. J., a. G. J. AGIN: A Modular Vision System for Sensor-Controlled Manipulation and Inspection. Technical Notes 1978, SRI-International, Artificial Intelligence Center 1979; OSSENBERG, K.: Optische Sensorsysteme für industrielle Anwendungen, Fachber. Messen, Steuern, Regeln, Bd. 4: Wege zu sehr fortgeschrittenen Handhabungssystemen. Berlin, Heidelberg, New York: Springer-Verlag 1980; MAGER, U.: Sensoren und Objekterkennungssysteme für Industrieroboter der zweiten und dritten Generation. Literaturbericht, Forschungszentrum des Werkzeugmaschinenbaus Karl-Marx-Stadt 1980: RÖSLER, U., u. K. FRITZSCH: Some recognition methods for industrial parts. Proc. Conf. on AI and Inf. Control System of Robots. Smolenice, CSSR, Okt. 1980; KEMPE, V.: Sensortechnik für Industrieroboter der 2. und 3. Generation. messen. steuern. regeln, Berlin **26** (1983) 1 u. **26** (1983) 2; SCHOENBORN, W., K. FRITZSCH u. G. STANKE: Lernverfahren für technische Systeme. Berlin: Akademie-Verlag 1983.

Vorwärtssteuerung – eine offene Steuerung, bei der die gesteuerten Größen eines Objektes durch geeignete Steuergrößen über offene Wirkungsketten (d. h. ohne *Rückführung* der gesteuerten Größen) zielgerichtet beeinflußt werden. Diese Wirkungskette wird (offene) Steuerkette genannt. V. werden insbesondere zur Realisierung von Zeitplan- und Ablaufsteuerungen (Programmsteuerungen) sowie zur Kompensation gemessener und auf Stellglied oder Regler aufgeschalteter Störgrößen (*Störgrößenaufschaltung*) verwendet. Voraussetzungen für ihre Anwendbarkeit sind die Kenntnis und zeitliche Invarianz der Übertragungseigenschaften der Strecke und die Meßbarkeit und Aufschaltung aller wesentlichen Störgrößen. Gegen die *Regelung* besitzt die V. den Vorzug, daß keine Stabilitätsprobleme auftreten. Bei vorhersagbaren Führungs- bzw. Störgrößen kann der bei Regelung infolge der Trägheiten des Objektes unvermeidliche (vorübergehende) Fehler in der Führungsgrößenfolge bzw. Störgrößeneliminierung durch V. gemindert (theoretisch beseitigt) werden. Deshalb ist es günstig, meß- und vorhersagbare Eingangsgrößen durch Vorwärtssteuerung, die restlichen durch zusätzliche Regelung zu berücksichtigen.

K. REINISCH

Literatur: REINISCH, K.: Kybernetische Grundlagen und Beschreibung kontinuierlicher Systeme. Berlin: VEB Verlag Technik 1974.

W

Wartung – Instandhaltungsprozeß (s. *Instandhaltung*), bei dem überwiegend Instandhaltungsmaßnahmen mit der Instandhaltungsart „Warten“ durchgeführt werden.

Im Rahmen der Softwaretechnologie (in der *Rechentechnik*) gebraucht man Wartung als Synonym für Programmpflege. Darunter versteht man die Beseitigung aufgetretener Programmfehler und die Anpassung der *Software* an geänderte Anforderungen.

K. Reinschke

Literatur: TGL Begriffe der Instandhaltung; Schneider, H.-J. (Hrsg.): Lexikon der Informatik und Datenverarbeitung. München, Wien: R. Oldenbourg Verlag 1983.

Wechselwirkungen, ökologische– s. *Systemökologie*.

Wirtsrechner – *Rechnersystem*, auf dem zusätzliche System- oder Nutzungsfunktionen implementiert sind. Bei *Rechnernetzen* muß die Funktion der Datenendeinrichtung beispielsweise auf Rechnersystemen oder auch Kleinrechnern als Wirtsrechner realisiert werden, damit sie an ein öffentliches *Datennetz* angeschlossen werden können.

H. W. Meier

Wurzelort – kennzeichnet die Lage der Wurzeln der charakteristischen Gleichung eines dynamischen Systems in der komplexen Ebene. Von Evans wurde er zur übersichtlichen Darstellung der Veränderung der Pole der *Übertragungsfunktion* eines geschlossenen Regelkreises in Abhängigkeit eines Regelkreisparameters, vorzugsweise der Kreisverstärkung, eingeführt. Die entstehenden Kurven werden als *Wurzelortskurven* (WOK) bezeichnet. Für die in Abb. 1 dargestellte einfache Regelkreisstruktur ergibt sich im Bild-

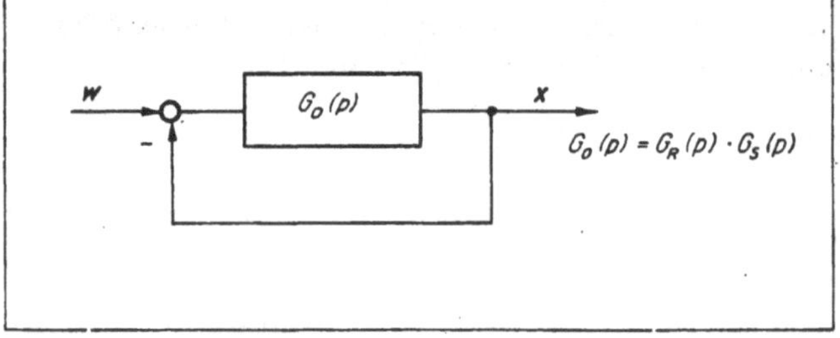

Abb. 1
Grundstruktur eines Regelkreises

bereich:

$$G_w(p) = \frac{x(p)}{w(p)} = \frac{G_0(p)}{1 + G_0(p)},$$

Die Wurzeln der im Nenner enthaltenen charakteristischen Gleichung erhält man durch Aufsuchen ihrer Nullstellen (Pole der Übertragungsfunktion):

$$1 + G_0(p) = 0 .$$

Liegt die Übertragungsfunktion $G_0(p)$ in der sogenannten Pol-Nullstellen-Form

$$G_0(p) = K \cdot \frac{\prod_1^m (p - p_{Zi})}{\prod_1^n (p - p_{Ni})}; \quad n \geqq m ,$$

vor, dann folgt aus $1 + G_0(p) = 0$:

$$\prod_1^n (p - p_{Ni}) + K \prod_1^m (p - p_{Zi}) = 0 .$$

Man erkennt, daß die Wurzelorte für $K = 0$ in den Polen des aufgeschnittenen Systems beginnen und daß für $K \to \infty$ m Zweige der Wurzelortskurve in den Nullstellen des aufgeschnittenen Systems enden. $n - m$ Zweige der WOK laufen ins Unendliche.

Wurzelortskurven bilden eine gute Grundlage für den Systementwurf und

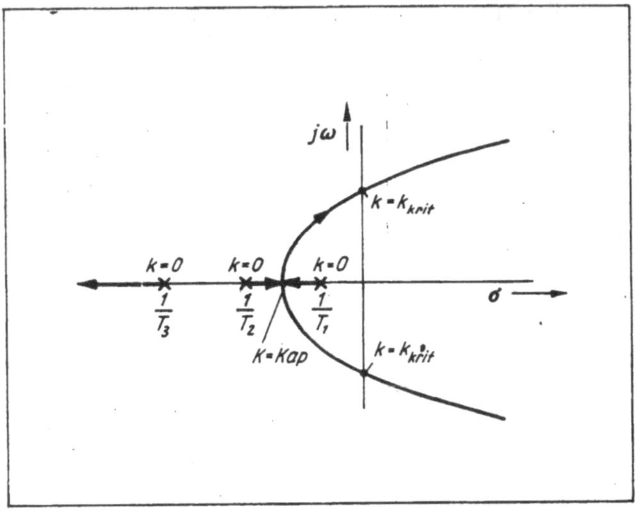

Abb. 2
Wurzelortskurve
eines P-T_3-Systems

für Stabilitätsuntersuchungen (Ermittlung von Stabilitätsbereichen). Moderne Konzeptionen orientieren auf Rechner-Dialogsysteme mit Bildschirmanzeige bzw. graphische Ausgabe. Im Beispiel (Abb. 2) ist die Wurzelortskurve eines P-T_3-Systems dargestellt.

H. EHRLICH

Z

Zeitkonstante – Kennwert analoger Übertragungseinheiten, der die Dimension der Zeit hat und als Charakterisierung des Einschwingverhaltens geeignet ist. Häufig wird die Bezeichnung Z. in Zusammensetzungen, wie Verzögerungs-Z., Integrations-Z. usw., benutzt.

Beispielsweise genügt die Übergangsfunktion eines Übertragungsgliedes erster Ordnung (realisierbar z. B. durch ein RC-Glied) der Differentialgleichung

$$T\dot{h}+h=\begin{cases}1 & \text{für} \quad t>0\\ 0 & \phantom{\text{für}} \quad t<0\end{cases} \quad \text{mit} \quad x(0)=0\,.$$

In der Abb. wurden die Lösungskurve $h(t)=1-e^{-t/T}$ und die Zeitkonstante T eingetragen.

Zur Identifikation von Übertragungsgliedern n-ter Ordnung wurde vorgeschlagen, diese durch n gleichgroße oder durch n harmonisch gestaffelte Zeit-

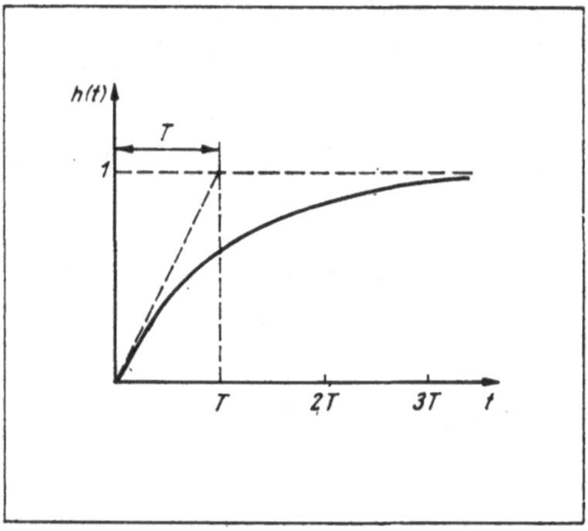

Lösungskurve $h(t)=1-e^{-t/T}$ der Übertragungsfunktion

konstanten zu appoximieren. Im ersten Falle macht man den Ansatz

$$h(t) = 1 - e^{-t/T} \sum_{i=0}^{n-1} \frac{1}{i!} \left(\frac{t}{T}\right)^i$$

und im zweiten Falle

$$h(t) = (1 - e^{-t/T})^n.$$

K. Reinschke

Literatur: Oldenbourg, R. C., u. H. Sartorius: Dynamik selbsttätiger Regelungen. Band I. 2. Aufl. München, Wien: R. Oldenbourg Verlag 1951; Reinisch, K.: Analyse und Synthese kontinuierlicher Steuerungssysteme. Berlin: VEB Verlag Technik 1979.

Zielbaummethode — Methode zur normativen Vorhersage. Zielbäume werden zur Analyse der Struktur oder der Hierarchie von Systemen oder Prozessen verwendet. Dabei ergibt sich ein Zielbaum durch die aufeinanderfolgende Dekomposition der Ziele in Teilziele. Jeder Knotenpunkt stellt für alle herausgehenden Zweige ein Ziel dar, das mit Hilfe der Erfolge dieser Zweige verwirklicht werden kann. Zielbäume sind mithin zusammenhängende gerichtete *Graphen*, die keine Schleifen enthalten. Die einem Knotenpunkt zugeordneten Zweige bilden eine geschlossene Menge, d. h., es sind alle möglichen Teilziele angeführt, die dabei disjunkt sein müssen, d. h. sich einander ausschließen. Damit ist jedes Knotenpaar nur durch einen einzigen Weg miteinander zu verbinden.

Ein Zielbaum ist ein Baum-Graph, der die Beziehungen zwischen den Knotenpunkten — Etappen oder Problemen der Erreichung bestimmter Ziele — darstellt. Voraussetzung für eine erfolgreiche Verwendung dieser Methode ist das Vorhandensein präzise formulierter Ziele, Aufgaben, Systeme und ihrer Komponenten in allen Ebenen, in Wechselwirkung stehender Kriterien zur Messung der relativen Wichtigkeit der Komponenten in jeder Ebene sowie numerischer *Schätzungen* der Wichtigkeit entsprechend dem Kriterium der jeweiligen Ebene.

Es gibt unterschiedliche Möglichkeiten zur Nutzung der Zielbäume für normative Vorhersagezwecke. Man kann sie für die Erstellung der Ziele für jedes Teilsystem, aber auch auf dieser Grundlage zur alternativen Problemlösung und Problemvorbereitung verwenden. Zur Ermittlung der relativen Wichtigkeit der Elemente niederer Stufen der Zielbäume werden mit Hilfe von Experten den Zweigen Gewichte zugeordnet, wobei diese generell zu normieren sind (d. h., für jeden Knotenpunkt ist die Summe der Gewichte seiner Zweige gleich Eins). Dann kann man durch Multiplikation der Gewichte aufeinanderfolgender Zweige die relative Wichtigkeit der Elemente der unteren Ebenen bestimmen, wobei die Fortpflanzung der Unbestimmtheit der Expertenschätzung zu beachten ist. Ein Schema zur Anwendung der Koeffizienten der relativen Wichtigkeit für die Bewertung der Zweige der Zielbäume ist die in der Sowjetunion ausgearbeitete Methode PATTERN.

J. A. MÜLLER

Literatur: MARTINO, J. P.: Technological Forecasting for Decisionmaking. New York: John Wiley & Sons 1972; Лопухин, М. М.: ПАТТЕРН – метод планирования и предсказания научного труда. Москва: Советское радио 1971.

z-Transformation – Funktionaltransformation für zeitdiskrete Signale. Zeitdiskrete Signale lassen sich durch eine geordnete Menge von Elementen darstellen: $\ldots, f_{-2}, f_{-1}, f_0, f_1, f_2, \ldots$. Diese Folge wird abgekürzt mit $\{f_k\}$.

Eine Folge $\{f_k\}$ besitzt die einseitige z-Transformierte

$$Z\{f_k\} = F(z) = \sum_{k=0}^{\infty} f_k z^{-k}$$

bzw. die zweiseitige z-Transformierte

$$\hat{Z}\{f_k\} = \hat{F}(z) = \sum_{k=-\infty}^{\infty} f_k z^{-k}.$$

Im Konvergenzgebiet der z-Transformierten gelten die Linearitätssätze

$$Z(c_1\{f_{1,k}\} + c_2\{f_{2,k}\}) = c_1 F_1(z) + c_2 F_2(z),$$

$$\hat{Z}(c_1\{f_{1,k}\} + c_2\{f_{2,k}\}) = c_1 \hat{F}_1(z) + c_2 \hat{F}_2(z)$$

mit beliebigen komplexen Zahlen c_1 und c_2;

Verschiebungssätze:

$$Z\{f_{k+n}\} = z^n \left(Z\{f_k\} - \sum_{i=0}^{n-1} \frac{f_i}{z^i} \right),$$

$$Z\{f_{k-n}\} = z^{-n} F(z) \quad \text{mit} \quad f_{k-n} = 0 \quad \text{für} \quad k < n$$

und

$$\hat{Z}\{f_{k+n}\} = z^n \hat{F}(z);$$

Ähnlichkeitsbeziehungen:

$$Z\{\lambda^k f_k\} = F\left(\frac{z}{\lambda}\right) \quad \text{und} \quad \hat{Z}\{\lambda^k f_k\} = \hat{F}\left(\frac{z}{\lambda}\right);$$

Faltungssätze:

$$Z\left\{ \sum_{i=-\infty}^{\infty} f_{1,i} f_{2,k-i} \right\} = F_1(z)\, F_2(z),$$

$$\hat{Z}\left\{ \sum_{i=-\infty}^{\infty} f_{1,i} f_{2,k-i} \right\} = \hat{F}_1(z)\, \hat{F}_2(z);$$

Grenzwerte:

$$\lim_{z \to \infty} F(z) = f_0, \quad \lim_{z \to 1} (z-1)\, F(z) = \lim_{k \to \infty} f_k \,.$$

Die inverse einseitige z-Transformation wird für $k \geqq 0$ definiert durch

$$f_k = Z^{-1}\{F(z)\} = \frac{1}{2\pi j} \oint F(z)\, z^{k-1} \mathrm{d}z \,.$$

Zur praktischen Auswertung des Integrals benutzt man den Residuensatz.

K. REINSCHKE

Literatur: VICH, R.: Z-Transformation – Theorie und Anwendungen. Berlin: VEB Verlag Technik 1964; LACROIX, A.: Digitale Filter. Eine Einführung in zeitdiskrete Signale und Systeme. München, Wien: R. Oldenbourg Verlag 1980.

Zugriffsmethode – Menge von Routinen als Bestandteil eines *Betriebssystems*, die nach einer bestimmten Zugriffstechnik eine gewünschte Dateiorganisationsform realisieren (s. *Datei*, *Organisationsformen*). Bei den Zugriffstechniken werden die einfache oder blockorientierte und die erweiterte oder satzorientierte Technik unterschieden. Die wichtigsten Dateiorganisationsformen und die sie entsprechend der Zugriffstechnik realisierenden Zugriffsmethoden sind:

Dateiorganisationsform	Zugriffstechnik einfach	Zugriffstechnik erweitert
sequentiell	BSAM	QSAM
indexsequentiell	BISAM	QISAM
untergliedert	BPAM	
direkt	BDAM	
Datenfernverarbeitung	BTAM	TCAM

BSAM Basic Sequential Access Method
QSAM Queued Sequential Access Method

Die Routinen der Z. übernehmen das Eröffnen und Schließen der Dateien und das Übertragen der Daten. Beim Eröffnen wird der Datenträger positioniert, die Richtigkeit der Dateizuweisung geprüft oder eine *Datei* eingerichtet, und es werden noch fehlende Parameter beschafft sowie Puffer bereitgestellt. Je nach gewählter Zugriffstechnik wird die Übertragung von Blöcken nur eingeleitet (einfache), oder es erfolgt eine vollständige Überwachung von Satztransfers einschließlich Blocken oder Entblocken. Die Abschlußbehandlung vervollständigt bei Bedarf die Datei und nimmt die gewünschte Positionierung des Datenträgers vor.

H.-J. Schiller

Zweipunktregelung – s. *Regelung*.

Abkürzungsverzeichnis

Auswahl von häufig in der Fachliteratur und im praktischen Sprachgebrauch verwendeten Abkürzungen

AA — Automatisierungsanlage

ABC — Binärer Rechenautomat (automatic binary computer)

ABDL — Automatische binäre Datenübertragung (automatic binary data link)

AC — 1) Adaptives Regelsystem (adaptive control)
– bei der numerischen Werkzeugmaschinensteuerung ausgeführt als Auslastungs- und Optimierungsregelung; s. a. ACC, ACO, NC
2) Analogrechner (analogue computer)
3) Rechenzentrum (automation center)

ACC — Grenzregelung (adaptive control constraint)
– prozeßbegleitende Optimierungsstrategie bei der numerischen Werkzeugmaschinensteuerung; s. a. AC, ACO, NC

AC/DC — Allstrom (alternating current/direct current)

ACE — 1) Analytisches Rechengerät (analytic computer equipment)
2) Automatisches Prüfgerät (automatic checkout equipment)

ACES — Automatisches Prüf- und Auswertesystem (automatic checkout and evaluation system)

ACIA — Asynchron arbeitende Schnittstellenschaltung zwischen Mikrorechner und Übertragungskanal (asynchronous communications interface adapter)
– Baustein, der auf der einen Seite direkt kompatibel mit dem Bus des schnellen Mikroprozessors und auf der anderen Seite mit den langsameren Peripheriegeräten, die ein asynchrones Datenformat benutzen, kompatibel ist

ACO — Optimierregelung (adaptive control optimization)
– prozeßbegleitende Optimierungsstrategie bei der numerischen Werkzeugmaschinensteuerung; s. a. AC, ACC und NC

ACS — 1) Adaptives Steuerungssystem (adaptive control system)
2) Automatisches Steuersystem (automatic control system)

AD — Analog-Digital(-Wandler) (analog-to-digital)

ADA — Automatische Datenerfassung (automatic data acquisition)

ADAC — Analog-Digital-Analog-Umsetzer (analog-digital-analog converter)

ADC 1) Analog-Digital-Umsetzer (analog-to-digital converter)
– elektronische Schaltung, die analoge Informationen in eine digitale Form umwandelt; dass. wie ADCON oder auch ADU
2) Automatischer Digitalrechner (automatic digital computer)

ADCON Analog-Digital-Umsetzer (analog-to-digital converter); dass. wie ADC oder auch ADU

ADDAR Automatische Erfassung und Speicherung von digitalen Daten (automatic digital data acquisition and recording)

ADE Automatisiertes Konstruieren (automated design engineering)

ADHA Analoge Datenverarbeitungsanlage (analog data handling assembly)

ADIOS Automatisches digitales Eingabe-Ausgabe-System (automatic digital input-output system)

ADIS Automatisches Datenaustauschsystem (automatic data interchange system)

ADIT Integrierender Analog-Digital-Umsetzer (analog-to-digital integrating translator)

ADL Automatische Datenübertragung (automatic data link); dass. wie ADÜ

ADP Automatische Datenverarbeitung (automatic data processing); dass. wie ADV

ADPP Programm zur automatischen Datenverarbeitung (automatic data processing program)

ADPS Automatisches Datenverarbeitungssystem (automatic data processing system)

ADS Automatisierte Datenanlage (automated data system); dass. wie ADVA

ADT Automatischer Datenübersetzer (automatic data translator)

ADU Analog-Digital-Umsetzer; dass. wie ADC oder auch ADCON

ADÜ Automatische Datenübertragung; dass. wie ADL

ADV Automatisierte Datenverarbeitung; dass. wie ADP

ADVA Automatisierte Datenverarbeitungsanlage; dass. wie ADS

ADX Automatischer Datenaustausch (automatic data exchange)

AFC Automatische Frequenznachstimmung (automatic frequency control)
– eingebaute Automatikschaltung, die dafür sorgt, daß der Empfänger mit hoher Konstanz auf den einmal eingestellten Sender während einer beliebig langen Zeit abgestimmt bleibt; dass. wie AFN

AFM Amplitudenfrequenzmodulation (amplitude frequency modulation)

AFN Automatische Frequenznachstimmung; dass. wie AFC

AI Künstliche Intelligenz (artificial intelligence); dass. wie KI

AID Automatische Fehlersuche (automatic internal diagnosis)

AIM Lawineninduzierte Wanderung (avalanche induced migration)

– Technologie zur Herstellung bipolarer PROM. Die Speicherzelle besteht aus einem bipolaren *npn*-Transistor, dessen Basis-Emitter-strecke beim Programmiervorgang durch in Sperrichtung anliegende Konstantstromimpulse kurzgeschlossen wird.

AKESR Baukastensystem elektronischer Regelgeräte in der UdSSR, in mikroelektronischer Ausführung

AKF Autokorrelationsfunktion

ALC Automatische Pegelsteuerung (automatic level control)

ALCOR ALGOL-Umsetzer (ALGOL-converter)

ALGOL Algorithmic Language

– Programmiersprache für technisch-wissenschaftliche Anwendungen (ALGOL-60) und universell einsetzbar (ALGOL-68)

ALP Automatisierter Lernprozeß (automated learning process)

ALTAC Algebraischer Übersetzer und Selbstprogrammierer (algebraic translator and compiler)

ALTRAN Algebraischer Übersetzer (algebraic translator)

ALU Rechenwerk (arithmetic (and) logical unit)

– Teil der Zentraleinheit, in der arithmetische und logische Operationen ausgeführt werden

AM Adressenspeicher (address memory)

AMI (-Code) Alternate Mark Inversion (-Code) (Datenübertragungscode mit alternierender Zahlenumkehrung)

AMPEX Magnetische Bildaufzeichnung, automatische Programmaufzeichnungs- und -wiedergabeanlage (automatic programming system extended)

ANA Automatischer Netzwerkanalysator (automatic network analyzer)

AND logisches „und" (logischer Operator); s. a. NAND und NOR

ANF Alternative Normalform

AOC Automatische Überlastregelung (automatic overload control)

AOD-Modul And-or-delay-Modul

– in der Automatentheorie zur modularen Realisierung von Automaten; kann betrachtet werden als Zusammensetzung aus einem Multiplexer mit t Sektoreingängen, $g = 2^t$ Dateneingängen und einem D-Flip-Flop

AOQ Durchschlupf (average output quality)

– Fehleranteil, den in Stichproben gegebene Fertigungslose noch enthalten

AOQL Maximalwert des AOQ einer Stichprobenvorschrift (average output quality level)

APC Adaptive Verfahrensregelung (adaptive processing control)

APL A Programming Language
– Programmiersprache zur Implementation von Programmen für Unterrichtszwecke, gewährleistet den Dialog zwischen Terminal und Rechner bei anspruchsvollen Problemstellungen.

APT 1) Automatische Bildübertragung (automatic picture transmission)
– APT-System: Wettersatellitensystem, das laufend Ausschnitte der Erdoberfläche aufnimmt und über eine Funkverbindung zur Erde sendet
2) Numerische Steuerung von Werkzeugmaschinen (automatical programming for tools)

AQF Automatische Frageformulierung (automatic query formulation)

AQL „Annehmbare Qualitätslage" (acceptable quality level)
– Zahlenangabe aufgrund von Stichprobenprüfungen für den Mittelwert des Anteils fehlerhafter Exemplare von elektronischen Bauelementen

AR 1) Adressenregisterspeicher (address register)
2) Abtastgenerator mit Taktrückgewinnung
– Impulsformer in der PCM-Weitverkehrsübertragung; s. a. DR

ARC Automatische Fernsteuerung (automatic range control; automatic remote control)

ARIS Automatisch registrierendes Infrarot-Spektrometer (automatic-recording infrared spectrometer)

AROM Festwertspeicher, der sich auf elektrischem Wege programmieren läßt (alterable read-only memory); s. a. EAROM, PROM, RePROM

ARQ Nachrichten-Fehlerkorrekturverfahren (automatic request for repeats),
bei dem ein Rückweg zur sendenden Station für die Wiederholungsanforderung gestört empfangener Zeichen mitbenutzt wird; ARQ-System: Fernschreibsystem mit einem 7-Elemente-Code

ARU Sprachausgabegerät (audio-response unit)
– Gerät, mit dem ein Rechner zur Beantwortung an ein Telefon angeschlossen werden kann

AS Ansteuerschaltung (für Flip-Flop)

ASC Anpassungsfähige Signalkorrektur (adaptive signal correcting)

ASCC Automatischer folgegesteuerter Rechner (automatic sequence controlled calculator, MARK-1)

ASCII American Standard Code for Information Interchange (Amerikanischer Normcode für den Datenaustausch)

ASE Adaptives Schwellenwertelement

ASLT	Ultraschnelle Logikschaltungen in Festkörpertechnik (advanced solid logic technology)
ASP	1) Arbeitsspeicher 2) Zubringersystem für den Systemverbund (Mehrrechnerverbund) mehrerer Rechner (asymmetric multiprocessing system)
ASPR	Automatisches System für Planberechnungen in der UdSSR
ASSB	Automatisiertes System „Rohstoffbasis" in der UdSSR, verarbeitet wiss.-prognostische Informationen
ASTRO	Asynchron oder synchron arbeitende Sende/Empfangsstelle bei der Datenübertragung (asynchronous/synchronous transmitter/receiver)
ASU	Automatisiertes Leitungssystem (avtomatizirovannaja sistema upravlenija)
ASUP	Betriebliches automatisiertes Leitungssystem (avtomatizirovannaja sistema upravlenija predprijatiem)
ASUTP	Automatisiertes System zur Steuerung technologischer Prozesse (avtomatizirovannaja sistema upravlenija technologičeskimi processami); auch ASU-TP
ASVT	Baukastensystem (der Rechentechnik) in der UdSSR
ATE	Meßautomat, selbsttätiges Meßgerät (automatic test equipment)
ATME	Automatische Meßeinrichtung für Übertragungsstrecken (automatic transmission measuring equipment)
ATN	Augmented Transition Networks – Analysesprache zur automatischen Analyse der deutschen Sprache
ATS	Automatisches Prüfsystem (automatic test system)
AUTOPROMT	Programmiersystem für die numerische Werkzeugmaschinensteuerung (automatic programming of machine tools)
AWD	Automatische Wähleinrichtungen für Datenverbindungen
BAS	Bild-, Austast- und Synchronisierimpulse – Signalgemisch von Fernsehsignalen, das sich aus Bild-, Austast- und Synchronisiersignal zusammensetzt, wird auch als Helligkeitssignal, Lumineszenzsignal oder Y-Signal bezeichnet
BASIC	Beginners All purpose Symbolic Instruction Code – problemorientierte Programmiersprache für die dialogfähige Anwendung der Datenverarbeitung
BBD	Eimerkettenschaltung (bucket brigade device) – Ladungsverschiebeschaltung, Schieberegister für Analogsignale
BBK	Breitbandkommunikation – Integration von einseitig gerichteten Kabelfernsehverteilanlagen zusammen mit zweiseitig gerichteten Informationsflüssen, wie z. B. Datenübertragung, Rechneranschluß oder Bildtelefon

BBSR	Eimerkettenspeicher (bucket brigade shift register); s. BBD
BC	Bedingungscode – bei ESER, wird z. B. als Ergebnis von arithmetischen und logischen Operationen gestellt und kann durch bedingte Verzweigungsbefehle ausgenutzt werden
BCCD	Ladungsverschiebeschaltung in MOS-Technik (bulk or buried channel charge coupled device) – Ladungstransport findet unterhalb der Siliziumoberfläche in einem versenkten Kanal statt.
BCD	Binär verschlüsselte Dezimalzahlen (binary coded decimals) – BCD-Code: Binärcode für Dezimalziffern, jede Dezimalzahl 0 ... 9 ist durch vier Binärziffern dargestellt. Stellenwertigkeiten: Stelle 1 Wertigkeit 1 Stelle 2 Wertigkeit 2 Stelle 3 Wertigkeit 4 Stelle 4 Wertigkeit 8
BCI	Überlagerung von Sendern, Empfangsstörung (broadcasting interference) – Störungen im Rundfunkgerät, verursacht durch Funkamateure, weil die Einstrahlsicherheit der gegenwärtigen Rundfunkempfänger praktisch gleich Null ist; s. a. TVI
BCL	Logikschaltung, die über die Basis der Transistoren gekoppelt ist (base coupled logic)
BCMOS	MOS-Struktur mit vergrabenem Kanal (buried channel metal oxide semiconductor)
BDI	Basis-Diffusionsisolation (base diffusion insulation) – Herstellungsverfahren für bipolare integrierte Schaltungen; s. a. CDI
BDV	Durchschlagspannung (break down voltage)
BEAMOS	Elektronische Datenspeicher-Anordnung (beam addressed metal oxide semiconductor) – Speicherprinzip, ermöglicht die Aufzeichnung und Wiedergabe von Informationen auf einfachen unstrukturierten MOS-Chips mit Hilfe von Elektronenstrahlen
BESM	Familie von universellen Digitalrechnern, entwickelt und produziert in der UdSSR, ist hauptsächlich für die Lösung komplizierter wiss.-techn. Probleme vorgesehen
Betamax	auch Beta-Format: japanisches Video-Kassetten-System mit Dicht-an-dicht-Aufzeichnung; s. a. LVR und VCR
BF	1) Bandfilter 2) Schwebungsfrequenz (beat frequency)
BFL	Puffer-FET-Logik (buffered field effect transistor logic)
BFO	Überlagerungsoszillator (beat frequency oscillator)

BIFET Bipolarer Sperrschicht-Feldeffekttransistor (bipolar junction field effect transistor)

BILE Logisches Schaltelement (balanced inductor logical element)
– Baustein (mit Tunneldioden) für Elektronenrechner

BINAC Binary Automatic Calculator (im Dualsystem arbeitender Rechner aus dem Jahre 1949)

BKA Betriebskontrollanlage
– früher üblicher Begriff für Datenerfassungsanlage

BL Befehlslängencode
– bei ESER, gibt die Länge des laufenden Befehls an und dient nach einer Unterbrechung der Ermittlung der Anfangsadresse des Befehls, bei dem die Unterbrechung auftrat

BLE Betriebsmittel der Leistungselektronik

BLF Magnetblasen-Speicher (bubble lattice file), in dem die Magnetblasen in einem hexagonalen Gitter mit einer Gitterkonstante, die dreimal größer als der Radius der Magnetblase ist, geordnet sind

BLLE Logisches Schaltelement (balanced line logical element)
– Baustein (mit Tunneldioden) für Elektronenrechner

BMSR-Technik Betriebsmeß-, Steuerungs- und Regelungstechnik

BO 1) Schwebungsoszillator (beating oscillator)
2) Sperrschwinger (blocking oscillator); dass. wie BTO

BOMOS MOS-Halbleitertechnologie mit vergrabener Oxid-Isolationsschicht (buried oxide metal oxide semiconductor); auch BO-MOS

BORAM Blockorientierter Schreib-/Lesespeicher (block-oriented random access memory); s. a. RAM

BOSS BESM-orientiertes Simulationssystem zur Nachbildung dynamischer Systeme
– bisherige vorzugsweise Anwendung auf Elektronenergiesysteme

BPI Bits pro Inch (bits per inch)
– Einheit zur Kennzeichnung der Schreibdichte, z. B. auf einem Magnetband

BPSK Binäre Phasenumtastung (binary phase-shift-keying)

BS Betriebssystem
– Programmsystem zur Steuerung des Rechenprozesses und zur Organisation allgemeiner Informationsverarbeitungsaufgaben in Digitalrechnern; dass. wie OS

BSAM Sequentieller Zugriff (basic sequential access method)

BT Bildtelegrafie

BTM Bittertechnik-Methode
– Detektionsmethode der Lesesensoren in magnetischen Speicher-

	einrichtungen zur Sichtbarmachung von magnetischen Strukturen, wird realisiert mit magnetischem Pulver in viskoser Flüssigkeit; s. a. EOM, GMM, MIM, und MOM
BTO	Sperrschwinger (blocking tube oscillator); auch BO
BW	1) Bandbreite (bandwidth)
	2) Befehlswort (in der digitalen Rechentechnik)
BWO	Rückwärtswellen-Oszillator (backward-wave oscillator)
	– Laufzeitröhre als Meßoszillator
BWPA	Rückwärtswellen-Verstärker (backward-wave power amplifier)
CAD	Rechnergestützter Entwurf (computer aided design)
	– Entwurfstechnologie (für hochintegrierte Schaltungen); s. a. CAE und CAM
CAE	Rechnergestütztes Entwickeln und Konstruieren (elektronischer Schaltungen) (computer aided engineering); s. a. CAD und CAM
CAF	Automatische Frequenzregelung (commande automatique de frequence)
CAI	Rechnerunterstützter Unterricht (computer-assisted instruction); dass. wie CUU und RGU
CAM	1) Assoziativ- oder inhaltsadressierbarer Speicher (content addressable memory)
	– gestattet, den Speicherinhalt direkt mit einer gegebenen Information zu vergleichen
	2) Elektronisch (kybernetisch) steuerbare, menschenähnliche Maschine (cybernetic anthropomorphic machine)
	3) Rechnergestützte Produktion (computer aided manufacturing); s. a. CAD und CAE
CAMAC	Rechneranwendung für Meß- und Prüfzwecke (computer automated measurement and control)
	– modulares Instrumentierungssystem; universelles Zweiweg-Interface-System zwischen beliebigen Prozessen und beliebigen Rechnern
CARAM	Inhaltsadressierbarer Festwertspeicher (content addressable random access memory); s. RAM
CATV	1) Gemeinschaftsantennen-Fernsehen (community-antenna television)
	2) Kabelfernsehen (cable television); dass. wie KTV
CAV	Automatische Verstärkungsregelung (commande automatique volume)
CB	Citizen-Band
	– Frequenzband für privaten Sprechfunkverkehr geringer Reichweite

CC 1) Gleichstrom (continous current)
2) quarzgesteuert (crystal controlled)

CCCRAM Kontinuierlich ladungsgekoppelter Schreib-/Lesespeicher mit Zugriff zu beliebigen Speicherzellen (continously charge coupled random access memory); auch C3RAM; s. a. RAM

CCD Ladungsgekoppeltes Halbleiterbauelement (charge coupled device) mit hoher Speicherdichte und geringer Leistungsaufnahme
– Ladungsverschiebeschaltung, bei der jede Speicherzelle nur noch Elektroden zum Verschieben von Raumladungen, aber keine aktiven Elemente mehr enthält

CCI CCD-Bildwandler (charge coupled imager)

CCL Silizium-Gate-MOS-Technologie zur Herstellung von Mikroprozessoren und Speicherbausteinen (closed COS/MOS logic); auch C^2L oder C2L

CCMOS Getaktete CMOS-Schaltung (clocked complementary metal oxide semiconductor)
– gegenüber CMOS verbesserte Technologie und Schaltungstechnik; auch C2MOS

CC-RAM Schreib-/Lesespeicher nach dem Prinzip der Ladungsübertragung (charge coupled random access memory); s. a. RAM

CCS Colorvision Constant Speed (Verfahren zur Wiedergabe von Super-8-Filmen auf dem Bildschirm von Fernsehgeräten)

CCSL Stromziehende Logik (compatible current sinking logic)
– digitales Schaltungskonzept, in dem Schaltungen, z. B. der TTL- und DTL-Serien, zu einer Großschaltung zusammengefaßt werden

CCT Großrechnerkompatibles Magnetband (computer compatible tape)
– im NRZ-Aufzeichnungsverfahren; s. a. HDDT

CCTV Kurzschlußfernsehen (closed-circuit television)
– industrielles, drahtgebundenes Fernsehen; auch CTV

CCTVS Interne Fernsehanlage (closed-circuit TV subsystem)

CCU Kombinierter Regler (combined control unit)

CDA Befehls- und Datenerfassung (command and data acquisition)

CDI Kollektor-Diffusionsisolation (collector diffusion insulation)
– Halbleiterstruktur von integrierten Schaltungen; s. a. BDI

CE Regeleinrichtung, Steuergerät (control equipment)

CETI Kommunikation mit außerirdischen Zivilisationen (communication with extra-terrestrial intelligence)
– Problemstellung eines wiss. Seminars 1971 in Bjurakan, Armenische SSR: Ausarbeitung von Methoden zur Kontaktaufnahme mit möglichen außerirdischen vernunftbegabten Wesen

CFF Übertrags-Flip-Flop (carry flip flop)

CFO Trägerfrequenzerzeuger (carrier frequency oscillator)

CFT Halbleiterbauelement, das auf Feuchtigkeitsänderungen anspricht (charge flow transistor)

CGS-Systeme Systeme von Maßeinheiten, die nur über drei Grundeinheiten für die Grundgrößen Länge, Masse und Zeit verfügen. Die Einheiten anderer Größen werden aus Potenzverknüpfungen dieser drei Größen gebildet.
– CGSE: elektrostatisches CGS-System,
– CGSM: elektromagnetisches CGS-System.
Seit der Jahrhundertwende haben diese Systeme an Bedeutung verloren.

CHIL Stromquellen-Injektions-Logik (current hogging injection logic)
– Schaltkreisprinzip als Kombination von CHL- und IIL-Technik

CHL Stromquellenlogik (current hogging logic)
– Sonderform der IIL, Verwendung von lateralen *pnp*-Transistorstrukturen zur Durchführung logischer Verknüpfungen

CID 1) Festkörper-Bildaufnahmebaustein (charge image device)
2) Ladungsverschiebeschaltung (charge injection device)
– Ladungstransport erfolgt jeweils nur innerhalb einer Zelle. Das Auslesen kann durch Ladungsinjektion in das Substrat erfolgen; s. a. BBD, CCD

CIM Rechnereingabe per Mikrofilm (computer input microfilm); s. a. COM

CIR Steuer- und Unterbrechungs-Registerspeicher (control and interrupt register)

CLC Klassifizierungscode (classification code)

CLIM Logischer Assoziativspeicher (cellular-logic-in memory)
– Matrixspeicher mit innerer Logik; in der sowjetischen Literatur: Mehrfunktionsspeicher.
Neben der Speicherung können komplizierte informationsverarbeitende Operationen gleichzeitig an vielen gespeicherten Worten direkt im Speicher ausgeführt werden.

CM Codemodulation (code modulation)

CML Stromflußlogik, Strombetriebslogik (current mode logic)
– andere Bezeichnung für ECL. Strom wird zwischen den logisch verkoppelten Transistoren und dem Ausgangstransistor verteilt – „strombedingte Logik".

CMOS Komplementärer Metall-Oxid-Halbleiter (complementary metal oxide semiconductor)
– integrierte Schaltung, die auf einem Chip sowohl *n*- als auch *p*-Kanal-MOS-Transistoren enthält (hohe Störsicherheit, geringer Leistungsverbrauch)

CMR Dauerhöchstwert (continous maximum rating)

CNC	Numerische Werkzeugmaschinensteuerung (computer numerical control) – Einsatz von Kleinrechnern zur Führung und Überwachung einzelner Werkzeugmaschinen; s. a. DNC, NC
CO	Quarzgesteuerter Oszillator (crystal-controlled oscillator)
COBOL	Common Business Oriented Language – Programmiersprache für kommerzielle Aufgabenstellungen
COD	Speicherstruktur (conductor-oxide diffusion), die bei dynamischen RAM und CCD als Speicherkondensator verwendet wird
COED	Rechnergesteuerte elektronische Anzeige (computer operated electronic display)
COLAPS	Conversational Language Programming System – interaktive Programmiersprache für Kleinrechner. Arbeitsweise ist stapel- oder dialogorientiert.
COM	Rechnerausgabe in Form eines Mikrofilms (computer output microfilm) – Quasi-Realzeit-System für die Dateienhaltung und -verwaltung, rechnergesteuerte Aufzeichnung durch Elektronenstrahl auf Mikrofilm und Bildschirm; s. a. CIM
COSMOS	Komplementär-symmetrischer Metall-Oxid-Halbleiter (complementary symmetric metal oxide semiconductor); auch COS-MOS, dass. wie CMOS
CPC	1) Lochkartengesteuerter Rechner (card-programmed calculator) 2) Steuerung (von Produktionsanlagen oder -prozessen) durch Prozeßrechner (computer process control)
CPE	Zentrales Verarbeitungselement (central processing element) – Aufbauelement der ZVE von Bit-Slice-Mikroprozessoren; s. a CPU
CPIS	Computergestütztes Personal-Informationssystem – zur Vorbereitung von Entscheidungshilfen für die Personalplanung und Personalentwicklung, Bestandteil eines MIS
CPT	1) Farbfernsehröhre (color picture tube) 2) Programmiertraining für Computer (computer programming training)
CPU	Zentrale Recheneinheit (central processing unit) – zentrale Verarbeitungseinheit (ZVE) innerhalb eines digitalen Rechensystems, im wesentlichen bestehend aus Rechenwerk und Steuerwerk; programmierbarer Baustein, der aus mindestens einer monolithisch integrierten Großschaltung besteht
CR	1) Katodenstrahl (cathode ray) 2) Ladewiderstand (charging resistor) 3) (Loch-)Kartenleser (card reader)

CRC Zyklische Redundanzprüfung, zyklische Datenblockprüfung (cyclic redundancy check)
– zyklischer Redundanzcode, wird in der magnetischen Speichertechnik bei Fehlerkorrekturmethoden verwendet

CRISP Cash Register Intelligent Software Procedures
– Programmiersprache

CROM Festwertspeicher mit Mikroprozessor für Steuerzwecke (control read-only memory)
– ROM als Steuereinheit eingesetzt

CRT Katodenstrahlröhre, BRAUNsche Röhre (cathode-ray tube)

CSDL Stromschaltungs-Dioden-Logik (current switching diode logic)

CSSB Verträgliches Einseitenbandsignal (compatible single-sideband signal)

CT 1) Ladungsübertragung (charge transfer)
2) Schaltung, Stromkreis (circuit)
3) Stromwandler (current transformer)

CTC Zähler- und Impulsgeber-Baustein (counter timer circuit)
– Bausteine dienen als programmierbare Zähler (Zeitgeber in Mikroprozessorsystemen).

CTD Ladungsverschiebeschaltung (charge transfer device); s. BBD, CCD, SCT

CTL Komplementär-Transistor-Logik (complementary transistor logic)

CTT Blauschriftröhre, Dunkelschriftröhre (color trace tube)

CTV 1) Farbfernsehen (color television) in USA
2) Industrielles Fernsehen (closed circuit television); auch CCTV
3) Werbefernsehen (commercial television) in Großbritannien

CUU Computerunterstützter Unterricht
– Anwendung von EDVA in der Ingenieurausbildung; dass. wie CAI und RGU; s. a. ECAP

CVS Rechnergestütztes Personentransport-System (computer-controlled vehicle system)
– Projekt in Japan, das 1985 in Tokio in Betrieb genommen werden soll, um die akuten Verkehrsprobleme und das Problem der Umweltverschmutzung zu lösen

CVSD Delta-Modulator/Demodulator mit stetig veränderlicher Steilheit (continously variable slop delta modulator/demodulator)
– CVSD-Verfahren wird benutzt, wenn die elektrischen Frequenz- und Amplitudenänderungen der menschlichen Sprache exakt in ein digitales Signal verschlüsselt werden sollen.

CW Codewort (code word)

DA	1) Datenerfassung (data acquisition) 2) Kettenverstärker (distributed amplifier); auch D. A.
DAC	1) Datenaufnahme und -steuerung (data acquisition and control) 2) Digital-Analog-Umsetzer (digital-to-analogue converter); dass. wie DAU
DAE	Datenerfassungsgerät (data acquisition equipment)
DAF	Disjunktive alternative Normalform
DAL	Datenzugriffsleitung (data access link)
DAM	Assoziativspeicher (data addressed memory)
DAMA	Lästigkeitsmesser (dropout annoyance measuring apparatus) – Gerät, das kurzzeitige Unterbrechungen beim Abspielen eines Magnetbandes feststellt und aufgrund ihrer Dauer, Tiefe und Frequenz einen Lästigkeitswert berechnet an Hand von Regeln, die die mit bestimmten Hörversuchen gesammelten Erfahrungen möglichst gut beschreiben
DAP	1) Datenerfassung und -verarbeitung (data acquisition and processing) 2) Deformation aufgerichteter Phasen – Farbbildwiedergabe (beim Fernsehen) durch Flüssigkristalle mit Hilfe des DAP-Effekts, bei dem mit Steuerspannungsänderungen von wenigen Volt das gesamte Farbspektrum wiedergegeben werden kann (dielektrischer Umorientierungseffekt) 3) Prozessor mit verteilter Feldverarbeitung (distributed array processor)
DASI	Datensicherungsgerät
DATEL	Datenfernübertragung (data telecommunication)
DAU	Digital-Analog-Umsetzer; dass. wie DAC
DC	1) Digitalrechner (digital computer); auch DR 2) Direkte Kopplung (direct coupling) 3) Gleichstrom (direct current)
DCCD	Digitale ladungsgekoppelte Bauelemente als Kombination der Digitaltechnik mit CCD-Bauelementen (digital charge coupled devices)
DCD	Zweikanal-Duplex(-Übertragung) (double channel duplex)
DCG	Steuerung durch DOPPLER-Effekt (Doppler-controlled gain)
DCL	Direkt gekoppelte Logik (direct coupled logic)
DCM	Differenzcodemodulation
DCTL	Direkt gekoppelte Transistor-Logik (direkt coupled transistor logic); s. a. RCTL und RTL – Verkopplung der logischen Signale erfolgt am gemeinsamen Knotenpunkt der Logiktransistoren.

DCU — Plattenbetriebssystem (disk control unit) in der elektronischen Rechentechnik; s. a. DOS

DDA — Digital-Differential-Analysator (digital differential analyzer)
– digital instrumentierter Analogrechner

DDC — 1) Direkte digitale Regelung (direct digital control) mit Hilfe von Prozeßrechnern; dass. wie RGR
2) Feldeffekttransistor mit dielektrischer Doppelschicht als elektrisch veränderbarer Festwertspeicher
– Halbleiterbauelement, das Informationen ohne Leistungsaufnahme speichern kann

DDE — Double Diffused Epitaxial process
– Standardprozeß zur Herstellung bipolarer Halbleiterstrukturen.

DDI — Digitale direkt arbeitende Schnittstellenschaltung (direct digital interface)

DDT — Datenbeschreibungstafel (data description table)
– spiegelt die funktionelle Ähnlichkeit mit der Datei- und Datendeklaration der Programmiersprachen wider; Entstehung des Begriffes wird zurückgeführt auf das GIS des IBM/360-Systems.

DDV — Direkte Datenverarbeitung

DEE — Datenendeinrichtung

DEG — Datenendgerät

DELTIC — Zeitraffung über Verzögerungsleitungen (delay line time compression) in der Fernsehtechnik

DEU — Datenaustausch-Bauteil (data exchange unit)

DEUCE — Digital Electronic Universal Calculating Engine
– elektronischer Universal-Digitalrechner

DFC — Zweimalige Frequenzüberlagerung (double frequency changing)

D-FF — Verzögerungs-Flip-Flop („delay"-flip-flop)
– Sonderform aller FF-Typen, möglich sind Einspeicher-FF, sog. „D-latch" (D-Speicher-FF) und Zweispeicher-FF (Master-Slave-FF)

DFM — Klirrfaktormesser (distortion factor meter)

DFO — Dekadischer Frequenzgenerator, dekadische Steuerstufe (decade frequency oscillator)

DFT — 1) Diskrete Fourier-Transformation; s. a. SFT
2) Dünnfilmtechnik (bei der Herstlllung integrierter Schaltungen)

DFÜ — Datenfernübertragung; s. a. DATEL

DFV — Datenfernverarbeitung

Diac — Bidirektionale Dreischichtdiode (diode alternating current semiconductor switch)
– Dioden-Wechselstrom-Halbleiterschalter, s. a. Triac

DIAP Digital implementierte Analogverarbeitung (digitally implemented analogue processing)
– DDA-Rechenelemente, die mit der Geschwindigkeit eines Analogrechners arbeiten

DIB Dateneingabebus (data input bus)

DI/CMOS Dielektrisch isolierte CMOS-Schaltung (dielectrically insulated complementary metal oxide semiconductor)

DIDAC Digitaldatenverkehr (digital data communications)

DIFMOS Dual Injection Floating Gate
– Technologie zur Herstellung elektrisch löschbarer ROMs für Einchip-Rechner

DIG Kontrastunterschied (distinctness-of-image gloss) beim Fernsehen

DIIC Dielektrisch isolierte integrierte Schaltung (dielectrically insulated integrated circuit)

DIL Dickschichtanordnungen mit 14 und 16 Anschlüssen (dual in line)
– Gehäusebauform für Halbleiterbauelemente mit zwei parallelen Anschlußreihen; auch DIP

DIMOS MOSFET-Struktur mit sehr hohen Durchbruchspannungen, die nach selbstjustierendem doppeltem Ionenimplantationsprozeß hergestellt wird (double implanted metal oxide semiconductor)

DIMS Mikrorechnersystem mit verteilter Intelligenz (distributed-intelligence microprocessor system)

DIP 1) Anzeige-Informationsverarbeitungsgerät (display information processor)
2) Gehäusebauform für Halbleiterbauelemente (dual in-line package); s. DIL

DL Dioden-Verknüpfungsglieder (diode logic)

DMA Direkter Speicherzugriff (direct memory access)

DMAC Steuerbaustein für den direkten Speicherzugriff (direct memory access controller)

DMC Digitaler Mikroschaltkreis (digital microcircuit)

DMM Digital-Multimeter
– Vielfachmeßgerät mit Digitalanzeige, gemessen werden Gleich- und Wechselspannung, Gleich- und Wechselstrom sowie der Widerstand.

D-MOS Doppelt diffundierte MOS-Struktur (double-diffused metal oxide semiconductor)

D-MOST Technologie zur Herstellung von D-MOS

DMP Diskretes Maximumprinzip
– Anwendung des schwachen diskreten Maximumprinzips auf rückgekoppelte Systeme; Verfahren zur statischen Optimierung rück-

gekoppelter Mehrstufenprozesse, wie sie bei industriellen Prozessen, in der chemischen Industrie oder bei wasserwirtschaftlichen Verteilungsproblemen gegeben sind; s. a. DPAN, DPME, ner; DPVR, NLOP

DMUX Demultiplexer

DNC Numerische Werkzeugmaschinensteuerung (direct numerical control)
– direkte Mehrmaschinensteuerung über einen zentralen Großrech- s. a. CNC, NC

DNF Disjunktive Normalform

DNL Dynamischer Störbegrenzer (dynamic noise limiter)

DO Diodengehäuse (diode outline)

DOLOG DO-Logik
– Softwaresystem, das Logik-Bausteine simuliert

DOS Plattenbetriebssystem (disk operating system) in der elektronischen Rechentechnik; s. a. DCU

DOS/ES Plattenbetriebssystem (für ESER-Anlagen) für Anlagen mittlerer Leistungsfähigkeit

DOT Domain Tip Propagation (Speicherverfahren)
– DOT-Speicher: Magnetschichtspeicher, bei dem das Speichermedium mechanisch ruht. Durch lokale Magnetfelder erzeugt man darauf voneinander isolierte Domänen mit umgekehrter Magnetisierungsrichtung, deren geometrische Verteilung die gespeicherte Information enthält. Diese läßt man durch einen magnetisch zugeführten Takt synchron oder asynchron wie in einem Schieberegister zirkulieren.

DP Datenverarbeitung (data processing)

DPAN Analytischer Lösungsansatz zur Optimierung rückgekoppelter Mehrstufenprozesse mittels dynamischer Programmierung; s. a. DMP, DPME, DPVR, NLOP

DPC 1) Datenverarbeitungszentrale (data processing central)
2) Sperrschicht, Isolierschicht (damp-proof course)

DPCM Differenz-Impulscodemodulation (differential pulse-code modulation)
– besonders effektiv arbeitende Datenreduktionsmethode bei der digitalen Übertragung von Fernsehbildern; s. a. MPZ

DPDT Zweipoliger Umschalter mit zwei Stellungen (double-pole double-throw (switch))

DPME Kopplung der primalen Methode der Mehrebenenoptimierung mit der diskreten dynamischen Programmierung; s. a. DMP, DPAN, DPVR, NLOP

DPO Generator verzögerter Impulse (delayed-pulse oscillator)
– Oszillograph, der mit einem digitalen Prozessor ausgerüstet ist

DPS 1) System mit verteilten Parametern (distributed parameter system)
2) Textverarbeitungssystem (document processing system)

DPSS 1) Teileinrichtung zur Datenverarbeitung (data processing subsystem)
2) Zweipoliger Kippschalter (double-pole snap switch)

DPST Zweipoliger Ausschalter mit einer Schaltstellung (double-pole singlethrough (switch))

DPSW Zweipoliger Schalter (double-pole switch)

DPVR Dreistufenalgorithmus
– Kopplung der Vorwärtsrekursion der dynamischen Programmierung mit Verfahren zur Lösung nichtlinearer Gleichungssysteme; s. a. DMP, DPAN, DPME, NLOP

DR 1) Digitalrechner; auch DC
2) Digitalregenerator
– Impulsformer in der PCM-Weitverkehrsübertragung; s. a. AR

DRAM Dynamischer Schreib-/Lesespeicher mit wahlfreiem Zugriff (dynamic random access memory); s. a. RAM

DRELOBA Dresdener Logik-Bausteine
– universell einsetzbares Bauelementesystem der Pneumatik zur Steuerung technologischer Prozesse

DRF Determinierte Ruhefolge
– bei der synchronen langsamen digitalen Datenübertragung über Fernsprechleitungen eine der Datenendstelle bekannte Impulsfolge zur Übertragung einer zusätzlichen Taktinformation, die außerdem zur automatischen Prüfung auf Betriebsbereitschaft der Datenübertragungsverbindung, zur Signalisierung bestimmter Betriebszustände sowie zur Übertragung zusätzlicher Zeitbezugsmarken dienen kann

DRO Auslesen mit Informationsverlust (destructive read-out)
– zerstörendes Auslesen von Informationen aus einem Speicher

DSB Zweiseitenband (double sideband) im Funkwellenbereich

DSE Distributed Systems Environment
– Host-Rechner versorgen ein Netzwerk aus Satellitenrechnern mit Rechnerkapazität und Serviceleistungen. Die EDV-Leistungen werden von den Host- und Satellitenrechnern gemeinsam erbracht. Daneben sind die Satelliten auch als ferngeschaltete autonome Rechnersysteme anwendbar.

DSI Digital Speach Interpolation
– Verfahren bei der Nachrichtenübertragung über Fernmeldesatelliten, das Sprechpausen für zusätzliche Übertragungskanäle ausnutzt und auf diese Weise eine Verdoppelung der Kapazität ermöglicht; s. a. TDMA

DSK	Direkter Speicherkanal; s. a. DMA
DSM	Dynamische Steuerung (dynamic scattering mode)
DSN	Dezentraler Rechnerverband (distributed system network) – eingeschlossen Hard- und Software
DSP	Digital arbeitende Signalverarbeitungsanlage (digital signal processor)
DSRC	Zweiseitenband mit vermindertem Träger (double sideband reduced carrier)
DSS	Datensammelsystem
DT	1) Drahtlose Telegrafie 2) Umschalter mit zwei Schaltstellungen (double-throw (switch))
DTE	1) Datenendgerät, Datenendplatz (data-terminal equipment) 2) Datenübertragungseinrichtung (data transmission equipment)
DTI	Verminderung der Übertragungsgüte (Verzerrung) infolge Frequenzbandbeschneidung (distorsion transmission impairment)
DTL	Dioden-Transistor-Logik (diode transistor logic) – eingangsgekoppelte integrierte Schaltung, bestehend aus Dioden-Gattern und nachgeschalteten Verstärkern zur Pegelregenerierung und zur Aufhebung der Rückkopplungswege. Die logische Funktion wird durch Verknüpfung in einem am Eingang befindlichen Gatter erzielt.
DTLZ	Dioden-Transistor-Logik mit Z-Dioden (diode transistor logic with Z-diode)
DÜ	Datenübertragung
DÜE	Datenübertragungseinrichtung
DV	Dielektrischer Verlustfaktor
DVaH	Datenverarbeitung außer Haus
DV-FF	DV-Flip-Flop – verhält sich wie ein D-Flip-Flop, wenn am Eingang V das Signal „1“ anliegt, und bleibt liegen, wennn am Eingang V das Signal „0“ anliegt
DVL	Drahtfunkverbindungsleitung
DVM	Digitalvoltmeter
DWT	Doppelstrom-Wechselstromtelegrafie
DX	Weitempfang (distant reception) – DX-Band: Bezeichnung für ein Kurzwellenband, bei dessen Benutzung die Überbrückung sehr großer Entfernungen (über 2000 km) möglich ist – DX-traffic: Weitverkehr zwischen Funkamateuren im DX-Band

DYCMOS Dynamische CMOS-Technik (dynamic complementary metal oxide semiconductor)
– gegenüber CMOS verbesserte Technologie und Schaltungstechnik mit hoher Packungsdichte

E/A-Geräte Ein- und Ausgabegeräte in der elektronischen Datenverarbeitung und Rechentechnik

EAM Elektrische Tabelliermaschine (electric accounting machine)

EAR Elektronisches Antwortgerät (electronic aural responder)

EAROM Elektrisch änderbarer (programmierbarer) Festwertspeicher (electrically alterable read-only memory)
– dass. wie EEROM, eine Art ROM, dessen Inhalt selektiv elektrisch gelöscht und geschrieben werden kann

EAS Automatischer elektronischer Schalter (electronic automatic switch)

EAST Eingabe-Ausgabe-Steuerung

EB Elektronische Betriebsmittel

EBAM Mit Elektronenstrahl adressierter Speicher (electron beam accessed memory)

EBCDIC Erweiterer binärcodierter Dezimal-Austausch-Code (extended binary-coded decimal interchange code)
– ein 8bit-Code

EBI Elektronische Betriebsmittel zur Informationsverarbeitung in Starkstromanlagen

EBIC Elektronenstrahlinduzierter Strom (electron beam induced current)
– Methode zur Untersuchung von Halbleiterstrukturen

EBICON Durch Elektronenbeaufschlagung induzierte Leitfähigkeit (electron bombardement induced conductivity)

EBIV Durch Elektronenbeaufschlagung induzierte Spannung (electron bombardement induced voltage)

EBL Elektronenstrahllithographie (electron beam lithography)

EBR Elektronenstrahlaufzeichnung (electron beam recording)

EBS EBS-Bauelement (electron bombarded semiconductor)
– Halbleiterdiode, die sich zusammen mit einem Elektronenstrahlsystem in einem Gehäuse befindet

EBSI Elektronenbeaufschlagtes Silizium-Target (electron bombarded silicon interface)
– EBSI-Röhre: Bildaufnahmeröhre mit sehr hoher Empfindlichkeit, bei der man die in einer Bildverstärkerstufe ausgelösten Elektronen mit genügend hoher Geschwindigkeit auf die Multidiodenplatte auftreffen läßt

EBT Spezielle integrierte Halbleiterschaltung (emitter balast transistor)
– für NF-Verstärker mit Ausgangsleistungen von 100 bis 200 W bei äußerst geringem Klirrfaktor und hohen Grenzfrequenzen

EC Fehlerkorrektur (error correction)

ECA Elektronischer Steuerverstärker (electronic control amplifier)

ECAP Electronic Circuit Analysis Programm
– von der Firma IBM (International Business Machines Corporation) im Rahmen der Ingenieurausbildung eingeführtes Simulationsprogramm für elektronische Schaltungen

ECC Fehlerkorrigierender Code (error correcting code; error-correction code) in der Magnetspeichertechnik

ECD Elektrochrome Anzeige (electrochromic display)

ECIL Emittergekoppelte Injektions-Logik (emitter coupled injection logic); s. ECL

ECL Emittergekoppelte Logik (emitter coupled logic)
– integrierte Schaltung, bei der sich logische Funktionen durch Verknüpfung im Emitterkreis ergeben. Die Eingangsschaltungen in Differenzverstärkertechnik unterbinden die Sättigung der Transistoren, wodurch hohe Schaltgeschwindigkeiten erreicht werden; s. a. CML

ECM Elektronische Regeleinrichtung (electronic control equipment)

ECTL Emittergekoppelte Transistor-Logik (emitter coupled transistor logic); s. ECL

EDC Fehlererkennung und Fehlerkorrektur (error detection and correction)

EDP Elektronische Datenverarbeitung (electronic data processing); dass. wie EDV

EDSAC Electronic Delay Storage Automatic Calculator
– erster Elektronenrechner (1949) mit intern gespeichertem Programm

EDV Elektronische Datenverarbeitung; dass. wie EDP

EDVA Elektronische Datenverarbeitungsanlage

EECL Emitter-Emitter-Anschluß-Logik (emitter-emitter coupled logic); auch E2L; s. ECL

EEG Elektroenzephalogramm
– Hirnstromaufzeichnung, Messung der Gehirnströme

EEIC Entwicklungsrichtung des ECL-Konzepts (elevated electrode integrated circuit)
– LSI-Technologie für sehr schnelle integrierte Schaltungen, Schaltungsverbindungen und Widerstände werden als polykristalline Silizium-Bereiche integriert

EEL Emitter-Emitter-Logik (emitter-to-emitter coupled logic)
– verbesserte Version der ECL

EEPROM Elektrisch löschbarer PROM (electrically erasable programmable read-only memory)

EEROM Elektrisch löschbarer ROM (electrically erasable read-only memory); dass. wie EAROM

EEVS Elektroenergie-Verbundsystem
– aus mehreren wirtschaftlich eigenständigen Elektroenergie-Versorgungssystemen zusammengeschaltetes System

EFL Emitterfolgerlogik (emitter-follower logic)
– Verknüpfungsschaltung mit Kollektorverstärker mit gemeinsamem Emitterwiderstand, Weiterentwicklung der ECL, hat für die Großintegration Bedeutung erlangt

EFS Einheitliches Flachsteckverbinder-System
– zur Standardisierung bei der Fertigung elektronischer Geräte in der DDR, umfaßt direkte und indirekte Leiterplattensteckverbinder zur Anwendung in ESER-Gefäßen und im EGS

EGS Einheitliches Gefäßsystem
– zur Standardisierung bei der Fertigung elektronischer Geräte in der DDR

EHD Elektro-Hydrodynamik

EHF Höchstfrequenz (extremly high frequency)
– Bereich der Millimeterwellen, $\lambda = 10$ bis 1 mm, $f = 30$ bis 300 GHz

EHT Höchstspannung (extremly high tension); dass. wie EHV

EHV Höchstspannung (extremly high voltage); dass. wie EHT

EKG Elektrokardiogramm
– Herzstrombild, Aufzeichnung der Herzmuskelströme, Messung der Herzaktionsspannungen

EKL Eimerkettenleitung

EKS Energo-kybernetische Strategie
– Marketing-Denken; im westeuropäischen Sprachgebrauch praktizierbare kybernetisch angelegte Führungslehre, die auf dem von Mewes entdeckten allen Ereignissen zugrunde liegenden Strategiegesetz beruht

EL Elektrolumineszenz (electroluminescence)

El Elektrizität

ELA Elektroakustik

Elko Elektrolyt-Kondensator

EL-PC-Logik Kombination von Elektrolumineszenzzelle und Fotowiderstand
– Koppelelement aus Strahlungssender und -empfänger zur Informationswandlung

EMC Elektromagnetische Verträglichkeit (electromagnetic compatibility); dass. wie EMV

EMF Elektromotorische Kraft (electromotive force); dass. wie EMK

EMG Elektromyogramm
– Aufzeichnung der Muskelströme

EMI Elektromagnetische Störstrahlung (electromagnetic interference)

EMK Elektromotorische Kraft; dass. wie EMF

EMV Elektromagnetische Verträglichkeit
– Reaktion elektronischer Geräte auf jede elektromagnetische Beeinflussung aus ihrer Umgebung; dass. wie EMC

ENIAC Electronic Numerical Integrator And Calculator
– der erste elektronische Rechenautomat, 1945 in den USA entwickelt

EOLM Elektrooptisches Lichtsteuergerät (electro-optical light modulator)

EOM Elektronenoptische Methode
– Detektionsmethode der Lesesensoren in magnetischen Speichereinrichtungen, in der Meßtechnik, zur Beobachtung magnetischer Strukturen; beruht auf der Beeinflussung der Bahn freier, bewegter Elektronen durch Magnetfelder, wird mit Elektronenspiegel, Scanning-Elektronenmikroskop bzw. Fotoelektronenmikroskop realisiert; s. a. BTM, GMM, MIM, MOM

EOS Echtzeitoperationssystem

EPID Elektrophoretische Anzeige (electrophoretic image display)

EPLA Elektrisch programmierbare Logikmatrix (electrically programmable logic array); s. a. FPLA, MPLA

EPROM Lösch- und programmierbarer Festwertspeicher (erasable programmable read-only-memory); dass. wie RePROM

ERM Elektronische Rechenmaschine
– inzwischen ungebräuchliche Abkürzung für EDVA

EROM Löschbarer Festwertspeicher (erasable read-only memory); s. ROM

ESE Elektrostatische Einheit (in der Physik); dass. wie ESU

ESEG Einheitliches System der elektrischen Gerätetechnik (im Rahmen des RGW vereinheitlicht)

ESER Einheitliches System der elektronischen Rechentechnik (im Rahmen des RGW vereinheitlicht)

ESMA Elektronenstrahl-Mikroanalyse

ESP Leistungsgleichrichter mit großer Schaltgeschwindigkeit (efficiency speed power rectifier)

ESU Elektrostatische Einheit (electrostatic unit); dass. wie ESE

ETL Emitterfolger-Transistor-Logik (emitter follower transistor logic); s. EFL

EVR	Elektronische Videoaufzeichnung (electronic video recording) – Fernsehaufzeichnung auf Band
EVS	Elektroenergie-Versorgungssystem; s. EEVS
EWM	Extremwertmodulation – Verfahren zur Verringerung der mittleren Probenrate bei der Übertragung von Sprache. Die Abtastung des kontinuierlichen Signals erfolgt in den Maxima und Minima des Signals, wodurch die Abtastbedingung des Abtasttheorems sinngemäß mit Anpassung an die momentane Grenzfrequenz erfüllt wird.
FACT	Vollautomatischer selbstprogrammierender Zuordner (fully automatic compiler-translator) in der Datenverarbeitung
FAMOS	Optisch löschbarer Festwertspeicher mit schwebendem Gate (floating-gate avalanche-injection metal oxide semiconductor) – Speicherverfahren mit MOS-Schaltungen, das auf einer Sperrschichtladung des Gate beruht. Das Gate erhält keinen äußeren Anschluß, die Beeinflussung erfolgt nur durch Ladungsverschiebung.
FAS	Frage-Antwort-System – Informationssystem zur Erleichterung der interaktiven Kommunikation zwischen Mensch und EDVA
FB	Funktionsblock (in der elektronischen Meßtechnik)
FBAS(-Signale)	BAS-Signale, die zusätzliche Farbsignale enthalten; s. BAS
FC	Frequenzwandler (frequency changer)
FCI	Flußwechsel pro Inch (flux-changes per inch)
FCT	Thyristor mit Feldsteuerung (field controlled thyristor)
FD	1) Diskette (floppy disk) 2) Flächendiode 3) Fotodiode 4) Frequenzverdoppler (frequency doubler) 5) Frequenzteiler (frequency divider); auch FDU
FDM	Frequenz-Multiplex (frequency-division multiplex) – Multiplexen mit Frequenzteilern
FDU	Frequenzteiler (frequency divider unit); dass. wie FD
FE	1) Fotoelement 2) Funktionselement
FEB	Elektronische Funktionseinheit (functional electronic block)
FED	1) Feldeffektdiode (field effect diode) 2) Ferroelektrische Anzeige (ferroelectric display)
FEFET	Speicher-Feldeffekttransistor (ferroelectric field effect transistor) – Feldeffekttransistorstruktur, bei der die Isolierschicht am Gate aus einem ferroelektrischen Material besteht

FERPIC Speicher-Bild (ferroelectric picture)
– Lichtventil aus einem Material, das durchtretendes Licht örtlich verschieden in beeinflußbarer Weise bricht und damit Speicherung und Darstellung von Bildern ermöglicht

FET Feldeffekttransistor
– Unipolartransistor, bei dem die Leitfähigkeit eines Halbleiterplättchens dadurch beeinflußt wird, daß eine Spannung an eine gegen das Plättchen isolierte Gate-(Steuer-)Elektrode angelegt wird

FF 1) Festfrequenz (fixed frequency)
2) Flip-Flop (bistabiler Multivibrator)
– Kippschaltung, besteht im wesentlichen aus zwei kreuzgekoppelten Transistorstufen; auch als elektronischer Speicher verwendbar

FFT Schnelle Fourier-Transformation (fast Fourier-transformation)
– für Digitalrechner optimierter Algorithmus; dass. wie SFT

FFU Umschalt-Flip-Flop

FGV Flexible gedruckte Verdrahtung
– flexible Leiterplatte; Ausgangsmaterial ist eine flexible Isolierfolie, die mit Kleber auf einer oder auf beiden Seiten mit einer Metallfolie, meist aus Kupfer, kaschiert ist.

FIC Integrierte Schaltung, die durch Aufdruck- oder Siebdrucktechnik auf Glas oder Keramiksubstraten aufgebracht ist (film integrated circuit)

FIFO Silospeicher („first in, first out“)
– Halbleiterspeicher, bei dem die Information nur in der Reihenfolge ihrer Eingabe wieder ausgelesen werden kann. Das zuerst in den Speicher übernommene Datenwort wird zuerst wieder ausgegeben; s. a. FILO und LIFO
– Prozedur zur Abarbeitung einer Warteschlange, ist von grundlegender Bedeutung für die Theorie der Warteräume

FILO Stapelspeicher, Kellerspeicher („first in, last out“)
– Halbleiterspeicher, bei dem die Informationen nur in der umgekehrten Reihenfolge ihrer Eingabe wieder ausgelesen werden können; s. a. FIFO und LIFO

FIP Verdrahtung nach festem Verbindungsschema (fixed interconnection patter)

FK Flüssigkristall (in Verbindungen, z. B. FK-Anzeigen)

FKS Festkörperschaltkreis

FLAD Fluoreszenzaktiviertes Display
– Flüssigkristall-Anzeige, neuartige LCD, die bei unverändert kleiner Leistungsaufnahme eine wesentlich höhere Leuchtdichte als die bisherigen LCDs erzeugt

Flag 1) Speicher-Flip-Flop
– 1-bit-Speicher, der aufgrund des Resultates von arithmetischen und logischen Operationen beeinflußt wird
2) Kennzeichen
– Ein Flagbit zeigt einen bestimmten erreichten Zustand an, z. B. Übertrag.

F/LIFO Unmittelbar aus einer Mischung der FIFO- und LIFO-Prozeduren entwickeltes Verfahren zur Abarbeitung einer Warteschlange mit Vorgabe eines diskreten Parameters

FLOTOX Halbleiterspeicher mit besonderer Zellenstruktur (floating gate tunnel oxide)

FM Frequenzmodulation (frequency modulation)

FMG Ferrimagnetische Granate
– Stoffe von kubischen ferrimagnetischen Oxiden mit Granatstruktur für magnetooptische Speicherzwecke

FMPE Schnellspeicherparitätsfehler (fast memory parity error)

FO Fan-out
– Ausfächerung (Ausgangsbelastbarkeit)

FORMAC Formula Manipulation Compiler
– Programmiersprache zur Manipulation mathematischer Ausdrücke im Zusammenhang mit numerisch-analytischen Berechnungen

FORTRAN Formula Translation Language
– verfahrensorientierte Programmiersprache, eignet sich besonders zur Formulierung wiss.-techn. Probleme

FOSDIC Filmoptische Abtastvorrichtung zur Eingabe in den Rechner (film optical sensing device for input to computer)

FP Flachpackung (flat pack)
– Gehäuseform für integrierte Schaltungen

FPLA Freiprogrammierbare Logik (field-programmable logic array)
– Logikmatrix, die vom Anwender programmiert werden kann; s. a. EPLA, MPLA

FPROM Durch ein Feld programmierbarer Festwertspeicher (field-programmable read-only memory)

FROM Vom Hersteller programmierter Festwertspeicher (factory programmable read-only memory)

FS 1) Fernschreiber; dass. wie TP, TPR und auch TT
2) Fernsehen, Fernseh-; dass. wie TV

FSA Festkörper-Symbol-Anzeige
– FSA-Bauelemente sind lichtemittierende Bauelemente.

FSK Frequenzumtastung (frequency-shift keying)
– Amplitudentastung zweier Träger unterschiedlicher Frequenz im Gegentakt

FSM Frequenzschiebemodulation (frequency-shift modulation)
FSTV Schnell abtastendes Fernsehen (fast scan television)
FTM Frequenz-Zeit-Modulation (frequency time modulation)
FU Frequenzumsetzer
FÜ Fernübertragung; s. DFÜ
F/V(-Umsetzer) Frequenz/Spannungs-Umsetzer
FW Fotowiderstand

GATT Thyristor, dessen Abschaltspannung durch eine entsprechende Gatevorspannung unterstützt wird (gate-assisted turn-off thyristor)
GCR Gruppencodierte Aufzeichnung (group coded recording)
– Der in Gruppen unterteilte Datenblock wird mit Paritätsbits und Prüfbits versehen, in Längsrichtung des Bandes spurenweise codiert und aufgezeichnet.
GDS Graphisches Datensystem (graphic data system)
GDV Geometrische Datenverarbeitung (bei der Leiterplattenherstellung)
GEMK Gegenelektromotorische Kraft; s. EMK
GFF Grund-Flip-Flop
– Schaltung, die zwei stabile Zustände annehmen kann und die am Ausgang der Kippstufe abnehmbare Information speichert
GINO Graphical Input and Output language
– Programmiersprache zur dreidimensionalen Beschreibung und Darstellung von Gegenständen, Verwendung beim rechnergestützten Entwurf
GIS 1) Generalized Information System
– einfache Abfragesprache, um Ad-hoc-Informationen schnell zu erlangen, entwickelt für IBM/360-System
2) Großintegrierte Schaltung; dass. wie GSI; s. a. LSI
GKA Gebrauchswert-Kosten-Analyse
– Verfahrensweise, um innerhalb der Entwicklungsphase von Erzeugnissen eine optimale Lösung hinsichtlich Materialeinsatz, Kosten und Gebrauchswert zu finden
GMM Galvanomagnetische Methode
– Detektionsmethode der Lesesensoren in magnetischen Speichereinrichtungen zur Informationswiedergabe in der dynamischen Magnetspeichertechnik sowie zum Lesen von Informationen in Schiebespeichern, beruht auf der Beeinflussung von bewegten Ladungsträgern in Festkörpern durch Magnetfelder, wird mit HALL-Sonde bzw. magnetoresistiver Sonde realisiert; s. a. BTM, EOM, MIM, MOM
GPR Mehrzweckregisterspeicher (general purpose register)

GPSS Mehrzwecksimulationssystem (general purpose system simulator)

Graser Laser-Art mit kürzeren ausgesendeten Wellenlängen (gamma ray laser)

GRF Gruppenfolgefrequenz (group repetition frequency)

GRU Mehrzweckregistereinheit (general register unit)

GSA Garantierter Störabstand
– technischer Parameter für integrierte Schaltkreise innerhalb vorgegebener Werte für Temperatur, Speisespannung und Belastung; s. a. TSA

GSI Integrierte Schaltung mit hohem Integrationsgrad (grand scale integration); s. LSI

GVS Generalisierte Variantensteuerung
– rechnergestütztes Verfahren, um vielerlei Komponenten in unterschiedlichen Varianten eines beliebigen technischen Gerätes einander zuzuordnen

HBS Halbleiterblockschaltung; auch HLBS

HBT Halbleiterblocktechnik
– zur Herstellung elektronischer Schaltkreise

HDDR Hochdichte magnetische digitale Datenspeicherung (high density digital magnetic recording)
– Verfahren zum Schreiben und Lesen binärer Impulsfolgen mit hoher Dichte auf Magnetband

HDDT Hochdichtes Magnetband für digitale Daten (high density digitale tape); s. a. HDDR

HF Hochfrequenz (high frequency)
– Bereich der Dekameterwellen $\lambda = 100$ bis 10 m, $f = 3$ bis 30 MHz; s. a. KW

HFA Hochfrequenzverstärker (high frequency amplifier); dass. wie HFV

HFO Hochfrequenzoszillator (high frequency oscillator)

HFV Hochfrequenzverstärker; dass. wie HFA

HIC Integrierter Hybridschaltkreis (hybrid integrated circuit)

HIFAM Amplitudenmodulation mit hoher Wiedergabequalität (high-fidelity amplitude modulation)

HiNiL Dass. wie HNIL

HIPO Verfahren zur Unterstützung des Entwurfs und der Dokumentation von komplexen Programmen (hierarchy plus input-process-output)
– graphische Darstellungsmethode, um die Funktionen, ihre Zusammenhänge und die zugehörigen Ein-/Ausgabedaten eines Systems zu dokumentieren

HL Halbleiter

HLBS Halbleiterblockschaltung; dass. wie HBS

HLL Hochwertlogik (high level logic)

– Logikschaltung mit hohem Störabstand, Varianten sind CTL und DTL

HLW Halbleiterleistungswiderstand

HLW(-System) System mit Halbleiterwandlern

– Meßgerätesystem zur elektrischen Messung mechanischer Größen; besteht aus Typenreihen von Meßwertaufnehmern für Dehnungen, Beschleunigungen, Wege, Flüssigkeits- und Gasdrücke und Kräfte sowie aus den dazugehörigen Speise- und Abgleichgeräten

HMOS MOS-Technologie mit hoher Leistungsfähigkeit (high performance metal oxide semiconductor)

HNIL Bipolare rauscharme Logik-Schaltungstechnik mit hoher Störsicherheit (high noise immunity logic); auch HiNiL

HPF Größte wahrscheinliche Frequenz (highest probable frequency)

HRC Hypothetischer Referenzkreis (hypothetical reference circuit)

– international standardisierter Begriff in den CCIR-Empfehlungen zur digitalen Übertragung und Speicherung hochwertiger Tonsignale

HR-LED Superlumineszenzdiode (high radiance light-emitting diode)

HS Hauptspeicher

– bildet mit ZVE die Zentraleinheit einer Rechenanlage

HSIC Integrierte Schaltung für Taktfrequenzen bis 10 MHz (high speed integrated circuit)

HSIIL Hochgeschwindigkeits-IIL (high speed integrated injection logic)

HSM Schnellspeicher (high speed memory)

HTL Integrierter Schaltkreis mit erhöhter Sicherheit gegen Störspannungen (high-threshold logic)

HTTL TTL-Schaltung, die für hohe Schaltgeschwindigkeiten ausgelegt ist (high speed transistor transistor logic)

IAS Bildanalysesystem (image analysis system)

– System zur thematischen Interpretation von Bildern, z. B. bei der Fernerkundung der Erde

IC Integrierte Schaltung (integrated circuit); dass. wie IS

ICE Hilfsschaltung zur Fehlersuche und -beseitigung in Rechnersystemen (in-circuit emulator)

– Firmware zur Kopplung und zum Test des Anwendersystems mit einem Entwicklungssystem

ICOM Verbindung des Mikrorechner-Entwicklungssystems zu anderen Peripherie-Systemen (intersystem-communication)
ICU Unterbrechungssteuereinheit (interrupt control unit)
IDAST Datenübertragung während Gesprächspausen beim Fernsprechen (interpolated data and speech transmission)
IDC Unverzögerte Phasenhubregelung (instantaneous deviation control)
IDP 1) Industrielle Datenverarbeitung (industrial data processing)
2) Integrierte Datenverarbeitung (integrated data processing)
IDS Integrierter Datenspeicher (integrated data store)
IDVF Integriertes Datenverarbeitungssystem im Fernmeldebetrieb (in der Bundesrepublik Deutschland)
– besteht aus einem als Raumvielfach ausgebildeten Koppelnetz, an das die Teilnehmer und die Verbindungsleitungen angeschlossen sind
IF Zwischenfrequenz (intermediate frequency); dass. wie ZF
IFA Zwischenfrequenzverstärker (intermediate frequency amplifier); dass. wie ZFV
IFL Integrierte Verschmelzungslogik (integrated fuse logic)
– Technik, mit der man Steuer-, Puffer-, Flip-Flop-Funktionen usw. auf einem Baustein durch Programmierung zusammenfaßt
IFT Zwischenfrequenzübertrager (intermediate frequency transformer)
IG Impulsgeber
IGFET Isolierschicht-Feldeffekttransistor (insulated-gate field effect transistor)
– Transistortyp mit isolierter Steuerelektrode, nutzt die Influenzwirkung an einem Isolator aus; auch IG-FET
IGMOSFET MOS-Feldeffekttransistor mit isolierter Steuerelektrode (insulated-gate metal oxide semiconductor field effect transistor)
IGO Impulsgesteuerter Oszillator (impulse-governed oscillator)
II auch I^2 – geschützte Bezeichnung für Ionenimplantationstechnik
IIC Integrierte Interface-Schaltung (integrated interface circuit)
IIIL Isoplanare integrierte Injektions-Logik (isoplanar integrated injection logic); auch I^3L
IIL Integrierte Injektions-Logik (integrated injection logic); auch I^2L
– I^2L-Technik: Bipolartechnik zur Herstellung integrierter Schaltungen, Grundsatzlösung für die Bipolar-LSI-Technik
ILT Zwischenlinienübertragung (interline transfer)
IM 1) Asynchronmotor (induction motor)
2) Impulsmodulation (impulse modulation)

IMC Bildwanderungsausgleich (image motion compensating)

IMOS Metalloxid-Halbleiter für das Ionen-Implant-Verfahren (ion-implanted metal oxide semiconductor)
– Herstellungstechnologie für integrierte MOS-Schaltungen, bei der die MOS-Transistoren mit Hilfe der Ionenimplantation hergestellt werden

IMS Datenbank-/Datenkommunikationssystem (information management system)

IMT Impulsmoduliertes Fernmeßverfahren (impulse-modulated telemetering system)

INDAC Industrial Data Acquisition and Control Language
– Programmiersprache für die industrielle Datenverarbeitung

INOHYC Integrierte optische Schaltung in Hybridtechnik (integrated optical hybrid circuit)

INSIMAS Interaktive Simulation von Materialfluß-Systemen
– interaktives Simulationsmodell zur Planung von Transportsystemen. Es enthält die Phasen Konstruktion, Analyse, Simulation und Auswertung. In jeder Phase wird der Dialog zwischen System und Benutzer durch grafische Darstellung auf einem Bildschirm unterstützt.

INTERCOM Gegensprechanlage (intercommunication system)

IO Integrierte Optik
– Grundgedanke: in Analogie zu IC auf kleinstem Raum optische Bauteile (z. B. Lichtleiter, Modulatoren, Laser, Schalter, Richtkoppler, Filter usw.) miteinander zu verbinden

IPA 1) Bild-Endverstärker (image power amplifier)
2) Verstärker mit mittlerer Leistung (intermediate-power amplifier)

IPL Information Processing Language
– Programmiersprache für die Informationsverarbeitung in Listentechnik. Sowohl Programm als auch Daten haben Listenstruktur.

IPS Zuordnendes Programmiersystem (interpretative programming system)

IR 1) Befehlsregister (instruction register)
2) Indexregister

IRASER Infrarot-Laser (infrared light amplification by stimulated emission of radiation)

IRB Industrieroboter

IRH Induktiver Magnetkopf (inductive recording head)
– Durch Kombination eines IRH-Schreibkopfes mit einem MRH-Lesekopf wird eine wesentlich höhere Empfindlichkeit auch bei höheren Frequenzen erreicht; s. a. MRH

IR-LED	Infrarot-Lumineszenzdiode (infrared light emitting diode)
IROM	Festwertspeicher, hergestellt nach dem Ionenimplantationsverfahren (ionimplanted read-only memory)
IRS	Informationsrecherchesystem (information retrieval system)
IS	Integrierte Schaltung; dass. wie IC
ISFET	Feldeffekttransistor mit besonderer Struktur der Steuerelektrode (ion sensitive field effect transistor) – als Sensor für Ionenkonzentrationsmessungen
ISL	1) Integrierte SCHOTTKY-Logik (integrated Schottky logic) 2) Synchron-Logikschaltung (injection-coupled synchronous logic)
ISR	Speichern und Wiederauffinden von Daten (information storage and retrieval)
ISU	Integrierte Steuerungssysteme – in der UdSSR; z. Z. keine einheitliche Definition. Begriff soll in erster Linie die hohe Vollkommenheit und Komplexität der automatischen Steuerungen zum Ausdruck bringen.
ITV	Industrielles Fernsehen (industrial television)
IVC	Integrierte Vakuum-Schaltung (integrated vacuum circuit)
JCCD	Sperrschicht-CCD (junction charge coupled device) – mit Vorzügen gegenüber MOS-CCD
JFET	Sperrschicht-Feldeffekttransistor (junction field effect transistor)
JK-FF	JK-Flip-Flop – unterscheidet sich vom getakteten RS-FF durch zusätzliche Rückkopplungen von den Ausgängen über Kreuz auf die Steuergatter; J und K geben die Eingangszustände an.
JT	Flächentransistor (junction transistor)
JUGFET	Sperrschicht-Feldeffekttransistor (junction-gate field effect transistor
KAF	Kanonische alternative Normalform; dass. wie KANF
KANF	Kanonische alternative Normalform – in der Schaltalgebra und angewandten Automatentheorie; dass. wie KAF
KDF	Kanonische disjunktive Normalform; s. KANF
KIF	Klasseninternes Fernsehen – dient lediglich für den Unterricht in einer Klasse, in der auch der Bildgeber, z. B. ein Video-Recorder, sowie die Kamera zur Aufnahme von Zeichnungen, Schriften und anderen Vorlagen stehen; s. a. SIF

KKF Kreuzkorrelationsfunktion

KKNF Kanonische konjunktive Normalform; s. KANF

KM Kreuzmodulation, Quermodulation

KMOS Planare Kurzkanalstrukturen (planar short channel metal oxide semiconductor)

KNF Konjunktive Normalform; s. KANF

KNS Struktur „Silizium auf Saphir“
– Grundlage für die Entwicklung von Halbleiter-Dehnungsmeßstreifen als Druckumformer; monokristallines Saphirplättchen, auf dessen Oberfläche eine dehnungsempfindliche Dünnschichtschaltung mit Dehnungswiderständen aus heteroepitaxialem monokristallinen Silizium aufgetragen wurde

KS Kennlinienschreiber

KSR Kleinsteuerrechner

KTV Kabelfernsehen

KV-Tafel KARNAUGH-VEITCH-Tafel zur Konstruktion einschrittiger Codes
– Rechteck/Quadrat, in dessen Felder die möglichen Kombinationen aller variablen Größen einzutragen sind. Es läßt sich sehr leicht prüfen, ob ein Code die Forderung, einschrittig zu sein, erfüllt.

KW Kurzwellen
– $\lambda = 100$ bis 10 m, $f = 3$ bis 30 MHz; s. a. HF

KWIC Indexieren des Stichwortes im zusammenhängenden Text (keyword-in-context indexing); s. a. KWOC

KWOC Indexieren des Stichwortes ohne zusammenhängenden Text (keyword-out-of-context indexing); s. a. KWIC

LAD Lawinendiode

LARAM CCD-Speicherelement mit pseudo-wahlfreiem Zugriff (line addressable random access memory); s. a. RAM

LAS Logisches Algorithmenschema
– zur Darstellung algorithmisierbarer Prozesse; s. a. MSA

LASCR Fotothyristor, lichtaktivierter siliziumgesteuerter Gleichrichter (light-activated silicon-controlled rectifier)

Laser Lichtwellen-Verstärker, Lichtverstärkung durch angeregte Strahlungsemission (light amplification by stimulated emission of radiation); auch LASER

LASS Zeilen-Analog-Sprachgenerator (line analog-speech synthesizer)

LATV Testvorrichtung (logic and array test vehicle)

LBE Leit- und Bedieneinrichtung

LBR Bildaufzeichnungsgerät auf der Grundlage von Laserstrahlen (laser beam recorder)

LCD Flüssigkristall-Anzeige (liquid crystal display)

LCDTL Lastkompensierte DTL (load compensated diode transistor logic)
LCG (Rechen-)Einheit zur vorausschauenden Übertragsbildung (lock-ahead carry generator)
lcm Kleinstes gemeinschaftliches Vielfaches (least common multiple)
LD Lumineszenzdiode; dass. wie LED
LDA Laser-DOPPLER-Anemometer
LDMOS Laterale planare D-MOS-Struktur (lateral planar double-diffused metal oxide semiconductor)
LDR Fotowiderstand, lichtabhängiger Widerstand (light dependent resistor)
LED Lumineszenzdiode (light-emitting diode)
– Licht emittierende Dioden wandeln elektrische Energie in elektromagnetische Strahlung um. Das Licht wird teilweise oder ganz im sichtbaren Bereich des Spektrums ausgestrahlt; auch LD
LF Niederfrequenzen (low frequencies)
– Bereich der Kilometerwellen, $\lambda = 10$ bis 1 km, $f = 30$ bis 300 kHz; dass. wie NF; s. a. LW
LHT Scheibenröhre (lighthouse tube)
LIBAFORM LISP-based computer language for symbolic Formula Manipulation
– Maschinensprache, mit der sich mathematische Ausdrücke symbolisch verarbeiten lassen
LIC Lineare integrierte Schaltung (linear integrated circuit)
LID Halbleiterbauelement, das sich auf einem keramischen Träger befindet und in Epoxidharz gekapselt ist (leadless inverted device)
LIFO Kellerspeicher („last in, first out")
– Halbleiterspeicher, bei dem das letzte gespeicherte Datenwort zuerst wieder ausgelesen wird; s. a. FIFO und FILO
LISP Listenverarbeitende Programmiersprache
– Mathematische Grundlage ist die Theorie der rekursiven Funktionen. Die Programme werden analog zu den arithmetischen Funktionen mit Hilfe der bedingten Anweisungen und Überlagerungsoperationen aus symbolischen Ausdrücken aufgebaut.
LKV Lochkartenverfahren (in der Datenverarbeitung)
LLL Kleinleistungslogik (low level logic)
– integrierter Schaltkreis für niedrige Spannungspegel
LLT Drahtgebundenes Fernschreiben (landline teletype)
LMO Linearer Steueroszillator (linear master oscillator)
LNA Verstärker mit niedrigem Eigenrauschen (low noise amplifier)
LO Hilfsoszillator (local oscillator)
LOCMOS Oxidisolierte CMOS-Schaltung (local oxidation metal oxide semiconductor)

LOCOS Selektive Oxidation von Silizium (local oxidation of silicon)
– technologische Maßnahme zur Steigerung des Integrationsgrades integrierter Schaltungen, beruht auf dem lokalisierten Oxidieren einer Siliziumoberfläche, wobei eine gegen Oxidation schützende Siliziumnitridschicht als Maske benutzt wird

LP 1) Langspielband (long-play tape)
2) Langspielplatte
3) Lineare Programmierung (linear programming)

LPC Linear voraussagende Codierung (linear predictive coding)
– Datenkompressionstechnik für Schmalband-Nachrichtenübertragungen

LPG Listenprogrammgenerator

LPL Logik mit besonders niedrigem Leistungsverbrauch (low power logic)

LR Pegelschreiber (level recorder)

LRC 1) Lastregelung (load ration control)
2) Niveauregler für Pegelschreiber (level recorder controller)

LSB Niedrigster Stellenwert eines Bitmusters bei der Digital-Analog-Umsetzung (least significant bit); s. a. MSB

LSDI Technologie zur Realisierung von Halbleiter-Flachbildschirmen (large scale display integration)

LSI Großintegration (large scale integration)
– Integration komplexer Großschaltungen und Subsysteme mit mehr als 100 logischen Grundschaltungen oder 1000 und mehr Bauelementen je Chip; s. a. MSI, SSI, ULSI und VLSI

LSIC Integrierte Schaltung für Taktfrequenzen bis 0,1 MHz (low speed integrated circuit)

LSL 1) Langsame störsichere Logik
2) Lochstreifenleser

LST Lochstreifenstanzer

LTA Logik-Zeit-Analysator (logic time analyzer)

LTT Über Drahtleitung angeschlossener Fernschreiber (landline teletypewriter); s. a. LLT

LVR Video-Langspiel-Recorder (longitudinal video recorder)
– farbtüchtiges Video-Kassettensystem für Aufnahme und Wiedergabe, wobei 28 parallellaufende Spuren Bild- und Tonsignale enthalten können, 90–120 Minuten Spieldauer; s. a. Betamax und VCR

LW Langwellen
– $\lambda = 10$ bis 1 km, $f = 30$ bis 300 kHz; s. a. NF

LWL Lichtwellenleiter

LZK Laufzeitkette

MAC Vielzugriffsrechner (multi-access computer)

MADOS Magnetischer Domänenspeicher (magnetic domain storage)

MAGFET Magnetischer Feldeffektransistor (magnetic field effect transistor)

MANIAC Name eines Universalrechners (mathematical analyzer, numerical integrator and computer)

MAOS Metall-Aluminium-Oxid-Halbleiter (metal aluminium oxide semiconductor)
– Speichertransistor mit Aluminiumoxid als äußerem Dielektrikum; s. a. MNOS

MAR Speicheradreßregister (memory address register)

MAS 1) Feldeffekttransistor mit isolierter Steuerelektrode (metal aluminium semiconductor)
– spezieller IGFET, dessen Gate-Isolator aus Al_2O_3 besteht; s. a. MAOS
2) Modulares Anwendungssystem
– des IBM Systems/32 für die Fertigungsindustrie

Maser Mikrowellenverstärker, Mikrowellenverstärkung durch angeregte Strahlungsemission (microwave amplification by stimulated emission of radiation); auch MASER

MAT Baukastenprinzip, Baukastentechnik (mechanical assembly technique)

MATS Automatisches Mehrzweck-Prüfsystem (multipurpose automatic test system)

MAUS Meß-Auswerte-Sprache
– problemorientierte Programmiersprache, wird auf einer EDVA höherer Konfiguration betrieben und kann unabhängig von einem Meßgerät eingesetzt werden; s. a. UMAS

Mavar Parametrischer Verstärker, Mikrowellenverstärkung durch veränderbare Reaktanz (microwave amplification by variable reactance)
– Mischverstärkung durch eine (mit der sog. Pumpfrequenz durchgesteuerte) nichtlineare Reaktanz (mixed amplification by variable reactance); auch MAVAR

MAZ Magnetbandaufzeichnung, magnetische (Fernsehbild-)Aufzeichnung

MB 1) Magnetband; dass. wie MT
2) Meßbrücke

MbE Management by Exception („Führung nach dem Ausnahmeprinzip")
– aus den USA stammendes Leitungsprinzip; bestimmte Leitungsaufgaben werden auf nachgeordnete Leitungsebenen delegiert.

In Ausnahmefällen, wenn der Kompetenzbereich der betreffenden Leitungsebene überschritten wird, wird die oberste Leitung eingeschaltet; s. a. MbO

MBM Magnetischer Blasenspeicher (magnetic bubble memory)

MbO Management by Objectives („Führung durch Zielvorgabe“)
– aus den USA stammendes Leitungsprinzip; Vorgabe von Einzelzielen, die aus dem Hauptziel abgeleitet werden, laufende Zielkontrolle, Übertragung der vollen Verantwortung auf die ausführende Stelle; s. a. MbE

MBT Metallbasis-Transistor (metal basis transistor)

MCC Mikrorechner-Chip (microcomputer chip)

MCCD-Struktur Mäander-CCD
– CCD-Bildaufnahmeelement mit mäanderförmigen Kanalstrukturen

MCF Mittlere Trägerfrequenz (mean carrier frequency)

MCG Magnetokardiogramm (magnetocardiogram)

MCL Logikschaltung mit Mehrfachkollektorstrukturen (multi-collector logic)

MCP Hauptsteuerprogramm (master control program)

MCU Mikroprogramm-Steuereinheit (microprogram control unit)

MCW 1) Modulierte Trägerwelle (modulated carrier wave)
2) Modulierte ungedämpfte Welle (modulated continuous wave)

MD 1) Magnettrommelspeicher (magnetic drum (storage))
2) Manuell eingegebene Daten (manual data); s. a. MDI

MDDS Mikrorechner-Plattenentwicklungssystem (microcomputer disk development system)

MDE Konstruktion von Bauelementen mit wandelbaren elektrischen Eigenschaften (modular design of electronics)

MDI Manuelle Dateneingabe (manual data input); s. a. MD

MDS Mikroprozessor-Entwicklungssystem (microprocessor development system)

MDT Mittlere Datentechnik

MECL Mehrfach emittergekoppelte Logikschaltung (multi-emitter coupled transistor logic)

MEMISTOR Widerstand mit Speicherwirkung (memory resistor)

MESA-Technik Von dem beim Ätzen von Halbleitermaterial entstehenden „Tafelberg“ (=Mesa) herrührende Benennung für ein bestimmtes Fertigungsprinzip für Bipolartransistoren

MESFET Schottky-Feldeffekttransistor (metal semiconductor field effect transistor)
– Metall-Halbleiter-FET, der im Gegensatz zum MOSFET eine Schottky-Steuerelektrode, also einen Metall-Halbleiter-Übergang, als Eingangselektrode besitzt

MEÜ Mikrowellen-Energieübertragung

MF 1) Mittlere Frequenzen (medium frequencies)
– Bereich der Hektometerwellen, $\lambda = 1000$ bis 100 m, $f = 300$ bis 3000 kHz; dass. wie MHF; s. a. MW
2) Zwischenfrequenz (moyenne frequency); dass. wie IF und ZF

MFB 1) Dynamische Rückkopplung, Bewegungskopplung (motional feedback)
2) Mehrfach-Rückkopplung (multiloop feedback)
3) Mehrfunktionenbaustein

MFE Makro-Funktions-Elektronik

MFG Mehrfrequenzgenerator

MFSFET Feldeffekttransistor als neuartiges leistungsloses Speicherelement (metal ferroelectric semiconductor field effect transistor)

MHF Mittelfrequenz (medium-high frequency); dass. wie MF

MHL Programmeingabeeinrichtung für Mikroprozessoren (microprocessor host loader)

MIC 1) Integrierte Mikrowellenschaltung (microwave integrated circuit), die für den gesamten Frequenzbereich entwickelt wurde
2) Monolithisch integrierte Schaltung (monolithic integrated circuit)

MICR Magnetische Zeichenerkennung (magnetic ink character recognition)

MICRAM Elektronische betriebssichere Anlagen aus Kleinstbauteilen (microminiature individual component reliable assembled modules)

MIDAS Modified Integration Digital/Analog Simulation
– Programmiersprache

MIIS Metallisolationshalbleiter (metal-insulation-insulation semiconductor)
– nichtflüchtiger Halbleiterspeicher, der unabhängig von der äußeren Stromversorgung die Daten in Form einer elektrischen Ladung zwischen zwei isolierten Lagen speichert

MIM Magnetische Induktionsmethode
– Detektionsmethode der Lesesensoren in magnetischen Speichereinrichtungen zur Informationswiedergabe in der dynamischen Magnetspeichertechnik sowie zum Lesen von Informationen in Schieberegistern und Matrixspeichern, beruht auf der Erzeugung einer Spannung durch Änderung der von einer Leiterschleife umschlossenen magnetischen Flußlinien und wird mit einem (induktiven, flußempfindlichen) Magnetkopf, einer Drahtschleife bzw. Spule realisiert; s. a. BTM, EOM, GMM, MOM

MIP Mikroprozessor

MIS 1) Management-Informations-System
– beinhaltet die rechnergestützte Organisation der Gewinnung, Speicherung, Bearbeitung, Aufbereitung und Verdichtung von Informationen, die zur Entscheidungsfindung durch die Leitung eines Unternehmens, Betriebes usw. benötigt werden
2) Metall-Isolator-Halbleiter (metal insulator semiconductor)
– MIS-Technik zur Herstellung integrierter Schaltungen. Hauptmerkmale sind geringer Flächenbedarf (ca. $^1/_{10}$ der entsprechenden Bipolarschaltung), Selbstisolation der Elemente, große Funktionsflexibilität, geringe Anzahl der Prozeßschritte, extrem kleine Verlustleistung, flexible Schaltungstechnik.

MISFET Metall-Isolierschicht-Feldeffekttransistor (metal insulator semiconductor field effect transistor); auch MIS-FET
– eine andere Bezeichnung für IGFET

MIT Metallzwischenschicht-Transistor (metal interface transistor)

ML Maschinensprache (machine language)

MLB Mehrebenenleiterplatte (multi layer board); s. a. MLCB

MLC Magnetkontokarte (magnetic ledger card)

MLCB Mehrschichtleiterplatte (multi layer circuit board); s. a. MLB

MLE Mikroprozessor-Spracheditor (microprocessor language editor)

MLF Maximal lange Folge
– Schieberegister, die maximal lange Sequenzen oder Folgen von 0 und 1 liefern, werden in der Technik digitaler Systeme oft gebraucht

MLM Mehrlagenverdrahtung (multi layer metallization)

MMF Magnetomotorische Kraft (magnetomotive force); dass. wie MMK

MMI Monolithischer Speicher (monolithic memory)
– eine bipolare integrierte Schaltung

MMK Magnetomotorische Kraft; dass. wie MMF

MMS Mensch-Maschine-System
– ergatisches System, in dem ein einzelner Mensch oder eine Gruppe von Menschen mit technischen Einrichtungen zusammenwirkt

MMV Monostabiler Multivibrator

MNOS Metall-Nitrid-Oxid-Halbleiter (metal nitride oxide semiconductor)
– Speichertransistor mit Siliziumnitrid als äußerem Dielektrikum; s. a. MAOS

MNS Metall-Nitrid-Halbleiter (metal nitride semiconductor)
– Technik zum Trennen der einzelnen Elemente einer integrierten Schaltung mit Hilfe von Siliziumnitrid.

MO 1) Meßobjekt
2) Steuergenerator, Steuersender (master oscillator)

MOC Datenverarbeitung über Mikrofilm und Rechner (microfilm-output computer)

MODEM Modulator/Demodulator
– für abwechselndes Senden und Empfangen, Einrichtung zum Umsetzen von Rechnerdaten in ein Signal zur Übertragung über Fernsprechleitungen und zum Rückumsetzen des Signals am Empfangsende

MOM Magnetooptische Methode
– Detektionsmethode der Lesesensoren in magnetischen Speichereinrichtungen zur Beobachtung magnetischer Strukturen, Informationswiedergabe in der dynamischen Magnetspeichertechnik sowie zum Lesen von Informationen in Schiebespeichern, beruht auf der Beeinflussung der optischen Eigenschaften von Kristallen durch deren Magnetisierungszustand und wird mit einer magnetooptischen Beobachtungseinrichtung realisiert; s. a. BTM, EOM, GMM, MIM

MOPS Magnetooptische Informationsspeicherschicht (magnetooptic photoconductor sandwich)
– magnetooptische Granatschichten, kombiniert mit Fotoleitern, als Material für optische Datenspeicher

MOS Metall-Oxid-Halbleiter (metal oxide semiconductor)
– MOS-Technik zur Herstellung integrierter Schaltungen. Im Unterschied zur bipolaren Technologie verwendet man Feldeffekttransistoren mit isolierter Steuerelektrode (MOSFET oder IGFET) als Schaltelemente, die sich vor allem durch extrem geringen Leistungsverbrauch auszeichnen.

MOSAIC Integrierte Schaltung aus mehreren MOSFET (MOS advanced integrated circuit) in Standardanordnung auf einer Siliziumscheibe

MOSFET Feldeffekttransistor mit isolierter Steuerelektrode (metal oxide semiconductor field effect transistor)

MPE Fertigung elektronischer Bauelemente mit veränderlichen elektrischen Eigenschaften (modular production of electronics)

MPLA Vom Hersteller durch Masken programmierbare Logikmatrix (mask programmable logic array); s. a. EPLA und FPLA

MPS Mikroprozessorsystem

MPSE Matrixprogrammierte Speichereinrichtung
– industrielle Steuereinrichtung, bei der die Programmierung unter weitgehender Verwendung matrixartiger Einrichtungen erfolgt. Eine Besonderheit besteht darin, die kombinatorischen und reinen Speicherfunktionen gesonderten Einrichtungen zuzuweisen, wobei der Speicherteil dem Zuordnungsteil entgegengeschaltet ist.

MPU Zentraleinheit (microprocessing unit); Synonym für CPU

MPZ Momentane Prioritätszuteilung
– datenreduziertes Multiplex-Verfahren in der Übertragungstechnik, das eine Optimalcodierung von DPCM-Bildsignalen approximiert, ohne einen Pufferspeicher zu benötigen

MR	1) Mikrorechner 2) Mittelstreckenbereich (medium range) im Funkverkehr 3) Multiplikatorregister 4) Speicherregister (memory register)
MRH	Magnetowiderstandskopf (magneto-resistive head) – Lesekopf auf der Grundlage des Magnetowiderstandseffekts, für Magnetbänder und Magnetblasenspeicher; s. a. IRH
MRS	Mikrorechnersystem
MSA	Matrizenschema des Algorithmus – mathematische Methode zur möglichst einfachen Handhabung und universellen Nutzung von LAS
MSB	Höchster Stellenwert eines Bitmusters bei der Digital-Analog-Umsetzung (most significant bit); s. a. LSB
MSD	Höchstwertige Ziffer (most signifikant digit)
MS-FF	„Herr-Sklave"-Flip-Flop (master-slave-flip-flop) – besteht aus zwei hintereinandergeschalteten, getakteten rückstellbaren Flip-Flops, bei denen das vordere, der „Master", den Takt direkt und das andere, der „Sklave", den Takt über einen Inverter (ein NICHT-Gatter) bekommt
MSI	Mittelintegration, mittlere Integrationsdichte (medium scale integration) – Integration komplexer Schaltungen und Systeme mit 10 bis 100 logischen Grundschaltungen oder 100 bis 1000 Bauelementen je Chip; s. a. LSI, SSI, ULSI, und VLSI
MSIC	Integrierte Schaltung für Taktfrequenzen bis 1 MHz (medium speed integrated circuit)
MSK	Minimale Frequenzumtastung (minimum (frequency-)shift keying)
MSS	Multispektrales Abtastsystem (multispectral scanner) – dient bei der Fernerkundung der Erde zur zeilenweisen Abtastung der radiometrischen Eigenschaften der Erdoberfläche
MST	1) Entwurf nach Standardschaltungen (master slice technique) 2) Herstellungsverfahren für integrierte Schaltungen (monolithic system technology) – Nicht einzelne Transistor-Chips, sondern bis zu vier monolithische integrierte Schaltungen werden auf einem keramischen Träger zu einer komplexen Schaltung vereint.
MT	1) Magnetband (magnetic tape); dass. wie MB 2) Magnetton
MTBF	Mittlere Funktionsdauer (von Bauelementen und Baugruppen) zwischen zwei Ausfällen (mean time between failures) – auch mittlere Brauchbarkeitsdauer von reparierbaren technischen Systemen

MTBM Mittlerer Wartungsabstand (mean time between maintenance)

MTC Magnetbandkassette (magnetic tape cassette)

MTF Modulationsübertragungsfunktion (modulation transfer function)

MTL Gemischte Transistorlogik (merged transistor logic)
– vereinigt die Vorteile der Bipolartechnik (hohe Rechengeschwindigkeit) mit den Vorteilen der MOS-Technik (hohe Integrationsdichte, geringe Verlustleistung)

MTR Mittlere Reparaturzeit (mean time to repair)
– durchschnittliche Zeit zwischen zwei Reparaturen

MTTF Funktionsdauer (von Bauelementen und Baugruppen) bis zum Totalausfall (mean time to failure)
– reziproker Wert der Ausfallrate

MTTFF Mittlere störungsfreie Zeit (von Bauelementen und Baugruppen) bis zum ersten Fehler (mean time to first failure)

MVN Materialverbrauchsnorm

MVS Mehrfacher virtueller Speicher
– Systemsteuerprogramm, Version des IBM-Betriebssystems OS/VS 2

MVT Mehrprogrammabarbeitung mit variabler Anzahl von Aufgaben (multiprogramming with variable tasks)

MW Mittelwelle (medium wave)
– $\lambda = 1000$ bis 100 m, $f = 300$ bis 3000 kHz; s. a. MF

MWS Meßwertsender

MZE Mehrzustandselement
– digitales Element mit mehreren stabilen Zuständen zur Anwendung in Anlagen der Digitaltechnik, hat im Gegensatz zu binären Elementen nicht nur eine, sondern mehrere Entscheidungsschwellen

NAND „nicht und", Unvereinbarkeit (logischer Operator); s. a. AND und NOR

NAP Netzwerkanalyseprogramm (network analysis program)

NBDL Schmalband-Datenübertragungsleitung (narrow-band data line)

NBFM Schmalband-Frequenzmodulation (narrow-band frequency modulation); dass. wie NFM

NC Numerische Steuerung (numerical control)
– z. B. von Werkzeugmaschinen; CNC-Betrieb: frei programmierbare Steuerungen (mit NCP = Zwischenschaltung von Anpaßteilen), DNC-Betrieb: Direktsteuerung

NCMT Numerisch gesteuerte Werkzeugmaschine (numerically controlled machine tool)

NCO	Numerisch gesteuerter Oszillator (numerically controlled oscillator)
NCP	1) Steuerprogramm (network control program) 2) Steuerprozessor (network control processor) 3) Zwischenschaltung von Anpaßteilen bei der numerischen (Werkzeugmaschinen-)Steuerung
NDRO	Zerstörungsfreies Auslesen von Informationen aus einem Speicher, zerstörungsfreie Meßwertanzeige (non destructive readout); im Gegensatz zu DRO
NDT	Zerstörungsfreies Prüfen (non destructive testing)
NEC	National Electric Code (nationaler (amerikanischer) elektrischer Code)
NF	Niederfrequenz – $\lambda = 10$ bis 1 km, $f = 30$ bis 300 kHz; dass. wie LF; s. a. LW
NFB	Gegenkopplung (negative feedback)
NFD	Rauschfreies Gerät/Bauelement (noise free device)
NFM	Schmalband-Frequenzmodulation (narrow-band frequency modulation); dass. wie NBFM
NFS	Schmalband-Frequenzhub (narrow-band frequency shift)
NFV	Niederfrequenzverstärker
NHP	Normalhöhenpunkt (in der Topographie) – Deutscher NHP von 1912 (Berlin-Hoppegarten) liegt bei 54,6 m über NN.
NIT	Neon-Anzeigeröhre (neon indicator tube)
NLC	Nichtlineare Schaltung (non-linear circuit)
NLE	Nichtlineares Schaltelement (non-linear element)
NLOP	Simultane nichtlineare Optimierung des Mehrstufenprozesses mit einem modifizierten Suchverfahren – Verfahren zur statischen Optimierung rückgekoppelter Mehrstufenprozesse, wie sie bei industriellen Prozessen, in der chemischen Industrie oder bei wasserwirtschaftlichen Verteilungsproblemen gegeben sind; s. a. DMP, DPAN, DPME, DPVR
NLS	Leerlaufdrehzahl (no-load speed)
NMOS	Metall-Oxid-Halbleiter mit negativ dotiertem Kanal (*n*-channel metal oxide semiconductor) – *n*-Kanal-MOS-Bauelemente, bei denen die Majoritätsladungsträger Elektronen sind (hohe Elektronenbeweglichkeit); auch N-MOS; s. a. PMOS
NN	Normalnullpunkt (in der Topographie) – Nullpunkt des Amsterdamer Pegels
NOR	„weder noch", Negierung (logischer Operator); s. a. AND und NAND

NOVRAM Nichtflüchtiger RAM (non volatile random access memory);

NPL New Programming Language
– Neue Programmiersprache

NPT Netzplantechnik

NRE Elektronisches Bauelement mit negativem Widerstand (negative resistor element)

NRU Nichtauswechselbares Bauteil (non-replaceable unit)

NRZ „Nicht zurück nach Null" (non-return-to-zero)
– Schreibverfahren für Magnetbandspeicher, ohne Rückstellkraft, ohne Rückkehr zur Nullage

NSV Nichtautomatische Selbstüberprüfung (non-automatic self-verification)

NTL 1) Logik für schnelle LSI-Schaltungen (non-threshold logic)
2) Uneinheitliche Übertragungsleitung (non-uniform transmission line); auch NUTL

NUTL Dass. wie NTL

NVRAM Dass. wie NOVRAM

OASU Automatisiertes Steuerungssystem eines Industriezweiges (otraslevaja avtomatizirovannaja sistema upravlenija)

OC 1) Operationscode (operating code)
2) Bedienungsregler (operating controller)

OCR Optisch-maschinelles Erkennen von Schrifttypen (optical character recognition)

ODA Betriebsdaten-Analyse (operational data analysis)

OEM Produzent/Hersteller von industriellen Steuerungen (original equipment manufacturer)

off-line Verkehr mit einem Rechner, bei dem der Benutzer einen Datenträger (z. B. Lochkarten) verwendet; s. a. on-line

OFT Oberflächen-Feldeffekttransistor
– ungebräuchliche Bezeichnung für MOS-Transistoren

OIS Informations-Betriebssystem (operating information system); s. BS

OKB Optische Kontaktbelichtung
– elektronenoptisches Verfahren zur Herstellung von Belichtungsmasken und Maskierungsstrukturen für integrierte Schaltkreise, eignet sich nur für die Übertragung von Strukturen über 1 μm; s. a. OPB

OM Mittelwellen (ondes moyennes); dass. wie MW

OMEC Optimale elektronische Mikrominiaturschaltung (optimized microminiature electronic circuit)

on-line Verkehr mit einem Rechner, bei dem der Benutzer direkt (ohne Datenträger) mit dem Rechner verbunden ist; s. a. off-line

OPAL Operational Performance Analysis Language
– Programmiersprache

OPAMP Operationsverstärker (operational amplifier); auch OPV

OPB Optische Projektionsbelichtung
– elektronenoptisches Verfahren zur Herstellung von Belichtungsmasken und Maskierungsstrukturen für integrierte Schaltkreise, es können Strukturen unter 1 µm erzeugt werden; s. a. OKB

OPC Offene gedruckte Schaltung (open printed circuit)

OPDAC Optischer Datenumsetzer (optical data converter)

OPFET Optischer Feldeffekttransistor (optical field effect transistor)

OPTUL Optischer Impulssender über Laser (optical pulse transmitter using laser)

OPV Operationsverstärker; auch OPAMP

OR Operationsforschung (operation research)

OS Betriebssystem (operating system); dass. wie BS

OTA Rechenverstärker für Analogrechner (operational transconductance amplifier)

OTV Organisierte Textverarbeitung
– Technik zur Bearbeitung des ständig steigenden Schriftgutvolumens mit dem vorhandenen Personal

OUTRAN Ausgangsübersetzer (output translator)

OXIL Oxid-Isolations-Logik (oxide insulation logic)
– eine bipolare VLSI-Technologie

OXIM Monolithisch integrierte Schaltung mit Oxidisolation (oxide insulated monolith)
– Technik zur Herstellung integrierter Schaltungen; bei der die Dimensionen so weit verringert werden, daß auch das Emittergebiet die begrenzende Oxid-Wandung des Transistors berührt

PAAC Programmanalyse mit adaptiver Kontrolle (program analysis adaptable control) in der Regelungstechnik

PACE 1) Präzisions-Analogrechenanlage (precision analog computing equipment)
2) Processing and Control Element
– 16-bit-Einchip-Mikrorechner der amerikanischen Firma National Semiconductor

PACM Impulsamplituden-Codemodulation (pulse amplitude code modulation)

PACT 1) Programm für automatische Codierverfahren (programm for automatic coding techniques)

2) Programmierter automatischer Schaltungsprüfer (programmed automatic circuit tester)

PADRE Tragbare automatische Datenaufzeichnungsanlage (portable automatic data recording equipment)

PAL „In der Phase wechselnde Zeile" (phase alternating line)
– Farbfernsehverfahren der Firma AEG-Telefunken, Phasenwechsel auf der Übertragungsstrecke

PAM Impulsamplitudenmodulation (pulse amplitude modulation)
– Methode ermöglicht eine Zeitmultiplexübertragung, wobei mehrere Signale nacheinander abgetastet und zeitlich hintereinander auf den Übertragungsweg gegeben werden.

PAP Programmablaufplan

PARAMP Parametrischer Verstärker (parametric amplifier)

PAS Prozeß-Automatisierungs-Sprache

PBM Pulsbreitenmodulation

PC 1) Festverdrahtete Steuerung (programmable (logic) controller)
2) Gedruckte Schaltung (printed circuit); s. a. PCB und PWB
3) Phasenregelung, Phasenregler (phase control)
4) Programmzähler, Befehlszähler (program counter)

PCB Leiterplatte, gedruckte Schaltung (printed circuit board); dass. wie PC oder auch PWB

PCC 1) Phasenkorrekturschaltung (phase correction circuit)
2) Programmgesteuerter Rechner (program-controlled computer)

PCCD Fortschreitende Ladungsverschiebeschaltung (peristaltic charge coupled device); dass. wie BCCD; s. a. CCD

PCCL Impulsgekoppelte Komplementärlogik (pulse-coupled complementary logic)

PCD Plasmagekoppelte Bauelemente (plasma-coupled devices)

PCE Lochkartenanlage (punched-card equipment); dass. wie PCS

PCI Programmierbare Kommunikationsschnittstelle (programmable communication interface)
– LSI-Baustein für die synchrone und asynchrone Datenübertragung

PCM Impulscodemodulation, auch Pulscodemodulation (pulse code modulation)
– Verfahren der Informationsübertragung, bei dem kontinuierlich veränderliche (d. h. analoge) Signale in binäre Impulsfolgen umgewandelt werden; ermöglicht Vielfachübertragungen auf Leitungen, auf denen wegen des großen Nebensprechens Frequenzmultiplexübertragungen unmöglich wären

PCMTS Fernmeßsystem mit Pulscodemodulation (pulse code modulation telemetry system)

PCO 1) Bildkontrolloszillograph (picture control oscilloscope)
2) Programmkoordinierungsstelle (program coordination office)

PCS 1) Pulscode-Datenübertragungssystem
– ermöglicht die unmittelbare zeitgeteilte Übertragung der unterschiedlichen digitalen Datenflüsse. Gemäß seiner Konzeption ist prinzipiell mit allen Datenendstellen Duplexbetrieb sowie Off-line- und auch One-line-Betrieb möglich.
2) Lochkartenanlage (punched-card system); dass. wie PCE

PCSP Hilfsprogramm für den Verkehr selbständiger Programme untereinander (program communications support program)

PCT Perfekte Kristalltechnologie (perfect crystal technology)
– technologisches Verfahren zur Herstellung integrierter Schaltungen, womit erreicht wird, daß die Fehlstellendichte kleiner als 500/cm^2, d. h. die Siliziumscheibe bereits extrem fehlerarm ist

PD 1) Impulsdauer, Impulsbreite (pulse duration)
2) Registriervorrichtung (plotting display)

PDM Impulsdauermodulation (pulse duration modulation)
– Abtastverfahren bei der Analog-Digital-Umsetzung für die Meßwerterfassung; dass. wie PLM

PDP Datenverarbeitungsanlage (programmed data processor)

PDS Polyvalent Development System
– von der Firma Motorola Semiconductor Products entwickeltes Zweikartensystem, bestehend aus einer Hauptprintplatte und einer Zusatzvideokarte, für den Entwurf sowohl billiger Mikrorechner als auch komplizierter Mikroprozessorsysteme

PDV Prozeßdatenverarbeitung

PEARL Process and Experiment Automation Realtime Language
– höhere Programmiersprache für die Programmierung von Echtzeitaufgaben, zur Steuerung von Prozessen jeglicher Art verwendbar

PEP Programmbewertungsverfahren (program evaluation procedure) in der Netzplantechnik; s. a. PERT

PER Programmgesteuerte elektronische Rechenanlage

PERT Technik der Bewertung und kritischen Prüfung von Projektprogrammen (program evaluation and review technique)
– eines der ersten Netzplansysteme zur Leitung und Planung, wobei den Vorgängen im Netzplan Zufallsgrößen mit einer bestimmten Wahrscheinlichkeitsverteilung zugeordnet werden, 1958 in den USA entwickelt

PFM Impulsfrequenzmodulation (pulse frequency modulation)

PFN Impulsformende Schaltungsanordnung (pulse forming network)

PFS Programmierter Festwertspeicher

PG 1) Impulsgenerator (pulse generator)
2) Steuergenerator (pilot generator)

PGA Programmierbare Steuerschaltung (programmable gate array)

PHG Programmierbare Handhabungsgeräte
– Synonym für Industrieroboter

PHM Phasenmodulation (phase modulation); auch PM

PIA Peripherer Schnittstellen-Anpaßbaustein (peripheral interface adapter)
– universell verwendbarer Ein-/Ausgabe-Baustein für Mikroprozessorsysteme

PICE Programmierbare integrierte (Regel-) und Steuereinrichtung (programmable integrated control equipment)

PIC-LED Bild-Leuchtdiodenanzeige (picture light-emitting diode)
– Durch entsprechende Formgebung der LEDs wird die Information bildhaft dargestellt.

PI-controller PI-Regler, proportional-integral wirkender Regler (proportional-integral controller)

PID-controller PID-Regler, proportional integral-differential wirkender Regler

PIM Impulsintervallmodulation (pulse interval modulation)
– Kunstwort aus *p*-*n*-Zone mit dazwischenliegendem Gebiet vom Eigenleitungstyp, engl. intrinsic conduction

PIN-Diode Diodentyp (positive-intrinsic-negative diode)

PIO Baustein zur Parallel-Ein- und -Ausgabe von Daten (parallel input-output)

PIP Individuelle oder diskrete Verdrahtung (programmed interconnection process)

PIU Steckeinheit (plug-in unit)

PKF Polaritätskorrelationsfunktion

PL 1) Programmbibliothek (program library)
2) Programmiersprache (programming language)

PLA Programmierbare logische Einheit (programmable logic array)

PLACE Programming Language for Automatic Checkout Equipment
– Programmiersprache für eine automatische Prüfanlage

PLANIT Programming Language for Interactive Teaching
– Programmiersprache für Lehranlagen

PLATMOS Nichtflüchtige MOS-Halbleiterspeicherstruktur durch Platindiffusion (platinum-diffused metal oxide semiconductor)

PLC 1) Komplette Änderungen bei der Generierung im Rahmen der Systemprogrammierung (program level changes); s. a. PTF

	2) Programmspeicher und Prozessor (programmable logic controller)
	– Element eines Mikroprozessorsystems, ein außerordentlich flexibles Steuergerät, das mit PROMs arbeitet
PLL	Phasenumkehrschaltung (phase-locked-loop)
	– ein Oszillator, dessen Frequenz mit Hilfe einer Phasenvergleichsschaltung durch eine extern zugeführte Frequenz über eine Regelschleife synchronisiert wird
PLM	1) Impulslängenmodulation (pulse length modulation); dass. wie PDM
	2) Pulslagemodulation; dass. wie PPM
PL/M	Programming Language for Microprocessors
	– Programmiersprache für Mikroprozessoren
PLT	Programmbibliotheks-Magnetband (program library tape)
PLUS	Programming Language for Microcomputer Systems
	– höhere Programmiersprache für Mikrorechnersysteme
PL/1	Programming Language One
	– universelle problemorientierte Programmiersprache, in der sowohl numerische als auch nichtnumerische Probleme gleichermaßen programmiert werden können
PM	1) Impulsmodulation (pulse modulation)
	2) Periodendauermodulation
	– Abtastverfahren bei der Analog-Digital-Umsetzung für die Meßwerterfassung; s. a. PDM
	3) Phasenmodulation; auch PHM
PME	Präzisionsmeßeinrichtung (precision measuring equipment)
PMM	1) Impulsmoduliertes Multiplexverfahren (pulse-mode multiplex)
	2) Programmierbarer Mikrorechner-Baustein (programmable microcomputer modul)
PMOS	Metall-Oxid-Halbleiter mit positiv dotiertem Kanal (*p*-channel metal oxide semiconductor)
	– *p*-Kanal-MOS-Bauelementetechnologie, die Majoritätsladungsträger sind Löcher. Die *p*-MOS-Technik ist die noch am meisten verbreitete Speicherschaltungsart; auch P-MOS; s. a. NMOS
PN	Polnische Notation
PNC	Programmierte numerische Steuerung (programmed numerical control), z. B. von Werkzeugmaschinen; s. a. NC
PNM	Impulszahlmodulation (pulse number modulation)
POM	Impulsoptimalmodulation (pulse optimal modulation)
POP	Verfahrensoptimierungsprogramm (process optimization program)

PPA Gegentaktverstärker (push pull amplifier)

PPCMOS Halbleitertechnologie zur Herstellung von Mikroprozessoren (double polysilicon complementary metal oxide semiconductor); auch P^2CMOS

PPG Programm-Impulsgeber (program pulse generator)

PPI Programmierbare Peripherie-Schnittstelle (programmable peripheral interface)
– LSI-Baustein zum einfachen Anschließen von peripheren Geräten an Datenbus und Steuerleitungen eines Mikroprozessorsystems

PPM 1) Impulslagemodulation (pulse position modulation); dass. wie PLM
2) Impulsphasenmodulation (pulse phase modulation); dass. wie PZM

PPP Gegentakt-Parallel-Verstärker (parallel push pull (amplifier))

PPS Punktsteuerung (point-to-point-system) bei der numerischen Werkzeugmaschinensteuerung

PR 1) Prozeßrechner
2) Zeichenerkennung, Mustererkennung (pattern recognition)

PREAMP Vorverstärker (preamplifier)

PRISM Programmierte integrierte System-Instandhaltung (programmed integrated system maintenance)

PRK Phasenregelkreis

PRL Bipolare Logik, für deren Herstellung ein Standard-Hochvoltprozeß angewendet wird (pulldown resistor logic)

PRM Impulsfrequenzmodulation (pulse rate modulation)

PRODAC Programmierte digitale automatische Steuerung (programmed digital automatic control)

PROLAMAT Programming Language for Numerically controlled Machine Tools
– Programmiersprache für numerisch gesteuerte Werkzeugmaschinen

PROM Programmierbarer Festwertspeicher, dessen eingeschriebener Inhalt nicht mehr gelöscht werden kann (programmable read-only memory); s. a. ROM

PRONTO Program for Numeric Tool Operation (Programm für den numerisch gesteuerten Betrieb von Werkzeugmaschinen)

PROSA Programmsystem mit symbolischen Adressen (programming system with symbolic addresses) in der Prozeßautomatisierung

PRS Prozeßrechnersystem

PSC Programmschaltzentrale (program-switching center)

PSK Phasenumtastung (phase shift keying)
– Amplitudentastung mit unterdrücktem Träger, binäres Verfahren der Frequenzumtastung

PSU Programmspeicher (program storage unit)
PTF Provisorische vorläufige Fehlerbehebungen bei der Generierung im Rahmen der Systemprogrammierung; s. a. PLC
PTM 1) Impulszeitmodulation (pulse time modulation); dass. wie PZM
2) Impuls-Zeitmultiplex (pulse time multiplex)
PTR 1) Drucker (printer)
2) Lichtelektrischer Streifenleser (photoelectric tape reader)
PTRP Lochstreifenlesestanzer (paper tape reader/punch)
PVM Pulsverhältnismodulation
PWB Gedruckte Schaltung (printed wiring board); dass. wie PC oder auch PCB
PWL Leistungspegel (power level)
PWM 1) Impulsbreitenmodulation, Impulsdauermodulation (pulse width modulation); dass. wie PDM oder PM
2) Pulswinkelmodulation
PZBS Pseudozufällige Binärsignale
– pseudozufällige diskrete Signale zur Systemidenfikation, mit Vorteilen gegenüber analogen Breitbandsignalen
PZM Pulszeitmodulation; dass. wie PPM

QCB Warteschlangen-Steuerblock (queue control block)
QF Pendelfrequenz (quench frequency)
QFM Quantisierte Frequenzmodulation (quantized frequency modulation)
QIL Gehäuseform für integrierte Schaltungen mit vier Anschlußleitungen (quad-in-line package)
QM Quermodulation, Kreuzmodulation; dass. wie KM
QPM Quantisierte Impuls(lage)modulation (quantized pulse modulation); dass. wie QPP
QPP Quantisierte Impulslage(modulation) (quantized pulse position); dass. wie QPM
QSAMOS Kurzkanal-MOS-Transistor für VLSI (quadruply selfaligned metal oxide semiconductor)
Quad MOS Vierfach-MOS-Strukturen für Halbleiterspeicher
QUASER Quantenverstärkung durch angeregte Strahlungsemission (quantum amplification by stimulated emission of radiation)
QZ Quantisiertes Zeichen

RA Direkter Zugriff, wahlfreier Zugriff (random access)
RAC 1) Automatisches Schnellprüfgerät (rapid automatic checkout equipment)

	2) Rechner mit wahlfreiem Zugriff (random access computer)
RADAR	Sicherung und Wiederherstellung des Großspeicherinhalts (random access dump and reload)
RADAS	Direktes Adressensystem mit wahlfreiem Zugriff (random-access discrete address system)
RAFAR	Automatische Faksimileaufzeichnung von Schriftstücken und deren Funkübertragung (radio automated facsimile and reproduction)
RALU	Arithmetisch-logische Einheit mit Registersatz (register and arithmetic logic unit)
RAM	Direktzugriffspeicher, Schreib-/Lesespeicher mit wahlfreiem Zugriff (random access memory) – Halbleiterspeicher mit direktem oder wahlfreiem Zugriff, dessen Speicherplätze zweidimensional in einer Ebene angeordnet sind
RAPCOE	Programmier- und Prüfanlage mit wahlfreiem Zugriff (random-access programming and checkout equipment)
Raser	Kurzwellenverstärkung durch angeregte Strahlungsemission (radio-frequency amplification by stimulated emission of radiation); auch RASER
RATT	Funkfernschreiber (radio teletypewriter); dass. wie RTT
RC	1) Fernsteuerung (remote control) 2) Funksteuerung, Funkbedienung (radio control)
RCS	Fernbedienungsanlage (remote control system)
RCTL	Widerstands-Kondensator-Transistor-Logik (resistor capacitor transistor logic) – kollektorgekoppelte integrierte Schaltung, bei der die logische Funktion durch Zusammenschalten oder Verknüpfen der Kollektorkreise erzeugt wird; s. a. DCTL und RTL
RDL	Logikschaltung mit einer Widerstands-Dioden-Kombination (resistance-diode logic)
RDTL	Logikschaltung mit Widerstand, Diode und Transistor (resistor-diode-transistor logic)
RECL	Rückgekoppelte ECL
RECOGSIG	Kennsignal, Erkennungssignal (recognition signal)
REM	Rasterelektronenmikroskop
RENDIS	Programmsystem zum rechnergestützten Entwurf digitaler Steuerungen (bei der Projektierung von Automatisierungsanlagen)
RePROM	Umprogrammierbarer Festwertspeicher (reprogrammable read-only memory) – die eingeschriebene Information kann wieder gelöscht und der

Speicher wiederholt neu programmiert werden; dass. wie EP-ROM; s. a. PROM und ROM

RES	Schnellauswertungssystem (rapid evaluation system)
RGB	Rot-Gelb-Blau(-Ansteuerung beim Fernsehen)
RGE	Registriereinrichtung (in der elektronischen Meßtechnik, z. B. Drucker)
RGR	Rechnergeführte Regelung, direkte Rechnersteuerung – Zusammenwirken von analogen Regeleinrichtungen mit einem Rechner; dass. wie DDC
RGU	Rechnergestützter Unterricht; dass. wie CAI und CUU
RHEED	Beugung schneller Elektronen (reflection high energy electron diffraction) – Untersuchungsmethode mit Hilfe der Elektronenbeugung
RIGFET	Feldeffekttransistor mit Widerstands-Gate (resistor-insulator-gate field effect transistor)
RIP	Kundengerechter Schaltungsentwurf (random interconnection pattern)
RIS	Dreipoliger HF-Leistungshalbleiter (resistor insulator semiconductor)
RJE	Job-Fernverarbeitung (remote job entry)
RLLC	Lauflängenbegrenzter Code (run length limited code) – Codierungsvorschrift in der magnetischen Speichertechnik
RMLL	Rückverdrahtungs-Mehrlagenleiterplatte – Mehrlagenleiterplatte in Kombination mit einer zusätzlichen hybriden Rückverdrahtung
RMM	Meistlesespeicher (read mostly memory) – integrierter Halbleiterspeicher, der programmiert, rückprogrammiert und gelesen werden kann, Kombination von RAM und ROM
RMOS	MOS-Elemente mit Gate-Strukturen aus schwer schmelzbaren Metallen (refractory metal oxide semiconductor) – Herstellungstechnologie für schnelle MOS-Halbleiterspeicher (z. B. mit Molybdän-Gate)
ROM	Nur-Lese-Speicher (read-only memory) – wie RAM, nur daß die Informationen bei der Herstellung unveränderbar in die einzelnen Speicherzellen programmiert werden, einmal eingeschriebene Daten oder Befehle können zerstörungsfrei für ein beliebig häufiges Lesen bereitgestellt werden; s. a. PROM
ROMEV	Reparaturoptimierungsmodell für Elektroenergie-Verteilungsanlagen – Mit Hilfe dieses Modells können strategisch langfristig wirkende Entscheidungen durch den Betreiber erarbeitet werden.
ROS	Nur-Lese-Speicher (read-only storage) – Festwertspeicher in monolithischer Bauweise; dass. wie ROM

RPA Zufallsphasennäherung (random-phase approximation)

RPG Report Program Generator
– problemorientierte Programmiersprache, die besonders für die Bearbeitung von großen Datenmengen und zur Ausgabe von komplizierten Druckbildern geeignet ist

RPS Echtzeit-Programmiersystem (realtime programming system)

RS-FF Rückstellbares Flip-Flop
– R und S bezeichnen die „Bedingungseingänge": Eingangsklemme R zum Löschen (engl.: reset) und Klemme S zum Setzen (engl.:set).

RTCS Echtzeit-Rechnersystem (realtime computer system)

RTL Widerstands-Transistor-Logik (resistor transistor logic)
– kollektorgekoppelte integrierte Schaltung, bei der die logische Verknüpfung durch Widerstände ausgeführt wird; s. a. DCTL und RCTL

RTR Funkfernschreibempfänger (radio teletype receiver)

RTT 1) Echtzeittelemetrie (realtime telemetry)
– Vom Satelliten direkt übertragene Informationen werden auf Magnetbändern aufgezeichnet und über Leitungen übertragen.
2) Funkfernschreiber (radio teletypewriter); dass. wie RATT

RUM Unterwasser-Fernbedienungsgerät (remote underwater manipulator)

RWM 1) Rechteckwellenmodulation (rectangular-wave modulation)
2) Schreib-Lese-Speicher (read/write memory)
– Bestandteil eines Mikroprozessors

SA Schalteinrichtung (switching assembly)

SAC Halbautomatisches Codieren (semi-automatic coding)

SADAP Einfacher automatischer Datenschreiber (simplified automatic data plotter)

SADIC Analog-Digital-Rechner in Festkörpertechnik (solid-state analog-to-digital computer)

SAM 1) Speicher mit seriellem Zugriff (serial access memory), z. B. Schieberegisterspeicher
2) Synchrone Amplitudenmodulation (synchronous amplitude modulation)

SAMOS Speichertransistor mit eingebetteter Steuerelektrode (stacked-gate avalanche-injection metal oxide semiconductor)
– Speicherzelle besteht aus zwei Transistoren in *p*-Kanal-Technologie.

SAPCH Halbautomatische Programmprüfeinrichtung (semi-automatic program checkout equipment)

SAT Flächentransistor in Legierungstechnik (surface alloy transistor)

SATO Selbstjustierende Gate-Struktur (self-aligned thick-oxide)
– Verfahren zur Herstellung integrierter Schaltungen

SATT Halbautomatisches Transistor-Prüfgerät (semi-automatic transistor tester)

SBA Sequential Boolean Analyzer
– Ein-bit-Mikroprozessor zur Ausführung BOOLEscher Operationen, als preiswerte Ablaufsteuerung und für Zeitfunktionen überall dort vorgesehen, wo die herkömmlichen wortorientierten Mikroprozessoren aus Kostengründen nicht mehr einsetzbar sind

SBC 1) Ein-Karten-Rechner (single board computer)
2) Small Business Computer
– Kleinrechner für kommerzielle Anwendungen
3) Standard-Bipolar-Technologie (standard buried collector)
– Epitaxie-Planar-Verfahren zur Herstellung integrierter Schaltungen mit niederohmig vergrabenen Gebieten

SBFET SCHOTTKY-Barrieren-Feldeffekttransistor (Schottky barrier gate field effect transistor)
– alte Bezeichnung für MESFET

SCAM Zwischenträger-Amplitudenmodulation (sub-carrier amplitude modulation)

SCAN Abtastung (scanning)

SCAT 1) Schottky Cell Array Technology
– Verfahren, bei dem auf einem einzelnen LSI-Chip mehrere MSI- und SSI-Zellen nach den Wünschen der Kunden durch eine Dünnschicht-Metallisierung miteinander verbunden sind
2) Transistor mit gesteuerter Lawinendurchbruchspannung (surface-controlled avalanche transistor)

SCCD Oberflächen-CCD (surface charge coupled device)
– Ladungsverschiebungsschaltung in MOS-Techdik, bei der die Ladungsverschiebung ausschließlich an bzw. unmittelbar unter der Oberfläche erfolgt

SCCS Streckensteuerungssystem (straight cut control system) bei der numerischen Werkzeugmaschinensteuerung

SCE Ätzung für eine gedruckte Schaltung (solder circuit etch)

SCFM Zwischenträger-Frequenzmodulation (sub-carrier frequency modulation)

SCM 1) Dynamische RAM-Speicherzelle (stratified charge memory)
2) Kleiner Kernspeicher (small core memory)
3) Zwischenspeicher (scratch pad memory); dass. wie SPM und TEMP

„SC/MP“ Simple Cost-effective Microprocessor
– Kurzbezeichnung für einen Mikroprozessor der Firma National

Semiconductor, Baustein mit besonders günstigen Preis/Leistungsverhältnis, wird auch „Scamp" genannt, übersetzt etwa Lump, Taugenichts

SCP Halbleitererzeugnis (semiconductor product)

SCR 1) Streifenschreiber, Streifen-Blattschreiber (strip chart recorder)
2) Thyristor, siliziumgesteuerter Gleichrichter (silicon-controlled rectifier)

SCT Oberflächenladungstransistor (surface charge transistor)
– vierphasiges CCD mit zwei verschieden angeordneten Serien von Elektroden

SDAS Automatisches wissenschaftliches Datenverarbeitungssystem (scientific data automation system)

SDF System zum Wiederauffinden von Literaturstellen (system for document finding)

SDFL Schaltkreislogik mit extrem kleinen SCHOTTKY-Dioden (Schottky-diode-FET-logic)

SDP Selektive Datenverarbeitung

Secam Sequentielle Übertragung mit Zwischenspeicherung (séquentielle communication à mémoire)
– Bezeichnung für ein spezielles (französisches) Farbfernsehverfahren

SECL Symmetrische emittergekoppelte Logik (symmetrical emitter coupled logic)
– integrierte Schaltung, bei der sich logische Funktionen durch Verknüpfung im Emitterkreis ergeben

SEM Rasterelektronenmikroskop (scanning electron microscope)

SEÜ Supraleiter-Energieübertragung

SFB Funktionsbaustein in Halbleitertechnik (semiconductor functional block)

SFM Wobbel-Modulation (swept-frequency modulation)

SFT Schnelle FOURIER-Transformation; dass. wie FFT; s. a. DFT

SFU Spannungs-Frequenz-Umsetzer; dass. wie VFC

SG Sichtgerät

SGM Steuergraph-Micro
– problemorientierte Sprache zur Realisierung des Entwurfs, der Testung und der Inbetriebnahme von mikrorechnerrealisierten Steuerungen

SGT Silizium-Gate-Technologie (silicon gate technology)
– Verfahren zur Herstellung von MOS-Schaltkreisen

SGÜ Supraleiter-Gleichstrom-Energieübertragung

SHC-RAM RAM mit einer Speicherkapazität von 1 Mbit (stacked high capacity random access memory)

SHF Superhohe Frequenzen (super high frequencies)
– Bereich der Zentimeterwellen, $\lambda = 10$ bis 1 cm, $f = 3$ bis 30 GHz

SHR Schieberegister (shift register)

SHSIC Integrierte Schaltung mit höchster Arbeitsgeschwindigkeit, Taktfrequenz 10 GHz (super high speed integrated circuit); s. a. UHSIC

SI Standardschnittstelle (standard interface)

SIC 1) Integrierte Halbleiterschaltung (semisonductor integrated circuit)
2) Monolithische integrierte Schaltung (silicon (monolithic) integrated circuit)
3) Wissenschaftliches Informationszentrum (scientific information center)

SID 1) Geplante Krankheitsdiagnose mit Hilfe der EDV (suggested indication of diagnosis)
2) Zweidimensionaler optoelektronischer Sensor nach dem CCD-Prinzip (silicon imaging device)

SIF Schulinternes Fernsehen
– Wiedergabe von auf Videoband vom öffentlichen Fernsehen, eigenproduzierten oder von sonstigen Institutionen für Lehrzwecke aufgenommenen Programmen, von Live-Übertragungen aus anderen Unterrichtsräumen (z. B. Physiksaal) sowie die Wiedergabe von Filmen und Lichtbildern, die von der Schulzentrale aus in das Verteilnetz eingespeist und in den einzelnen Unterrichtsräumen mit handelsüblichen Fernsehgeräten empfangen werden; s. a. KIF

SIGFET FET-Struktur mit halbisolierter Steuerelektrode (semi-insulated-gate field-effect transistor)

SIK Standard-Interface-Bedingungen für Kettenverkehr (in der elektronischen Meßtechnik); s. a. SIL und SIS

SIL Standard-Interface-Bedingungen für Linienverkehr (in der elektronischen Meßtechnik); s. a. SIK und SIS

SIMOS Speichertransistor mit eingebetteter Steuerelektrode (stacked-gate injection metal oxide semiconductor)

SIS 1) Programmierung für kurze Zeiträume (short interval scheduling) in der Operationsforschung
2) Standard-Interface-Bedingungen für Sternverkehr (in der elektronischen Meßtechnik); s. a. SIK und SIL

SIT Vertikale Feldeffektkonfiguration (static induction transistor)

SITL SIT-Logik (static induction transistor logic)
– Kombination zwischen Bipolar- und Unipolartechnik, basiert auf einer funktionellen Integration eines *pnp*-Transistors mit dem Si-Transistor

SKR (einheitliches) System der Kleinrechentechnik

SLIC Extrem flexibler Schaltkreis, bei dem sich alle wichtigen Parameter individuell einstellen lassen (subscriber-line interface circuit)

SLT Festkörpertechnologie (solid logic technology)
– zur Herstellung von Hybridschaltkreisen

SMALGOL Small-computer Algorithmic Language
– normierte Programmiersprache für elektronische Kleinrechner

SMIS MIS-Struktur, bei der sich der gesteuerte Kanal unmittelbar an der Phasengrenze ausbildet (surface metal insulator semiconductor)

SML Symbolische Maschinensprache (symbolic machine language)

SNA System-Netzwerkarchitektur (systems network architecture)

SNC Numerische Werkzeugmaschinensteuerung, die mit einem eingebauten Programmspeicher arbeitet (stored program numerical control); dass. wie SPNC

SOA Betriebsbereich von Leistungstransistoren (safe operating area)

SOS „Silizium auf Saphir" (silicon on sapphire)
– Schichttechnologie zur Herstellung integrierter, insbesondere MOS-Bauelemente. Ein Halbleitereinkristallfilm wird mit Hilfe der Heteroepitaxie auf einem einkristallinen isolierenden Träger abgeschieden.

SPC Steuerung mit gespeichertem Programm (stored program control)
– Speicherlogik zur Steuerung in der Fernsprechvermittlungstechnik. Je nach Ausführung des Programmspeichers kann das Programm elektrisch eingeschrieben werden (z. B. Operativspeicher) oder bleibt unverändert (z. B. Permanentspeicher); s. a. WPC

SPE Speichereinrichtung (in der elektronischen Meßtechnik, z. B. Magnetbandgerät)

SPM Zwischenspeicher (scratch pad memory); dass. wie SCM oder TEMP

SPNC Numerische Steuerung mit gespeichertem Programm (stored program numerical control); dass. wie SNC

SPROM PROM mit integrierter Stromsteuerung

SPS Symbolisches Programmiersystem (symbolic programming system)

SQT Sequential-Quotiententest
– ein spezieller Folgetest, der für die Zuverlässigkeitsbewertung großer elektronischer Systeme, z. B. einer EDVA, sehr gut geeignet ist. Als Zuverlässigkeitskenngröße wird vorwiegend die

MTBF betrachtet, eine Erweiterung auf die Bewertung des Fehlfunktionsabstandes ist möglich.

SR Schieberegister (shift register)
– Speicher vom Typ FIFO

SRU Selbstregistrierendes Gerät (self-recording unit)

SS Festkörper, in Festkörpertechnik ausgeführt (solid-state)

SSBFM Einseitenband-Frequenzmodulation (single sideband frequency modulation)

SSI Kleinintegration (small scale integration)
– Integration einfacher Schaltungen und Systeme mit 1 bis 100 logischen Grundschaltungen oder bis zu 100 Bauelementen je Chip; s. a. LSI, MSI, ULSI und VLSI

SSPM Einseitenband-Phasenmodulation (single sideband phase modulation)

SVP Serviceprozessor
– selbständiger Rechner, der während der Anwendungsverarbeitung maschineninterne Informationen für eine spätere Analyse durch den Software- und Hardwaretechniker und die Technikerkommunikation sammelt

SW 1) Kurzwelle (short wave); dass. wie KW
2) Steuerwerk

SYMPAC Symbolisches Programmieren für automatische Steuerungen (symbolic programming for automatic controls)

SYNAR Programmsystem zur rechnergestützten Synthese adaptiver Regelungen für An- und Abfahrprozesse

TADIC Digital-Analog-Datenwandler für Fernmeßzwecke (telemetry analogue-to-digital information converter)

TAMCO Elektronisches Lehrgerät zum Anlernen von Tabellierern für Rechenanlagen (training aid for mobilic console operators)

TCC Rechner zur Verkehrsüberwachung und -steuerung (traffic-control computer)

TCL Transistorgekoppelte Logik (transistor coupled logic)

TDL 1) Fernmeßdatenverbindung (telemetry data link)
2) Tunneldioden-Logik (tunnel diode logic)

TDM 1) Fernmeßdaten-Überwacher (telemetry data monitor)
2) Zeitmultiplex (time-division multiplex)
– Zeitschachtelung, Vielfachübertragung mit Zeitaufteilung; dass. wie TSM

TDMA Vielfachzugriffsverfahren im Zeitmultiplex (time-division multiple access)
– digitales Übertragungsverfahren, bei dem die verschiedenen Über-

tragungskanäle nicht, wie bisher üblich, verschiedenen Frequenzbändern, sondern verschiedenen Zeitintervallen zugeordnet werden (Einsatz in Nachrichtensatelliten)

TDU Schwellwertdetektor (threshold detector unit)

TEA 1) Elektronentransfer-Verstärker (transferred electron amplifier)
2) Tunnelemissionsverstärker (tunnel emission amplifier)

TED Gerät zur Fehlerkorrektur beim Funkfernschreiben (teleprinter error detector)

TELEX Fernschreibvermittlung (teletype exchange)
– Teilnehmer-Selbstwähl-Fernschreibdient

TEMP Zwischenspeicher (temporary register); dass. wie SCM oder auch SPM

TER Lochstreifenvermittlung im Fernschreibdienst (teleprinter retransmitting)

TFET Dünnschicht-Feldeffekttransistor (thin film field effect transistor)

T-FF Komplementierendes Flip-Flop (triggered flip-flop)
– Sonderform eines Zweispeicher-FF

TFT 1) Dünnschichttechnik (thin film technology)
2) Transistor in Dünnschichttechnik (thin film transistor)
– Sonderfälle des IGFET, hergestellt mittels polykristalliner dünner Schichten

TGS Fernmeßbodenstation (telemetry ground station)

TIMM Thermionische integrierte Mikromoduln (thermionic integrated micro-modules), deren Subminiaturröhren durch die Umgebungswärme geheizt werden

TIMOS MOS-Transistor, der durch Ionenimplantation hergestellt wird (total implanted metal oxide semiconductor)

TLM Fernmessen, Fernübertragung von Meßwerten (telemetry)

TMF Tonfrequenz-Multiplex-Fernsteuerung

TMOS MOS-Struktur, bei der T die geometrische Form der Strompfade im Element kennzeichnet

TMS Turing-Maschine (Turing machine system)
– mathematischer Begriff, zur formalen Präzisierung des intuitiven Algorithmenbegriffes, benannt nach dem engl. Mathematiker A. Turing.

TOM Multiplex-Fernschreiben (teleprinting on multiplex)

TOMAL Task Oriented Microprocessor Applications Language
– anwenderorientierte höhere Programmiersprache für Mikroprozessoren.

TOR Funkfernschreiben (teleprinting over radio); dass. wie RATT bzw. RTT

TP 1) Datenfernverarbeitung (teleprocessing)
2) Fernschreiber (teleprinter); dass. wie FS, TPR und auch TT

TPAD Programm zur Gesamtsystemauslegung von Echtzeitsystemen (teleprocessing analysis design program)

TPR Fernschreiber (teleprinter); dass. wie FS, TP und auch TT

TRADIC Transistor Digital Computer
– erster transistorisierter Digitalrechner (1955)

TRANSAC Automatisches Rechengerät mit Transistoren (transistor automatic computer)

TRANSDATA Datenübertragungssystem mit Fehlerkorrektur

TRD-System Touch-Remote-Discs-System
– System von integrierten Schaltungen (in der Farbfernsehtechnik), mit dem sich die Funktionen der Bild- und Toneinstellung sowie der Programmwahl und Programmspeicherung fernbedienen lassen

Triac Vollwegthyristor, bidirektionaler Wechselstrom-Thyristor (triode (three electrode) alternating current semiconductor switch)
– Halbleiterbauelement, das als Wechselstromschalter dient. Im Gegensatz zum Thyristor kann der Triac zwischen seinen beiden Hauptanschlüssen Strom in beiden Richtungen führen, s. a. Diac

TRIDAC Dreidimensionaler Analogrechner (three-dimensional analogue computer)

TRIM TRIMASK-Technologie (trimask insulation process)
– technologisches Verfahren zur Herstellung von bipolaren Halbleiterschaltungen

TRL Transistor-Widerstands-Logik (transistor resistor logic)

TSA Typischer Störabstand
– technischer Parameter für IC-Gates bei 25 °C, mit einer Belastung von einer Einheit, die mit dem mittleren Wert der Speisespannung (für TTL: 5 V) betrieben werden; s. a. GSA

T/S-Einheit Digital gesteuerte Anordnung zum Speichern von Analogwerten (track/store-unit)

TSL Dreizustands-Logik (three state logic)
– Variante der TTL, bei der außer den beiden Schaltstellungen L und H noch eine dritte existiert, bei der beide Transistoren der Gegentaktendstufe gesperrt sind

TSM Zeitmultiplex (time-sharing multiplex)
– Zeitschachtelung, Vielfachübertragung mit Zeitaufteilung; dass. wie TDM

TSO Zeitschachtelung (time-sharing option)
– Betriebssystem mit Zeitteilung in der elektronischen Rechentechnik

TSS Zeitmultiplex-System (time-sharing system)
– Übertragungssystem mit Zeitteilung

TT Fernschreiber (teletypewriter); dass, wie FS, TP oder TPR

TTC Fernschreibstelle (teletype center); dass. wie TWX

TTL Transistor-Transistor-Logik (transistor transistor logic)
– eingangsgekoppelte integrierte Schaltung, bei der die logische Funktion durch Verknüpfung in einem am Eingang befindlichen Gatter erzielt wird; auch T^2L

TTM Laufzeitmodulation (transit time modulation)

TTT Tieftemperaturtechnologie
– Technologie der Supraleitung auf dem Gebiet der kernphysikalischen Instrumentierung, Einsatzfähigkeit im großtechnischen elektrischen Apparatebau

TTTL Transistor-Transistor-Transistor-Logik
– modifizierte TTL-Schaltung, bei der zur Erhöhung des Störabstandes eine zusätzliche Diodenschwelle eingebaut wird; auch T^3L

TV Fernsehen (television); dass. wie FS

TVI Fernsehstörungen (television interference)
– Störungen im Fernsehgerät, verursacht durch Funkamateure, weil die Einstrahlsicherheit der gegenwärtigen Fernsehempfänger praktisch gleich Null ist; s. a. BCI

TVIST Fernsehbildspeicherröhre (television information storage tube)

TWA Wanderwellenverstärker (travelling wave amplifier)

TWICE Kabel des TWIN-Systems, dessen Stecker anstelle des Mikroprozessors im Anwendersystem in eine Fassung einer Prototyp-Platine gesteckt wird

TWIN Entwicklungssystem für Mikrorechnersysteme (test ware instrument)

TWT Wanderwellenröhre (travelling wave tube)

TWX Frenschreibstelle, Fernschreibamt (teletypewriter exchange); dass. wie TTC

TYPW Schreibmaschine (typewriter)

UCA Zusammenbau gleichförmiger Bauelemente (unitized components assembly)
– Technologie zur Herstellung von Miniaturbaugruppen

UCP Baukastensystem (units construction practice)

UHF Ultrahohe Frequenzen (ultra-high frequencies)
– Bereich der Dezimeterwellen, $\lambda = 10$ bis 1 dm, $f = 300$ bis 3000 MHz

UHSIC Integrierte Schaltung mit sehr hoher Arbeitsgeschwindigkeit, Taktfrequenz 1 GHZ (ultra high speed integrated circuit); s. a. SHSIC

UJT Stabtransistor, Fadentransistor (unijunction transistor)
– auch Si-Doppelbasisdiode genannt, Halbleiterbaustein mit drei Anschlüssen, der stabile Leerlaufeigenschaften mit negativem Widerstand zeigt

UKW Ultrakurzwellen
– $\lambda = 10$ bis 1 m, $f = 30$ bis 300 MHz; dass. wie VSW; s. a. VHF

ULA Unverdrahtete (oder maskenprogrammierbare) integrierte Schaltung (uncommitted logic array)
– Familie von bipolaren LSI-Schaltungen, die nach den jeweiligen Wünschen von Kunden verdrahtet werden können. Es gibt Low-power-, Standard- und High-speed-Varianten, gemeinsame Merkmale sind die matrixartige Anordnung von 225 Funktionszellen, 40 Interface-Zellen und 40 Kontaktierungsflächen auf einem Chip.

ULF Ultraniedrige Frequenzen (ultra low frequencies)
– Längstwellen,
$\lambda = 1000$ bis 100 km, $f = 300$ bis 3000 Hz

ULSI Höhere Großintegration (upper large scale integration)
– 10^5 Bauelemente je Chip; s. a. LSI, MSI, SSI und VLSI

UMAS Universal-Meß-Auswerte- und Steuersprache
– Befehlssprache, wird auf dem Kleinrechner KRS 4100 mit 8K Speicherkapazität betrieben, arbeitet unabhängig vom Meßdatenursprung und verlangt lediglich ein bestimmtes Format der Meßwerte; s. a. MAUS

UMC Universal-Speicherkarte (universal memory card)

UMDS Universelles Mikrorechner-Entwicklungssystem (universal microcomputer development system)

UMOS MOS-Technologie mit Ätzen von U-förmigen Gräben (U-groove metal oxide semiconductor); s. a. VMOS

UNIFET Unipolar-Feldeffekttransistor (unipolar field effect transistor)

URS Für die BMSR-Technik im Rahmen des RGW international abgestimmtes System zur automatischen Überwachung, Regelung und Steuerung

URSAMAT Gerätesystem der BMSR-Technik, umfaßt die technischen Mittel zur Automatisierung der Produktion
– Handelsname für das umfassende Bausteinsystem der DDR zur meßtechnischen Überwachung, Regelung und Steuerung von Verfahrens- und Produktionsprozessen; umfaßt die Zweige Informationsgewinnung, elektrische Informationsverarbeitung und -übertragung, pneumatische Informationsverarbeitung und -übertragung sowie Regler ohne Hilfsenergie

USASC USA-Norm-Code für den Informationsaustausch zwischen Rechnern (USA standard code for information interchange)

– gewährleistet die technische Kompatibilität von Rechnern; auch USASCII; s. a. ASCII

USE Umschalteinrichtung (in der elektronischen Meßtechnik)
– im allgemeinen ein Koordinatenschalter

USEPPA Universelles System von Elementen pneumatischer Geräte für die Automatisierung (in der UdSSR)

USW Ultrakurzwelle (ultra-short wave); dass. wie UKW

UTK SWT Konstruktive Basis einheitlicher Typenkonstruktionen für die Mittel der Rechentechnik (in der UdSSR)

UVASER Ultraviolettlaser, Ultraviolettverstärkung durch Strahlungsemission (ultraviolet amplification by stimulated emission of radiation)

UVERPROM Ultraviolett-lösch- und -programmierbarer Festwertspeicher (ultraviolet erasable programmable read-only memory)

UWK Prozeßrechnerkomplex (in der UdSSR)

VAE Verarbeitungseinheit (in der elektronischen Meßtechnik)
– z. B. ein Rechner

VCR Bildkassettenspeicher (video-cassette recorder)
– magnetisches Bild/Ton-Aufzeichnungs- und -Wiedergabesystem, bei dem sich das Videoband in einer Kassette befindet; s. a. Betamax und LVR

VDBS Verteiltes Datenbanksystem
– bietet dem Nutzer eine logisch zentrale Sicht auf physisch über ein Rechnernetz verstreut gespeicherte Datenbestände

VDMOS Vertikale planare D-MOS-Struktur (vertical planar double-diffused metal oxide semiconductor)

VDR 1) Varistor, spannungsabhängiger Widerstand (voltage dependent resistor)
2) Video-Plattenaufnahme (video-disk recording)

VFC Spannungs-Frequenz-Umsetzer (voltage-to-frequency converter); dass. wie SFU

VFET Vertikal-Feldeffekttransistor
– ebenso wie normale FET spannungsgesteuert und ohne Gate-Spannung leitend. Ladungsträgertransport erfolgt – im Gegensatz zum horizontalen Transport in normalen FET – in vertikaler Richtung.

VHF Sehr hohe Frequenzen (very high frequencies)
– Bereich der Meterwellen, $\lambda = 10$ bis 1 m, $f = 30$ bis 300 MHz; s. UKW

VHL Very High-level Language
– höhere Programmiersprache

VHSIC Integrierte Schaltung mit sehr hoher Arbeitsgeschwindigkeit, Taktfrequenz 100 MHz (very high-speed integrated circuit)

VID Vergleichsimpulsdetektor
– Stördetektor zur Fehlererkennung bei der Datenübertragung im realen Fernsprechkanal

VIL Vertikale Injektions-Logik (vertical injection logic)
– Sonderform der IIL. Es werden nicht lateral, sondern vertikal strukturierte Transistoren verwendet.

VIP 1) Sichtanzeigeprozessor (visual image processor)
2) V-förmige Isolationsbereiche, gefüllt mit polykristallinem Silizium (V-insulation with polysilicon backfill)
– Verfahren zur Herstellung integrierter Schaltungen, beruht auf dielektrischer Isolation und kombiniert diese mit der konventionellen Übergangsisolation zu Chips hoher Packungsdichte

VLF Sehr niedrige Frequenzen (very low frequencies)
– Bereich der Kilometerwellen, $\lambda = 100$ bis 10 km, $f = 3$ bis 30 kHz

VLP Video-Langspielplatte

VLSI Höchstintegration (very large scale integration)
– Integration komplexer Großschaltungen mit einigen 100000 Transistorfunktionen auf einem Chip der Größe 5×5 mm^2; s. a. LSI, MSI, SSI und ULSI

VMOS MOS-Technologie mit Ätzen von V-förmigen Gräben (V-groove metal oxide semiconductor; auch vertical MOS)
– Verfahren zur Herstellung integrierter Schaltungen, bei dem anstelle der konventionellen MOS-Transistoren dreidimensionale Strukturen unter Ausnutzung der Vertikaldimension verwendet werden. Die Steuerelektroden werden an der Vorderseite einer V-förmigen Nut geformt und anisotrop durch die Schichten geätzt; auch V-MOS

VMT Technik des virtuellen Speichers (virtual memory technique)
– Speicherkonzept, das auf dem Prinzip der Speicherhierarchie beruht, wobei die Verteilung der Daten auf die verschiedenen Speichermedien entsprechend dem Datenumfang, der mittleren Zugriffszeit und der zu erwartenden Zugriffshäufigkeit erfolgt

VNW Verarbeitungsnetzwerk
– in Kleinrechnern; besteht aus den Registern, dem Addierwerk und den diese Bausteine verbindenden Datenwegen

Vocoder Vocoder (voice codes to recreate)
– Einrichtung zur Erzeugung, Übertragung und zum Empfang synthetischer Sprache

VSW Ultrakurzwelle (very short wave); dass. wie UKW

VTL Variable Schwellspannungs-Logik (variable threshold logic)
– Logikschaltung mit variabler Schaltschwelle, Variante der DTL

VTM Durch Spannung abstimmbares Magnetron (voltage-tunable magnetron)

VTR Videoband-Aufnahmegerät (video-tape recorder)

VWO Verallgemeinerter WIEN-Brücken-Oszillator
– einfacher Oszillator, bei dem die Widerstände und Kapazitäten des Rückkopplungsnetzwerkes durch allgemeinere lineare Zweipole ersetzt sind

WCS Programmierbarer Steuerspeicher (writable control store)

WFR Wanderfeldröhre; dass. wie TWT

WMS Wegmeßsystem
– dient an numerischen Maschinen zum Erfassen des Istwertes des zurückgelegten Weges und zur Weiterleitung dieses Wertes an einen Rechner bzw. Vergleicher. Die Meßwerterfassung kann digital (numerisch) oder analog erfolgen. Das Meßverfahren kann dabei absolut oder inkremental (relativ) arbeiten.

WPC Steuerung mit verdrahtetem Programm (wired program control)
– Schaltkreislogik zur Steuerung in der Fernsprechvermittlungstechnik. Das Programm wird durch entsprechend optimierte Verknüpfungen von Elementarschaltungen und Funktionsgruppen realisiert; s. a. SPC

WPM Wörter pro Minute (words per minute)
– Telegrafiergeschwindigkeit

WP-Systeme Systeme zur Signalverarbeitung elektrischer Signale (waveform-processing systems)
– Aufgabe der Systeme (entwickelt von der Firma Tektronix) ist es, oszillographische Messungen vorzunehmen, die gemessenen analogen Signale zur Weiterverarbeitung aufzubereiten und anschließend zu verarbeiten.

XASER Raser, Röntgenstrahlmaser (X-ray amplification by stimulated emission of radiation)

XPS Röntgenstrahl-Elektronenspektroskopie (X-ray photoelectron spectroscopy)

XRL Röntgenstrahllithographie (X-ray lithography)

X-Y-Schreiber auch Plotter genannt
– Ausgabegerät für digital und auch für analog arbeitende Rechenanlagen, wenn die auszugebende Information als Graph oder als geometrische Figur erscheinen soll

YAG-Laser Yttrium-Aluminium-Granat-Laser

YC Sternschaltung (Y-connection)

YIG Yttrium-Eisen-Granat
– ferromagnetischer Stoff für magnetooptische Speicherzwecke

ZAM	Zweiseitenband-Amplitudenmodulation
ZCP	Nulladungspotential (zero-charge potential)
Z-Diode	ZENER-Diode oder Avalanche-Diode – beruht auf der Ausnutzung des Zener-Effekts
ZDV	Zentrale Dispatcherverwaltung, zentrale Dispatchersteuerung
ZE	Zentraleinheit (einer elektronischen Rechenalange)
ZF	Zwischenfrequenz; dass. wie IF
ZFV	Zwischenfrequenzverstärker; dass. wie IFA
ZMD	Zylindrische magnetische Domänen – spezielle weichmagnetische Schichtplättchen zur Informationsspeicherung; s. a. ZMDS
ZMDS	ZMD-Speicher – allmagnetischer Informationsspeicher, bei dem innerhalb spezieller weichmagnetischer Schichten von einem Ort der Aufzeichnung zu einem Ort der Wiedergabe magnetische Domänen verschoben werden können, die der gespeicherten Information entsprechen. Die Verschiebung erfolgt dabei allein unter der Wirkung äußerer zeitveränderlicher Felder, ohne daß mechanisch bewegte Teile erforderlich wären.
ZMOS	MOS-Struktur, bei der der Buchstabe Z die Geometrie der p- und n-Gebiete sowie der Verbindungsleitungen kennzeichnet
ZMR	Zentrale Meßwertregistrierung
ZVE	Zentrale Verarbeitungseinheit (einer elektronischen Rechenanlage); dass. wie CPU

Schlagwortverzeichnis

deutsch
englisch
russisch
französisch

Die Aufstellung umfaßt die in den ersten vier Bänden enthaltenen Schlagworte sowie die des Ergänzungsbandes. Letztere sind mit * (Sternchen) gekennzeichnet.

A 1	Abgleichverfahren	alignment procedure; balance method	метод уравновешивания	méthode d'ajustage; méthode de balancement; méthode de compensation
A 2	Abgleichverstärker	balancing amplifier; tuning amplifier	отрабатывающий усилитель	amplificateur d'ajustage; amplificateur de balancement; amplificateur de compensation
A 3	Abhängigkeitsgrammatik	control interaction grammar; dependency grammar	грамматика зависимостей	grammaire de dépendance
A 4	*Ablaufsteuerung	operating control	управление последовательностью операций	commande de déroulement
A 5	Absorptionsgesetz	absorption law	закон поглощения	loi d'absorption
A 6	*Abstrakte Datentypen	abstract data types	абстрактные типы данных	types de données abstraits
A 7	Abstraktion der potentiellen Durchführbarkeit	abstraction of the potential practicability	абстракция потенциальной осуществимости	abstraction de la réalisabilité potentielle; abstraction de l'exécutabilité potentielle
A 8	Abstraktion des aktuellen Unendlichen	abstraction of the actual infinity	абстракция актуальной бесконечности	abstraction de l'infini actuel

A 9	*Abtastsystem	sampled-data system	система с квантованием; сканирующая система	système à échantillonnage; système à données échantillonnées; système échantillonné; système de scrutation
A 10	*Abtasttheorem	sampling theorem	теорема дискретизации; теорема Котельникова	théorème d'échantillonnage; thèorème de Shannon
A 11	Abtastung	sampling; scanning	дискретизация	balayage; échantillonnage; scrutation
A 12	*Ada	Ada; ADA	Ада [язык программирования]	Ada
A 13	ADAMSsches Verfahren	Adams method	метод Адамса	méthode d'Adams
A 14	Adaption	adaptation	адаптация	adaptation
A 15	*Adaptive Regelung	adaptive control	адаптивное управление	asservissement adaptif; réglage adaptif
A 16	Adaptives Steuerungssystem	adaptive control system	адаптивная система управления	système de commande adaptatif (adaptif)
A 17	Adaptives System	adaptive system	адаптивная система	système adaptatif (adaptif); système d'auto-adaptation
A 18	Addierwerk	adder	сумматор	addeur; additionneur; sommateur; totalisateur; mecanisme d'addition
A 19	Adresse	address	адрес	adresse
A 20	Adresse, mathematische	address, mathematical	адрес, математический	adresse mathématique
A 21	Adressenmodifikation	address modification	модификация адресов	changement (modification; transformation) d'adresse
A 22	Adreß-Sprache	address language	адресный язык	langage d'adresses

A 23	Aggregatesystem, einheitliches	aggregate system, common	агрегатная система, унифицированная	système uniforme d'appareils (d'agrégats) d'automation
A 24	*Aggregatmodellierung großer Systeme	aggregate modelling of large scale systems	агрегатное моделирование болъших систем	modélisation d'agrégats de grands systèmes
A 25	Ähnlichkeitskriterien	similarity criterions	критерии сходства	critères de similitude
A 26	Ähnlichkeitstheorie	similarity (similitude) theory	теория подобия	théorie de similitude
A 27	Algebra der Logik	algebra of logic	алгебра логики	algèbre de la logique
A 28	Algebra, lineare	algebra, linear	алгебра, линейная	algèbre linéaire
A 29	Algebra, universelle	algebra, universal	алгебра, универсальная	algèbre universelle
A 30	Algebra von Algorithmen	algebra of algorithms	алгебра алгоритмов	algèbre d'algorithmes
A 31	Algebraische Gleichungen	algebraic equations	алгебраические уравнения	équations algébriques
A 32	ALGEK	ALGEK	АЛГЕК [язык программирования]	langage de programmation „ALGEK“
A 33	ALGEM	ALGEM	АЛГЕМ [язык программирования]	langage de programmation „ALGEM“
A 34	ALGIBR	ALGIBR	АЛЬГИБР	langage de progr. „ALGIBR“
A 35	ALGOL 60	ALGOL 60	АЛГОЛ-60	Algol 60; ALGOL 60
A 36	ALGOL 68	ALGOL 68	АЛГОЛ-68	Algol 68; ALGOL 68
A 37	Algorithmen, Äquivalenz von (s. a.*)	algorithms, equivalence of	алгоритмов, эквивалентность	équivalence d'algorithmes
A 38	*Algorithmen, Klassifizierung [von]	algorithms, classification [of]	алгоритмов, классификация	classification des algorithmes
A 39	Algorithmen, Kompliziertheit von	algorithms, complexity of	алгоритмов, сложность	complexité (complication) d'algorithmes
A 40	Algorithmen, Schema von	algorithms, scheme of	алгоритмов, схема	schéma d'algorithmes
A 41	*Algorithmensystem	system of algorithms	система алгоритмов	système d'algorithmes
A 42	Algorithmentheorie	algorithm theory	теория алгоритмов	théorie des algorithmes

A 43	Algorithmentheorie, unentscheidbare Probleme	algorithm theory, insolvable problems	теория алгоритмов, неразрешимые проблемы; алгоритмически неразрешимые проблемы	problèmes indécidables (non décidables) de la théorie des algorithmes
A 44	Algorithmenumformungen, äquivalente	conversions of algorithms, equivalent	преобразования алгоритмов, равносильные	transformations équivalentes d'algorithmes
A 45	Algorithmen- und Programmbibliothek	algorithm and program library	фонд алгоритмов и программ	bibliothèque d'algorithmes et de programmes
A 46	Algorithmierung kreativer Prozesse	algorithmization of creative processes	алгоритмизация творческих процессов	algorithmisation de processus créateurs
A 47	Algorithmierung von Produktionsprozessen	algorithmization of production processes	алгоритмизация производственных процессов	algorithmisation de processus de fabrication (de production)
A 48	Algorithmische Kette	algorithmic chain	алгоритмическая цепь	chaîne algorithmique
A 49	*Algorithmische Logik	algorithmic logic	алгоритмическая логика	logique algorithmique
A 50	Algorithmische Projektierung von Digitalrechnern	algorithmic design of digital computers	алгоритмическое проектирование ЦВМ	projet algorithmique de calculatrices digitales
A 51	Algorithmus	algorithm	алгоритм	algorithme
A 52	*Algorithmus, deterministischer	algorithm, deterministic	алгоритм, детерминированный	algorithme déterministique
A 53	*Algorithmus, effizienter	algorithm, efficient	алгоритм, эффективный	algorithme efficace
A 54	Algorithmus, lokaler	algorithm, local	алгоритм, локальный	algorithme local
A 55	*Algorithmus, nichtdeterministischer	algorithm, non-deterministic	алгоритм, недетерминированный	algorithme non déterministique
A 56	Algorithmus, Parallelisierung [eines]	algorithm, parallelization [of an]	алгоритма, распараллеливание	parallélisation d'un algorithme
A 57	*Algorithmus, polynomialer	algorithm, polynomial	алгоритм, полиномиальный	algorithme polynomial
A 58	Algorithmus zur Steuerung ökonomischer Prozesse, verallgemeinerter	algorithm for control of economic processes, general	алгоритм управления экономическими процессами, обобщенный	algorithme généralisé pour la commande de processus économiques

A 59	Allgemeingültiger Ausdruck	logical identity; universal term	тождественно истинная формула	expression valide; formule identiquement vraie; proposition universellement vraie
A 60	ALMO	ALMO	АЛМО [язык программирования]	langage orienté-machine „ALMO“
A 61	Alphabetoperator	alphabetic operator	алфавитный оператор	opérateur alphabétique; opérateur sur alphabet
A 62	Alpha-Sprache	alpha language	Альфа-язык [язык программирования]	langage de programmation „Alpha“
A 63	Alpha-System	alpha system	Альфа-система	système de programmes Alpha
A 64	Alternierende Richtungen, Methode	alternating directions, method of	переменных направлений, метод	méthode des directions alternées
A 65	Amplitudenbegrenzer	limiter of amplitude	ограничитель амплитуды	limiteur d'amplitude
A 66	Analog-Digital-Umsetzer	analogue-digital converter	аналого-цифровой преобразователь	convertisseur analogique-numérique
A 67	Analogien	analogies	аналогии	analogies
A 68	Analogienetzwerk, elektrisches	circuit analogue, electric	моделирующая сетка, электрическая	réseau d'analogie électrique
A 69	Analogmodell	analogue model	аналоговая модель	modèle analogique
A 70	Analogmodell, digitales	analogue model, digital	модель, аналого-цифровая	modèle analogique digital
A 71	Analogrechenelement, nichtlineares	analogue computation element, non-linear	элемент АВМ, нелинейный	élément non linéaire de calcul analogique
A 72	Analogrechner	analogue computer	АВМ; аналоговая вычислительная машина	calculateur (calculatrice) analogique; machine calculatrice analogique
A 73	Analogrechner, elektromechanischer	analogue computer, electromechanical	АВМ, электромеханическая	calculateur analogique électromécanique
A 74	Analogrechner, iterativer	analogue computer, iterative	АВМ, итеративная	calculateur analogique itératif

A 75	Analogrechner, mechanischer	analogue computer, mechanical	АВМ, механическая	calculateur analogique mécanique
A 76	Analogrechner, pneumatischer	analogue computer, pneumatic	АВМ, пневматическая	calculateur analogique pneumatique
A 77	Analogrechner, Prüfung der Programmierung	analogue computer, checking of the programming	АВМ, контроль набора задач	test de la programmation de calculateurs analogiques
A 78	Analogrechner, sowjetische	analogue computers, produced in the U. S. S. R	АВМ, производящиеся в СССР	calculateurs analogiques soviétiques
A 79	Analogrechner, Übertragungsfaktor [eines]	analogue computer, transfer factor [of an]	АВМ, коэффициент передачи	facteur de transfert d'un calculateur analogique
A 80	Analogrechnerprogrammierfeld	patch board; patch panel; socket board	наборное поле АВМ	panneau de programmation de calculateur analogique
A 81	Analogrechnerprogrammierung	analogue computer programming	программирование АВМ	programmation de calculateur analogique
A 82	Analogrechnerprüfung	analogue computer checking	контроль АВМ	essai (test) de calculateur analogique
A 83	Analysatoren	analyzers	анализаторные системы; анализаторы	analyseurs
A 84	Analysis, konstruktive	analysis, constructive	анализ, конструктивный	analyse constructive
A 85	ANALYTIK	ANALYTIK	АНАЛИТИК [язык программирования]	langage de programmation „ANALYTIK“
A 86	*Anfahrautomatik	starting automatics; start-up automatic	пусковая автоматика	automatisme de démarrage
A 87	Anfangswerteingabe	initial value input	установка начальных условий	entrée (introduction) de valeurs initiales
A 88	Anfragebeschreibung	inquire description	поисковое предписание	description de demande (d'interrogation; de question)

A 89	Annotierung, automatische	annotation, automatic	аннотирование, автоматическое	annotation automatique
A 90	Antigradient	antigradient	антиградиент	antigradient
A 91	*Antihavarietraining	anti-breakdown (anti-damage) training	противоаварийная тренировка	entrainement d'anti-avarie
A 92	Antivalenz	non-equivalence	отрицание эквивалентности	inéquivalence
A 93	Antwort des Erkennungssystems	response of pattern recognition system	ответ распознающей системы	réponse du système de récognition (de reconnaissance)
A 94	Anzeigevorrichtungen	display devices (units)	индикаторы информации	dispositifs d'affichage; dispositifs indicateurs
A 95	APL	APL	АПЛ	Apl; APL
A 96	Approximation einer Funktion	approximation of function	аппроксимация функции	approximation d'une fonction
A 97	Approximation einer Funktion, gleichmäßige	approximation of function, regular	аппроксимация функции, равномерная	approximation uniforme d'une fonction
A 98	Approximation einer Funktion, mittlere quadratische	approximation of function, least square	аппроксимация функции, среднеквадратичная	approximation quadratique moyenne d'une fonction
A 99	Äquivalente Störungen, Methode	equivalent perturbations, method of	эквивалентных возмущений, метод	méthode des perturbations équivalentes
A 100	Äquivalenzkriterium, semantisches	equivalence criterion, semantic	критерий семантического соответствия	critère d'équivalence sémantique
A 101	Äquivalenzrelation	equivalence relation	отношение эквивалентности	relation d'équivalence
A 102	Arbeitsorganisation, wissenschaftliche	work organization, scientific	организация труда, научная	organisation scientifique de travail
A 103	Arbeitsspeicher	operative memory; working store	оперативная память; оперативное запоми-	mémoire de travail; mémoire opératrice (prin-

			нающее устройство; рабочая память	cipale)
A 104	Arbeitsweise, repetierende	operation, repetitive	режим периодизации	mode de fonctionnement répétitif; mode répétitif
A 105	Arbeitszyklus, Steuerung für den	duty cycle, signal transmitter for the	рабочего цикла, датчик	commande pour le cycle de travail
A 106	Archiv	archive	архив	archives
A 107	Arithmetik, formale	arithmetic, formal	арифметика, формальная	arithmétique formelle
A 108	Arithmetisierung der Metamathematik	arithmetization of metamathematics	арифметизация метаматематики	arithmétisation des metamathématiques
A 109	ASSEMBLER	ASSEMBLER	Ассемблер; программа-ассемблер	assembleur; programme d'assemblage
A 110	Assoziativer Speicher	associative memory	ассоциативная память; ассоциативное запоминающее устройство	mémoire associative
A 111	Assoziatives Element	associative element	ассоциативный элемент	élément associatif
A 112	Asynchronrechner	asynchronous computer	асинхронная вычислительная машина	calculateur (calculatrice) asynchrone; machine calculatrice asynchrone
A 113	*Attributgrammatik	attributive grammar	атрибутивная грамматика	grammaire d'attributs
A 114	Aufgabenkalkül	Kolmogorov's problem calculus	исчисление задач	théorie des problèmes
A 115	Aufspaltungsverfahren	splitting method	метод дробных шагов	méthode de factorisation
A 116	*Ausfall	breakdown; disturbance	отказ	défaillance; défaut; panne
A 117	Ausfallabstand, mittlerer	mean time between failures	наработка на отказ	distance moyenne de défaillance
A 118	*Ausfallrate	failure rate	частота отказов	taux d'avarie
A 119	Ausfallzeit	down-time	время восстановления	temps de défaillance (de non-opération)

A 120	Ausgabegerät, elektronenoptisches	output unit, electron-optical	устройство индикации АВМ	dispositif de sortie électronique-optique
A 121	Ausgangsstrom	output flow	выходящий поток	courant (flux) de sortie
A 122	Aussagenkalkül	propositional (sentential) calculus	исчисление высказываний	calcul propositionnel; calcul (logique) des propositions
A 123	Aussagenkalkül, minimaler	propositional calculus, minimal	исчисление высказываний, минимальное	calcul propositionnel minimal
A 124	Autocode	autocode	автокод	autocode
A 125	Autokorrelationsfunktion	autocorrelation function	автокорреляционная функция	fonction d'autocorrélation
A 126	Automat	automaton	автомат	automate
A 127	Automat, asynchroner	automaton, asynchronous	автомат, асинхронный	automate asynchrone
A 128	Automat, asynchroner, Theorie	automaton, asynchronous, theory [theory of asynchronous automata]	автомат, асихронный, теория [теория асинхронных автоматов]	automate asynchrone, théorie [théorie des automates asynchrones]
A 129	Automat, autonomer	automaton, autonomous	автомат, автономный	automate autonome
A 130	Automat, definiter	automaton, definite	автомат, дефинитный	automate défini
A 131	Automat, determinierter	automaton, deterministic	автомат, детерминированный	automate déterminé
A 132	Automat, diskreter, Synthese	automaton, discrete, synthesis [synthesis of discrete automata]	автомат, дискретный, синтез [синтез дискретных автоматов]	automate discrete, synthèse [synthèse des automates discrets]
A 133	Automat, endlicher	automaton, finite	автомат, конечный	automate fini
A 134	Automat, freier	automaton, free	автомат, свободный	automate libre
A 135	Automat, initialer	automaton, initial	автомат, инициальный	automate initial
A 136	Automat, linearer	automaton, linear	автомат, линейный	automate linéaire
A 137	Automat, minimaler	automaton, minimal	автомат, минимальный	automate minimal
A 138	Automat, nichtdeterminierter	automaton, non-deterministic	автомат, недетерминированный	automate non déterminé

A 139	Automat ohne Gedächtnis	automaton without memory	автомат без памяти	automate sans mémoire
A 140	Automat, partieller	automaton, partial	автомат, частичный	automate partiel
A 141	Automat, reduzierter	automaton, reduced	автомат, приведенный	automate réduit
A 142	Automat, sich selbst reproduzierender	automaton, self-reproducing	автомат, самовоспроизводящийся	automate auto-reproduisant
A 143	Automat, stochastischer	automaton, stochastic	автомат, вероятностный	automate stochastique
A 144	Automat, unendlicher	automaton, infinite	автомат, бесконечный	automate infini
A 145	Automat, wachsender	automaton, growing	автомат, растущий	automate accroissant
A 146	Automat, zellularer (s. a.*)	automaton, cellular; structure, iterative	автомат, итеративный; автомат, клеточный; структура, однородная	automate cellulaire
A 147	Automat, zusammenhängender	automaton, connected	автомат, связный	automate connexe
A 148	Automaten, abstrakte Synthese [von]	automata, abstract synthesis [of]	автоматов, абстрактный синтез	synthèse abstraite des automates
A 149	Automaten, Analyse [von]	automata, analysis [of]	автоматов, анализ	analyse des automates
A 150	Automaten, Dekomposition [von]	automata, decomposition [of]	автоматов, декомпозиция	décomposition d'automates
A 151	Automaten, direkte Summe [von]	automata, direct sum [of]	автоматов, прямая сумма	somme directe d'automates
A 152	Automaten, Experimente mit	automata, experiments with	автоматами, эксперименты с	expériences avec des automates
A 153	Automaten, Funktion [von]	automata, function [of]	автоматов, функция	fonction d'automates
A 154	Automaten, Gedächtnis [von]	automata, memory [of]	автоматов, память	mémoire des automates
A 155	Automaten, Homomorphismus [von]	automata, homomorphism [of]	автоматов, гомоморфизм	homomorphisme d'automates
A 156	Automaten, Isomorphismus [von]	automata, isomorphism [of]	автоматов, изоморфизм	isomorphisme d'automates

A 157	Automaten, Komposition [von]	automata, composition [of]	автоматов, композиция	composition d'automates
A 158	Automaten, Methoden der Beschreibung [von]	automata, methods of description [of]	автоматов, способы задания	méthodes de description d'automates
A 159	Automaten, Produkt von	automata, product of	автоматов, произведение	produit d'automates
A 160	Automaten, strukturelle Synthese [von]	automata, structural synthesis [of]	автоматов, структурный синтез	synthèse structurale des automates
A 161	Automaten, Superposition [von]	automata, superposition [of]	автоматов, суперпозиция	superposition d'automates
A 162	Automaten, Synthese [von]	automata, synthesis [of]	автоматов, синтез	synthèse des automates
A 163	Automaten, Überführungsmatrix [von]	automata, transient matrix [of]	автоматов, матрица переходов	matrice de transition des automates
A 164	Automatengrammatik	automata grammar	автоматная грамматика	grammaire d'automate
A 165	Automatenoperator	automata operator	автоматный оператор	opérateur d'automate
A 166	Automatenspiele	automata games	игры автоматов	jeux d'automate
A 167	Automatensprache	automata language	автоматный язык	langage d'automate
A 168	Automatentabelle	automata table	таблица автомата	tableau d'automate
A 169	Automatentheorie	automata theory	теория автоматов	théorie des automates
A 170	Automatentheorie, abstrakte	automata theory, abstract	теория автоматов, абстрактная	théorie abstraite des automates
A 171	Automatentheorie, algebraische	automata theory, algebraic	теория автоматов, алгебраическая	théorie algebrique des automates
A 172	Automatenzustände, äquivalente	states of automata, equivalent	состояния автомата, эквивалентные	états d'automate équivalents
A 173	Automatik	automatics	автоматика	automatisme
A 174	Automatische Analyse medizinisch-biologischer Prozesse	automatic analysis of medico-biological processes	автоматический анализ медико-биологических процессов	analyse automatique de processus médico-biologiques
A 175	Automatische Datenverarbeitung	automatic data processing	автоматическая обработка данных	traitement automatique des données

A 176	Automatische Steuerung, Analyse linearer Systeme	automatic control, analysis of linear systems [analysis of linear systems of automatic control]	автоматическое управление, анализ линейных систем [анализ линейных систем автоматического управления]	commande automatique, analyse de systèmes linéaires [analyse de systèmes linéaires de la commande automatique]
A 177	Automatische Steuerung, Theorie	automatic (open-loop) control, theory [theory of automatic control]	автоматическое управление, теория [теория автоматического управления]	commande automatique, théorie [théorie de la commande automatique]
A 178	Automatisierter Unterricht	automated (computer-aided) teaching	автоматизированное обучение	enseignement automatisé
A 179	Automatisiertes Leitungssystem	automated management system	автоматизированная система управления; АСУ	système de conduite automatisé
A 180	Automatisiertes System der Arbeitsorganisation	automated work organization system	автоматизированная система организации работ	système automatisé de l'organisation de travail
A 181	Automatisiertes System der Projektierung	automated (computer-based) system of project	автоматизированная система проектирования	système automatisé de conception (de projet)
A 182	Automatisiertes System zur Verarbeitung experimenteller Daten	automated processing system for experimental data	автоматизированная система обработки экспериментальных данных	système automatisé pour le traitement de données experimentales
A 183	Automatisierung der Dispatchersteuerung	automation of dispatcher control	автоматизация диспетчерского управления	automatisation de la commande de dispatcher
A 184	Automatisierung der Leitungstätigkeit	automation of management	автоматизация управленческого труда	automatisation des activités de conduite
A 185	Automatisierung der medizinischen Diagnostik	automation of medical diagnostics	автоматизация медицинской диагностики	automatisation du diagnostic médical
A 186	Automatisierung der Programmierung	automation of programming	автоматизация программирования	automatisation de la programmation

A 187	Automatisierung der Projektierung von Digitalrechnern	automation of the design of digital computers	автоматизация проектирования ЦВМ	automatisation du projet de calculatrices digitales
A 188	Automatisierung der Rechnungsführung	automation of account	автоматизация бухгалтерского учета	automatisation de la comptabilité
A 189	Automatisierung der Steuerung eines Produktionsprozesses	automation of production control	автоматизация управления производственным процессом	automatisation de la commande d'un processus de production
A 190	Automatisierung ingenieurmäßiger Berechnungen	automation of engineering computations	автоматизация инженерных расчетов	automatisation de calculs d'ingénieur (de calculs techniques)
A 191	Automatisierung, komplexe	automation, complex	автоматизация, комплексная	automatisation complexe
A 192	Automatisierung linguistischer Forschungen	automation of linguistic researches	автоматизация лингвистических исследований	automatisation des recherches linguistiques
A 193	*Automatisierung wissenschaftlicher Forschungsarbeiten	automation of scientific researches	автоматизация научных исследований	automatisation des recherches scientifiques
A 194	*Automatisierungsgrad	degree (level) of automation	степень (уровень) автоматизации	degré d'automatisation
A 195	*Automatisierungskonzeption	automation concept	концепция автоматизации	conception d'automatisation
A 196	*Automatisierungsziel	automation object	цель автоматизации	but (object) d'automatisation
A 197	Autonomie	autonomy	автономность	autonomie
A 198	Autopilot	autopilot	автопилот	pilote automatique
B 1	*Back-tracking	back tracking	возврат [управления]	retour; retour d'exécution de programme

B 2	*Back-up	back-up	возобновление; резерв	back-up; dispositif redondant (de réserve); unité redondante (de réserve)
B 3	Backus-Normalform	Backus normal form; Backus standard form	нормальная форма Бэкуса	forme normale de Backus
B 4	*BASIC	BASIC	БЕЙСИК	Basic; BASIC
B 5	*Basisautomatisierung	basic automation	базисная автоматизация	automatisation de base
B 6	Basisdarstellung, zulässige	radix notation (representation), permissible; simplex table	опорный план, допустимый	représentation admissible de base; tableau simplexe (simplicial)
B 7	Basislösung	basic solution	базисное решение	solution de base
B 8	*Bauelemente der Mikroelektronik	microelectronic components	детали микроэлектроники	composants (éléments) de la microélectronique
B 9	Baum	tree	дерево; деревовидная схема	arbre
B 10	Bausteinsystem	building block system; modular [component] system	агрегатная система [средств вычислительной техники]; система стандартных блоков	système de boîtes de construction; système de construction par blocs
B 11	Bayes-Belehrung	Bayes teaching	байесовское обучение	instruction Bayes
B 12	Bayes-Entscheidungsregel	Bayes decision rule	байесовское решающее правило	règle de décision de Bayes
B 13	Bayes-Formel	Bayes formula	формула Байеса	formule (loi) de Bayes
B 14	Bayes-Methode	Bayes method	байесовский метод; метод Байеса	méthode bayesienne (de Bayes)
B 15	Bedeutung ↔ Text-Modell	meaning ↔ text model	модель „смысл ↔ текст“	modèle signification ↔ texte
B 16	Bedienungssystem	queueing system	система массового обслуживания	système de temps d'attente

B 17	Bedienungssystem mit begrenzter Verweildauer	queueing system with limited residence period	система массового обслуживания с ограниченным временем пребывания	système d'attente à temps d'arrêt limité
B 18	Bedienungssystem mit begrenzter Wartezeit	queueing system with limited latency time	система массового обслуживания с ограниченным временем ожидания	système d'attente à temps limité d'attente
B 19	Bedienungssystem mit Zeitbegrenzungen	queueing system with time limits	система массового обслуживания с временными ограничениями	système de temps d'attente à limites temporelles
B 20	Bedienungssystem, serielles	queueing system, serial	система массового обслуживания, многоэтапная	système de temps d'attente en série
B 21	Bedienungstheorie	queueing theory	теория [массового] обслуживания	théorie de temps d'attente
B 22	Befehl	command; instruction	инструкция; команда	instruction; ordre
B 23	Befehlsformat	instruction format	формат команды	format d'instruction
B 24	Befehlsmodifikation	instruction modification	модификация команды	modification d'instruction
B 25	Befehlssteuerung	command control; instruction control	командное управление	commande d'instructions (d'ordres)
B 26	Befehlsvorrat	instruction repertory (set); system of instructions	набор инструкций; система команд	jeu d'instructions
B 27	Belegungsperiode	holding period	период занятости	période de valuation
B 28	Belehrung in der Mustererkennung	teaching in pattern recognition	обучение распознаванию образов	instruction dans la reconnaissance des images
B 29	BELLMANsche Gleichung	Bellman equation	уравнение Беллмана	équation (formule) de Bellman
B 30	BELLMANsches Optimalitätsprinzip	Bellman's optimality principle	принцип оптимальности Беллмана	principe d'optimalité de Bellman
B 31	*Beobachter	observer	наблюдатель	observateur

B 32	BERGEscher Graph	Berge's graph	граф Бержа	graphe de Berge
B 33	BERNOULLI-Verteilung	Bernoulli distribution; binomial distribution	биномиальное распределение; распределение Бернулли	distribution de Bernoulli (bernoullienne); loi de Bernoulli; répartition binomiale
B 34	Beschreibung des Erkennungsobjekts	description of the recognition object	описание объекта распознавания	description de l'objet de reconnaissance
B 35	Beschreibungssprache für Geräte von Digitalrechnern	description language for peripheral equipments of digital computers	язык описания устройств ЦВМ	langage de description pour des dispositifs de calculatrices digitales
B 36	BESM	BESM	„БЭСМ“	calculatrice soviétique „BESM“
B 37	Betriebliches automatisiertes Leitungssystem	automated (computer-aided) management system of a plant	автоматизированная система управления предприятием [АСУП]	système automatisé de conduite d'entreprise
B 38	Betriebliches Informations- und Rechenzentrum	information and computer centre of a plant	информационно-вычислительный центр предприятия	centre d'information et de calcul d'entreprise
B 39	Betriebsplan in Matrixform	enterprise matrix	матричный техпромфинплан предприятия	plan d'entreprise en forme matricielle
B 40	Betriebssystem	operating system	операционная система	système d'exploitation (opératoire)
B 41	Beweistheorie	proof theory; validation theory	теория доказательств	théorie des démonstrations
B 42	Biax	biax	биакс	élément magnétique biaxial
B 43	Bibliothek der Standardunterprogramme	library of standard subroutines; subprogram library	библиотека стандартных подпрограмм	bibliothèque des sousprogrammes standard
B 44	Bilanzmodelle	balance models	балансовые модели	modèles de bilan

B 45	*Bilanzregelung	balance control	регулирование баланса [для поддержания стационарного режима]	réglage (régulation) de bilance
B 46	Bildabtastung	picture scanning	дискретизация (сканирование) изображений	balayage (exploration) d'image
B 47	Bildschirmsystem (s. a.*)	display unit; screen device	дисплей; устройство визуального выхода; экранный пульт	système à écran
B 48	Bildverarbeitung	image processing	обработка изображений	traitement des images
B 49	*Bildvorverarbeitung	image preprocessing	предварительная обработка изображений	prétraitement des images
B 50	Bimatrixspiel	two-matrices game	биматричная игра	jeu bimatriciel
B 51	*Binärsteuerung	binary control	двоичное управление	commande binaire
B 52	Bioelektrische Steuerung	bioelectrical control	биоэлектрическое управление	commande bioélectrique
B 53	Biologische Forschung, mathematische Methoden	biological research, mathematical methods [of]	биологическое исследование, математические методы [математические методы биологических исследований]	recherche biologique, méthodes mathématiques [méthodes mathématiques de la recherche biologique]
B 54	Biologisches System	biological system	биологическая система	système biologique
B 55	Biologisches System, mathematische Modellierung	biological system, mathematical simulation [mathematical simulation of biological systems]	биологическая система, математическое моделирование [математическое моделирование биологических систем]	système biologique, modélisation mathématique [modélisation mathématique de systèmes biologiques]
B 56	Biologisches System, Organisation	biological system, organization [of a]	биологической системы, организация	organisation de système biologique
B 57	Bionik	bionics	бионика	bionique
B 58	Bit	bit	бит	bit

B 59	*Black-box-Methode, rechnergestützte	black-box-method, computer-aided	метод черного ящика при помощи ЭВМ	méthode à boîte noire assistée par ordinateur
B 60	BLAKEscher Algorithmus	Blake algorithm	алгоритм Блейка	algorithme de Blake
B 61	Block	block	блок	bloc
B 62	Blockbauweise	building block mode; modul mode	агрегатно-блочное построение; метод блочного строительства	mode de construction par blocs
B 63	Blockierung der Versorgung	supply interlocking	блокировка обслуживания	blocage de l'alimentation
B 64	Blockschaltbild eines Modells	block diagram of model	структурная схема модели	schéma bloc (en boîtes; synoptique) d'un modèle
B 65	Bogen eines Graphen	arc of a graph	дуга графа	arc d'un graphe
B 66	BOOLEsche Algebra	Boolean algebra	булева алгебра	algèbre booléienne (de Boole)
B 67	BOOLEsche Funktion	Boolean function	булева функция	fonction booléienne (de Boole)
B 68	BOOLEsche Funktion, duale	Boolean function, dual	булева функция, двойственная	fonction booléienne duale
B 69	BOOLEsche Funktion, monotone	Boolean function, monotonic	булева функция, монотонная	fonction booléienne monotone
B 71	BOOLEsche Funktion, selbstduale	Boolean function, self-dual	булева функция, самодвойственная	fonction booléienne auto-duale
B 71	*BOOLEsche Gleichung	Boolean equation	булево уравнение	équation booléienne
B 72	*BOOLEscher Differentialkalkül	Boolean differential calculus	булево дифференциальное исчисление	calcul différentiel booléien
B 73	*BOOLEscher Raum	Boolean space	булево пространство	espace booléien (de Boole)
B 74	*Bootstrapping	bootstrapping	методика предварительных шагов	bootstrapping; technique d'amorcage (d'amorce); technique de chargement initial (de programme)

B 75	Brainstorming	brainstorming	„Мозговой штурм“	méthode de stimulation collective de nouvelles idées
B 76	*Brainware	brainware	„интеллектуальное обеспечение“	brainware
B 77	Branch-and-bound-Methode	branch-and-bound method	метод ветвей и границ	méthode branch and bound
B 78	Bubble-Speicher, magnetischer	bubble memory, magnetic	память на магнитных доменах; память на ЦМА; пузырьковая память	mémoire à bulles magnétiques
B 79	BUBNOW-GALERKIN-Methode	Bubnov-Galerkin method	метод Бубнова-Галеркина	méthode de Bubnow-Galerkin
B 80	*Büroautomatisierung	office automation	автоматизация конторских работ	automatisation de bureau; bureautique
B 81	Bürorechner	business calculating machine; office computer	бухгалтерская (канцелярская; конторская) вычислительная машина	ordinateur bureautique (de bureau)
B 82	*Bus	bus	общая шина; шина	bus
B 83	Byte	byte	байт	octet
C 1	*CAMAC	CAMAC	КАМАК	interface Camac
C 2	CAUCHYsches Problem bei gewöhnlichen Differentialgleichungen	Cauchy's problem at ordinary differential equations	задача Коши для обыкновенных дифференциальных уравнений	problème de Cauchy près des équations differentielles ordinaires
C 3	CDC-7600	CDC-7600	„CDC-7600“	calculatrice „CDC-7600“
C 4	*CDL	CDL [computer description language]	CDL [язык проектирования компьютеров]	CDL
C 5	CHAPMAN-KOLMOGOROW-Gleichung	Chapman-Kolmogoroff equation	уравнение Чепмена-Колмогорова	équation de Chapman-Kolmogoroff
C 6	Charactron	charactron	характрон	tube charactron

C 7	CHINTCHIN-POLATSCHEK-Formel	Khintchine-Polatchek formula	формула Хинчина-Полачека	formule de Khintchine-Polatschek
C 8	*Chip	chip	чип	chip
C 9	CHOMSKY-Grammatiken	Chomsky grammars	грамматики Хомского	grammaires de Chomsky
C 10	CHURCHsche These	Church's thesis	тезис Черча	thèse de Church
C 11	*Clusterung	clustering	кластерный анализ	répartition en grappes
C 12	COBOL	COBOL	КОБОЛ	Cobol; COBOL
C 13	Code	code	код	code
C 14	Code, fehlerkorrigierender	code, error-correcting	код, корректирующий; код с исправлением ошибок	code de correction d'erreurs
C 15	Code, semantischer	code, semantic	код, семантический	code sémantique
C 16	Codierer	code equipment; coder	кодирующее устройство; шифратор	chiffreur; codeur; dispositif de codification
C 17	Codierung, automatische	coding, automatic	кодирование, автоматическое	codage (codification) automatique
C 18	Codierung der Automatenzustände	coding of the automaton states	кодирование состояний автомата	codage des états d'automate
C 19	Codierung, lokale	coding, local	кодирование, локальное	codage (codification) locale
C 20	Codierungstheorie	coding theory	теория кодирования	théorie de codification
C 21	COMIT	COMIT	КОМИТ	langage de programmation „COMIT"
C 22	Compiler	compiler; compiling program (routine)	компилирующая программа; компилятор; программа-компилятор; транслятор	compilateur
C 23	*Compiler-Compiler	compiler-compiler; compiler generation program	программа создания компилятора; генератор компиляторов	générateur de compilateurs; programme interprétatif

C 24	*Compiler, optimierender	compiler, optimizing	компилятор, оптимирующий	compilateur optimisant
C 25	*Compilierung, separate	compiling, separate	трансляция, сепаратная	compilation séparée
C 26	Computer	computer	вычислительная машина; компьютер; ЭВМ	calculateur; calculatrice; ordinateur
C 27	*Computergraphik	computer graphics	графическая обработка данных; компьютерная (машинная) графика	graphique par ordinateur
C 28	*Computerkunst	computer art	компьютерное искусство	art par ordinateur
C 29	*Cross-Referenz	cross reference	взаимная (перекрестная) ссылка	référence mutuelle
D 1	**D*-Algorithmus	*D*-algorithm	алгоритм типа *D*; *D*-алгоритм	algorithme *D*
D 2	Dämpfung	attenuation; damping	демпфирование	amortissement
D 3	Darstellungstheorie von Gruppen	theory of representation of groups	теория представлений групп	théorie des représentations des groupes
D 4	Datei	data file; file	массив; массив данных; файл	fichier
D 5	Datei, Ordnen [einer]	file/to	массива, упорядочение	ordonner de fichier
D 6	Datei, Organisationsformen [einer]	file, organization forms [of a]	массива, формы организации [хранения данных]	formes d'organisation de fichier
D 7	Datei, Sortieren [von Dateien]	file, sorting [sorting of files]	массивов, сортировка	tri des fichiers
D 8	Daten	data	данные	données
D 9	Datenbank	data bank	банк данных	banque des données
D 10	Datenbasis	data base	база данных	base des données
D 11	*Datenbeschreibungssprache	data description language	язык описания данных	langage de description des données

D 12	*Datenmanipulation	data manipulation; data handling	манипуляция над данными	manipulation des données
D 13	*Datennetz	data network	сеть данных	réseau des données
D 14	*Datenstruktur	data structure	структура данных	structure des données
D 15	*Datentyp	data type	тип данных	type des données
D 16	Datenumsetzer	data converter; data translator	преобразователь данных; устройство перезаписи для ЦВМ	convertisseur des données
D 17	Datenverarbeitung, sequentielle	data processing, sequential	обработка данных, последовательная	traitement séquentiel des données
D 18	Datenverarbeitung, wahlfreie	data processing, random	обработка данных, произвольная	traitement indépendant des données
D 19	Datenverarbeitungssystem	data processing system	система обработки данных	système de traitement des données
D 20	Datenverwaltung	data management	управление даннами	gestion des données
D 21	*DDC	DDC (direct digital control)	прямое цифровое регулирование	commande digitale directe; DDC; régulation numérique directe [RND]
D 22	*Deadbeat-Regelung	deadbeat control	регулирование с конечной временной регулировкой	régulation pour la réponse plate
D 23	*Deadlock	deadlock	взаимоблокировка	blocage mutuel; interblocage
D 24	*Dead-zero-Signal	dead-zero signal	сигнал без смещения нуля	signal dead-zéro (mort-zéro)
D 25	*Debugging	debugging; program debugging	отладка; отладка программы	mise au point
D 26	Dechiffrierung von Texten	decoding of texts	дешифровка текстов	déchiffrement de textes
D 27	Decodierer	decoder	декодирующее устройство; дешифратор	décodeur

D 28	Dekomposition eines linearen Optimierungsproblems	decomposition of a linear optimization problem	декомпозиция линейной оптимизации; декомпозиция задачи линейного программирования	décomposition d'un problème linéaire d'optimalisation
D 29	Delta-Funktion	delta function; Dirac function; unit impulse function	дельта-функция; единичная импульсная функция; функция Дирака	distribution de Dirac; fonction de Dirac; fonction impulsion unité
D 30	Demodulator	demodulator	демодулятор	démodulateur
D 31	DEPOT [Programmsystem für die Implementierung von Fachsprachen]	DEPOT [program system for the implementation of object-languages]	„ДЕПОТ" [система программ для реализации язык-объектов]	système de réalisation de langages spéciaux „DEPOT"
D 32	Deskriptor	descriptor	дескриптор	descripteur
D 33	Diagnoseprogramm	diagnostic routine; error-detecting routine	диагностическая программа; программа для диагностики	programme diagnostique
D 34	Diagnostik, automatische	diagnostics, automatic	диагностика, автоматическая	diagnostic automatique
D 35	Dialogbetrieb	dialogue mode; interactive mode	обработка в режиме диалога; режим диалога	opération en dialogue
D 36	Differentialgleichungen	differential equations	дифференциальные уравнения	équations différentielles
D 37	Differentialrentenmethode	Hungarian method	венгерский метод; метод дифференциальных рент	méthode hongroise
D 38	Differentialspiele	differential games	дифференциальные игры	jeux différentiels
D 39	Differentiation, numerische	differentiation, numerical	дифференцирование, численное	différentiation numerique
D 40	Differentiation, symbolische	differentiation, symbolic	дифференцирование, символьное	différentiation symbolique
D 41	Differentiation von Signalen	differentiation of signals	дифференцирование сигналов	différentiation de signaux

D 42	Differenzenschema	difference scheme	разностная схема	schéma aux différences
D 43	Differenzenschema, Stabilität [eines]	difference scheme, stability [of]	разностной схемы, устойчивость	stabilité du schéma aux différences
D 44	Differenzenverfahren	difference method	конечноразностный метод	méthode de comparaison par paires
D 45	Differenzextremalsystem	difference extremal system; differential extremum control system	дифференциальная система экстремального регулирования	système extrémal à différence
D 46	Differenzierer	differentiating element; differentiator	дифференциатор	différentiateur
D 47	Differenzregelungssystem	control system with indirect interference measurement	дифференциальная система автоматического управления	système asservi à différence
D 48	Differenzverstärker	differential amplifier	дифференциальный усилитель	amplificateur de différence
D 49	Diffusionsprozeß	diffusion process	диффузионный процесс	processus de diffusion
D 50	Digital-Analog-Umsetzer	digital-analogue converter	цифро-аналоговый преобразователь	convertisseur numerique-analogique
D 51	Digital-Differential-Analysator	digital differential analyzer	цифровой дифференциальный анализатор	analyseur différentiel digital (numerique)
D 52	*Digitale Bildverarbeitung	digital image processing	цифровая обработка изображений	traitement digital des images
D 53	*Digitalgraphik	digital computer graphics	цифровая машинная графика	graphique digital
D 54	Digitalrechner	digital computer	цифровая вычислительная машина (ЦВМ)	calculateur digital; calculatrice digitale
D 55	Digitalrechner, algorithmische Struktur	digital computer, algorithmic structure [algorithmic structure of digital computers]	ЦВМ, алгоритмическая структура [алгоритмическая структура цифровых вычислительных машин]	calculatrice digitale, structure algorithmique [structure algorithmique de calculatrices digitales]

D 56	Digitalrechner, algorithmische Synthese	digital computer, algorithmic synthesis [algorithmic synthesis of digital computers]	ЦВМ, алгоритмический синтез [алгоритмический синтез цифровых вычислительных машин]	calculatrice digitale, synthèse algorithmique [synthèse algorithmique de calculatrices digitales]
D 57	Digitalrechner, schaltungstechnische Struktur	digital computer, circuitry structure [circuitry structure of digital computers]	ЦВМ, элементная структура [элементная структура цифровых вычислительных машин]	calculatrice digitale, structure électrotechnique [structure électrotechnique de calculatrices digitales]
D 58	Digitalrechner, spezielle sowjetische	digital computers, produced in the U.S.S.R.	ЦВМ, производящиеся в СССР	calculatrices digitales spéciales soviétiques
D 59	Digitalrechner, Synchronisation der Befehlsabarbeitung	digital computer, synchronization of the instruction treatment [synchronization of the instruction treatment in a digital computer]	ЦВМ, синхронизация отработки команд [синхронизация отработки команд в ЦВМ]	calculatrice digitale, synchronisation du traitement d'instructions [synchronisation du traitement d'instructions en calculatrices digitales]
D 60	Dioden-Kontaktschaltung	diode contact circuit	контактно-вентильная схема	circuit (montage) à contacts et diodes
D 61	Diodenschaltung	diode circuit	вентильная (диодная) схема	circuit (montage) à diodes
D 62	Dioden-Widerstands-Logik	diode resistor logic	диодно-резисторная логика	circuit logique à diodes et résistances
D 63	Disjunktion	disjunction	дизъюнкция	addition logique; disjonction
D 64	Diskretisierung	discretization	дискретизация	discrétion, discretisation
D 65	Dispatcherprogramm	dispatcher program	диспетчер-программа	programme de dispatcher

D 66	Dispersion	dispersion	дисперсия	dispersion; variance
D 67	Dispersionsanalyse	dispersion analysis	дисперсионный анализ	analyse de dispersion (de variance; dispersionnelle)
D 68	Display	display; display device; display unit	дисплей; устроиство визуального отображения; экранный пульт	dispositif à écran; écran; unité à écran
D 69	*Displayfile	display file	дисплейный файл	fichier d'affichage
D 70	Distorsionstheorie	distorsion theory	теория искажений	théorie de distorsion
D 71	Dividierer	divider; dividing equipment	устройство деления	dispositif de division
D 72	Dokumentenbeschreibung	document description; search pattern of a document; document entry	поисковый образ документа; описание документа	description des documents
D 73	Dokumentenfaktenrecherchesystem	factographic document retrieval system	документально-фактографическая информационная система	système de recherche de documents et de faits
D 74	Dokumenteninformation	documentary information	документальная информация	information de documents
D 75	Dokumentenrecherchesystem	document retrieval system	документальная информационно-поисковая система	système de recherche de documents (documentaire)
D 76	Dominanz	dominance	доминирование	prédominance
D 77	*DOS	DOS [disk operating system]	ДОС [дисковая операционная система]	système d'exploitation sur disque
D 78	DRELOBA	DRELOBA	„ДРЕЛОБА"	système de commande pneumatique „DRELOBA"
D 79	Driftkorrektur	drift correction	коррекция дрейфа нуля	correction de dérive
D 80	Drucker	printer	печатающее устройство	imprimante
D 81	Dualaddierer, einstellig	dual adder of one place	сумматор, одноразрядный	addeur dual à un chiffre

D 82	Dualaddierer mit Speicher	dual adder with memory	накапливающий сумматор	addeur dual à mémoire
D 83	Dualaddierer ohne Speicher	dual adder without memory	комбинационный сумматор	addeur dual sans mémoire
D 84	Duale Aufgabe der konvexen Optimierung	dual problem of convex optimization	двойственная задача выпуклого программирования	problème dual de l'optimisation convexe
D 85	Duale Regelung	dual control	дуальное управление	réglage dual
D 86	Duale Richtungen, Methode	dual directions, method of the	двойственных направлений, метод	méthode des directions duales
D 87	Duales Gradientenverfahren	dual gradient method	двойственный градиент-метод	méthode duale de la plus grande pente
D 88	Duales Simplexverfahren	dual simplex method	двойственный симплекс-метод	méthode duale du simplexe
D 89	Dualitätsprinzip	duality principle; principle of duality	принцип двойственности	principe de dualité
D 90	Dualitätstheorie	duality theory	теория двойственности	théorie de dualité
D 91	Duell	duel	дуэль	duel
D 92	*Durchflußkennlinie	flow characteristic diagram	характеристика расхода	caractéristique de débit
D 93	Dynamische Modellierung, Methode	dynamic simulation	динамического моделирования, метод	méthode de la modélisation dynamique
E 1	Echtzeitbetrieb	real-time operation	работа в реальном масштабе времени; режим реального масштаба времени	opération en temps réel
E 2	*Echtzeitprogrammiersprache	real-time programming language	язык программирования в реальном времени	langage de programmation en temps réel
E 3	Eckpunkt	cut-off point	крайная точка	sommet
E 4	EC 1040	EC 1040	„EC-1040"	calculatrice „EC 1040"

E 5	EDV	EDP (electronic data processing)	ЭОД (электронная обработка данных)	traitement électronique des données
E 6	EDVA	EDPM (electronic data processing machine)	электронное оборудование для обработки данных	installation électronique de traitement des données
E 7	Eichspannung	calibrating voltage	эталонное напряжение	tension d'étalonnage
E 8	Eigenwerte und Eigenvektoren einer Matrix	eigenvalues and eigenvectors of a matrix	собственные значения и собственные векторы матрицы	valeurs propres et vecteurs propres d'une matrice
E 9	Einheitliches System der Elektronischen Rechentechnik	Common System of Electronic Computer Engineering	единая система электронных вычислительных машин	système uniforme de la technique électronique de calcul
E 10	*Einheitssignal	unit signal	единичный сигнал	signal unitaire
E 11	Ein-Punkt-Randwertaufgabe	single-point-boundary value problem	одноточечная краевая задача	problème aux limites par un seul point
E 12	Ein- und Ausgabegeräte	input and output devices	устройства ввода-вывода	dispositifs d'entrée et de sortie (d'introduction et d'extraction)
E 13	Elektrische Analogie in leitenden Kontinua	electrical simulation in conducting continua	электрическое моделирование на спложных средах	analogie électrique dans des continus conducteurs
E 14	Elektrisches Netzwerk	electrical network	электрическая цепь	réseau électrique
E 15	Elektronische Rechenmaschine	computer; electronic calculating machine	электронная вычислительная машина (ЭВМ)	calculateur (calculatrice; ordinateur) électronique; machine électronique à calculer
E 16	Elementarfunktionen	elementary functions	элементарные функции	fonctions élémentaires
E 17	Elemente, fluidische	fluidics	элементы, струйные	composants (éléments) fluidiques
E 18	Elionik	elionics	элионика	élionique

E 19	Empfindlichkeit dynamischer Systeme, Theorie	sensitivity of dynamic systems, theory [theory of sensitivity of dynamic systems]	чувствительность динамических систем, теория [теория чувствительности динамических систем]	sensibilité de systèmes dynamiques, théorie [théorie de sensibilité de systèmes dynamiques]
E 20	Empfindlichkeitsmodell	sensitivity model	модель чувствительности	modèle de sensibilité
E 21	Empfindlichkeitsschwelle	sensitivity threshold	порог чувствительности	seuil de sensibilité
E 22	Empfindlichkeitstheorie	sensitivity theory	теория чувствительности	théorie de sensibilité
E 23	Empirische Verteilungsfunktion	empirical dispersion (distribution) function	эмпирическая функция распределения	fonction de distribution empirique
E 24	*Emulation	emulation	эмуляция	émulation
E 25	Endwertsteuerung	terminal control	конечное регулирование; регулирование по конечному состоянию	commande de valeur finale
E 26	Engpaßproblem	defile problem	задача об узких местах	problème de défilé
E 27	Entarteter Kern, Ersetzung	substitution of degenerate nucleus	метод замены ядра вырожденным	remplacement du noyau dégénéré
E 28	*Entkopplung	non-interaction	отсутствие взаимозависимости; развязка	découplage
E 29	Entropie	entropy	энтропия	entropie
E 30	Entropie der Sprache	entropy of language	энтропия языка	entropie du langage
E 31	Entropie lebender Systeme	entropy of animated systems	энтропия живых систем	entropie de systèmes vivants
E 32	Entropie von Nachrichten	entropy of messages	энтропия сообщений	entropie de messages
E 33	Entropiemaße, nichtklassische	entropy measures, non-classical	энтропийные меры, неклассические	mesures d'entropie non classiques
E 34	Entscheidungsfindung unter den Bedingungen der Unbestimmtheit	decision assumption at conditions of indetermination	принятие решений в условиях неопределенности	recherche de décisions sous des conditions de l'incertitude
E 35	Entscheidungsregel	decision rule	решающее правило	régle de décision
E 36	*Entscheidungstabelle	decision table	таблица решений	table (tableau) de décision

E 37	Entstehungsgeschwindigkeit von Nachrichten	avarage source entropy	скорость создания сообщений	vitesse de naissance de messages
E 38	Entwurf von Digitalrechnern mit logischen Schaltelementen	computer design with logical circuit elements	элементный синтез ЦВМ	projet de calculatrices digitales aux élément de montage logique
E 39	Epsilon-Entropie	epsilon-entropy	эпсилон-энтропия	entropie epsilon
E 40	Ereignis	event	событие	événement
E 41	Ereignis, reguläres	event, regular	событие, регулярное	événement régulier
E 42	Ereignis, zyklische Tiefe	event, cyclic depth (cyclic depth of an event]	событие, циклическая глубина [циклическая глубина события]	événement, profondeur cyclique [profondeur cyclique d'événements]
E 43	Ereignisalgebra	algebra of events	алгебра событий	algèbre d'événements
E 44	Ergatisches System	ergatic system; man–machine system	эргатическая система	système homme-machine; système homme-machine hiérarchisé
E 45	Ergibtanweisung	assignment statement	оператор присвоения	instruction d'affectation
E 46	Ergodentheorie	ergodic theory	эргодическая теория	théorie des ergodes; théorie ergodique
E 47	Ergodischer Zustand	ergodic state	эргодическое состояние	état ergodique
E 48	Erkennung visueller Objekte	recognition of visual objects	распознавание зрительных образов	reconnaissance d'objets visibles
E 49	Erkennungsalgorithmus	identifying (recognition) algorithm	алгоритм распознавания	algorithme de reconnaissance
E 50	Erkennungsmethoden, heuristische	recognition methods, heuristic	методы распознавания, эвристические	méthodes de reconnaissance heuristiques
E 51	Erkennungsmethoden, statistische	recognition methods, statistical	методы распознавания, статистические	méthodes de reconnaissance statistiques
E 52	Erkennungssystem	identifying (recognition) system	распознающая система	système de reconnaissance
E 53	Erkennungssystem, logisches	recognition system, logical	распознающая система, логическая	système logique de reconnaissance

E 54	Erkennungszuverlässigkeit	reliability of recognition	надежность распознавания	fiabilité de reconnaissance
E 55	ERLANGsche Formeln	Erlang's formulas	формулы Эрланга	formules d'Erlang
E 56	Erneuerungstheorie	recovery theory	теория восстановления	théorie de renouvellement
E 57	Ersatzschaltung	equivalent circuit (network)	эквивалентная схема	circuit (montage) équivalent
E 58	Erwartungswert	expectation (expected) value; mathematical expectation	математическое ожидание; ожидаемое значение	espérance; espérance mathematique; valeur moyenne
E 59	Etalon	echelon	эталон	étalon
E 60	EULERsche Kette	Euler's chain	цепь Эйлера	chaîne eulérienne; chemin eulérien
E 61	*Evolutionsmodelle	evolution models	эволюционные модели	modèles d'évolution
E 62	Existenzaussagen	existence sentences	экзистенциальные высказывания	propositions d'existence
E 63	Experiment, bedingtes	experiment, conditional	эксперимент, условный	expérience conditionnelle
E 64	Experiment, einfaches	experiment, simple	эксперимент, простой	expérience simple
E 65	Experiment, unbedingtes	experiment, nonconditional	эксперимент, безусловный	expérience inconditionnelle
E 66	Experiment, vielfaches	experiment, multiple	эксперимент, многократный	expérience multiple
E 67	Experimentelle Daten, statistische Analyse	experimental data, statistical analysis [statistical analysis of experimental data]	экспериментальные данные, способ статистической обработки (способ статистической обработки экспериментальных данных]	données expérimentales, analyse statistique [analyse statistique de données expérimentales]
E 68	Expertenschätzung	expert estimation	метод экспертных оценок	méthode de l'estimation par experts

E 69	Exponentialverteilung	exponential distribution	экспоненциальное распределение	distribution exponentielle
E 70	Extrapolation bei der Belehrung in der Mustererkennung	extrapolation of teaching in pattern recognition	экстраполирование в обучении распознаванию образов	extrapolation près l'instruction dans la reconnaissance des images
E 71	Extrapolation von Funktionen	extrapolation of functions	экстраполирование функций	extrapolation de fonctions
E 72	Extrapolation von Zufallsprozessen	extrapolation of random processes	экстраполирование случайных процессов	extrapolation de processus aléatoires
E 73	Extremale	extremal	экстремаль	extrémale
E 74	Extremalproblem	extremal problem	экстремальная задача	problème extrémal
E 75	Extremalproblem bei Graphen	extremal problem of graphs	экстремальная задача на графах	problème extrémal près des graphes
E 76	Extremum	extreme value	экстремальное значение; экстремум	extréme, extrémum
E 77	Extremum, absolutes	extreme value, absolute	экстремум, абсолютный	extrémum absolu
E 78	Extremum, Drift	extreme value, drift [drift of the extreme value]	экстремум, дрейф [дрейф экстремума]	extrémum, dérive [dérive de l'extrémum]
E 79	Extremum, globales	extreme value, global	экстремум, глобальный	extrémum global
E 80	Extremum, lokales	extreme value, local	экстремум, локальный	extrémum local
E 81	Extremwertregelung	extremum control; peak-holding optimizing control	экстремальное регулирование	réglage extrémal
E 82	Extremwertregelungssystem	extremum control system	система экстремального регулирования	système de réglage extrémal
E 83	Extremwertregler	extremal controller; peak-holding controller	экстремальный регулятор	régulateur extrémal
F 1	Faktenrecherchesystem	factographic information retrieval system; data retrieval system	фактографическая информационно-поисковая система	système de recherche des faits (de données)

F 2	Faktorisierungsverfahren	factoring method	метод факторизации	méthode de factorisation
F 3	Faltung von Verteilungen von Zufallsgrößen	convolution of distributions of random variables	свертка распределений случайных величин	convolution de répartitions de grandeurs aléatoires
F 4	Faserwandler	fibre optics	волоконный преобразователь	capteur (convertisseur; transmetteur) a fibre (optique)
F 5	Fehler	blunder; error; mistake	ошибка; погрешность	erreur
F 6	Fehler des Entscheidungselementes	error of the decision element	погрешность решающего элемента	erreur de l'élément de décision
F 7	Fehler in automatischen Steuerungssystemen	error in systems of automatic control	ошибка в системах автоматического управления	erreur dans des systèmes automatiques de commande
F 8	Fehlerdiagnostik	methods of error detection	диагностика неисправностей	diagnostic d'erreurs
F 9	Fehlerkorrigierende Schaltung	error-correcting circuit	самокорректирующая схема	circuit à correction d'erreurs
F 10	Fehlerpaket	error pack, error burst	пачка ошибок	paquet d'erreurs
F 11	*Fehlerstabilisierung	error stabilization	стабилизация ошибок	stabilisation des erreurs
F 12	Fehlertheorie	theory of errors	теория ошибок (погрешностей вычислений)	théorie des erreurs
F 13	*Fehlertoleranz	fault-tolerance; permissible error	допустимая ошибка	tolérance d'erreur
F 14	*Feldrechner	array processor	процессорный эррей	calculateur orienté sur champ; calculateur vectoriel
F 15	Fernschreiber	teleprinter; teletyper	буквопечатающий телеграфный аппарат; телетайп	téléimprimeur, télétype
F 16	Fernsteuerung	distance (remote) control	дистанционное управление; телеуправдение	commande à distance; télécommande

F 17	Fernwirktechnik	remote control engineering (technique)	телемеханика	télémécanique
F 18	Ferritkern-Dioden-Schaltkreise	ferrite-core diode circuits	феррит-диодные схемы	circuits logiques à tores de ferrite et diodes
F 19	Ferritkern-Transistor-Schaltkreise	ferrite-core transistor circuits	феррит-транзисторные схемы	circuits logiques à tores de ferrite et transistors
F 20	Ferritplattenspeicher	ferrite slab memory	накопитель на ферритовых дисках; ферритовая многоотверстная матрица	mémoires de plaques à ferrites
F 21	Ferritschichtspeicher	laminated ferrite memory	накопитель на ферритовом слое; ферритовая слойстая матрица	mémoire à couche de ferrites
F 22	*Fertigungszelle	machining cell	производственная ячейка	cellule de fabrication
F 23	Festkommaarithmetik	fixed-point arithmetic	арифметика чисел с фиксированной запятой	arithmétique en virgule fixe
F 24	Festwertregelungssystem	constant-value control system	система регулирования постоянной величины; система стабилизации	système de régulation
F 25	File	file	файл	fichier
F 26	Fileoperationen	file manipulations	операции над массивами	opérations de fichier
F 27	Filter	filter	фильтр	filtre
F 28	*Filter, optimales	filter, optimal	фильтр, оптимальный	filtre optimale
F 29	Filterung von Zufallsprozessen	filtering of random processes	фильтрация случайных процессов	filtrage de processus aléatoires
F 30	Firmen	firms	фирмы	firmes
F 31	*Flexible Automatisierung	flexible automation	гибкая автоматизация	automatisation flexible
F 32	*Flexibles Fertigungssystem	flexible manufacturing system	гибкая технологическая система	système flexible de fabrication
F 33	Fluß im Transportnetz	flow in the transport network	поток в транспортной сети	flux dans le réseau de transport

F 34	Fluß im Transportnetz, inhomogener	flow in the transport network, non-homogeneous	поток в транспортной сети, неоднородный	flux inhomogène dans le réseau de transport
F 35	Folgeregelungssystem	cascade control system; follow-up system; sequence control system	следящая система регулирования	asservissement; système asservi
F 36	FORMAC	FORMAC	ФОРМАК [язык программирования]	langage spécial de programmation « FORMAC »
F 37	Formalismus	formalism	формализм	formalisme
F 38	Formatanweisung	format statement	оператор задания формата; оператор спецификации формата	instruction de format
F 39	FORTRAN	FORTRAN	ФОРТРАН	Fortran
F 40	Fotowandler-Matrix	photoelectric pick-up matrix	матрица фотоэлементов; сетчатка	matrice de photoconvertisseur
F 41	Fourier-Integrale	Fourier integrals	интегралы Фурье	intégrales de Fourier
F 42	Fourier-Transformation	Fourier transformation	преобразование Фурье	transformation de Fourier
F 43	Frage-Antwort-System	question-answering system	система „вопрос-ответ"	système question-réponse
F 44	Fragesprache	query language	анкетный язык	langage d'interrogation
F 45	Frequenzcharakteristiken	frequency response characteristics	частотные характеристики	caractéristiques de fréquence; réponse fréquentielles
F 46	*Frequenzgang	frequency (harmonic) response	частотная характеристика	réponse de fréquence (fréquentielle; harmonique)
F 47	Frequenz-Impuls-Umsetzer	frequency pulse converter	частотно-импульсный преобразователь	convertisseur frequence-impulsions
F 48	Funktion, charakteristische	function, characteristic	функция, характеристическая	fonction caractéristique
F 49	Funktion, verallgemeinerte	function, generalized	функция, обобщенная	fonction généralisée
F 50	Funktional	functional	функционал	fonctionnelle

F 51	Funktionen, die eine Klasseneinteilung erhalten	functions, which preserve a partition into classes	функции, сохраняющие разбиение на классы	fonctions recevant une répartition en classes
F 52	Funktionen, die eine Konstante erhalten	functions, which preserve a constant	функции, сохраняющие константу	fonctions recevant une constante
F 53	Funktionen, die eine Menge erhalten	functions, which preserve a set	функции, сохраняющие множество	fonctions recevant un ensemble
F 54	Funktionenklasse, abgeschlossene	class of functions, closed	класс функций, замкнутый	classe fermée de fonctions
F 55	Funktionenklasse, invariante	class of functions, invariant	класс функций, инвариантный	class invariante de fonctions
F 56	Funktionenklasse, prävollständige	class of functions, precomplete	класс функций, предполный	classe précomplète de fonctions
F 57	Funktionselement	operational element	функциональный элемент	élément fonctionnel
F 58	*Funktionsmodelle ökonomischer Prozesse	functional models of economic processes	функциональные модели экономических процессов	modèles de fonctionnement de processus économiques
F 59	Funktionsumsetzer	function generator	функциональный преобразователь	générateur de fonctions
G 1	GAUSSscher Algorithmus	Gaussian method	алгоритм (метод) Гаусса	algorithme gaussien; méthode d'élimination de Gauss
G 2	GAUSSscher Zufallsprozeß	Gaussian random process	гауссовский случайный процесс; случайный процесс Гаусса	processus aléatoire gaussien
G 3	Gedruckte Schaltung	printed circuit	печатная схема	circuit (montage) imprimé
G 4	Genauigkeitsverhältnis	accuracy ratio	отношение точности	rapport de précision
G 5	*Generische Eigenschaft	generic property	общее свойство	propriété générique

G 6	GENTZENsche Kalküle	Gentzen calculi	исчисления Генцена; формальные системы Генцена	calculs de Gentzen
G 7	*GERSCHGORIN-Bänder	Gershgorin strips	полосы Гершгорина	bandes de Gershgorin
G 8	Gesetz der großen Zahlen	law of large numbers	закон больших чисел	loi des grands nombres
G 9	Gesetz vom ausgeschlossenen Dritten	law on excluded third	закон исключенного третьего	loi (principe) du tiers exclu
G 10	Gewichtsfunktion	weighting function	весовая функция; функция веса	fonction de poids (pondérée); réponse impulsionnelle
G 11	Gewinnfunktion	gain function; pay-off function	платежная функция; функция выигрыша	fonction de gain (de paiement); fonction d'utilité
G 12	Gewinnmatrix	gain matrix; pay-off matrix	платежная матрица; матрица выигрышей	matrice de gain (de paiement)
G 13	Gewöhnliche Differentialgleichungen	ordinary differential equations	обыкновенные дифференциальные уравнения	équations différentielles ordinaires
G 14	Gitterfunktion	lattice function	решетчатая функция	fonction de réseau; fonction donnée aux points d'un réseau
G 15	Gleichgewichtsmodell	equilibrium model	модель равновесия	modèle d'équilibre
G 16	Gleichgewichtspunkt	equilibrium point	точка равновесия	point d'équilibre
G 17	Gleichgewichtssituation	equilibrium state	состояние равновесия	situation d'équilibre
G 18	Gleichungen, Klassifikation [von]	equations, classification [of]	уравнений, классификация	classification d'équations
G 19	Gleitender Zustand	floating state	скользящий режим	état glissant
G 20	Gleitkommaarithmetik	floating-point arithmetic	арифметика чисел с плавающей запятой	arithmétique en virgule flottante
G 21	GÖDELsches Unvollständigkeitstheorem	Goedel's theorem of incompleteness	теорема о неполноте Геделя	théorème d'incomplètude de Gödel
G 22	GOMORY-Verfahren	Gomory method	метод Гомори	méthode de Gomory

G 23	Gradient	gradient	градиент	gradient
G 24	Gradient, negativer	antigradient	антиградиент	gradient negatif
G 25	Gradient, verallgemeinerter	gradient, generalized	вектор обобщенного градиента; градиент, обобщенный	gradient généralisé
G 26	Gradientenverfahren	gradient method	градиентный метод	méthode de la plus grande pente; méthode de la plus profonde descente
G 27	Grammatik, erkennende	grammar, recognizing	грамматика, распознающая	grammaire reconnaissante
G 28	Grammatik, formale	grammar, formal	грамматика, формальная	grammaire formelle
G 29	Grammatik, generative	grammar, generating	грамматика, порождающая	grammaire génératrice
G 30	Grammatik, kategoriale	grammar, categorial	грамматика, категориальная	grammaire catégorique
G 31	Grammatik, kontextsensitive	grammar, context-sensitive	грамматика, контекстно-зависимая (контекстно-чувствительная)	grammaire context-sensitive
G 32	Grammatik, lineare	grammar, linear	грамматика, линейная	grammaire linéaire
G 33	Graph	graph	граф	graphe
G 34	Graph, bewerteter	graph, evaluated	граф, взвешенный	graphe valué
G 35	Graph, chromatischer	graph, chromatic	граф, раскрашенный	graphe chromatique
G 36	Graph eines abstrakten Automaten	graph of an abstract automaton	граф абстрактного автомата	graphe d'un automate abstrait
G 37	Graph, transitiver	graph, transitive	граф, транзитивный	graphe transitif
G 38	Graphen, Zusammenhang eines	graph, connectedness of a	графа, связность	connexion d'un graphe
G 39	Graphentheorie	graph theory	теория графов	théorie des graphes
G 40	Graph-Schemata von Algorithmen	graph-schemes of algorithms	граф-схемы алгоритмов	schémas de graphe d'algorithmes

G 41	*Greifer	gripper	захват; схват	grappin
G 42	*Grenzzyklus	limit cycle	предельный цикл	cycle limite
G 43	Grobheit dynamischer Systeme	coarseness of dynamic systems	грубость динамических систем	grossièreté de systèmes dynamiques
G 44	Große Steuersysteme	large-scale control systems	большие (сложные) системы управления	grands systèmes de commande
G 45	*Große Systeme	large scale systems	большие системы	grands systèmes
G 46	*Großrechentechnik	maxi-computer technique; large-scale computers	большие ЭВМ	technique de grand ordinateur
G 47	Grundbausteine der Rechentechnik	basic units of computer engineering	типовые блоки (узлы; элементы) вычислительной техники	blocs fondamentaux de la technique de calcul
G 48	Grundbausteine von Digitalrechnern	basic units of digital computers	типовые блоки ЦВМ; основные элементы ЦВМ	blocs fondamentaux de calculatrices digitales
G 49	Grundoperation, logische	basic operation, logical	операция, элементарная логическая	opération logique fondamentale
G 50	Grundoperator, logischer	basic operator, logical	оператор, элементарный логический	opérateur logique fondamental
G 51	Grundstruktur logischer Verzögerungselemente	basic structure of logic delaying devices	основная структура логических элементов задержки	structure de base d'éléments logiques de retard
G 52	*Grundstrukturen der Steuerung	basic control structures	основные структуры систем управления	structures de base de la commande
G 53	Gruppe	group	группа	groupe
G 54	Gruppe, topologische	group, topological	группа, топологическая	groupe topologique
G 55	Gruppentheorie	group theory; theory of groups	теория групп	théorie des groupes
G 56	*Gütekriterium	estimation of quality	критерий (оценка) качества	critère (indice) de performance; critèrium de qualité

H 1	Halbaddierer	half-adder	полусумматор	demi-addeur; demi-additionneur
H 2	Halbgruppe	semi-group	полугруппа	demi-groupe; semi-groupe
H 3	Halbleiterdiode	semiconductor diode	полупроводниковый диод	diode à semi-conducteur; diode semi-conductrice
H 4	*Halbleitersensor	semiconductor sensor	полупроводниковый датчик (сенсор)	capteur à semi-conducteur
H 5	HAMILTONsche Kette	Hamilton's chain	гамильтонова цепь; цепь Гамильтона	chaîne hamiltonienne
H 6	HAMILTONscher Weg	Hamiltonian path	гамильтонов путь; путь Гамильтона	chemin hamiltonien
H 7	HAMMING-Code	Hamming code	код Хэмминга	code de Hamming
H 8	*Handhabungstechnik	handling (manipulation) technique	техника манипуляции	technique de manipulation (de manutention)
H 9	*Handlungsplanung, automatische	performing planning, automatic	планирование движений, автоматическое	planification automatique des actions
H 10	Hardware (s. a.*)	hardware	аппаратное оборудование; технические устройства; техническое обеспечение	hardware; matériel
H 11	Harmonische Linearisierung	harmonic linearization	метод гармонической линеаризации	linéarisation harmonic
H 12	Hasardproblem	hazard problem	азартная проблема	problème de hasard
H 13	Hasardspiel	game of hazard	азартная игра	jeu de hazard
H 14	Hauptspeicher	main memory; primary (working)store	оперативное запоминающее устройство	mémoire centrale (générale; principale)
H 15	Häufigkeitswörterbuch	frequency dictionary (vocabulary)	частотный словарь	dictionnaire de fréquences; table de frequence d'utilisation

H 16	Heiße Reserve	active redundancy; loaded reserve	нагруженное резервирование; нагруженный резерв	élément redondant sous tension; réserve sous tension; réserve chargée
H 17	Heuristik	heuristics	эвристика	heuristique
H 18	Hierarchie, arithmetische und analytische	hierarchies, arithmetical and analytical	иерархии, арифметическая и аналитическая	hiérarchies arithmétique et analytique
H 19	Hierarchische Steuersysteme	hierarchical control systems	иерархические системы управления	systèmes de commande hiérarchiques
H 20	Hierarchischer Steueralgorithmus	hierarchical control algorithm	иерархический алгоритм управления	algorithme de commande hiérarchique
H 21	*Hilfsenergie	auxiliary energy; power amplification	косвенное действие	énergie auxiliaire
H 22	*Hilfsgrößenaufschaltung	auxiliary quantity compensation	компенсация вспомогательных величин	compensation par grandeurs auxiliaires
H 23	Hilfsoperator-Methode	auxiliary operator method	метод вспомогательного оператора	méthode à opérateur auxiliaire
H 24	Hinlänglichkeit des Merkmalssatzes	sufficiency of the character record	достаточность признаков	suffisance du jeu de caractères
H 25	*HIPO-Technik	HIPO-technique	ИИПО-техника	technique HIPO
H 26	Histogramm	histogram	гистограмма	diagramme à colonnes (en bâtons); histogramme
H 27	Hochintegrierte Schaltung	large integrated circuit	большая интегральная схема	circuit à grande intégration
H 28	Holographie	holography	голография	holographie
H 29	Homöostase	homeostasis	гомеостазис	homéostasie
H 30	Homöostatisches System	homeostatic system	гомеостатическая система	système homéostatique
H 31	HORNERsches Schema	Horner's scheme	схема Горнера	méthode (schéma) de Horner
H 32	HURWITZ-Kriterium	Hurwitz's criterion	критерий Гурвица	critère de Hurwitz
H 33	HURWITZ-Theorem	Hurwitz's theorem	теорема Гурвица	théorème de Hurwitz

H 34	Hybridrechner	hybrid computer	аналого-цифровая вычислительная машина; гибридная вычислительная машина	calculateur (calculatrice) hybride
H 35	Hydrobionik	hydrobionics	гидробионика	hydro-bionique
H 36	Hypergraph	hypergraph	гиперграф	hypergraphe
H 37	Hypothesenprüfung, statistische	testing of hypotheses, statistical	проверка статистических гипотез	test statistique d'hypothèse
I 1	IBM/360	IBM/360	„ИБМ-360" [цифровая вычислительная машина]	calculatrice „IBM/360"
I 2	IBM-System/370	IBM system/370	„ИБМ система 370" [фамилия ЦВМ]	calculatrice „IBM system 370"
I 3	*Identifikation	identification	идентификация; опознание	identification
I 4	Identifikator	identifier	идентификатор	identificateur; opérateur d'identification
I 5	*Implementierung	implementation	реализация	implémentation
I 6	Implikation	implication	импликация	implication
I 7	Implikation, strikte	implication, strict	импликация, строгая	implication stricte
I 8	Impulsgeber	pulse generator; pulser	датчик одиночных импульсов	générateur d'impulsions
I 9	Impulslogik	pulse logic	импульсная логика	logique d'impulsions
I 10	Impulsmodulation	pulse modulation	импульсная модуляция	modulation par impulsions
I 11	Impulsregler	pulse (sampling) controller	импульсный регулятор	régulateur à impulsions
I 12	Impulssystem der Steuerung	pulse control system	импульсная система управления	système de commande à impulsions
I 13	Indexierung	indexing	индексирование	affection d'indices; indexation
I 14	Industrieroboter	industrial robot	промышленный робот	robot industriel

I 15	Informatik (s. a.*)	informatics	информатика	informatique
I 16	Information	information	информация	information
I 17	Information, semantische	information, semantic	информация, семантическая	information semantique
I 18	Information, wissenschaftliche	information, scientific	информация, научная	information scientifique
I 19	Informationsgehalt eines Merkmals	information content of a feature	информативность признака	contenu en informations d'un caractère
I 20	Informationslogisches System	logical information [processing] system	информационно-логическая система	système d'informations logique
I 21	Informationsmaß	amount of information; information content; quantity of information	количество информации; мера информации	mesure d'information
I 22	Informationsmaß einer Sprache	information content of a language	количество информации языка	mesure d'information d'un langage
I 23	Informationsmassiv	information collection; information file	информационный массив; массив информаций	massif d'informations; stock d'information
I 24	*Informationsprozesse, Grundoperationen [der]	information processes, basic operations [of]	информационных процессов, основные операции	processus d'information, opérations de base [des]
I 25	Informationsrecherche, automatische	information retrieval, automatic	поиск информации, автоматический	recherche automatique des informations
I 26	Informationsrecherche, Gerätetechnik [für die]	information retrieval, installations [for]; hardware in information retrieval systems	информационно-поисковые устройства	recherche d'informations, technique d'appareil [technique d'appareil de la recherche d'informations]
I 27	Informationsrecherchesprache	indexing language; information retrieval language	информационно-поисковый язык	langage de recherche des informations
I 28	Informationsrecherchesystem	information retrieval system	информационно-поисковая система	système de recherche des informations

I 29	Informationsspeicherung	information storage	накопление (хранение) информации	emmagasinage (enregistrement; mémorisation) d'informations
I 30	Informationssprache	descriptor language	дескрипторный язык	langage d'information
I 31	Informationsströme in der Wissenschaft	information flows in sciences	информационные потоки в науке	flux d'informations dans la science
I 32	*Informationssystem	information system	информационная система	système d'informations
I 33	Informationstätigkeit, wissenschaftliche	information activities (work), scientific	деятельность (работа), научно-информационная	activité scientifique en information
I 34	*Informationstechnik	information engineering	информационная техника	technique d'information
I 35	Informationstheorie	information theory; theory of communication	теория информации	théorie de l'information; théorie des communications mathématiques
I 36	Informationsträger	information carrier (medium)	носитель информации	porteur (support) d'informations
I 37	Informationsübertragung	information transfer (transmission)	передача информации	transmission des informations
I 38	Informationsumsetzer	information converter	преобразователь формы информации	convertisseur d'informations
I 39	Informations- und Auskunftssystem	information and inventory system	информационно-справочная система	système d'information et de renseignement
I 40	Informations- und Dokumentationssystem	scientific documentation information system	справочно-информационный фонд	système d'information et de documentation
I 41	Informations- und Leitungssystem	information and control system	информационно-управляющая система	système d'information et de conduite
I 42	Informations- und Steuersysteme, technische Ausrüstung [für]	information and control systems, technical equipment [for]	информационно-управляющих систем, техническое оснащение	systèmes d'information et de commande, équipment technique [des]
I 43	Informationsverarbeitung im Echtzeitbetrieb	real-time information processing	обработка информации в реальном масштабе времени	traitement des informations en temps réel

I 44	Informationsverarbeitung in Digitalrechnern	information processing in digital computers	переработка информации в ЦВМ	traitement des informations dans des calculatrices digitales
I 45	Informationsverarbeitungssystem, automatisches	information processing system, automatic	система обработки информации, автоматическая	système automatique de traitement des informations
I 46	Informationsverlust	loss of information	потеря информации	perte d'information
I 47	Ingenieurpsychologie	engineering psychology	инженерная психология	psychologie d'ingénieur
I 48	*Inkrementelle Übersetzung	incremental compilation	инкрементная трансляция	compilation (traduction) par incréments
I 49	* Innovation	innovation	инновация	innovation
I 50	*Innovationsfelder	innovation fields	инновационные области	champs d'innovation
I 51	*Innovationsprozesse, Effektivität [der]	innovation processes, efficiency [of]	инновационных процессов, эффективность	processus d'innovation, efficacité [de]
I 52	*Innovationsstrategien	innovation strategies	инновационные стратегии	stratégies d'innovation
I 53	*Input	input	ввод	entrée; introduction
I 54	*Instandhaltung	maintenance; servicing	содержание в исправности	entretien; maintenance; maintien
I 55	*Instandsetzung	corrective maintenance; repair	восстановление; приведение в исправное состояние; ремонт	réparation
I 56	Institutionen	institutions	учреждения	institutions
I 57	Instrumentenfehler	instrumental error	инструментальная погрешность	erreur d'instrument
I 58	*Instrumentierung	instrumentation	инструментирование; оснащение контрольно-измерительной аппаратурой	instrumentation
I 59	Integralgleichungen	integral equations	интегральные уравнения	équations intégrales

I 60	Integralgleichungen, lineare	integral equations, linear	интегральные уравнения, линейные	équations intégrales linéaires
I 61	Integralgleichungen, lineare singuläre	integral equations, linear singular	интегральные уравнения, линейные сингулярные	équations intégrales singulières linéaires
I 62	Integralgleichungen, nichtlineare	integral equations, non-linear	интегральные уравнения, нелинейные	équations intégrales non linéaires
I 63	Integration, symbolische	integration, symbolic	интегрирование, символьное	intégration symbolique
I 64	Integrationsverfahren	integration methods	интегральные методы	méthodes d'intégration
I 65	Integrieranlage, digitale	integrator, digital	интегрирующее устройство, цифровое	équipment intégrateur digital
I 66	Integrierer	integrator	интегратор; интегрирующая машина; интегрирующее устройство	intégrateur
I 67	Integrierer, umkehrbarer	integrator, inversible	интегратор, обратимый	intégrateur réversible
I 68	Integrierte Schaltung	integrated circuit	интегральная схема	circuit (montage) intégré
I 69	*Integrität	integrity	целостность	intégrité
I 70	Integrodifferentialgleichungen	integro-differential equations	интегро-дифференциальные уравнения	équations intégro-differentielles
I 71	Intelligenzverstärker	intelligence-amplifier	усилитель мыслительной способности	amplificateur d'intelligence
I 72	Intensität eines Stromes	intensity (intensive quantity) of a flow	интенсивность потока	intensité d'un courant
I 73	Interaktion des Menschen mit der Rechenanlage	interaction of man and computer	взаимодействие человека с вычислительной машиной	interaction de l'homme avec la calculatrice
I 74	*Interaktives System	interactive system	интерактивная система	système interactif
I 75	Interpolation von Funktionen	interpolation of functions	интерполирование функций	interpolation de fonctions
I 76	Interpolation von Zufallsprozessen	interpolation of random processes	интерполирование случайных процессов	interpolation de processus aléatoires

I 77	Interpolator	interpolator	интерполятор	interpolateur
I 78	Interpreter	interpreter	интерпретатор; интерпретирующая программа	interprète; interpréteur
I 79	*Interrupt	interrupt	прерывание	interruption
I 80	Intuitionismus	intuitionism	интуиционизм	intuitionisme
I 81	Invarianz automatischer Steuerungssysteme	invariance of systems of automatic control	инвариантность систем автоматического управления	invariance de systèmes de commande automatique
I 82	IPL-V	IPL-V	IPL-V [язык программирования]	langage de programmation „IPL-V“
I 83	Isomorphieproblem dynamischer Systeme	isomorphism problem of dynamic systems	изоморфная задача динамических систем	problème d'isomorphie de systèmes dynamiques
I 84	Iteration eines Ereignisses	iteration of an event	итерация события	itération d'un événement
I 85	Iterationsverfahren	iteration method (procedure); trial and error method	итерационный метод; метод итерации	méthode itérative
I 86	Iterationsverfahren, einfaches	iteration method, simple	метод итерации, простой	méthode itérative simple
I 87	*I*-Verhalten (Astatismus) *n*-ter Ordnung	integral action in order *n*	астатизм *n*-порядка	action intégrale (astatisme) de l'ordre *n*
K 1	Kalenderplanung	operative production planning	календарное планирование	planning
K 2	Kalkül	calculus	исчисление	calcul
K 3	Kalkül, logisch-mathematischer	calculus, logic-mathematical	исчисление, логико-математическое	calcul logique-mathématique
K 4	Kalte Reserve	off-load reserving	ненагруженное резервирование	élément redondant hors tension; réserve hors tension

K 5	Kanal in der Rechentechnik	channel	канал; машинный канал	canal [dans la technique de calcul]
K 6	Kanäle in der Informationstheorie	channels	каналы связи	canaux [dans la théorie de l'information]
K 7	Kanalkapazität	channel capacity	пропускная способность каналов связи	capacité de canal
K 8	Kanalsteuereinheit	channel (line) control block	блок управления каналом; устройство обмена ЦВМ	unité de commande de canal
K 9	Kardinalzahlen	cardinal numbers	кардинальные числа; количественные числительные	nombres cardinaux
K 10	KARNAUGH-Plan	Karnaugh map	карта Карнау	diagramme de Karnaugh
K 11	Kaskadenmethode	cascade method	метод каскадов	méthode de cascade
K 12	Katalog	catalogue	каталог	catalogue
K 13	*Katastrophentheorie	catastrophe theory	теория катастроф	théorie des catastrophes
K 14	Kategorientheorie	category theory	теория категорий	théorie des catégories
K 15	Kellerautomat	first-in-last-out automaton; push-down automaton	магазинный автомат	automate d'empilage (d'enfoncement)
K 16	Kenngrößen von Zufallsgrößen	characteristic values of random variables	числовые характеристики случайных величин	caracréristiques de grandeurs aléatoires
K 17	Kennwertermittlung von Regelstrecken	estimation (identification) of controlled adjustment	идентификация объектов управления	identification de processus (d'objets à asservir)
K 18	Kern	core	сердечник; ядро	noyau; nucléus
K 19	Kette, alternierende	chain, alternating	цепь, чередующаяся	chaîne alternée
K 20	Kette eines Graphen	chain of a graph	цепь графа	chaîne d'un graphe
K 21	Klassifikation, automatische	classification, automatic	классификация, автоматическая	classification automatique

K 22	Klassifikation, hierarchische	classification, hierarchical	классификация, иерархическая	classification hiérarchique
K 23	*Klassifikator	classifier	классификатор	classificateur
K 24	*Kleinrechentechnik	mini-computer technique; mini-computers	малые ЭВМ	technique de mini-ordinateurs; mini-informatique
K 25	Kleinste Quadrate, Methode	least-square-method; techniques of least squares	метод наименьших квадратов	méthode des moindres carrés
K 26	Knapsack-Problem	knapsack problem	задача о рюкзаке	problème de sac à dos
K 27	Koeffizientenpotentiometer, automatisches	coefficient setting potentiometer, automatic	блок переменных коэффициентов, автоматический	potentiomètre de coefficients automatique
K 28	Kombinationsschaltung	combinational switching circuit	комбинационная схема	circuit combinatoire
K 29	Kombinatorik	combinatory analysis; theory of combinations	комбинаторный анализ	analyse combinatoire; combinatorique; théorie des combinaisons
K 30	Kommunikationsprozessor	communication processor	коммуникационный процессор	processeur de communication
K 31	*Kommunikationstechnik	communication technology	коммуникационная техника; техника связи	technique de communication
K 32	Kompaktheitshypothese	compactness hypothesis	гипотеза компактности	hypothèse de compacité
K 33	Komparator	comparator	нуль-орган	comparateur
K 34	*Kompatibilität	compatibility	совместимость	compatibilité
K 35	Kompensationsmeßeinrichtung	compensation measuring device; potentiometric meter	компенсационное измерительное устройство	dispositif de mesure à compensation
K 36	*Komplexität	complexity	сложность	complexité
K 37	*Komplexmethode der	complex method for	комплексный метод ли-	méthode complexe de

	linearen Optimierung	linear programming	нейной оптимизации (линейного программирования)	l'optimisation linéaire
K 38	Kompliziertheit von Berechnungen	complexity of calculations (computations)	сложность вычислений	complication de computations
K 39	Kompliziertheit von Berechnungen auf TURING-Maschinen	complexity of calculations with Turing machines	сложность тьюринговых вычислений	complication de calculs sur des machines de Turing
K 40	Kompliziertheitsmaße	complexity measures	меры сложности	mesures de complication
K 41	Konditionszahl	condition number	число обусловленности	indice de condition
K 42	Konfidenzintervall	confidence interval	доверительный интервал	intervalle de confiance
K 43	Konjugierte Richtungen, Verfahren	conjugate directions, method of	сопряженных направлений, метод	méthode des directions conjuguées
K 44	Konjugiertes Gleichungssystem	conjugate equation system	сопряженная система уравнений	système d'équations conjugué
K 45	Konjunktion	conjunction	конъюнкция	conjonction
K 46	Konkurrenzmodelle	competition models	модели конкуренции	modèles de concurrence
K 47	Konstruktive Richtung in der Mathematik	constructive sense in mathematics	конструктивное направление в математике	direction constructive dans les mathématiques
K 48	Kontaktbaum	contact circuit	контактное „дерево"	arbre de contacts
K 49	Kontaktschaltung	contact circuit	контактная схема	circuit (montage) à contacts
K 50	Kontaktschaltung, wiederholungsfreie	contact circuit, non-repetitive	контактная схема, бесповторная	montage à contacts sans répétitions
K 51	Kontakt-Zweipol	contact dipole (two-pole)	контактный двуполюсник	dipôle à contacts
K 52	Kontrolle in Digitalrechnern	fault recognition process in digital computers	контроль ЦВМ	contrôle dans des calculatrices digitales
K 53	Kontrolle, programmtechnische	program check-out	программный контроль	contrôle par logiciel (par programme)
K 54	Kontrollsummierung	check addition	контрольное суммирование	sommation de contrôle

K 55	Konvexe Funktion	convex function	выпуклая функция	fonction convexe
K 56	Konvexe Hülle	convex envelop	выпуклая оболочка	enveloppe (fermeture) convexe
K 57	Konvexe Menge	convex set	выпуклое множество	ensemble convexe
K 58	Konvexe polyedrische Menge	convex polyhedral set	выпуклое многогранное множество	ensemble polyédral (polyédrique) convexe
K 59	Konvexer Kegel	convex cone	выпуклый конус	cône convexe
K 60	Konvexer polyedrischer Kegel	convex polyhedral cone	выпуклый многогранный конус	cône polyédrique convexe
K 61	Konvexes Polyeder	convex polyhedron	выпуклый многогранник	polyèdre convexe
K 62	Koppeleinrichtung	coupling device	устройство связи	dispositif de couplage
K 63	Korrektureinrichtungen	correction devices	корректирующие устройства	dispositifs correcteurs (de correction)
K 64	Korrelation	correlation	корреляция	corrélation
K 65	Korrelationsextremal-system	correlation extremal system	корреляционная экстремальная система	système extrémal de corrélation
K 66	Korrelationsfunktion	correlation function	корреляционная функция; функция корреляции	fonction corrélative (de corrélation)
K 67	Korrelationsmeßverfahren	correlation measuring procedure	корреляционный метод измерения	méthode de mesure corrélative
K 68	Korrelationsmethoden der Erkennung	correlation methods of recognition	корреляционные методы распознавания	méthodes de reconnaissance corrélatives
K 69	Korrelationstheorie zufälliger Prozesse	correlation theory of random processes	корреляционная теория случайных процессов	théorie de corrélation de processus aléatoires
K 70	Korrelator	correlator	коррелятор	corrélateur
K 71	Kosten der Erkennung, mittlere	costs of recognition, average	риск распознавания, средний	coût moyen de la reconnaissance
K 72	Kreis eines Graphen	circle (closed circuit) of a graph	цикл графа	circuit (cycle) élémentaire d'un graphe
K 73	Kreise, gekoppelte	loops, coupled	цепи, связанные	circuits couplés
K 74	*Kreisverstärkung	closed-loop gain; loop gain	усиление замкнутого контура	gain de boucle

K 75	Kreuzkorrelationsfunktion	cross-correlation function	взаимная корреляционная функция	fonction de corrélation mutuelle
K 76	Kritischer Weg	critical path	критический путь	chemin critique
K 77	Kryoelektronische Bauelemente der Rechentechnik	cryoelectronic components of computer engineering	криогенные элементы вычислительной техники	composants cryoélectroniques de la technique de calcul
K 78	Kryotron	cryotron	криотрон	cryotron
K 79	Kubatur, numerische	cubage, numerical	кубатура, числовая	cubature numérique
K 80	Künstliche Intelligenz	artificial intelligence	искусственный интеллект (разум)	intelligence artificielle
K 81	Künstlicher Muskel	artificial muscle	искусственная мышца	muscle artificiel
K 82	Kurzzeitstörung	momentary disturbance	мгновенное возмущение	perturbation à court terme
K 83	Kybernetik	cybernetics	кибернетика	cybernétique
K 84	Kybernetik, biologische	cybernetics, biological	кибернетика, биологическая	cybernétique biologique
K 85	Kybernetik im Militärwesen	cybernetics in the art of war; military cybernetics	кибернетика в военном деле	cybernétique en génie militaire
K 86	Kybernetik, medizinische	cybernetics, medical	кибернетика, медицинская	cybernétique médical
K 87	Kybernetik, ökonomische	cybernetics, economic	кибернетика, экономическая	cybernétique économique
K 88	Kybernetik, philosophische Probleme [der]	cybernetics, philosophical problems [of]	кибернетики, философские вопросы	cybernétique, problèmes philosophiques [de la]
K 89	Kybernetik, soziologische Probleme [der]	cybernetics, sociological problems [of]	кибернетики, социологические вопросы	cybernétique, problèmes sociologiques [de la]
K 90	Kybernetik, technische	cybernetics, engineering	кибернетика, техническая	cybernétique technique
K 91	Kybernetisches Spielzeug	cybernetic toy	кибернетические игрушки	joujou cybernetique
L 1	*Lademodul	load modul	загрузочный модуль	module chargeable (de chargement)

L 2	Ladeprogramm	loading program (routine)	загрузчик; программа загрузки	chargeur; programme de chargement
L 3	Lagerhaltungsproblem	stock-keeping problem	задача о складе	problème de stockage
L 4	Lagerhaltungstheorie	stock-keeping theory	теория запасов	théorie de stockage
L 5	LAGRANGE-Multiplikatoren	Lagrange multipliers	множители Лагранжа	multiplicateurs de Lagrange
L 6	LAG- und TAG-Systeme	LAG systems and TAG systems	ЛАГ и ТАГ системы	systèmes LAG et TAG
L 7	Langzeitspeicher	long-term memory; permanent memory	долговременное запоминающее устройство	mémoire à long terme; mémoire longue
L 8	Länge der Warteschlange	length of the queue	длина очереди	longueur de la file (queue) d'attente
L 9	LAPLACE-Transformation	Laplace transformation	преобразование Лапласа	transformation de Laplace
L 10	LAPLACE-Transformation, diskrete	Laplace transformation, discrete	преобразование Лапласа, дискретное	transformation discrète de Laplace
L 11	Laufzeitspeicher	delay-line store; delay memory	запоминающее устройство на линиях задержки	mémoire à ligne à retard
L 12	LEGENDRE-CLEBSCH, Bedingung von	Legendre-Clebsch, condition of	Лежандра-Клебша, условие	Legendre-Clebsch, condition de
L 13	Lehrprogramm	teaching program	обучающая программа	programme d'enseignement
L 14	Lehr- und Lernautomat	teaching automaton (machine)	обучающая машина; обучающий автомат	automate d'enseignement et d'apprentissage
L 15	*Leitgerät	guiding device; master unit; pilot device	прибор телеуправления	dispositif de conduite
L 16	Leitungen im Digitalrechner	connections in the digital computer	провода в ЦВМ	lignes dans des calculatrices digitales
L 17	Leitungswissenschaft	management science	наука управления	science de conduite
L 18	Lernmatrix	learning matrix	обучаемая матрица	matrice à apprentissage
L 19	Lernmenge	learning set	обучающая выборка	quantité d'apprentissage

L 20	Leseautomat	reader; reading automaton (machine)	читающий автомат	automate de lecture
L 21	Leseautomat nach dem Korrelationsprinzip	reading automaton according to correlation principle	корреляционный читающий автомат	automate de lecture selon le principe corrélatif
L 22	*Lichtleiter	light guide; light pipe	световод; световой проводник	conduit de lumière
L 23	Lichtstift	light pen; selector pen	световое перо; световой карандаш	crayon lumineux; photostyle
L 24	*Life-zero-Signal	life-zero signal	сигнал со смещением нуля	signal life-zero
L 25	Lineare Form	linear form	линейная форма	forme linéaire
L 26	Lineare Gleichungssysteme	linear equation systems	линейные алгебраические системы уравнений	systèmes d'équations linéaires
L 27	*Linearität	linearity	линейность	linéarité
L 28	Linguistik, angewandte	linguistics, applied	лингвистика, прикладная	linguistique appliquée
L 29	Linguistik, mathematische	linguistics, mathematical	лингвистика, математическая	linguistique mathématique
L 30	LISP (s. a.*)	LISP	ЛИСП	Lisp; LISP
L 31	Liste	list	список	liste
L 32	Liste, vernestete	list, meshed	список, гнездовой	liste enchaînée
L 33	Listenstruktur	list structure	списковая структура	structure de liste
L 34	LJAPUNOW-Methoden	Liapunov methods	методы Ляпунова	méthodes de Liapunoff
L 35	Lochkarte	punch card; punched card	перфокарта; перфорационная карта	carte (fiche) perforée
L 36	Lochkartenprüfer	card verifier	контрольник перфокарт	vérificatrice de cartes perforées
L 37	Lochkartenstation	bank of punched card equipment; punched card centre	машино-счетная станция; перфорационный вычислительный комплект	station de cartes perforées

L 38	Lochschriftübersetzer	card interpreter; punched card printer	расшифровочная машина; устройство для распечатки перфокарт	traducteur (traductrice) de l'écriture perforée
L 39	Lochstreifen	perforated (punched) tape	перфолента; перфорационная лента	bande en papier; bande (ruban) perforée
L 40	Logik, konstruktive	logic, constructive	логика, конструктивная	logique constructive
L 41	Logik, mathematische	logic, mathematical	логика, математическая	logique mathématique
L 42	Logik, mehrwertige	logic, many-valued (multiple-valued)	логика, многозначная	logique à plusieurs valeurs; logique polyvalente (plurivalente)
L 43	Logik, minimale	logic, minimum	логика, минимальная	logique minimale
L 44	Logiken, nichtklassische	logics, non-classical	логики, неклассические	logiques non classiques
L 45	Logische Funktionen, lineare	Boolean functions, linear	функции алгебры логики, линейные	fonctions logiques linéaires
L 46	Logische Funktionen, symmetrische	Boolean functions, symmetric	функции алгебры логики, симметрические	fonctions logiques symétriques
L 47	Logische Operationen	logical operations	логические операции	opérations logiques
L 48	LYAPAS	LYAPAS	ЛЯПАС	langage de programmation „LYAPAS“
M 1	Magazinspeicher	hopper memory	магазинное запоминающее устройство	magasin; mémoire d'empilage (d'enfoncement)
M 2	Magnetband	magnetic tape	магнитная лента	bande (ruban) magnétique
M 3	Magnetische Schicht	magnetic film (layer)	магнитная пленка	couche (pellicule) magnétique
M 4	Magnetkarte	magnetic card	магнитная карта	carte magnétique
M 5	Magnetplatte	magnetic disk	магнитный диск	disque magnétique
M 6	Magnettrommelspeicher	drum memory; magnetic drum store	запоминающее устройство на магнитном барабане; магнитный барабан	mémoire à tambour magnétique

M 7	Majoritätselement	majority (voting) element	мажоритарный элемент	élément de majorité (majoritaire)
M 8	Makrobefehl	macroinstruction	макрокоманда	macro-instruction
M 9	*Makro-Mikro-Methode der Modellierung	macro-micro-method of modelling (simulation)	макро-микро-метод моделирования	méthode macro-micro de la modélisation
M 10	Makromodell, ökonomisches	macromodel, economical	макромодель, экономическая	macro-modèle économique
M 11	Manipulator (s. a.*)	manipulator	манипулятор	manipulateur; robot de manutention
M 12	Manipulatorsprache	manipulator language	язык манипулятора	langage de manipulateur (de robot de manutention)
M 13	MARK-1	MARK-1	„МАРК-1"	calculatrice digitale „MARK-1"
M 14	Marke	lable; mark; sign	метка	étiquette; marque; repère; signe
M 15	Markierung	tag	признак	marquage; repérage
M 16	MARKOW-Kette	Markoff (Markovian) chain	цепь Маркова	chaîne de Markoff (de Markov; markovienne)
M 17	MARKOW-Prozeß	Markovian process	марковский процесс	processus de Markov (markovien)
M 18	Maschine	machine	машина	machine
M 19	Maschinelle Intelligenz	artificial intelligence	машинный интеллект	intelligence machine
M 20	Maschinelle Projektierung integrierter Schaltungen	computer-aided design of integrated circuits	машинное пректирование интегральных схем	projet machine de circuits intégrés
M 21	Maschinelle Übersetzung	automatic (machine) translation	машинный перевод	traduction machine (par machine)
M 22	*Maschinenkonstante	machine constant	машинная константа	constante de machine
M 23	Maschinensprache	computer (machine) language	внутрений язык ЦВМ; машинный язык; язык машины	langage-machine

M 24	Maschinensprache MIR	programming language MIR	язык машины „МИР“	langage de programmation „MIR“
M 25	Maschinenvariable	machine variable	машинная переменная	variable de machine
M 26	Maschinenwort	computer (machine) word	машинное слово	mot de machine
M 27	Mathematik, diskrete	mathematics, discrete	математика, дискретная	mathématiques discrétes
M 28	Mathematik, numerische	mathematics, numerical	математика, вычислительная	mathématiques numériques
M 29	Matrix	matrix	матрица	matrice
M 30	*Matrix der partiellen Wirkung	matrix of partial effects	матрица частных действий	matrice de l'effet partiel
M 31	Matrizenrechnung	matrix calculus	алгебра матриц	analyse matricielle; calcul de matrices; calcul matriciel
M 32	Matrizenspiele	matrix games	матричные игры	jeux matriciels
M 33	Maximum-Likelihood-Methode	maximum likelihood method	метод максимума правдоподобия	méthode (principe) du maximum de vraisemblance
M 34	Mealy-Automat	Mealy automaton	автомат Мили	automate (réseau) de Mealy
M 35	Medizinische Elektronik	medical electronics	медицинская электроника	électronique médicale
M 36	Medizinisches Informationssystem	medical information system	медицинская информационная система	système d'informations médical
M 37	*Mehrgrößenregelung	multivariable control	многомерное управление	asservi multivariable
M 38	Mehrgrößenregelungssystem	multivariable control system	многомерная система автоматического управления	système asservi multidimensionnel (multivariable; pluridimensionnel)
M 39	Mehrheitslogik	majority logic	мажоритарная логика	logique majoritaire
M 40	Mehrpolschaltung	multi-pole circuit	многополюсная цепь; многополюсник	circuit multipolaire
M 41	Mehrpolschaltung mit	multi-pole circuit with	многополюсная цепь	circuit multipolaire à

	Baumstruktur	tree structure; tree-structured multi-pole circuit	деревовидной структуры	structure d'arbre
M 42	Mehrpolschaltung, universelle	multi-pole circuit, universal	многополюсная цепь, универсальная	circuit multipolaire universel
M 43	*Mehrprozessorsystem	multiprocessor system	мультипроцессорная система	système de multitraitement; système à plusieurs ordinateurs
M 44	Mehrrechnersystem	multiple-computer system	многомашинная система	système à calculateurs multiples
M 45	Mehrstufige Probleme	multistage problems	многоступенчатые задачи	problèmes en plusieurs étages
M 46	Mehrvariantenprobleme	multi-option problems	многовариантные задачи	problèmes à plusieurs variantes
M 47	Memistor	memistor	мемистор	memistor
M 48	Menge, teilweise geordnete	set, partially ordered	множество, частично упорядоченное	ensemble partiellement ordonné
M 49	Mengenalgebra	set algebra	алгебра множеств	algèbre des ensembles
M 50	Mengenlehre	set theory	теория множеств	théorie des ensembles
M 51	Mensch-Maschine-Problem	man-machine problem	проблема „человек-машина"	problème homme-machine
M 52	Mensch-Maschine-System	man-machine system	система „человек-машина"	système homme-machine
M 53	*Menü	menu	меню	menu
M 54	Merkmal	characteristic; feature	показатель; признак	caractère
M 55	*Merkmalsextraktion	feature extraction	выделение признаков	extraction des caractères
M 56	Merkmalsinvarianz	invariance of features	инвариантность признаков	invariance de caractères
M 57	*Meßumformer	measuring transducer; transmitter	измерительный преобразователь	transmetteur [de mesure]
M 58	*Meßwarte	control centre (room); measuring station	контрольно-измерительное помещение; контрольно-измерительный пункт	centrale (centre) de mesure; salle de contrôle

M 59	Metacompiler	meta-compiler	метакомпилятор; мета-транслятор	méta-compilateur
M 60	Metalogik	meta-logics	металогика	métalogique
M 61	Metamathematik	meta-mathematics	метаматематика	métamathématiques
M 62	Metasprache	metalanguage	метаязык	métalangage; méta-langue
M 63	Metasymbole	metasymbols	метасимволы	métasymbôles
M 64	Metatheorie	metatheory	метатеория	métathéorie
M 65	MICHAILOW-Kriterium	Michailov's criterion	критерий Михайлова	critère de Michailov
M 66	Mikrobefehl	microinstruction	микрокоманда	micro-instruction
M 67	*Mikroelektronik	microelectronics	микроэлектроника	microélectronique
M 68	Mikromodell, ökonomisches	micromodel, economical	микромодель, экономическая	micro-modèle économique
M 69	Mikrooperation	micro-operation	микрооперация	micro-opération
M 70	Mikroprogramm	microprogram	микропрограмма	microprogramme
M 71	Mikroprogrammalgebra	microprogram algebra	микропрограммная алгебра	algèbre de microprogrammes
M 72	Mikroprogrammautomat	microprogram automaton	микропрограммный автомат	automate de microprogramme
M 73	Mikroprogrammdarstellung, automatentheoretische	microprogram representation, automata-theoretical	микропрограммное представление, автомато-теоретическое	représentation de microprogrammes par la théorie des automates
M 74	Mikroprogrammoptimierung	optimization of microprograms	оптимизация микропрограмм	optimalisation de microprogrammes
M 75	Mikroprogrammsteuerung	microprogram control	микропрограммное управление	commande de microprogrammes
M 76	*Mikroprozessor	microprocessor	микропроцессор	microprocesseur
M 77	Mikrorechner	microcomputer	микрокомпьютер	microcalculateur; microordinateur
M 78	Minimalisierung des Merkmalssatzes	minimization of the set of features	минимизация набора признаков	minimisation du jeu de caractères

M 79	Minimalphasensystem	minimal phase system	минимально-фазовая система	système à déphasage minimal
M 80	Minimax	minimax	минимакс	minimax
M 81	Minimaxentscheidungsregel	minimax decision rule	минимаксное решающее правило	règle de décision minimax
M 82	Minimierung der Anzahl der Zustände eines Automaten	state number minimization of an automaton	минимизация числа состояний автомата	minimisation du nombre des états d'un automate
M 83	Minimierung der logischen Schaltungen von Digitalrechnern	logical circuit minimization of digital computers; minimization of logical (digital) circuits of digital computers	минимизация логических схем ЦВМ	minimisation des circuits logiques de calculatrices digitales
M 84	Minimierungsverfahren nach QUINE	minimization method due to Quine	метод минимизации Квайна	méthode de minimisation de Quine
M 85	Minimumsuchmethoden	minimum search methods	методы минимизации функций; методы поиска минимума	méthodes de recherche de minimum
M 86	MINSK	MINSK	„МИНСК“	calculatrice soviétique „MINSK“
M 87	Modell der Nervenzelle	model of the nervous cell	модель нервой клетки	modèle de la cellule nerveuse
M 88	Modell der Standortverteilung der Produktion	model of the production site distribution	модель размещения производств	modèle de la distribution de position de la production
M 89	Modell des akustischen Analysators	model of the acoustic analyzer	модель слухового анализатора	modèle de l'analyseur acoustique
M 90	Modell des visuellen Analysators	model of the visual analyzer	модель зрительного анализатора	modèle de l'analyseur visuel
M 91	Modell eines mehrstufigen Produktionsprozesses	model of a multistage production process	модель многоступенчатого процесса производства	modèle d'un processus de production à plusieurs étages

M 92	Modell eines mehrstufigen Verteilungsprozesses	model of a multistage distribution process	модель многоступенчатого процесса распределения	modèle d'un processus de distribution à plusieurs étages
M 93	Modell, kapazitives	model, capacitive	модель, емкостная	modèle capacitif
M 94	Modell, mathematisches	model, mathematical	модель, математическая	modèle mathématique
M 95	Modell mit variabler Struktur	model with variable structure	модель переменной структуры	modèle à structure variable
M 96	Modell, ökonomisches	model, economical	модель, экономическая	modèle économique
M 97	Modell, physikalisches	model, physical	модель, физическая	modèle physique
M 98	Modell, quasianaloges	model, quasi-analogue	модель квазианалоговая	modèle quasi-analogique
M 99	Modell, umkehrbares	model, revertible	модель, обратимая	modèle réversible
M 100	Modell zu erkennender Objekte	model of objects to be recognized	модель объектов распознавания	modèle d'objets à reconnaitre
M 101	*Modelladaptive Regelung	matching control; model reference adaptive control	самонастраивающееся управление с эталонной моделью	réglage adaptatif à modèle (de référence)
M 102	Modellierung der Erkennungs- und Belehrungsprozesse	modelling of recognition and teaching processes	моделирование процессов распознавания и обучения распознаванию	modélisation des processus de reconnaissance et d'enseignement
M 103	Modellierung des Denkens	modelling of thinking	моделирование мышления	modélisation de la réflexion
M 104	Modellierung des Gedächtnisses	modelling of the memory	моделирование памяти	modélisation de la mémoire
M 105	Modellierung des Mensch-Maschine-Systems	modelling of the man-machine system	моделирование системы „человек-машина"	modélisation du système homme-machine
M 106	Modellierung des Vestibularanalysators	modelling of the vestibular-analyzer	моделирование вестибулярного анализатора	modélisation de l'analyseur vestibulaire
M 107	Modellierung des Wahrnehmungsprozesses	modelling of the perception process	моделирование процесса восприятия	modélisation du processus de perception
M 108	Modellierung elektromag-	modelling of electro-mag-	моделирование электро-	modélisation de champs

	netischer Felder mit Digitalrechnern	netic fields on digital computers	магнитных полей на ЦВМ	électromagnétiques sur calculatrices digitales
M 109	Modellierung, elektronische	modelling, electronic	моделирование, электронное	modélisation électronique
M 110	Modellierung, mathematische	modelling, mathematical	моделирование, математическое	modélisation mathématique
M 111	Modellierung molekularbiologischer Systeme	modelling of systems of molecular biology	моделирование молекулярно-биологических систем	modélisation de systèmes moléculaires-biologiques
M 112	Modellierung, physikalische	modelling, physical	моделирование, физическое	modélisation physique
M 113	Modellierung psychischer Funktionen	modelling of psychical functions	моделирование психических фунций	modélisation de fonctions psychiques
M 114	Modellierung, quasianaloge	modelling, quasi-analogue	моделирование, квазианалоговое	modélisation quasi-analogique
M 115	Modellierung sensorischer Systeme	modelling of sensory systems	моделирование сенсорных систем	modélisation de systèmes de capteur
M 116	Modellierung von Aufgaben der mathematischen Programmierung	modelling of problems in the mathematical programming	моделирование задач математического программирования	modélisation de problèmes de la programmation mathématique
M 117	Modellierung von Digitalrechnern	modelling (simulation) of digital computers	моделирование ЦВМ	modélisation de calculatrices digitales
M 118	Modellierung von Versorgungsnetzen mit Analogrechnern	simulation of supply systems on analogue computers	моделирование сетей снабжения на АВМ	modélisation de réseaux d'alimentation sur calculatrices analogiques
M 119	Modellierungseinrichtung, quasianaloge -	modelling unit, quasi-analogue	моделирующая среда, квазианалоговая	dispositif de modélisation quasi-analogique
M 120	Modellstabilität	model stability	устойчивость модели	stabilité de modèle
M 121	Modelltheorie	model theory	теория моделей	théorie des modèles
M 122	*Modularität	modularity	модулярность	modularité
M 123	Modulation	modulation	модуляция	modulation

M 124	Modulator	modulator	модулятор	modulateur
M 125	Momentenmatrix zweiter Ordnung	moment matrix of the second order	матрица вторых моментов	matrice des moments de deuxième ordre
M 126	Momentenmethode	method of moments	метод моментов	méthode des moments
M 127	Monitor	monitor	монитор	moniteur
M 128	Monte-Carlo-Methode	Monte-Carlo method	метод Монте-Карло; метод статистических испытаний	méthode Monte-Carlo; technique de Monte-Carlo
M 129	Moore-Automat	Moore automaton	автомат Мура	automate (réseau) de Moore
M 130	Multiplizierer	multiplication unit	множитель; устройство умножения	multiplicateur
M 131	Multiprogramming	multiprogramming	многопрограммная (мультипрограммная) обработка информации	multiprogrammation
M 132	Multiprozessorregime	multiprocessor mode	мультипроцессорный режим	régime de multiprocesseur
M 133	Multivibrator	multivibrator	мультивибратор	multivibrateur
M 134	Muster	pattern; reference; sample	образ; образец; эталон	échantillon; figure; image
M 135	Mustererkennung	pattern recognition	распознавание образов	reconnaissance des images
M 136	Mustererkennung, selbstlernende	pattern recognition, self-learning	распознавание образов, самообучающая	reconnaissance des images à auto-apprentissage
M 137	μ-Operator	mu-operator; μ-operator	операция наименьшего корня	opérateur μ
N 1	Nachricht	message	сообщение	message
N 2	Nachrichtenensemble	massage ensemble	ансамбль сообщений	ensemble de messages

N 3	Nachrichtenquelle	message (information) source	источник информаций (сообщений)	source d'information (de messages)
N 4	Nachrichtentheorie	communication theory	теория связи	théorie des communications mathématiques; théorie de l'information
N 5	Nachwirkungsfreiheit	without after-effects	свойство отсутствия последействия	absence d'effet résiduel (d'hystérésis)
N 6	Näherungsmethoden, allgemeine Theorie	approximation methods, general theory	приближенные методы, общая теория	méthodes d'approximation, théorie générale
N 7	NAND-Funktion	NAND-function	функция НЕ-И	fonction NAND (NON-ET)
N 8	*NC-Maschine	NC-machine	станок с числовым программным управлением (с ЧПУ)	machine-outil à commande numérique
N 9	Negation, logische	negation, logical	отрицание, логическое	négation logique
N 10	Netz, logisches	network, logical	сеть, логическая	réseau logique
N 11	Netzmodell	net model	сетевая модель	modèle de réseau
N 12	Netzplan	graph; network	сетевой график	plan de réseau
N 13	Netzplanmethoden der Planung und Leitung	network methods of planning and management	сетевые методы планирования и управления	méthodes de réseau de la planification et de la conduite
N 14	Netzplanmodell	network model	сетевая модель	modèle de réseau
N 15	Netzplanmodell, numerisches	network model, numerical	сетевая модель, цифровая	modèle de réseau numérique
N 16	Neurobionik	neurobionics	нейробионика	neurobionique
N 17	Neurokybernetik	neurocybernetics	нейрокибернетика	neurocybernétique
N 18	Neuron	neuron	нейрон, нервая клетка	neuron
N 19	Neuronennetz	net of neurons	нейронная сеть	réseau de neurons
N 20	Newton-Raphson-Verfahren	Newton-Raphson method	обобщенный метод Ньютона	méthode de Newton-Raphson (de résolution approchée de Newton-Raphson)

N 21	Nichtkorrekt gestellte Aufgaben	non-correct formulated problems	некорректно поставленные задачи	problèmes incorrectement posés
N 22	*Nichtnumerische Algorithmen	non-numerical algorithms	нечисловые алгоритмы	algorithmes non numériques
N 23	NOR-Funktion	NOR-function	функция НЕ-ИЛИ	fonction NOR (NON-OU)
N 24	Norm einer Matrix	norm of a matrix	норма матрицы	norme d'un matrice
N 25	Norm eines Vektors	norm of a vector	норма вектора	norme d'un vecteur
N 26	Normalalgorithmen	normal algorithms	нормальные алгоритмы	algorithmes normaux
N 27	Normalform, disjunktive	normal (standard) form, disjunctive	нормальная форма, дизъюнктивная	forme normale disjonctive
N 28	Normalform, disjunktive, metrische Eigenschaften	normal (standard) form, disjunctive, metrical properties [metrical properties of disjunctive normal forms]	нормальная форма, дизъюнктивная, метрические свойства [метрические свойства дизъюнктивных нормальных форм]	forme normale disjonctive, propriétés métriques [propriétés métriques de la forme normale disjonctive]
N 29	Normalform, gekürzte	normal (standard) form, reduced	нормальная форма, сокращенная	forme normale réduite
N 30	Normalform, kanonische	normal (standard) form, canonical	нормальная форма, совершенная	forme normale canonique
N 31	Normalform, minimale disjunktive	normal (standard) form, minimal disjunctive	нормальная форма, минимальная дизъюнктивная	forme normale disjonctive minimale
N 32	Normalform, optimale	normal (standard) form, optimal	нормальная форма, оптимальная	forme normale optimale
N 33	Normalform, optimale disjunctive	normal (standard) form, optimal disjunctive	нормальная форма, оптимальная дизъюнктивная	forme normale disjonctive optimale
N 34	Normalverteilung	Gaussian distribution; normal distribution	нормальное распределение; распределение Гаусса	distribution gaussienne (normale); répartition gaussienne (normale)
N 35	*Notabschaltung	emergency switching-off	аварийное выключение	arrêt d'urgence

N 36	Notation, klammerfreie	notation, bracketless	запись (нотация), бесскобочная	notation polonaise (sans paranthèses)
N 37	*NP-Vollständigkeit	NP-completeness	NP-полнота	complétude NP
N 38	Nullmethode der Eigenleitwerte der Knoten	[mathematical simulation method with electrical networks]	метод нулевых собственных проводимостей узлов	méthode de zéro des conductances propres des nœuds
N 39	Nullpotentialknoten	null potential node	потенциально-нулевая точка	nœud à potentiel zéro
N 40	Nullpotentialknotenmethode	method of null potential nodes	метод потенциально-нулевых точек	méthode de nœuds à potentiel zéro
N 41	Nullpunktdrift	zero-drift	дрейф нулевого уровня; дрейф нуля	dérive de zéro
N 42	Nullstellenberechnung von Polynomen	computation of zeros of polynomicals	вычисление корней многочленов	calcul des zéros de polynômes
N 43	Nullstellenberechnung von stetigen Funktionen	computation of zeros of continuous functions	вычисление корней непрерывных функций	calcul des zéros de fonctions continues
N 44	Numerierungstheorie	enumeration (numbering) theory	теория нумерации	théorie de numérotage (de numérotation)
N 45	Numerischer Algorithmus	numerical algorithm	численный алгоритм	algorithme numérique
N 46	Numerischer Algorithmus, Abschließung	numerical algorithm, closure [closure of a numerical algorithm]	численный алгоритм, замыкание [замыкание численного алгоритма]	algorithme numérique, fermeture [fermeture d'un algorithme numerique]
N 47	Numerischer Algorithmus, Bewertung	numerical algorithm, evaluation [evaluation of a numerical algorithm]	численный алгоритм, оценка [оценка численного алгоритма]	algorithme numèrique, valùation [valuation d'un algorithme numérique]
N 48	Numerischer Algorithmus, Konvergenz	numerical algorithm, convergence [convergence of a numerical algorithm]	численный алгоритм, сходимость [сходимость численного алгоритма]	algorithme numérique, convergence [convergence d'un algorithme numérique]

N 49	Numerisches Verfahren	computational procedure	численный метод	méthode numérique
N 50	Numerisches Verfahren, direktes	computational procedure, direct	численный метод, прямый	méthode numérique directe
N 51	Numerisches Verfahren, Stabilität	computational procedure, stability [stability of the computational procedure]	численный метод, устойчивость [устойчивость численного метода]	méthode numérique, stabilité [stabilité d'une méthode numérique]
N 52	NYQUIST-Kriterium	Nyquist criterion	критерий Найквиста	critère de Nyquist
O 1	Objektliste	object list	список объектов	liste d'objets
O 2	Objektraum	space of objects	пространство объектов	espace d'objets
O 3	Objektsprache	object (target) language	объектный язык; язык-объект	langage d'objets
O 4	ODER [einschließendes ODER]	OR	ИЛИ [слабая дизъюнкция]	OU inclusif (non exclusif)
O 5	* Off-line	off-line	автономный; „оф-лайн"	hors de ligne
O 6	Ökonometrie	econometry	эконометрия	économétrie
O 7	Ökonomie, mathematische	economics, mathematical	экономика, математическая	économie, mathématique
O 8	* On-line	on-line	неавтономный; „онлайн"; связный	en ligne
O 9	* On-line-Fehlererkennung	on-line error-detecting	неавтономное обнаружение ошибок; обнаружение ошибок в реальном масштабе времени	détection des erreurs en ligne
O 10	Operateur	operator	человек-оператор	opérateur
O 11	Operationen, arithmetische	operations, arithmetical	операции, арифметические	opérations arithmétiques
O 12	Operationensystem	system of operations	система операций	système d'opérations
O 13	Operationsautomat	operational unit	операционный автомат (блок)	automate d'opération
O 14	Operationsforschung	operations research	исследование операций	recherche opérationnelle

O 15	Operationsgeschwindigkeit, mittlere	operating speed, average	быстродействие ЦВМ, среднее	rapidité (vitesse) d'opération moyenne
O 16	Operationssteuerung	operation control	управление выполнением операций; управление операциями	commande d'opérations
O 17	Operationsverstärker	operational amplifier	операционный усилитель	amplificateur opérationnel
O 18	* Operative Lenkung der Produktion	operative production control	оперативное управление производством	gestion opérationelle de la production
O 19	Operator	operator	оператор	opérateur
O 20	Operator, linearer	operator, linear	оператор, линейный	opérateur linéaire
O 21	Operatorgleichungen	operator equations	операторные уравнения	équations opératorielles
O 22	Operatormethode der Programmierung	operational programming method	операторный метод программирования	méthode opératoire (symbolique) de la programmation
O 23	Operatorschreibweise von Algorithmen	operator scheme of algorithms	операторная схема записи алгоритмов	notation opératoire (symbolique) d'algorithmes
O 24	Operatorsprache	operator language	операторный язык	langage opératoire
O 25	Optimale Prozesse, Theorie	optimal processes, theory [theory of optimal processes]	оптимальные процессы, теория [теория оптимальных процессов]	processus optimaux, théorie [théorie des processus optimaux]
O 26	Optimale Steuerung, Theorie	optimal control, theory [theory of optimal control]	оптимальное управление, теория [теория оптимального управления]	commande optimale, théorie [théorie de la commande optimale]
O 27	Optimaler Punkt	optimal point	оптимальная точка	point optimal
O 28	Optimaler Vektor	optimal vector	оптимальный вектор	vecteur optimal
O 29	Optimaler Wert einer Funktion	optimal value of a function	оптимальное значение функции	valeur optimale d'une fonction
O 30	Optimalitätsbedingungen, notwendige	optimality conditions, necessary	условия оптимальности, необходимые	conditions d'optimalité nécessaires

O 31	Optimalitätsprinzip	optimality principle	принцип оптимальности	principe de Bellman; principe d'optimalité
O 32	Optimierung	optimization; programming	оптимизация; программирование	optimisation; programmation
O 33	Optimierung, diskrete	optimization, discrete	оптимизация, дискретная	optimisation discrète
O 34	Optimierung, dynamische	optimization (programming), dynamic	оптимизация, динамическая; программирование, динамическое	optimisation (programmation) dynamique
O 35	Optimierung, dynamische, numerische Verfahren	optimization (programming), dynamic, computational methods [computational methods of dynamic programming]	оптимизация, динамическая, вычислительные методы [вычислительные методы динамического программирования]	optimisation (programmation) dynamiques, méthodes numériques [méthodes numériques de l'optimisation dynamique]
O 36	Optimierung, ganzzahlige	optimization (programming), integer	оптимизация, целочисленная; программирование, целочисленное	optimisation (programmation) en nombres entiers
O 37	Optimierung, gebrochen lineare	optimization (programming), linear rational (hyperbolic)	оптимизация, дробнолинейная (гиперболическая); программирование, дробнолинейное (гиперболическое)	optimisation (programmation) quasi-linéaire (hyperbolique)
O 38	Optimierung, konvexe	optimization (programming), convex	оптимизация, выпуклая; программирование, выпуклое	optimisation (programmation) convexe
O 39	Optimierung, lineare	optimization (programming), linear	оптимизация, линейная; программирование, линейное	optimisation (programmation) linéaire
O 40	Optimierung, mathematische	optimization (programming), mathematical	оптимизация, математическая; программирование, математическое	optimisation (programmation) mathématique

O 41	Optimierung nach mehreren Zielkriterien	optimization subject to several criteria	многокритериальная оптимизация; оптимизация по многим критериям	optimisation selon plusieurs critères de gain
O 42	Optimierung, nichtlineare	optimization (programming), non-linear	оптимизация, нелинейная; программирование, нелинейное	optimisation (programmation) non linéaire
O 43	Optimierung, quadratische	optimization (programming), quadratic	оптимизация, квадратичная; программирование, квадратичное	optimisation (programmation) quadratique
O 44	Optimierung, stochastische	optimization (programming), stochastic	оптимизация, стохастическая; программирование, стохастическое	optimisation (programmation) stochastique
O 45	Optimierung, stückweise lineare	optimization (programming), piecewise linear	оптимизация, косучно-линейная; программирование, косучно-линейное	optimisation (programmation) linéaire par morceaux
O 46	Optimierungsmethoden	optimization methods	методы оптимизации	méthodes d'optimisation
O 47	Optimierungsmethoden, stochastische	optimization methods, stochastic	методы оптимизации, стохастические	méthodes d'optimisation stochastiques
O 48	Optimierungssysteme technologischer Prozesse, automatische	optimization systems for technological processes, automatic	системы оптимизации технологических процессов, автоматические	systèmes automatiques d'optimisation de processus technologiques
O 49	Optoelektronisches Grundglied	optoelectronic device; optron	оптоэлектронное устройство; оптрон	élément de base opto-électronique
O 50	Organisationen	organizations	организации	organisations
O 51	Organisationstechnik	technical means and equipment for accounting, planning, control and analysis operations; technique of organization	оргатехника	équipment de bureau; technique d'organisation
O 52	*Orgware	orgware	организационное обеспечение	orgware

O 53	*OS	OS [operating system]	ОС [операционная система]	système d'exploitation
O 54	*Ostrowski-Bänder	Ostrovsky strips	полосы Островского	bandes d'Ostrowski
O 55	*Output	output	выход	extraction; sortie
P 1	Paging	paging	страничная память	paging; technique à pages
P 2	Palm-Strom	Palm flow	поток Пальма	courant de Palm
P 3	Paralleladdierer	parallel adder	параллельный сумматор	addeur parallèle; additeur (additionneur; totalisateur) parallèle
P 4	Parallelrechenwerk	parallel calculating unit	арифметическое устройство параллельного действия	organe de calcul parallèle; unité arithmétique parallèle
P 5	Parameter, aktueller	parameter, actual	параметр, фактический	paramètre actuel (effectif)
P 6	Parameter, formaler	parameter, formal	параметр, формальный	paramètre formel
P 7	*Parameterschätzverfahren	parameter estimation method	метод оценок параметров	méthode d'estimation paramétrique
P 8	Parametron	parametron	параметрон	paramètron
P 9	Pareto-Optimum	Pareto optimum	Парето оптимум	optimum au sens de Pareto; optimum de Pareto
P 10	Partielle Differentialgleichungen, Berechnung der Eigenwerte	partial differential equations, calculation of eigenvalues	дифференциальные уравнения в частных производных, вычисление собственных значений	équations différentielles partielles, calcul des valeurs propres
P 11	Partielle Differentialgleichungen, elliptische	partial differential equations, elliptic	дифференциальные уравнения в частных производных эллиптического типа	équations différentielles partielles elliptiques
P 12	Partielle Differentialglei-	partial differential	дифференциальные урав-	équations différentielles

	chungen, hyperbolische	equations, hyperbolic	нения в частных производных гиперболического типа	partielles hyperboliques
P 13	Partielle Differentialgleichungen, lineare, Klassifikation	partial differential equations, linear, classification [classification of linear partial differential equations]	дифференциальные уравнения в частных производных, линейные, классификация [классификация линейных дифференциальных уравнений в частных производных]	équations différentielles partielles linéaires, classification [classification des équations différentielles partielles linéaires]
P 14	Partielle Differentialgleichungen, parabolische	partial differential equations, parabolic	дифференциальные уравнения в частных производных параболического типа	équations différentielles partielles paraboliques
P 15	*PASCAL	PASCAL	PASCAL [язык программирования]; ПАСКАЛЬ	Pascal; PASCAL
P 16	*PEARL	PEARL	PEARL [язык программирования]; ПЕАРЛЬ	Pearl; PEARL
P 17	Pegellogik	level logic	потенциальная элементная структура ЦВМ	logique de niveau
P 18	PEIRCEscher Pfeil	Peirce arrow	стрелька Пирса	arc (flèche) de Peirce
P 19	Peripherie	peripheral equipment; periphery	внешнее оборудование (устройство); периферия; средства ввода и вывода информаций	périphérie
P 20	PERT	PERT	„ПЕРТ“	PERT; technique PERT
P 21	Perzeptron	perceptron	персептрон	perceptron
P 22	PETRI-Netz	Petri net	сеть Петри	réseau de Petri
P 23	Phasen-Impuls-Umsetzer	phase pulse converter	фазо-импульсный преобразователь	convertisseur analogique-digital par modulation de phase interne

P 24	Phasenkoordinaten	phase coordinates	фазовые координаты	coordonnées de phases
P 25	Phasenraummethode	phase-space method	метод фазового пространства	méthode d'espace des états (des phases)
P 26	Physikalische Realisierbarkeit	physical realizability	физическая осуществимость	réalisabilité physique
P 27	*Pipeline-Prinzip	pipeline principle	принцип поточной обработки	principe à chaîne de production; principe de pipeline
P 28	PL/1	PL/1	ПЛ/1	PL/1
P 29	Pneumatik	pneumatics	пневматика	pneumatique
P 30	Poetik, mathematische Methoden [der]	poetry, mathematical methods [of]	поэтики, математические методы	poétique, méthodes mathématiques [de la]
P 31	Poetik, strukturelle	poetry, structural	поэтика, структурная	poétique structurale
P 32	POISSON-Strom	Poisson flow	поток Пуассона	courant de Poisson
P 33	POISSON-Verteilung	Poisson distribution	распределение Пуассона	distribution de Poisson (poissonnienne)
P 34	Polaritätskorrelationsfunktion	polarity correlation function	полярная корреляционная функция	fonction de corrélation par polarité
P 35	Polyedrische Menge	polyhedral set	многогранное множество	ensemble polyédrique
P 36	Polyedrischer Kegel	polyhedral cone	многогранный конус	cône polyédrique
P 37	PONTRJAGINsches Maximumprinzip	Pontryagin maximum principle	принцип максимума Понтрягина	principe maximum de Pontrjagin
P 38	POPOW-Kriterium	Popov criterion	критерий Попова	critère de Popow
P 39	*Portabilität	portability	переносимость; портативность	portabilité
P 40	Positionsspiel	position game	позиционная игра	jeu de position (positionnel)
P 41	POSTsche Kalküle	Post calculi; Post's normal systems	исчисления Поста; формальные системы Поста	calculs de Post
P 42	POSTsche Maschine	Post machine	машина Поста	machine de Post

P 43	Postsches Korrespondenzproblem	Post's correspondence problem	комбинаторная проблема Поста	problème de correspondance de Post
P 44	Potentialfunktionsmethode	potential function method	метод потенциальных функций	méthode de fonction potentielle
P 45	Potentialmethode	potential method; stepping stone method	метод потенциалов	méthode des potentiels
P 46	Prädikat	predicate	предикат	prédicat
P 47	Prädikatenkalkül erster Stufe	narrow predicate calculus; predicate calculus of first order	узкое исчисление предикатов; исчисление предикатов первого порядка	logique du premier ordre
P 48	Prädikatenlogik höherer Stufen	higher-order logic; higher predicate calculus	логика предикатов высших ступеней (высшего порядка)	logique de l'ordre supérieur
P 49	Prädikativität	predicativity	предикативность	prédicativité
P 50	Pragmatik	pragmatics	прагматика	pragmatique
P 51	Prinzip der Zielrealisierbarkeit	principle of realizability of result	принцип осуществимости цели	principe de la réalisabilité de but
P 52	Priorität	priority	приоритет	priorité
P 53	Prioritätensystem	priority system	система приоритетов	système de priorités
P 54	Problem der Verteilung von Lieferungen	problem of the distribution of deliveries	задача о распределении поставок	problème du fournisseur
P 55	Problem des kürzesten Weges	problem of shortest way	задача о кратчайшем пути	problème du chemin le plus court
P 56	Problem mit beweglichen Enden	problem with mobile ends	задача с подвижными концами	problème aux bouts mobiles; problème à extrémités mobiles
P 57	Problem mit fester Endzeit	problem with fixed instants of time	задача с закрепленным временем	problème à temps final fixe
P 58	Problem von Bolza	Bolza's problem	задача Больца	problème de Bolza
P 59	Problem von Lagrange	Lagrange's problem	задача Лагранжа	problème de Lagrange

P 60	Problem von MAYER	Mayer's problem	задача Майера	problème de Mayer
P 61	Produktionsfunktion	production function	производственная функция	fonction de production
P 62	Produktionsmodell	production model	модель производства	modèle de production
P 63	Prognostizierung, wissenschaftlich-technische	prognostication, scientific and technical	прогнозирование, научно-техническое	prédiction (prévision) scientifique-technique
P 64	Programm	program; programme	программа	programme
P 65	Programmanalyse, syntaktische	program analysis, syntactic	анализ программ, синтактический	analyse de programme syntaxique
P 66	*Programmbanksystem	program bank system	система библиотек программ	système de banque de programmes
P 67	Programmgenerator	program generator	генератор программ	générateur de programme
P 68	Programmiersprache	programming language	язык программирования	langage de programmation
P 69	Programmiersprache, problemorientierte	programming language, problem-oriented	язык программирования, проблемно-ориентированный	langage de programmation, orienté-problème
P 70	Programmiersystem (s. a.*)	programming system	система программирования	système de programmation
P 71	Programmierter Unterricht	programmed teaching	программированное обучение	enseignement programmé
P 72	Programmiertes Lehrbuch	programmed textbook	программированный учебник	manuel programmé
P 73	Programmierung	programming	программирование	programmation
P 74	Programmierung, heuristische	programming, heuristic	программирование, эвристическое	programmation heuristique
P 75	Programmierung von Digitalrechnern	programming of digital computers	программирование для ЦВМ	programmation de calculatrices digitales
P 76	Programmplanung	program planning	программное планирование	planification de programmes

P 77	Programmschema	coding sheet	схема записи (кодирования)	schéma de programme
P 78	Programmsteuerungssystem	program control system	система программного управления	système de commande à programme
P 79	Programmverifikation	verification of programs	верификация (проверка) программ	vérification de programme
P 80	Programmzyklus	program cycle	цикл программ	cycle de programme
P 81	*Projektierung von Automatisierungsanlagen	design of automation plants	проектирование автоматизированных установок	projet d'installations d'automation
P 82	Projektierung von Netzen und Verbindungen, optimale	design of networks and interconnections, optimum	проектирование сетей и коммуникаций, оптимальное	projet optimal de réseaux et de communications
P 83	Projektionsverfahren	projection method	проекционный метод	méthode de projection
P 84	PROMIN	PROMIN	ПРОМИНЬ	calculatrice digitale „PROMIN"
P 85	Protokoll	listing; log; record; report	журнал; протокол	protocole
P 86	Prototyp	prototype	прототип	prototype
P 87	Prozedur	procedure	процедура	procédure
P 88	*Prozedur, externe	procedure, external	процедура, внешняя	procédure externe
P 89	*Prozedur, interne	procedure, internal	процедура, внутренняя	procédure interne
P 90	Prozedur, rekursive	procedure, recursive	процедура, рекурсивная	procédure récursive
P 91	Prozeß endlicher Länge	process of finite length	процесс конечной длительности	processus d'une longueur finie
P 92	Prozeß mit unabhängigem Zuwachs	process with independent increment	процесс с независимым приращением	processus à accroissement indépendant
P 93	*Prozeßablaufplan	process flowchart	график работы процесса	diagramme de flux de processus; diagramme synoptique de processus; organigramme de processus

P 94	*Prozeßanalyse	activity (process) analysis	анализ процесса	analyse de processus
P 95	*Prozeßbilanzierung, automatische	process balancing, automatic	балансирование процесса, автоматическое; составление баланса процесса, автоматическое	établissement de bilan de processus
P 96	Prozeßerkennung	process recognition	распознавание процессов	reconnaissance de processus
P 97	*Prozeßführung, automatische	process control (management), automatic	ведение процесса, автоматическое; управление процессом, автоматическое	gestion automatique des processus
P 98	*Prozeßleittechnik	process control equipment and systems	методы и установки для управления автоматизированными процессами	technique de guide de processus
P 99	*Prozeßoptimierung, automatische	process optimization, automatic	оптимизация процесса, автоматическая	optimisation automatique de processus
P 100	Prozessor	processor	процессор	processeur
P 101	*Prozeßsicherung, automatische	process safeguarding, automatic	предохранение процесса, автоматическое	sûreté automatique de processus
P 102	*Prozeßstabilisierung	process stabilization	стабилизация процесса	stabilisation de processus
P 103	*Prozeßüberwachung	process monitoring (supervision)	наблюдение процесса	surveillance de processus
P 104	Prüfpunkt/Wiederanlauf	checkpoint/restart	контрольная точка/повторный запуск; останов/повторный запуск; рестарт с контрольной точки	point d'épreuve/recommencement
P 105	*Pseudocode	abstract code; pseudocode	абстрактный код; псевдокод	pseudo-code
P 106	Pseudozufallszahlen	pseudorandom numbers	псевдослучайные числа	nombres pseudo-aléatoires

P 107	Pufferspeicher	buffer memory (store)	буферное (промежуточное) запоминающее устройство	mémoire cache (intermédiaire)
Q 1	Quadratische und bilineare Formen	quadratic and bilinear forms	квадратичные и билинейные формы	formes quadratiques et bilinéaires
Q 2	Quantisierung	quantization; trucation	квантование	quantification
Q 3	Quantoren	quantifiers	кванторы	quanteurs; quantificateurs; quantificateurs logiques; quantifieurs
Q 4	Quasistetiges Spannungsmodell	quasi-steady voltage model	квазианалоговая импульсная модель	modèle quasi- continu par tension
Q 5	Quellsprache	source language	исходный язык	langage source
Q 6	Quelltext	source statement (text)	исходный модуль (текст)	text source (initial)
Q 7	Quine-McCluskey-Algorithmus	Quine-McCluskey algorithm	алгоритм Квайн-Мак-Класки	algorithme de Quine-McCluskey
R 1	*Rahmenprogrammsystem	frame program	предельная система программ	système cadre-programme
R 2	Randbedingungen	boundary conditions	краевые условия; ограничения	conditions aux limites
R 3	Randwertaufgabe	boundary value problem	краевая задача	problème à la frontière; problème aux limites
R 4	Rasterung von Bildern	scanning of pictures	дискретизация изображений	discrétisation d'images
R 5	Raum, abstrakter	space, abstract	пространство, абстрактное	espace abstrait
R 6	Realisierung, minimale	realization, minimum	реализация, минимальная	réalisation minimale
R 7	Realzeit der Simulation	real-time of simulation	действительное время моделирования	temps réel de la simulation

R 8	Recallverhältnis	recall coefficient (ratio)	коэффициент полноты (выдачи)	rapport de réappel
R 9	Rechenbetrieb, Organisation und Technologie	computation operations, organization and technology [organization and technology of computation operations]	вычислительного процесса, методы организации [методы организации вычислительного процесса)	opération de calcul, organisation et technologie [organisation et technologie de l'opération de calcul]
R 10	Recheneinrichtung	calculating device	решающее устройство	dispositif de calcul
R 11	Rechenmaschine	calculator	счетная машина	calculateur; calculatrice; ordinateur
R 12	Rechenschema	computation scheme; diagram	вычислительная схема	schéma de calcul
R 13	Rechentechnik	computer engineering; computing machinery	вычислительная техника	technique de calcul
R 14	Rechenwerk	arithmetic unit	арифметическое устройство	bloc (mécanisme) de calcul; unité arithmétique
R 15	Rechenzeit, nutzbare	computing time, useful	время работы вычислительной машины, полезное; время счета, полезное	durée (temps) de calcul utilisable
R 16	Rechenzentren kollektiver Nutzung	net of computation centres with common utilization	сеть вычислительных центров с коллективным использованием	centres de calcul en utilisation collective
R 17	Rechenzentrum	computation centre; data-processing centre	вычислительный центр	centre de calcul
R 18	Recherchegüte	efficiency of document retrieval	эффективность информационного поиска	performance de recherche
R 19	*Rechnerarchitektur	computer architecture	архитектура вычислительных систем	architecture d'ordinateur

R 20	*Rechnergestützte Fertigung	computer-aided manufacturing (production)	автоматизированное производство при помощи ЭВМ	fabrication (production) assistée par ordinateur
R 21	*Rechnergestützter Arbeitsplatz	computer-aided workstation	автоматизированное рабочее место (АРМ)	poste de travail assistée par ordinateur
R 22	*Rechnergestützter Entwurf	computer-aided design	автоматизированное проектирование при помощи ЭВМ	conception (projet) assistée par ordinateur
R 23	Rechnernetz	computer network	сеть вычислительных машин	réseau d'ordinateurs
R 24	Rechnersystem	computer system	вычислительная система	système d'ordinateur
R 25	Redigierung	editing	редактирование данных	conversion; rédaction
R 26	*Redundanz	redundancy	избыточность	redondance
R 27	Redundanz der Sprache	language redundancy	избыточность языка	redondance du langage
R 28	Redundanz von Nachrichten	message redundancy	избыточность сообщений	redondance de messages
R 29	Reduzierbarkeit in der Algorithmentheorie	reducibility in the algorithm theory	сводимость в теории алгоритмов	réducibilité dans la théorie des algorithmes
R 30	REFAL	REFAL	РЕФАЛ	langage de programmation „REFAL“
R 31	Referat	abstract	реферат	rapport
R 32	Referenzspannungsquelle	reference voltage source	источник опорного напряжения	source de tension de référence
R 33	Referierung, automatische	abstracting, automatic	реферирование, автоматическое	référence automatique
R 34	Reflexive Steuerung	reflexive control	рефлексивное управление	commande réflexive
R 35	*Regelfaktor	control action coefficient	коэффициент регулирующего воздействия	facteur de réglage
R 36	*Regelung	closed-loop control; regulation	замкнутое управление; регулирование	réglage régulation

R 37	Regelung, adaptive	control, adaptive	управление, настраиваемое; управление с адаптацией	réglage adaptatif (adaptif)
R 38	Regelungsgesetz	control law	закон регулирования	loi de réglage
R 39	Regelungssystem	[closed-loop] control system	замкнутая система управления; система автоматического управления; система регулирования	système asservi; système de réglage (régulation)
R 40	Regelungssystem mit Hilfsenergie	power-assisted control system	система непрямого управления	système de réglage à l'énergie auxiliaire
R 41	Regelungssystem, nichtlineares, Analyse	control system, non-linear, analysis [analysis of non-linear control systems]	система автоматического управления, нелинейная, анализ [анализ нелиных систем автоматического управления]	système de réglage non linéaire, analyse [analyse de systèmés de réglage non linéaires]
R 42	Regelungssystem ohne Hilfsenergie	self-acting control system	система прямого управления	système de réglage sans l'énergie auxiliaire
R 43	Regelungssystem, Stabilitätstheorie	control system, stability theory [stability theory of control systems]	система автоматического управления, теория устойчивости [теория устройчивости систем автоматического управления	système de réglage, théorie de stabilité [théorie de stabilité des systèmes de réglage]
R 44	Regelungssystem, stetiges, Synthese	control system, continuous, synthesis [synthesis of continuous control systems]	система автоматического управления, непрерывная, синтез [синтез непрерывных систем автоматического управления]	système de réglage continu, synthêse [synthèse de systèmes de réglage continus]
R 45	Regeneration	regeneration	регенерация	régénération
R 46	Register	register	регистр	registre

R 47	Registerautomat	register automaton	регистровый автомат	automate à registre
R 48	Registriereinrichtung	plotting device; recorder; recording apparatus	графическое регистрирующее устройство; устройство записи аналоговой информации	dispositif enregistreur
R 49	*Regler	automatic controller; governor; regulator	автоматический регулятор; регулятор	régulateur
R 50	Regler, digitaler	controller, digital	регулятор, цифровой	régulateur digital
R 51	Regler, kontinuierlicher	controller, continuous	регулятор непрерывного действия	régulateur continu
R 52	Regression	regression	регрессия	régression
R 53	Regularisierungsmethode	regularization method	метод регуляризации	méthode de régularisation
R 54	Reguläre Ereignisse und Ausdrücke	regular events and expressions	регулярные события и выражения	événements et expressions réguliers
R 55	Rektion	dependence ratio	отношение зависимости	relation entre les unités élémentaires d'une phrase
R 56	Rekursion, primitive	recursion, simple	рекурсия, примитивная	récurrence primitive
R 57	Rekursive Funktionen	recursive functions	рекурсивные функции	fonctions récurrentes (récursives)
R 58	Relaiskorrelationsfunktion	relay correlation function	релейная корреляционная функция	fonction de correlation de relais
R 59	Relaisschaltung	relay circuit (network)	релейно-контактная схема	circuit (montage) à relais
R 60	Relaisschaltungen, Theorie [der]	relay circuits, theory [of]	релейно-контактных схем; теория	circuits à relais, théorie [des]
R 61	Relation	relation; relationship	отношение	relation
R 62	Relation, analytische	relation, analytic	отношение, аналитическкое	relation analytique

R 63	Relation, paradigmatische	relation, paradigmatic	отношение, парадигматическое	relation paradigmatique
R 64	Relation, syntagmatische	relation, syntagmatic	отношение, синтагматическое	relation syntagmatique
R 65	Relation, synthetische	relation, synthetic	отношение, синтетическое	relation synthétique
R 66	Relevanz eines Dokuments	relevance of a document	релевантность документа	relevance d'un document
R 67	Reservierung	reserving	резервирование	réservation
R 68	Ressourcen	resources	ресурсы	ressources
R 69	*Restart	restart	повторное включение; повторный запуск; рестарт	recommencement; reprise
R 70	Reziproker Operator, Methode	inverse operator, method of the	обратных операторов, метод	méthode de l'opérateur inverse (réciproque)
R 71	*R*-Funktionen	*R*-functions	*R*-функции	fonctions *R*
R 72	Roboter	robot	робот	robot
R 73	*Robustheit	robustness	устойчивость	robustesse
R 74	ROUTH-Kriterium	Routh criterion; Routh's stability criterion	критерий Рауса	critère de Routh
R 75	Rückführung	feedback	обратная связь	action en retour; réaction; retour
R 76	Rückkopplung	feedback	обратная связь	action en retour; réaction; retour
R 77	Rückweisung bei der Erkennung	rejection in the recognition	отказ от распознавания	refu près la reconnaissance
R 78	Rundreiseproblem	problem of travelling salesman; shortest-route problem	задача о коммивояжере	problème du commis voyageur; problème du voyageur de commerce
R 79	Rundungsfehler	rounding (round-off) error	ошибка округления	erreur d'arrondissement
R 80	Rundungsschaltung	roundness circuit	схема округления	circuit d'arrondissement
R 81	RUNGE-KUTTA-Verfahren	Runge-Kutta method	метод Рунге-Кутта	méthode de Runge-Kutta

S 1	Sattelpunkt	saddle point	седловая точка	col; point de col; point d'équilibre; point hyperbolique; point selle
S 2	Satz	sentence	предложение; фраза	phrase
S 3	Satz einer Datei	file; record	запись	article d'un fichier
S 4	Satzformen in Dateien	record forms	формы записи	formes d'article dans des fichiers
S 5	Schaltfunktion	switching function	переключательная функция; функция включения	fonction de commutation
S 6	Schaltfunktion, zeitabhängige	switching function, time-dependent	переключательная функция, временная	fonction de commutation dépendante du temps
S 7	*Schaltsystem	gating network; switching system	переключательная система (схема)	système de commutation
S 8	*Schätzung	estimation	оценка	estimation
S 9	*Scheduling	scheduling	планирование	établissement d'un programme de fabrication; planification
S 10	Schleife	loop	цикл	boucle
S 11	Schlüsselwort	code word; key word	ключевое слово	mot clé
S 12	Schnittebenenverfahren	cutting-plane method; method of intercepted hyperplanes	метод отсекающей гиперплоскости	méthode des plans sécants
S 13	*Schnittstelle	interface	интерфейс; сопряжение	interface; point de concours (d'intersection)
S 14	*Schrittregler	step controller	шаговый регулятор	régulateur pas à pas
S 15	Schwarzer Kasten	black box	черный ящик	boîte noire
S 16	Schwellenwertlogik	threshold logic	пороговая логика	logique à valeur de seuil
S 17	Schwingungen, verborgene	oscillations, latent	колебания, скрытые	oscillations cachées

S 18	Segmentierung	segmentation	сегментация	segmentation
S 19	Seite	side	сторона	page
S 20	*Selbstorganisation	self-organization	самоорганизация	auto-organisation
S 21	Selbstschwingungen	self-excited oscillations	автоколебания	auto-oscillations
S 22	*Self-tuning-Regelung	self-tuning control	самонастраивающееся регулирование	régulation à auto-ajustement; régulation self-tuning
S 23	Semantik, logische	semantics, logical	семантика, логическая	sémantique logique
S 24	Semantik, strukturelle	semantics, structural	семантика, структурная	sémantique structurale
S 25	Semantische Analyse	semantic analysis	семантический анализ	analyse sémantique
S 26	Semi-MARKOW-Prozeß	semi-Markoff process	полумарковский случайный процесс	processus semi-markovien
S 27	Semiotik	semiotics	семиотика	semiotique
S 28	*Sensor	sensor	сенсор; датчик	capteur
S 29	*Sensortechnik für Industrieroboter	sensor technology for industrial robots	сенсорная техника для промышленных роботов	technique de capteur pour les robots industriels
S 30	Sequentialanalyse	sequential analysis	последовательный анализ	analyse progressive (séquentielle)
S 31	Sequentielle Variantenanalyse	sequential option analysis	последовательный анализ вариантов	analyse de variantes séquentielle
S 32	Sequenz	sequence	секвенция	énoncé de conséquence
S 33	Serienaddierer	serial adder	последовательный сумматор	addeur (additeur; additionneur) serie; addeur à fonctionnement séquentiel
S 34	Serienparallelrechenwerk	serial-parallel arithmetic unit	арифметическое устройство параллельно-последовательного действия	organe (unité) de calcul série-parallèle
S 35	Serienrechenwerk	serial arithmetic unit	арифметическое устройство последовательного действия	organe (unité) de calcul série

S 36	Serviceprogramm	auxiliary program; service program (routine)	обслуживающая программа; сервисная программа	programme auxiliaire; programme de service
S 37	Servomotor	servomotor	серводвигатель; серво-мотор	servomoteur
S 38	Servoumsetzer	servoconverter	следящий преобразователь	servo-convertisseur analogique-numérique
S 39	SHANNON-Funktion	Shannon function	функция Шеннона	fonction de Shannon
S 40	SHAPLEY-Vektor	Shapley vector	вектор Шепли	vecteur de Shapléy
S 41	SHEFFER-Strich	Sheffer function; Sheffer's accent	штрих Шеффера	barre de Sheffer; signe d'incompatibilité
S 42	SHEGALKIN-Algebra	Shegalkin-algebra	алгебра Жегалкина	algèbre de Shegalkin
S 43	Sichtgerät	display device (unit); monitor; viewer; visual display unit	дисплей; индикаторное устройство; устройство визуального выхода; устройство отображения информации	dispositif à écran; visualiseur
S 44	Signalflußgraph	signal flow diagram	диаграмма потока сигнала; схема прохождения сигнала	graphe de flux des signaux
S 45	Signaltrennung bei Vorhandensein von Rauschen	signal separation at presence of noise	выделение сигналов на фоне помех	séparation de signaux en présence de bruit
S 46	*Signaturanalyse	signature analysis	сигнатурный анализ	analyse de signature
S 47	Simplex	convex polyhedron; simplex	выпуклый многогранник; симплекс	simplexe
S 48	Simplextableau	simplex table (tableau)	опорный план; симплекс-таблица	tableau simplexe (simplicial)
S 49	Simplexverfahren	simplex method	симплекс-метод	méthode de simplexes; méthode simpliciale
S 50	SIMPSONsche Regel	Simpson's rule	формула Симпсона	règle de Simpson

S 51	SIMSKRIPT	SIMSKRIPT	СИМСКРИПТ	langage algorithmique „SIMSKRIPT“
S 52	SIMULA	SIMULA	СИМУЛА	Simula
S 53	Simulation mit programmgesteuerten Rechenautomaten	simulation on program-controlled digital computers	имитация (моделирование) на ЭВМ	simulation à automates de calcul commandés par programme
S 54	Simulationssystem	simulation system	система моделирования	système de simulation
S 55	Simultanarbeit	simultaneous operation	одновременная работа; совмещенные операции в машине	travail simultané
S 56	Sinn ↔ Text-Modell	meaning ↔ text model	модель „смысл ↔ текст“	modèle signification ↔ texte
S 57	SLENG	SLENG	СЛЭНГ	langage de programmation „SLENG“
S 58	SNOBOL	SNOBOL	СНОБОЛ	Snobol
S 59	Software	software	математическое обеспечение; программное обеспечение ЦВМ	logiciel; software
S 60	Software, innere	software, internal	программное обеспечение, внутренее	logiciel (software) intérieur
S 61	*Softwarestandard	software standard	стандарт программного обеспечения	stándard de logiciel
S 62	Sortiermaschine	sorter; sorting machine	сортировальная машина	machine à trier; trieer
S 63	Spannungsteiler	potential divider	делитель напряжения	diviseur (réducteur) de tension
S 64	*Sparse Matrix	sparse matrix	матрица с неполным; неплотная (рассеянная) матрица	matrice creuse
S 65	Speicher (s. a.*)	memory; memory device; storage; store	запоминающее устройство; накопитель; память	mémoire
S 66	Speicher, adressierbarer	memory, addressable	запоминающее устройство, адресное	mémoire adressable

S 67	Speicher eines Analogrechners	memory of an analogue computer	память АВМ	mémoire d'un calculateur analogique
S 68	Speicher eines Digitalrechners	memory of a digital computer	память ЦВМ	mémoire d'un calculateur digital
S 69	Speicher, externer	memory, external	запоминающее устройство, внешнее	mémoire externe
S 70	Speicher mit sequentiellem Zugriff	serial-access memory	запоминающее устройство с последовательным обращением	mémoire à accès séquentiel
S 71	Speicher mit wahlfreiem Zugriff	random-access memory	запоминающее устройство с произвольным обращением	mémoire à accès aléatoire (direct; libre)
S 72	Speicherbereich	memory zone; store area	зона запоминающего устройства; область памяти	zone de mémorization
S 73	Speicherelement	memory (storage) element	запоминающий элемент; элемент памяти	élément de mémoire
S 74	Speicherkapazität	memory (storage) capacity	емкость запоминающего устройства (памяти)	capacité de mémoire
S 75	Speichermatrix	memory (storage) matrix	запоминающая матрица	matrice de mémoire
S 76	Speicherplatzvereinbarung	storage allocating	распределение памяти	déclaration de l'allocation de mémoire
S 77	Speicherschaltung	memory circuit	запоминающая (накапливающая) схема	circuit à mémoire
S 78	Speicherschutz	memory (storage) protection	защита памяти	protection de mémoire
S 79	Speicherzelle	memory cell; storage location	запоминающая ячейка; ячейка памяти	cellule de mémoire
S 80	Speicherzugriffszeit	access time to memory; storage access time	время доступа (обращения) к запоминающему устройству	temps d'accès à mémoire

S 81	Spektraldichte	power spectrum; spectral density	спектральная плотность	densité spectrale
S 82	Spektralfunktion	spectral function	спектральная функция	fonction spectrale
S 83	*Spektrum eines Signals	signal spectrum	спектр сигнала	spectre d'un signal
S 84	*Spezialprozessor	specialized processor	специализированный процессор	processeur spécial
S 85	Spezialrechner	specialized computer	специализированная вычислительная машина	calculateur (calculatrice) à application spéciale; calculateur (calculatrice) special(e)
S 86	Spezielle Funktionen	special functions	специальные функции	fonctions spéciales
S 87	Spiel, antagonistisches	game, antagonistic	игра, антагонистическая	duel; jeu à deux personnes de somme nulle; jeu de somme nulle à deux personnes
S 88	Spiel auf dem Einheitsquadrat	game on the unit square; unit-square game	игра на единичном квадрате	jeu sur le carré-unité
S 89	Spiel auf einem Graphen	game on a graph	игра на графе	jeu sur un grapho
S 90	Spiel, dynamisches	game, dynamic	игра, динамическая	jeu dynamique
S 91	Spiel, einfaches	game, simple	игра, простая	jeu simple
S 92	Spiel, entartetes	game, degenerate	игра, вырожденная	jeu dégénéré
S 93	Spiel, konvexes	game, convex	игра, выпуклая	jeu convexe
S 94	Spiel, kooperatives	game, cooperative	игра, кооперативная	jeu avec alliances; jeu coopératif
S 95	Spiel, nichtkooperatives	game, non-cooperative; game without coalition	игра, бескоалиционная	jeu non coopératif
S 96	Spiel ohne Nebenauszahlungen	game without side payment	игра без побочных платежей	jeu sans gains secondaires
S 97	Spiel, reflexives	game, reflexive	игра, рефлексивная	jeu réflexif
S 98	Spiel, rekursives	game, recursive	игра, рекурсивная	jeu récursif
S 99	Spiel, stochastisches	game, stochastic	игра, стохастическая	jeu stochastique

S 100	Spiel um Überleben	game of survival	игра на выживание	jeu de survie
S 101	Spiel zur Wahl eines Zeitpunktes	game of timing	игра с выбором момента времени	jeu à choix d'un moment
S 102	Spieltheorie	game theory; theory of games	теория игр	théorie des jeux
S 103	Spielwert	game value	значение игры	valeur de jeu; valeur pure
S 103a	Sprache, algorithmische	language, algorithmic	язык, алгоритмический	langage algorithmique
S 104	Sprache, formale	language, formal	язык, формальный	langage formel
S 105	Sprache, informationslogische	language, logical information	язык, информационно-логический	langage informatique-logique
S 106	Sprache, kontextfreie	language, context-free	язык, бесконтекстный	langage context-free
S 107	Sprache, künstliche	language, artificial	язык, искусственный	langage artificial
S 108	Sprache, logische	language, logical	язык, логический	langage logique
S 109	Sprache, logisch-mathematische	language, logic-mathematical	язык, логико-математический	langage logico-mathématique
S 110	Sprache, maschinenorientierte	language, computer-oriented (machine-oriented)	язык, машинно-ориентированный	langage orienté-machine
S 111	Sprache, problemorientierte	language, problem-oriented	язык, проблемно-ориентированный	langage orienté-problème
S 112	Spracherkennung	speech recognition	распознавание речи (речевых сигналов)	reconnaissance de parole
S 113	Sprachmodelle, analytische	language models, analytic	модели языка, аналитические	modèles de langage analytiques
S 114	Sprachmodelle, mathematische	language models, mathematical	модели языка, математические	modèles de langage mathématiques
S 115	Sprachsignalsynthese	synthesis of speech signals	синтез речевых сигналов	synthèse de signaux vocaux
S 116	Sprachstatistik	linguistic statistics	лингвистическая статистика	statistique de langage

S 117	Staatliche Algorithmen- und Programmbibliothek	public (state) collection of algorithms and programs	государственный фонд алгоритмов и программ	bibliothèque puplique d'algorithmes et de programmes
S 118	Stabilitätskriterien	stability criterions	критерии устойчивости	critères de stabilité
S 119	Standardanschlußbild	standard interface	стандартный интерфейс	image (schéma) de connexion standard; interface standard
S 120	Standardisierte Krankengeschichte	standardized case history	стандартизированная история болезни	bulletin standardisé; histoire de patient standardisé
S 121	*Standardsoftware	standard software	стандартное программное обеспечение	logiciel (software) standard
S 122	Standardunterprogramm	standard subroutine	стандартная подпрограмма	sous-programme standard
S 123	Stanzer	perforator; punch	перфоратор	perforateur; perforatrice
S 124	Stapelverarbeitung	batch processing; stacked job processing	пакетная обработка информации	traitement par lots
S 125	Statistik, mathematische	statistics, mathematical	статистика, математическая	statistique mathématique
S 126	Statistische Linearisierung	statistical linearization	метод статистической линеаризации	linéarisation statistique
S 127	Statistische Schätzung	statistical estimation	статистическая оценка	estimation statistique
S 128	Steilster Abfall, Methode	steepest descent, method [method of the steepest descent]	наискорейшего спуска, метод	plus grande pente, méthode [méthode de la plus grande pente; méthode de la plus profonde descente]
S 129	Stellmotor	servomotor	серводвигатель; сервомотор	servomoteur
S 130	*Stelltechnik	actuator technique	исполнительная техника	technique de réglage
S 131	Steuerautomat	control automaton	управляющий автомат	automate de commande

S 132	Steuerbarkeit und Beobachtbarkeit	controllability and observability	условия управляемости и наблюдаемости	gouvernabilité et observabilité
S 133	Steuereingriff	control action (intervention)	управляющее воздействие	emplacement (entrée) de commande
S 134	Steuerprogramm	control program	управляющая программа	programme de commande
S 135	Steuerrechner	control computer	управляющая вычислительная машина	calculateur de commande
S 136	Steuersystem, automatisiertes	control system, automatic	система управления, автоматизированная	système de commande automatisé
S 137	*Steuerung ökonomischer Prozesse	control of economic processes	управление экономическими процессами	commande de processus économiques
S 137a	Steuerung, strukturelle	control, structural	управление, структурное	commande structurale
S 138	Steuerungsalgorithmus, Synthese	control algorithm, synthesis [synthesis of control algorithms]	алгоритмов управления, синтез [синтез алгоритмов управления]	algorithme de commande, synthèse [synthèse des algorithmes de commande]
S 139	Steuerungsgebiet	control field	область управления	domaine de commande
S 140	Steuerungsprozeß	control process	управляемый процесс	processus de commande
S 141	Steuerungssystem	control system	система управления	système de commande
S 142	Steuerungssystem, äquivalentes	control system, equivalent	система управления, эквивалентная	système de commande équivalent
S 143	Steuerungssystem, automatisches	system of automatic control	система автоматического управления	système de commande automatique
S 144	Steuerungssystem, automatisches, Analyse	system of automatic control, analysis [analysis of systems of automatic control]	система автоматического управления, анализ [анализ систем автоматического управления]	système de commande automatique, analyse [analyse des systèmes de commande automatiques]

S 145	Steuerungssystem, automatisches, Gütekriterium	system of automatic control, quality factor [quality factor of a system of automatic control]	система автоматического управления, критерий качества (критерий качества системы автоматического управления]	système de commande automatique, critère de performance [critère de performance du système de commande automatique]
S 146	Steuerungssystem, automatisches, Korrektur	system of automatic control, correction [correction of a system of automatic control]	система автоматического управления, коррекция [коррекция системы автоматического управления]	système de commande automatique, correction [correction du système de commande automatique]
S 147	Steuerungssystem, automatisches, Schnelligkeit	system of automatic control, speed [speed of a system of automatic control]	система автоматического управления, быстродействие [быстродействие системы автоматического управления]	système de commande automatique, rapidité [rapidité du système de commande automatique]
S 148	Steuerungssystem, automatisches, statistische Dynamik	system of automatic control, statistical dynamics [statistical dynamics of systems of automatic control]	система автоматического управления, статистическая динамика [статистическая динамика систем автоматического управления]	système de commande automatique, dynamique statistique [dynamique statistique des systèmes de commande automatiques]
S 149	Steuerungssystem, automatisches, Synthese	system of automatic control, synthesis [synthesis of systems of automatic control]	система автоматического управления, синтез [синтез систем автоматического управления]	système de commande automatique, synthèse [synthèse des systèmes de commande automatiques]
S 150	Steuerungssystem, automatisches diskretes, Analyse	system of automatic control, discrete, analysis [analysis of discrete systems of automatic control]	система автоматического управления, дискретная, анализ [анализ дискретных систем автоматического управления]	système de commande automatique discret, analyse [analyse des systèmes de commande automatiques discrets]

S 151	Steuerungssystem, automatisches diskretes, Synthese	system of automatic control, discrete, synthesis [synthesis of discrete systems of automatic control]	система автоматического управления, дискретная, синтез [синтез дискретных систем автоматического управления]	système de commande automatique discret, synthèse [synthèse des systèmes de commande automatiques discrets]
S 152	Steuerungssystem, automatisches kombiniertes	system of automatic control, combined	система автоматического управления, комбинированная	système de commande automatique combiné
S 153	Steuerungssystem, diskretes	control system, discrete	система управления, дискретная	système de commande discret
S 154	Steuerungssystem, lineares	control system, linear	система управления, линейная	système de commande linéaire
S 155	Steuerungssystem mit veränderlicher Struktur	control system with variable structure	система управления с переменной структурой	système de commande à structure variable
S 156	Steuerungssystem mit verteilten Parametern	control system with distributed parameters	система управления с распределенными параметрами	système de commande à paramètres distribuès
S 157	Steuerungssystem mit Wechselstrom	alternating-current control system; control system by alternating current	система управления на переменном токе	système de commande à courant alternatif
S 158	Steuerungssystem, nichtlineares	control system, non-linear	система управления, нелинейная	système de commande non linéaire
S 159	Steuerungssystem, Störstabilität	control system, noise-proof feature [noise-proof feature of a control system]	система управления, помехо-устойчивость [помехо-устойчивость системы управления]	système de commande, stabilité aux perturbations [stabilité du système de commande aux perturbations]
S 160	Steuerungssystem, vermaschtes automatisches	system of automatic control, multiloop	система автоматического управления, многоконтурная	système de commande automatique à plusieurs boucles

S 161	Steuerungstheorie für Zufallsprozesse	control theory for random processes	теория управления случайными процессами	théorie de commande pour des processus aléatoires
S 162	Steuerwerk	control unit	устройство управления	organe (unité) de commande; unité de contrôle
S 163	STIELTJESsche Korrelationsfunktionen	Stieltjes' correlation functions	корреляционные функции Стильтеса	fonctions de corrélation de Stieltjes
S 164	Stochastische Approximation	stochastic approximation	метод стохастической аппроксимации	approximation stochastique
S 165	Stochastische Differentialgleichung	stochastic differential equation	стохастическое дифференциальное уравнение	équation différentielle stochastique
S 166	Stochastische Quasigradientenmethode	stochastic quasi-gradient method	метод стохастических квазиградиентов	méthode stochastique à quasi-gradient
S 167	Stochastischer Prozeß	random (stochastic) process	случайный (стохастический) процесс	processus aléatoire (stochastique)
S 168	Störabstand	signal-noise ratio	отношение сигнал/помеха	rapport signal-bruit
S 169	Störgröße	disturbance quantity (variable)	возмущающая переменная; возмущающее воздействие	grandeur perturbatrice
S 170	Störgrößenaufschaltung	disturbance-variable compensation; feedforward control	включение паразитных величин; компаундирующая связь в автоматических системах; компенсация возмущений	compensation par grandeurs perturbatrices (par perturbations)
S 171	Störungen	interferences; disturbances; perturbations	возмущения; помехи	défaillances; défauts; dérangements; pannes; perturbations
S 172	Straffunktion	penalty function	штрафная функция	fonction de peine
S 173	Straffunktionsmethode	penalty function method	метод штрафных функций	méthode des fonctions de peine

S 174	Strahlelement	fluidic element; pneumatic logic element	пневмонический элемент	élément fluidique
S 175	Strategie, gemischte	strategy, mixed	стратегия, смешанная	stratégie combinée (mixte)
S 176	Strategie, optimale	strategy, optimal	стратегия, оптимальная	stratégie optimale
S 177	Strategie, reine	strategy, pure	стратегия, чистая	stratégie pure
S 178	Streifenmethode	strip method	метод полос	méthode à bandes
S 179	Streuung	dispersion	дисперсия; рассеяние	dispersion; variance
S 180	Strom, einfachster	flow, simplest	поток, простейший	courant le plus simple
S 181	Strom mit beschränkter Nachwirkung	flow with limited after-effect	поток с ограниченным последействием	courant à effet résiduel restreint
S 182	Strom mit geometrischer Verteilung	flow with geometric distribution	геометрический поток	courant à distribution géométrique
S 183	Strom, nichtstationärer	flow, non-stationary	поток, нестационарный	courant non stationnaire
S 184	Strom ohne Nachwirkung	flow without after-effect	поток без последействия	courant sans effet résiduel
S 185	Strom, regulärer	flow, regular	поток, регулярный	courant régulier
S 186	Strom, zufälliger	flow, accidental	поток, случайный	courant aléatoire
S 187	Strukturen, binäre	structures, binary	структуры, двоичные	structures binaires
S 188	*Strukturmatrizen	structural matrices	структурные матрицы	matrices parastrophes (structurales)
S 189	Strukturtheorie von Automaten	structural automata theory	структурная теория автоматов	théorie structurale d'automates
S 190	Stufenfunktion	inter-stage function; jump (step) function	ступенчатая функция	fonction en escalier (à palier)
S 191	Stufenumsetzer	analogue-digital converter with consecutive counting	развертывающий преобразователь	convertisseur analogique-numerique par compensation successive
S 192	Suche, bibliographische	retrieval, bibliographical	поиск, библиографический	recherche bibliographique

S 193	Suchprogramm	test program	испытательная программа	programme de recherche
S 194	Suchredundanz	false drops; irrelevant information (documents); retrieval redundancy	поисковый шум	redondance de recherche
S 195	Suchverfahren, globales	searching procedure, global	метод глобального поиска	méthode de recherche globale
S 196	Sukzessive Approximation	successive approximation	метод последовательных приближений	approximation successive; itération
S 197	*Superpositionsprinzip	principle of superposition	принцип суперпозиции	principe de superposition
S 198	Supervisor	supervisor; supervisory program	супервизор	moniteur; superviseur
S 199	Syllogistik	syllogistics	силлогистика	syllogistique
S 200	Symbolverarbeitung	symbolic programming	символьное программирование–	traitement des symboles
S 201	Synchronrechner	synchronous computer	синхронная вычислительная машина	calculateur (calculatrice) synchrone
S 202	Syntaktik	syntactics	синтактика	syntactique
S 203	Syntaktische Analyse, automatische	syntactical analysis, automatic	синтаксический анализ, автоматический	analyse syntaxique automatique
S 204	Syntaxkontrolle	syntactic program checking	синтаксический контроль программ	contrôle de syntaxe; contrôle syntaxique
S 205	System, astatisches	system, astatic	система, астатическая	système astatique
S 206	System, automatisches	system, automatic	система, автоматическая	système automatique
S 207	System, autonomes	system, autonomous	система, автономная	système autonome
S 208	System, determiniertes	system, determinated	система, детерминированная	système déterminé
S 209	System diskreter Elemente	system of discrete elements	система дискретных элементов	système d'éléments discrets
S 210	System, diskretes	system, discrete	система, дискретная	système discret

S 211	System, diskretes, Stabilitätstheorie	system, discrete, theory of stability [theory of stability of discrete systems]	система, дискретная, теория устойчивости [теория устойчивости дискретных систем]	système discret, théorie de stabilité [théorie de stabilité des systèmes discrets]
S 212	System, elementares	system, elementary	система, элементарная	système élémentaire
S 213	System, multistabiles	system, multistable	система, мультиустойчивая	système multistable
S 214	System, nichtautonomes	system, non-autonomous	система, неавтономная	système non autonome
S 215	System, selbstanpassendes	system, self-adapting	система, самонастраивающаяся	système auto-adaptatif (auto-adaptif)
S 216	System, selbsteinstellendes	system, self-adjusting	система, самоприспосабливающаяся (самоустанавливающаяся)	système à auto-ajustement (auto-réglage)
S 217	System, selbstlernendes	system, self-learning	система, самообучающаяся	système à auto-apprentissage
S 218	System, stetiges, Stabilitätstheorie	system, continuous, theory of stability [theory of stability of continuous systems]	система, непрерывная, теория устойчивости [теория устойчивости непрерывных систем]	système continu, théorie de stabilité [théorie de stabilité des systèmes continus]
S 219	System zur Steuerung eines wissenschaftlichen Experiments	control system for scientific experiments	система управления научным экспериментом	système pour la commande d'une expérience scientifique
S 220	*Systemanalyse, Prinzipien [der]	systems analysis, principles [of]	системного анализа, принципы	analyse des systèmes, principes [de]
S 221	*Systemanalyse von Innovationsprozessen	systems analysis of innovation processes	анализ инновационных систем; системный анализ инновационных процессов	analyse des systèmes de processus d'innovation
S 222	*Systemdynamische Modellierung	system-dynamic modelling	системное динамическое моделирование	modélisation système-dynamique

S 223	Systemhierarchie des Organismus	hierarchy of the organism systems	иерархия систем организма	hiérarchie de système de l'organisme
S 224	*Systemklassifikation	classification of systems	классификация систем	classification des systèmes
S 225	*Systemmatrix	system matrix	системная матрица	matrice de système
S 226	*Systemökologie	systems ecology	система-экология	écologie de système
S 227	Systemprojektierung von Digitalrechnern	system design of digital computers	системное проектирование ЦВМ	projet de système de calculatrices digitales
S 228	Systemredundanz	system redundancy	избыточность системы	redondance de système
S 229	Systemtechnik	information systems engineering; system technology	системотехника	technique de système
S 230	Systemtheorie, allgemeine	systems theory, general	теория систем, общая	théorie des systèmes générale
S 231	Systemzugang	systems approach	системный подход	approche de système
S 232	*Systolische Arrays	systolic arrays	систолические поля	arrangements systoliques
S 233	*Szenarium	scenario	сценарий	scénario; schéma de traitement
T 1	Tabelliermaschine	tabulating machine; tabulator	табулятор	machine à tabuler; tabulatrice
T 2	Tabellierung von Funktionen	tabulation of functions	табулирование функций	tabulation de fonctions
T 3	Takt	beat; clock	такт	cadence; cycle; cycle d'horloge; rythme
T 4	Taktfrequenz	clock frequency; timing pulse rate	тактовая частота; частота импульса	fréquence de répétion (de rythme); fréquence d'horloge
T 5	Tautologie	tautology	логическо истинное высказывание; тавтология	tautologie

T 6	*Taylor-Entwicklung Boolescher Funktionen	Taylor seriés expansion of Boolean functions	разложение в ряд Тейлера булевых функций	développement de Taylor (taylorien) de fonctions booléiennes
T 7	Technische Diagnostik	technical diagnosis	диагностирование технических комплексов; техническая диагностика	diagnostic technique
T 8	Technische Projektierung von Digitalrechnern	technical design of digital computers	техническое проектирование ЦВМ	projet technique de calculatrices digitales
T 9	Teilautomat	partial automaton; subautomaton	подавтомат	automate partiel
T 10	Teilsystem	subsystem	подсистема	système partiel
T 11	Terminal	terminal	терминал	terminal
T 12	*Ternärvektorliste	ternary-vector list	список троичных векторов	liste de vecteur ternaire
T 13	Test	debug; check out; test	тест	essai; preuve; test
T 14	Testhilfe	debugging aid	отладочная программа; средство отладки	aide de test
T 15	Testprogramm	test program; test routine	тестовая программа; тестпрограмма	programme d'essai; programme de test
T 16	*Textkommunikation, elektronische	text communication, electronic	передача текстов, электронная	communication par textes électronique
T 17	Theorembeweisen, automatisches	theorem proofing (reasoning), automatic	поиск доказательств теорем, автоматический	démonstration de théorèmes automatique
T 18	Theorembeweisen, automatisiertes	theorem proofing (reasoning), automated	поиск доказательств теорем, автоматизированный	démonstration de théorèmes automatisée
T 19	Theorie, elementare	theory, elementary	теория, элементарная	théorie élémentaire
T 20	Therapie, Automatisierung [der]	therapy, automation [of]	лечебного процесса, автоматизация	thérapie, automatisation [de la]; traitement médical, automatisation [du]

T 21	Thesaurus	thesaurus	тезаурус	thésaurus
T 22	Tiefenhypothese	Yngve's hypothesis	гипотеза Ингве	hypothèse de profondeur
T 23	Tieftemperatur-Bauelemente	cryogenic components	криогенные элементы	composants à basses températures; composants cryogéniques
T 24	Time-Sharing	time sharing	разделение времени	temps partagé
T 25	Tinte, magnetische	ink, magnetic	чернила, магнитная	encre magnétique
T 26	Topologie	topology	топология	topologie
T 27	Topologie, algebraische	topology, algebraic	топология, алгебраическая	topologie algébrique
T 28	Totale Wahrscheinlichkeit, Formel	formula of the total probability	формула полной вероятности	formule de la probalité totale
T 29	Totzeitglied	dead-time element	блок запаздывания	élément à temps mort (à temps de retard); élément de retard; organe à temps mort
T 30	*Trägheitsglied	inertial element	инерционный элемент	élément d'inertie
T 31	Trajektorie	trajectory	траектория	trajectoire
T 32	Trajektorie, optimale	trajectory, optimal	траектория, оптимальная	trajectoire optimale
T 33	Trajektorie, zulässige	trajectory admissible	траектория допустимая	trajectoire admissible
T 34	Transfluxor	multiaperture core; transfluxor	многодырочный сердечник; трансфлюксор	tore à trous multiples; transfluxor
T 35	Transformation, diskrete, Theorie	transformation, discrete, theory [theory of the discrete transformation]	преобразование, дискретное, теория [теория дискретного преобразования]	transformation discrète, théorie [théorie de la transformation discrète]
T 36	Transformation, durch eine Funktion definierte	transformation, defined by a function	преобразование, периодически-определенное	transformation définée par une fonction
T 37	Transformationsgrammatik	transformation grammar	трансформационная грамматика	grammaire de transformation

T 38	Transinformation	transinformation	переданная информация; правильно переданная информация	transinformation
T 39	Transistor	transistor	полупроводниковый триод; транзистор	transistor
T 40	Transportnetz	transport (transportation) network	транспортная сеть	réseau de transport
T 41	Transportnetzproblem	transport network problem	задача о перевозках; сетевая, задача; транспортная задача	problème de réseau de transport; problème de transport
T 42	Transportnetzproblem, inhomogenes	transport network problem, non-homogeneous	сетевая задача, неоднородная	problème inhomogène de réseau de transport
T 43	Transportproblem	transport (transportation) problem	транспортная задача	problème de transport
T 44	Transportproblem mit Zwischenpunkten	transportproblem with intermediate points	задача о перевозках с промежуточными пунктами	problème de transport à points intermédiaires
T 45	Transversalitätsbedingungen	transversality conditions	условия трансверсальности (поперечности)	conditions de transversalité
T 46	Transzendente Gleichungen	transcendental equations	трансцендентные уравнения	équations transcendantes
T 47	Trennfläche	separation plane	разделяющая поверхность	surface de séparation
T 48	Trigger	trigger	триггер; спусковая схема	basculeur; trigger
T 49	Trigger, dynamischer	trigger, dynamic	триггер, динамический	trigger dynamique
T 50	Trigger, statischer	trigger, static	триггер, статический	trigger statique
T 51	Turing-Maschine	Turing machine	машина Тьюринга	machine de Turing
T 52	Twistor	twistor	твистор	twistor
T 53	*Typenalgorithmen zur Steuerung ökonomischer Prozesse	type-algorithms for control of economic processes	типические алгоритмы управления экономическими процессами	algorithmes types pour la commande de processus économiques

U 1	Übergangsprozeß	transient process	переходный процесс	processus transitoire
U 2	Übersetzer	compiler; translating routine; translator	компилирующая программа; транслятор	compilateur; traducteur
U 3	Übersetzer, syntaktisch gesteuerter	translator, syntactic controlled	транслятор, синтаксически управляемый	traducteur syntaxiquement commandé
U 4	Übersetzungsprogramm	translating routine; translator; compiler; compiling program	компилирующая (программирующая) программа; транслятор	programme de traduction; programme traducteur
U 5	Übertragungsschaltung	carry circuit	цепь переноса	circuit de retenue (de report)
U 6	Übertragungfunktion	transfer function	передаточная функция	fonction de transfert
U 7	Umformung, analytische	transformation, analytic	трансформация, аналитическая	conversion (transformation) analytique
U 8	Umrechnungsvorschrift	conversion function	функция расстановки	formule de conversion
U 9	Umschaltpunkt	switching point	точка переключения	point de commutation
U 10	Umsetzer, integrierender	converter, integrating	преобразователь, интегрирующий	convertisseur analogique-numérique par intégration
U11	Umsetzer, kombinierter	converter, combined	преобразователь, комбинированный	convertisseur analogique-numérique combiné
U 12	Umsetzer, linearer	converter, linear	преобразователь, линейный	convertisseur (traducteur; transformateur) linéaire
U 13	Umsetzer, linearer quasireversibler	converter, linear quasi-reversible	преобразователь, линейный квазиобратимый	convertisseur quasi-réversible linéaire
U 14	Umsetzer, linearer reversibler	converter, linear reversible	преобразователь, линейный обратимый	convertisseur réversible linéaire
U 15	Umsetzer mit direkter Ablesung	converter with direct reading	преобразователь с непосредственным отсчетом	convertisseur analogique numérique à lecture directe

U 16	Umsetzer mit schrittweiser Codierung	converter with step-by-step coding	преобразователь с поразрядным кодированием	convertisseur analogique-numérique à codage successif
U 17	Umsetzer mit schrittweiser Zählung	converter with step-by-step (pulse) counting	преобразователь последовательного счета	convertisseur analogique-numérique par comptage successif
U 18	Umsetzer, summierender	converter, summing; summation converter	преобразователь, накапливающий	convertisseur analogique numérique par sommation
U 19	Umsetzer, zyklischer	converter, cyclic	преобразователь, циклический	convertisseur analogique-numérique cyclique
U 20	Umwandlung, äquivalente	conversion, equivalent	преобразование, эквивалентное	conversion équivalente
U 21	Unabhängigkeit	independence	независимость	indépendance
U 22	Unbelastete Reserve	off-load (unloaded) reserving	ненагруженное резервирование	élément redondant hors tension; réserve hors tension
U 23	UNCOL	UNCOL	UNCOL [язык программирования]	langage de programmation UNCOL
U 24	Ungarische Methode	Hungarian method	венгерский метод	méthode hongroise
U 25	Universalrechner	general-purpose computer	вычислительная машина общего назначения; универсальная ЭВМ	calculateur (ordinateur) universel; calculatrice universelle
U 26	*Unscharfe Modelle	fuzzy models	размытые модели	modèles flous
U 27	*Unscharfe Systeme	fuzzy systems	размытые системы	systèmes flous
U 28	Unterbrechungssystem	interrupt system	система прерывания	système d'interruption
U 29	Unterprogramm	subprogram; subroutine	подпрограмма	sous-programme
U 30	Unterprogramm, geschlossenes	subroutine, closed	подпрограмма, замкнутая	sous-programme fermé
U 31	Unterprogramm, offenes	subroutine, open	подпрограмма, открытая	sous-programme ouvert

U 32	Unterprogramm-Bibliothekstechnik	subroutine-library technique	метод библиотечных подпрограмм	technique de bibliothèque des sous-programmes
U 33	URAL	URAL	„УРАЛ“	calculateur soviétique „URAL“
U 34	USEPPA	USEPPA	УСЭППА	système pneumatique „USEPPA“
V 1	Variable, globale	variable, global	переменная, глобальная	variable globale
V 2	Variable, lokale	variable, local	переменная, локализованная	variable locale
V 3	Variationsmethoden	variational methods	вариационные методы	méthodes de variation; méthodes variationnelles
V 4	Variationsrechnung	calculus of variations; variational calculus	вариационное исчисление	calcul des variations
V 5	Variationsreihe	ordered series	вариационный ряд	échantillon (serie) ordonné(e)
V 6	Variiertes Gleichungssystem	varied equation system	система уравнений в вариациях	système d'équations varié
V 7	Veitch-Diagramm	Veitch's diagram	диаграмма Вейча	diagramme de Veitch
V 8	*Vektoroptimierung	vector optimization	векторная оптимизация	optimisation vectorielle
V 9	Verallgemeinerte Gradienten, Verfahren	method of generalized gradients	метод обобщенных градиентов	méthode de gradients généralisés
V 10	Verarbeitungseinheit	processing unit; processor	блок (устройство) обработки; процессор	unité de traitement
V 11	Verband	structure	структура	lattice; ordre latticiel; treillis
V 12	*Verbinder	linkage editor	редактор связи	éditeur de liens
V 13	*Verbundanweisung	compound instruction	составная команда	instruction composée
V 14	Verfolgungsaufgabe	problem of random walk; pursuit problem	задача погони; задача преследования	problème de poursuite
V 15	*Verfügbarkeit	availability	готовность	disponibilité

V 16	Vergleicher	comparator; comparison device	компаратор; схема сравнения	comparateur
V 17	Verhalten von Automaten	behaviour of automata	поведение автоматов	comportement d'automates
V 18	Verhalten von Automaten in zufälliger Umgebung	behaviour of automata in an accidental environment	поведение автоматов в случайных средах	comportement d'automates dans un voisinage aléatoire
V 19	Verhaltensstrategie	behavioural strategy	стратегия поведения	stratégie de comportement
V 20	Verknüpfungsglied eines Analogrechners	combinational element (logic unit) of an analogue computer	логический элемент АВМ	organe de combinaison (de commutation) d'un calculateur analogique
V 21	Verknüpfungsglied eines Digitalrechners	combinational element (logic unit) of a digital computer	логический элемент ЦВМ	organe de combinaison (de commutation) d'un calculateur digital
V 22	Verknüpfungsglied, potentialgesteuertes	combinational circuit (logic unit), potential controlled	логический элемент, потенциальный	organe de combinaison (de commutation) commandé par potentiel
V 23	Verschiebung	relocation; shift	перемещение; сдвиг; смещение	décalage; déplacement
V 24	Verschmelzungsregel	contraction (fusion) rule	закон склейвания; правило сокращеиия	règle de contraction
V 25	Verslehre, strukturelle	prosody, structural	стиховедение, структурное	métrique structurale
V 26	Verstärker	amplifier	усилитель	amplificateur
V 27	*Verteilte Systeme	distributed systems	распределенные системы	systèmes distribués
V 28	Verteilung	distribution	дележ (в теории игр]; распределение	imputation; distribution; répartition
V 29	Verteilungsproblem	distribution problem	распределительная задача	problème de distribution [de livraison]
V 30	Vertrauensgebiet	confidence field	доверительная область	domaine de confiance

V 31	Vertrauensgrenzen	confidence limits	доверительные пределы	limites de confiance
V 32	Vertrauensintervall	confidence interval	доверительный интервал	intervalle de confiance
V 33	Vertrauensniveau	confidence level	доверительный уровень	coefficient (niveau; probabilité) de confiance
V 34	Verzögerung der Bedienung	delay of actuation; operation delay	блокировка (запаздывание) обслуживания	retardement du service
V 35	Verzögerungsglied	delay element; lag unit	блок запаздывания; элемент задержки	élément (organe) de retard
V 36	Verzögerungsoperator	delay operator	оператор задержки	opérateur de retard
V 37	Verzweigungsprozeß	branching process	ветвящийся процесс	processus à ramification (d'embranchement)
V 38	Viel-Punkt-Randwertaufgabe	multipoint boundary value problem	многоточечная краевая задача	problème aux limites à plusieurs points
V 39	*Visuelles System	visual system	визуальная система	système visuel
V 40	Vollständigkeit einer formalen Theorie	completeness of a formal theory	полнота формальной теории	complétude d'une théorie formelle
V 41	Vollständigkeitsproblem	completeness problem	проблема полноты	problème de complétude
V 42	VOLTERRAsche Gleichung	Volterra-type integral equation	интегральное уравнение типа Вольтерра	équation de Volterra
V 43	Vorhersagefilter	predicting filter	предсказывающий фильтр	filtre de prédiction
V 44	Vorhersagetheorie für Zufallsprozesse	prediction theory of random processes	теория предсказания случайных процессов	théorie de la prédiction pour des processus aléatoires
V 45	*Vorwärtssteuerung	forward control	опережающее (прямое) управление	commande en avant
V 46	Vorzeichenstelle	sign order; sign position	знаковый разряд	position (rang) de signe
W 1	Wachstumsmodell	growth model	модель роста	modèle de croissance
W 2	Wahrscheinlichkeit	probability	вероятность	probabilité
W 3	Wahrscheinlichkeit, bedingte	probability, conditional	вероятность, условная	probabilité conditionnelle

W 4	Wahrscheinlichkeits-maschine	probabilistic machine	вероятностная машина	machine de probabilité
W 5	Wahrscheinlichkeits-prozeß	probabilistic process; random process	вероятностный процесс	processus de probabilité
W 6	Wahrscheinlichkeits-theorie	probability theory	теория вероятностей	calcul des probabilités; théorie de probabilité
W 7	Wahrscheinlichkeits-verteilung	probability distribution	распределение вероятностей	distribution aléatoire (des probabilités)
W 8	Warme Reserve	redundancy	облегченное резервирование; облегченный резерв	élément redondant; réserve sous tension
W 9	Warteschlangentheorie	queueing theory; waiting line theory	теория очередей	théorie des files d'attente
W 10	Wartezeit	latency (waiting) time	время ожидания	delay (temps) d'attente
W 11	*Wartung	maintenance	обслуживание	entretien; maintenance; maintien
W 12	Wechselwirkung des Menschen mit der Rechenanlage	interaction of man and computer	взаимодействие человека с вычислительной машиной	interaction de l'homme avec le calculateur
W 13	Weg	path	путь	chaîne élémentaire; ensembles des arcs
W 14	Weißes Rauschen	white noise	белый шум	bruit blanc
W 15	Wettlaufprobleme	race problems	проблемы гонок	problèmes de course
W 16	Widerspruchsfreiheit von Axiomensystemen	consistency of axiom systems	непротиворечивость систем аксиом	consistance de systèmes d'axiomes
W 17	Widerstand, digital steuerbarer	resistor, digital controllable	сопротивление с цифровым управлением	résistance numériquement commandable
W 18	Widerstand, negativer	resistor, negative	сопротивление, отрицательное	résistance négative
W 19	Wiedergabegenauigkeit	fidelity of reproduction	точность воспроизведения сообщения	fidélité de reproduction

W 20	Wiener-Hopf-Gleichung	Wiener-Hopf equation	уравнение Винера-Хопфа	équation de Wiener-Hopf
W 21	*Wirtsrechner	host computer	рабочая ЭВМ; головная ЭВМ	ordinateur hôte
W 22	Wissenschaftliches Dokument	scientific document	научный документ	document scientifique
W 23	Wissenschaftswissenschaft	science of science	науковедение	organisation scientifique de science
W 24	Wort	word	слово	mot
W 25	Wörterbuch, automatisches	dictionary, automatic	словарь, автоматический	dictionnaire automatique
W 26	Wörterbuch einer Informationssprache	dictionary of an information language	словарь информационного языка	dictionnaire d'un langage d'information
W 27	Wörterbuchsuche	dictionary retrieval	словарный поиск	recherche en dictionnaire
W 28	Wortlänge	word length; number of digits per machine word	длина слова; разрядность вычислительной машины	longeur de mot
W 29	Wortoperationen, elementare	arithmetical logical operations on computer words	операции над словами, элементарные	opérations verbales élémentaires
W 30	*Wurzelort	root locus	корневой годограф; траектория корней	lieu des racines
W 31	Wurzelortskurve, Methode	root-locus method	метод корневого годографа	méthode d'Evans; méthode du lieu des racines
Z 1	Zahlendrucker	digital (numerical) printer	устройство цифровой регистрации; цифровое печатающее устройство	imprimante de nombres
Z 2	Zahlenformat	numerical format	формат числа	format de nombres
Z 3	Zahlenoperationen	number operations	операции над числами	opérations de nombres
Z 4	Zahlensystem	number system	система чисел	système de nombres; système numérique

Z 5	Zähler	counter; numerator	счетчик; числитель	compteur; numérateur
Z 6	Zeichenkettenoperationen	character string operations	операции над цепочками символов	opérations des chaînes de caractères
Z 7	Zeitgeber	clock; timing device; timing unit	датчик времени; таймер	générateur de rythme; horloge; rythmeur
Z 8	Zeit-Impuls-Umsetzer	time-pulse converter	время-импульсный преобразователь	convertisseur analogique-numérique à base de temps
Z 9	*Zeitkonstante	time constant	постоянная времени	constante de temps
Z 10	Zeitmultiplex	multiplex; time division; time sharing	временное мультиплексирование (разделение сигналов)	multiplex temporel
Z 11	Zeitoptimales Problem	time-optimum problem	задача об оптимальном быстродействии	problème optimal en temps
Z 12	Zeitplansteuerung	programmed (scheduled) control	программное управление	commande programmé (par programme)
Z 13	Zeitschriften	journals; periodicals	журналы	journaux
Z 14	Zeitskalenfaktor	time-scale factor	масштаб времени	facteur d'echelle temporelle
Z 15	Zellerregung, Membrantheorie [der]	nervous impulse, membrane theory [of]	возбуждения клетки, мембранная теория	excitation cellulaire, théorie de membrane [théorie de membrane de l'excitation cellulaire]
Z 16	Zentraleinheit	central processing unit [CPU]; central processor	центральный процессор	unité centrale
Z 17	Zentrale Verarbeitungseinheit	central processor	центральный процессор	unité centrale de traitement
Z 18	Zentraler Grenzwertsatz	central boundary value problem	центральная предельная теорема	théorème limite central
Z 19	*Zielbaum-Methode	relevance tree	метод деревьев целей	méthode d'arbre but
Z 20	Zielfunktion	target function	целевая функция	fonction but

Z 21	Ziffern, gültige	digits, valid	цифры, значащие	chiffres valables
Z 22	ZIPFsches Gesetz	law of Zipf; Zipf's law	закон Ципфа	loi de Zipf
Z 23	*z-Transformation	z-transformation	z-преобразование	transformation en z
Z 24	Zufallsereignis	random event	случайное событие	événement aléatoire
Z 25	Zufallsfeld	random field	случайное поле	champ aléatoire
Z 26	Zufallsfunktion	random function	случайная функция	fonction aléatoire
Z 27	Zufallsgröße	random variable	случайная величина	grandeur aléatoire
Z 28	Zufallsprozeß	random process	случайный процесс	processus aléatoire
Z 29	Zufallsprozeß, stationärer	random process, stationary	случайный процесс, стационарный	processus aléatoire stationnaire
Z 30	Zufallsprozesse, Theorie [der]	random processes, theory [of]	случайных процессов, теория	processus aléatoires, théorie [des]
Z 31	Zufallssuche	random search method	метод случайного поиска	recherche aléatoire
Z 32	Zufallszahlen	random numbers	случайные числа	nombres aléatoires
Z 33	Zufallszahlengenerator	random numbers generator	генератор (датчик) случайных чисел	générateur de nombres aléatoires
Z 34	Zugriff, sequentieller	access, sequential	доступ, последовательный	accès séquentiel
Z 35	Zugriff, wahlfreier	access, random	доступ, произвольный	accès aléatoire (direct)
Z 36	*Zugriffsmethoden	access methods	методы выборки (обращения)	méthodes d'accès
Z 37	Zugriffszeit	access time	время выборки (обращения)	temps d'accès
Z 38	Zulässige Menge	admissible set	допустимое множество	ensemble admissible
Z 39	Zulässige Richtungen, Verfahren	acceptable directions, method of	возможных направлений, метод	méthode des directions admissibles
Z 40	Zulässige Steuerung	admissible (permissible) control	допустимое управление	commande admissible
Z 41	Zulässiger Punkt	admissible point	допустимая точка	point admissible
Z 42	Zulässiger Vektor	admissible vector	допустимый вектор	vecteur admissible
Z 43	Zulässiger Weg	admissible path	допустимый путь	chemin admissible
Z 44	Zulässiges Gebiet	admissible set	допустимая область	domaine admissible

Z 45	Zuordnungsproblem	assignment problem	задача о назначениях	problème de coordination
Z 46	Zustandsbeschränkungen	constraints of state variables; state constraints	ограничения фазовых координат; фазовые ограничения	restrictions d'état
Z 47	Zustandsgröße	state variable	переменная состояния; фазовая координата	grandeur (variable) d'état
Z 48	Zustandsraummethode	state space method	метод пространства состояния	méthode de l'espace d'état
Z 49	Zustandsvektor	state vector	вектор состояния	vecteur d'état
Z 50	Zuverlässigkeit kybernetischer Systeme	reliability of cybernetic systems	надежность кибернетических систем	fiabilité de systèmes cybernétiques
Z 51	Zweckmäßigkeit	expedience	целесообразность	utilité
Z 52	Zweigverflechtungsbilanz	branch input-output table	межотрассевой баланс	bilance d'enlacement des branches
Z 53	Zwei-Punkt-Randwertauf-aufgabe	two-point boundary value problem	двухточечная краевая задача	problème aux limites à deux points
Z 54	Zwischensprache	intermediate language	язык-посредник	langage intermédiaire; métalangage
Z 55	Zyklomatische Zahl	cyclomatic number	цикломатическое число	nombre cyclomatique
Z 56	Zykluszeit	cycle time	время цикла	durée (temps) d'un cycle; temps de cycle

Schlagwortverzeichnis, englisch

Schlagwortverzeichnis, russisch

Schlagwortverzeichnis, französisch

FSC
www.fsc.org
MIX
Papier | Fördert gute Waldnutzung
FSC® C083411

Kolibri 360 GmbH
Ferdinand-Jühlke-Straße 7
99095 Erfurt, Deutschland
produktsicherheit@kolibri360.de